21世纪高等院校教材

高等代数

西北工业大学高等代数编写组　编

科学出版社

北京

内 容 简 介

“高等代数”是高等院校数学类各专业本科生的一门重要数学基础课.在高等教育已由精英化转为大众化教育的形势下,编写一本内容丰富、结构合理、易教易学、注重应用的高等代数教材是非常必要的.

本书共分14章,几乎包含了高等代数的全部内容,研究对象从比较具体的行列式、矩阵、向量、线性方程组、多项式、相似变换、二次型、λ-矩阵到比较抽象的线性空间、线性变换、欧氏空间、酉空间、双线性函数,进而介绍近世代数的有关内容.这一过程符合代数学的发展,也符合人类认识事物的规律,即从具体到抽象再到具体(思维中的具体)的过程.为了分散难点、易教易学,书中对各章内容的许多细节处理颇具特色,并引入许多实例介绍了高等代数的应用.各章后均配有适量的习题,书后附有参考答案.讲完全书约需128学时.

本书便于教学与自学,可作为高等院校数学类各专业相关课程使用的教材,也可供工程技术人员和高校教师参考.

图书在版编目(CIP)数据

高等代数/西北工业大学高等代数编写组 编.—北京:科学出版社,2008
21世纪高等院校教材

ISBN 978-7-03-020950-4

Ⅰ.高… Ⅱ.西… Ⅲ.高等代数-高等学校-教材 Ⅳ.O15

中国版本图书馆CIP数据核字(2008)第009926号

责任编辑:姚莉丽 / 责任校对:李奕萱
责任印制:徐晓晨/ 封面设计:耕者设计工作室

科 学 出 版 社出版
北京东黄城根北街16号
邮政编码: 100717
http://www.sciencep.com

北京虎彩文化传播有限公司 印刷
科学出版社发行 各地新华书店经销

*

2008年2月第 一 版 开本:B5(720×1000)
2018年7月第六次印刷 印张:22 1/2
字数:426 000

定价: 74.00 元

(如有印装质量问题,我社负责调换)

前　言

从数学发展史意义上来说，代数学的本意是“用符号代替数”并参加运算得出解答，后来发展到“用符号代替一般表达式”，现在可以说，代数学是研究各种代数系统的一个数学分支，是“用符号代替各种事物并研究其间关系”的学科．这些代数系统是现实世界中无数真实对象的高度抽象概括．代数运算是有限次的，而且缺乏连续性的概念，也就是说，代数学主要研究的是离散变化的量．尽管在现实中连续性和不连续性是辩证统一的，但是为了认识现实，有时候需要把它分成几个部分，然后分别地研究认识，再综合起来，就得到对现实的总认识．这是我们认识事物的简单而科学的重要手段，也是代数学的基本思想和方法．代数学中发生的许多新的思想和概念，大大地丰富了数学的许多分支，成为众多学科的共同基础．

高等代数是代数学发展到高级阶段的总称，主要包括线性代数和多项式两部分内容．线性代数主要讨论行列式、矩阵、向量、线性方程组、线性空间、线性变换、欧氏空间、二次型等；而多项式理论主要是利用代数方法和解析方法来研究多项式的性质，如整除性、最大公因式、因式分解、重因式等，借助于多项式的性质来讨论代数方程的根的性质、根的分布、根的近似计算、多元高次方程组的公共根等．高等代数不仅在内容上、更重要的是在观点和方法上比初等代数有很大提高．

高等代数是高等学校数学类本科生一门重要的基础课程，这门课程对于培养和提高学生的抽象思维、逻辑推理以及代数运算能力起着非常重要的作用．高等代数不仅是其他数学课程的基础，也是物理、力学、电路等课程的基础．实际上，任何与数学有关的课程都涉及高等代数知识．尤其是近年来，由于计算机的飞速发展和广泛应用，使得许多实际问题可以通过离散化的数值计算得到定量的解决，于是作为处理离散问题工具的高等代数，也是从事科学研究和工程设计的科技人员必备的数学基础．

本书是在《高等代数》讲义的基础上几经修改、使用、编写而成的，主要特点是：

1．层次分明，循序渐进．全书由 14 章内容组成，研究对象从比较具体的行列式、矩阵、向量、线性方程组、多项式到比较抽象的线性空间、线性变换、欧氏空间、酉空间、双线性函数等，这一过程符合代数学的发展，也符合人类认识事物总是要经过从具体到抽象再到具体（思维中的具体）的过程．讲完全书约需 128 学时．

2．分散难点，提高素质．高等代数所使用的各种推证方法、公理化定义、抽象化思维、计算与运算技巧及应用能力等都很具有特色，是其他课程所无法替代的，是提高学生数学素质不可缺少的一环．为了既能够有适当的理论深度，又能便于理解，我们对于一般高等代数中教学难度较大的内容作了适当处理.例如，对于线性相关性这个线性代数中重要的概念和难点，采取了先介绍矩阵的初等变换及求线性方程组的消元法，从而将向量组线性相关与否的问题转化为某个齐次方程组有无非零解的问题，使它较为具体；对各章内容的许多细节处理，也是颇具特色的.

3. 易教易学，注重应用.注意揭示数学理论的相关背景，多处安排了不同领域的一些典型范例，如多项式插值、矩阵编码和译码、Fibonacci 数列、多元函数极值等.在编写过程中，我们力求做到叙述清晰、推证严谨、深入浅出、通俗易懂，使之便于教学与自学.

参加本书编写的有徐仲、吕全义、张凯院、彭国华、安晓虹.全书由徐仲统稿并负责修改定稿.本书在编写过程中，得到了西北工业大学应用数学系领导及同事的关心和支持；西北工业大学出版社、教务处也对本书的出版给予了很大的支持和帮助；西北工业大学的叶正麟教授和长安大学的封建湖教授详细审阅了书稿，提出了中肯的修改意见，并给予了很高的评价，作者在此一并表示衷心的感谢.

由于水平所限，书中难免有疏漏和不妥之处，恳请同行、读者指正.

编　者

2006 年 12 月于西北工业大学

目　录

第 1 章　行　列　式

行列式的概念是人们从解线性方程组的需要中建立起来的，它是处理各类代数问题的不可缺少的工具，在数学、物理、力学和工程技术等许多领域中都有广泛的应用. 本章主要介绍行列式的概念与性质，行列式的展开定理以及用行列式解线性方程组的 Cramer 法则.

1.1　数　　域

在讨论数学问题时，常常需要明确规定所考虑的数的范围，因为同一问题在不同的数的范围来考虑时，可能具有不同的性质. 例如，在求解一元二次方程时，如果在实数范围内来考虑，则该方程可能无解，而在复数范围内该方程总是有解的. 我们经常遇到的数的范围有全体整数 $\mathbf{Z}$、全体有理数 $\mathbf{Q}$、全体实数 $\mathbf{R}$ 及全体复数 $\mathbf{C}$ 等，当我们把这些数当作整体来考虑时，常称之为**数集**. 不同的数集显然具有一些不同的性质，但某些数集也有很多共同的性质. 为了在讨论中能够把它们统一起来，引入一个一般的概念.

定义 1.1　设 $\mathbf{K}$ 是至少含一个非零数的数集. 如果 $\mathbf{K}$ 中任意两个数的和、差、积、商(除数不为零)仍是 $\mathbf{K}$ 中的数，则称 $\mathbf{K}$ 为一个**数域**.

显然，全体有理数集、全体实数集、全体复数集都构成数域，分别称为**有理数域**、**实数域**、**复数域**. 全体整数集不是数域，因为不是任意两个整数的商都是整数. 可以证明，介于有理数域与实数域之间的如下数集

$$\mathbf{Q}(\sqrt{2})=\{a+b\sqrt{2}\,|\,a,b\in\mathbf{Q}\}$$

构成数域. 这是因为，对任意 $a+b\sqrt{2}\in\mathbf{Q}(\sqrt{2})$ 和 $c+d\sqrt{2}\in\mathbf{Q}(\sqrt{2})$，有

$$(a+b\sqrt{2})\pm(c+d\sqrt{2})=(a\pm c)+(b\pm d)\sqrt{2},$$

$$(a+b\sqrt{2})(c+d\sqrt{2})=(ac+2bd)+(ad+bc)\sqrt{2}.$$

因为 a,b,c,d 都是有理数，所以 $a\pm c$、$b\pm d$、$ac+2bd$，$ad+bc$ 也是有理数，从而 $\mathbf{Q}(\sqrt{2})$ 中任意两个数的和、差、积仍是 $\mathbf{Q}(\sqrt{2})$ 中的数. 又设 $a+b\sqrt{2}\neq 0$，则 $a-b\sqrt{2}\neq 0$ (否则，若 $a-b\sqrt{2}=0$，则必有 $a=b=0$，从而 $a+b\sqrt{2}=0$，矛盾)，从而

$$\frac{c+d\sqrt{2}}{a+b\sqrt{2}}=\frac{(c+d\sqrt{2})(a-b\sqrt{2})}{(a+b\sqrt{2})(a-b\sqrt{2})}=\frac{ac-2bd}{a^2-2b^2}+\frac{ad-bc}{a^2-2b^2}\sqrt{2},$$

其中$\frac{ac-2bd}{a^2-2b^2}$，$\frac{ad-bc}{a^2-2b^2}$也是有理数，即任意两个数的商也是$\mathbf{Q}(\sqrt{2})$中的数，故$\mathbf{Q}(\sqrt{2})$构成数域.

数域具有如下的重要性质.

定理 1.1　所有数域都包含有理数域作为它的一部分，即有理数域是最小的数域.

证　设$\mathbf{K}$是一个数域，$0\neq a\in\mathbf{K}$，则$0=a-a\in\mathbf{K}$，$1=\frac{a}{a}\in\mathbf{K}$，从而$1+1=2$，$2+1=3$，…，$(n-1)+1=n$，…，全在$\mathbf{K}$中，即$\mathbf{K}$包含了全体自然数. 又因为$-n=0-n\in\mathbf{K}$，所以$\mathbf{K}$包含全体整数. 对任意有理数$b$，存在整数$p,q$且$q\neq 0$，使$b=\frac{p}{q}\in\mathbf{K}$，故$\mathbf{Q}\subset\mathbf{K}$. ▌

在后面的章节中，如无特别声明，我们所讨论的问题都是在任何一个数域里进行的.

1.2　二、三阶行列式

对于二元一次方程组

$$\begin{cases}a_{11}x_1+a_{12}x_2=b_1,\\ a_{21}x_1+a_{22}x_2=b_2,\end{cases}\tag{1.1}$$

当$a_{11}a_{22}-a_{12}a_{21}\neq 0$时，由消元法求得的解为

$$x_1=\frac{b_1a_{22}-b_2a_{12}}{a_{11}a_{22}-a_{12}a_{21}},\quad x_2=\frac{a_{11}b_2-a_{21}b_1}{a_{11}a_{22}-a_{12}a_{21}}.\tag{1.2}$$

为便于记忆，引入记号$\begin{vmatrix}a_{11}&a_{12}\\a_{21}&a_{22}\end{vmatrix}$，称之为**二阶行列式**，用来表示数$a_{11}a_{22}-a_{12}a_{21}$，即

$$\begin{vmatrix}a_{11}&a_{12}\\a_{21}&a_{22}\end{vmatrix}=a_{11}a_{22}-a_{12}a_{21}.\tag{1.3}$$

如果把a_{11}，a_{22}的连线称为主对角线，把a_{12}，a_{21}的连线称为次对角线，则二阶行列式的值就等于主对角线上元素的乘积减去次对角线上元素的乘积. 这种算法称为**对角线法则**. 按此法则，二元一次方程组(1.1)的解(1.2)可用二阶行列式表示为

$$x_1=\frac{\begin{vmatrix}b_1&a_{12}\\b_2&a_{22}\end{vmatrix}}{\begin{vmatrix}a_{11}&a_{12}\\a_{21}&a_{22}\end{vmatrix}},\quad x_2=\frac{\begin{vmatrix}a_{11}&b_1\\a_{21}&b_2\end{vmatrix}}{\begin{vmatrix}a_{11}&a_{12}\\a_{21}&a_{22}\end{vmatrix}}.$$

像这样用行列式来表示解，形状简单，容易记忆，称为二元一次方程组的**行列式**

解法.

对于三元一次方程组

$$\begin{cases}a_{11}x_1+a_{12}x_2+a_{13}x_3=b_1,\\ a_{21}x_1+a_{22}x_2+a_{23}x_3=b_2,\\ a_{31}x_1+a_{32}x_2+a_{33}x_3=b_3.\end{cases} \tag{1.4}$$

假如用数 $a_{22}a_{33}-a_{23}a_{32}$ 乘方程组(1.4)的第一式，用数 $a_{13}a_{32}-a_{12}a_{33}$ 去乘第二式，用数 $a_{12}a_{23}-a_{13}a_{22}$ 去乘第三式，然后把这三个新的方程加起来，就得到

$$\begin{aligned}&(a_{11}a_{22}a_{33}+a_{12}a_{23}a_{31}+a_{13}a_{21}a_{32}-a_{11}a_{23}a_{32}-a_{12}a_{21}a_{33}-a_{13}a_{22}a_{31})x_1\\ &=b_1a_{22}a_{33}+a_{12}a_{23}b_3+a_{13}b_2a_{32}-b_1a_{23}a_{32}-a_{12}b_2a_{33}-a_{13}a_{22}b_3.\end{aligned}$$

当 x_1 的系数

$$D=a_{11}a_{22}a_{33}+a_{12}a_{23}a_{31}+a_{13}a_{21}a_{32}-a_{11}a_{23}a_{32}-a_{12}a_{21}a_{33}-a_{13}a_{22}a_{31}\neq 0$$

时，得出

$$x_1=\frac{1}{D}(b_1a_{22}a_{33}+a_{12}a_{23}b_3+a_{13}b_2a_{32}-b_1a_{23}a_{32}-a_{12}b_2a_{33}-a_{13}a_{22}b_3).$$

同样可求得 x_2 和 x_3 的表达式. 为了便于记忆，引入记号

$$\begin{vmatrix}a_{11}&a_{12}&a_{13}\\ a_{21}&a_{22}&a_{23}\\ a_{31}&a_{32}&a_{33}\end{vmatrix}=a_{11}a_{22}a_{33}+a_{12}a_{23}a_{31}+a_{13}a_{21}a_{32}-a_{11}a_{23}a_{32}-a_{12}a_{21}a_{33}-a_{13}a_{22}a_{31}. \tag{1.5}$$

上式左端的记号称为**三阶行列式**，它代表右端 6 项的代数和. 三阶行列式的值也可采用**对角线法则**来计算，见图 1.1. 实线上三个元素的乘积组成的三项都取正号，虚线上三个元素的乘积组成的三项都取负号.

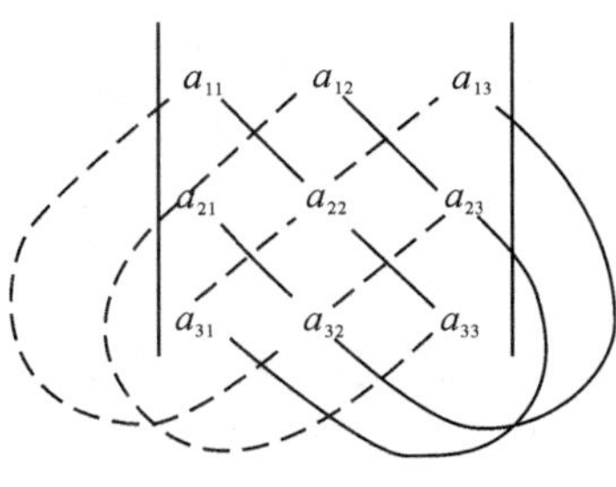

图 1.1

按此法则，方程组(1.4)的解可用三阶行列式表示为

$$x_1=\frac{D^{(1)}}{D},\quad x_2=\frac{D^{(2)}}{D},\quad x_3=\frac{D^{(3)}}{D}.$$

其中

$$D=\begin{vmatrix}a_{11}&a_{12}&a_{13}\\ a_{21}&a_{22}&a_{23}\\ a_{31}&a_{32}&a_{33}\end{vmatrix},\qquad D^{(1)}=\begin{vmatrix}b_1&a_{12}&a_{13}\\ b_2&a_{22}&a_{23}\\ b_3&a_{32}&a_{33}\end{vmatrix},$$

$$D^{(2)}=\begin{vmatrix}a_{11}&b_1&a_{13}\\ a_{21}&b_2&a_{23}\\ a_{31}&b_3&a_{33}\end{vmatrix},\qquad D^{(3)}=\begin{vmatrix}a_{11}&a_{12}&b_1\\ a_{21}&a_{22}&b_2\\ a_{31}&a_{32}&b_3\end{vmatrix}.$$

称 D 为方程组(1.4)的**系数行列式**,而 $D^{(1)},D^{(2)},D^{(3)}$ 是将 D 中第 1,2,3 列分别换成常数项 b_1,b_2,b_3 得到的三阶行列式. 这就是三元一次方程组的**行列式解法**.

例 1.1 用行列式法解方程组

$$\begin{cases} x_1-2x_2-x_3=1, \\ 3x_2+2x_3=1, \\ 3x_1+x_2-x_3=0. \end{cases}$$

解 系数行列式

$$D=\begin{vmatrix} 1 & -2 & -1 \\ 0 & 3 & 2 \\ 3 & 1 & -1 \end{vmatrix}=1\times3\times(-1)+(-2)\times2\times3+(-1)\times0\times1$$
$$-(-1)\times3\times3-(-2)\times0\times(-1)-1\times2\times1=-8.$$

由于 $D\neq0$,方程组有唯一解,又可求得

$$D^{(1)}=\begin{vmatrix} 1 & -2 & -1 \\ 1 & 3 & 2 \\ 0 & 1 & -1 \end{vmatrix}=-8, \qquad D^{(2)}=\begin{vmatrix} 1 & 1 & -1 \\ 0 & 1 & 2 \\ 3 & 0 & -1 \end{vmatrix}=8,$$
$$D^{(3)}=\begin{vmatrix} 1 & -2 & 1 \\ 0 & 3 & 1 \\ 3 & 1 & 0 \end{vmatrix}=-16.$$

所以方程组的解为

$$x_1=\frac{D^{(1)}}{D}=1, \qquad x_2=\frac{D^{(2)}}{D}=-1, \qquad x_3=\frac{D^{(3)}}{D}=2.$$

1.3 n 阶行列式的定义

自然会想到怎样把二阶、三阶行列式的定义推广到一般的 n 阶行列式. 在前面,由二个未知量中消去一个非常容易,但由三个未知量中消去二个就已经很麻烦,至于一般由 n 个未知量中消去 $n-1$ 个几乎是不可能的了. 因此,不能用前面类似的方法来定义 n 阶行列式. 为了定义一般的 n 阶行列式,需要介绍排列的有关概念.

定义 1.2 由 $1,2,\cdots,n$ 组成的一个有序数组 $q_1q_2\cdots q_n$ 称为一个 n **阶排列**. 在排列 $q_1q_2\cdots q_n$ 中,如果一个大数排在一个小数之前,就称这两个数组成一个**逆序**;该排列中逆序的总数称为这个排列的**逆序数**,记为 $\tau(q_1q_2\cdots q_n)$. 逆序数为奇数的排列称为**奇排列**,逆序数为偶数的排列称为**偶排列**.

求排列 $q_1q_2\cdots q_n$ 的逆序数时,可以从第一个元素开始,依次统计 $q_i(i=1,2,\cdots,n-1)$ 与其后面的数构成的逆序的个数 τ_i(即后面有 τ_i 个数比 q_i 小),则排列

$q_1q_2\cdots q_n$ 的逆序数为

$$\tau(q_1q_2\cdots q_n)=\tau_1+\tau_2+\cdots+\tau_{n-1}.$$

例如,45321 是一个 5 阶排列,其中 43,42,41,53,52,51,32,31,21 是逆序,逆序数是 9,该排列是奇排列. 12 … n 是一个 n 阶排列,逆序数是 0,它是偶排列,这一排列称为**自然排列**. $n(n-1)\cdots 21$是一个 n 阶排列,其逆序数为 $n(n-1)/2$.

容易知道,不同的 n 阶排列的总数有 n! 个.

从二阶和三阶行列式的定义(1.3)和(1.5)可以看出,它们都是一些乘积的代数和,而每一项乘积都是由行列式中位于不同行和不同列的元素构成的,并且代数和恰由所有这种可能的乘积组成. 对于二阶行列式,这种乘积项有 2! =2 项,而对于三阶行列式,这种乘积项有 3! =6 项. 另一方面,每一乘积项都带有符号. 在三阶行列式的表达式(1.5)中,项的一般形式可以写成

$$a_{1q_1}a_{2q_2}a_{3q_3},$$

其中 $q_1q_2q_3$ 是 1,2,3 的一个排列. 可以看出,当 $q_1q_2q_3$ 是偶排列时,对应的项在式(1.5)带有正号,当 $q_1q_2q_3$ 是奇排列时带有负号. 二阶行列式显然也符合这个原则.

上面关于二阶和三阶行列式的分析对于理解一般的 n 阶行列式的定义是有帮助的.

定义 1.3 设有 n^2 个数 $a_{ij}(i=1,2,\cdots,n;j=1,2,\cdots,n)$,把它们写成一个有 n 行和 n 列的符号

$$\begin{vmatrix} a_{11} & a_{12} & \cdots & a_{1n} \\ a_{21} & a_{22} & \cdots & a_{2n} \\ \vdots & \vdots & & \vdots \\ a_{n1} & a_{n2} & \cdots & a_{nn} \end{vmatrix}, \tag{1.6}$$

称之为 n **阶行列式**,它表示所有取自不同行不同列的 n 个元素的乘积

$$a_{1q_1}a_{2q_2}\cdots a_{nq_n}$$

的代数和,这里 $q_1q_2\cdots q_n$ 是 $1,2,\cdots,n$ 的一个排列. 当 $q_1q_2\cdots q_n$ 是偶排列时,该项取正号. 而当 $q_1q_2\cdots q_n$ 是奇排列时,该项取负号. 用式子表示即为

$$\begin{vmatrix} a_{11} & a_{12} & \cdots & a_{1n} \\ a_{21} & a_{22} & \cdots & a_{2n} \\ \vdots & \vdots & & \vdots \\ a_{n1} & a_{n2} & \cdots & a_{nn} \end{vmatrix} = \sum_{q_1q_2\cdots q_n}(-1)^{\tau(q_1q_2\cdots q_n)}a_{1q_1}a_{2q_2}\cdots a_{nq_n}, \tag{1.7}$$

其中 $\sum\limits_{q_1q_2\cdots q_n}$ 表示对所有 n 阶排列求和. n 阶行列式(1.6)常用 D 或 D_n 来表示,简记为$D=\det(a_{ij})$. 称式(1.7)为 n 阶行列式的**展开式**,称 a_{ij} 为行列式的 i **行** j **列**的**元素**.

当 $n=2,3$ 时,按此定义的二阶、三阶行列式与用对角线法则求得的结果一致. 当 $n=1$ 时,$|a_{11}|=a_{11}$. 注意不要与绝对值记号相混淆.

例 1.2 计算 n 阶行列式(其中未写出的元素都是 0)

$$\begin{vmatrix} a_{11} & a_{12} & \cdots & a_{1n} \\ & a_{22} & \cdots & a_{2n} \\ & & \ddots & \vdots \\ & & & a_{nn} \end{vmatrix}.$$

解 根据定义,n 阶行列式中项的一般形式为

$$a_{1q_1}a_{2q_2}\cdots a_{nq_n}.$$

由于在这个行列式的第 n 行中,除 a_{nn} 外,其余元素都是 0,所以只要考虑 $q_n=n$ 的项即可;再看第 $n-1$ 行:这一行中除 $a_{n-1,n-1}$ 和 $a_{n-1,n}$ 外,其余元素都是 0,因此 q_{n-1} 只有 $n-1$ 和 n 这两种可能. 但因 $q_n=n$,且 $q_{n-1}\neq q_n$,所以 $q_{n-1}=n-1$. 这样逐步推上去,可知在展开式中,除去

$$a_{11}a_{22}\cdots a_{nn}$$

这一项外,其他的项都等于 0. 于是

$$\begin{vmatrix} a_{11} & a_{12} & \cdots & a_{1n} \\ & a_{22} & \cdots & a_{2n} \\ & & \ddots & \vdots \\ & & & a_{nn} \end{vmatrix} = (-1)^{\tau(12\cdots n)}a_{11}a_{22}\cdots a_{nn}=a_{11}a_{22}\cdots a_{nn}.$$

这样的行列式称为**上三角行列式**(类似地有**下三角行列式**). 这个例子说明:上三角行列式等于**主对角线**(从左上角到右下角这条对角线)上元素的乘积. 作为这种行列式的特殊情形,有

$$\begin{vmatrix} a_{11} & & & \\ & a_{22} & & \\ & & \ddots & \\ & & & a_{nn} \end{vmatrix} = a_{11}a_{22}\cdots a_{nn}.$$

这样的行列式称为**对角行列式**,它也等于主对角线上元素的乘积.

例 1.3 计算 n 阶行列式(称为次上三角行列式)

$$\begin{vmatrix} a_{11} & \cdots & a_{1,n-1} & a_{1n} \\ a_{21} & \cdots & a_{2,n-1} & \\ \vdots & \iddots & & \\ a_{n1} & & & \end{vmatrix}.$$

解 依行列式定义有

$$\begin{vmatrix} a_{11} & \cdots & a_{1,n-1} & a_{1n} \\ a_{21} & \cdots & a_{2,n-1} & \\ \vdots & \iddots & & \\ a_{n1} & & & \end{vmatrix} = (-1)^{\tau(n(n-1)\cdots 21)} a_{1n}a_{2,n-1}\cdots a_{n-1,2}a_{n1}$$

$$= (-1)^{\frac{n(n-1)}{2}} a_{1n}a_{2,n-1}\cdots a_{n-1,2}a_{n1}.$$

这一例子表明,行列式中**次对角线**(从右上角到左下角这条对角线)上元素的乘积不一定取负号,从而二、三阶行列式的对角线法则不能用于四阶及四阶以上的行列式.

以上这些例子都可以作为公式来应用.

利用行列式的定义计算一个 n 阶行列式时,需要计算 $n!$ 个项,而每个项又是 n 个元素的乘积,需要作 $n-1$ 次乘法,所以一共需作 $n!(n-1)$次乘法. 当 n 比较大时,$n!(n-1)$就是一个惊人的数目,即使用电子计算机来进行计算也是难以实现的. 因此,必须对行列式作进一步的研究,找出其他可行的计算方法.

1.4 行列式的性质

本节介绍行列式的性质,它们不仅可用来简化行列式的计算,而且对于行列式的一些理论研究也是极为重要的.

在行列式的定义中,为了决定每一项的正负,把 n 个元素按所在行的先后顺序排列起来,即各元素的第一个下标按自然顺序排列,然后根据第二个下标组成排列的奇偶性来决定这一项的正负. 由于数的相乘可交换,因而这 n 个元素的次序是可以任意写的. 那么,是否可将 n 个元素按所在列的先后顺序排列起来,再根据各元素第一个下标组成排列的奇偶性确定这一项的符号呢? 回答是肯定的. 这就牵涉到对换及其性质.

定义 1.4 把一个排列中的某两个数互换位置,而其余的数保持不动,就得到另一个排列,这一过程称为**对换**.

定理 1.2 对换改变排列的奇偶性,即经过一次对换,奇排列变成偶排列,偶排列变为奇排列.

证 先证排列中相邻两个数对换的情形.

设逆序数为 t_1 的排列

$$q_1\cdots q_k q_{k+1}\cdots q_n$$

经过 q_k 与 q_{k+1} 对换变成逆序数为 t_2 的排列

$$q_1\cdots q_{k+1} q_k\cdots q_n.$$

当 $q_k > q_{k+1}$ 时,$t_2 = t_1 - 1$,而当 $q_k < q_{k+1}$ 时,$t_2 = t_1 + 1$,可见排列的奇偶性改变了. 再

看一般的情形，设排列

$$q_1\cdots q_i q_{k_1}\cdots q_{k_s} q_j\cdots q_n \tag{1.8}$$

经过 q_i 与 q_j 对换变成

$$q_1\cdots q_j q_{k_1}\cdots q_{k_s} q_i\cdots q_n. \tag{1.9}$$

不难看出，这一对换可通过一系列的相邻数对换来实现. 从式(1.8)出发，把 q_j 与 q_{k_s} 对换，再与 $q_{k_{s-1}}$ 对换，…，经过 $s+1$ 次相邻数的对换变成

$$q_1\cdots q_j q_i q_{k_1}\cdots q_{k_s}\cdots q_n. \tag{1.10}$$

从式(1.10)出发，再把 q_i 经过 s 次相邻数的对换变成式(1.9). 于是总共经过 $2s+1$ 次相邻数的对换，把排列(1.8)变成了排列(1.9)，所以这两个排列的奇偶性改变. ▌

定理 1.3 任意一个 n 阶排列都可经过若干次对换变成自然排列，并且所作对换的个数与这个排列有相同的奇偶性.

证 当 $n=2$ 时，共有两个排列 12 和 21，排列 21 经过一次对换变成自然排列 12，即 $n=2$ 时结论成立. 设对任一个 $n-1$ 阶排列结论成立. 考虑 n 阶排列 $q_1q_2\cdots q_n$. 如果 $q_n=n$，则根据归纳假设，$n-1$ 阶排列 $q_1\cdots q_{n-1}$ 可经若干次对换变成 $n-1$ 阶自然排列，因而 n 阶排列也同时变成 n 阶自然排列；如果 $q_n\neq n$，作 q_n 与 n 的对换得到排列 $p_1\cdots p_{n-1}n$，这又归纳为上面的情形. 又因为自然排列为偶排列，由定理 1.1 知，将一个奇(偶)排列变到自然排列需经过奇(偶)数次对换. ▌

推论 任意两个 n 阶排列都可经过一些对换互变，而且如果这两个排列奇偶相同，则所作的对换次数是偶数；如果这两个排列奇偶相反，则所作的对换次数是奇数.

以下讨论行列式的性质.

定义 1.5 设 D 为式(1.6)的 n 阶行列式，将 D 的行、列互换，得到一个行列式

$$D^{\mathrm{T}}=\begin{vmatrix} a_{11} & a_{21} & \cdots & a_{n1} \\ a_{12} & a_{22} & \cdots & a_{n2} \\ \vdots & \vdots & & \vdots \\ a_{1n} & a_{2n} & \cdots & a_{nn} \end{vmatrix}, \tag{1.11}$$

称 D^{T} 为行列式 D 的**转置行列式**.

性质 1 行列式与它的转置行列式的值相等.

证 在式(1.11)中设 $b_{ij}=a_{ji}(i,j=1,2,\cdots,n)$，按定义

$$D^{\mathrm{T}}=\sum_{p_1p_2\cdots p_n}(-1)^{\tau(p_1p_2\cdots p_n)}b_{1p_1}b_{2p_2}\cdots b_{np_n}=\sum_{p_1p_2\cdots p_n}(-1)^{\tau(p_1p_2\cdots p_n)}a_{p_11}a_{p_22}\cdots a_{p_nn},$$

其中 $p_1p_2\cdots p_n$ 是 $1,2,\cdots,n$ 的一个排列. 将乘积项 $a_{p_11}a_{p_22}\cdots a_{p_nn}$ 中元素的次序调整，得到乘积项 $a_{1q_1}a_{2q_2}\cdots a_{nq_n}$. 这相当于在各元素的第一个下标组成的排列 $p_1p_2\cdots p_n$ 经过若干次对换变成自然排列的同时，其第二个下标组成的自然排列变成新的排列 $q_1q_2\cdots q_n$. 根据前面的推论知

$$(-1)^{\tau(p_1p_2\cdots p_n)}a_{p_11}a_{p_22}\cdots a_{p_nn}=(-1)^{\tau(q_1q_2\cdots q_n)}a_{1q_1}a_{2q_2}\cdots a_{nq_n}.$$

又若 $p_i=j$，则由 $a_{p_ii}=a_{ji}=a_{jq_j}$ 知 $q_j=i$，可见排列 $q_1q_2\cdots q_n$ 由排列 $p_1p_2\cdots p_n$ 唯一确定. 故有

$$\begin{aligned}D^{\mathrm{T}}&=\sum_{p_1p_2\cdots p_n}(-1)^{\tau(p_1p_2\cdots p_n)}a_{p_11}a_{p_22}\cdots a_{p_nn}\\&=\sum_{q_1q_2\cdots q_n}(-1)^{\tau(q_1q_2\cdots q_n)}a_{1q_1}a_{2q_2}\cdots a_{nq_n}=D.\end{aligned}$$ ▎

这个性质表明在行列式中，行与列具有相同的地位，因此凡是有关行的性质对列也同样成立.

性质 2 互换行列式的两行(列)，行列式的值改变符号.

证 设行列式

$$\widetilde{D}=\begin{vmatrix}b_{11}&b_{12}&\cdots&b_{1n}\\b_{21}&b_{22}&\cdots&b_{2n}\\\vdots&\vdots&&\vdots\\b_{n1}&b_{n2}&\cdots&b_{nn}\end{vmatrix}$$

是由式(1.6)的行列式 D 交换 i,j 两行得到的，即

$$b_{st}=\begin{cases}a_{st}, & s\neq i,j,\\a_{jt}, & s=i,\\a_{it}, & s=j.\end{cases}$$

于是，由行列式的定义和定理 1.2，得

$$\begin{aligned}\widetilde{D}&=\sum_{q_1q_2\cdots q_n}(-1)^{\tau(q_1\cdots q_i\cdots q_j\cdots q_n)}b_{1q_1}\cdots b_{iq_i}\cdots b_{jq_j}\cdots b_{nq_n}\\&=\sum_{q_1\cdots q_i\cdots q_j\cdots q_n}(-1)^{\tau(q_1\cdots q_i\cdots q_j\cdots q_n)}a_{1q_1}\cdots a_{jq_i}\cdots a_{iq_j}\cdots a_{nq_n}\\&=-\sum_{q_1\cdots q_i\cdots q_j\cdots q_n}(-1)^{\tau(q_1\cdots q_j\cdots q_i\cdots q_n)}a_{1q_1}\cdots a_{iq_j}\cdots a_{jq_i}\cdots a_{nq_n}=-D.\end{aligned}$$ ▎

以 r_i 表示行列式的第 i 行，以 c_i 表示第 i 列，交换 i,j 两行记作 $\mathrm{r}_i\leftrightarrow\mathrm{r}_j$，交换 i,j 两列记作 $\mathrm{c}_i\leftrightarrow\mathrm{c}_j$.

推论 如果行列式中有两行(列)的元素相同，则行列式的值为零.

证 互换相同的这两行(列)，有 $D=-D$，故 $D=0$. ▎

性质 3 行列式中某行(列)的公因子可以提到行列式符号外，即

$$\begin{vmatrix}a_{11}&\cdots&a_{1n}\\\vdots&&\vdots\\ka_{i1}&\cdots&ka_{in}\\\vdots&&\vdots\\a_{n1}&\cdots&a_{nn}\end{vmatrix}=k\begin{vmatrix}a_{11}&\cdots&a_{1n}\\\vdots&&\vdots\\a_{i1}&\cdots&a_{in}\\\vdots&&\vdots\\a_{n1}&\cdots&a_{nn}\end{vmatrix}.$$

证 左端$=\sum\limits_{q_1q_2\cdots q_n}(-1)^{\tau(q_1q_2\cdots q_n)}a_{1q_1}\cdots(ka_{iq_i})\cdots a_{nq_n}$

$=k\sum\limits_{q_1q_2\cdots q_n}(-1)^{\tau(q_1q_2\cdots q_n)}a_{1q_1}\cdots a_{iq_i}\cdots a_{nq_n}=$右端. ▌

第 i 行(或列)提出公因子 k,记作 $\mathrm{r}_i\div k$(或 $\mathrm{c}_i\div k$).

推论 1 若行列式中有一行(列)的元素全为零,则行列式的值为零.

推论 2 若行列式中有两行(列)元素成比例,则行列式的值为零.

性质 4 如果行列式中第 i 行的元素都是两数之和

$$a_{ij}=b_{ij}+c_{ij}\quad (j=1,2,\cdots,n),$$

则该行列式等于两个行列式之和,这两个行列式的第 i 行分别是 $b_{i1},b_{i2},\cdots,b_{in}$ 和 $c_{i1},c_{i2},\cdots,c_{in}$,其余各行与原行列式相同,即

$$\begin{vmatrix} a_{11} & \cdots & a_{1n} \\ \vdots & & \vdots \\ b_{i1}+c_{i1} & \cdots & b_{in}+c_{in} \\ \vdots & & \vdots \\ a_{n1} & \cdots & a_{nn} \end{vmatrix}=\begin{vmatrix} a_{11} & \cdots & a_{1n} \\ \vdots & & \vdots \\ b_{i1} & \cdots & b_{in} \\ \vdots & & \vdots \\ a_{n1} & \cdots & a_{nn} \end{vmatrix}+\begin{vmatrix} a_{11} & \cdots & a_{1n} \\ \vdots & & \vdots \\ c_{i1} & \cdots & c_{in} \\ \vdots & & \vdots \\ a_{n1} & \cdots & a_{nn} \end{vmatrix}.$$

性质 5 如果行列式中某一行(列)加上另一行(列)的 k 倍,则行列式的值不变,即

$$\begin{vmatrix} a_{11} & \cdots & a_{1n} \\ \vdots & & \vdots \\ a_{i1} & \cdots & a_{in} \\ \vdots & & \vdots \\ a_{j1} & \cdots & a_{jn} \\ \vdots & & \vdots \\ a_{n1} & \cdots & a_{nn} \end{vmatrix}=\begin{vmatrix} a_{11} & \cdots & a_{1n} \\ \vdots & & \vdots \\ a_{i1}+ka_{j1} & \cdots & a_{in}+ka_{jn} \\ \vdots & & \vdots \\ a_{j1} & \cdots & a_{jn} \\ \vdots & & \vdots \\ a_{n1} & \cdots & a_{nn} \end{vmatrix}.$$

第 i 行(列)加上第 j 行(列)的 k 倍,记作 $\mathrm{r}_i+k\mathrm{r}_j$(或 $\mathrm{c}_i+k\mathrm{c}_j$).

性质 4 与性质 5 的证明留给读者. 利用这些性质可以简化行列式的计算.

例 1.4 计算行列式

$$D=\begin{vmatrix} 1 & -5 & 3 & -3 \\ 2 & 0 & 1 & -1 \\ 3 & 1 & -1 & 2 \\ 4 & 1 & 1 & -1 \end{vmatrix}.$$

解

$$D\xlongequal[r_4-4r_1]{\substack{r_2-2r_1\\r_3-3r_1}}\begin{vmatrix}1&-5&3&-3\\0&10&-5&5\\0&16&-10&11\\0&21&-11&11\end{vmatrix}\xlongequal{r_2\div 5}5\begin{vmatrix}1&-5&3&-3\\0&2&-1&1\\0&16&-10&11\\0&21&-11&11\end{vmatrix}$$

$$\xlongequal{c_2\leftrightarrow c_4}-5\begin{vmatrix}1&-3&3&-5\\0&1&-1&2\\0&11&-10&16\\0&11&-11&21\end{vmatrix}\xlongequal[r_4-11r_2]{r_3-11r_2}-5\begin{vmatrix}1&-3&3&-5\\0&1&-1&2\\0&0&1&-6\\0&0&0&-1\end{vmatrix}=5.$$

例 1.5 计算 n 阶行列式

$$D_n=\begin{vmatrix}x&a&\cdots&a\\a&x&\cdots&a\\\vdots&\vdots&&\vdots\\a&a&\cdots&x\end{vmatrix}.$$

解 该行列式各行(或列)的元素之和均为 $x+(n-1)a$,于是

$$D_n\xlongequal[j=2,\cdots,n]{c_1+c_j}\begin{vmatrix}x+(n-1)a&a&\cdots&a\\x+(n-1)a&x&\cdots&a\\\vdots&\vdots&&\vdots\\x+(n-1)a&a&\cdots&x\end{vmatrix}$$

$$\xlongequal[i=2,\cdots,n]{r_i-r_1}\begin{vmatrix}x+(n-1)a&a&\cdots&a\\0&x-a&\cdots&0\\\vdots&\vdots&&\vdots\\0&0&\cdots&x-a\end{vmatrix}$$

$$=[x+(n-1)a](x-a)^{n-1}.$$

一般,当行列式的各行(或列)元素之和为相同数时,通常先将各列(或行)都加到第 1 列(或第 1 行)或第 n 列(或第 n 行),然后提出公因子,再进行运算较为方便.

例 1.6 计算 n 阶行列式

$$D_n=\begin{vmatrix}1&2&3&\cdots&n\\2&1&0&\cdots&0\\3&0&1&\cdots&0\\\vdots&\vdots&\vdots&&\vdots\\n&0&0&\cdots&1\end{vmatrix}.$$

解
$$D_n \xlongequal[j=2,\cdots,n]{c_1 - jc_j} \begin{vmatrix} 1-2^2-3^2-\cdots-n^2 & 2 & 3 & \cdots & n \\ 0 & 1 & 0 & \cdots & 0 \\ 0 & 0 & 1 & \cdots & 0 \\ \vdots & \vdots & \vdots & & \vdots \\ 0 & 0 & 0 & \cdots & 1 \end{vmatrix} = 1 - \sum_{i=2}^{n} i^2.$$

把例 1.5 中的行列式形象地称为**箭形行列式**,记作 $|\nwarrow|$. 其他箭形行列式有 $|\searrow|$, $|\nearrow|$, $|\swarrow|$ 形,它们均可仿上例方法化成三角行列式或次三角行列式而求出其值.

例 1.7 计算 n 阶行列式

$$D_n = \begin{vmatrix} a_1+b_1 & a_1+b_2 & \cdots & a_1+b_n \\ a_2+b_1 & a_2+b_2 & \cdots & a_2+b_n \\ \vdots & \vdots & & \vdots \\ a_n+b_1 & a_n+b_2 & \cdots & a_n+b_n \end{vmatrix}.$$

解 当 $n=1$ 时, $D_1 = a_1 + b_1$.

当 $n=2$ 时, $D_2 = \begin{vmatrix} a_1+b_1 & a_1+b_2 \\ a_2+b_1 & a_2+b_2 \end{vmatrix} = (a_1-a_2)(b_2-b_1)$.

当 $n \geqslant 3$ 时,

$$D_n \xlongequal[i=2,\cdots,n]{r_i - r_1} \begin{vmatrix} a_1+b_1 & a_1+b_2 & \cdots & a_1+b_n \\ a_2-a_1 & a_2-a_1 & \cdots & a_2-a_1 \\ \vdots & \vdots & & \vdots \\ a_n-a_1 & a_n-a_1 & \cdots & a_n-a_1 \end{vmatrix} = 0.$$

1.5 行列式展开定理

一般情况下,低阶行列式比高阶行列式容易计算,因此我们自然会想到:能否把高阶行列式化成阶数较低的行列式来计算?本节就从这一设想出发来解决行列式的计算问题.

1.5.1 按一行(列)展开公式

定义 1.6 在 $n(>1)$ 阶行列式 $D=\det(a_{ij})$ 中,划去元素 a_{ij} 所在的第 i 行和第 j 列,剩下的元素按原来的排法构成的 $n-1$ 阶行列式称为元素 a_{ij} 的**余子式**,记为 M_{ij},而称 $A_{ij}=(-1)^{i+j}M_{ij}$ 为元素 a_{ij} 的**代数余子式**.

例如,在三阶行列式 $D = \begin{vmatrix} a_{11} & a_{12} & a_{13} \\ a_{21} & a_{22} & a_{23} \\ a_{31} & a_{32} & a_{33} \end{vmatrix}$ 中, a_{31} 与 a_{23} 的余子式分别为

$$M_{31}=\begin{vmatrix} a_{12} & a_{13} \\ a_{22} & a_{23} \end{vmatrix}, \qquad M_{23}=\begin{vmatrix} a_{11} & a_{12} \\ a_{31} & a_{32} \end{vmatrix},$$

它们的代数余子式分别为

$$A_{31}=(-1)^{3+1}M_{31}=M_{31}, \quad A_{23}=(-1)^{2+3}M_{23}=-M_{23}.$$

定理 1.4　n 阶行列式 $D=\det(a_{ij})$ 等于它任意一行(列)的所有元素与它们对应的代数余子式的乘积之和,即

$$D=a_{i1}A_{i1}+a_{i2}A_{i2}+\cdots+a_{in}A_{in} \quad (i=1,2,\cdots,n), \tag{1.12}$$

$$D=a_{1j}A_{1j}+a_{2j}A_{2j}+\cdots+a_{nj}A_{nj} \quad (j=1,2,\cdots,n). \tag{1.13}$$

证　只证式(1.12),分以下三步证明:

(1) 根据行列式的定义,有

$$\begin{vmatrix} a_{11} & \cdots & a_{1,n-1} & a_{1n} \\ \vdots & & \vdots & \vdots \\ a_{n-1,1} & \cdots & a_{n-1,n-1} & a_{n-1,n} \\ 0 & \cdots & 0 & a_{nn} \end{vmatrix} = \sum_{q_1\cdots q_{n-1}n}(-1)^{\tau(q_1\cdots q_{n-1}n)}a_{1q_1}\cdots a_{n-1,q_{n-1}}a_{nn}$$

$$= a_{nn}\sum_{q_1q_2\cdots q_{n-1}}(-1)^{\tau(q_1\cdots q_{n-1})}a_{1q_1}\cdots a_{n-1,q_{n-1}}$$

$$= a_{nn}M_{nn}.$$

(2) 将行列式 D 的第 i 行元素除 a_{ij} 外全换为 0,记所得的 n 阶行列式为 $D(i,j)$. 把 $D(i,j)$ 的第 i 行依次与第 $i+1$ 行,第 $i+2$ 行,…,第 n 行交换,然后再把第 j 列依次与第 $j+1$ 列,第 $j+2$ 列,…,第 n 列交换,就可化为情形(1),即有

$$D(i,j)=(-1)^{(n-i)+(n-j)}a_{ij}M_{ij}=a_{ij}(-1)^{i+j}M_{ij}=a_{ij}A_{ij}.$$

(3) 一般情形. 将行列式 D 的第 i 行元素写成

$$a_{i1}+0+\cdots+0, 0+a_{i2}+0+\cdots+0, \cdots, 0+\cdots+0+a_{in}.$$

并利用性质 4 得

$$\begin{aligned} D &= D(i,1)+D(i,2)+\cdots+D(i,n) \\ &= a_{i1}A_{i1}+a_{i2}A_{i2}+\cdots+a_{in}A_{in}. \end{aligned}$$

∎

这个定理称为**行列式按一行(列)展开公式**.

利用定理 1.4,一个 n 阶行列式可化为 n 个 $n-1$ 阶行列式来计算,而 $n-1$ 阶行列式又可化为 $n-2$ 阶行列式来计算,这样就可以把高阶行列式化为低阶行列式来计算. 在实际计算中,总是选取含零多的行或列来展开,这样有利于计算的简化.

例 1.8　按行(列)展开方法计算例 1.3 的行列式 D.

解

$$D \xlongequal[c_3+c_4]{c_1+2c_4} \begin{vmatrix} -5 & -5 & 0 & -3 \\ 0 & 0 & 0 & -1 \\ 7 & 1 & 1 & 2 \\ 2 & 1 & 0 & -1 \end{vmatrix}$$

$$\xlongequal{\text{按 } r_2 \text{ 展开}}(-1)(-1)^{2+4}\begin{vmatrix} -5 & -5 & 0 \\ 7 & 1 & 1 \\ 2 & 1 & 0 \end{vmatrix}$$

$$\xlongequal{\text{按 } c_3 \text{ 展开}}-(-1)^{2+3}\begin{vmatrix} -5 & -5 \\ 2 & 1 \end{vmatrix}=5.$$

例 1.9　证明 n 阶范德蒙德(Vandermonde)行列式

$$D_n=\begin{vmatrix} 1 & 1 & \cdots & 1 \\ x_1 & x_2 & \cdots & x_n \\ x_1^2 & x_2^2 & \cdots & x_n^2 \\ \vdots & \vdots & & \vdots \\ x_1^{n-1} & x_2^{n-1} & \cdots & x_n^{n-1} \end{vmatrix}=\prod_{n\geqslant i>j\geqslant 1}(x_i-x_j)\quad (n\geqslant 2).$$

证　对阶数 n 用数学归纳法证明. 因为

$$D_2=\begin{vmatrix} 1 & 1 \\ x_1 & x_2 \end{vmatrix}=x_2-x_1=\prod_{2\geqslant i>j\geqslant 1}(x_i-x_j),$$

所以 $n=2$ 时结论成立. 设对 $n-1$ 阶行列式结论成立,则

$$D_n\xlongequal[i=n,\cdots,2]{r_i-x_n r_{i-1}}\begin{vmatrix} 1 & 1 & \cdots & 1 & 1 \\ x_1-x_n & x_2-x_n & \cdots & x_{n-1}-x_n & 0 \\ x_1(x_1-x_n) & x_2(x_2-x_n) & \cdots & x_{n-1}(x_{n-1}-x_n) & 0 \\ \vdots & \vdots & & \vdots & \vdots \\ x_1^{n-2}(x_1-x_n) & x_2^{n-2}(x_2-x_n) & \cdots & x_{n-1}^{n-2}(x_{n-1}-x_n) & 0 \end{vmatrix}$$

$$\xlongequal{\text{按 } c_n \text{ 展开}}(-1)^{1+n}(x_1-x_n)(x_2-x_n)\cdots(x_{n-1}-x_n)D_{n-1}$$

$$=(x_n-x_1)(x_n-x_2)\cdots(x_n-x_{n-1})\prod_{n-1\geqslant i>j\geqslant 1}(x_i-x_j)$$

$$=\prod_{n\geqslant i>j\geqslant 1}(x_i-x_j),$$

即得所证. ▌

例 1.10　计算 n 阶行列式

$$D_n=\begin{vmatrix} a+b & b & & & \\ a & a+b & b & & \\ & \ddots & \ddots & \ddots & \\ & & a & a+b & b \\ & & & a & a+b \end{vmatrix}\quad (a\neq b).$$

解 $D_n \xlongequal{\text{按 } r_1 \text{ 展开}} (a+b)D_{n-1} - b\begin{vmatrix} a & b & & & \\ 0 & a+b & b & & \\ & a & \ddots & \ddots & \\ & & \ddots & a+b & b \\ & & & a & a+b \end{vmatrix}$

$\xlongequal{\text{按 } c_1 \text{ 展开}} (a+b)D_{n-1} - abD_{n-2}.$

于是有

$$\begin{aligned} D_n - aD_{n-1} &= b(D_{n-1} - aD_{n-2}) = b^2(D_{n-2} - aD_{n-3}) \\ &= \cdots = b^{n-2}(D_2 - aD_1) = b^n, \end{aligned}$$

从而

$$\begin{aligned} D_n &= aD_{n-1} + b^n = a^2D_{n-2} + ab^{n-1} + b^n = \cdots \\ &= a^n + a^{n-1}b + \cdots + ab^{n-1} + b^n = \frac{a^{n+1} - b^{n+1}}{a-b}. \end{aligned}$$

以下结论在后面章节中将会用到.

定理 1.5 n 阶行列式 $D = \det(a_{ij})$ 的任一行(列)各元素与另一行(列)对应元素的代数余子式乘积之和为零,即

$$a_{i1}A_{j1} + a_{i2}A_{j2} + \cdots + a_{in}A_{jn} = 0 \quad (i \neq j),$$
$$a_{1i}A_{1j} + a_{2i}A_{2j} + \cdots + a_{ni}A_{nj} = 0 \quad (i \neq j).$$

证 由定理 1.4 及行列式的性质,有

$$a_{i1}A_{j1} + a_{i2}A_{j2} + \cdots + a_{in}A_{jn} = \begin{vmatrix} a_{11} & \cdots & a_{1n} \\ \vdots & & \vdots \\ a_{i1} & \cdots & a_{in} \\ \vdots & & \vdots \\ a_{i1} & \cdots & a_{in} \\ \vdots & & \vdots \\ a_{n1} & \cdots & a_{nn} \end{vmatrix} \begin{matrix} \\ \\ i\text{ 行} \\ \\ j\text{ 行} \\ \\ \\ \end{matrix} = 0.$$

同理可证另一式. ∎

将定理 1.4 和定理 1.5 结合起来即得

$$\sum_{k=1}^{n} a_{ik}A_{jk} = \begin{cases} D, & i = j, \\ 0, & i \neq j; \end{cases} \qquad \sum_{l=1}^{n} a_{li}A_{lj} = \begin{cases} D, & i = j, \\ 0, & i \neq j. \end{cases} \tag{1.14}$$

例 1.11 已知四阶行列式

$$D = \begin{vmatrix} 1 & 2 & 3 & 4 \\ 2 & 4 & 3 & 1 \\ 4 & 1 & 3 & 2 \\ 1 & 4 & 3 & 2 \end{vmatrix},$$

求 $A_{11}+A_{21}+A_{31}+A_{41}$.

解　因为第 3 列各元素与第 1 列对应元素的代数余子式乘积之和为零，所以有

$$3A_{11}+3A_{21}+3A_{31}+3A_{41}=0,$$

故 $A_{11}+A_{21}+A_{31}+A_{41}=0$.

请读者考虑

$$A_{12}+A_{22}+A_{32}+A_{42}=?,\quad A_{14}+A_{24}+A_{34}+A_{44}=?$$

1.5.2　Laplace 定理

定理 1.4 是将行列式按一行(列)展开. 现在我们再把它推广，讨论行列式按几行(列)展开的问题.

为此，我们首先把余子式和代数余子式的概念加以推广.

定义 1.7　在 $n(>1)$ 阶行列式 $D=\det(a_{ij})$ 中任意选定 k 行 k 列 $(k\leqslant n)$，位于这些行和列的交点上的 k^2 个元素，按照原来的位置组成的 k 阶行列式 M，称为 D 的一个 **k 阶子式**. 在 D 中划去 $k(1\leqslant k<n)$ 阶子式 M 所在的第 $i_1,\cdots,i_k$ 行及第 $j_1,\cdots,j_k$ 列，剩下的元素按照原来的位置组成的 $n-k$ 阶行列式 N 称为 M 的**余子式**；而 $(-1)^{(i_1+\cdots+i_k)+(j_1+\cdots+j_k)}N$ 称为 M 的**代数余子式**.

例如，在四阶行列式 $D=\det(a_{ij})$ 中，选取第 1,4 行和第 1,3 列得 D 的一个二阶子式

$$M=\begin{vmatrix} a_{11} & a_{13} \\ a_{41} & a_{43} \end{vmatrix},$$

M 的余子式及代数余子式分别为

$$N=\begin{vmatrix} a_{22} & a_{24} \\ a_{32} & a_{34} \end{vmatrix},\quad (-1)^{1+4+1+3}N=-N.$$

有了这些概念，定理 1,4 可以推广如下.

定理 1.6(Laplace)　$n(>1)$ 阶行列式等于某 $k(1\leqslant k<n)$ 行(列)中所有 k 阶子式与它们对应的代数余子式乘积之和.

证　考虑 n 阶行列式 D 的左上角和右下角元素分别组成的 k 阶子式 D_1 和 $n-k$ 阶子式 D_2：

$$D_1=\begin{vmatrix} a_{11} & \cdots & a_{1k} \\ \vdots & & \vdots \\ a_{k1} & \cdots & a_{kk} \end{vmatrix},\quad D_2=\begin{vmatrix} a_{k+1,k+1} & \cdots & a_{k+1,n} \\ \vdots & & \vdots \\ a_{n,k+1} & \cdots & a_{nn} \end{vmatrix}.$$

此时 D_1 的代数余子式为

$$(-1)^{(1+2+\cdots+k)+(1+2+\cdots+k)}D_2=D_2.$$

又 D_1 的展开式中每一项都可写作

$$(-1)^{\tau(p_1p_2\cdots p_k)}a_{1p_1}a_{2p_2}\cdots a_{kp_k},$$

其中 $p_1p_2\cdots p_k$ 是 $1,2,\cdots,k$ 的一个排列. 而 D_2 的展开式中每一项都可写成

$$(-1)^{\tau(q_{k+1}q_{k+2}\cdots q_n)}a_{k+1,q_{k+1}}a_{k+2,q_{k+2}}\cdots a_{n,q_n},$$

其中 $q_{k+1}q_{k+2}\cdots q_n$ 是 $k+1,k+2,\cdots,n$ 的一个排列. 由于每个 q_i 都比 p_j 大,所以

$$(-1)^{\tau(p_1p_2\cdots p_k)+\tau(q_{k+1}q_{k+2}\cdots q_n)}=(-1)^{\tau(p_2p_2\cdots p_kq_{k+1}q_{k+2}\cdots q_n)}.$$

故把 D_1 的任一项(连其符号)与 D_2 的任一项(连其符号)相乘得

$$(-1)^{(p_1p_2\cdots p_kq_{k+1}q_{k+2}\cdots q_n)}a_{1p_1}a_{2p_2}\cdots a_{kp_k}a_{k+1,q_{k+1}}a_{k+2,q_{k+2}}\cdots a_{nq_n},$$

即 D_1D_2 的每一项恰好是 D 中的一项且符号也相同.

设在 n 阶行列式 D 中所选定的诸行为第 i_1 行,第 i_2 行,…,第 i_k 行(不妨设 $i_1<i_2<\cdots<i_k$),并设含于此 k 行的所有 k 阶子式为 $M_1,M_2,\cdots,M_s$,此处 $s=\mathrm{C}_n^k=\dfrac{n!}{k!(n-k)!}$. 又设这些子式的余子式分别为 $N_1,N_2,\cdots,N_s$,代数余子式分别为 $A_1,A_2,\cdots,A_s$. 要证明的是

$$D=M_1A_1+M_2A_2+\cdots+M_sA_s.$$

首先,任取一个乘积 M_iA_i 来看. 设子式 M_i 是由第 j_1 列,第 j_2 列,…,第 j_k 列所决定的(行数 $i_1,i_2,\cdots,i_k$ 已选定,故不再提,且不妨设 $j_1<j_2<\cdots<j_k$),令

$$i_1+i_2+\cdots+i_k+j_1+j_2+\cdots+j_k=t,$$

则有 $A_i=(-1)^tN_i$,因而 $M_iA_i=(-1)^tM_iN_i$. 现在把第 i_1 行依次与它上面的各行交换,最后便把第 i_1 行换到了第 1 行;然后仿此把第 i_2 行换到第 2 行,…,最后把第 i_k 行换到第 k 行. 再仿上,把第 j_1 列,第 j_2 列,…,第 j_k 列依次换到第 1 列,第 2 列,…,第 k 列,这样得到一个新的行列式 $\widetilde{D}$,则有

$$\widetilde{D}=(-1)^{[(i_1-1)+(i_1-2)+\cdots+(i_k-k)]+[(j_1-1)+(j_2-2)+\cdots+(j_k-k)]}D=(-1)^tD.$$

可见 $\widetilde{D}$ 和 D 的展开式中每一项都差符号 $(-1)^t$. 显然 $\widetilde{D}$ 中左上角的 k 阶子式就是 M_i,右下角的 $n-k$ 阶子式是 N_i,根据前面所证知 M_iN_i 展开后的每一项都是 $\widetilde{D}$ 的项(连其符号),因此 $M_iA_i=(-1)^tM_iN_i$ 的每一项都是 D 的项(连其符号).

其次,当 $i\neq j$ 时,M_i 与 M_j 至少有一行不相同,所以,M_iA_i 与 M_jA_j 展开后的项是彼此不同的.

最后,由于 M_i 是 k 阶子式,展开后有 $k!$ 项,同理 A_i 展开后有 $(n-k)!$ 项,所以 $M_1A_1+M_2A_2+\cdots+M_sA_s$ 展开后共有

$$s\times k!(n-k)!=\frac{n!}{k!(n-k)!}k!(n-k)!=n!.$$

这与 D 展开后的项数一致,故必有 $D=M_1A_1+M_2A_2+\cdots+M_sA_s$. ▌

根据这个定理,一个 n 阶行列式的计算可化为 C_n^k 个 k 阶行列式和 C_n^k 个 $n-k$ 阶行列式来计算. 为了简化计算,我们总是使所选取的 k 行(列)中的 k 阶子式尽量

多地为零.

例 1.12 计算行列式

$$D=\begin{vmatrix} -4 & 1 & 2 & -2 & 1 \\ 0 & 3 & 0 & 1 & -5 \\ 2 & -3 & 1 & -3 & 1 \\ -1 & -1 & 3 & -1 & 0 \\ 0 & 4 & 0 & 2 & 5 \end{vmatrix}.$$

解 在行列式 D 的第 2 行和第 5 行中含零个数较多,故可按第 2 行和第 5 行展开. 在这两行中应有 $C_5^2=10$ 个二阶子式,但其中不等于零的子式只有三个:

$$M_1=\begin{vmatrix} 3 & 1 \\ 4 & 2 \end{vmatrix}=2,\quad M_2=\begin{vmatrix} 3 & -5 \\ 4 & 5 \end{vmatrix}=35,\quad M_3=\begin{vmatrix} 1 & -5 \\ 2 & 5 \end{vmatrix}=15,$$

它们的代数余子式分别为

$$A_1=(-1)^{2+5+2+4}\begin{vmatrix} -4 & 2 & 1 \\ 2 & 1 & 1 \\ -1 & 3 & 0 \end{vmatrix}=-17,$$

$$A_2=(-1)^{2+5+2+5}\begin{vmatrix} -4 & 2 & -2 \\ 2 & 1 & -3 \\ -1 & 3 & -1 \end{vmatrix}=-36,$$

$$A_3=(-1)^{2+5+4+5}\begin{vmatrix} -4 & 1 & 2 \\ 2 & -3 & 1 \\ -1 & -1 & 3 \end{vmatrix}=15.$$

于是

$$D=M_1A_1+M_2A_2+M_3A_3=-1069.$$

例 1.13 计算 $2n$ 阶行列式

$$D_{2n}=\begin{vmatrix} a_n & & & & & & b_n \\ & a_{n-1} & & & & b_{n-1} & \\ & & \ddots & & & \cdot^{\cdot^{\cdot}} & \\ & & & a_1 & b_1 & & \\ & & & c_1 & d_1 & & \\ & & \cdot^{\cdot^{\cdot}} & & & \ddots & \\ & c_{n-1} & & & & d_{n-1} & \\ c_n & & & & & & d_n \end{vmatrix}.$$

解 按第 1 行与第 $2n$ 行展开得

$$D_{2n}=\begin{vmatrix} a_n & b_n \\ c_n & d_n \end{vmatrix}\cdot(-1)^{1+2n+1+2n}\begin{vmatrix} a_{n-1} & & & & & b_{n-1} \\ & \ddots & & & \iddots & \\ & & a_1 & b_1 & & \\ & & c_1 & d_1 & & \\ & \iddots & & & \ddots & \\ c_{n-1} & & & & & d_{n-1} \end{vmatrix}$$

$$=(a_nd_n-b_nc_n)D_{2(n-1)}.$$

以此作递推公式,即可得

$$D_{2n}=(a_nd_n-b_nc_n)D_{2(n-1)}=(a_nd_n-b_nc_n)(a_{n-1}d_{n-1}-b_{n-1}c_{n-1})D_{2(n-2)}$$

$$=\cdots=(a_nd_n-b_nc_n)\cdots(a_2d_2-b_2c_2)D_2=\prod_{k=1}^{n}(a_kd_k-b_kc_k).$$

利用 Laplace 定理,可以证明

定理 1.7(行列式乘积法则) 两个 n 阶行列式

$$\begin{vmatrix} a_{11} & a_{12} & \cdots & a_{1n} \\ a_{21} & a_{22} & \cdots & a_{2n} \\ \vdots & \vdots & & \vdots \\ a_{n1} & a_{n2} & \cdots & a_{nn} \end{vmatrix},\quad \begin{vmatrix} b_{11} & b_{12} & \cdots & b_{1n} \\ b_{21} & b_{22} & \cdots & b_{2n} \\ \vdots & \vdots & & \vdots \\ b_{n1} & b_{n2} & \cdots & b_{nn} \end{vmatrix}$$

的乘积等于一个 n 阶行列式

$$\begin{vmatrix} c_{11} & c_{12} & \cdots & c_{1n} \\ c_{21} & c_{22} & \cdots & c_{2n} \\ \vdots & \vdots & & \vdots \\ c_{n1} & c_{n2} & \cdots & c_{nn} \end{vmatrix},$$

其中 $c_{ij}=a_{i1}b_{1j}+a_{i2}b_{2j}+\cdots+a_{in}b_{nj}(i,j=1,2,\cdots,n)$.

证 作一个 $2n$ 阶行列式

$$D=\begin{vmatrix} a_{11} & \cdots & a_{1n} & 0 & \cdots & 0 \\ \vdots & & \vdots & \vdots & & \vdots \\ a_{n1} & \cdots & a_{nn} & 0 & \cdots & 0 \\ -1 & & & b_{11} & \cdots & b_{1n} \\ & \ddots & & \vdots & & \vdots \\ & & -1 & b_{n1} & \cdots & b_{nn} \end{vmatrix}.$$

根据 Laplace 定理,将 D 按前 n 行展开,得

$$D=\begin{vmatrix} a_{11} & \cdots & a_{1n} \\ \vdots & & \vdots \\ a_{n1} & \cdots & a_{nn} \end{vmatrix}\begin{vmatrix} b_{11} & \cdots & b_{1n} \\ \vdots & & \vdots \\ b_{n1} & \cdots & b_{nn} \end{vmatrix}.$$

如果依次将 D 的第 $n+1$ 行的 a_{k1} 倍，第 $n+2$ 行的 a_{k2} 倍，…，第 $2n$ 行的 a_{kn} 倍加到第 k 行($k=1,2,\cdots,n$)，就得

$$D=\begin{vmatrix} 0 & \cdots & 0 & c_{11} & \cdots & c_{1n} \\ \vdots & & \vdots & \vdots & & \vdots \\ 0 & \cdots & 0 & c_{n1} & \cdots & c_{nn} \\ -1 & & & b_{11} & \cdots & b_{1n} \\ & \ddots & & \vdots & & \vdots \\ & & -1 & b_{n1} & \cdots & b_{nn} \end{vmatrix}.$$

按其前 n 行展开，得

$$D=\begin{vmatrix} c_{11} & \cdots & c_{1n} \\ \vdots & & \vdots \\ c_{n1} & \cdots & c_{nn} \end{vmatrix}(-1)^{(1+2+\cdots+n)+[(n+1)+\cdots+2n]}\begin{vmatrix} -1 & & \\ & \ddots & \\ & & -1 \end{vmatrix}=\begin{vmatrix} c_{11} & \cdots & c_{1n} \\ \vdots & & \vdots \\ c_{n1} & \cdots & c_{nn} \end{vmatrix},$$

定理得证. ▌

例 1.14　计算行列式

$$D=\begin{vmatrix} a & b & c & d \\ -b & a & -d & c \\ -c & d & a & -b \\ -d & -c & b & a \end{vmatrix}.$$

解　利用行列式乘积法则，有

$$D^2=DD^{\mathrm{T}}=\begin{vmatrix} a & b & c & d \\ -b & a & -d & c \\ -c & d & a & -b \\ -d & -c & b & a \end{vmatrix}\begin{vmatrix} a & -b & -c & -d \\ b & a & d & -c \\ c & -d & a & b \\ d & c & -b & a \end{vmatrix}$$

$$=\begin{vmatrix} a^2+b^2+c^2+d^2 & & & \\ & a^2+b^2+c^2+d^2 & & \\ & & a^2+b^2+c^2+d^2 & \\ & & & a^2+b^2+c^2+d^2 \end{vmatrix}$$

$$=(a^2+b^2+c^2+d^2)^4.$$

又行列式 D 的展开式中有一项 a^4，故

$$D=(a^2+b^2+c^2+d^2)^2.$$

1.6　Cramer 法则

1.6.1　线性方程组的概念

线性方程组是线性代数的基本内容，在数学的其他分支、自然科学、工程技术

以及生产实际中都经常用到,是数学中一个非常重要的基础理论.

一般线性方程组是指形式为

$$\begin{cases} a_{11}x_1+a_{12}x_2+\cdots+a_{1n}x_n=b_1, \\ a_{21}x_1+a_{22}x_2+\cdots+a_{2n}x_n=b_2, \\ \cdots\cdots \\ a_{m1}x_1+a_{m2}x_2+\cdots+a_{mn}x_n=b_m \end{cases} \tag{1.15}$$

的方程组,其中 $x_1,x_2,\cdots,x_n$ 代表 n 个**未知量**;m 是方程的个数;$a_{ij}(i=1,2,\cdots,m;j=1,2,\cdots,n)$称为方程组(1.15)的**系数**,$a_{ij}$ 的第一个下标 i 表示它在第 i 个方程,第二个下标 j 表示它是 x_j 的系数;$b_i(i=1,2,\cdots,m)$称为**常数项**.如果 $b_1=b_2=\cdots=b_m=0$,则称(1.15)为**齐次线性方程组**.如果 $b_1,b_2,\cdots,b_m$ 不全为零,则称之为**非齐次线性方程组**.

线性方程组(1.15)的**解**是指这样一组数 $c_1,c_2\cdots,c_n$,当 $x_1,x_2,\cdots,x_n$ 分别用 $c_1,c_2,\cdots,c_n$ 代入后,式(1.15)中各个方程都成为恒等式.方程组(1.15)的解的全体称为它的**解集合**,而能代表解集合中任一元素的表达式称为**通解**.如果两个线性方程组有相同的解集合,就称它们是**同解的**.如果线性方程组的解存在,则称之为**有解**或**相容**;否则称为**无解**或**不相容**,也称之为**矛盾的**.

对于齐次线性方程组,$x_1=x_2=\cdots=x_n=0$ 显然是它的解,称为**零解**;如果齐次线性方程组还有解 $c_1,c_2,\cdots,c_n$,且这组数不全为零,则称之为**非零解**.我们关心的是齐次线性方程组在什么情况下有非零解?如何求解?解之间的关系如何?

对于非齐次线性方程组,首先碰到的问题是判断它是否有解?如果有解,有多少个解,如何求出全部解?解之间的关系如何?

本节对于未知量个数与方程个数相同的一类特殊的线性方程组应用行列式来求解.

1.6.2 Cramer 法则

二元一次方程组与三元一次方程组的行列式解法,可以推广到求解含 n 个未知量 n 个方程的线性方程组.

定理 1.8(Cramer 法则) 如果线性方程组

$$\begin{cases} a_{11}x_1+a_{12}x_2+\cdots+a_{1n}x_n=b_1, \\ a_{21}x_1+a_{22}x_2+\cdots+a_{2n}x_n=b_2, \\ \cdots\cdots \\ a_{n1}x_1+a_{n2}x_2+\cdots+a_{nn}x_n=b_n \end{cases} \tag{1.16}$$

的系数行列式

$$D=\begin{vmatrix} a_{11} & a_{12} & \cdots & a_{1n} \\ a_{21} & a_{22} & \cdots & a_{2n} \\ \vdots & \vdots & & \vdots \\ a_{n1} & a_{n2} & \cdots & a_{nn} \end{vmatrix}\neq 0,$$

则该方程组有唯一解

$$x_j=\frac{D^{(j)}}{D}\quad (j=1,2,\cdots,n),\tag{1.17}$$

其中 $D^{(j)}(j=1,2,\cdots,n)$是把 D 中第 j 列的元素换成常数项 $b_1,b_2,\cdots,b_n$ 所得的行列式,即

$$D^{(j)}=\begin{vmatrix} a_{11} & \cdots & a_{1,j-1} & b_1 & a_{1,j+1} & \cdots & a_{1n} \\ a_{21} & \cdots & a_{2,j-1} & b_2 & a_{2,j+1} & \cdots & a_{2n} \\ \vdots & & \vdots & \vdots & \vdots & & \vdots \\ a_{n1} & \cdots & a_{n,j-1} & b_n & a_{n,j+1} & \cdots & a_{nn} \end{vmatrix}.$$

证 首先验证式(1.17)是式(1.16)的解.将 $x_j=\dfrac{D^{(j)}}{D}(j=1,2,\cdots,n)$代入式(1.16)中第 i 个方程的左端,得

$$a_{i1}\frac{D^{(1)}}{D}+a_{i2}\frac{D^{(2)}}{D}+\cdots+a_{in}\frac{D^{(n)}}{D}=\frac{1}{D}(a_{i1}D^{(1)}+a_{i2}D^{(2)}+\cdots+a_{in}D^{(n)}).\tag{1.18}$$

把 $D^{(j)}$ 按 j 列展开,有

$$D^{(j)}=\sum_{l=1}^{n}b_lA_{lj}\quad (j=1,2,\cdots,n).\tag{1.19}$$

代入式(1.18)右端,并利用式(1.14),得

$$\begin{aligned} & a_{i1}\frac{D^{(1)}}{D}+a_{i2}\frac{D^{(2)}}{D}+\cdots+a_{in}\frac{D^{(n)}}{D} \\ = & \frac{1}{D}\left(a_{i1}\sum_{l=1}^{n}b_lA_{l1}+a_{i2}\sum_{l=1}^{n}b_lA_{l2}+\cdots+a_{in}\sum_{l=1}^{n}b_lA_{ln}\right) \\ = & \frac{1}{D}\left(b_1\sum_{k=1}^{n}a_{ik}A_{1k}+\cdots+b_i\sum_{k=1}^{n}a_{ik}A_{ik}+\cdots+b_n\sum_{k=1}^{n}a_{ik}A_{nk}\right) \\ = & \frac{1}{D}(0+\cdots+0+b_iD+0+\cdots+0)=b_i. \end{aligned}$$

这说明将式(1.17)代入式(1.16)的第 $i(i=1,2,\cdots,n)$个方程后,得到一个恒等式,所以式(1.17)是式(1.16)的一个解.

其次证明式(1.17)是式(1.16)的唯一解.为此,假设 $x_1=c_1,x_2=c_2,\cdots,x_n=c_n$ 是式(1.16)的一个解,即

$$\begin{cases} a_{11}c_1+a_{12}c_2+\cdots+a_{1n}c_n=b_1, \\ a_{21}c_1+a_{22}c_2+\cdots+a_{2n}c_n=b_2, \\ \qquad\cdots\cdots \\ a_{n1}c_1+a_{n2}c_2+\cdots+a_{nn}c_n=b_n. \end{cases}\tag{1.20}$$

用行列式 D 的第 j 列的代数余子式 $A_{1j},A_{2j},\cdots,A_{nj}$ 依次去乘式(1.20)中 n 个恒等式,并将所得的 n 个等式相加,得

$$\left(\sum_{l=1}^{n} a_{l1}A_{lj}\right)c_1+\cdots+\left(\sum_{l=1}^{n} a_{lj}A_{lj}\right)c_j+\cdots+\left(\sum_{l=1}^{n} a_{ln}A_{lj}\right)c_n=\sum_{l=1}^{n} b_l A_{lj}.$$

根据式(1.14)和式(1.19),有 $Dc_j=D^{(j)}$,因此

$$c_j=\frac{D^{(j)}}{D}\quad(j=1,2,\cdots,n),$$

即式(1.17)确实是式(1.16)的唯一解. ▌

例 1.15 解线性方程组

$$\begin{cases}3x_1+x_2-x_3+x_4=-3,\\ x_1-x_2+x_3+2x_4=4,\\ 2x_1+x_2+2x_3-x_4=7,\\ x_1+2x_3+x_4=6.\end{cases}$$

解 方程组的系数行列式

$$D=\begin{vmatrix}3&1&-1&1\\1&-1&1&2\\2&1&2&-1\\1&0&2&1\end{vmatrix}=-13\neq 0.$$

根据 Cramer 法则,这个线性方程组有唯一解. 又因为

$$D^{(1)}=\begin{vmatrix}-3&1&-1&1\\4&-1&1&2\\7&1&2&-1\\6&0&2&1\end{vmatrix}=-13,\quad D^{(2)}=\begin{vmatrix}3&-3&-1&1\\1&4&1&2\\2&7&2&-1\\1&6&2&1\end{vmatrix}=26,$$

$$D^{(3)}=\begin{vmatrix}3&1&-3&1\\1&-1&4&2\\2&1&7&-1\\1&0&6&1\end{vmatrix}=-39,\quad D^{(4)}=\begin{vmatrix}3&1&-1&-3\\1&-1&1&4\\2&1&2&7\\1&0&2&6\end{vmatrix}=13,$$

所以方程组的解为

$$x_1=\frac{D^{(1)}}{D}=1,\quad x_2=\frac{D^{(2)}}{D}=-2,\quad x_3=\frac{D^{(3)}}{D}=3,\quad x_4=\frac{D^{(4)}}{D}=-1.$$

将 Cramer 法则用于齐次线性方程组,有如下结论.

定理 1.9 如果齐次线性方程组

$$\begin{cases}a_{11}x_1+a_{12}x_2+\cdots+a_{1n}x_n=0,\\ a_{21}x_1+a_{22}x_2+\cdots+a_{2n}x_n=0,\\ \quad\cdots\cdots\\ a_{n1}x_1+a_{n2}x_2+\cdots+a_{nn}x_n=0\end{cases}\tag{1.21}$$

的系数行列式 $D=\det(a_{ij})\neq 0$，则该方程组只有零解. 或者说，假如方程组(1.21)有非零解，则它的系数行列式 $D=0$.

在第3章我们还将证明，系数行列式 $D=0$ 也是方程组(1.21)有非零解的充分条件.

例 1.16　问 λ 取何值时，齐次线性方程组

$$\begin{cases}(\lambda+3)x_1+x_2+2x_3=0,\\ \lambda x_1+(\lambda-1)x_2+x_3=0,\\ 3(\lambda+1)x_1+\lambda x_2+(\lambda+3)x_3=0\end{cases}$$

有非零解？

解　该方程组的系数行列式

$$D=\begin{vmatrix}\lambda+3 & 1 & 2\\ \lambda & \lambda-1 & 1\\ 3(\lambda+1) & \lambda & \lambda+3\end{vmatrix}=\lambda^2(\lambda-1).$$

由于有非零解必有 $D=0$，所以 λ 应取0或1.

下例说明了 Cramer 法则在数值分析中的应用.

例 1.17　**多项式插值**　在实际中遇到的函数，有许多是用表格方式给出的，如通过实验观测，得出了某个函数 $y=f(x)$ 在 $n+1$ 个不同点 $x_0,x_1,\cdots,x_n$ 处的函数值 $y_0,y_1,\cdots,y_n$. 这种表格函数不便于分析其性质和变化规律，特别还不能直接求出表中没有列出的点处的函数值. 有些函数的分析表达式很复杂，直接用来计算函数值及进行理论分析都不方便，对这两种情形，常常希望由已给的数据或从原表达式求出的若干组数据，构造出一个简单的函数来，近似地表达原来的函数. 数值分析中的**多项式插值**，就是要确定次数不超过 n 的多项式

$$P_n(x)=a_0+a_1x+\cdots+a_nx^n, \tag{1.22}$$

使其在点 $x_i(i=0,1,\cdots,n)$ 处取给定的函数值，即

$$P_n(x_i)=y_i\quad(i=0,1,\cdots,n). \tag{1.23}$$

从而，由式(1.22)和式(1.23)，得

$$\begin{cases}a_0+a_1x_0+\cdots+a_nx_0^n=y_0,\\ a_0+a_1x_1+\cdots+a_nx_1^n=y_1,\\ \qquad\cdots\cdots\\ a_0+a_1x_n+\cdots+a_nx_n^n=y_n.\end{cases} \tag{1.24}$$

这是以 $a_0,a_1,\cdots,a_n$ 为未知量的线性方程组，其系数行列式

$$D=\begin{vmatrix}1 & x_0 & \cdots & x_0^n\\ 1 & x_1 & \cdots & x_1^n\\ \vdots & \vdots & & \vdots\\ 1 & x_n & \cdots & x_n^n\end{vmatrix}$$

是 Vandermonde 行列式. 由于 $x_0,x_1,\cdots,x_n$ 互不相同,根据例 1.9 知

$$D=\prod_{n\geqslant i>j\geqslant 0}(x_i-x_j)\neq 0,$$

所以方程组(1.24)的解存在且唯一. 这表明满足条件(1.22)和(1.23)的多项式 $P_n(x)$ 是存在且唯一的.

对于求解未知量个数与方程个数相等而且系数行列式不等于零的线性方程组,Cramer 法则在理论上是一个非常完善的结果. 它不仅肯定了这种方程组有解,而且说明只有一个解,还用公式把解通过系数及常数项表示了出来. 但是在应用 Cramer 法则求解时,要计算 $n+1$ 个 n 阶行列式,计算量是比较大的. 所以在具体解线性方程组时,经常采用消元法.

习 题 1

1. 计算下列行列式:

(1) $\begin{vmatrix}3 & -5\\ 2 & 4\end{vmatrix}$; (2) $\begin{vmatrix}a+b & a\\ a-b & 2a-b\end{vmatrix}$; (3) $\begin{vmatrix}1 & 3 & 2\\ 3 & -5 & 1\\ 2 & 1 & 4\end{vmatrix}$; (4) $\begin{vmatrix}2 & -1 & 4\\ 3 & 2 & 1\\ 1 & 3 & 5\end{vmatrix}$.

2. 解下列线性方程组:

(1) $\begin{cases}2x-5y=6,\\ x-y=5;\end{cases}$ (2) $\begin{cases}2x_1-3x_2+x_3=10,\\ x_1+4x_2-2x_3=-8,\\ 3x_1+2x_2-x_3=1.\end{cases}$

3. 求下列排列的逆序数,并确定其奇偶性:

(1) 4267351; (2) 1357246; (3) 54782136; (4) 61472853.

4. 选择 i 与 j 使

(1) $215i\,7j\,946$ 为奇排列; (2) $3972i\,15j\,4$ 为偶排列.

5. 在六阶行列式中,$a_{23}a_{31}a_{42}a_{56}a_{14}a_{65}$ 和 $a_{32}a_{43}a_{16}a_{51}a_{64}a_{25}$ 这两项应带有什么符号?

6. 写出四阶行列式中所有带有负号并且包含因子 a_{23} 的项.

7. 按定义计算行列式:

(1) $\begin{vmatrix}0 & 1 & 0 & \cdots & 0\\ 0 & 0 & 2 & \cdots & 0\\ \vdots & \vdots & \vdots & & \vdots\\ 0 & 0 & 0 & \cdots & n-1\\ n & 0 & 0 & \cdots & 0\end{vmatrix}$; (2) $\begin{vmatrix}0 & \cdots & 0 & 1 & 0\\ 0 & \cdots & 2 & 0 & 0\\ \vdots & & \vdots & \vdots & \vdots\\ n-1 & \cdots & 0 & 0 & 0\\ 0 & \cdots & 0 & 0 & n\end{vmatrix}$.

8. 由行列式定义证明:

$$\begin{vmatrix}a_{11} & a_{12} & a_{13} & a_{14} & a_{15}\\ a_{21} & a_{22} & a_{23} & a_{24} & a_{25}\\ a_{31} & a_{32} & 0 & 0 & 0\\ a_{41} & a_{42} & 0 & 0 & 0\\ a_{51} & a_{52} & 0 & 0 & 0\end{vmatrix}=0.$$

9. 由行列式定义计算

$$f(x)=\begin{vmatrix} 2x & x & 1 & 2 \\ 1 & x & 1 & -1 \\ 3 & 2 & x & 1 \\ 1 & 1 & 1 & x \end{vmatrix}$$

中 x^4 与 x^3 的系数,并说明理由.

10. 行列式 D 中每一个元 a_{ij} 分别用 $b^{i-j}(b\neq 0)$ 去乘,证明所得行列式与 D 相等.

11. 计算下列行列式:

(1) $\begin{vmatrix} 246 & 427 & 327 \\ 1014 & 543 & 443 \\ -342 & 721 & 621 \end{vmatrix}$; (2) $\begin{vmatrix} 3 & 1 & 1 & 1 \\ 1 & 3 & 1 & 1 \\ 1 & 1 & 3 & 1 \\ 1 & 1 & 1 & 3 \end{vmatrix}$; (3) $\begin{vmatrix} 1 & 2 & 3 & 4 \\ 2 & 3 & 4 & 1 \\ 3 & 4 & 1 & 2 \\ 4 & 1 & 2 & 3 \end{vmatrix}$;

(4) $\begin{vmatrix} 1+a & 1 & 1 & 1 \\ 1 & 1-a & 1 & 1 \\ 1 & 1 & 1+b & 1 \\ 1 & 1 & 1 & 1-b \end{vmatrix}$;

(5) $\begin{vmatrix} a^2 & (a+1)^2 & (a+2)^2 & (a+3)^2 \\ b^2 & (b+1)^2 & (b+2)^2 & (b+3)^2 \\ c^2 & (c+1)^2 & (c+2)^2 & (c+3)^2 \\ d^2 & (d+1)^2 & (d+2)^2 & (d+3)^2 \end{vmatrix}$; (6) $\begin{vmatrix} a & a & a & a \\ a_1 & b & a_2 & a_2 \\ a_2 & a_2 & c & a_3 \\ a_3 & a_3 & a_3 & d \end{vmatrix}$.

12. 计算下列 n 阶行列式:

(1) $\begin{vmatrix} a & 0 & \cdots & 0 & 1 \\ 0 & a & \cdots & 0 & 0 \\ \vdots & \vdots & & \vdots & \vdots \\ 0 & 0 & \cdots & a & 0 \\ 1 & 0 & \cdots & 0 & a \end{vmatrix}$; (2) $\begin{vmatrix} 1 & 2 & 3 & \cdots & n \\ 2 & 1 & 0 & \cdots & 0 \\ 3 & 0 & 1 & \cdots & 0 \\ \vdots & \vdots & \vdots & & \vdots \\ n & 0 & 0 & \cdots & 1 \end{vmatrix}$;

(3) $\begin{vmatrix} x_1-m & x_2 & \cdots & x_n \\ x_1 & x_2-m & \cdots & x_n \\ \vdots & \vdots & & \vdots \\ x_1 & x_2 & \cdots & x_n-m \end{vmatrix}$;

(4) $\begin{vmatrix} 0 & a_{12} & \cdots & a_{1n} \\ -a_{12} & 0 & \ddots & \vdots \\ \vdots & \ddots & \ddots & a_{n-1,n} \\ -a_{1n} & \cdots & -a_{n-1,n} & 0 \end{vmatrix}$ (n 为奇数).

13. 计算下列行列式:

(1) $\begin{vmatrix} x & a & b & 0 & c \\ 0 & y & 0 & 0 & d \\ 0 & c & z & 0 & f \\ g & h & k & u & l \\ 0 & 0 & 0 & 0 & v \end{vmatrix}$； (2) $\begin{vmatrix} 1 & 1 & 0 & 0 & 1 & 0 \\ 1 & \omega & 0 & 0 & \omega^2 & 0 \\ a_1 & b_1 & 1 & 1 & c_1 & 1 \\ a_2 & b_2 & 1 & \omega^2 & c_2 & \omega \\ a_3 & b_3 & 1 & \omega & c_3 & \omega^2 \\ 1 & \omega^2 & 0 & 0 & \omega & 0 \end{vmatrix}$，这里 ω 是 1 的虚立方根.

14. 计算下列 n 阶行列式：

(1) $\begin{vmatrix} a & b & & & \\ & a & b & & \\ & & \ddots & \ddots & \\ & & & a & b \\ b & & & & a \end{vmatrix}$； (2) $\begin{vmatrix} 1 & 2 & 2 & \cdots & 2 \\ 2 & 2 & 2 & \cdots & 2 \\ 2 & 2 & 3 & \cdots & 2 \\ \vdots & \vdots & \vdots & & \vdots \\ 2 & 2 & 2 & \cdots & n \end{vmatrix}$；

(3) $\begin{vmatrix} 1 & 2 & 3 & \cdots & n-1 & n \\ -1 & 0 & 0 & \cdots & 0 & 1 \\ 0 & -2 & 0 & \cdots & 0 & 2 \\ \vdots & \vdots & \vdots & & \vdots & \vdots \\ 0 & 0 & 0 & \cdots & -(n-1) & n-1 \end{vmatrix}$；

(4) $\begin{vmatrix} 1+a_1 & 1 & \cdots & 1 \\ 1 & 1+a_2 & \cdots & 1 \\ \vdots & \vdots & & \vdots \\ 1 & 1 & \cdots & 1+a_n \end{vmatrix}$ $(a_i \neq 0, i=1,2,\cdots,n)$；

(5) $\begin{vmatrix} 2a & a^2 & & & \\ 1 & 2a & a^2 & & \\ & 1 & \ddots & \ddots & \\ & & \ddots & \ddots & a^2 \\ & & & 1 & 2a \end{vmatrix}$； (6) $\begin{vmatrix} a^n & (a-1)^n & \cdots & (a-n)^n \\ a^{n-1} & (a-1)^{n-1} & \cdots & (a-n)^{n-1} \\ \vdots & \vdots & & \vdots \\ a & a-1 & \cdots & a-n \\ 1 & 1 & \cdots & 1 \end{vmatrix}$.

15. 证明：

(1) $\begin{vmatrix} a_0 & -1 & & & \\ a_1 & x & -1 & & \\ \vdots & & \ddots & \ddots & \\ a_{n-2} & & & x & -1 \\ a_{n-1} & & & & x \end{vmatrix} = a_0x^{n-1}+a_1x^{n-2}+\cdots+a_{n-2}x+a_{n-1}$；

(2) $\begin{vmatrix} \cos\alpha & 1 & & & \\ 1 & 2\cos\alpha & 1 & & \\ & 1 & \ddots & \ddots & \\ & & \ddots & \ddots & 1 \\ & & & 1 & 2\cos\alpha \end{vmatrix} = \cos n\alpha$.

16. 已知 $a_1, a_2, \cdots, a_n$ 是互不相同的数，设

$$f(x)=\begin{vmatrix} 1 & x & x^2 & \cdots & x^n \\ 1 & a_1 & a_1^2 & \cdots & a_1^n \\ \vdots & \vdots & \vdots & & \vdots \\ 1 & a_n & a_n^2 & \cdots & a_n^n \end{vmatrix}.$$

(1) 说明 $f(x)$是一个 n 次多项式；(2) 求 $f(x)=0$ 的全部根.

*17. 计算下列 n 阶行列式：

(1) $\begin{vmatrix} 1 & 2 & 3 & \cdots & n \\ 2 & 3 & 4 & \cdots & 1 \\ 3 & 4 & 5 & \cdots & 2 \\ \vdots & \vdots & \vdots & & \vdots \\ n & 1 & 2 & \cdots & n-1 \end{vmatrix}$；　(2) $\begin{vmatrix} \lambda & \alpha & \alpha & \cdots & \alpha \\ \beta & a & b & \cdots & b \\ \beta & b & a & \cdots & b \\ \vdots & \vdots & \vdots & & \vdots \\ \beta & b & b & \cdots & a \end{vmatrix}$；

(3) $\begin{vmatrix} x & a & a & \cdots & a & a \\ -a & x & a & \cdots & a & a \\ -a & -a & x & \cdots & a & a \\ \vdots & \vdots & \vdots & \ddots & \vdots & \vdots \\ -a & -a & -a & \cdots & x & a \\ -a & -a & -a & \cdots & -a & x \end{vmatrix}$；　(4) $\begin{vmatrix} x & y & y & \cdots & y & y \\ z & x & y & \cdots & y & y \\ z & z & x & \cdots & y & y \\ \vdots & \vdots & \vdots & \ddots & \vdots & \vdots \\ z & z & z & \cdots & x & y \\ z & z & z & \cdots & z & x \end{vmatrix}$；

(5) $\begin{vmatrix} 1 & 1 & \cdots & 1 \\ x_1 & x_2 & \cdots & x_n \\ x_1^2 & x_2^2 & \cdots & x_n^2 \\ \vdots & \vdots & & \vdots \\ x_1^{n-2} & x_2^{n-2} & \cdots & x_n^{n-2} \\ x_1^n & x_2^n & \cdots & x_n^n \end{vmatrix}$.

*18. 计算 $f(x+1)-f(x)$，其中

$$f(x)=\begin{vmatrix} 1 & 0 & 0 & \cdots & 0 & x \\ 1 & 2 & 0 & \cdots & 0 & x^2 \\ 1 & 3 & 3 & \cdots & 0 & x^3 \\ \vdots & \vdots & \vdots & & \vdots & \vdots \\ 1 & C_n^1 & C_n^2 & \cdots & C_n^{n-1} & x^n \\ 1 & C_{n+1}^1 & C_{n+1}^2 & \cdots & C_{n+1}^{n-1} & x^{n+1} \end{vmatrix}.$$

19. 用 Cramer 法则解下列线性方程组：

(1) $\begin{cases} x_1+4x_2+x_3+14x_4=-2, \\ x_1+x_2+x_3+x_4=5, \\ x_1+2x_2-x_3+4x_4=-2, \\ 2x_1+x_2-x_3-x_4=2; \end{cases}$　(2) $\begin{cases} 4x_1+x_2=5, \\ x_1+4x_2+x_3=4, \\ x_2+4x_3+x_4=-2, \\ x_3+4x_4=3. \end{cases}$

20. 已知齐次线性方程组

$$\begin{cases} (\lambda+1)x_1+x_2+x_3=0, \\ x_1+(\lambda+1)x_2-x_3=0, \\ x_1-(\lambda+2)x_2+2x_3=0 \end{cases}$$

有非零解，问 λ 取何值？

21. 求一个二次多项式 $f(x)$，使 $f(1)=0, f(2)=3, f(-3)=28$.

22. 假定水银密度 ρ 与温度 t 的关系为

$$\rho=a_0+a_1t+a_2t^2+a_3t^3.$$

由实验测定得以下数据：

$t/(^\circ)$	0	10	20	30
ρ	13.60	13.57	13.55	13.52

求 a_0, a_1, a_2 及 a_3.

第 2 章　矩阵及其运算

据资料记载，矩阵的概念是 1850 年首先由西尔维斯特（J. J. Sylvester，1814～1897）提出来的，1858 年凯莱（A. Cayley，1821～1895）建立了矩阵运算规则. 从此，矩阵的理论逐渐成为数学的一个重要分支，在自然科学、工程技术和现代经济学等领域中得到广泛的应用.

本章介绍矩阵的概念和运算，并讨论矩阵运算的一些基本性质. 这些性质在以后各章中都要用到.

2.1　矩阵的概念

如果给定了一个线性方程组的全部系数和常数项，则这个线性方程组就基本上确定了. 例如，式（1.15）的线性方程组，可以用下面的"数表"

$$\left(\begin{array}{cccc|c} a_{11} & a_{12} & \cdots & a_{1n} & b_1 \\ a_{21} & a_{22} & \cdots & a_{2n} & b_2 \\ \vdots & \vdots & & \vdots & \vdots \\ a_{m1} & a_{m2} & \cdots & a_{mn} & b_m \end{array}\right) \tag{2.1}$$

来表示. 反之，有了数表（2.1）后，除了代表未知数的符号外，线性方程组（1.15）就确定了. 因此研究线性方程组（1.15）就只需研究数表（2.1）.

定义 2.1　由 mn 个数 $a_{ij}(i=1,2,\cdots,m;j=1,2,\cdots,n)$ 排成的 m 行 n 列的数表

$$\begin{pmatrix} a_{11} & a_{12} & \cdots & a_{1n} \\ a_{21} & a_{22} & \cdots & a_{2n} \\ \vdots & \vdots & & \vdots \\ a_{m1} & a_{m2} & \cdots & a_{mn} \end{pmatrix} \tag{2.2}$$

称为 $\boldsymbol{m\times n}$ **矩阵**，a_{ij} 称为这个矩阵**第 $\boldsymbol{i}$ 行第 $\boldsymbol{j}$ 列的元素**. 当 $m=n$ 时，称之为 $\boldsymbol{n}$ **阶方阵**. 当一个矩阵的元素全是某一数域 $\mathbf{K}$ 中的数时，就称之为**数域 $\mathbf{K}$ 上的矩阵**. 特别地，元素是实数的矩阵称为**实矩阵**，元素是复数的矩阵称为**复矩阵**. 数域 $\mathbf{K}$ 上全体 $m\times n$ 矩阵组成的集合记作 $\mathbf{K}^{m\times n}$.

通常用大写黑体字母 $\boldsymbol{A},\boldsymbol{B},\cdots$ 表示矩阵. 如上面的矩阵（2.2）常用 $\boldsymbol{A}$ 来表示，有时也简记为

$$\boldsymbol{A}=(a_{ij})_{m\times n} \quad 或 \quad \boldsymbol{A}=(a_{ij}).$$

当无需指明元素时，$m\times n$ 矩阵 $\boldsymbol{A}$ 也记作 $\boldsymbol{A}_{m\times n}$.

须注意矩阵与行列式是不同的：行列式要求行数与列数相同，而矩阵不要求行数 m 等于列数 n；行列式表示的是一个数值，而矩阵仅是由 mn 个数所排成的一个数表. 但是，一阶方阵和一阶行列式与一个数等同.

元素都是零的 $m\times n$ 矩阵称为**零矩阵**，记作 $\boldsymbol{O}_{m\times n}$. 在不会混淆的情况下简记作 $\boldsymbol{O}$.

只有一行或一列的矩阵，分别称为**行矩阵**或**列矩阵**，在第 4 章中分别称之为行向量或列向量，用小写字母 $\boldsymbol{a},\boldsymbol{b},\boldsymbol{x},\cdots$ 表示. 如

$$\boldsymbol{a}=(a_1,a_2,\cdots,a_n), \qquad \boldsymbol{x}=\begin{pmatrix} x_1 \\ x_2 \\ \vdots \\ x_n \end{pmatrix}.$$

用 $\boldsymbol{E}_n$ 表示如下的 n 阶方阵：

$$\boldsymbol{E}_n=\begin{pmatrix} 1 & 0 & \cdots & 0 \\ 0 & 1 & \cdots & 0 \\ \vdots & \vdots & & \vdots \\ 0 & 0 & \cdots & 1 \end{pmatrix},$$

称之为 n 阶**单位矩阵**，它的主对角线上的元素都是 1，其余元素都是 0. 在不会混淆的情况下简记作 $\boldsymbol{E}$. 称 n 阶方阵

$$\begin{pmatrix} \lambda_1 & 0 & \cdots & 0 \\ 0 & \lambda_2 & \cdots & 0 \\ \vdots & \vdots & & \vdots \\ 0 & 0 & \cdots & \lambda_n \end{pmatrix}$$

为**对角矩阵**，简记为 $\mathrm{diag}(\lambda_1,\lambda_2,\cdots,\lambda_n)$.

如果与线性方程组(1.15)相联系，矩阵(2.2)的元素恰由未知数的系数构成，称之为线性方程组(1.15)的**系数矩阵**，而矩阵(2.1)称为线性方程组(1.15)的**增广矩阵**. 因此可以利用矩阵来研究线性方程组.

在许多实际问题中，会遇到一些变量要用另外一些变量线性表示的问题. 例如，在解析几何中进行坐标变换时，如果坐标系绕原点逆时针旋转角度 θ，那么平面直角坐标变换的公式为

$$\begin{cases} x=x'\cos\theta-y'\sin\theta, \\ y=x'\sin\theta+y'\cos\theta. \end{cases} \tag{2.3}$$

显然，新旧坐标之间的关系，完全可以通过公式中系数所排成的二行二列的数表

$$\begin{pmatrix} \cos\theta & -\sin\theta \\ \sin\theta & \cos\theta \end{pmatrix}$$

表示出来.

定义 2.2 已知 $m\times n$ 个数 $a_{ij}(i=1,2,\cdots,m;j=1,2,\cdots,n)$. 若变量 $x_1,x_2,\cdots,x_m$ 能用变量 $y_1,y_2,\cdots,y_n$ 线性地表示,即

$$\begin{cases} x_1=a_{11}y_1+a_{12}y_2+\cdots+a_{1n}y_n, \\ x_2=a_{21}y_1+a_{22}y_2+\cdots+a_{2n}y_n, \\ \quad\cdots\cdots \\ x_m=a_{m1}y_1+a_{m2}y_2+\cdots+a_{mn}y_n, \end{cases} \tag{2.4}$$

则称之为从变量 $y_1,y_2,\cdots,y_n$ 到变量 $x_1,x_2,\cdots,x_m$ 的**线性变换**.

式(2.3)即是从变量 x',y' 到变量 x,y 的线性变换.

线性变换(2.4)也完全可由变量前的系数排成的矩阵(2.2)确定,此时称之为线性变换(2.4)的**系数矩阵**. 如果给出一个$m\times n$矩阵作为系数矩阵,则线性变换(2.4)也就确定了. 在这个意义上,线性变换和矩阵之间存在着一一对应的关系,因此可以利用矩阵来研究线性变换.

矩阵这一数学概念能够与工程技术问题密切相关,成为方便、简捷的表达手段,主要依赖于它的种种运算和变换. 本章主要介绍矩阵的代数运算.

2.2 矩阵的基本运算

在定义运算之前,首先给出矩阵相等的概念.

两个矩阵的行数相等,列数也相等时,就称它们是**同型矩阵**. 如果两个同型矩阵$\boldsymbol{A}=(a_{ij})_{m\times n}$,$\boldsymbol{B}=(b_{ij})_{m\times n}$的对应元素相等,即

$$a_{ij}=b_{ij}\quad(i=1,2,\cdots,m;j=1,2,\cdots,n),$$

则称矩阵 $\boldsymbol{A}$ 与 $\boldsymbol{B}$ **相等**,记作 $\boldsymbol{A}=\boldsymbol{B}$.

2.2.1 矩阵的线性运算

定义 2.3 设有两个同型矩阵 $\boldsymbol{A}=(a_{ij})_{m\times n}$,$\boldsymbol{B}=(b_{ij})_{m\times n}$,矩阵 $\boldsymbol{A}$ 与 $\boldsymbol{B}$ 的**加法**记作 $\boldsymbol{A}+\boldsymbol{B}$,规定为

$$\boldsymbol{A}+\boldsymbol{B}=(a_{ij}+b_{ij})_{m\times n}.$$

数 k 与矩阵 $\boldsymbol{A}$ 的乘积,简称**数乘**,记作 $k\boldsymbol{A}$ 或 $\boldsymbol{A}k$,规定为

$$k\boldsymbol{A}=\boldsymbol{A}k=(ka_{ij})_{m\times n}.$$

以上运算称为矩阵的**线性运算**. 矩阵 $\boldsymbol{A}$ 的**负矩阵**,记作 $-\boldsymbol{A}$,规定为

$$-\boldsymbol{A}=(-1)\boldsymbol{A}=(-a_{ij})_{m\times n}.$$

矩阵 $\boldsymbol{A}$ 与 $\boldsymbol{B}$ 的**减法**,记作 $\boldsymbol{A}-\boldsymbol{B}$,规定为

$$\boldsymbol{A}-\boldsymbol{B}=\boldsymbol{A}+(-\boldsymbol{B})=(a_{ij}-b_{ij})_{m\times n}.$$

矩阵的线性运算满足下列运算律(设 $\boldsymbol{A},\boldsymbol{B},\boldsymbol{C}$ 都是 $m\times n$ 矩阵,k 和 l 是数):

(1) $\boldsymbol{A}+\boldsymbol{B}=\boldsymbol{B}+\boldsymbol{A}$;

(2) $(\boldsymbol{A}+\boldsymbol{B})+\boldsymbol{C}=\boldsymbol{A}+(\boldsymbol{B}+\boldsymbol{C})$;

(3) $\boldsymbol{A}+\boldsymbol{O}=\boldsymbol{A}$;

(4) $\boldsymbol{A}+(-\boldsymbol{A})=\boldsymbol{O}$;

(5) $1\boldsymbol{A}=\boldsymbol{A}$;

(6) $(kl)\boldsymbol{A}=k(l\boldsymbol{A})$;

(7) $(k+l)\boldsymbol{A}=k\boldsymbol{A}+l\boldsymbol{A}$;

(8) $k(\boldsymbol{A}+\boldsymbol{B})=k\boldsymbol{A}+k\boldsymbol{B}$.

可见矩阵的线性运算与数的加法和乘法所满足的运算律完全类似. 因此,在求解只含线性运算的矩阵方程时,可仿一元一次方程的求解过程进行.

例 2.1 设 $2\boldsymbol{A}+\boldsymbol{X}=\boldsymbol{B}-2\boldsymbol{X}$,其中

$$\boldsymbol{A}=\begin{pmatrix}1 & -2 & 0\\ 4 & 3 & 5\end{pmatrix},\quad \boldsymbol{B}=\begin{pmatrix}8 & 2 & 6\\ 5 & 3 & 4\end{pmatrix},$$

求矩阵 $\boldsymbol{X}$.

解 通过移项及合并,整理得

$$\boldsymbol{X}=\frac{1}{3}(\boldsymbol{B}-2\boldsymbol{A})=\frac{1}{3}\left(\begin{pmatrix}8 & 2 & 6\\ 5 & 3 & 4\end{pmatrix}-\begin{pmatrix}2 & -4 & 0\\ 8 & 6 & 10\end{pmatrix}\right)$$

$$=\frac{1}{3}\begin{pmatrix}6 & 6 & 6\\ -3 & -3 & -6\end{pmatrix}=\begin{pmatrix}2 & 2 & 2\\ -1 & -1 & -2\end{pmatrix}.$$

2.2.2 矩阵乘法

定义 2.4 设 $\boldsymbol{A}=(a_{ij})$ 是一个 $m\times s$ 矩阵,$\boldsymbol{B}=(b_{ij})$ 是一个 $s\times n$ 矩阵,规定矩阵 $\boldsymbol{A}$ 与矩阵 $\boldsymbol{B}$ 的**乘积**是一个 $m\times n$ 矩阵 $\boldsymbol{C}=(c_{ij})$,其中

$$c_{ij}=\sum_{k=1}^{s}a_{ik}b_{kj}\quad(i=1,2,\cdots,m;j=1,2,\cdots,n),\tag{2.5}$$

并把此乘积记作 $\boldsymbol{C}=\boldsymbol{AB}$.

由定义可见,只有当 $\boldsymbol{A}$ 的列数等于 $\boldsymbol{B}$ 的行数时,$\boldsymbol{AB}$ 才有意义,并且 $\boldsymbol{AB}$ 是 $m\times n$ 矩阵;而乘积 $\boldsymbol{AB}$ 的第 i 行第 j 列元素是矩阵 $\boldsymbol{A}$ 的第 i 行各元素分别与矩阵 $\boldsymbol{B}$ 的第 j 列各对应元素的乘积之和.

例 2.2　已知 $\boldsymbol{A}=\begin{pmatrix}3 & -1\\ 0 & 3\\ 1 & 0\end{pmatrix}$，　$\boldsymbol{B}=\begin{pmatrix}1 & 0 & 1 & -1\\ 0 & 2 & 1 & 0\end{pmatrix}$，求 $\boldsymbol{AB}$，并问 $\boldsymbol{B}$ 与 $\boldsymbol{A}$ 是否可以相乘？

解　由于 $\boldsymbol{A}$ 是 3×2 矩阵，$\boldsymbol{B}$ 是 2×4 矩阵，$\boldsymbol{A}$ 的列数与 $\boldsymbol{B}$ 的行数都等于 2，所以 $\boldsymbol{A}$ 与 $\boldsymbol{B}$ 可以相乘，其乘积 $\boldsymbol{AB}$ 是 3×4 矩阵. 按公式(2.5)有

$$\boldsymbol{C}=\boldsymbol{AB}=\begin{pmatrix}3 & -1\\ 0 & 3\\ 1 & 0\end{pmatrix}\begin{pmatrix}1 & 0 & 1 & -1\\ 0 & 2 & 1 & 0\end{pmatrix}=(c_{ij})_{3\times 4},$$

其中

$$\begin{aligned}
&c_{11}=3\times 1+(-1)\times 0=3, && c_{12}=3\times 0+(-1)\times 2=-2,\\
&c_{13}=3\times 1+(-1)\times 1=2, && c_{14}=3\times(-1)+(-1)\times 0=-3,\\
&c_{21}=0\times 1+3\times 0=0, && c_{22}=0\times 0+3\times 2=6,\\
&c_{23}=0\times 1+3\times 1=3, && c_{24}=0\times(-1)+3\times 0=0,\\
&c_{31}=1\times 1+0\times 0=1, && c_{32}=1\times 0+0\times 2=0,\\
&c_{33}=1\times 1+0\times 1=1, && c_{34}=1\times(-1)+0\times 0=-1.
\end{aligned}$$

故

$$\boldsymbol{AB}=\begin{pmatrix}3 & -2 & 2 & -3\\ 0 & 6 & 3 & 0\\ 1 & 0 & 1 & -1\end{pmatrix}.$$

因为 $\boldsymbol{B}$ 的列数是 4，$\boldsymbol{A}$ 的行数是 3，所以 $\boldsymbol{B}$ 与 $\boldsymbol{A}$ 不可相乘.

例 2.3　已知 $\boldsymbol{A}=(1,-1,0)$，$\boldsymbol{B}=\begin{pmatrix}2\\ 1\\ -3\end{pmatrix}$，求 $\boldsymbol{AB}$ 及 $\boldsymbol{BA}$.

解

$$\boldsymbol{AB}=(1,-1,0)\begin{pmatrix}2\\ 1\\ -3\end{pmatrix}=1,$$

$$\boldsymbol{BA}=\begin{pmatrix}2\\ 1\\ -3\end{pmatrix}(1,-1,0)=\begin{pmatrix}2 & -2 & 0\\ 1 & -1 & 0\\ -3 & 3 & 0\end{pmatrix}.$$

例 2.4　已知 $\boldsymbol{A}=\begin{pmatrix}-1 & 1\\ 1 & -1\end{pmatrix}$，$\boldsymbol{B}=\begin{pmatrix}-1 & -1\\ 1 & 1\end{pmatrix}$，求 $\boldsymbol{AB}$ 及 $\boldsymbol{BA}$.

解

$$\boldsymbol{AB}=\begin{pmatrix}-1 & 1\\ 1 & -1\end{pmatrix}\begin{pmatrix}-1 & -1\\ 1 & 1\end{pmatrix}=\begin{pmatrix}2 & 2\\ -2 & -2\end{pmatrix},$$

$$\boldsymbol{BA}=\begin{pmatrix}-1 & -1\\ 1 & 1\end{pmatrix}\begin{pmatrix}-1 & 1\\ 1 & -1\end{pmatrix}=\begin{pmatrix}0 & 0\\ 0 & 0\end{pmatrix}.$$

由上面诸例可见：一般矩阵的乘法不满足交换律. 这是因为，当 $\boldsymbol{AB}$ 有意义时，$\boldsymbol{B}$ 与 $\boldsymbol{A}$ 可能无法相乘；当 $\boldsymbol{AB}$ 与 $\boldsymbol{BA}$ 均有意义时，其阶数可能不相同；当 $\boldsymbol{AB}$ 与 $\boldsymbol{BA}$ 均有意义且阶数也相同时，仍可能 $\boldsymbol{AB}\neq\boldsymbol{BA}$. 因此，做矩阵乘法一定要注意先后次序. 从例 2.4 还可以看到：虽然$\boldsymbol{A}\neq\boldsymbol{O},\boldsymbol{B}\neq\boldsymbol{O}$，但仍可能有 $\boldsymbol{AB}=\boldsymbol{O}$. 因此，矩阵乘法一般不满足消去律，即 $\boldsymbol{AB}=\boldsymbol{AC}$ 时，不一定有 $\boldsymbol{B}=\boldsymbol{C}$. 不过矩阵乘法仍满足下列运算律（假设运算都可进行）：

(1) $(\boldsymbol{AB})\boldsymbol{C}=\boldsymbol{A}(\boldsymbol{BC})$；

(2) $\boldsymbol{A}(\boldsymbol{B}+\boldsymbol{C})=\boldsymbol{AB}+\boldsymbol{AC},\quad(\boldsymbol{B}+\boldsymbol{C})\boldsymbol{A}=\boldsymbol{BA}+\boldsymbol{CA}$；

(3) $k(\boldsymbol{AB})=(k\boldsymbol{A})\boldsymbol{B}=\boldsymbol{A}(k\boldsymbol{B})$ （其中 k 为数量）；

(4) $\boldsymbol{E}_m\boldsymbol{A}_{m\times n}=\boldsymbol{A}_{m\times n}\boldsymbol{E}_n=\boldsymbol{A}_{m\times n}$.

证 只证明(1)，其余证明留给读者. 设 $\boldsymbol{A}=(a_{ij})_{m\times n},\boldsymbol{B}=(b_{jk})_{n\times p},\boldsymbol{C}=(c_{kl})_{p\times q}$，又设 $\boldsymbol{V}=\boldsymbol{AB}=(v_{ik})_{m\times p},\boldsymbol{W}=\boldsymbol{BC}=(w_{jl})_{n\times p}$，则

$$v_{ik}=\sum_{j=1}^{n}a_{ij}b_{jk}(i=1,2,\cdots,m;k=1,2,\cdots,p),$$

$$w_{jl}=\sum_{k=1}^{p}b_{jk}c_{kl}(j=1,2,\cdots,n;l=1,2,\cdots,q).$$

因为$(\boldsymbol{AB})\boldsymbol{C}=\boldsymbol{VC}$ 中第 i 行第 l 列的元素为

$$\sum_{k=1}^{p}v_{ik}c_{kl}=\sum_{k=1}^{p}\Big(\sum_{j=1}^{n}a_{ij}b_{jk}\Big)c_{kl}=\sum_{k=1}^{p}\sum_{j=1}^{n}a_{ij}b_{jk}c_{kl},$$

而 $\boldsymbol{A}(\boldsymbol{BC})=\boldsymbol{AW}$ 的第 i 行第 l 列元素为

$$\sum_{j=1}^{n}a_{ij}w_{jl}=\sum_{j=1}^{n}a_{ij}\Big(\sum_{k=1}^{p}b_{jk}c_{kl}\Big)=\sum_{j=1}^{n}\sum_{k=1}^{p}a_{ij}b_{jk}c_{kl}=\sum_{k=1}^{p}\sum_{j=1}^{n}a_{ij}b_{jk}c_{kl},$$

可见$(\boldsymbol{AB})\boldsymbol{C}$ 与 $\boldsymbol{A}(\boldsymbol{BC})$的第 i 行第 l 列元素相等，且它们是同型矩阵，故$(\boldsymbol{AB})\boldsymbol{C}=\boldsymbol{A}(\boldsymbol{BC})$. ▎

由(4)可见，单位矩阵 $\boldsymbol{E}$ 在矩阵乘法中的作用，类似数的乘法中的 1.

矩阵的乘法有广泛的应用，许多繁杂的问题借助于矩阵乘法可以表达得很简洁. 例如，对于线性方程组(1.15)，设系数矩阵 $\boldsymbol{A}$ 如式(2.2)，又设

$$\boldsymbol{x}=\begin{pmatrix}x_1\\ x_2\\ \vdots\\ x_n\end{pmatrix},\quad \boldsymbol{b}=\begin{pmatrix}b_1\\ b_2\\ \vdots\\ b_m\end{pmatrix},$$

则可简洁地写成

$$\boldsymbol{Ax}=\boldsymbol{b},\tag{2.6}$$

称之为**线性方程组的矩阵形式**. 同样线性变换(2.4)可以写成矩阵形式

$$\boldsymbol{x}=\boldsymbol{A}\boldsymbol{y}, \tag{2.7}$$

其中

$$\boldsymbol{x}=\begin{pmatrix}x_1\\x_2\\\vdots\\x_m\end{pmatrix},\quad \boldsymbol{y}=\begin{pmatrix}y_1\\y_2\\\vdots\\y_n\end{pmatrix},\quad \boldsymbol{A}=(a_{ij})_{m\times n}.$$

如果又知从变量 $z_1,z_2,\cdots,z_s$ 到变量 $y_1,y_2,\cdots,y_n$ 的线性变换

$$\boldsymbol{y}=\boldsymbol{B}\boldsymbol{z}, \tag{2.8}$$

其中

$$\boldsymbol{B}=(b_{ij})_{n\times s},\quad \boldsymbol{z}=\begin{pmatrix}z_1\\z_2\\\vdots\\z_s\end{pmatrix},$$

则从变量 $z_1,z_2,\cdots,z_s$ 到变量 $x_1,x_2,\cdots,x_m$ 的线性变换为

$$\boldsymbol{x}=\boldsymbol{A}\boldsymbol{y}=\boldsymbol{A}(\boldsymbol{B}\boldsymbol{z})=(\boldsymbol{A}\boldsymbol{B})\boldsymbol{z}.$$

可见其系数矩阵恰为线性变换式(2.7)与式(2.8)的系数矩阵的乘积.

2.2.3 方阵的幂

利用矩阵乘法,可以研究任何一个方阵的幂的问题.

定义 2.5 设 $\boldsymbol{A}$ 是一个 n 阶方阵,k 是正整数,则 $\boldsymbol{A}$ 的 k 次幂规定为

$$\boldsymbol{A}^k=\underbrace{\boldsymbol{A}\ \boldsymbol{A}\ \cdots\ \boldsymbol{A}}_{k\text{个}},$$

显然只有方阵的幂才有意义.

由于矩阵乘法满足结合律,所以方阵的幂满足以下运算律:

$$\boldsymbol{A}^k\boldsymbol{A}^l=\boldsymbol{A}^{k+l},\quad (\boldsymbol{A}^k)^l=\boldsymbol{A}^{kl},$$

其中 k,l 为正整数. 又因为矩阵乘法一般不满足交换律,所以对于两个 n 阶方阵 $\boldsymbol{A}$ 与 $\boldsymbol{B}$,一般说来

$$(\boldsymbol{A}\boldsymbol{B})^k\neq\boldsymbol{A}^k\boldsymbol{B}^k,\quad (\boldsymbol{A}+\boldsymbol{B})^k\neq\boldsymbol{A}^k+\mathrm{C}_k^1\boldsymbol{A}^{k-1}\boldsymbol{B}+\cdots+\mathrm{C}_k^{k-1}\boldsymbol{A}\boldsymbol{B}^{k-1}+\boldsymbol{B}^k,$$

其中 $\mathrm{C}_k^i=\dfrac{k!}{i!(k-i)!}$. 但是当 $\boldsymbol{A}\boldsymbol{B}=\boldsymbol{B}\boldsymbol{A}$ 时,等式却是成立的.

例 2.5 求证 $\begin{pmatrix}\cos\theta & -\sin\theta\\ \sin\theta & \cos\theta\end{pmatrix}^n=\begin{pmatrix}\cos n\theta & -\sin n\theta\\ \sin n\theta & \cos n\theta\end{pmatrix}$.

证 用数学归纳法证明. 当 $n=1$ 时,等式显然成立. 设 $n=k$ 时结论成立,即

$$\begin{pmatrix}\cos\theta & -\sin\theta\\ \sin\theta & \cos\theta\end{pmatrix}^k=\begin{pmatrix}\cos k\theta & -\sin k\theta\\ \sin k\theta & \cos k\theta\end{pmatrix}.$$

当 $n=k+1$ 时,有

$$\begin{pmatrix}\cos\theta & -\sin\theta\\ \sin\theta & \cos\theta\end{pmatrix}^{k+1}=\begin{pmatrix}\cos\theta & -\sin\theta\\ \sin\theta & \cos\theta\end{pmatrix}^{k}\begin{pmatrix}\cos\theta & -\sin\theta\\ \sin\theta & \cos\theta\end{pmatrix}$$

$$=\begin{pmatrix}\cos k\theta & -\sin k\theta\\ \sin k\theta & \cos k\theta\end{pmatrix}\begin{pmatrix}\cos\theta & -\sin\theta\\ \sin\theta & \cos\theta\end{pmatrix}$$

$$=\begin{pmatrix}\cos k\theta\cos\theta-\sin k\theta\sin\theta & -\cos k\theta\sin\theta-\sin k\theta\cos\theta\\ \sin k\theta\cos\theta+\cos k\theta\sin\theta & -\sin k\theta\sin\theta+\cos k\theta\cos\theta\end{pmatrix}$$

$$=\begin{pmatrix}\cos(k+1)\theta & -\sin(k+1)\theta\\ \sin(k+1)\theta & \cos(k+1)\theta\end{pmatrix},$$

于是等式得证. ▌

对于对角矩阵 $\boldsymbol{\Lambda}=\mathrm{diag}(\lambda_1,\lambda_2,\cdots,\lambda_n)$，由数学归纳法可证得

$$\boldsymbol{\Lambda}^k=\mathrm{diag}(\lambda_1^k,\lambda_2^k,\cdots,\lambda_n^k).$$

2.2.4 矩阵的转置

定义 2.6 设 $\boldsymbol{A}$ 是 $m\times n$ 矩阵，即

$$\boldsymbol{A}=\begin{pmatrix}a_{11} & a_{12} & \cdots & a_{1n}\\ a_{21} & a_{22} & \cdots & a_{2n}\\ \vdots & \vdots & & \vdots\\ a_{m1} & a_{m2} & \cdots & a_{mn}\end{pmatrix},$$

则 $n\times m$ 矩阵

$$\begin{pmatrix}a_{11} & a_{21} & \cdots & a_{m1}\\ a_{12} & a_{22} & \cdots & a_{m2}\\ \vdots & \vdots & & \vdots\\ a_{1n} & a_{2n} & \cdots & a_{mn}\end{pmatrix}$$

称为 $\boldsymbol{A}$ 的**转置矩阵**，记作 $\boldsymbol{A}^{\mathrm{T}}$.

矩阵的转置满足下述运算律(假设运算都是可行的)：

(1) $(\boldsymbol{A}^{\mathrm{T}})^{\mathrm{T}}=\boldsymbol{A}$；

(2) $(\boldsymbol{A}+\boldsymbol{B})^{\mathrm{T}}=\boldsymbol{A}^{\mathrm{T}}+\boldsymbol{B}^{\mathrm{T}}$；

(3) $(k\boldsymbol{A})^{\mathrm{T}}=k\boldsymbol{A}^{\mathrm{T}}$ (k 为常数)；

(4) $(\boldsymbol{AB})^{\mathrm{T}}=\boldsymbol{B}^{\mathrm{T}}\boldsymbol{A}^{\mathrm{T}}$.

在此仅证明(4). 设 $\boldsymbol{A}=(a_{ij})_{m\times s}$，$\boldsymbol{B}=(b_{ij})_{s\times n}$，记 $\boldsymbol{AB}=\boldsymbol{C}=(c_{ij})_{m\times n}$，$\boldsymbol{B}^{\mathrm{T}}\boldsymbol{A}^{\mathrm{T}}=\boldsymbol{D}=(d_{ij})_{n\times m}$. 于是按式(2.5)，有

$$c_{ji}=\sum_{k=1}^{s}a_{jk}b_{ki}.$$

而 $\boldsymbol{B}^{\mathrm{T}}$ 的第 i 行为 $(b_{1i},\cdots,b_{si})$，$\boldsymbol{A}^{\mathrm{T}}$ 的第 j 列为 $(a_{j1},\cdots,a_{js})^{\mathrm{T}}$，因此

$$d_{ij}=\sum_{k=1}^{s}b_{ki}a_{jk}=\sum_{k=1}^{s}a_{jk}b_{ki},$$

所以

$$d_{ij}=c_{ji}\quad(i=1,2,\cdots,n;j=1,2,\cdots,m).$$

即 $\boldsymbol{D}=\boldsymbol{C}^{\mathrm{T}}$，也即

$$\boldsymbol{B}^{\mathrm{T}}\boldsymbol{A}^{\mathrm{T}}=(\boldsymbol{A}\boldsymbol{B})^{\mathrm{T}}.$$

例 2.6　已知

$$\boldsymbol{A}=\begin{pmatrix}2&0&-1\\1&-3&5\end{pmatrix},\quad \boldsymbol{B}=\begin{pmatrix}1&7&-1\\4&2&3\\2&0&1\end{pmatrix},$$

求 $(\boldsymbol{A}\boldsymbol{B})^{\mathrm{T}}$.

解法 1　因为

$$\boldsymbol{A}\boldsymbol{B}=\begin{pmatrix}2&0&-1\\1&-3&5\end{pmatrix}\begin{pmatrix}1&7&-1\\4&2&3\\2&0&1\end{pmatrix}=\begin{pmatrix}0&14&-3\\-1&1&-5\end{pmatrix},$$

所以

$$(\boldsymbol{A}\boldsymbol{B})^{\mathrm{T}}=\begin{pmatrix}0&-1\\14&1\\-3&-5\end{pmatrix}.$$

解法 2

$$(\boldsymbol{A}\boldsymbol{B})^{\mathrm{T}}=\boldsymbol{B}^{\mathrm{T}}\boldsymbol{A}^{\mathrm{T}}=\begin{pmatrix}1&4&2\\7&2&0\\-1&3&1\end{pmatrix}\begin{pmatrix}2&1\\0&-3\\-1&5\end{pmatrix}=\begin{pmatrix}0&-1\\14&1\\-3&-5\end{pmatrix}.$$

定义 2.7　如果 n 阶方阵 $\boldsymbol{A}=(a_{ij})$ 满足 $\boldsymbol{A}^{\mathrm{T}}=\boldsymbol{A}$，即

$$a_{ji}=a_{ij}\quad(i,j=1,2,\cdots,n),$$

则称 $\boldsymbol{A}$ 为**对称矩阵**. 如果 n 阶方阵 $\boldsymbol{A}=(a_{ij})$ 满足 $\boldsymbol{A}^{\mathrm{T}}=-\boldsymbol{A}$，即

$$a_{ji}=-a_{ij}\quad(i,j=1,2,\cdots,n),$$

则称 $\boldsymbol{A}$ 为**反对称矩阵**.

对称矩阵的特点是：它的元素以主对角线为对称轴对应相等. 对于反对称矩阵来说，当 $i=j$ 时，有 $a_{ii}=-a_{ii}$，即 $a_{ii}=0\ (i=1,2,\cdots,n)$，可见其主对角线上元素全为 0，而其他元素关于主对角线为对称轴相差一个符号.

例 2.7　证明任一方阵总可表示为对称矩阵与反对称矩阵之和.

证　设 $\boldsymbol{A}$ 是任一方阵，则

$$\boldsymbol{A}=\frac{\boldsymbol{A}+\boldsymbol{A}^{\mathrm{T}}}{2}+\frac{\boldsymbol{A}-\boldsymbol{A}^{\mathrm{T}}}{2}\xlongequal{\text{记作}}\boldsymbol{B}+\boldsymbol{C},$$

其中

$$\boldsymbol{B}=\frac{\boldsymbol{A}+\boldsymbol{A}^{\mathrm{T}}}{2},\quad \boldsymbol{C}=\frac{\boldsymbol{A}-\boldsymbol{A}^{\mathrm{T}}}{2}.$$

因为

$$\boldsymbol{B}^{\mathrm{T}}=\left(\frac{\boldsymbol{A}+\boldsymbol{A}^{\mathrm{T}}}{2}\right)^{\mathrm{T}}=\frac{\boldsymbol{A}^{\mathrm{T}}+(\boldsymbol{A}^{\mathrm{T}})^{\mathrm{T}}}{2}=\frac{\boldsymbol{A}^{\mathrm{T}}+\boldsymbol{A}}{2}=\boldsymbol{B},$$

$$\boldsymbol{C}^{\mathrm{T}}=\left(\frac{\boldsymbol{A}-\boldsymbol{A}^{\mathrm{T}}}{2}\right)^{\mathrm{T}}=\frac{\boldsymbol{A}^{\mathrm{T}}-(\boldsymbol{A}^{\mathrm{T}})^{\mathrm{T}}}{2}=-\frac{\boldsymbol{A}-\boldsymbol{A}^{\mathrm{T}}}{2}=-\boldsymbol{C},$$

所以 $\boldsymbol{B}$ 是对称矩阵，$\boldsymbol{C}$ 是反对称矩阵. 即得所证.

2.2.5 方阵的行列式

定义 2.8 由方阵 $\boldsymbol{A}$ 的元素按原位置所构成的行列式，称为**方阵 $\boldsymbol{A}$ 的行列式**，记作 $\det\boldsymbol{A}$①.

由 $\boldsymbol{A}$ 确定 $\det\boldsymbol{A}$ 的这个运算满足下述运算律(设 $\boldsymbol{A},\boldsymbol{B}$ 为 n 阶方阵，l 为数，k 为正整数)：

(1) $\det\boldsymbol{A}^{\mathrm{T}}=\det\boldsymbol{A}$；

(2) $\det(l\boldsymbol{A})=l^n\det\boldsymbol{A}$；

(3) $\det(\boldsymbol{AB})=\det\boldsymbol{A}\ \det\boldsymbol{B}$；

(4) $\det\boldsymbol{A}^k=(\det\boldsymbol{A})^k$.

在 1.5 节中已证明了(3)，其余证明留给读者.

对于 n 阶方阵 $\boldsymbol{A},\boldsymbol{B}$，一般说来 $\boldsymbol{AB}\neq\boldsymbol{BA}$，但由(3)可知

$$\det(\boldsymbol{AB})=\det(\boldsymbol{BA}).$$

例 2.8 设 $\boldsymbol{A}=(a_{ij})_{n\times n}$，行列式 $\det\boldsymbol{A}$ 的各个元素的代数余子式 A_{ij} 所构成的如下方阵：

$$\boldsymbol{A}^*=\begin{pmatrix}A_{11}&A_{21}&\cdots&A_{n1}\\A_{12}&A_{22}&\cdots&A_{n2}\\\vdots&\vdots&&\vdots\\A_{1n}&A_{2n}&\cdots&A_{nn}\end{pmatrix}\tag{2.9}$$

称为方阵 $\boldsymbol{A}$ 的**伴随矩阵**. 试证

$$\boldsymbol{AA}^*=\boldsymbol{A}^*\boldsymbol{A}=(\det\boldsymbol{A})\boldsymbol{E}.\tag{2.10}$$

证 利用式(1.16)得

$$\boldsymbol{A}^*\boldsymbol{A}=\begin{pmatrix}A_{11}&A_{21}&\cdots&A_{n1}\\A_{12}&A_{22}&\cdots&A_{n2}\\\vdots&\vdots&&\vdots\\A_{1n}&A_{2n}&\cdots&A_{nn}\end{pmatrix}\begin{pmatrix}a_{11}&a_{12}&\cdots&a_{1n}\\a_{21}&a_{22}&\cdots&a_{2n}\\\vdots&\vdots&&\vdots\\a_{n1}&a_{n2}&\cdots&a_{nn}\end{pmatrix}=\begin{pmatrix}\det\boldsymbol{A}&0&\cdots&0\\0&\det\boldsymbol{A}&\cdots&0\\\vdots&\vdots&&\vdots\\0&0&\cdots&\det\boldsymbol{A}\end{pmatrix}$$

$$=(\det\boldsymbol{A})\boldsymbol{E}.$$

① 较早的线性代数教材中将方阵 $\boldsymbol{A}$ 的行列式常记作 $|\boldsymbol{A}|$.

类似地，有 $\boldsymbol{A}\boldsymbol{A}^{*}=(\det\boldsymbol{A})\boldsymbol{E}$.

2.2.6　共轭矩阵

定义 2.9　当 $\boldsymbol{A}=(a_{ij})_{m\times n}$ 为复矩阵时，用 $\overline{a_{ij}}$ 表示 a_{ij} 的共轭复数，记

$$\overline{\boldsymbol{A}}=(\overline{a_{ij}})_{m\times n}.$$

称 $\overline{\boldsymbol{A}}$ 为 $\boldsymbol{A}$ 的**共轭矩阵**.

共轭矩阵满足下述运算律（设 $\boldsymbol{A},\boldsymbol{B}$ 为复矩阵，k 为复数，且运算都是可行的）：

(1) $\overline{\boldsymbol{A}+\boldsymbol{B}}=\overline{\boldsymbol{A}}+\overline{\boldsymbol{B}}$；

(2) $\overline{k\boldsymbol{A}}=\overline{k}\,\overline{\boldsymbol{A}}$；

(3) $\overline{\boldsymbol{A}\boldsymbol{B}}=\overline{\boldsymbol{A}}\,\overline{\boldsymbol{B}}$.

2.3　逆　矩　阵

对于矩阵，已定义了加法、减法、乘法运算，现在讨论矩阵乘法的逆运算.

当数 $a\neq 0$ 时，其倒数 a^{-1} 可用 $aa^{-1}=1$ 来刻画. 由于单位矩阵 $\boldsymbol{E}$ 在矩阵乘法中的作用类似于 1 在数的乘法中的作用，因此，相仿地引入如下定义.

定义 2.10　对于 n 阶方阵 $\boldsymbol{A}$，如果存在 n 阶方阵 $\boldsymbol{B}$，使

$$\boldsymbol{A}\boldsymbol{B}=\boldsymbol{B}\boldsymbol{A}=\boldsymbol{E},$$

则称方阵 $\boldsymbol{A}$ 是**可逆**的，并把 $\boldsymbol{B}$ 称为 $\boldsymbol{A}$ 的**逆矩阵**.

定理 2.1　如果 n 阶方阵 $\boldsymbol{A}$ 可逆，则 $\boldsymbol{A}$ 的逆矩阵是唯一的.

证　如果 $\boldsymbol{B},\boldsymbol{C}$ 都是 $\boldsymbol{A}$ 的逆矩阵，就有

$$\boldsymbol{B}=\boldsymbol{B}\boldsymbol{E}=\boldsymbol{B}(\boldsymbol{A}\boldsymbol{C})=(\boldsymbol{B}\boldsymbol{A})\boldsymbol{C}=\boldsymbol{E}\boldsymbol{C}=\boldsymbol{C},$$

所以 $\boldsymbol{A}$ 的逆矩阵是唯一的. ▌

当 $\boldsymbol{A}$ 可逆时，它的逆矩阵记为 $\boldsymbol{A}^{-1}$. 显然，单位矩阵 $\boldsymbol{E}$ 是可逆的，且 $\boldsymbol{E}^{-1}=\boldsymbol{E}$.

定理 2.2　n 阶方阵 $\boldsymbol{A}$ 可逆的充分必要条件是 $\det\boldsymbol{A}\neq 0$，且

$$\boldsymbol{A}^{-1}=\frac{1}{\det\boldsymbol{A}}\boldsymbol{A}^{*},\tag{2.11}$$

其中 $\boldsymbol{A}^{*}$ 是 $\boldsymbol{A}$ 的伴随矩阵.

证　必要性. 若 $\boldsymbol{A}$ 可逆，则有 $\boldsymbol{A}^{-1}$ 使 $\boldsymbol{A}\boldsymbol{A}^{-1}=\boldsymbol{E}$，两边取行列式得

$$\det\boldsymbol{A}\ \det\boldsymbol{A}^{-1}=\det\boldsymbol{E}=1,$$

因而 $\det\boldsymbol{A}\neq 0$.

充分性. 当 $\det\boldsymbol{A}\neq 0$ 时，由式(2.10)得

$$\boldsymbol{A}\left(\frac{1}{\det\boldsymbol{A}}\boldsymbol{A}^{*}\right)=\left(\frac{1}{\det\boldsymbol{A}}\boldsymbol{A}^{*}\right)\boldsymbol{A}=\boldsymbol{E},$$

从而矩阵 $\boldsymbol{A}$ 可逆，且 $\boldsymbol{A}^{-1}=\dfrac{1}{\det\boldsymbol{A}}\boldsymbol{A}^{*}$. ▌

定理 2.2 不仅给出了矩阵可逆的充分必要条件,而且还给出了一个求逆矩阵的方法(2.11),称之为求逆矩阵的**公式法**或**伴随矩阵法**.

当 $\det\boldsymbol{A}=0$ 时,称 $\boldsymbol{A}$ 为**奇异矩阵**,否则称为**非奇异矩阵**. 由上面定理可知:方阵 $\boldsymbol{A}$ 可逆的充分必要条件是 $\boldsymbol{A}$ 为非奇异的.

推论 若 $\boldsymbol{AB}=\boldsymbol{E}$(或 $\boldsymbol{BA}=\boldsymbol{E}$),则 $\boldsymbol{B}=\boldsymbol{A}^{-1}$.

证 由于 $\det\boldsymbol{A}\det\boldsymbol{B}=\det\boldsymbol{E}=1$,故 $\det\boldsymbol{A}\neq 0$,即 $\boldsymbol{A}^{-1}$ 存在,且有

$$\boldsymbol{B}=\boldsymbol{EB}=(\boldsymbol{A}^{-1}\boldsymbol{A})\boldsymbol{B}=\boldsymbol{A}^{-1}(\boldsymbol{AB})=\boldsymbol{A}^{-1}\boldsymbol{E}=\boldsymbol{A}^{-1}. \qquad ▌$$

这个推论表明,检验矩阵 $\boldsymbol{B}$ 是 $\boldsymbol{A}$ 的逆矩阵,只需验证 $\boldsymbol{AB}=\boldsymbol{E}$ 或 $\boldsymbol{BA}=\boldsymbol{E}$ 成立,而不必验证两者都成立. 这比用定义检验方便.

方阵的逆矩阵满足下述运算律:

(1) 若 $\boldsymbol{A}$ 可逆,则 $\boldsymbol{A}^{-1}$ 也可逆,且 $(\boldsymbol{A}^{-1})^{-1}=\boldsymbol{A}$;

(2) 若 $\boldsymbol{A}$ 可逆,数 $k\neq 0$,则 $k\boldsymbol{A}$ 也可逆,且 $(k\boldsymbol{A})^{-1}=\dfrac{1}{k}\boldsymbol{A}^{-1}$;

(3) 若 $\boldsymbol{A},\boldsymbol{B}$ 为同阶方阵且均可逆,则 $\boldsymbol{AB}$ 也可逆,且 $(\boldsymbol{AB})^{-1}=\boldsymbol{B}^{-1}\boldsymbol{A}^{-1}$;

证 因为 $(\boldsymbol{AB})(\boldsymbol{B}^{-1}\boldsymbol{A}^{-1})=\boldsymbol{A}(\boldsymbol{BB}^{-1})\boldsymbol{A}^{-1}=\boldsymbol{AEA}^{-1}=\boldsymbol{AA}^{-1}=\boldsymbol{E}$,由推论知 $(\boldsymbol{AB})^{-1}=\boldsymbol{B}^{-1}\boldsymbol{A}^{-1}$. ▌

(4) 若 $\boldsymbol{A}$ 可逆,则 $\boldsymbol{A}^{\mathrm{T}}$ 也可逆,且 $(\boldsymbol{A}^{\mathrm{T}})^{-1}=(\boldsymbol{A}^{-1})^{\mathrm{T}}$;

(5) 若 $\boldsymbol{A}$ 可逆,则 $\det\boldsymbol{A}^{-1}=(\det\boldsymbol{A})^{-1}$.

当 $\det\boldsymbol{A}\neq 0$ 时,还可定义

$$\boldsymbol{A}^0=\boldsymbol{E}, \quad \boldsymbol{A}^{-k}=(\boldsymbol{A}^{-1})^k,$$

其中 k 为正整数. 这样一来,当 $\det\boldsymbol{A}\neq 0$,k 和 l 为整数时,有

$$\boldsymbol{A}^k\boldsymbol{A}^l=\boldsymbol{A}^{k+l}, \quad (\boldsymbol{A}^k)^l=\boldsymbol{A}^{kl}.$$

例 2.9 求方阵 $\boldsymbol{A}=\begin{pmatrix}3 & -1 & 0\\ -2 & 1 & 1\\ 2 & -1 & 4\end{pmatrix}$ 的逆矩阵.

解 由 $\det\boldsymbol{A}=5\neq 0$,知 $\boldsymbol{A}^{-1}$ 存在. 再计算

$$A_{11}=5, \quad A_{21}=4, \quad A_{31}=-1,$$
$$A_{12}=10, \quad A_{22}=12, \quad A_{32}=-3,$$
$$A_{13}=0, \quad A_{23}=1, \quad A_{33}=1,$$

得

$$\boldsymbol{A}^*=\begin{pmatrix}5 & 4 & -1\\ 10 & 12 & -3\\ 0 & 1 & 1\end{pmatrix}.$$

所以

$$A^{-1}=\frac{1}{\det A}A^*=\begin{pmatrix}1 & \frac{4}{5} & -\frac{1}{5}\\ 2 & \frac{12}{5} & -\frac{3}{5}\\ 0 & \frac{1}{5} & \frac{1}{5}\end{pmatrix}.$$

例 2.10　若 n 阶方阵 $\boldsymbol{A}$ 满足方程 $\boldsymbol{A}^2-2\boldsymbol{A}-4\boldsymbol{E}=\boldsymbol{O}$，试证 $\boldsymbol{A}+\boldsymbol{E}$ 可逆，并求 $(\boldsymbol{A}+\boldsymbol{E})^{-1}$.

证　由已知方程可以得到

$$\boldsymbol{A}^2-2\boldsymbol{A}-3\boldsymbol{E}=\boldsymbol{E}.$$

根据矩阵乘法的运算律，得

$$(\boldsymbol{A}+\boldsymbol{E})(\boldsymbol{A}-3\boldsymbol{E})=\boldsymbol{E}.$$

由定理 2.2 的推论，可知 $\boldsymbol{A}+\boldsymbol{E}$ 可逆，并且

$$(\boldsymbol{A}+\boldsymbol{E})^{-1}=\boldsymbol{A}-3\boldsymbol{E}.$$

最后，讨论逆矩阵的一些应用.

将从变量 $y_1,y_2,\cdots,y_n$ 到变量 $x_1,x_2,\cdots,x_n$ 的线性变换写成矩阵形式

$$\boldsymbol{x}=\boldsymbol{A}\boldsymbol{y},\tag{2.12}$$

其中

$$\boldsymbol{A}=(a_{ij})_{n\times n},\quad \boldsymbol{x}=\begin{pmatrix}x_1\\ x_2\\ \vdots\\ x_n\end{pmatrix},\quad \boldsymbol{y}=\begin{pmatrix}y_1\\ y_2\\ \vdots\\ y_n\end{pmatrix}.$$

如果 $\boldsymbol{A}$ 是可逆的，即 $\det\boldsymbol{A}\neq 0$，则称式(2.12)是**可逆线性变换**，此时可以求出式(2.12)的逆变换，即从变量 $x_1,x_2,\cdots,x_n$ 到变量 $y_1,y_2,\cdots,y_n$ 的线性变换. 将式(2.12)两边左乘逆矩阵 $\boldsymbol{A}^{-1}$，得

$$\boldsymbol{A}^{-1}\boldsymbol{x}=\boldsymbol{A}^{-1}(\boldsymbol{A}\boldsymbol{y}),$$

于是式(2.12)的逆变换为

$$\boldsymbol{y}=\boldsymbol{A}^{-1}\boldsymbol{x}.$$

另外，利用逆矩阵可以给出 Cramer 法则的另一推导.

将式(1.16)的线性方程组写成矩阵形式

$$\boldsymbol{A}\boldsymbol{x}=\boldsymbol{b},\tag{2.13}$$

其中

$$\boldsymbol{A}=(a_{ij})_{n\times n},\quad \boldsymbol{x}=\begin{pmatrix}x_1\\ x_2\\ \vdots\\ x_n\end{pmatrix},\quad \boldsymbol{b}=\begin{pmatrix}b_1\\ b_2\\ \vdots\\ b_n\end{pmatrix}.$$

当系数行列式 $D=\det\boldsymbol{A}\neq 0$ 时，$\boldsymbol{A}$ 可逆，用 $\boldsymbol{A}^{-1}$ 左乘式(2.13)两边，得

$$\boldsymbol{x}=\boldsymbol{A}^{-1}\boldsymbol{b}. \tag{2.14}$$

利用式(2.11)，有

$$\begin{pmatrix}x_1\\x_2\\\vdots\\x_n\end{pmatrix}=\frac{1}{D}\begin{pmatrix}A_{11}&A_{21}&\cdots&A_{n1}\\A_{12}&A_{22}&\cdots&A_{n2}\\\vdots&\vdots&&\vdots\\A_{1n}&A_{2n}&\cdots&A_{nn}\end{pmatrix}\begin{pmatrix}b_1\\b_2\\\vdots\\b_n\end{pmatrix}.$$

于是

$$x_j=\frac{1}{D}(A_{1j}b_1+A_{2j}b_2+\cdots+A_{nj}b_n)=\frac{D^{(j)}}{D}\quad(j=1,2,\cdots,n).$$

这正是 Cramer 法则给出的方程组的解.

式(2.14)是利用逆矩阵表出的线性方程组的解.更一般地，对于矩阵方程

$$\boldsymbol{AX}=\boldsymbol{C},\quad \boldsymbol{XB}=\boldsymbol{C},\quad \boldsymbol{AXB}=\boldsymbol{C},$$

其中 $\boldsymbol{A}$ 是 m 阶可逆矩阵，$\boldsymbol{B}$ 是 n 阶可逆矩阵，$\boldsymbol{C}$ 是 $m\times n$ 矩阵，它们的解矩阵分别为

$$\boldsymbol{X}=\boldsymbol{A}^{-1}\boldsymbol{C},\quad \boldsymbol{X}=\boldsymbol{CB}^{-1},\quad \boldsymbol{X}=\boldsymbol{A}^{-1}\boldsymbol{CB}^{-1}.$$

例 2.11 利用逆矩阵求解线性方程组

$$\begin{cases}2x_1+2x_2+3x_3=7,\\x_1-x_2=-1,\\-x_1+2x_2+x_3=4.\end{cases}$$

解 先将其写成矩阵形式 $\boldsymbol{Ax}=\boldsymbol{b}$，其中

$$\boldsymbol{A}=\begin{pmatrix}2&2&3\\1&-1&0\\-1&2&1\end{pmatrix},\quad \boldsymbol{x}=\begin{pmatrix}x_1\\x_2\\x_3\end{pmatrix},\quad \boldsymbol{b}=\begin{pmatrix}7\\-1\\4\end{pmatrix}.$$

由于 $\det\boldsymbol{A}=-1\neq 0$，所以 $\boldsymbol{A}$ 可逆.此时，线性方程组的解为

$$\begin{pmatrix}x_1\\x_2\\x_3\end{pmatrix}=\begin{pmatrix}2&2&3\\1&-1&0\\-1&2&1\end{pmatrix}^{-1}\begin{pmatrix}7\\-1\\4\end{pmatrix}=\begin{pmatrix}1&-4&-3\\1&-5&-3\\-1&6&4\end{pmatrix}\begin{pmatrix}7\\-1\\4\end{pmatrix}=\begin{pmatrix}-1\\0\\3\end{pmatrix},$$

即 $x_1=-1,x_2=0,x_3=3$.

例 2.12 求解矩阵方程 $\boldsymbol{AX}=\boldsymbol{B}+2\boldsymbol{X}$，其中

$$\boldsymbol{A}=\begin{pmatrix}5&-1&0\\-2&3&1\\2&-1&6\end{pmatrix},\quad \boldsymbol{B}=\begin{pmatrix}2&1\\2&0\\3&5\end{pmatrix}.$$

解 由所给的矩阵方程可写出

$$(\boldsymbol{A}-2\boldsymbol{E})\boldsymbol{X}=\boldsymbol{B},\quad \boldsymbol{A}-2\boldsymbol{E}=\begin{pmatrix}3&-1&0\\-2&1&1\\2&-1&4\end{pmatrix}.$$

这里 $\boldsymbol{A}-2\boldsymbol{E}$ 正好是例 2.9 中的矩阵，它是可逆的，所以

$$\boldsymbol{X}=(\boldsymbol{A}-2\boldsymbol{E})^{-1}\boldsymbol{B}=\begin{pmatrix}1&\frac{4}{5}&-\frac{1}{5}\\2&\frac{12}{5}&-\frac{3}{5}\\0&\frac{1}{5}&\frac{1}{5}\end{pmatrix}\begin{pmatrix}2&1\\2&0\\3&5\end{pmatrix}=\begin{pmatrix}3&0\\7&-1\\1&1\end{pmatrix}.$$

例 2.13 Hill 密码 研究秘密信息的编码和译码的学科，称为**密码学**. 在密码学中，代码称为**密码**，未编码的信息称为**明文**，译成代码的信息称为**密文**，由明文转换成密文的过程称为**编码**，由密文转换成明文的相反过程称为**译码**. 最简单的密码是代用码，是将字母表中每一字母用不同的字母来代替. 这种类型的码可以容易地由统计分析等方法所破译. 克服这一问题的一种方法是将明文的字母先分组，再按分组而不是逐个字母进行编码，这通常称为**复写系统**. 以下简单介绍一种基于矩阵变换的复写系统，称为 **Hill 密码**，是由 L. S. Hill 引进的.

先指定每一个明文字母和密文字母按它在字母表中的位置和一个数值相对应. Z 指定为零值.

A	B	C	D	E	F	G	H	I	J	K	L	M	N	O	P	Q	R	S	T	U	V	W	X	Y	Z
1	2	3	4	5	6	7	8	9	10	11	12	13	14	15	16	17	18	19	20	21	22	23	24	25	0

最简单的 Hill 密码的编码，是将接连的明文字母两两分组，各数组都构成二维明文向量，再选一个可逆的整数值 2×2 矩阵，它将每个明文向量逐一转换成密文向量. 这样的 Hill 密码称为 Hill-2 密码. 一般地，可以有 Hill-n 密码. 假如现在要发出 STUDYMATH 这一信息，使用上表的对应，并按 Hill-3 码进行编码. 首先查得的信息的数字依次是 19，20，21，4，25，13，1，20，8，将它们组成下面三个明文向量：

$$\begin{pmatrix}19\\20\\21\end{pmatrix},\quad\begin{pmatrix}4\\25\\13\end{pmatrix},\quad\begin{pmatrix}1\\20\\8\end{pmatrix}.$$

选择可逆的三阶矩阵，例如

$$\boldsymbol{A}=\begin{pmatrix}1&2&3\\1&1&2\\0&1&2\end{pmatrix},$$

将上述信息变为如下三个密文向量：

$$\boldsymbol{A}\begin{pmatrix}19\\20\\21\end{pmatrix}=\begin{pmatrix}122\\81\\62\end{pmatrix},\quad \boldsymbol{A}\begin{pmatrix}4\\25\\13\end{pmatrix}=\begin{pmatrix}93\\55\\51\end{pmatrix},\quad \boldsymbol{A}\begin{pmatrix}1\\20\\8\end{pmatrix}=\begin{pmatrix}65\\37\\36\end{pmatrix}.$$

因而我们发出密码 122,81,62,93,55,51,65,37,36.

假如收到的回复信息是 114,81,58,104,69,55,并且编码方法与上面相同.为了解译此码,将上述数码分为两个三维向量$(114,81,58)^{\mathrm{T}}$,$(104,69,55)^{\mathrm{T}}$,则有

$$\boldsymbol{A}\boldsymbol{x}_1=\begin{pmatrix}114\\81\\58\end{pmatrix},\quad \boldsymbol{A}\boldsymbol{x}_2=\begin{pmatrix}104\\69\\55\end{pmatrix},$$

解得

$$\boldsymbol{x}_1=\boldsymbol{A}^{-1}\begin{pmatrix}114\\81\\58\end{pmatrix}=\begin{pmatrix}23\\8\\25\end{pmatrix},\quad \boldsymbol{x}_2=\boldsymbol{A}^{-1}\begin{pmatrix}104\\69\\55\end{pmatrix}=\begin{pmatrix}14\\15\\20\end{pmatrix}.$$

按照对应表值得出的信息是 WHY NOT.

数码经矩阵转换后常会出现溢出表值(即超过 25)的情况.例中发出的信息就全都是这样的.对此,通常是将所得大于 25 的数以 26 去除后的余数代替,就能得到对应的字母.这种以余数进行处理的方法,用到所谓模算术,它在密码学中有着重要的作用.对此不再进一步介绍.

用密码传出信息,通常也以字母形式出现.如上面收到的回复就是 JCFZQC,表面上就不知所云了.

2.4 分块矩阵

本节介绍在处理阶数较高的矩阵时常采用的技巧——矩阵的分块.通过矩阵的适当分块,高阶矩阵的运算可以转化为低阶矩阵的运算,从而能够大大简化运算步骤,或给矩阵的理论推导带来方便.

定义 2.11 将矩阵 $\boldsymbol{A}$ 用一些横线与纵线分成若干小块,每一小块称为 $\boldsymbol{A}$ 的**子块**(或**子矩阵**),以子块为元素的形式上的矩阵,称为**分块矩阵**.

由于横线与纵线划分方法的不同,同一个矩阵可以有多种不同的分块矩阵.例如

$$\boldsymbol{A}=\left(\begin{array}{cc:cc}1&0&-1&1\\-1&0&1&0\\\hdashline 0&0&2&-1\\0&0&0&-3\end{array}\right)=\begin{pmatrix}\boldsymbol{A}_{11}&\boldsymbol{A}_{12}\\\boldsymbol{A}_{21}&\boldsymbol{A}_{22}\end{pmatrix}$$

就是一个 2×2 分块矩阵，它的四个子块为

$$\boldsymbol{A}_{11}=\begin{pmatrix}1&0\\-1&0\end{pmatrix},\quad \boldsymbol{A}_{12}=\begin{pmatrix}-1&1\\1&0\end{pmatrix},\quad \boldsymbol{A}_{21}=\begin{pmatrix}0&0\\0&0\end{pmatrix},\quad \boldsymbol{A}_{22}=\begin{pmatrix}2&-1\\0&-3\end{pmatrix}.$$

矩阵 $\boldsymbol{A}$ 还有其他的分法，如

$$\boldsymbol{A}=\left(\begin{array}{c:c:c:c}1&0&-1&1\\-1&0&1&0\\0&0&2&-1\\0&0&0&-3\end{array}\right)=\left(\begin{array}{cccc}1&0&-1&1\\\hdashline -1&0&1&0\\\hdashline 0&0&2&-1\\\hdashline 0&0&0&-3\end{array}\right).$$

在对分块矩阵进行运算时，把每一个子块当作一个元素来处理. 分块矩阵的运算规则与普通矩阵的运算规则相类似，分别说明如下：

(1) 设 $\boldsymbol{A}$ 与 $\boldsymbol{B}$ 是同型矩阵，采用相同的分块法，有

$$\boldsymbol{A}=\begin{pmatrix}\boldsymbol{A}_{11}&\cdots&\boldsymbol{A}_{1r}\\\vdots&&\vdots\\\boldsymbol{A}_{s1}&\cdots&\boldsymbol{A}_{sr}\end{pmatrix},\quad \boldsymbol{B}=\begin{pmatrix}\boldsymbol{B}_{11}&\cdots&\boldsymbol{B}_{1r}\\\vdots&&\vdots\\\boldsymbol{B}_{s1}&\cdots&\boldsymbol{B}_{sr}\end{pmatrix},$$

其中 $\boldsymbol{A}_{ij}$ 与 $\boldsymbol{B}_{ij}$ 的行数和列数相同，则

$$\boldsymbol{A}+\boldsymbol{B}=\begin{pmatrix}\boldsymbol{A}_{11}+\boldsymbol{B}_{11}&\cdots&\boldsymbol{A}_{1r}+\boldsymbol{B}_{1r}\\\vdots&&\vdots\\\boldsymbol{A}_{s1}+\boldsymbol{B}_{s1}&\cdots&\boldsymbol{A}_{sr}+\boldsymbol{B}_{sr}\end{pmatrix}.$$

(2) 设 $\boldsymbol{A}=\begin{pmatrix}\boldsymbol{A}_{11}&\cdots&\boldsymbol{A}_{1r}\\\vdots&&\vdots\\\boldsymbol{A}_{s1}&\cdots&\boldsymbol{A}_{sr}\end{pmatrix}$，$k$ 为数，则 $k\boldsymbol{A}=\begin{pmatrix}k\boldsymbol{A}_{11}&\cdots&k\boldsymbol{A}_{1r}\\\vdots&&\vdots\\k\boldsymbol{A}_{s1}&\cdots&k\boldsymbol{A}_{sr}\end{pmatrix}$.

(3) 设 $\boldsymbol{A}$ 为 $m\times l$ 矩阵，$\boldsymbol{B}$ 为 $l\times n$ 矩阵，分块成

$$\boldsymbol{A}=\begin{pmatrix}\boldsymbol{A}_{11}&\cdots&\boldsymbol{A}_{1t}\\\vdots&&\vdots\\\boldsymbol{A}_{s1}&\cdots&\boldsymbol{A}_{st}\end{pmatrix},\quad \boldsymbol{B}=\begin{pmatrix}\boldsymbol{B}_{11}&\cdots&\boldsymbol{B}_{1r}\\\vdots&&\vdots\\\boldsymbol{B}_{t1}&\cdots&\boldsymbol{B}_{tr}\end{pmatrix},$$

其中 $\boldsymbol{A}_{i1},\boldsymbol{A}_{i2},\cdots,\boldsymbol{A}_{it}$ 的列数分别等于 $\boldsymbol{B}_{1j},\boldsymbol{B}_{2j},\cdots,\boldsymbol{B}_{tj}$ 的行数，即矩阵 $\boldsymbol{A}$ 的列的分法必须与矩阵 $\boldsymbol{B}$ 的行的分法一致，则

$$\boldsymbol{AB}=\begin{pmatrix}\boldsymbol{C}_{11}&\cdots&\boldsymbol{C}_{1r}\\\vdots&&\vdots\\\boldsymbol{C}_{s1}&\cdots&\boldsymbol{C}_{sr}\end{pmatrix},$$

其中

$$\boldsymbol{C}_{ij}=\sum_{k=1}^{t}\boldsymbol{A}_{ik}\boldsymbol{B}_{kj}\quad (i=1,2,\cdots,s;j=1,2,\cdots,r).$$

这个结果可由矩阵乘法的定义直接验证.

在某些情形，对矩阵进行适当的分块可以简化计算.

例 2.14 设

$$A=\begin{pmatrix}1&0&0&0\\0&1&0&0\\-1&2&1&0\\1&1&0&1\end{pmatrix},\quad B=\begin{pmatrix}1&0&1&0\\-1&2&0&1\\1&0&4&1\\-1&-1&2&0\end{pmatrix},$$

求 AB.

解 把 A,B 分块成

$$A=\left(\begin{array}{cc:cc}1&0&0&0\\0&1&0&0\\ \hdashline -1&2&1&0\\1&1&0&1\end{array}\right)=\begin{pmatrix}E&O\\A_1&E\end{pmatrix},\quad B=\left(\begin{array}{cc:cc}1&0&1&0\\-1&2&0&1\\ \hdashline 1&0&4&1\\-1&-1&2&0\end{array}\right)=\begin{pmatrix}B_{11}&E\\B_{21}&B_{22}\end{pmatrix},$$

则

$$AB=\begin{pmatrix}E&O\\A_1&E\end{pmatrix}\begin{pmatrix}B_{11}&E\\B_{21}&B_{22}\end{pmatrix}=\begin{pmatrix}B_{11}&E\\A_1B_{11}+B_{21}&A_1+B_{22}\end{pmatrix}.$$

而

$$\begin{aligned}A_1B_{11}+B_{21}&=\begin{pmatrix}-1&2\\1&1\end{pmatrix}\begin{pmatrix}1&0\\-1&2\end{pmatrix}+\begin{pmatrix}1&0\\-1&-1\end{pmatrix}\\&=\begin{pmatrix}-3&4\\0&2\end{pmatrix}+\begin{pmatrix}1&0\\-1&-1\end{pmatrix}=\begin{pmatrix}-2&4\\-1&1\end{pmatrix},\\A_1+B_{22}&=\begin{pmatrix}-1&2\\1&1\end{pmatrix}+\begin{pmatrix}4&1\\2&0\end{pmatrix}=\begin{pmatrix}3&3\\3&1\end{pmatrix},\end{aligned}$$

于是

$$AB=\left(\begin{array}{cc:cc}1&0&1&0\\-1&2&0&1\\ \hdashline -2&4&3&3\\-1&1&3&1\end{array}\right).$$

(4) 设 $A=\begin{pmatrix}A_{11}&\cdots&A_{1r}\\\vdots&&\vdots\\A_{s1}&\cdots&A_{sr}\end{pmatrix}$,则 $A^{\mathrm T}=\begin{pmatrix}A_{11}^{\mathrm T}&\cdots&A_{s1}^{\mathrm T}\\\vdots&&\vdots\\A_{1r}^{\mathrm T}&\cdots&A_{sr}^{\mathrm T}\end{pmatrix}$,即不但要将子块看做元素总体转置,而且各子块本身也要转置.

(5) 设 A 为 n 阶方阵,若 A 的分块矩阵为

$$A=\begin{pmatrix}A_1&&&\\&A_2&&\\&&\ddots&\\&&&A_s\end{pmatrix},$$

其中 $\boldsymbol{A}_i(i=1,2,\cdots,s)$都是方阵,则称 $\boldsymbol{A}$ 为**分块对角矩阵**.显然,对角矩阵是分块对角矩阵的特殊情形.

分块对角矩阵的行列式具有下述性质:

$$\det\boldsymbol{A}=\det\boldsymbol{A}_1\ \det\boldsymbol{A}_2\cdots\ \det\boldsymbol{A}_s.$$

由此性质可知,若 $\det\boldsymbol{A}_i\neq 0(i=1,2,\cdots,s)$,则 $\det\boldsymbol{A}\neq 0$,并有

$$\boldsymbol{A}^{-1}=\begin{pmatrix}\boldsymbol{A}_1^{-1} & & & \\ & \boldsymbol{A}_2^{-1} & & \\ & & \ddots & \\ & & & \boldsymbol{A}_s^{-1}\end{pmatrix}.$$

例 2.15　已知 $\boldsymbol{A}=\begin{pmatrix}2 & 3 & 0 & 0\\ -3 & -5 & 0 & 0\\ 0 & 0 & 8 & 5\\ 0 & 0 & 3 & 2\end{pmatrix}$,求 $\boldsymbol{A}^{-1}$.

解　$\boldsymbol{A}$ 可划分成分块对角矩阵

$$\boldsymbol{A}=\begin{pmatrix}\boldsymbol{A}_1 & \boldsymbol{O}\\ \boldsymbol{O} & \boldsymbol{A}_2\end{pmatrix},$$

其中

$$\boldsymbol{A}_1=\begin{pmatrix}2 & 3\\ -3 & -5\end{pmatrix},\quad \boldsymbol{A}_2=\begin{pmatrix}8 & 5\\ 3 & 2\end{pmatrix}.$$

可求得

$$\boldsymbol{A}_1^{-1}=\begin{pmatrix}5 & 3\\ -3 & -2\end{pmatrix},\quad \boldsymbol{A}_2^{-1}=\begin{pmatrix}2 & -5\\ -3 & 8\end{pmatrix},$$

所以

$$\boldsymbol{A}^{-1}=\left(\begin{array}{cc:cc}5 & 3 & 0 & 0\\ -3 & -2 & 0 & 0\\ \hdashline 0 & 0 & 2 & -5\\ 0 & 0 & -3 & 8\end{array}\right).$$

例 2.16　求矩阵 $\boldsymbol{M}=\begin{pmatrix}\boldsymbol{A} & \boldsymbol{O}\\ \boldsymbol{C} & \boldsymbol{B}\end{pmatrix}$的逆矩阵,其中 $\boldsymbol{A},\boldsymbol{B}$ 分别是 m 阶和 n 阶可逆矩阵,$\boldsymbol{C}$ 是 $n\times m$ 矩阵,$\boldsymbol{O}$ 是 $m\times n$ 零矩阵.

解　因为 $\det\boldsymbol{M}=\det\boldsymbol{A}\ \det\boldsymbol{B}$,所以当 $\boldsymbol{A},\boldsymbol{B}$ 可逆时,$\boldsymbol{M}$ 也可逆.设

$$\boldsymbol{M}^{-1}=\begin{pmatrix}\boldsymbol{X}_{11} & \boldsymbol{X}_{12}\\ \boldsymbol{X}_{21} & \boldsymbol{X}_{22}\end{pmatrix},$$

于是

$$\begin{pmatrix} A & O \\ C & B \end{pmatrix}\begin{pmatrix} X_{11} & X_{12} \\ X_{21} & X_{22} \end{pmatrix}=\begin{pmatrix} E_m & O \\ O & E_n \end{pmatrix}.$$

作矩阵乘法并比较等式两边,得

$$AX_{11}=E_m,\quad AX_{12}=O,\quad CX_{11}+BX_{21}=O,\quad CX_{12}+BX_{22}=E_n.$$

由第一、二式得

$$X_{11}=A^{-1},\quad X_{12}=A^{-1}O=O,$$

代入第四式,得

$$X_{22}=B^{-1},$$

代入第三式,得

$$BX_{21}=-CX_{11}=-CA^{-1},\quad X_{21}=-B^{-1}CA^{-1},$$

因此

$$M^{-1}=\begin{pmatrix} A^{-1} & O \\ -B^{-1}CA^{-1} & B^{-1} \end{pmatrix}.$$

习 题 2

1. 计算下列乘积:

(1) $\begin{pmatrix} 2 & 1 & 3 \\ 0 & -1 & -1 \\ 1 & 2 & 0 \end{pmatrix}\begin{pmatrix} 1 & 0 \\ 2 & -3 \\ 3 & 1 \end{pmatrix}$; (2) $(2\quad 3\quad -1)\begin{pmatrix} 1 \\ -1 \\ -1 \end{pmatrix}$; (3) $\begin{pmatrix} 3 \\ 2 \\ 1 \end{pmatrix}(1\quad 2\quad 3)$;

(4) $\begin{pmatrix} 3 & 2 & 1 & 0 \\ 0 & 1 & 0 & 1 \end{pmatrix}\begin{pmatrix} 1 & 1 & 0 & 0 \\ 2 & 3 & 0 & 0 \\ 0 & 2 & 5 & 1 \\ 3 & 1 & 1 & 0 \end{pmatrix}$; (5) $(1\quad 0\quad -1)\begin{pmatrix} 1 & 0 & 1 \\ 0 & -1 & -1 \\ 2 & 3 & 0 \end{pmatrix}\begin{pmatrix} 1 \\ 0 \\ -1 \end{pmatrix}$;

(6) $\begin{pmatrix} 1 & 0 & 0 & 0 \\ 0 & 1 & 0 & 0 \\ 3 & 2 & -2 & 0 \\ 1 & -1 & 3 & -3 \end{pmatrix}\begin{pmatrix} 1 & 0 & 0 & 0 \\ 2 & 1 & 0 & 0 \\ 1 & 0 & 2 & 0 \\ 0 & 1 & 1 & 3 \end{pmatrix}$.

2. 设 $A=\begin{pmatrix} 1 & 1 & 1 \\ 1 & 1 & -1 \\ 1 & -1 & 1 \end{pmatrix}$, $B=\begin{pmatrix} 1 & 2 & 3 \\ -1 & -2 & 0 \\ 0 & 1 & 1 \end{pmatrix}$,求 $3AB-2A$ 及 $A^{\mathrm{T}}B$.

3. 已知两个线性变换

$$\begin{cases} x_1= 2y_1+y_3, \\ x_2=-2y_1+3y_2+2y_3, \\ x_3=4y_1+y_2+5y_3, \end{cases}\qquad \begin{cases} y_1=-3z_1+z_2, \\ y_2=2z_1+z_3, \\ y_3=-z_2+3z_3. \end{cases}$$

求从 z_1,z_2,z_3 到 x_1,x_2,x_3 的线性变换.

4. 下列命题是否成立?若成立给出证明;若不成立举反例说明.

(1) 若 $A^2=O$,则 $A=O$;

(2) 若 $\boldsymbol{A}^2=\boldsymbol{A}$，则 $\boldsymbol{A}=\boldsymbol{O}$ 或 $\boldsymbol{A}=\boldsymbol{E}$；

(3) 若 $\boldsymbol{AX}=\boldsymbol{AY}$，且 $\boldsymbol{A}\neq\boldsymbol{O}$，则 $\boldsymbol{X}=\boldsymbol{Y}$.

5. 设 $\boldsymbol{A}=\begin{pmatrix}\lambda & 0 & 0\\ 1 & \lambda & 0\\ 0 & 1 & \lambda\end{pmatrix}$，求 $\boldsymbol{A}^k$.

6. 设 $\boldsymbol{A}$ 是反对称矩阵，$\boldsymbol{B}$ 是对称矩阵，证明

(1) $\boldsymbol{A}^2$ 是对称矩阵；

(2) $\boldsymbol{AB}-\boldsymbol{BA}$ 是对称矩阵；

(3) $\boldsymbol{AB}$ 是反对称矩阵的充分必要条件是 $\boldsymbol{AB}=\boldsymbol{BA}$.

7. 求下列方阵的逆矩阵：

(1) $\begin{pmatrix}1 & 2\\ 2 & 5\end{pmatrix}$；　(2) $\begin{pmatrix}\cos\theta & -\sin\theta\\ \sin\theta & \cos\theta\end{pmatrix}$；　(3) $\begin{pmatrix}1 & 2 & 3\\ 0 & 1 & -1\\ 1 & 0 & 2\end{pmatrix}$；

(4) $\begin{pmatrix}1 & 0 & 0 & 0\\ 1 & 2 & 0 & 0\\ 2 & -4 & 3 & 0\\ 1 & 2 & 6 & 4\end{pmatrix}$；　(5) $\begin{pmatrix}5 & 2 & 0 & 0\\ 2 & 1 & 0 & 0\\ 0 & 0 & 2 & 3\\ 0 & 0 & -3 & -4\end{pmatrix}$.

8. 解下列矩阵方程：

(1) $\begin{pmatrix}2 & 5\\ 1 & 3\end{pmatrix}\boldsymbol{X}=\begin{pmatrix}4 & -6\\ 2 & 1\end{pmatrix}$；　(2) $\boldsymbol{X}\begin{pmatrix}1 & 1 & -1\\ 2 & 1 & 0\\ 1 & -1 & 1\end{pmatrix}=\begin{pmatrix}1 & -1 & 3\\ 4 & 3 & 2\\ -1 & -2 & 5\end{pmatrix}$；

(3) $\begin{pmatrix}2 & 1\\ 3 & 2\end{pmatrix}\boldsymbol{X}\begin{pmatrix}-3 & 2\\ 5 & -3\end{pmatrix}=\begin{pmatrix}-2 & 4\\ 3 & -1\end{pmatrix}$；

(4) $\boldsymbol{AX}+\boldsymbol{E}=\boldsymbol{A}^2+\boldsymbol{X}$，其中 $\boldsymbol{A}=\begin{pmatrix}3 & 4\\ 5 & 6\end{pmatrix}$.

9. 已知线性变换

$$\begin{cases}x_1=2y_1+2y_2+y_3,\\ x_2=3y_1+y_2+5y_3,\\ x_3=3y_1+2y_2+3y_3,\end{cases}$$

求从变量 x_1,x_2,x_3 到变量 y_1,y_2,y_3 的线性变换及线性变换的矩阵.

10. 利用逆矩阵求解线性方程组

$$\begin{cases}3x_1+2x_2-x_3=4,\\ x_1-x_2+2x_3=5,\\ -2x_1+x_2-x_3=-3.\end{cases}$$

11. 设 $\boldsymbol{A}=\begin{pmatrix}2 & 1 & -1\\ -1 & 4 & -1\\ 1 & -1 & 2\end{pmatrix}$，$\boldsymbol{B}=\begin{pmatrix}0 & 2 & 4\\ -4 & 2 & 6\end{pmatrix}$，若 $\boldsymbol{XA}=\boldsymbol{B}+\boldsymbol{X}$，求矩阵 $\boldsymbol{X}$.

12. 设 $\boldsymbol{A}^k=\boldsymbol{O}$ (k 为某一正整数)，证明

$$(\boldsymbol{E}-\boldsymbol{A})^{-1}=\boldsymbol{E}+\boldsymbol{A}+\boldsymbol{A}^2+\cdots+\boldsymbol{A}^{k-1}.$$

13. 设方阵 $\boldsymbol{A}$ 满足 $\boldsymbol{A}^2-\boldsymbol{A}-2\boldsymbol{E}=\boldsymbol{O}$. 证明 $\boldsymbol{A}$ 及 $\boldsymbol{A}+2\boldsymbol{E}$ 都可逆,并求 $\boldsymbol{A}^{-1}$ 及 $(\boldsymbol{A}+2\boldsymbol{E})^{-1}$.

14. 设 $\boldsymbol{P}^{-1}\boldsymbol{A}\boldsymbol{P}=\boldsymbol{\Lambda}$,其中 $\boldsymbol{P}=\begin{pmatrix}-1 & -4\\ 1 & 1\end{pmatrix}$,$\boldsymbol{\Lambda}=\begin{pmatrix}-1 & 0\\ 0 & 2\end{pmatrix}$,求 $\boldsymbol{A}^{100}$.

15. 设 m 次多项式 $f(x)=a_0+a_1x+a_2x^2+\cdots+a_mx^m$,记

$$f(\boldsymbol{A})=a_0\boldsymbol{E}+a_1\boldsymbol{A}+a_2\boldsymbol{A}^2+\cdots+a_m\boldsymbol{A}^m.$$

(1) 若 $\boldsymbol{\Lambda}=\begin{pmatrix}\lambda_1 & 0\\ 0 & \lambda_2\end{pmatrix}$,证明

$$\boldsymbol{\Lambda}^k=\begin{pmatrix}\lambda_1^k & 0\\ 0 & \lambda_2^k\end{pmatrix},\quad f(\boldsymbol{\Lambda})=\begin{pmatrix}f(\lambda_1) & 0\\ 0 & f(\lambda_2)\end{pmatrix};$$

(2) 若 $\boldsymbol{A}=\boldsymbol{P}\boldsymbol{\Lambda}\boldsymbol{P}^{-1}$,证明

$$\boldsymbol{A}^k=\boldsymbol{P}\boldsymbol{\Lambda}^k\boldsymbol{P}^{-1},\quad f(\boldsymbol{A})=\boldsymbol{P}f(\boldsymbol{\Lambda})\boldsymbol{P}^{-1}.$$

16. 设 n 阶可逆矩阵 $\boldsymbol{A}$ 的伴随矩阵为 $\boldsymbol{A}^*$.

(1) 证明 $\det\boldsymbol{A}^*=(\det\boldsymbol{A})^{n-1}$;　(2) 求 $(\boldsymbol{A}^*)^{-1}$.

17. 设 $\boldsymbol{A},\boldsymbol{B}$ 都是 n 阶可逆矩阵,$\boldsymbol{A}^*$ 是 $\boldsymbol{A}$ 的伴随矩阵,$\boldsymbol{B}^*$ 是 $\boldsymbol{B}$ 的伴随矩阵,证明

(1) $(\boldsymbol{A}^*)^*=(\det\boldsymbol{A})^{n-2}\boldsymbol{A}$;　(2) $(\boldsymbol{A}\boldsymbol{B})^*=\boldsymbol{B}^*\boldsymbol{A}^*$.

18. 设 $\boldsymbol{A}=\begin{pmatrix}3 & 4 & 0 & 0\\ 4 & -3 & 0 & 0\\ 0 & 0 & 2 & 0\\ 0 & 0 & 2 & 2\end{pmatrix}$,求 $\det\boldsymbol{A}^8$,$\boldsymbol{A}^4$ 及 $\boldsymbol{A}^{-1}$.

19. 设 m 阶方阵 $\boldsymbol{A}$ 及 n 阶方阵 $\boldsymbol{B}$ 都可逆,求 $\begin{pmatrix}\boldsymbol{O} & \boldsymbol{A}\\ \boldsymbol{B} & \boldsymbol{C}\end{pmatrix}^{-1}$.

20. 设 $\boldsymbol{A}_1,\boldsymbol{A}_2,\boldsymbol{A}_3$ 均为 3×1 矩阵,记矩阵

$$\boldsymbol{A}=(\boldsymbol{A}_1,\boldsymbol{A}_2,\boldsymbol{A}_3),\quad \boldsymbol{B}=(\boldsymbol{A}_1+\boldsymbol{A}_2+\boldsymbol{A}_3,\boldsymbol{A}_1+2\boldsymbol{A}_2+4\boldsymbol{A}_3,\boldsymbol{A}_1+3\boldsymbol{A}_2+9\boldsymbol{A}_3).$$

如果 $\det\boldsymbol{A}=1$,试求 $\det\boldsymbol{B}$.

21. 设四阶方阵 $\boldsymbol{A}=(2\boldsymbol{A}_1,3\boldsymbol{A}_2,4\boldsymbol{A}_3,\boldsymbol{A}_4)$,$\boldsymbol{B}=(\boldsymbol{A}_1,\boldsymbol{A}_2,\boldsymbol{A}_3,\boldsymbol{A}_5)$,其中 $\boldsymbol{A}_i$ 均为 4×1 矩阵,且 $\det\boldsymbol{A}=4$,$\det\boldsymbol{B}=1$,试求 $\det(\boldsymbol{A}-\boldsymbol{B})$.

第3章 矩阵的初等变换

利用 Cramer 法则或逆矩阵求解线性方程组时，要求未知数个数与方程的个数相同，而且系数矩阵的行列式不等于零；在实际求解时，需要计算许多行列式，其运算量是相当大的. 本章介绍矩阵的初等变换，这一变换可以简化一般线性方程组的求解和逆矩阵的计算.

3.1 矩阵的秩

定义 3.1 在 $m\times n$ 矩阵 $\boldsymbol{A}$ 中，任取 k 行与 k 列 $(k\leqslant\min(m,n))$，位于这些行列交点处的 k^2 个元素，按原来的次序所组成的 k 阶行列式，称为 $\boldsymbol{A}$ 的一个 **k 阶子式**.

$m\times n$ 矩阵 $\boldsymbol{A}$ 的 k 阶子式共有 $C_m^k C_n^k$ 个.

定义 3.2 若 $m\times n$ 矩阵 $\boldsymbol{A}$ 中有一个 r 阶子式不为零，而所有 $r+1$ 阶子式（如果存在的话）都为零，则称 r 为 $\boldsymbol{A}$ 的秩，记为 $\operatorname{rank}\boldsymbol{A}$. 规定零矩阵的秩为 0.

由行列式按行（列）展开定理知，当 $\boldsymbol{A}$ 中所有 $r+1$ 阶子式全为零时，所有高于 $r+1$ 阶的子式也全为零. 因此 $\operatorname{rank}\boldsymbol{A}$ 就是 $\boldsymbol{A}$ 中不为零的子式的最高阶数.

显然 $\operatorname{rank}\boldsymbol{A}\leqslant\min(m,n)$；若 $k\neq0$，则 $\operatorname{rank}(k\boldsymbol{A})=\operatorname{rank}\boldsymbol{A}$；$\operatorname{rank}\boldsymbol{A}^{\mathrm{T}}=\operatorname{rank}\boldsymbol{A}$.

例 3.1 求矩阵 $\boldsymbol{A}=\begin{pmatrix}2&-3&8&2\\2&12&-2&12\\1&3&1&4\end{pmatrix}$ 的秩.

解 $\boldsymbol{A}$ 的一个二阶子式 $\begin{vmatrix}2&-3\\2&12\end{vmatrix}=30\neq0$，三阶子式共有 4 个，且依次为

$$\begin{vmatrix}2&-3&8\\2&12&-2\\1&3&1\end{vmatrix}=0,\quad \begin{vmatrix}2&-3&2\\2&12&12\\1&3&4\end{vmatrix}=0,$$

$$\begin{vmatrix}2&8&2\\2&-2&12\\1&1&4\end{vmatrix}=0,\quad \begin{vmatrix}-3&8&2\\12&-2&12\\3&1&4\end{vmatrix}=0,$$

所以 $\operatorname{rank}\boldsymbol{A}=2$.

定义 3.3 设 $\boldsymbol{A}$ 是 $m\times n$ 矩阵，若 $\operatorname{rank}\boldsymbol{A}=m$，则称 $\boldsymbol{A}$ 为**行满秩矩阵**；若 $\operatorname{rank}\boldsymbol{A}=n$，则称 $\boldsymbol{A}$ 为**列满秩矩阵**；若 n 阶方阵 $\boldsymbol{A}$ 的秩为 n，则称 $\boldsymbol{A}$ 为**满秩矩阵**.

由秩的定义可知：方阵 $\boldsymbol{A}$ 满秩的充分必要条件是 $\boldsymbol{A}$ 非奇异，即 $\det\boldsymbol{A}\neq0$，而

$\det\boldsymbol{A}\neq 0$ 的充分必要条件是 $\boldsymbol{A}$ 可逆，即对方阵而言，“满秩”、“非奇异”和“可逆”这三个概念是等价的.

3.2 矩阵的初等变换

定义 3.4 对矩阵进行的如下三种变换：

(1) 对调两行(列)；

(2) 以非零的数 k 乘某一行(列)的所有元素；

(3) 把某一行(列)所有元素的 k 倍加到另一行(列)的对应元素上，称为矩阵的**初等行(列)变换**. 矩阵的初等行变换和初等列变换统称为**矩阵的初等变换**.

为使用方便起见，对调矩阵的 i,j 两行(列)，记作 $\mathrm{r}_i\leftrightarrow\mathrm{r}_j$ ($\mathrm{c}_i\leftrightarrow\mathrm{c}_j$)；矩阵的第 i 行(列)乘 k，记作 $\mathrm{r}_i\times k$ ($\mathrm{c}_i\times k$)；把矩阵第 j 行(列)的 k 倍加到第 i 行(列)上，记作 $\mathrm{r}_i+k\mathrm{r}_j$ ($\mathrm{c}_i+k\mathrm{c}_j$).

易见，变换 $\mathrm{r}_i\leftrightarrow\mathrm{r}_j$ 的逆变换就是其本身；变换 $\mathrm{r}_i\times k$ 的逆变换为 $\mathrm{r}_i\times\dfrac{1}{k}$；变换 $\mathrm{r}_i+k\mathrm{r}_j$ 的逆变换为 $\mathrm{r}_i+(-k)\mathrm{r}_j$. 对于初等列变换有类似的结果. 因此，初等变换都是可逆的，且其逆变换是同一类型的初等变换.

定义 3.5 如果矩阵 $\boldsymbol{A}$ 经过有限次初等变换变成矩阵 $\boldsymbol{B}$，就称矩阵 $\boldsymbol{A}$ 与 $\boldsymbol{B}$ **等价**，记为 $\boldsymbol{A}\cong\boldsymbol{B}$ 或 $\boldsymbol{A}\rightarrow\boldsymbol{B}$.

容易证明等价矩阵的如下性质：

(1) $\boldsymbol{A}\cong\boldsymbol{A}$ (反身性)；

(2) 如果 $\boldsymbol{A}\cong\boldsymbol{B}$，则 $\boldsymbol{B}\cong\boldsymbol{A}$ (对称性)；

(3) 如果 $\boldsymbol{A}\cong\boldsymbol{B}$，$\boldsymbol{B}\cong\boldsymbol{C}$，则 $\boldsymbol{A}\cong\boldsymbol{C}$ (传递性).

下面是等价矩阵的另一重要性质.

定理 3.1 如果 $\boldsymbol{A}\cong\boldsymbol{B}$，则 $\operatorname{rank}\boldsymbol{A}=\operatorname{rank}\boldsymbol{B}$.

证 只要证明每一种初等变换都不改变矩阵的秩即可. 显然前两种初等变换都不改变矩阵的秩. 因而只需对第三种初等变换来证明.

设 $\operatorname{rank}\boldsymbol{A}=r$，且 $\boldsymbol{A}$ 的某个 r 阶子式 $D_r\neq 0$. 当 $\boldsymbol{A}\xrightarrow{\mathrm{r}_i+k\mathrm{r}_j}\boldsymbol{B}$ 时，分三种情形讨论：① D_r 不含 $\boldsymbol{A}$ 的第 i 行，则 $\boldsymbol{B}$ 中与 D_r 对应的 r 阶子式 $\hat{D}_r=D_r\neq 0$，故 $\operatorname{rank}\boldsymbol{B}\geqslant r$；② D_r 同时含 $\boldsymbol{A}$ 的第 i 行与第 j 行，由行列式性质知，$\boldsymbol{B}$ 中与 D_r 对应的 r 阶子式 $\hat{D}_r=D_r\neq 0$，也有 $\operatorname{rank}\boldsymbol{B}\geqslant r$；③ D_r 含 $\boldsymbol{A}$ 的第 i 行但不含第 j 行，则 $\boldsymbol{B}$ 中与 D_r 对应的 r 阶子式 $\hat{D}_r=D_r+k\tilde{D}_r$，其中 $\tilde{D}_r$ 与 $\boldsymbol{A}$ 中不含第 i 行的某个 r 阶子式相等或差一符号，如果 $\tilde{D}_r\neq 0$，根据情形①知 $\operatorname{rank}\boldsymbol{B}\geqslant r$，如果 $\tilde{D}_r=0$，则 $\hat{D}_r=D_r\neq 0$，也有 $\operatorname{rank}\boldsymbol{B}\geqslant r$. 这表明，当 $\boldsymbol{A}\xrightarrow{\mathrm{r}_i+k\mathrm{r}_j}\boldsymbol{B}$ 时，$\operatorname{rank}\boldsymbol{B}\geqslant\operatorname{rank}\boldsymbol{A}$. 又由 $\boldsymbol{B}\xrightarrow{\mathrm{r}_i+(-k)\mathrm{r}_j}\boldsymbol{A}$ 知，$\operatorname{rank}\boldsymbol{A}\geqslant\operatorname{rank}\boldsymbol{B}$，因

此 $\operatorname{rank}\boldsymbol{A}=\operatorname{rank}\boldsymbol{B}$.

对于第三种初等列变换的证明类似. ∎

显然，用初等变换将矩阵 $\boldsymbol{A}$ 变成矩阵 $\boldsymbol{B}$ 时，$\boldsymbol{B}$ 越简单，它的秩就越容易计算. 但是矩阵 $\boldsymbol{B}$ 究竟能取怎样的简单形状呢？下面的定理及推论回答了这一问题.

定理 3.2 若 $m\times n$ 矩阵 $\boldsymbol{A}$ 的秩为 $r(r>0)$，则 $\boldsymbol{A}$ 可经初等行变换化为如下形式的矩阵：

$$\boldsymbol{B}=\begin{pmatrix} 0 & \cdots & 0 & b_{1i_1} & * & \cdots & * & b_{1i_2} & * & \cdots & b_{1i_r} & * & \cdots & * \\ 0 & \cdots & 0 & 0 & 0 & \cdots & 0 & b_{2i_2} & * & \cdots & \vdots & \vdots & & \vdots \\ \vdots & & \vdots & \vdots & \vdots & & \vdots & \vdots & \vdots & & \vdots & \vdots & & \vdots \\ 0 & \cdots & 0 & 0 & 0 & \cdots & 0 & 0 & 0 & \cdots & b_{ri_r} & * & \cdots & * \\ 0 & \cdots & 0 & 0 & 0 & \cdots & 0 & 0 & 0 & \cdots & 0 & 0 & \cdots & 0 \\ \vdots & & \vdots & \vdots & \vdots & & \vdots & \vdots & \vdots & & \vdots & \vdots & & \vdots \\ 0 & \cdots & 0 & 0 & 0 & \cdots & 0 & 0 & 0 & \cdots & 0 & 0 & \cdots & 0 \end{pmatrix}.$$

其中 $b_{ki_k}\neq 0\ (k=1,2,\cdots,r)$，$*$ 代表数，称 $\boldsymbol{B}$ 为**阶梯形矩阵**，其非零行中第一个非零元素的列标总比下一行中第一个非零元素（如果存在的话）的列标小. 如果进一步做初等行变换，还可以化为更简单的阶梯形矩阵：

$$\begin{matrix} & & & & & & i_1\text{ 列} & & & & i_2\text{ 列} & & \cdots & i_r\text{ 列} & & & \end{matrix}$$

$$\boldsymbol{H}=\begin{pmatrix} 0 & \cdots & 0 & 1 & * & \cdots & * & 0 & * & \cdots & 0 & * & \cdots & * \\ 0 & \cdots & 0 & 0 & 0 & \cdots & 0 & 1 & * & \cdots & \vdots & \vdots & & \vdots \\ \vdots & & \vdots & \vdots & \vdots & & \vdots & \vdots & \vdots & & 0 & * & \cdots & * \\ 0 & \cdots & 0 & 0 & 0 & \cdots & 0 & 0 & 0 & \cdots & 1 & * & \cdots & * \\ 0 & \cdots & 0 & 0 & 0 & \cdots & 0 & 0 & 0 & \cdots & 0 & 0 & \cdots & 0 \\ \vdots & & \vdots & \vdots & \vdots & & \vdots & \vdots & \vdots & & \vdots & \vdots & & \vdots \\ 0 & \cdots & 0 & 0 & 0 & \cdots & 0 & 0 & 0 & \cdots & 0 & 0 & \cdots & 0 \end{pmatrix}\begin{matrix} \left.\begin{matrix} \\ \\ \\ \\ \end{matrix}\right\} r \\ \\ \\ \\ \end{matrix},$$

称 $\boldsymbol{H}$ 为 $\boldsymbol{A}$ 的**行最简形**.

证 因为 $r>0$，所以 $\boldsymbol{A}$ 是非零矩阵. 设 $\boldsymbol{A}$ 的第 i_1 列是第一个非零列，不妨设 $a_{1i_1}\neq 0$（否则做变换 $\mathrm{r}_1\leftrightarrow\mathrm{r}_j$，使第 i_1 列的第一个元素非零）. 分别做变换 $\mathrm{r}_j+\left(-\dfrac{a_{ji_1}}{a_{1i_1}}\right)\mathrm{r}_1\ (j=2,\cdots,n)$，再令 $b_{1i_1}=a_{1i_1}$，则

$$\boldsymbol{A}\rightarrow\left(\begin{array}{cccc|ccc} 0 & \cdots & 0 & b_{1i_1} & * & \cdots & * \\ \hline 0 & \cdots & 0 & 0 & & & \\ \vdots & & \vdots & \vdots & & \boldsymbol{A}_1 & \\ 0 & \cdots & 0 & 0 & & & \end{array}\right)$$

其中 $\boldsymbol{A}_1$ 是 $(m-1)\times(n-i_1)$ 矩阵. 再对 $\boldsymbol{A}_1$ 施行上面对 $\boldsymbol{A}$ 用过的步骤. 如此进行下

去即得阶梯形矩阵 $\boldsymbol{B}$. 由于 $\mathrm{rank}\boldsymbol{B}=\mathrm{rank}\boldsymbol{A}=r$,所以 $\boldsymbol{B}$ 只有 r 个非零行.

如果对阶梯形矩阵 $\boldsymbol{B}$ 继续做变换 $\mathrm{r}_j\times\dfrac{1}{b_{ji_j}}$ $(j=1,2,\cdots,r)$,再利用第三种初等行变换将前 r 行的第一个元素 1 所在列的其他非零元素变成 0,即得行最简形 $\boldsymbol{H}$. ▌

如果对矩阵既做初等行变换,也做初等列变换,则可化为更简单的形式.

定理 3.3 秩为 r 的 $m\times n$ 矩阵 $\boldsymbol{A}$ 可经初等变换化为如下的最简形式:

$$\begin{pmatrix}\boldsymbol{E}_r & \boldsymbol{O}\\ \boldsymbol{O} & \boldsymbol{O}\end{pmatrix}_{m\times n},$$

称之为 $\boldsymbol{A}$ 的**等价标准形**.

推论 1 设 $\boldsymbol{A}$ 是 n 阶满秩矩阵,则 $\boldsymbol{A}\cong\boldsymbol{E}_n$.

由于秩为 r 的两个 $m\times n$ 矩阵有相同的等价标准形,由等价的对称性、传递性及定理 3.1 得以下结论.

推论 2 两个 $m\times n$ 矩阵等价的充分必要条件是它们有相同的秩.

上述结果说明矩阵经初等变换后秩不变,因此,可以用初等变换把矩阵中的一些元素变为 0,从而可直接看出矩阵的秩. 比如,限定只用初等行变换即可把矩阵变成阶梯形矩阵,其中非零行的个数即等于矩阵的秩.

例 3.2 用初等变换求例 3.1 中矩阵 $\boldsymbol{A}$ 的秩.

解 对 $\boldsymbol{A}$ 进行初等行变换,得

$$\boldsymbol{A}\xrightarrow[\mathrm{r}_2-2\mathrm{r}_3]{\mathrm{r}_1-2\mathrm{r}_3}\begin{pmatrix}0 & -9 & 6 & -6\\ 0 & 6 & -4 & 4\\ 1 & 3 & 1 & 4\end{pmatrix}\xrightarrow{\mathrm{r}_1\leftrightarrow\mathrm{r}_3}\begin{pmatrix}1 & 3 & 1 & 4\\ 0 & 6 & -4 & 4\\ 0 & -9 & 6 & -6\end{pmatrix}$$

$$\xrightarrow{\mathrm{r}_3+\frac{3}{2}\mathrm{r}_2}\begin{pmatrix}1 & 3 & 1 & 4\\ 0 & 6 & -4 & 4\\ 0 & 0 & 0 & 0\end{pmatrix},$$

于是 $\mathrm{rank}\boldsymbol{A}=2$.

3.3 求解线性方程组的消元法

在中学代数里已经介绍了用加减消元法和代入消元法解二元一次和三元一次方程组. 实际上,这个方法比用行列式解线性方程组的方法更具有普遍性. 下面就来介绍如何用消元法解一般的线性方程组.

先看一个例子. 例如,解方程组

$$\begin{cases}2x_1 - x_2 + 3x_3 = 1,\\ 4x_1 + 2x_2 + 5x_3 = 4,\\ x_1 + x_3 = 3.\end{cases}$$

第二个方程减去第一个方程的 2 倍,第三个方程乘以 2 再减去第一个方程,就变成

$$\begin{cases}2x_1 - x_2 + 3x_3 = 1,\\ 4x_2 - x_3 = 2,\\ x_2 - x_3 = 5.\end{cases}$$

第二个方程减去第三个方程的 4 倍,把第二、第三两个方程的次序互换,即得阶梯形方程组

$$\begin{cases}2x_1 - x_2 + 3x_3 = 1,\\ x_2 - x_3 = 5,\\ 3x_3 = -18.\end{cases}$$

这样就容易求出方程组的解为 $x_1=9, x_2=-1, x_3=-6$.

分析一下消元法不难看出,它实质上是反复地对方程组进行变换,而所做的变换也只是由以下三种基本的变换所构成:

(1) 互换两个方程的位置;

(2) 用非零的数乘某一方程;

(3) 某一方程的若干倍加到另一个方程上去.

称变换(1),(2),(3)为**线性方程组的初等变换**.

考虑一般的线性方程组

$$\begin{cases}a_{11}x_1 + a_{12}x_2 + \cdots + a_{1n}x_n = b_1,\\ a_{21}x_1 + a_{22}x_2 + \cdots + a_{2n}x_n = b_2,\\ \cdots\cdots\\ a_{m1}x_1 + a_{m2}x_2 + \cdots + a_{mn}x_n = b_m.\end{cases} \tag{3.1}$$

下面证明,线性方程组的初等变换总是把方程组变成同解的方程组.在此仅对第三种初等变换来证明.

对方程组(3.1)进行第三种初等变换.为简洁起见,不妨设把第二个方程的 k 倍加到第一个方程得到新方程组

$$\begin{cases}(a_{11}+ka_{21})x_1 + (a_{12}+ka_{22})x_2 + \cdots + (a_{1n}+ka_{2n})x_n = b_1 + kb_2,\\ a_{21}x_1 + a_{22}x_2 + \cdots + a_{2n}x_n = b_2,\\ \cdots\cdots\\ a_{m1}x_1 + a_{m2}x_2 + \cdots + a_{mn}x_n = b_m.\end{cases} \tag{3.2}$$

现设 $c_1, c_2, \cdots, c_n$ 是方程组(3.1)的任一解,因为方程组(3.1)与方程组(3.2)的后 $m-1$ 个方程是一样的,所以 $c_1, c_2, \cdots, c_n$ 满足方程组(3.2)的后 $m-1$ 个方

程. 又 $c_1, c_2, \cdots, c_n$ 满足方程组(3.1)的前两个方程,即

$$a_{11}c_1 + a_{12}c_2 + \cdots + a_{1n}c_n = b_1,$$
$$a_{21}c_1 + a_{22}c_2 + \cdots + a_{2n}c_n = b_2.$$

把第二式的两边乘以 k,再与第一式相加,得

$$(a_{11} + ka_{21})c_1 + (a_{12} + ka_{22})c_2 + \cdots + (a_{1n} + ka_{2n})c_n = b_1 + kb_2.$$

可见 $c_1, c_2, \cdots, c_n$ 也满足方程组(3.2)的第一个方程,因而是方程组(3.2)的解. 类似地可证方程组(3.2)的任一解也是方程组(3.1)的解. 这就证明了方程组(3.1)与方程组(3.2)是同解的. ▌

对线性方程组的另外两种初等变换,证明由读者去做.

从上面例子的求解过程可以看出,用初等变换化简方程组时,只是对其中方程的系数和常数项进行变换. 为简明起见,可以将未知数和等号略去(默认其存在),而将系数和常数项排成一个数表——线性方程组(3.1)的增广矩阵

$$\hat{\boldsymbol{A}} = \left(\begin{array}{cccc:c} a_{11} & a_{12} & \cdots & a_{1n} & b_1 \\ a_{21} & a_{22} & \cdots & a_{2n} & b_2 \\ \vdots & \vdots & & \vdots & \vdots \\ a_{m1} & a_{m2} & \cdots & a_{mn} & b_m \end{array}\right) \tag{3.3}$$

来进行计算. 这样不但简单明了,而且由于强调了元素的相对位置,还可以避免出错.

对方程组(3.1)用初等变换化为阶梯形方程组恰等同于用矩阵的初等行变换化 $\hat{\boldsymbol{A}}$ 为阶梯形矩阵. 设系数矩阵 $\boldsymbol{A} = (a_{ij})_{m\times n}$ 的秩为 r,为了讨论起来方便,不妨设其左上角的 r 阶子式不为零,则增广矩阵 $\hat{\boldsymbol{A}}$ 用初等行变换化成的阶梯形矩阵为(其中系数矩阵 $\boldsymbol{A}$ 所在的前 n 列化成行最简形):

$$\left(\begin{array}{ccccccc:c} 1 & 0 & \cdots & 0 & b_{1,r+1} & \cdots & b_{1n} & d_1 \\ 0 & 1 & \cdots & 0 & b_{2,r+1} & \cdots & b_{2n} & d_2 \\ \vdots & \vdots & & \vdots & \vdots & & \vdots & \vdots \\ 0 & 0 & \cdots & 1 & b_{r,r+1} & \cdots & b_{rn} & d_r \\ 0 & 0 & \cdots & 0 & 0 & \cdots & 0 & d_{r+1} \\ 0 & 0 & \cdots & 0 & 0 & \cdots & 0 & 0 \\ \vdots & \vdots & & \vdots & \vdots & & \vdots & \vdots \\ 0 & 0 & \cdots & 0 & 0 & \cdots & 0 & 0 \end{array}\right). \tag{3.4}$$

当 $d_{r+1} \neq 0$ 时,$\mathrm{rank}\hat{\boldsymbol{A}} = r+1 > \mathrm{rank}\boldsymbol{A}$,此时第 $r+1$ 个方程为

$$0x_1 + 0x_2 + \cdots + 0x_n = d_{r+1}.$$

这时不管 $x_1, x_2, \cdots, x_n$ 取什么值都不能使它成为等式,故方程组(3.1)无解.

当 $d_{r+1} = 0$ 时,$\mathrm{rank}\hat{\boldsymbol{A}} = r = \mathrm{rank}\boldsymbol{A}$,与式(3.4)对应的同解方程组为

$$\begin{cases} x_1 + b_{1,r+1}x_{r+1} + \cdots + b_{1n}x_n = d_1, \\ x_2 + b_{2,r+1}x_{r+1} + \cdots + b_{2n}x_n = d_2, \\ \quad\cdots\cdots \\ x_r + b_{r,r+1}x_{r+1} + \cdots + b_{rn}x_n = d_r. \end{cases} \tag{3.5}$$

分两种情况讨论如下：

(1) $\mathrm{rank}\hat{\boldsymbol{A}} = \mathrm{rank}\boldsymbol{A} = r = n$. 这时阶梯形方程组(3.5)为

$$x_1 = d_1,\quad x_2 = d_2, \cdots,\quad x_n = d_n$$

已得到方程组(3.1)的唯一解.

(2) $\mathrm{rank}\hat{\boldsymbol{A}} = \mathrm{rank}\boldsymbol{A} = r < n$. 这时阶梯形方程组(3.5)可改写为

$$\begin{cases} x_1 = d_1 - b_{1,r+1}x_{r+1} - \cdots - b_{1n}x_n, \\ x_2 = d_2 - b_{2,r+1}x_{r+1} - \cdots - b_{2n}x_n, \\ \quad\cdots\cdots \\ x_r = d_r - b_{r,r+1}x_{r+1} - \cdots - b_{rn}x_n, \end{cases} \tag{3.6}$$

可见任意给定 $x_{r+1}, \cdots, x_n$ 的一组值，由式(3.6)就能唯一确定$x_1, \cdots, x_r$的值，从而构成方程组(3.1)的一个解. 称式(3.6)中 $x_{r+1}, \cdots, x_n$ 为**自由未知量**，它们是可以任意取值的. 在这种情况下，方程组(3.1)有无穷多个解. 将式(3.6)写成参数形式

$$\begin{cases} x_1 = d_1 - b_{1,r+1}k_1 - \cdots - b_{1n}k_{n-r}, \\ x_2 = d_2 - b_{2,r+1}k_1 - \cdots - b_{2n}k_{n-r}, \\ \quad\cdots\cdots \\ x_r = d_r - b_{r,r+1}k_1 - \cdots - b_{rn}k_{n-r}, \quad (k_1, \cdots, k_{n-r}\text{为任意常数}), \\ x_{r+1} = \quad k_1, \\ \quad\cdots\cdots \\ x_n = \quad k_{n-r} \end{cases}$$

称上式为方程组(3.1)的**一般解**(**或通解**).

以上就是用消元法求解线性方程组的整个过程，由此可得如下定理：

定理 3.4　设 $\boldsymbol{A} = (a_{ij})_{m\times n}$是线性方程组(3.1)的系数矩阵，而 $\hat{\boldsymbol{A}}$ 是增广矩阵(3.3)，则线性方程组(3.1)有解的充分必要条件是 $\mathrm{rank}\hat{\boldsymbol{A}} = \mathrm{rank}\boldsymbol{A}$. 当方程组(3.1)有解时，若 $\mathrm{rank}\boldsymbol{A} = n$，则它有唯一解；若 $\mathrm{rank}\boldsymbol{A} < n$，则它有无穷多解.

把定理 3.4 用到齐次线性方程组，就有如下定理：

定理 3.5　齐次线性方程组

$$\begin{cases} a_{11}x_1 + a_{12}x_2 + \cdots + a_{1n}x_n = 0, \\ a_{21}x_1 + a_{22}x_2 + \cdots + a_{2n}x_n = 0, \\ \quad\cdots\cdots \\ a_{m1}x_1 + a_{m2}x_2 + \cdots + a_{mn}x_n = 0 \end{cases} \tag{3.7}$$

有非零解的充分必要条件是 rank$\boldsymbol{A}<n$,其中 $\boldsymbol{A}=(a_{ij})_{m\times n}$是方程组(3.7)的系数矩阵.

推论 齐次线性方程组

$$\begin{cases} a_{11}x_1+a_{12}x_2+\cdots+a_{1n}x_n=0, \\ a_{21}x_1+a_{22}x_2+\cdots+a_{2n}x_n=0, \\ \cdots\cdots \\ a_{n1}x_1+a_{n2}x_2+\cdots+a_{nn}x_n=0 \end{cases} \tag{3.8}$$

有非零解的充分必要条件是 det$\boldsymbol{A}=0$,其中 $\boldsymbol{A}=(a_{ij})_{n\times n}$是方程组(3.8)的系数矩阵.

证 必要性. 由 Cramer 法则即得.

充分性. 若 det$\boldsymbol{A}=0$,则 rank$\boldsymbol{A}<n$,由定理 3.5 知方程组(3.8)有非零解. ▌

例 3.3 求解线性方程组

$$\begin{cases} x_1+2x_2+3x_3+4x_4=5, \\ x_1+2x_2+2x_3+3x_4=4, \\ -x_1-2x_2-x_3-2x_4=-3. \end{cases}$$

解 对增广矩阵进行初等行变换:

$$\hat{\boldsymbol{A}}=\left(\begin{array}{cccc|c} 1 & 2 & 3 & 4 & 5 \\ 1 & 2 & 2 & 3 & 4 \\ -1 & -2 & -1 & -2 & -3 \end{array}\right)\xrightarrow[r_3+r_1]{r_2-r_1}\left(\begin{array}{cccc|c} 1 & 2 & 3 & 4 & 5 \\ 0 & 0 & -1 & -1 & -1 \\ 0 & 0 & 2 & 2 & 2 \end{array}\right)$$

$$\xrightarrow[r_2\times(-1)]{r_3+2r_2}\left(\begin{array}{cccc|c} 1 & 2 & 3 & 4 & 5 \\ 0 & 0 & 1 & 1 & 1 \\ 0 & 0 & 0 & 0 & 0 \end{array}\right)\xrightarrow{r_1-3r_2}\left(\begin{array}{cccc|c} 1 & 2 & 0 & 1 & 2 \\ 0 & 0 & 1 & 1 & 1 \\ 0 & 0 & 0 & 0 & 0 \end{array}\right),$$

可见 rank$\hat{\boldsymbol{A}}=$rank$\boldsymbol{A}=2<4$,所以方程组有无穷多解. 与原方程组同解的方程组为

$$\begin{cases} x_1=2-2x_2-x_4, \\ x_3=1-x_4. \end{cases}$$

故方程组的通解为

$$\begin{cases} x_1=2-2k_1-k_2, \\ x_2=k_1, \\ x_3=1-k_2, \\ x_4=k_2 \end{cases} \quad (k_1,k_2\text{ 为任意常数}).$$

例 3.4 问 λ 为何值时,线性方程组

$$\begin{cases}\lambda x_1+x_2+x_3+x_4=1,\\ x_1+\lambda x_2+x_3+x_4=\lambda,\\ x_1+x_2+\lambda x_3+x_4=\lambda^2,\\ x_1+x_2+x_3+\lambda x_4=\lambda^3\end{cases}$$

有唯一解、无解、无穷多解？并在有无穷多解时求通解.

解　该方程组的系数行列式

$$D=\begin{vmatrix}\lambda & 1 & 1 & 1\\ 1 & \lambda & 1 & 1\\ 1 & 1 & \lambda & 1\\ 1 & 1 & 1 & \lambda\end{vmatrix}=(\lambda+3)(\lambda-1)^3.$$

(1) 当 $\lambda\neq-3$ 且 $\lambda\neq1$ 时，$D\neq0$，方程组有唯一解；

(2) 当 $\lambda=-3$ 时，对增广矩阵进行初等行变换有

$$\hat{\boldsymbol{A}}=\left(\begin{array}{cccc:c}-3 & 1 & 1 & 1 & 1\\ 1 & -3 & 1 & 1 & -3\\ 1 & 1 & -3 & 1 & 9\\ 1 & 1 & 1 & -3 & -27\end{array}\right)\xrightarrow[\substack{r_2-r_4\\ r_3-r_4}]{\substack{r_1+r_2\\ r_1+r_3\\ r_1+r_4}}\left(\begin{array}{cccc:c}0 & 0 & 0 & 0 & -20\\ 0 & -4 & 0 & 4 & 24\\ 0 & 0 & -4 & 4 & 36\\ 1 & 1 & 1 & -3 & -27\end{array}\right)$$

$$\xrightarrow{r_1\leftrightarrow r_4}\left(\begin{array}{cccc:c}1 & 1 & 1 & -3 & -27\\ 0 & -4 & 0 & 4 & 24\\ 0 & 0 & -4 & 4 & 36\\ 0 & 0 & 0 & 0 & -20\end{array}\right),$$

可见 $\mathrm{rank}\hat{\boldsymbol{A}}=4$，$\mathrm{rank}\boldsymbol{A}=3$，方程组无解；

(3) 当 $\lambda=1$ 时，对增广矩阵进行初等行变换有

$$\hat{\boldsymbol{A}}=\left(\begin{array}{cccc:c}1 & 1 & 1 & 1 & 1\\ 1 & 1 & 1 & 1 & 1\\ 1 & 1 & 1 & 1 & 1\\ 1 & 1 & 1 & 1 & 1\end{array}\right)\xrightarrow{\substack{r_2-r_1\\ r_3-r_1\\ r_4-r_1}}\left(\begin{array}{cccc:c}1 & 1 & 1 & 1 & 1\\ 0 & 0 & 0 & 0 & 0\\ 0 & 0 & 0 & 0 & 0\\ 0 & 0 & 0 & 0 & 0\end{array}\right),$$

可见 $\mathrm{rank}\hat{\boldsymbol{A}}=\mathrm{rank}\boldsymbol{A}=1<4$，方程组有无穷多解. 与原方程组同解的方程组为

$$x_1=1-x_2-x_3-x_4.$$

故通解为 $\begin{cases}x_1=1-k_1-k_2-k_3,\\ x_2=k_1,\\ x_3=k_2,\\ x_4=k_3\end{cases}$ （k_1,k_2,k_3 为任意常数）.

3.4 初 等 矩 阵

本节建立矩阵的初等变换与矩阵乘法的联系，并在这个基础上给出用初等变换求逆矩阵的方法.

定义 3.6 由单位矩阵 $\boldsymbol{E}$ 经过一次初等变换得到的矩阵称为**初等矩阵**.

对于单位矩阵 $\boldsymbol{E}$ 来说，把第 i,j 两行互换与把第 i,j 两列互换的结果都是

$$\boldsymbol{E}(i,j)=\begin{pmatrix}1&&&&&&&&&&\\&\ddots&&&&&&&&&\\&&1&&&&&&&&\\&&&0&&&&1&&&\\&&&&1&&&&&&\\&&&&&\ddots&&&&&\\&&&&&&1&&&&\\&&&1&&&&0&&&\\&&&&&&&&1&&\\&&&&&&&&&\ddots&\\&&&&&&&&&&1\end{pmatrix}\begin{matrix}\\ \\ \\ i\text{ 行}\\ \\ \\ \\ j\text{ 行}\\ \\ \\ \\ \end{matrix}.$$

i 列　　j 列

把第 i 行乘以非零常数 k 与把第 i 列乘以 k 的结果都是

$$\boldsymbol{E}(i(k))=\begin{pmatrix}1&&&&&&\\&\ddots&&&&&\\&&1&&&&\\&&&k&&&\\&&&&1&&\\&&&&&\ddots&\\&&&&&&1\end{pmatrix}\begin{matrix}\\ \\ \\ i\text{ 行}.\\ \\ \\ \\ \end{matrix}$$

i 列

而把第 j 行的 k 倍加到第 i 行与把第 i 列的 k 倍加到第 j 列的结果都是

$$\boldsymbol{E}(i,j(k))=\begin{pmatrix}1&&&&&&\\&\ddots&&&&&\\&&1&&k&&\\&&&\ddots&&&\\&&&&1&&\\&&&&&\ddots&\\&&&&&&1\end{pmatrix}\begin{matrix}\\ \\ i\text{ 行}\\ \\ j\text{ 行}\\ \\ \\ \end{matrix}.$$

i 列　　j 列

初等行变换与初等列变换各有三种类型，因此初等矩阵也只有上述三种类型.

由于初等变换不改变矩阵的秩，所以初等矩阵均可逆；又由初等变换均有逆变换知，初等矩阵的逆矩阵仍是初等矩阵，而且类型不变，即

$$\det\boldsymbol{E}(i,j)=-1,\quad \det\boldsymbol{E}(i(k))=k\neq 0,\quad \det\boldsymbol{E}(i,j(k))=1;$$

$$(\boldsymbol{E}(i,j))^{-1}=\boldsymbol{E}(i,j),\quad (\boldsymbol{E}(i(k)))^{-1}=\boldsymbol{E}\left(i\left(\frac{1}{k}\right)\right),$$

$$(\boldsymbol{E}(i,j(k)))^{-1}=\boldsymbol{E}(i,j(-k)).$$

定理 3.6　设 $\boldsymbol{A}$ 是 $m\times n$ 矩阵. 对 $\boldsymbol{A}$ 施行一次初等行变换，其结果等于在 $\boldsymbol{A}$ 的左边乘以相应的 m 阶初等矩阵；对 $\boldsymbol{A}$ 施行一次初等列变换，其结果等于在 $\boldsymbol{A}$ 的右边乘上相应的 n 阶初等矩阵.

证　只对第三种初等矩阵证明之. 用 m 阶初等矩阵 $\boldsymbol{E}(i,j(k))$ 左乘矩阵 $\boldsymbol{A}=(a_{ij})_{m\times n}$，得

$$\boldsymbol{E}(i,j(k))\boldsymbol{A}=\begin{pmatrix} a_{11} & \cdots & a_{1n} \\ \vdots & & \vdots \\ a_{i1}+ka_{j1} & \cdots & a_{in}+ka_{jn} \\ \vdots & & \vdots \\ a_{j1} & \cdots & a_{jn} \\ \vdots & & \vdots \\ a_{n1} & \cdots & a_{nn} \end{pmatrix}\begin{matrix} \\ \\ i\text{ 行} \\ \\ j\text{ 行} \\ \\ \\ \end{matrix}.$$

其结果相当于把 $\boldsymbol{A}$ 的第 j 行的 k 倍加到第 i 行上去. 类似地，以 n 阶初等矩阵 $\boldsymbol{E}(i,j(k))$ 右乘矩阵 $\boldsymbol{A}$，其结果相当于把 $\boldsymbol{A}$ 的第 i 列的 k 倍加到第 j 列上去. ▍

这样，就在矩阵的初等变换与矩阵乘法之间建立起了联系，即对 $\boldsymbol{A}$ 做一次初等变换就相当于给 $\boldsymbol{A}$ 左乘或右乘一个初等矩阵.

定理 3.7　n 阶方阵 $\boldsymbol{A}$ 可逆的充分必要条件是 $\boldsymbol{A}$ 能表示为若干个初等矩阵的乘积.

证　必要性. 因为 $\boldsymbol{A}$ 可逆，从而 $\boldsymbol{A}$ 是满秩矩阵，由定理 3.3 的推论 1 知 $\boldsymbol{A}\cong\boldsymbol{E}_n$，故存在 n 阶初等矩阵 $\boldsymbol{P}_1,\boldsymbol{P}_2,\cdots,\boldsymbol{P}_s$ 及 $\boldsymbol{Q}_1,\boldsymbol{Q}_2,\cdots,\boldsymbol{Q}_t$，使

$$\boldsymbol{P}_s\cdots\boldsymbol{P}_2\boldsymbol{P}_1\boldsymbol{A}\boldsymbol{Q}_1\boldsymbol{Q}_2\cdots\boldsymbol{Q}_t=\boldsymbol{E}_n,$$

于是

$$\boldsymbol{A}=\boldsymbol{P}_1^{-1}\boldsymbol{P}_2^{-1}\cdots\boldsymbol{P}_s^{-1}\boldsymbol{Q}_t^{-1}\cdots\boldsymbol{Q}_2^{-1}\boldsymbol{Q}_1^{-1}.$$

而 $\boldsymbol{P}_i^{-1}(i=1,2,\cdots,s)$ 与 $\boldsymbol{Q}_j^{-1}(j=1,2,\cdots,t)$ 均是初等矩阵.

充分性. 若 $\boldsymbol{A}=\boldsymbol{P}_1\boldsymbol{P}_2\cdots\boldsymbol{P}_s$，其中 $\boldsymbol{P}_i(i=1,2,\cdots,s)$ 是初等矩阵，则

$$\det\boldsymbol{A}=\det\boldsymbol{P}_1\det\boldsymbol{P}_2\cdots\det\boldsymbol{P}_s\neq 0,$$

故 $\boldsymbol{A}$ 可逆. ▍

当 $\det\boldsymbol{A}\neq 0$ 时，由定理 3.7 有 $\boldsymbol{A}=\boldsymbol{P}_1\boldsymbol{P}_2\cdots\boldsymbol{P}_s$，其中 $\boldsymbol{P}_i(i=1,2,\cdots,s)$ 是初等矩阵，于是

$$\begin{cases}\boldsymbol{P}_s^{-1}\cdots\boldsymbol{P}_2^{-1}\boldsymbol{P}_1^{-1}\boldsymbol{A}=\boldsymbol{E},\\ \boldsymbol{P}_s^{-1}\cdots\boldsymbol{P}_2^{-1}\boldsymbol{P}_1^{-1}\boldsymbol{E}=\boldsymbol{A}^{-1}.\end{cases}$$

上面第一式表明，可逆矩阵 $\boldsymbol{A}$ 经过一系列初等行变换可以变成单位矩阵 $\boldsymbol{E}$；而第二式表明，把 $\boldsymbol{A}$ 化成单位矩阵 $\boldsymbol{E}$ 的那些初等行变换可以把 $\boldsymbol{E}$ 化成 $\boldsymbol{A}$ 的逆矩阵 $\boldsymbol{A}^{-1}$. 由此得到下述用初等变换求逆矩阵的方法：

$$(\boldsymbol{A}\,\vdots\,\boldsymbol{E})\xrightarrow{\text{初等行变换}}(\boldsymbol{E}\,\vdots\,\boldsymbol{A}^{-1}),$$

即以 $\boldsymbol{A}$ 和 $\boldsymbol{E}$ 这两个 n 阶方阵组成一个 $n\times 2n$ 的矩阵 $(\boldsymbol{A}\,\vdots\,\boldsymbol{E})$，对这个矩阵做初等行变换，当把其左边一半 $\boldsymbol{A}$ 变成单位矩阵 $\boldsymbol{E}$ 时，右边一半 $\boldsymbol{E}$ 就变成 $\boldsymbol{A}^{-1}$.

这个方法和以前通过伴随矩阵求逆矩阵的方法相比较，当阶数较大时，计算量要小得多. 因此求逆矩阵常用初等变换的方法. 另外，用初等变换求逆矩阵时，不必先考虑逆矩阵是否存在，只要注意在初等变换的过程中，如果发现矩阵不是满秩的，它就没有逆矩阵了.

例 3.5 已知 $\boldsymbol{A}=\begin{pmatrix}1&2&3\\2&1&2\\1&3&4\end{pmatrix}$，求 $\boldsymbol{A}^{-1}$.

解
$$(\boldsymbol{A}\,\vdots\,\boldsymbol{E})=\left(\begin{array}{ccc|ccc}1&2&3&1&0&0\\2&1&2&0&1&0\\1&3&4&0&0&1\end{array}\right)\xrightarrow[r_3-r_1]{r_2-2r_1}\left(\begin{array}{ccc|ccc}1&2&3&1&0&0\\0&-3&-4&-2&1&0\\0&1&1&-1&0&1\end{array}\right)$$

$$\xrightarrow[r_2+r_3]{r_1-2r_3}\left(\begin{array}{ccc|ccc}1&0&1&3&0&-2\\0&0&-1&-5&1&3\\0&1&1&-1&0&1\end{array}\right)$$

$$\xrightarrow[r_3+r_2]{r_1+r_2}\left(\begin{array}{ccc|ccc}1&0&0&-2&1&1\\0&0&-1&-5&1&3\\0&1&0&-6&1&4\end{array}\right)$$

$$\xrightarrow[r_2\leftrightarrow r_3]{r_2\times(-1)}\left(\begin{array}{ccc|ccc}1&0&0&-2&1&1\\0&1&0&-6&1&4\\0&0&1&5&-1&-3\end{array}\right),$$

所以

$$\boldsymbol{A}^{-1}=\begin{pmatrix}-2&1&1\\-6&1&4\\5&-1&-3\end{pmatrix}.$$

例 3.6 求 n 阶方阵 $\boldsymbol{A}=\begin{pmatrix}1&&&&\\a&1&&&\\a^2&a&1&&\\\vdots&\ddots&\ddots&\ddots&\\a^{n-1}&\cdots&a^2&a&1\end{pmatrix}$ 的逆矩阵.

解

$$
(\boldsymbol{A} \mid \boldsymbol{E})=\left(\begin{array}{ccccc|ccccc}
1 & & & & & 1 & & & & \\
a & 1 & & & & & 1 & & & \\
a^2 & a & 1 & & & & & 1 & & \\
\vdots & \ddots & \ddots & \ddots & & & & & \ddots & \\
a^{n-1} & \cdots & a^2 & a & 1 & & & & & 1
\end{array}\right)
$$

$$
\xrightarrow[i=n,n-1,\cdots,2]{r_i-ar_{i-1}}\left(\begin{array}{cccc|cccc}
1 & & & & 1 & & & \\
& 1 & & & -a & 1 & & \\
& & \ddots & & & \ddots & \ddots & \\
& & & 1 & & & -a & 1
\end{array}\right),
$$

所以

$$
\boldsymbol{A}^{-1}=\begin{pmatrix}
1 & & & \\
-a & 1 & & \\
& \ddots & \ddots & \\
& & -a & 1
\end{pmatrix}.
$$

定理 3.3 的推论 2 给出了两个矩阵等价的充分必要条件. 利用初等矩阵可以得到另一个充分必要条件.

定理 3.8　设 $\boldsymbol{A},\boldsymbol{B}$ 均是 $m\times n$ 矩阵,则 $\boldsymbol{A}$ 与 $\boldsymbol{B}$ 等价的充分必要条件是存在 m 阶可逆矩阵 $\boldsymbol{P}$ 和 n 阶可逆矩阵 $\boldsymbol{Q}$,使得 $\boldsymbol{PAQ}=\boldsymbol{B}$.

证　必要性. 若 $\boldsymbol{A}\cong\boldsymbol{B}$,则存在 m 阶初等矩阵 $\boldsymbol{P}_1,\boldsymbol{P}_2,\cdots,\boldsymbol{P}_s$ 和 n 阶初等矩阵 $\boldsymbol{Q}_1,\boldsymbol{Q}_2,\cdots,\boldsymbol{Q}_t$,使得

$$
\boldsymbol{P}_s\cdots\boldsymbol{P}_2\boldsymbol{P}_1\boldsymbol{A}\boldsymbol{Q}_1\boldsymbol{Q}_2\cdots\boldsymbol{Q}_t=\boldsymbol{B}. \tag{3.9}
$$

令 $\boldsymbol{P}=\boldsymbol{P}_s\cdots\boldsymbol{P}_2\boldsymbol{P}_1$ 和 $\boldsymbol{Q}=\boldsymbol{Q}_1\boldsymbol{Q}_2\cdots\boldsymbol{Q}_t$,即得 $\boldsymbol{PAQ}=\boldsymbol{B}$.

充分性. 若 $\boldsymbol{PAQ}=\boldsymbol{B}$,由定理 3.7 知存在 m 阶初等矩阵 $\boldsymbol{P}_1,\boldsymbol{P}_2,\cdots,\boldsymbol{P}_s$ 和 n 阶初等矩阵 $\boldsymbol{Q}_1,\boldsymbol{Q}_2,\cdots,\boldsymbol{Q}_t$,使得 $\boldsymbol{P}=\boldsymbol{P}_s\cdots\boldsymbol{P}_2\boldsymbol{P}_1$ 和 $\boldsymbol{Q}=\boldsymbol{Q}_1\boldsymbol{Q}_2\cdots\boldsymbol{Q}_t$,于是式(3.9)成立,故 $\boldsymbol{A}\cong\boldsymbol{B}$. ▍

3.5　分块初等矩阵及其应用

初等矩阵的概念可以推广到分块矩阵的情形. 在此,仅对四分块矩阵的情形进行讨论.

将单位矩阵如下分块

$$
\begin{pmatrix}\boldsymbol{E}_m & \boldsymbol{O}\\ \boldsymbol{O} & \boldsymbol{E}_n\end{pmatrix},
$$

并按分块进行变换,如交换两行(列),某一行(列)加上另一行(列)的 $\boldsymbol{P}$ 或 $\boldsymbol{Q}$ 倍($\boldsymbol{P}$,

$\boldsymbol{Q}$ 为矩阵)，就可得到如下类型的**分块初等矩阵**：

$$\begin{pmatrix}\boldsymbol{O} & \boldsymbol{E}_n\\ \boldsymbol{E}_m & \boldsymbol{O}\end{pmatrix},\quad \begin{pmatrix}\boldsymbol{E}_m & \boldsymbol{P}\\ \boldsymbol{O} & \boldsymbol{E}_n\end{pmatrix},\quad \begin{pmatrix}\boldsymbol{E}_m & \boldsymbol{O}\\ \boldsymbol{Q} & \boldsymbol{E}_n\end{pmatrix},$$

其中 $\boldsymbol{P}$ 是 $m\times n$ 矩阵，而 $\boldsymbol{Q}$ 是 $n\times m$ 矩阵. 如同初等矩阵与初等变换的关系一样，用这些矩阵左乘或右乘分块矩阵 $\begin{pmatrix}\boldsymbol{A} & \boldsymbol{B}\\ \boldsymbol{C} & \boldsymbol{D}\end{pmatrix}$，只要分块乘法能够进行，其结果就是对它进行相应的分块初等行或列变换，如

$$\begin{pmatrix}\boldsymbol{O} & \boldsymbol{E}_n\\ \boldsymbol{E}_m & \boldsymbol{O}\end{pmatrix}\begin{pmatrix}\boldsymbol{A} & \boldsymbol{B}\\ \boldsymbol{C} & \boldsymbol{D}\end{pmatrix}=\begin{pmatrix}\boldsymbol{C} & \boldsymbol{D}\\ \boldsymbol{A} & \boldsymbol{B}\end{pmatrix},$$

$$\begin{pmatrix}\boldsymbol{E}_m & \boldsymbol{O}\\ \boldsymbol{Q} & \boldsymbol{E}_n\end{pmatrix}\begin{pmatrix}\boldsymbol{A} & \boldsymbol{B}\\ \boldsymbol{C} & \boldsymbol{D}\end{pmatrix}=\begin{pmatrix}\boldsymbol{A} & \boldsymbol{B}\\ \boldsymbol{C}+\boldsymbol{QA} & \boldsymbol{D}+\boldsymbol{QB}\end{pmatrix}, \tag{3.10}$$

等. 在式(3.10)中，适当选择 $\boldsymbol{Q}$，可使 $\boldsymbol{C}+\boldsymbol{QA}=\boldsymbol{O}$ 或 $\boldsymbol{D}+\boldsymbol{QB}=\boldsymbol{O}$. 如 $\boldsymbol{A}$ 可逆时，选 $\boldsymbol{Q}=-\boldsymbol{CA}^{-1}$，则式(3.10)右端成为

$$\begin{pmatrix}\boldsymbol{A} & \boldsymbol{B}\\ \boldsymbol{O} & \boldsymbol{D}-\boldsymbol{CA}^{-1}\boldsymbol{B}\end{pmatrix}$$

这种形状的矩阵在求行列式、逆矩阵和解决其他问题时是比较方便的. 举例说明如下.

例 3.7　已知 $\boldsymbol{A},\boldsymbol{B}$ 均为 n 阶方阵，证明

$$\det\begin{pmatrix}\boldsymbol{A} & \boldsymbol{B}\\ \boldsymbol{B} & \boldsymbol{A}\end{pmatrix}=\det(\boldsymbol{A}+\boldsymbol{B})\det(\boldsymbol{A}-\boldsymbol{B}).$$

证　因为

$$\begin{pmatrix}\boldsymbol{E} & \boldsymbol{E}\\ \boldsymbol{O} & \boldsymbol{E}\end{pmatrix}\begin{pmatrix}\boldsymbol{A} & \boldsymbol{B}\\ \boldsymbol{B} & \boldsymbol{A}\end{pmatrix}\begin{pmatrix}\boldsymbol{E} & -\boldsymbol{E}\\ \boldsymbol{O} & \boldsymbol{E}\end{pmatrix}=\begin{pmatrix}\boldsymbol{A}+\boldsymbol{B} & \boldsymbol{O}\\ \boldsymbol{B} & \boldsymbol{A}-\boldsymbol{B}\end{pmatrix},$$

两边取行列式即得

$$\det\begin{pmatrix}\boldsymbol{A} & \boldsymbol{B}\\ \boldsymbol{B} & \boldsymbol{A}\end{pmatrix}=\det\begin{pmatrix}\boldsymbol{A}+\boldsymbol{B} & \boldsymbol{O}\\ \boldsymbol{B} & \boldsymbol{A}-\boldsymbol{B}\end{pmatrix}=\det(\boldsymbol{A}+\boldsymbol{B})\det(\boldsymbol{A}-\boldsymbol{B}).$$

例 3.8　设 $\boldsymbol{A},\boldsymbol{B},\boldsymbol{C},\boldsymbol{D}$ 均为 n 阶方阵，且 $\det\boldsymbol{A}\neq 0$，$\boldsymbol{AC}=\boldsymbol{CA}$. 证明

$$\det\begin{pmatrix}\boldsymbol{A} & \boldsymbol{B}\\ \boldsymbol{C} & \boldsymbol{D}\end{pmatrix}=\det(\boldsymbol{AD}-\boldsymbol{CB}).$$

证　因为

$$\begin{pmatrix}\boldsymbol{E} & \boldsymbol{O}\\ -\boldsymbol{CA}^{-1} & \boldsymbol{E}\end{pmatrix}\begin{pmatrix}\boldsymbol{A} & \boldsymbol{B}\\ \boldsymbol{C} & \boldsymbol{D}\end{pmatrix}=\begin{pmatrix}\boldsymbol{A} & \boldsymbol{B}\\ \boldsymbol{O} & \boldsymbol{D}-\boldsymbol{CA}^{-1}\boldsymbol{B}\end{pmatrix},$$

所以

$$\det\begin{pmatrix}\boldsymbol{A}&\boldsymbol{B}\\\boldsymbol{C}&\boldsymbol{D}\end{pmatrix}=\det\begin{pmatrix}\boldsymbol{A}&\boldsymbol{B}\\\boldsymbol{O}&\boldsymbol{D}-\boldsymbol{C}\boldsymbol{A}^{-1}\boldsymbol{B}\end{pmatrix}=\det\boldsymbol{A}\ \det(\boldsymbol{D}-\boldsymbol{C}\boldsymbol{A}^{-1}\boldsymbol{B})$$
$$=\det(\boldsymbol{A}(\boldsymbol{D}-\boldsymbol{C}\boldsymbol{A}^{-1}\boldsymbol{B}))=\det(\boldsymbol{A}\boldsymbol{D}-\boldsymbol{A}\boldsymbol{C}\boldsymbol{A}^{-1}\boldsymbol{B})$$
$$=\det(\boldsymbol{A}\boldsymbol{D}-\boldsymbol{C}\boldsymbol{A}\boldsymbol{A}^{-1}\boldsymbol{B})=\det(\boldsymbol{A}\boldsymbol{D}-\boldsymbol{C}\boldsymbol{B}).$$

例 3.9　设 $\boldsymbol{A}$ 是 $m\times n$ 矩阵，$\boldsymbol{B}$ 是 $n\times m$ 矩阵，证明

$$\det(\boldsymbol{E}_m-\boldsymbol{A}\boldsymbol{B})=\det(\boldsymbol{E}_n-\boldsymbol{B}\boldsymbol{A}).$$

证　构造矩阵$\begin{pmatrix}\boldsymbol{E}_m&\boldsymbol{A}\\\boldsymbol{B}&\boldsymbol{E}_n\end{pmatrix}$. 因为

$$\begin{pmatrix}\boldsymbol{E}_m&\boldsymbol{O}\\-\boldsymbol{B}&\boldsymbol{E}_n\end{pmatrix}\begin{pmatrix}\boldsymbol{E}_m&\boldsymbol{A}\\\boldsymbol{B}&\boldsymbol{E}_n\end{pmatrix}=\begin{pmatrix}\boldsymbol{E}_m&\boldsymbol{A}\\\boldsymbol{O}&\boldsymbol{E}_n-\boldsymbol{B}\boldsymbol{A}\end{pmatrix},$$
$$\begin{pmatrix}\boldsymbol{E}_m&-\boldsymbol{A}\\\boldsymbol{O}&\boldsymbol{E}_n\end{pmatrix}\begin{pmatrix}\boldsymbol{E}_m&\boldsymbol{A}\\\boldsymbol{B}&\boldsymbol{E}_n\end{pmatrix}=\begin{pmatrix}\boldsymbol{E}_m-\boldsymbol{A}\boldsymbol{B}&\boldsymbol{O}\\\boldsymbol{B}&\boldsymbol{E}_n\end{pmatrix},$$

取行列式得

$$\det\begin{pmatrix}\boldsymbol{E}_m&\boldsymbol{A}\\\boldsymbol{B}&\boldsymbol{E}_n\end{pmatrix}=\det\begin{pmatrix}\boldsymbol{E}_m&\boldsymbol{A}\\\boldsymbol{O}&\boldsymbol{E}_n-\boldsymbol{B}\boldsymbol{A}\end{pmatrix}=\det(\boldsymbol{E}_n-\boldsymbol{B}\boldsymbol{A}),$$
$$\det\begin{pmatrix}\boldsymbol{E}_m&\boldsymbol{A}\\\boldsymbol{B}&\boldsymbol{E}_n\end{pmatrix}=\det\begin{pmatrix}\boldsymbol{E}_m-\boldsymbol{A}\boldsymbol{B}&\boldsymbol{O}\\\boldsymbol{B}&\boldsymbol{E}_n\end{pmatrix}=\det(\boldsymbol{E}_m-\boldsymbol{A}\boldsymbol{B}).$$

故 $\det(\boldsymbol{E}_m-\boldsymbol{A}\boldsymbol{B})=\det(\boldsymbol{E}_n-\boldsymbol{B}\boldsymbol{A})$.

例 3.10　设 $\boldsymbol{T}=\begin{pmatrix}\boldsymbol{A}&\boldsymbol{B}\\\boldsymbol{C}&\boldsymbol{D}\end{pmatrix}$，其中 $\boldsymbol{A}$ 是 m 阶可逆矩阵，$\boldsymbol{D}$ 是 n 阶方阵. 证明 $\boldsymbol{T}$ 可逆的充分必要条件是矩阵 $\boldsymbol{P}=\boldsymbol{D}-\boldsymbol{C}\boldsymbol{A}^{-1}\boldsymbol{B}$ 可逆. 在 $\boldsymbol{T}$ 可逆时，求其逆矩阵.

证　因为

$$\begin{pmatrix}\boldsymbol{E}_m&\boldsymbol{O}\\-\boldsymbol{C}\boldsymbol{A}^{-1}&\boldsymbol{E}_n\end{pmatrix}\begin{pmatrix}\boldsymbol{A}&\boldsymbol{B}\\\boldsymbol{C}&\boldsymbol{D}\end{pmatrix}\begin{pmatrix}\boldsymbol{E}_m&-\boldsymbol{A}^{-1}\boldsymbol{B}\\\boldsymbol{O}&\boldsymbol{E}_n\end{pmatrix}=\begin{pmatrix}\boldsymbol{A}&\boldsymbol{O}\\\boldsymbol{O}&\boldsymbol{P}\end{pmatrix},\tag{3.11}$$

取行列式得 $\det\boldsymbol{T}=\det\boldsymbol{A}\ \det\boldsymbol{P}$. 由 $\det\boldsymbol{A}\neq0$ 知 $\boldsymbol{T}$ 可逆的充分必要条件是 $\boldsymbol{P}$ 可逆. 对式(3.11)求逆得

$$\begin{pmatrix}\boldsymbol{E}_m&-\boldsymbol{A}^{-1}\boldsymbol{B}\\\boldsymbol{O}&\boldsymbol{E}_n\end{pmatrix}^{-1}\boldsymbol{T}^{-1}\begin{pmatrix}\boldsymbol{E}_m&\boldsymbol{O}\\-\boldsymbol{C}\boldsymbol{A}^{-1}&\boldsymbol{E}_n\end{pmatrix}^{-1}=\begin{pmatrix}\boldsymbol{A}&\boldsymbol{O}\\\boldsymbol{O}&\boldsymbol{P}\end{pmatrix}^{-1},$$

于是

$$\boldsymbol{T}^{-1}=\begin{pmatrix}\boldsymbol{E}_m&-\boldsymbol{A}^{-1}\boldsymbol{B}\\\boldsymbol{O}&\boldsymbol{E}_n\end{pmatrix}\begin{pmatrix}\boldsymbol{A}^{-1}&\boldsymbol{O}\\\boldsymbol{O}&\boldsymbol{P}^{-1}\end{pmatrix}\begin{pmatrix}\boldsymbol{E}_m&\boldsymbol{O}\\-\boldsymbol{C}\boldsymbol{A}^{-1}&\boldsymbol{E}_n\end{pmatrix}$$
$$=\begin{pmatrix}\boldsymbol{A}^{-1}+\boldsymbol{A}^{-1}\boldsymbol{B}\boldsymbol{P}^{-1}\boldsymbol{C}\boldsymbol{A}^{-1}&-\boldsymbol{A}^{-1}\boldsymbol{B}\boldsymbol{P}^{-1}\\-\boldsymbol{P}^{-1}\boldsymbol{C}\boldsymbol{A}^{-1}&\boldsymbol{P}^{-1}\end{pmatrix}.$$

习 题 3

1. 求下列矩阵的秩：

(1) $\boldsymbol{A}=\begin{pmatrix}3&1&0&2\\1&-1&2&-1\\1&3&-4&4\end{pmatrix}$；(2) $\boldsymbol{B}=\begin{pmatrix}1&2&3\\3&6&10\\2&5&7\\1&2&4\end{pmatrix}$；

(3) $\boldsymbol{C}=\begin{pmatrix}1&1&1&1\\0&1&-1&b\\2&3&a&4\\3&5&1&7\end{pmatrix}$；(4) $\boldsymbol{D}=\begin{pmatrix}1&a&\cdots&a\\a&1&\cdots&a\\\vdots&\vdots&\ddots&\vdots\\a&a&\cdots&1\end{pmatrix}_{n\times n}$.

2. 在秩是 r 的矩阵中，有没有等于 0 的 $r-1$ 阶子式？有没有等于 0 的 r 阶子式？

3. 求一个秩为 4 的方阵，它的前两行是

$$(1,0,1,0,0),\quad (1,-1,0,0,0).$$

4. 用消元法求解下列线性方程组：

(1) $\begin{cases}x_1-2x_2+3x_3-4x_4=4,\\ \qquad x_2-x_3+x_4=-3,\\ x_1+3x_2\qquad +x_4=1,\\ \quad -7x_2+3x_3+x_4=-3;\end{cases}$ (2) $\begin{cases}x_1-2x_2+x_3+x_4=1,\\ x_1-2x_2+x_3-x_4=-1,\\ x_1-2x_2+x_3+5x_4=5;\end{cases}$

(3) $\begin{cases}2x_1+x_2+2x_3-2x_4=3,\\ x_1-2x_2+3x_3-x_4=1,\\ 3x_1-x_2+5x_3-3x_4=2;\end{cases}$ (4) $\begin{cases}2x_1-x_2+5x_3=15,\\ x_1+3x_2-x_3=4,\\ x_1-4x_2+6x_3=11,\\ 3x_1+9x_2-3x_3=12.\end{cases}$

5. λ 取何值时，线性方程组

$$\begin{cases}-2x_1+x_2+x_3=-2,\\ x_1-2x_2+x_3=\lambda,\\ x_1+x_2-2x_3=\lambda^2\end{cases}$$

有解？并求出它的全部解.

6. λ 取何值时，线性方程组

$$\begin{cases}(2-\lambda)x_1+2x_2-2x_3=1,\\ 2x_1+(5-\lambda)x_2-4x_3=2,\\ -2x_1-4x_2+(5-\lambda)x_3=-\lambda-1\end{cases}$$

有唯一解、无解或有无穷多解？在有无穷多解时求通解.

7. 试用初等变换求下列矩阵的逆矩阵：

(1) $\boldsymbol{A}=\begin{pmatrix}1&1&-1\\2&1&0\\1&-1&0\end{pmatrix}$；(2) $\boldsymbol{B}=\begin{pmatrix}3&-2&0&-1\\0&2&2&1\\1&-2&-3&-2\\0&1&2&1\end{pmatrix}$.

8. 设 $\boldsymbol{A}$ 是 n 阶可逆矩阵，将 $\boldsymbol{A}$ 的第 i 行与第 j 行对换后得到的矩阵记为 $\boldsymbol{B}$.

(1) 证明 $\boldsymbol{B}$ 可逆；(2) 求 $\boldsymbol{A}\boldsymbol{B}^{-1}$.

9. 证明：线性方程组

$$\begin{cases} x_1 - x_2 = a_1, \\ x_2 - x_3 = a_2, \\ x_3 - x_4 = a_3, \\ x_4 - x_5 = a_4, \\ x_5 - x_1 = a_5 \end{cases}$$

有解的充分必要条件是

$$a_1 + a_2 + a_3 + a_4 + a_5 = 0.$$

在有解的情况下，求出它的通解.

10. 设 $\boldsymbol{A}$ 为三阶矩阵，将 $\boldsymbol{A}$ 的第 1 列与第 2 列交换得 $\boldsymbol{B}$，再把 $\boldsymbol{B}$ 的第 2 列加到第 3 列得 $\boldsymbol{C}$，求满足 $\boldsymbol{A}\boldsymbol{D}=\boldsymbol{C}$ 的可逆矩阵 $\boldsymbol{D}$.

11. 设 $\boldsymbol{A}, \boldsymbol{B}$ 均为 n 阶可逆矩阵. 令 $\boldsymbol{M}=\begin{pmatrix} \boldsymbol{A} & \boldsymbol{A} \\ \boldsymbol{C}-\boldsymbol{B} & \boldsymbol{C} \end{pmatrix}$，证明 $\boldsymbol{M}$ 可逆，并求 $\boldsymbol{M}^{-1}$.

第 4 章　向量组的线性相关性

本章讨论向量组的线性相关性，并利用矩阵的秩来研究向量组的秩和极大无关组．在此基础上，建立向量空间的概念．最后利用向量组与向量空间的理论，研究线性方程组的解的结构．

4.1　向量及其运算

定义 4.1　数域 **K** 中 n 个有顺序的数 $a_1,a_2,\cdots,a_n$ 所组成的数组

$$(a_1,a_2,\cdots,a_n)\quad\left(\text{或}\begin{pmatrix}a_1\\a_2\\\vdots\\a_n\end{pmatrix}\right)$$

称为数域 **K** 上的 ***n* 维行（或列）向量**．数 a_j 称为向量的第 j 个**分量**（或**坐标**）．数域 **K** 上全体 n 维行（或列）向量组成的集合记作 $\mathbf{K}^n$．

在引入空间坐标系后，空间几何向量就与三元有序数组一一对应，因此空间几何向量可以认为是 n 维向量的特殊情形，即 $n=3$ 且 $\mathbf{K}=\mathbf{R}$ 的情形．后面我们将用 $\mathbf{R}^3$ 表示空间几何向量的全体．空间几何向量可以用有向线段直观地表示出来，而当 $n>3$ 时，n 维向量就没有这种直观的几何意义，但仍沿用几何术语，把它称为向量．

以后我们常用小写英文黑体字母，如 $\boldsymbol{a},\boldsymbol{b},\boldsymbol{c},\boldsymbol{x}$ 等表示向量．

许多问题可以和向量对应．例如，次数小于 n 的多项式 $f(t)=a_1+a_2t+\cdots+a_nt^{n-1}$ 的系数可以构成 n 维向量 $\boldsymbol{a}=(a_1,a_2,\cdots,a_n)$，而且 $f(t)$ 与 $\boldsymbol{a}$ 之间有着一一对应的关系；线性方程组(3.1)中第 i 个方程的未知数的系数可以构成 n 维向量

$$\boldsymbol{a}_i=(a_{i1},a_{i2},\cdots,a_{in}),$$

而第 i 个方程与 $n+1$ 维向量

$$\boldsymbol{b}_i=(a_{i1},a_{i2},\cdots,a_{in},b_i)$$

之间有着一一对应的关系．

如果两个 n 维向量 $\boldsymbol{a}=(a_1,a_2,\cdots,a_n)$ 与 $\boldsymbol{b}=(b_1,b_2,\cdots,b_n)$ 满足 $a_i=b_i$ $(i=1,2,\cdots,n)$，称向量 $\boldsymbol{a}$ 与 $\boldsymbol{b}$ **相等**，记作 $\boldsymbol{a}=\boldsymbol{b}$．

分量都是 0 的向量称为**零向量**，记作 $\mathbf{0}$，即 $\mathbf{0}=(0,0,\cdots,0)$．

定义 4.2　设 n 维向量 $\boldsymbol{a}=(a_1,a_2,\cdots,a_n)$，$\boldsymbol{b}=(b_1,b_2,\cdots,b_n)$，$k$ 是实数，则将

向量 $\boldsymbol{a}$ 与 $\boldsymbol{b}$ 的对应分量相加后得到的向量称为向量 $\boldsymbol{a}$ 与 $\boldsymbol{b}$ 的**和**，记作 $\boldsymbol{a}+\boldsymbol{b}$，即

$$\boldsymbol{a}+\boldsymbol{b}=(a_1+b_1, a_2+b_2, \cdots, a_n+b_n).$$

向量 $\boldsymbol{a}$ 的分量都乘 k 后得到的向量称为**数 k 与向量 $\boldsymbol{a}$ 的乘积**，简称**数乘运算**，记作 $k\boldsymbol{a}$ 或 $\boldsymbol{a}k$，即

$$k\boldsymbol{a}=\boldsymbol{a}k=(ka_1, ka_2, \cdots, ka_n).$$

向量 $\boldsymbol{a}=(a_1, a_2, \cdots, a_n)$ 的分量都乘 -1 后得到的向量称为 $\boldsymbol{a}$ 的**负向量**，记作 $-\boldsymbol{a}$，即

$$-\boldsymbol{a}=(-a_1, -a_2, \cdots, -a_n).$$

利用负向量，可以定义向量 $\boldsymbol{a}$ 与 $\boldsymbol{b}$ 的**减法**为

$$\boldsymbol{a}-\boldsymbol{b}=\boldsymbol{a}+(-\boldsymbol{b})=(a_1-b_1, a_2-b_2, \cdots, a_n-b_n).$$

向量的加法运算和数乘运算统称为向量的**线性运算**，它满足以下 8 条运算律（设 $\boldsymbol{a}, \boldsymbol{b}, \boldsymbol{\gamma}$ 都是 n 维向量，k 和 l 都是实数）：

(1) $\boldsymbol{a}+\boldsymbol{b}=\boldsymbol{b}+\boldsymbol{a}$；

(2) $(\boldsymbol{a}+\boldsymbol{b})+\boldsymbol{\gamma}=\boldsymbol{a}+(\boldsymbol{b}+\boldsymbol{\gamma})$；

(3) $\boldsymbol{a}+\boldsymbol{0}=\boldsymbol{a}$；

(4) $\boldsymbol{a}+(-\boldsymbol{a})=\boldsymbol{0}$；

(5) $1\boldsymbol{a}=\boldsymbol{a}$；

(6) $k(l\boldsymbol{a})=(kl)\boldsymbol{a}$；

(7) $k(\boldsymbol{a}+\boldsymbol{b})=k\boldsymbol{a}+k\boldsymbol{b}$；

(8) $(k+l)\boldsymbol{a}=k\boldsymbol{a}+l\boldsymbol{a}$.

关于列向量，也可以按照定义 4.2 引进加法运算和数乘运算，相应的 8 条运算律仍然成立.

若将 n 维行向量看做 $1\times n$ 矩阵（行矩阵），将 n 维列向量看作 $n\times 1$ 矩阵（列矩阵），则向量的加法运算和数乘运算就是矩阵的加法运算和数乘运算. 利用转置矩阵的概念，列向量的转置是行向量，而行向量的转置是列向量.

在空间直角坐标系 O-xyz 中，由坐标原点 O 到空间一点 $P(x, y, z)$ 的向量 $\overrightarrow{OP}$ 可以用三维向量 (x, y, z) 来描述. 空间中向量的长度，两个向量的内积和夹角等也可以通过三维向量的分量运算来表示. 下面将这些概念推广到一般的 n 维实向量.

定义 4.3　设有 n 维实向量 $\boldsymbol{a}=(a_1, a_2, \cdots, a_n)$ 与 $\boldsymbol{b}=(b_1, b_2, \cdots, b_n)$，称数

$$\langle \boldsymbol{a}, \boldsymbol{b}\rangle=a_1b_1+a_2b_2+\cdots+a_nb_n$$

为向量 $\boldsymbol{a}$ 与 $\boldsymbol{b}$ 的**内积**.

根据矩阵的乘法规则，定义 4.3 中的内积可表示为 $\langle \boldsymbol{a}, \boldsymbol{b}\rangle=\boldsymbol{a}\boldsymbol{b}^{\mathrm{T}}$. 当 $\boldsymbol{a}$ 与 $\boldsymbol{b}$ 都是 n 维列向量时，定义 $\boldsymbol{a}$ 与 $\boldsymbol{b}$ 的内积为 $\langle \boldsymbol{a}, \boldsymbol{b}\rangle=\boldsymbol{a}^{\mathrm{T}}\boldsymbol{b}$. 向量的内积满足下列运算律（设 $\boldsymbol{a}, \boldsymbol{b}, \boldsymbol{\gamma}$ 都是 n 维向量，k 为实数）：

(1) $\langle \boldsymbol{a}, \boldsymbol{b}\rangle=\langle \boldsymbol{b}, \boldsymbol{a}\rangle$；

(2) $\langle k\boldsymbol{a},\boldsymbol{b}\rangle=k\langle\boldsymbol{a},\boldsymbol{b}\rangle$;

(3) $\langle\boldsymbol{a}+\boldsymbol{b},\boldsymbol{\gamma}\rangle=\langle\boldsymbol{a},\boldsymbol{\gamma}\rangle+\langle\boldsymbol{b},\boldsymbol{\gamma}\rangle$;

(4) $\boldsymbol{a}\neq\boldsymbol{0}$ 时 $\langle\boldsymbol{a},\boldsymbol{a}\rangle>0$, $\boldsymbol{a}=\boldsymbol{0}$ 时 $\langle\boldsymbol{a},\boldsymbol{a}\rangle=0$;

(5) $\langle\boldsymbol{a},\boldsymbol{b}\rangle^2\leqslant\langle\boldsymbol{a},\boldsymbol{a}\rangle\langle\boldsymbol{b},\boldsymbol{b}\rangle$.

下面仅验证(5),事实上,对任意实数 t,由(4)知 $\langle\boldsymbol{a}+t\boldsymbol{b},\boldsymbol{a}+t\boldsymbol{b}\rangle\geqslant0$,即

$$\langle\boldsymbol{a},\boldsymbol{a}\rangle+2\langle\boldsymbol{a},\boldsymbol{b}\rangle t+\langle\boldsymbol{b},\boldsymbol{b}\rangle t^2\geqslant0.$$

因为 t 任意,所以上式左端的二次三项式的判别式不大于零,即

$$4\langle\boldsymbol{a},\boldsymbol{b}\rangle^2-4\langle\boldsymbol{a},\boldsymbol{a}\rangle\langle\boldsymbol{b},\boldsymbol{b}\rangle\leqslant0,$$

也就是(5)成立.

定义 4.4 设有 n 维实向量 $\boldsymbol{a}=(a_1,a_2,\cdots,a_n)$,称数

$$\|\boldsymbol{a}\|=\sqrt{\langle\boldsymbol{a},\boldsymbol{a}\rangle}=\sqrt{a_1^2+a_2^2+\cdots+a_n^2}$$

为向量 $\boldsymbol{a}$ 的**范数(模、长度)**.

向量的范数具有下列性质(设 $\boldsymbol{a}$ 与 $\boldsymbol{b}$ 都是 n 维向量,k 为实数):

(1) $\boldsymbol{a}\neq\boldsymbol{0}$ 时 $\|\boldsymbol{a}\|>0$, $\boldsymbol{a}=\boldsymbol{0}$ 时 $\|\boldsymbol{a}\|=0$;

(2) $\|k\boldsymbol{a}\|=|k|\,\|\boldsymbol{a}\|$;

(3) $\|\boldsymbol{a}+\boldsymbol{b}\|\leqslant\|\boldsymbol{a}\|+\|\boldsymbol{b}\|$.

定义 4.5 设 $\boldsymbol{a}$ 与 $\boldsymbol{b}$ 是 n 维非零实向量,称

$$\varphi=\arccos\frac{\langle\boldsymbol{a},\boldsymbol{b}\rangle}{\|\boldsymbol{a}\|\cdot\|\boldsymbol{b}\|}\quad(0\leqslant\varphi\leqslant\pi)$$

为向量 $\boldsymbol{a}$ 与 $\boldsymbol{b}$ 的**夹角**.

当 $\langle\boldsymbol{a},\boldsymbol{b}\rangle=0$ 时,称向量 $\boldsymbol{a}$ 与 $\boldsymbol{b}$ **正交**,记作 $\boldsymbol{a}\perp\boldsymbol{b}$. $\boldsymbol{a}$ 与 $\boldsymbol{b}$ 都是非零向量时,"$\boldsymbol{a}\perp\boldsymbol{b}$"和"$\boldsymbol{a}$ 与 $\boldsymbol{b}$ 的夹角为$\frac{\pi}{2}$"是一致的,它是空间直角坐标系中向量垂直概念的推广.

范数为 1 的向量称为**单位向量**. 当 $\boldsymbol{a}$ 是非零向量时,$\frac{1}{\|\boldsymbol{a}\|}\boldsymbol{a}$ 是单位向量,称之为 $\boldsymbol{a}$ 的**单位化向量**.

4.2 向量组的线性相关性

本节进一步研究向量之间的关系.

4.2.1 线性相关与线性无关

定义 4.6 设 $\boldsymbol{a},\boldsymbol{a}_1,\boldsymbol{a}_2,\cdots,\boldsymbol{a}_m$ 均为 n 维向量,如果存在一组数 $k_1,k_2,\cdots,k_m$,使

$$\boldsymbol{a}=k_1\boldsymbol{a}_1+k_2\boldsymbol{a}_2+\cdots+k_m\boldsymbol{a}_m,\tag{4.1}$$

则称向量 $\boldsymbol{a}$ 是 $\boldsymbol{a}_1,\boldsymbol{a}_2,\cdots,\boldsymbol{a}_m$ 的**线性组合**,或称向量 $\boldsymbol{a}$ 可由$\boldsymbol{a}_1,\boldsymbol{a}_2,\cdots,\boldsymbol{a}_m$**线性表示**.

例如,对于向量组 $\boldsymbol{a}_1=(1,2,-1),\boldsymbol{a}_2=(2,-3,1),\boldsymbol{a}_3=(4,1,-1)$,有 $\boldsymbol{a}_3=2\boldsymbol{a}_1+\boldsymbol{a}_2$,即向量 $\boldsymbol{a}_3$ 可由 $\boldsymbol{a}_1,\boldsymbol{a}_2$ 线性表示.

根据定义,n 维零向量是任意 n 维向量组 $\boldsymbol{a}_1,\boldsymbol{a}_2,\cdots,\boldsymbol{a}_m$ 的线性组合,即

$$\boldsymbol{0}=0\boldsymbol{a}_1+0\boldsymbol{a}_2+\cdots+0\boldsymbol{a}_n.$$

判断向量 $\boldsymbol{a}$ 是否可由 $\boldsymbol{a}_1,\boldsymbol{a}_2,\cdots,\boldsymbol{a}_m$ 线性表示的问题,可以转化为判断非齐次线性方程组是否有解的问题.

例 4.1　设向量组

$$\boldsymbol{b}_1=\begin{pmatrix}1\\0\\-1\end{pmatrix},\quad \boldsymbol{b}_2=\begin{pmatrix}1\\1\\1\end{pmatrix},\quad \boldsymbol{b}_3=\begin{pmatrix}3\\1\\-1\end{pmatrix},\quad \boldsymbol{b}_4=\begin{pmatrix}5\\3\\1\end{pmatrix},$$

试判断 $\boldsymbol{b}_4$ 是否可由 $\boldsymbol{b}_1,\boldsymbol{b}_2,\boldsymbol{b}_3$ 线性表示？如果可以的话,求出一个线性表示式.

解　设一组数 k_1,k_2,k_3,使 $\boldsymbol{b}_4=k_1\boldsymbol{b}_1+k_2\boldsymbol{b}_2+k_3\boldsymbol{b}_3$,即有

$$\begin{pmatrix}5\\3\\1\end{pmatrix}=\begin{pmatrix}k_1+k_2+3k_3\\k_2+k_3\\-k_1+k_2-k_3\end{pmatrix}.$$

由向量相等的定义可得线性方程组

$$\begin{cases}k_1+k_2+3k_3=5,\\ \qquad k_2+k_3=3,\\ -k_1+k_2-k_3=1.\end{cases}$$

该方程组的一个解为 $k_1=2,k_2=3,k_3=0$. 于是 $\boldsymbol{b}_4=2\boldsymbol{b}_1+3\boldsymbol{b}_2$,即 $\boldsymbol{b}_4$ 可由 $\boldsymbol{b}_1,\boldsymbol{b}_2,\boldsymbol{b}_3$ 线性表示.

定义 4.7　设 $\boldsymbol{a}_1,\boldsymbol{a}_2,\cdots,\boldsymbol{a}_m$ 均为 n 维向量,如果存在一组不全为 0 的数 $k_1,k_2,\cdots,k_m$,使

$$k_1\boldsymbol{a}_1+k_2\boldsymbol{a}_2+\cdots+k_m\boldsymbol{a}_m=\boldsymbol{0},\tag{4.2}$$

则称向量组 $\boldsymbol{a}_1,\boldsymbol{a}_2,\cdots,\boldsymbol{a}_m$ **线性相关**. 否则,称向量组 $\boldsymbol{a}_1,\boldsymbol{a}_2,\cdots,\boldsymbol{a}_m$ **线性无关**.

向量组 $\boldsymbol{a}_1,\boldsymbol{a}_2,\cdots,\boldsymbol{a}_m$ 线性无关的等价定义是:仅当一组数$k_1,k_2,\cdots,k_m$全为 0 时,等式(4.2)才成立,则称向量组 $\boldsymbol{a}_1,\boldsymbol{a}_2,\cdots,\boldsymbol{a}_m$ 线性无关.

特别地,对于单个向量 $\boldsymbol{a}$,当 $\boldsymbol{a}=\boldsymbol{0}$ 时线性相关,$\boldsymbol{a}\neq\boldsymbol{0}$ 时线性无关.

判断向量组 $\boldsymbol{a}_1,\boldsymbol{a}_2,\cdots,\boldsymbol{a}_m$ 是否线性相关的问题,可以转化为判断齐次线性方程组是否有非零解的问题.

例 4.2　判断例 4.1 中向量组 $\boldsymbol{b}_1,\boldsymbol{b}_2,\boldsymbol{b}_3,\boldsymbol{b}_4$ 的线性相关性.

解　设一组数 k_1,k_2,k_3,k_4,使

$$k_1\boldsymbol{b}_1+k_2\boldsymbol{b}_2+k_3\boldsymbol{b}_3+k_4\boldsymbol{b}_4=\boldsymbol{0}.$$

比较上式两端向量的对应分量,可得齐次线性方程组

$$\begin{cases} k_1+k_2+3k_3+5k_4=0, \\ \quad\ k_2+\ k_3+3k_4=0, \\ -k_1+k_2-\ k_3+\ k_4=0. \end{cases}$$

该方程组的一个非零解为 $k_1=2,k_2=3,k_3=0,k_4=-1$,故向量组 $\boldsymbol{b}_1,\boldsymbol{b}_2,\boldsymbol{b}_3,\boldsymbol{b}_4$ 线性相关.

例 4.3 设向量组 $\boldsymbol{a}_1,\boldsymbol{a}_2,\boldsymbol{a}_3$ 线性无关,判断向量组 $\boldsymbol{b}_1=\boldsymbol{a}_1+\boldsymbol{a}_2,\boldsymbol{b}_2=\boldsymbol{a}_2+\boldsymbol{a}_3,\boldsymbol{b}_3=\boldsymbol{a}_3+\boldsymbol{a}_1$ 的线性相关性.

解 设一组数 k_1,k_2,k_3,使 $k_1\boldsymbol{b}_1+k_2\boldsymbol{b}_2+k_3\boldsymbol{b}_3=\boldsymbol{0}$,则有

$$k_1(\boldsymbol{a}_1+\boldsymbol{a}_2)+k_2(\boldsymbol{a}_2+\boldsymbol{a}_3)+k_3(\boldsymbol{a}_3+\boldsymbol{a}_1)=\boldsymbol{0},$$

即

$$(k_1+k_3)\boldsymbol{a}_1+(k_1+k_2)\boldsymbol{a}_2+(k_2+k_3)\boldsymbol{a}_3=\boldsymbol{0}.$$

因为向量组 $\boldsymbol{a}_1,\boldsymbol{a}_2,\boldsymbol{a}_3$ 线性无关,所以

$$\begin{cases} k_1 \qquad\ +k_3=0, \\ k_1+k_2 \qquad\ =0, \\ \qquad k_2+k_3=0. \end{cases}$$

该方程组的系数行列式

$$D=\begin{vmatrix} 1 & 0 & 1 \\ 1 & 1 & 0 \\ 0 & 1 & 1 \end{vmatrix}=2\neq 0,$$

故方程组只有零解 $k_1=k_2=k_3=0$,所以向量组 $\boldsymbol{b}_1,\boldsymbol{b}_2,\boldsymbol{b}_3$ 线性无关.

例 4.4 判断 n 维向量组 $\boldsymbol{e}_1=(1,0,\cdots,0),\boldsymbol{e}_2=(0,1,0,\cdots,0),\cdots,\boldsymbol{e}_n=(0,\cdots,0,1)$ 的线性相关性.

解 设一组数 $k_1,k_2,\cdots,k_n$,使

$$k_1\boldsymbol{e}_1+k_2\boldsymbol{e}_2+\cdots+k_n\boldsymbol{e}_n=\boldsymbol{0},$$

即

$$(k_1,k_2,\cdots,k_n)=(0,0,\cdots,0).$$

故只有 $k_1=k_2=\cdots=k_n=0$,所以向量组 $\boldsymbol{e}_1,\boldsymbol{e}_2,\cdots,\boldsymbol{e}_n$ 线性无关.

以后,总是用 $\boldsymbol{e}_i$ 表示第 i 个分量为 1,其余分量为 0 的 n 维向量,称为第 i 个**单位坐标向量**. $\mathbf{K}^n$ 中的任一向量 $\boldsymbol{a}=(a_1,a_2,\cdots,a_m)$ 可由 $\boldsymbol{e}_1,\boldsymbol{e}_2,\cdots,\boldsymbol{e}_n$ 线性表示,即

$$\boldsymbol{a}=a_1\boldsymbol{e}_1+a_2\boldsymbol{e}_2+\cdots+a_n\boldsymbol{e}_n.$$

例 4.5 设 $\boldsymbol{a}_1,\boldsymbol{a}_2,\cdots,\boldsymbol{a}_m$ 是两两正交的非零实向量组,证明该向量组线性无关.

证 设一组数 $k_1,k_2,\cdots,k_m$,使

$$k_1\boldsymbol{a}_1+k_2\boldsymbol{a}_2+\cdots+k_m\boldsymbol{a}_m=\boldsymbol{0}.$$

上式两端同时与 $\boldsymbol{a}_i(i=1,2,\cdots,m)$ 做内积,并由正交性,得

$$k_i\langle\boldsymbol{a}_i,\boldsymbol{a}_i\rangle=0.$$

因为 $\boldsymbol{a}_i \neq \mathbf{0}$,所以 $\langle \boldsymbol{a}_i, \boldsymbol{a}_i \rangle > 0$,从而 $k_i = 0 (i=1,2,\cdots,m)$. 故向量组 $\boldsymbol{a}_1, \boldsymbol{a}_2, \cdots, \boldsymbol{a}_m$ 线性无关.

4.2.2 线性相关性的判别定理

利用向量组线性相关性的定义,可以得到下面的判别定理.

定理 4.1 向量组 $\boldsymbol{a}_1, \boldsymbol{a}_2, \cdots, \boldsymbol{a}_m (m \geqslant 2)$ 线性相关的充分必要条件是其中至少有一个向量可由其余 $m-1$ 个向量线性表示.

证 必要性. 设 $\boldsymbol{a}_1, \boldsymbol{a}_2, \cdots, \boldsymbol{a}_m$ 线性相关,由定义知,存在不全为 0 的一组数 $k_1, k_2, \cdots, k_m$,使

$$k_1 \boldsymbol{a}_1 + k_2 \boldsymbol{a}_2 + \cdots + k_m \boldsymbol{a}_m = \mathbf{0}.$$

不妨设 $k_1 \neq 0$,则有

$$\boldsymbol{a}_1 = \left(-\frac{k_2}{k_1}\right) \boldsymbol{a}_2 + \cdots + \left(-\frac{k_m}{k_1}\right) \boldsymbol{a}_m,$$

即 $\boldsymbol{a}_1$ 可由 $\boldsymbol{a}_2, \cdots, \boldsymbol{a}_m$ 线性表示.

充分性. 不妨设 $\boldsymbol{a}_m$ 可由 $\boldsymbol{a}_1, \cdots, \boldsymbol{a}_{m-1}$ 线性表示,由定义知,存在一组数 $k_1, \cdots, k_{m-1}$,使

$$\boldsymbol{a}_m = k_1 \boldsymbol{a}_1 + \cdots + k_{m-1} \boldsymbol{a}_{m-1},$$

即

$$k_1 \boldsymbol{a}_1 + \cdots + k_{m-1} \boldsymbol{a}_{m-1} + (-1) \boldsymbol{a}_m = \mathbf{0}.$$

因为 m 个数 $k_1, \cdots, k_{m-1}, -1$ 不全为 0,所以 $\boldsymbol{a}_1, \boldsymbol{a}_2, \cdots, \boldsymbol{a}_m$ 线性相关. ▌

推论 两个向量线性相关的充分必要条件是它们的对应分量成比例.

需要指出,向量组 $\boldsymbol{a}_1, \boldsymbol{a}_2, \cdots, \boldsymbol{a}_m (m \geqslant 2)$ 线性相关时,一般不能肯定是哪个向量可由其余 $m-1$ 个向量线性表示,更不能理解为其中的任何一个向量都可由其余的 $m-1$ 个向量线性表示.

定理 4.2 设向量组 $\boldsymbol{a}_1, \boldsymbol{a}_2, \cdots, \boldsymbol{a}_m$ 线性无关,而向量组 $\boldsymbol{a}_1, \boldsymbol{a}_2, \cdots, \boldsymbol{a}_m, \boldsymbol{b}$ 线性相关,则向量 $\boldsymbol{b}$ 可由 $\boldsymbol{a}_1, \boldsymbol{a}_2, \cdots, \boldsymbol{a}_m$ 线性表示,且表示式唯一.

证 由 $\boldsymbol{a}_1, \cdots, \boldsymbol{a}_m, \boldsymbol{b}$ 线性相关知,存在一组数 $k_1, \cdots, k_m, k_{m+1}$ 不全为 0,使

$$k_1 \boldsymbol{a}_1 + \cdots + k_m \boldsymbol{a}_m + k_{m+1} \boldsymbol{b} = \mathbf{0}.$$

假如 $k_{m+1} = 0$,上式成为

$$k_1 \boldsymbol{a}_1 + \cdots + k_m \boldsymbol{a}_m = \mathbf{0}.$$

此时 $k_1, \cdots, k_m$ 不全为 0,得到 $\boldsymbol{a}_1, \cdots, \boldsymbol{a}_m$ 线性相关,这与题设矛盾. 因此 $k_{m+1} \neq 0$,于是有

$$\boldsymbol{b} = \left(-\frac{k_1}{k_{m+1}}\right) \boldsymbol{a}_1 + \cdots + \left(-\frac{k_m}{k_{m+1}}\right) \boldsymbol{a}_m.$$

再证唯一性. 设有两个表示式

$$\boldsymbol{b} = k_1 \boldsymbol{a}_1 + \cdots + k_m \boldsymbol{a}_m, \quad \boldsymbol{b} = l_1 \boldsymbol{a}_1 + \cdots + l_m \boldsymbol{a}_m,$$

两式相减,可得

$$(k_1-l_1)\boldsymbol{a}_1+\cdots+(k_m-l_m)\boldsymbol{a}_m=\mathbf{0}.$$

因为 $\boldsymbol{a}_1,\cdots,\boldsymbol{a}_m$ 线性无关,所以

$$k_1-l_1=0,\ \cdots,\ k_m-l_m=0,$$

即 $k_1=l_1,\cdots,k_m=l_m$,故表示式唯一. ▌

定理 4.3 如果向量组的部分向量线性相关,则这个向量组线性相关.

证 设向量组为 $\boldsymbol{a}_1,\cdots,\boldsymbol{a}_r,\boldsymbol{a}_{r+1},\cdots,\boldsymbol{a}_m$,其中一部分向量,比如 $\boldsymbol{a}_1,\cdots,\boldsymbol{a}_r$ 线性相关,即有不全为 0 的一组数 $k_1,\cdots,k_r$,使

$$k_1\boldsymbol{a}_1+\cdots+k_r\boldsymbol{a}_r=\mathbf{0}.$$

取 $k_{r+1}=\cdots=k_m=0$,则有

$$k_1\boldsymbol{a}_1+\cdots+k_r\boldsymbol{a}_r+k_{r+1}\boldsymbol{a}_{r+1}+\cdots+k_m\boldsymbol{a}_m=\mathbf{0}.$$

由于 $k_1,\cdots,k_r,k_{r+1},\cdots,k_m$ 不全为 0,所以 $\boldsymbol{a}_1,\cdots,\boldsymbol{a}_r,\boldsymbol{a}_{r+1},\cdots,\boldsymbol{a}_m$ 线性相关. ▌

推论 1 含零向量的向量组线性相关.

推论 2 若向量组线性无关,则其任一部分向量也线性无关.

利用矩阵的秩也可以判断向量组的线性相关性. 首先给出矩阵与向量组的关系如下.

定义 4.8 设矩阵 $\mathbf{A}=(a_{ij})_{m\times n}$,称

$$\boldsymbol{a}_i=(a_{i1},a_{i2},\cdots,a_{in})\quad(i=1,2,\cdots,m)$$

和

$$\boldsymbol{b}_j=(a_{1j},a_{2j},\cdots,a_{mj})^{\mathrm{T}}\quad(j=1,2,\cdots,n)$$

分别为 $\mathbf{A}$ 的**行向量组**和**列向量组**.

定理 4.4 设矩阵 $\mathbf{A}=(a_{ij})_{m\times n}$,则

(1) $\mathbf{A}$ 的行向量组线性相关的充分必要条件是 $\mathrm{rank}\mathbf{A}<m$;

(2) $\mathbf{A}$ 的列向量组线性相关的充分必要条件是 $\mathrm{rank}\mathbf{A}<n$.

证 对于 $\mathbf{A}$ 的行向量组

$$\boldsymbol{a}_i=(a_{i1},a_{i2},\cdots,a_{in})\quad(i=1,2,\cdots,m),$$

设一组数 $k_1,k_2,\cdots,k_m$,使

$$k_1\boldsymbol{a}_1+k_2\boldsymbol{a}_2+\cdots+k_m\boldsymbol{a}_m=\mathbf{0},$$

写成分量形式,可得

$$\begin{cases}a_{11}k_1+a_{21}k_2+\cdots+a_{m1}k_m=0,\\ a_{12}k_1+a_{22}k_2+\cdots+a_{m2}k_m=0,\\ \cdots\cdots\\ a_{1n}k_1+a_{2n}k_2+\cdots+a_{mn}k_m=0.\end{cases}$$

该方程组的系数矩阵为 $\mathbf{A}^{\mathrm{T}}$,由定理 3.5 知,该方程组有非零解的充分必要条件是 $\mathrm{rank}\mathbf{A}^{\mathrm{T}}<m$,也就是 $\mathrm{rank}\mathbf{A}<m$.

注意到 $\boldsymbol{A}$ 的列向量组就是 $\boldsymbol{A}^{\mathrm{T}}$ 的行向量组，而 $\boldsymbol{A}^{\mathrm{T}}$ 的行向量组线性相关的充分必要条件是 $\mathrm{rank}\boldsymbol{A}^{\mathrm{T}}<n$，故 $\boldsymbol{A}$ 的列向量组线性相关的充分必要条件是 $\mathrm{rank}\boldsymbol{A}=\mathrm{rank}\boldsymbol{A}^{\mathrm{T}}<n$. ▎

推论 1　设 $\boldsymbol{A}$ 是 n 阶方阵，则 $\boldsymbol{A}$ 的行（或列）向量组线性相关的充分必要条件是 $\det\boldsymbol{A}=0$.

推论 2　当 $m>n$ 时，n 维向量组 $\boldsymbol{a}_1,\boldsymbol{a}_2,\cdots,\boldsymbol{a}_m$ 一定线性相关.

推论 3　设两个向量组

$$\mathrm{T}_1:\quad \boldsymbol{a}_i=(a_{i1},a_{i2},\cdots,a_{ir})\quad (i=1,2,\cdots,m),$$

$$\mathrm{T}_2:\quad \boldsymbol{b}_i=(a_{i1},a_{i2},\cdots,a_{ir},a_{i,r+1},\cdots,a_{in})\quad (i=1,2,\cdots,m),$$

则当向量组 T_1 线性无关时，向量组 T_2 也线性无关.

证　构造两个矩阵

$$\boldsymbol{A}=\begin{pmatrix}\boldsymbol{a}_1\\ \boldsymbol{a}_2\\ \vdots\\ \boldsymbol{a}_m\end{pmatrix}=\begin{pmatrix}a_{11} & \cdots & a_{1r}\\ a_{21} & \cdots & a_{2r}\\ \vdots & & \vdots\\ a_{m1} & \cdots & a_{mr}\end{pmatrix},$$

$$\boldsymbol{B}=\begin{pmatrix}\boldsymbol{b}_1\\ \boldsymbol{b}_2\\ \vdots\\ \boldsymbol{b}_m\end{pmatrix}=\begin{pmatrix}a_{11} & \cdots & a_{1r} & a_{1,r+1} & \cdots & a_{1n}\\ a_{21} & \cdots & a_{2r} & a_{2,r+1} & \cdots & a_{2n}\\ \vdots & & \vdots & \vdots & & \vdots\\ a_{m1} & \cdots & a_{mr} & a_{m,r+1} & \cdots & a_{mn}\end{pmatrix}.$$

易见，$\boldsymbol{A}$ 是 $\boldsymbol{B}$ 的子矩阵，且 $\boldsymbol{A}$ 与 $\boldsymbol{B}$ 的行数相同. 由定理 4.4 知，若 T_1 线性无关，则 $\mathrm{rank}\boldsymbol{A}=m$，从而 $\mathrm{rank}\boldsymbol{B}=m$，于是 T_2 线性无关. ▎

在推论 3 中，$\boldsymbol{b}_i$ 可以看做是由 $\boldsymbol{a}_i$ 添加后 $n-r$ 个分量得到的. 按这种观点，只要 $\boldsymbol{a}_1,\boldsymbol{a}_2,\cdots,\boldsymbol{a}_m$ 线性无关，那么添加的分量无论在什么位置（对每个 $\boldsymbol{a}_i$ 添加分量的对应位置必须相同），结论都成立. 另外，当推论 3 中向量组 T_1 与 T_2 都是列向量组时，相应的结论也成立.

例 4.6　判断向量组 $\boldsymbol{a}_1=(2,2,-1,1,4)$，$\boldsymbol{a}_2=(2,-1,2,0,3)$，$\boldsymbol{a}_3=(-1,2,2,-4,2)$的线性相关性.

解　构造 3×5 矩阵并作初等行变换

$$\boldsymbol{A}=\begin{pmatrix}\boldsymbol{a}_1\\ \boldsymbol{a}_2\\ \boldsymbol{a}_3\end{pmatrix}=\begin{pmatrix}2 & 2 & -1 & 1 & 4\\ 2 & -1 & 2 & 0 & 3\\ -1 & 2 & 2 & -4 & 2\end{pmatrix}\rightarrow\begin{pmatrix}-1 & 2 & 2 & -4 & 2\\ 0 & 3 & 6 & -8 & 7\\ 0 & 0 & -9 & 9 & -6\end{pmatrix},$$

可见 $\mathrm{rank}\boldsymbol{A}=3$，故 $\boldsymbol{a}_1,\boldsymbol{a}_2,\boldsymbol{a}_3$ 线性无关.

定理 4.5　设 $\boldsymbol{A}$ 是 $m\times n$ 矩阵，有以下结论：

(1) 若 $\boldsymbol{A}$ 中某个 r 阶子式 $D_r\neq0$，则 $\boldsymbol{A}$ 中含 D_r 的 r 个行（或列）向量线性无关；

(2) 若 $\boldsymbol{A}$ 中所有 r 阶子式等于 0，则 $\boldsymbol{A}$ 的任意 r 个行（或列）向量线性相关.

证　只证明列的情形.

(1) 设 D_r 位于 $\boldsymbol{A}$ 的 $i_1,i_2,\cdots,i_r$ 列，取这 r 个列 $\boldsymbol{b}_{i_1},\boldsymbol{b}_{i_2},\cdots,\boldsymbol{b}_{i_r}$ 构造 $m\times r$ 矩阵

$$\boldsymbol{B}=(\boldsymbol{b}_{i_1},\boldsymbol{b}_{i_2},\cdots,\boldsymbol{b}_{i_r}).$$

由于 $\boldsymbol{B}$ 中有一个 r 阶子式 $D_r\neq 0$，所以 $\text{rank}\boldsymbol{B}=r$，由定理 4.4 知向量组 $\boldsymbol{b}_{i_1},\boldsymbol{b}_{i_2},\cdots,\boldsymbol{b}_{i_r}$ 线性无关.

(2) 任取 $\boldsymbol{A}$ 的 r 个列向量 $\boldsymbol{b}_{i_1},\boldsymbol{b}_{i_2},\cdots,\boldsymbol{b}_{i_r}$，并构成 $m\times r$ 矩阵 $\boldsymbol{B}$(同上). 因为 $\text{rank}\boldsymbol{B}\leqslant\text{rank}\boldsymbol{A}<r$，由定理 4.4 知，向量组 $\boldsymbol{b}_{i_1},\boldsymbol{b}_{i_2},\cdots,\boldsymbol{b}_{i_r}$ 线性相关. ▎

4.3　向量组的秩与极大无关组

在含非零向量的向量组 T 中，一定有线性无关的部分组. 那么，一个线性无关的部分组中最多能含 T 中多少个向量呢？本节就来讨论这个问题.

4.3.1　秩与极大无关组

定义 4.9　设有向量组 T，若

(1) T 中有 r 个向量 $\boldsymbol{a}_1,\boldsymbol{a}_2,\cdots,\boldsymbol{a}_r$ 线性无关；

(2) T 中的任意 $r+1$ 个向量(如果有的话)都线性相关，

则称 $\boldsymbol{a}_1,\boldsymbol{a}_2,\cdots,\boldsymbol{a}_r$ 为向量组 T 的一个**极大线性无关向量组**，简称为**极大无关组**. 称数 r 为向量组 T 的**秩**. 规定只含零向量的向量组的秩为 0.

由定义 4.9 知，如果向量组 T 的秩为 r，那么 T 中任何 r 个线性无关的向量都可以作为 T 的极大无关组.

定理 4.6　设 $\boldsymbol{A}$ 是 $m\times n$ 矩阵，且 $\text{rank}\boldsymbol{A}=r\ (\geqslant 1)$，则 $\boldsymbol{A}$ 的行(或列)向量组的秩等于 r；若 $\boldsymbol{A}$ 中的某个 r 阶子式 $D_r\neq 0$，则 $\boldsymbol{A}$ 中含 D_r 的 r 个行(或列)向量是 $\boldsymbol{A}$ 的行(或列)向量组的一个极大无关组.

证　由 $\text{rank}\boldsymbol{A}=r$ 知，$\boldsymbol{A}$ 中至少有一个 r 阶子式 $D_r\neq 0$，且 $\boldsymbol{A}$ 中所有的 $r+1$ 阶子式(如果有的话)都等于 0. 根据定理 4.5 可得，$\boldsymbol{A}$ 中含 D_r 的 r 个行(或列)向量线性无关，且 $\boldsymbol{A}$ 中任意的 $r+1$ 个行(或列)向量线性相关. 故定理成立. ▎

定理 4.6 表明，计算向量组的秩可转化为计算矩阵的秩，而一般情况下后者的计算较为方便.

例 4.7　设有向量组 T：

$$\boldsymbol{b}_1=\begin{pmatrix}1\\0\\-2\end{pmatrix},\quad \boldsymbol{b}_2=\begin{pmatrix}3\\2\\0\end{pmatrix},\quad \boldsymbol{b}_3=\begin{pmatrix}-2\\-1\\1\end{pmatrix},\quad \boldsymbol{b}_4=\begin{pmatrix}2\\3\\5\end{pmatrix},$$

求 T 的秩及一个极大无关组.

解　构造 3×4 矩阵

$$\boldsymbol{A}=(\boldsymbol{b}_1,\boldsymbol{b}_2,\boldsymbol{b}_3,\boldsymbol{b}_4)=\begin{pmatrix}1&3&-2&2\\0&2&-1&3\\-2&0&1&5\end{pmatrix}.$$

容易求得 rank$\boldsymbol{A}$=2，又 $\boldsymbol{A}$ 的左上角的二阶子式 $\begin{vmatrix} 1 & 3 \\ 0 & 2 \end{vmatrix}=2\neq 0$，故 T 的秩为 2，且 $\boldsymbol{b}_1,\boldsymbol{b}_2$ 是 T 的一个极大无关组.

设向量组 T 的秩为 r，按照定理 4.6 求 T 的一个极大无关组时，需要确定矩阵的一个 r 阶非零子式. 当矩阵的阶数较高且 r 较大时，确定矩阵的 r 阶非零子式是比较麻烦的. 下面介绍使用矩阵的初等变换求极大无关组的方法.

定理 4.7　设 $\boldsymbol{A}$ 是 $m\times n$ 矩阵，有以下结论：

（1）若 $\boldsymbol{A}\xrightarrow{\text{初等行变换}}\boldsymbol{B}$，则 $\boldsymbol{A}$ 的任意 s 个列向量与 $\boldsymbol{B}$ 中对应的 s 个列向量有相同的线性相关性；

（2）若 $\boldsymbol{A}\xrightarrow{\text{初等列变换}}\boldsymbol{C}$，则 $\boldsymbol{A}$ 的任意 s 个行向量与 $\boldsymbol{C}$ 中对应的 s 个行向量有相同的线性相关性.

证　设 $\boldsymbol{A}=(\boldsymbol{a}_1,\boldsymbol{a}_2,\cdots,\boldsymbol{a}_n)$，$\boldsymbol{B}=(\boldsymbol{b}_1,\boldsymbol{b}_2,\cdots,\boldsymbol{b}_n)$. 取 $\boldsymbol{A}$ 的 s 个列向量 $\boldsymbol{a}_{j_1},\boldsymbol{a}_{j_2},\cdots,\boldsymbol{a}_{j_s}$ 及 $\boldsymbol{B}$ 中对应的 s 个列向量 $\boldsymbol{b}_{j_1},\boldsymbol{b}_{j_2},\cdots,\boldsymbol{b}_{j_s}$，由于 $\boldsymbol{A}\xrightarrow{\text{初等行变换}}\boldsymbol{B}$，所以

$$(\boldsymbol{a}_{j_1},\boldsymbol{a}_{j_2},\cdots,\boldsymbol{a}_{j_s})\xrightarrow{\text{初等行变换}}(\boldsymbol{b}_{j_1},\boldsymbol{b}_{j_2},\cdots,\boldsymbol{b}_{j_s}),$$

从而线性方程组

$$(\boldsymbol{a}_{j_1},\boldsymbol{a}_{j_2},\cdots,\boldsymbol{a}_{j_s})\begin{pmatrix} x_1 \\ x_2 \\ \vdots \\ x_s \end{pmatrix}=\boldsymbol{0}\quad 与\quad (\boldsymbol{b}_{j_1},\boldsymbol{b}_{j_2},\cdots,\boldsymbol{b}_{j_s})\begin{pmatrix} x_1 \\ x_2 \\ \vdots \\ x_s \end{pmatrix}=\boldsymbol{0}$$

同解，故向量组 $\boldsymbol{a}_{j_1},\boldsymbol{a}_{j_2},\cdots,\boldsymbol{a}_{j_s}$ 与向量组 $\boldsymbol{b}_{j_1},\boldsymbol{b}_{j_2},\cdots,\boldsymbol{b}_{j_s}$ 有相同的线性相关性.

类似地，可证另一结论. ▍

例 4.8　用初等行变换方法求例 4.7 中列向量组 $\boldsymbol{b}_1,\boldsymbol{b}_2,\boldsymbol{b}_3,\boldsymbol{b}_4$ 的秩及一个极大无关组.

解

$$\boldsymbol{A}=(\boldsymbol{b}_1,\boldsymbol{b}_2,\boldsymbol{b}_3,\boldsymbol{b}_4)=\begin{pmatrix} 1 & 3 & -2 & 2 \\ 0 & 2 & -1 & 3 \\ -2 & 0 & 1 & 5 \end{pmatrix}$$

$$\xrightarrow{\text{初等行变换}}\begin{pmatrix} 1 & 3 & -2 & 2 \\ 0 & 2 & -1 & 3 \\ 0 & 0 & 0 & 0 \end{pmatrix}=\boldsymbol{B}.$$

易见 rank$\boldsymbol{A}$=rank$\boldsymbol{B}$=2，从而 T 的秩为 2；又 $\boldsymbol{B}$ 的第 1，2 列线性无关，所以 $\boldsymbol{A}$ 的1，2 列也线性无关，故 $\boldsymbol{b}_1,\boldsymbol{b}_2$ 是向量组 T 的一个极大无关组.

需要指出，当 $\boldsymbol{B}$ 是秩为 r 的阶梯形矩阵时，$\boldsymbol{B}$ 的非零行的首元所在的 r 个列向量是线性无关的.

4.3.2 等价向量组

定义 4.10 设有两个 n 维向量组

$$T_1:\quad \boldsymbol{a}_1,\boldsymbol{a}_2,\cdots,\boldsymbol{a}_r;\qquad T_2:\quad \boldsymbol{b}_1,\boldsymbol{b}_2,\cdots,\boldsymbol{b}_s.$$

如果 $\boldsymbol{a}_i(i=1,2,\cdots,r)$ 可由 $\boldsymbol{b}_1,\boldsymbol{b}_2,\cdots,\boldsymbol{b}_s$ 线性表示，则称**向量组 T_1 可由向量组 T_2 线性表示**；如果向量组 T_1 与向量组 T_2 可以互相线性表示，则称**向量组 T_1 与向量组 T_2 等价**.

向量组之间的等价关系具有下述性质：

(1) 反身性：向量组 T_1 与向量组 T_1 自身等价；

(2) 对称性：若向量组 T_1 与 T_2 等价，则向量组 T_2 与 T_1 等价；

(3) 传递性：若向量组 T_1 与 T_2 等价，向量组 T_2 与 T_3 等价，则向量组 T_1 与 T_3 等价.

定理 4.8 向量组与它的任意一个极大无关组等价.

证 设向量组 T 的一个极大无关组为 $T_1:\boldsymbol{a}_1,\boldsymbol{a}_2,\cdots,\boldsymbol{a}_r$. 因为 T_1 是 T 的一个部分组，所以 T_1 可由 T 线性表示.

另一方面，对于 T 中的任一向量 $\boldsymbol{a}$，当 $\boldsymbol{a}$ 在 T_1 中时，$\boldsymbol{a}$ 可由 T_1 线性表示；当 $\boldsymbol{a}$ 不在 T_1 中时，由于 $\boldsymbol{a}_1,\boldsymbol{a}_2,\cdots,\boldsymbol{a}_r,\boldsymbol{a}$ 是 T 中的 $r+1$ 个向量，所以线性相关，由定理 4.2 知，$\boldsymbol{a}$ 可由 T_1 线性表示. 因此，T 可由 T_1 线性表示，故 T 与 T_1 等价. ▌

推论 向量组的任意两个极大无关组等价.

证 设向量组 T 的两个极大无关组为 T_1 和 T_2. 由 T 与 T_1 等价及 T 与 T_2 等价可得，T_1 可由 T 线性表示，且 T 可由 T_2 线性表示，从而 T_1 可由 T_2 线性表示. 同理可得 T_2 可由 T_1 线性表示. 故 T_1 与 T_2 等价. ▌

定理 4.9 设有两个 n 维向量组

$$T_1: \boldsymbol{a}_1,\boldsymbol{a}_2,\cdots,\boldsymbol{a}_r;\qquad T_2: \boldsymbol{b}_1,\boldsymbol{b}_2,\cdots,\boldsymbol{b}_s.$$

若 T_1 线性无关，且 T_1 可由 T_2 线性表示，则 $r\leqslant s$.

证 不妨设 T_1 与 T_2 都是列向量组，构造向量组

$$T:\quad \boldsymbol{a}_1,\cdots,\boldsymbol{a}_r,\boldsymbol{b}_1,\cdots,\boldsymbol{b}_s$$

及 $n\times(r+s)$ 矩阵

$$\boldsymbol{A}=(\boldsymbol{a}_1,\cdots,\boldsymbol{a}_r,\boldsymbol{b}_1,\cdots,\boldsymbol{b}_s).$$

因为 T_1 可由 T_2 线性表示，所以

$$\boldsymbol{A}\xrightarrow{\text{初等列变换}}(\boldsymbol{0},\cdots,\boldsymbol{0},\boldsymbol{b}_1,\cdots,\boldsymbol{b}_s).$$

于是可得 $\operatorname{rank}\boldsymbol{A}\leqslant s$，从而向量组 T 的秩不超过 s. 又由 T_1 线性无关知，向量组 T 的秩至少为 r，故 $r\leqslant s$. ▌

推论 1 设向量组 T_1 的秩为 r，向量组 T_2 的秩为 s，如果 T_1 可由 T_2 线性表

示，则 $r\leqslant s$.

证　不妨设 T_1 与 T_2 的极大无关组分别为

$$(\text{I}):\ \boldsymbol{a}_1,\boldsymbol{a}_2,\cdots,\boldsymbol{a}_r;\qquad (\text{II}):\ \boldsymbol{b}_1,\boldsymbol{b}_2,\cdots,\boldsymbol{b}_s.$$

因为 T_1 可由 T_2 线性表示，T_2 可由（Ⅱ）线性表示，所以（Ⅰ）可由（Ⅱ）线性表示. 由定理 4.9 可得 $r\leqslant s$. ▌

推论 2　等价向量组的秩相同.

定理 4.10　设有矩阵 $\boldsymbol{A}_{m\times r}$ 与 $\boldsymbol{B}_{r\times n}$，则

$$\operatorname{rank}(\boldsymbol{AB})\leqslant\min\{\operatorname{rank}\boldsymbol{A},\operatorname{rank}\boldsymbol{B}\}.\tag{4.3}$$

证　设 $\boldsymbol{A}=(a_{ij})_{m\times r}$，$\boldsymbol{B}$ 的行向量组为 $\boldsymbol{b}_1,\boldsymbol{b}_2,\cdots,\boldsymbol{b}_r$，$\boldsymbol{C}=\boldsymbol{AB}$ 的行向量组为 $\boldsymbol{c}_1,\boldsymbol{c}_2,\cdots,\boldsymbol{c}_m$，则有

$$\boldsymbol{c}_i=a_{i1}\boldsymbol{b}_1+a_{i2}\boldsymbol{b}_2+\cdots+a_{ir}\boldsymbol{b}_r\quad(i=1,2,\cdots,m),$$

即 $\boldsymbol{C}$ 的行向量组 $\boldsymbol{c}_1,\boldsymbol{c}_2,\cdots,\boldsymbol{c}_m$ 可由 $\boldsymbol{B}$ 的行向量组线性表示. 由定理 4.6 及定理 4.9 的推论 1 知，$\operatorname{rank}\boldsymbol{C}\leqslant\operatorname{rank}\boldsymbol{B}$. 又有

$$\operatorname{rank}\boldsymbol{C}=\operatorname{rank}\boldsymbol{C}^{\mathrm{T}}=\operatorname{rank}(\boldsymbol{B}^{\mathrm{T}}\boldsymbol{A}^{\mathrm{T}})\leqslant\operatorname{rank}\boldsymbol{A}^{\mathrm{T}}=\operatorname{rank}\boldsymbol{A},$$

故式(4.3)成立. ▌

4.4　向量空间

本节讨论对加法和数乘运算封闭的 n 维向量的集合——向量空间，及其所具有的基本性质.

4.4.1　向量空间的概念

定义 4.11　设 V 是数域 $\mathbf{K}$ 上非空的 n 维向量集合，如果对向量的加法运算和数乘运算满足：

(1) 对任意 $\boldsymbol{a}\in V$，$\boldsymbol{b}\in V$，有 $\boldsymbol{a}+\boldsymbol{b}\in V$　（称为对加法封闭）；

(2) 对任意 $\boldsymbol{a}\in V$，$k\in\mathbf{K}$，有 $k\boldsymbol{a}\in V$　（称为对数乘封闭）.

则称集合 V 为数域 $\mathbf{K}$ 上的**向量空间**.

例如，$\mathbf{K}^n=\{\boldsymbol{x}=(x_1,x_2,\cdots,x_n)\mid x_1,x_2,\cdots,x_n\in\mathbf{K}\}$ 是向量空间；$V_1=\{\boldsymbol{x}=(0,x_2,\cdots,x_n)\mid x_2,\cdots,x_n\in\mathbf{K}\}$ 是向量空间；$V_2=\{\boldsymbol{x}=(1,x_2,\cdots,x_n)\mid x_2,\cdots,x_n\in\mathbf{K}\}$ 不是向量空间，因为 $\boldsymbol{a}=(1,a_2,\cdots,a_n)\in V_2$ 时，$2\boldsymbol{a}=(2,2a_2,\cdots,2a_n)\notin V_2$；单独一个零向量构成的集合是向量空间.

例 4.9　已知数域 $\mathbf{K}$ 上的 n 维向量 $\boldsymbol{a}_1,\boldsymbol{a}_2,\cdots,\boldsymbol{a}_m\ (m\geqslant 1)$，判断集合

$$V=\{\boldsymbol{x}=k_1\boldsymbol{a}_1+k_2\boldsymbol{a}_2+\cdots+k_m\boldsymbol{a}_m\mid k_1,k_2,\cdots,k_m\in\mathbf{K}\}\tag{4.4}$$

是否为向量空间.

解　因为 $\boldsymbol{a}_1\in V$，所以 V 非空. 设 $\boldsymbol{a}\in V$，$\boldsymbol{b}\in V$，则

$$\boldsymbol{a}=k_1\boldsymbol{a}_1+k_2\boldsymbol{a}_2+\cdots+k_m\boldsymbol{a}_m,\quad \boldsymbol{b}=l_1\boldsymbol{a}_1+l_2\boldsymbol{a}_2+\cdots+l_m\boldsymbol{a}_m.$$

于是有

$$\boldsymbol{a}+\boldsymbol{b}=(k_1+l_1)\boldsymbol{a}_1+(k_2+l_2)\boldsymbol{a}_2+\cdots+(k_m+l_m)\boldsymbol{a}_m\in \mathrm{V},$$
$$k\boldsymbol{a}=(kk_1)\boldsymbol{a}_1+(kk_2)\boldsymbol{a}_2+\cdots+(kk_m)\boldsymbol{a}_m\in \mathrm{V}\quad (k\in\mathbf{K}),$$

故 V 是向量空间.

例 4.9 中的向量空间称为由**向量 $\boldsymbol{a}_1,\boldsymbol{a}_2,\cdots,\boldsymbol{a}_m$ 生成的向量空间**,记作 $\mathrm{L}(\boldsymbol{a}_1,\boldsymbol{a}_2,\cdots,\boldsymbol{a}_m)$.

定义 4.12 设有两个 n 维向量集合 V_1 与 V_2,如果 $\mathrm{V}_1\subset\mathrm{V}_2$,且 V_1 与 V_2 都是向量空间,则称 V_1 是 V_2 的**子空间**.

例如,前面提到的向量空间 $\mathrm{L}(\boldsymbol{a}_1,\boldsymbol{a}_2,\cdots,\boldsymbol{a}_m)$是向量空间 $\mathbf{K}^n$ 的子空间.

例 4.10 设向量组 $\boldsymbol{a}_1,\boldsymbol{a}_2,\cdots,\boldsymbol{a}_m$ 与向量组 $\boldsymbol{b}_1,\boldsymbol{b}_2,\cdots,\boldsymbol{b}_s$ 等价,记 $\mathrm{V}_1=\mathrm{L}(\boldsymbol{a}_1,\boldsymbol{a}_2,\cdots,\boldsymbol{a}_m)$,$\mathrm{V}_2=\mathrm{L}(\boldsymbol{b}_1,\boldsymbol{b}_2,\cdots,\boldsymbol{b}_s)$,试证 $\mathrm{V}_1=\mathrm{V}_2$.

证 设 $\boldsymbol{a}\in\mathrm{V}_1$,则 $\boldsymbol{a}$ 可由 $\boldsymbol{a}_1,\boldsymbol{a}_2,\cdots,\boldsymbol{a}_m$ 线性表示. 因为$\boldsymbol{a}_1,\boldsymbol{a}_2,\cdots,\boldsymbol{a}_m$ 可由 $\boldsymbol{b}_1,\boldsymbol{b}_2,\cdots,\boldsymbol{b}_s$ 线性表示,所以 $\boldsymbol{a}$ 可由 $\boldsymbol{b}_1,\boldsymbol{b}_2,\cdots,\boldsymbol{b}_s$ 线性表示,即 $\boldsymbol{a}\in\mathrm{V}_2$,于是 $\mathrm{V}_1\subset\mathrm{V}_2$.

类似地可得:若 $\boldsymbol{a}\in\mathrm{V}_2$,则 $\boldsymbol{a}\in\mathrm{V}_1$,从而 $\mathrm{V}_2\subset\mathrm{V}_1$. 故 $\mathrm{V}_1=\mathrm{V}_2$.

定义 4.13 设 V 为数域 **K** 上的向量空间,若

(1) V 中有 r 个向量 $\boldsymbol{a}_1,\boldsymbol{a}_2,\cdots,\boldsymbol{a}_r$ 线性无关;

(2) V 中任一向量 $\boldsymbol{a}$ 都可由 $\boldsymbol{a}_1,\boldsymbol{a}_2,\cdots,\boldsymbol{a}_r$ 线性表示,

则称 $\boldsymbol{a}_1,\boldsymbol{a}_2,\cdots,\boldsymbol{a}_r$ 为 V 的一个**基**,称数 r 为 V 的**维数**,记作 dimV,即 $\dim\mathrm{V}=r$. 规定只含零向量的向量空间的维数为 0. 维数为 r 的向量空间 V 称为 ***r* 维向量空间**(注意 V 中向量的维数为 n).

$\mathbf{R}^3$ 是向量空间,它的一个基为 $\boldsymbol{i}=(1,0,0)$,$\boldsymbol{j}=(0,1,0)$,$\boldsymbol{k}=(0,0,1)$,所以 $\dim\mathbf{R}^3=3$. 容易验证,向量空间 $\mathbf{K}^n$ 的一个基为 $\boldsymbol{e}_1,\boldsymbol{e}_2,\cdots,\boldsymbol{e}_n$,所以$\dim\mathbf{K}^n=n$,即 $\mathbf{K}^n$ 是 n 维向量空间.

定义 4.13 中的条件(2)保证了 V 中任意 $r+1$ 个向量一定线性相关. 因此,若 $\dim\mathrm{V}=r$,则 V 中任意 r 个线性无关的向量都可以作为 V 的一个基(请读者自己验证).

例 4.11 设向量空间 V 的一个基为 $\boldsymbol{a}_1,\boldsymbol{a}_2,\cdots,\boldsymbol{a}_r$,则$\mathrm{V}=\mathrm{L}(\boldsymbol{a}_1,\boldsymbol{a}_2,\cdots,\boldsymbol{a}_r)$.

证 对任意 $\boldsymbol{a}\in\mathrm{V}$,由定义 4.13 知,$\boldsymbol{a}$ 可由 $\boldsymbol{a}_1,\boldsymbol{a}_2,\cdots,\boldsymbol{a}_r$ 线性表示,即有

$$\boldsymbol{a}=k_1\boldsymbol{a}_1+k_2\boldsymbol{a}_2+\cdots+k_r\boldsymbol{a}_r\in\mathrm{L}(\boldsymbol{a}_1,\boldsymbol{a}_2,\cdots,\boldsymbol{a}_r),$$

所以 $\mathrm{V}\subset\mathrm{L}(\boldsymbol{a}_1,\boldsymbol{a}_2,\cdots,\boldsymbol{a}_r)$.

显然 $\mathrm{L}(\boldsymbol{a}_1,\boldsymbol{a}_2,\cdots,\boldsymbol{a}_r)\subset\mathrm{V}$,故 $\mathrm{V}=\mathrm{L}(\boldsymbol{a}_1,\boldsymbol{a}_2,\cdots,\boldsymbol{a}_r)$.

V_1 是 V_2 的子空间时,由例 4.11 及定理 4.9 知,$\dim\mathrm{V}_1\leqslant\dim\mathrm{V}_2$. 注意到 $\dim\mathbf{K}^n=n$,可得:任何由 n 维向量构成的向量空间的维数都不超过 n.

定义 4.14 设向量空间 V 的一个基为 $\boldsymbol{a}_1,\boldsymbol{a}_2,\cdots,\boldsymbol{a}_r$. 对$\boldsymbol{a}\in\mathrm{V}$,有

$$\boldsymbol{a}=x_1\boldsymbol{a}_1+x_2\boldsymbol{a}_2+\cdots+x_r\boldsymbol{a}_r \quad (x_1,x_2,\cdots,x_r\in\mathbf{K}),$$

称数组$(x_1,x_2,\cdots,x_r)^{\mathrm{T}}$为向量 $\boldsymbol{a}$ 在基 $\boldsymbol{a}_1,\boldsymbol{a}_2,\cdots,\boldsymbol{a}_r$ 下的**坐标**.

注意,向量空间 V 中的向量 $\boldsymbol{a}$ 是 n 维向量,而 $\boldsymbol{a}$ 在给定基下的坐标构成 r 维向量,两者是不同的. 即使 $r=n$,它们一般也不相同.

例 4.12　在向量空间 $\mathbf{K}^3$ 中,给定基 $\boldsymbol{a}_1=(1,1,1)$,$\boldsymbol{a}_2=(1,1,-1)$,$\boldsymbol{a}_3=(1,-1,-1)$. 求 $\boldsymbol{a}=(1,2,1)$在基$\boldsymbol{a}_1,\boldsymbol{a}_2,\boldsymbol{a}_3$下的坐标.

解　设 $\boldsymbol{a}=x_1\boldsymbol{a}_1+x_2\boldsymbol{a}_2+x_3\boldsymbol{a}_3$,比较等号两端向量的对应分量,可得线性方程组

$$\begin{cases}x_1+x_2+x_3=1,\\x_1+x_2-x_3=2,\\x_1-x_2-x_3=1.\end{cases}$$

解此方程组,得 $x_1=1$,$x_2=\dfrac{1}{2}$,$x_3=-\dfrac{1}{2}$,即 $\boldsymbol{a}$ 在给定基下的坐标为 $\left(1,\dfrac{1}{2},-\dfrac{1}{2}\right)^{\mathrm{T}}$.

由定理 4.2 知,向量空间 V 中的向量 $\boldsymbol{a}$ 在基 $\boldsymbol{a}_1,\boldsymbol{a}_2,\cdots,\boldsymbol{a}_r$ 下的坐标$(x_1,x_2,\cdots,x_r)^{\mathrm{T}}$ 是唯一的,因此在给定基下,向量 $\boldsymbol{a}$ 与它的坐标$(x_1,x_2,\cdots,x_r)^{\mathrm{T}}$ 是一一对应的.

一个向量空间一般都有无穷多个向量,但在其中总能找到由有限个向量组成的基,而向量空间中的每一个向量都可以由基唯一地线性表示. 于是,只要确定了向量空间的一个基,也就相当于确定了整个向量空间.

4.4.2　正交基

定义 4.15　设 V 是实数域 $\mathbf{R}$ 上的向量空间,V 的一个基为 $\boldsymbol{a}_1,\boldsymbol{a}_2,\cdots,\boldsymbol{a}_r$,如果

$$\langle\boldsymbol{a}_i,\boldsymbol{a}_j\rangle=0 \quad (i\neq j;\ i,j=1,2,\cdots,r), \tag{4.5}$$

则称 $\boldsymbol{a}_1,\boldsymbol{a}_2,\cdots,\boldsymbol{a}_r$ 为 V 的**正交基**. 如果还有

$$\|\boldsymbol{a}_i\|=1 \quad (i=1,2,\cdots,r), \tag{4.6}$$

则称 $\boldsymbol{a}_1,\boldsymbol{a}_2,\cdots,\boldsymbol{a}_r$ 为 V 的**规范正交基**或**标准正交基**.

例如,向量空间 $\mathbf{R}^n$ 中的单位坐标向量组 $\boldsymbol{e}_1,\boldsymbol{e}_2,\cdots,\boldsymbol{e}_n$ 就是 $\mathbf{R}^n$ 的规范正交基.

给定了向量空间 V 的一个正交基 $\boldsymbol{a}_1,\boldsymbol{a}_2,\cdots,\boldsymbol{a}_r$ 时,计算 V 中向量 $\boldsymbol{a}$ 在该基下的坐标$(x_1,x_2,\cdots,x_r)^{\mathrm{T}}$将会十分方便. 例如

$$\boldsymbol{a}=x_1\boldsymbol{a}_1+x_2\boldsymbol{a}_2+\cdots+x_r\boldsymbol{a}_r$$

两端与向量 $\boldsymbol{a}_i$ 作内积,并利用条件(4.5),可得

$$\langle\boldsymbol{a},\boldsymbol{a}_i\rangle=x_i\langle\boldsymbol{a}_i,\boldsymbol{a}_i\rangle.$$

从而有

$$x_i=\frac{\langle\boldsymbol{a},\boldsymbol{a}_i\rangle}{\langle\boldsymbol{a}_i,\boldsymbol{a}_i\rangle} \quad (i=1,2,\cdots,r).$$

当 $\boldsymbol{a}_1,\boldsymbol{a}_2,\cdots,\boldsymbol{a}_r$ 还是规范正交基时，利用条件(4.6)，可得

$$x_i=\langle \boldsymbol{a},\boldsymbol{a}_i\rangle \quad (i=1,2,\cdots,r).$$

下面介绍从向量空间 V 的一个基出发，构造 V 的一个正交基的**施密特(Schmidt)正交化方法**. 设 V 的一个基为 $\boldsymbol{a}_1,\boldsymbol{a}_2,\cdots,\boldsymbol{a}_r$，令

$$\boldsymbol{b}_1=\boldsymbol{a}_1,$$

$$\boldsymbol{b}_2=\boldsymbol{a}_2+k_{21}\boldsymbol{b}_1.$$

要求 $\langle \boldsymbol{b}_2,\boldsymbol{b}_1\rangle=0$，可得 $k_{21}=-\dfrac{\langle \boldsymbol{a}_2,\boldsymbol{b}_1\rangle}{\langle \boldsymbol{b}_1,\boldsymbol{b}_1\rangle}$. 显然 $\boldsymbol{b}_2\neq\boldsymbol{0}$，否则 $\boldsymbol{a}_1,\boldsymbol{a}_2$ 线性相关，产生矛盾. 再令

$$\boldsymbol{b}_3=\boldsymbol{a}_3+k_{32}\boldsymbol{b}_2+k_{31}\boldsymbol{b}_1.$$

要求 $\langle \boldsymbol{b}_3,\boldsymbol{b}_j\rangle=0$，可得 $k_{3j}=-\dfrac{\langle \boldsymbol{a}_3,\boldsymbol{b}_j\rangle}{\langle \boldsymbol{b}_j,\boldsymbol{b}_j\rangle}$ $(j=1,2)$. 同理可知 $\boldsymbol{b}_3\neq\boldsymbol{0}$. 如此下去…….最后令

$$\boldsymbol{b}_r=\boldsymbol{a}_r+k_{r,r-1}\boldsymbol{b}_{r-1}+\cdots+k_{r1}\boldsymbol{b}_1,$$

要求 $\langle \boldsymbol{b}_r,\boldsymbol{b}_j\rangle=0$，可得 $k_{rj}=-\dfrac{\langle \boldsymbol{a}_r,\boldsymbol{b}_j\rangle}{\langle \boldsymbol{b}_j,\boldsymbol{b}_j\rangle}$ $(j=1,2,\cdots,r-1)$. 同理可知 $\boldsymbol{b}_r\neq\boldsymbol{0}$. 于是得到：

(1) $\boldsymbol{b}_1,\boldsymbol{b}_2,\cdots,\boldsymbol{b}_r$ 是两两正交的非零向量，从而线性无关；

(2) $\boldsymbol{b}_1,\boldsymbol{b}_2,\cdots,\boldsymbol{b}_r$ 与 $\boldsymbol{a}_1,\boldsymbol{a}_2,\cdots,\boldsymbol{a}_r$ 等价(请读者自己验证)，从而 $\boldsymbol{b}_1,\boldsymbol{b}_2,\cdots,\boldsymbol{b}_r$ 是 V 的一个正交基；

(3) 令 $\boldsymbol{\gamma}_i=\dfrac{1}{\|\boldsymbol{b}_i\|}\boldsymbol{b}_i(i=1,2,\cdots,r)$，可得 V 的一个规范正交基 $\boldsymbol{\gamma}_1,\boldsymbol{\gamma}_2,\cdots,\boldsymbol{\gamma}_r$.

例 4.13 已知 $\boldsymbol{a}_1=(1,1,0,0)$，$\boldsymbol{a}_2=(1,0,1,0)$，$\boldsymbol{a}_3=(-1,0,0,1)$，求向量空间 $V=L(\boldsymbol{a}_1,\boldsymbol{a}_2,\boldsymbol{a}_3)$ 的一个正交基.

解 因为 $\boldsymbol{a}_1,\boldsymbol{a}_2,\boldsymbol{a}_3$ 线性无关，所以可取 $\boldsymbol{a}_1,\boldsymbol{a}_2,\boldsymbol{a}_3$ 为 V 的基. 进行正交化，可得

$$\boldsymbol{b}_1=\boldsymbol{a}_1=(1,1,0,0),$$

$$\boldsymbol{b}_2=\boldsymbol{a}_2-\frac{\langle \boldsymbol{a}_2,\boldsymbol{b}_1\rangle}{\langle \boldsymbol{b}_1,\boldsymbol{b}_1\rangle}\boldsymbol{b}_1=\boldsymbol{a}_2-\frac{1}{2}\boldsymbol{b}_1=\left(\frac{1}{2},-\frac{1}{2},1,0\right),$$

$$\boldsymbol{b}_3=\boldsymbol{a}_3-\frac{\langle \boldsymbol{a}_3,\boldsymbol{b}_2\rangle}{\langle \boldsymbol{b}_2,\boldsymbol{b}_2\rangle}\boldsymbol{b}_2-\frac{\langle \boldsymbol{a}_3,\boldsymbol{b}_1\rangle}{\langle \boldsymbol{b}_1,\boldsymbol{b}_1\rangle}\boldsymbol{b}_1=\boldsymbol{a}_3+\frac{1}{3}\boldsymbol{b}_2+\frac{1}{2}\boldsymbol{b}_1=\left(-\frac{1}{3},\frac{1}{3},\frac{1}{3},1\right),$$

即 $\boldsymbol{b}_1,\boldsymbol{b}_2,\boldsymbol{b}_3$ 为 V 的正交基.

4.5 线性方程组解的结构

在 3.3 节中讨论了求解线性方程组(3.1)的消元法. 若令

$$\boldsymbol{A}=\begin{pmatrix} a_{11} & a_{12} & \cdots & a_{1n} \\ a_{21} & a_{22} & \cdots & a_{2n} \\ \vdots & \vdots & & \vdots \\ a_{m1} & a_{m2} & \cdots & a_{mn} \end{pmatrix},\quad \boldsymbol{b}=\begin{pmatrix} b_1 \\ b_2 \\ \vdots \\ b_m \end{pmatrix},\quad \boldsymbol{x}=\begin{pmatrix} x_1 \\ x_2 \\ \vdots \\ x_n \end{pmatrix},$$

则线性方程组(3.1)可写成矩阵形式

$$\boldsymbol{Ax}=\boldsymbol{b}.$$

对应的齐次线性方程组(也称为 $\boldsymbol{Ax}=\boldsymbol{b}$ 的**导出组**)为

$$\boldsymbol{Ax}=\boldsymbol{0}.$$

前面已经得到下列结论：

(1) 若 $(\boldsymbol{A} \vdots \boldsymbol{b}) \xrightarrow{\text{初等行变换}} (\boldsymbol{B} \vdots \boldsymbol{d})$，则 $\boldsymbol{Ax}=\boldsymbol{b}$ 与 $\boldsymbol{Bx}=\boldsymbol{d}$ 同解；

(2) $\boldsymbol{Ax}=\boldsymbol{0}$ 有非零解的充分必要条件是 $\mathrm{rank}\boldsymbol{A}<n$；

(3) $\boldsymbol{Ax}=\boldsymbol{b}$ 有解的充分必要条件是 $\mathrm{rank}\boldsymbol{A}=\mathrm{rank}\hat{\boldsymbol{A}}$，其中 $\hat{\boldsymbol{A}}=(\boldsymbol{A} \vdots \boldsymbol{b})$；

(4) 若 $\mathrm{rank}\boldsymbol{A}=\mathrm{rank}\hat{\boldsymbol{A}}=r$，即 $\boldsymbol{Ax}=\boldsymbol{b}$ 有解，则 $r=n$ 时，$\boldsymbol{Ax}=\boldsymbol{b}$有唯一解；$r<n$ 时，$\boldsymbol{Ax}=\boldsymbol{b}$有无穷多解.

如果 $c_1,c_2,\cdots,c_n$ 是线性方程组 $\boldsymbol{Ax}=\boldsymbol{b}$ 的解，则称 $\boldsymbol{x}^*=(c_1,c_2,\cdots,c_n)^{\mathrm{T}}$ 为 $\boldsymbol{Ax}=\boldsymbol{b}$的**解向量**. 将解写成向量的形式，一方面写起来比较简单，另一方面也易于研究线性方程组解的结构.

4.5.1　齐次线性方程组

构造齐次线性方程组 $\boldsymbol{Ax}=\boldsymbol{0}$ 的解向量集合

$$\mathrm{S}=\{\boldsymbol{x}\mid \boldsymbol{Ax}=\boldsymbol{0},\boldsymbol{x}\in\mathbf{K}^n\}.$$

因为 $\boldsymbol{0}\in\mathrm{S}$，所以 S 非空. 当 $\boldsymbol{x}\in\mathrm{S},\boldsymbol{y}\in\mathrm{S},k\in\mathbf{K}$ 时，由 $\boldsymbol{A}(\boldsymbol{x}+\boldsymbol{y})=\boldsymbol{Ax}+\boldsymbol{Ay}=\boldsymbol{0}$ 及 $\boldsymbol{A}(k\boldsymbol{x})=k(\boldsymbol{Ax})=\boldsymbol{0}$ 知，$\boldsymbol{x}+\boldsymbol{y}\in\mathrm{S},k\boldsymbol{x}\in\mathrm{S}$. 因此，S 是向量空间，称之为齐次线性方程组的**解空间**. S 的基称为齐次线性方程组的**基础解系**.

设 $\mathrm{rank}\boldsymbol{A}=r<n$，且不妨设齐次线性方程组的通解为(见式(3.6))

$$\begin{cases} x_1=-b_{1,r+1}k_1-b_{1,r+2}k_2-\cdots-b_{1n}k_{n-r}, \\ \qquad\cdots\cdots \\ x_r=-b_{r,r+1}k_1-b_{r,r+2}k_2-\cdots-b_{rn}k_{n-r}, \\ x_{r+1}=k_1, \\ x_{r+2}=k_2, \\ \qquad\cdots\cdots \\ x_n=k_{n-r}, \end{cases} \tag{4.7}$$

其中 $k_1,k_2,\cdots,k_{n-r}$ 为任意常数. 依次取

$$\begin{pmatrix} k_1 \\ k_2 \\ \vdots \\ k_{n-r} \end{pmatrix} = \begin{pmatrix} 1 \\ 0 \\ \vdots \\ 0 \end{pmatrix}, \quad \begin{pmatrix} 0 \\ 1 \\ \vdots \\ 0 \end{pmatrix}, \quad \cdots, \quad \begin{pmatrix} 0 \\ 0 \\ \vdots \\ 1 \end{pmatrix}, \tag{4.8}$$

可得齐次线性方程组 $\boldsymbol{Ax}=\boldsymbol{0}$ 的 $n-r$ 个解向量

$$\boldsymbol{z}_1 = \begin{pmatrix} -b_{1,r+1} \\ \vdots \\ -b_{r,r+1} \\ 1 \\ 0 \\ \vdots \\ 0 \end{pmatrix}, \quad \boldsymbol{z}_2 = \begin{pmatrix} -b_{1,r+2} \\ \vdots \\ -b_{r,r+2} \\ 0 \\ 1 \\ \vdots \\ 0 \end{pmatrix}, \quad \cdots, \quad \boldsymbol{z}_{n-r} = \begin{pmatrix} -b_{1n} \\ \vdots \\ -b_{rn} \\ 0 \\ 0 \\ \vdots \\ 1 \end{pmatrix}.$$

于是式(4.7)可改写为

$$\boldsymbol{x}=k_1\boldsymbol{z}_1+k_2\boldsymbol{z}_2+\cdots+k_{n-r}\boldsymbol{z}_{n-r},$$

上式表明，齐次线性方程组 $\boldsymbol{Ax}=\boldsymbol{0}$ 的任意解向量都可由 $\boldsymbol{z}_1,\boldsymbol{z}_2,\cdots,\boldsymbol{z}_{n-r}$ 线性表示，又向量组 $\boldsymbol{z}_1,\boldsymbol{z}_2,\cdots,\boldsymbol{z}_{n-r}$ 线性无关，所以 $\boldsymbol{z}_1,\boldsymbol{z}_2,\cdots,\boldsymbol{z}_{n-r}$ 是解空间 S 的一个基，也就是齐次线性方程组 $\boldsymbol{Ax}=\boldsymbol{0}$ 的一个基础解系. 于是，解空间的维数 $\dim S=n-r$，即基础解系中所含解向量的个数，等于方程组中未知数的个数减去系数矩阵的秩.

例 4.14 设 $\boldsymbol{A}=\begin{pmatrix} 1 & 2 & 2 & 0 \\ 1 & 3 & 4 & -2 \\ 1 & 1 & 0 & 2 \end{pmatrix}$，求齐次线性方程组 $\boldsymbol{Ax}=\boldsymbol{0}$ 的一个基础解系.

解
$$\boldsymbol{A} \xrightarrow{\text{初等行变换}} \begin{pmatrix} 1 & 0 & -2 & 4 \\ 0 & 1 & 2 & -2 \\ 0 & 0 & 0 & 0 \end{pmatrix},$$

$\operatorname{rank}\boldsymbol{A}=2$，基础解系中含有 $4-2=2$ 个解向量. 同解方程组为

$$\begin{cases} x_1=2x_3-4x_4, \\ x_2=-2x_3+2x_4. \end{cases}$$

依次取 $\begin{pmatrix} x_3 \\ x_4 \end{pmatrix}=\begin{pmatrix} 1 \\ 0 \end{pmatrix},\begin{pmatrix} 0 \\ 1 \end{pmatrix}$，求得 $\begin{pmatrix} x_1 \\ x_2 \end{pmatrix}=\begin{pmatrix} 2 \\ -2 \end{pmatrix},\begin{pmatrix} -4 \\ 2 \end{pmatrix}$. 故 $\boldsymbol{Ax}=\boldsymbol{0}$ 的基础解系为

$$\boldsymbol{z}_1=\begin{pmatrix} 2 \\ -2 \\ 1 \\ 0 \end{pmatrix}, \quad \boldsymbol{z}_2=\begin{pmatrix} -4 \\ 2 \\ 0 \\ 1 \end{pmatrix}.$$

实际上，式(4.8)中 $k_1,k_2,\cdots,k_{n-r}$ 的取法有许多种，只要使式(4.8)的 $n-r$ 个列向量线性无关，则由式(4.7)求得的 $n-r$ 个解向量就是齐次线性方程组 $\boldsymbol{Ax}=\mathbf{0}$ 的基础解系. 不过按式(4.8)的取法比较简单.

4.5.2 非齐次线性方程组

当非齐次线性方程组 $\boldsymbol{Ax}=\boldsymbol{b}$ 有解时，设 $\boldsymbol{x}^*$ 是它的一个解向量(称为**特解**)，$\boldsymbol{x}$ 是它的任一解向量. 由于

$$\boldsymbol{A}(\boldsymbol{x}-\boldsymbol{x}^*)=\boldsymbol{Ax}-\boldsymbol{Ax}^*=\boldsymbol{b}-\boldsymbol{b}=\mathbf{0},$$

所以 $\boldsymbol{x}-\boldsymbol{x}^*$ 是对应的齐次线性方程组 $\boldsymbol{Ax}=\mathbf{0}$ 的解，从而可由 $\boldsymbol{Ax}=\mathbf{0}$ 的基础解系线性表示，即

$$\boldsymbol{x}-\boldsymbol{x}^*=k_1\boldsymbol{z}_1+k_2\boldsymbol{z}_2+\cdots+k_{n-r}\boldsymbol{z}_{n-r}.$$

由此可得

$$\boldsymbol{x}=\boldsymbol{x}^*+k_1\boldsymbol{z}_1+k_2\boldsymbol{z}_2+\cdots+k_{n-r}\boldsymbol{z}_{n-r},\tag{4.9}$$

其中 $k_1,k_2,\cdots,k_{n-r}$ 是任意常数. 另外易验证上式右端向量是 $\boldsymbol{Ax}=\boldsymbol{b}$ 的解向量，故式(4.9)给出了 $\boldsymbol{Ax}=\boldsymbol{b}$ 的通解.

式(4.9)表明，非齐次线性方程组 $\boldsymbol{Ax}=\boldsymbol{b}$ 的通解可以表示为它的一个特解与对应的齐次线性方程组 $\boldsymbol{Ax}=\mathbf{0}$ 的通解之和.

例 4.15　设 $\boldsymbol{A}=\begin{pmatrix}1&2&2&0\\1&3&4&-2\\1&1&0&2\end{pmatrix}$，$\boldsymbol{b}=\begin{pmatrix}5\\6\\4\end{pmatrix}$，求线性方程组 $\boldsymbol{Ax}=\boldsymbol{b}$ 的通解.

解

$$\hat{\boldsymbol{A}}=\left(\begin{array}{cccc:c}1&2&2&0&5\\1&3&4&-2&6\\1&1&0&2&4\end{array}\right)\xrightarrow{\text{初等行变换}}\left(\begin{array}{cccc:c}1&0&-2&4&3\\0&1&2&-2&1\\0&0&0&0&0\end{array}\right),$$

可见 $\mathrm{rank}\boldsymbol{A}=\mathrm{rank}\hat{\boldsymbol{A}}=2$，方程组 $\boldsymbol{Ax}=\boldsymbol{b}$ 有解，同解方程组为

$$\begin{cases}x_1=3+2x_3-4x_4,\\x_2=1-2x_3+2x_4.\end{cases}$$

取 $x_3=x_4=0$ 得方程组的一个特解 $\boldsymbol{x}^*=(3,1,0,0)^{\mathrm{T}}$. 例 4.14 已求得齐次方程组 $\boldsymbol{Ax}=\mathbf{0}$ 的一个基础解系为 $\boldsymbol{z}_1=(2,-2,1,0)^{\mathrm{T}}$，$\boldsymbol{z}_2=(-4,2,0,1)^{\mathrm{T}}$. 于是方程组 $\boldsymbol{Ax}=\boldsymbol{b}$ 的通解为

$$\boldsymbol{x}=\boldsymbol{x}^*+k_1\boldsymbol{z}_1+k_2\boldsymbol{z}_2\quad(k_1,k_2\ \text{为任意常数}).$$

例 4.16　设有三元非齐次方程组 $\boldsymbol{Ax}=\boldsymbol{b}$，且 $\mathrm{rank}\boldsymbol{A}=2$，又它的三个解向量 $\boldsymbol{x}_1,\boldsymbol{x}_2,\boldsymbol{x}_3$ 满足

$$\boldsymbol{x}_1+\boldsymbol{x}_2=\begin{pmatrix}2\\0\\-2\end{pmatrix},\quad \boldsymbol{x}_1+\boldsymbol{x}_3=\begin{pmatrix}3\\1\\-1\end{pmatrix},$$

求方程组 $\boldsymbol{Ax}=\boldsymbol{b}$ 的通解.

解 由 $\mathrm{rank}\boldsymbol{A}=2$ 知,齐次线性方程组 $\boldsymbol{Ax}=\boldsymbol{0}$ 的基础解系含一个解向量.因为

$$\boldsymbol{A}[(\boldsymbol{x}_1+\boldsymbol{x}_3)-(\boldsymbol{x}_1+\boldsymbol{x}_2)]=\boldsymbol{A}(\boldsymbol{x}_1+\boldsymbol{x}_3)-\boldsymbol{A}(\boldsymbol{x}_1+\boldsymbol{x}_2)=(\boldsymbol{b}+\boldsymbol{b})-(\boldsymbol{b}+\boldsymbol{b})=\boldsymbol{0},$$

所以

$$\boldsymbol{z}=(\boldsymbol{x}_1+\boldsymbol{x}_3)-(\boldsymbol{x}_1+\boldsymbol{x}_2)=\begin{pmatrix}1\\1\\1\end{pmatrix}$$

是 $\boldsymbol{Ax}=\boldsymbol{0}$ 的一个基础解系.又

$$\boldsymbol{A}\left[\frac{1}{2}(\boldsymbol{x}_1+\boldsymbol{x}_2)\right]=\frac{1}{2}(\boldsymbol{b}+\boldsymbol{b})=\boldsymbol{b},$$

所以

$$\boldsymbol{x}^*=\frac{1}{2}(\boldsymbol{x}_1+\boldsymbol{x}_2)=\begin{pmatrix}1\\0\\-1\end{pmatrix}$$

是 $\boldsymbol{Ax}=\boldsymbol{b}$ 的一个特解.于是可得 $\boldsymbol{Ax}=\boldsymbol{b}$ 的通解为

$$\boldsymbol{x}=\begin{pmatrix}1\\0\\-1\end{pmatrix}+k\begin{pmatrix}1\\1\\1\end{pmatrix}\quad(k\text{ 为任意常数}).$$

例 4.17 设 $\boldsymbol{A}$ 是 $m\times n$ 矩阵,且 $\mathrm{rank}\boldsymbol{A}=n-2$.若非齐次线性方程组 $\boldsymbol{Ax}=\boldsymbol{b}$ 的解向量 $\boldsymbol{x}_0,\boldsymbol{x}_1,\boldsymbol{x}_2$ 线性无关,证明:$\boldsymbol{x}_1-\boldsymbol{x}_0,\boldsymbol{x}_2-\boldsymbol{x}_0$ 是齐次线性方程组 $\boldsymbol{Ax}=\boldsymbol{0}$ 的一个基础解系.

证 由 $\mathrm{rank}\boldsymbol{A}=n-2$ 知,$\boldsymbol{Ax}=\boldsymbol{0}$ 的基础解系含两个解向量.容易验证,$\boldsymbol{z}_1=\boldsymbol{x}_1-\boldsymbol{x}_0$ 和 $\boldsymbol{z}_2=\boldsymbol{x}_2-\boldsymbol{x}_0$ 都是 $\boldsymbol{Ax}=\boldsymbol{0}$ 的解向量.下面证明 $\boldsymbol{z}_1,\boldsymbol{z}_2$ 线性无关.设一组数 k_1,k_2 使 $k_1\boldsymbol{z}_1+k_2\boldsymbol{z}_2=\boldsymbol{0}$,即

$$-(k_1+k_2)\boldsymbol{x}_0+k_1\boldsymbol{x}_1+k_2\boldsymbol{x}_2=\boldsymbol{0}.$$

因为 $\boldsymbol{x}_0,\boldsymbol{x}_1,\boldsymbol{x}_2$ 线性无关,所以 $k_1+k_2=0,k_1=0,k_2=0$.故 $\boldsymbol{z}_1,\boldsymbol{z}_2$ 线性无关,从而可作为 $\boldsymbol{Ax}=\boldsymbol{0}$ 的一个基础解系.

利用线性方程组的理论,还可以证明矩阵的秩的一些结论.

定理 4.11 设 $\boldsymbol{A}$ 是 $m\times n$ 矩阵,$\boldsymbol{B}$ 是 $n\times l$ 矩阵,且 $\boldsymbol{AB}=\boldsymbol{O}$,则

$$\mathrm{rank}\boldsymbol{A}+\mathrm{rank}\boldsymbol{B}\leqslant n.$$

证 设 $\boldsymbol{B}=(\boldsymbol{b}_1,\boldsymbol{b}_2,\cdots,\boldsymbol{b}_l)$,其中 $\boldsymbol{b}_1,\boldsymbol{b}_2,\cdots,\boldsymbol{b}_l$ 是 $\boldsymbol{B}$ 的列向量组,则由

$$\boldsymbol{AB}=\boldsymbol{A}(\boldsymbol{b}_1,\boldsymbol{b}_2,\cdots,\boldsymbol{b}_l)=\boldsymbol{O},$$

得 $\boldsymbol{Ab}_i=\boldsymbol{0}(i=1,2,\cdots,l)$,即 $\boldsymbol{b}_i(i=1,2,\cdots,l)$ 是齐次线性方程组 $\boldsymbol{Ax}=\boldsymbol{0}$ 的解向量,从而它们都可由 $\boldsymbol{Ax}=\boldsymbol{0}$ 的基础解系线性表示.但 $\boldsymbol{Ax}=\boldsymbol{0}$ 的基础解系含有 $n-\mathrm{rank}\boldsymbol{A}$

个解向量，于是

$$\text{rank}\boldsymbol{B}=\text{rank}\{\boldsymbol{b}_1,\boldsymbol{b}_2,\cdots,\boldsymbol{b}_l\}\leqslant n-\text{rank}\boldsymbol{A},$$

故得 $\text{rank}\boldsymbol{A}+\text{rank}\boldsymbol{B}\leqslant n$. ▌

定理 4.12　设 $\boldsymbol{A}=(a_{ij})_{n\times n}$ 是 n 阶方阵，则

$$\text{rank}\boldsymbol{A}^*=\begin{cases}n, & \text{rank}\boldsymbol{A}=n,\\ 1, & \text{rank}\boldsymbol{A}=n-1,\\ 0, & \text{rank}\boldsymbol{A}<n-1.\end{cases}$$

证　当 $\text{rank}\boldsymbol{A}=n$ 时，$\det\boldsymbol{A}\neq 0$. 由 $\boldsymbol{A}\boldsymbol{A}^*=(\det\boldsymbol{A})\boldsymbol{E}$ 得 $\det\boldsymbol{A}\ \det\boldsymbol{A}^*=(\det\boldsymbol{A})^n$，即 $\det\boldsymbol{A}^*=(\det\boldsymbol{A})^{n-1}\neq 0$，故 $\text{rank}\boldsymbol{A}^*=n$.

当 $\text{rank}\boldsymbol{A}<n-1$ 时，$\boldsymbol{A}$ 的每一个 $n-1$ 阶子式均为 0，从而元素 a_{ij} 的代数余子式 $A_{ij}=0$，故 $\boldsymbol{A}^*=(A_{ji})_{n\times n}=\boldsymbol{O}$，即 $\text{rank}\boldsymbol{A}^*=0$.

当 $\text{rank}\boldsymbol{A}=n-1$ 时，$\det\boldsymbol{A}=0$，于是 $\boldsymbol{A}\boldsymbol{A}^*=(\det\boldsymbol{A})\boldsymbol{E}=\boldsymbol{O}$，从而由定理 4.11 的结果知 $\text{rank}\boldsymbol{A}+\text{rank}\boldsymbol{A}^*\leqslant n$，即

$$\text{rank}\boldsymbol{A}^*\leqslant n-\text{rank}\boldsymbol{A}=n-(n-1)=1,$$

但 $\boldsymbol{A}$ 中至少有一个 $n-1$ 阶的非零子式，即某个 $A_{ij}\neq 0$，从而 $\text{rank}\boldsymbol{A}^*\geqslant 1$. 故 $\text{rank}\boldsymbol{A}^*=1$. ▌

4.5.3　空间三个平面的位置

已知三个平面 π_1,π_2,π_3，它们的方程为

$$\pi_1:\quad a_1x+b_1y+c_1z=d_1,$$
$$\pi_2:\quad a_2x+b_2y+c_2z=d_2,$$
$$\pi_3:\quad a_3x+b_3y+c_3z=d_3.$$

设此三个方程组成的方程组的系数矩阵和增广矩阵分别是 $\boldsymbol{A}$ 和 $\hat{\boldsymbol{A}}$，即

$$\boldsymbol{A}=\begin{pmatrix}a_1 & b_1 & c_1\\ a_2 & b_2 & c_2\\ a_3 & b_3 & c_3\end{pmatrix},\quad \hat{\boldsymbol{A}}=\begin{pmatrix}a_1 & b_1 & c_1 & d_1\\ a_2 & b_2 & c_2 & d_2\\ a_3 & b_3 & c_3 & d_3\end{pmatrix}.$$

现在我们利用向量组的线性相关性及线性方程组的理论来讨论这三个平面的位置关系.

1) $\text{rank}\boldsymbol{A}=3$

这时 $\text{rank}\hat{\boldsymbol{A}}=3$，根据 Cramer 法则知，上面方程组有唯一解，所以三个平面交于一点(图 4.1(1)).

2) $\text{rank}\boldsymbol{A}=2$，$\text{rank}\hat{\boldsymbol{A}}=3$

此时方程组无解，所以三个平面不相交. 又因为 $\text{rank}\boldsymbol{A}=2$，所以 $\boldsymbol{A}$ 的三个行向量 $\boldsymbol{a}_1,\boldsymbol{a}_2,\boldsymbol{a}_3$（它们也是三个平面的法向量）线性相关，即存在不全为零的实数 k_1，k_2,k_3，使得 $k_1\boldsymbol{a}_1+k_2\boldsymbol{a}_2+k_3\boldsymbol{a}_3=\boldsymbol{0}$. 当 k_1,k_2,k_3 都不为零时，有 $\boldsymbol{a}_i\times\boldsymbol{a}_j\neq\boldsymbol{0}$ $(i\neq j)$，即

任意两个平面相交，且由

$$\boldsymbol{a}_1 \cdot (\boldsymbol{a}_2 \times \boldsymbol{a}_3) = [\boldsymbol{a}_1, \boldsymbol{a}_2, \boldsymbol{a}_3] = \det \boldsymbol{A} = 0,$$

知 π_2 和 π_3 的交线与 π_1 平行. 同理可知，π_1 和 π_3 的交线与 π_2 平行；π_1 和 π_2 的交线与 π_3 平行. 因此三个平面形成一个三棱柱(图 4.1(2)). 当 k_1, k_2, k_3 中有一个为零时，三个平面中有两个平面平行，另一平面与这两个平面相交(图 4.1(3)).

3) $\mathrm{rank}\boldsymbol{A}=2$，$\mathrm{rank}\hat{\boldsymbol{A}}=2$

这时方程组有解，且解里仅含一个参数，故三个平面相交于一条直线. 又因为 $\mathrm{rank}\hat{\boldsymbol{A}}=2$，所以 $\hat{\boldsymbol{A}}$ 的三个行向量 $\boldsymbol{b}_1, \boldsymbol{b}_2, \boldsymbol{b}_3$ 线性相关，即存在不全为零的实数 k_1, k_2, k_3，使得 $k_1\boldsymbol{b}_1 + k_2\boldsymbol{b}_2 + k_3\boldsymbol{b}_3 = \boldsymbol{0}$. 当 k_1, k_2, k_3 都不为零时，三个平面互异(图 4.1(4)). 当 k_1, k_2, k_3 中有一个为零时，三个平面中有两个平面重合(图 4.1(5)).

4) $\mathrm{rank}\boldsymbol{A}=1$，$\mathrm{rank}\hat{\boldsymbol{A}}=2$

此时方程组无解，所以三个平面不相交. 又因为 $\mathrm{rank}\boldsymbol{A}=1$，所以三个平面平行；而由 $\mathrm{rank}\hat{\boldsymbol{A}}=2$ 知三个平面中至少有两个平面互异. 即三个平面平行，并且互异(图 4.1(6))；或三个平面平行，其中有两个平面重合(图 4.1(7)).

5) $\mathrm{rank}\boldsymbol{A}=1$，$\mathrm{rank}\hat{\boldsymbol{A}}=1$

这时方程组有解，且解里含两个参数，故这些解所对应的点必在一个平面内，即三个平面重合(图 4.1(8)).

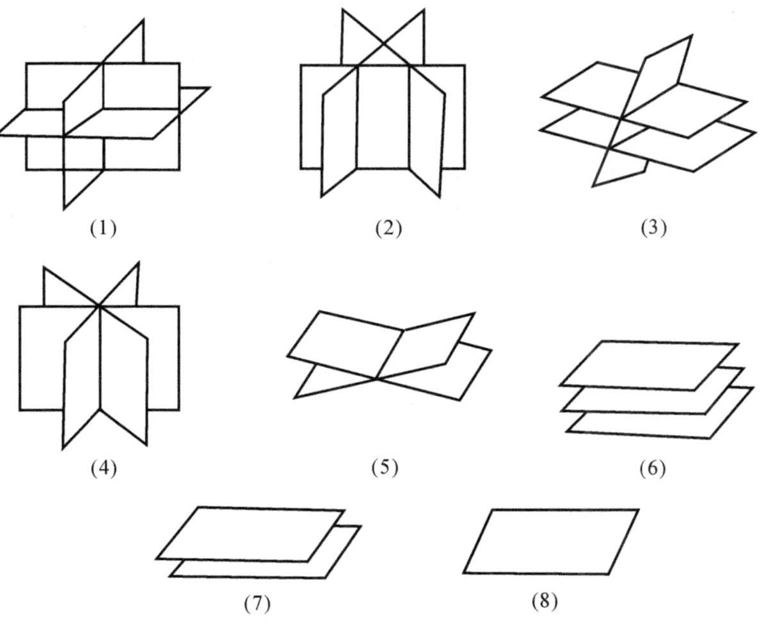

图 4.1

三个平面总共有上述 8 种不同的位置.

习　题　4

1. 已知 $\boldsymbol{a}_1=(1,1,0)$，$\boldsymbol{a}_2=(0,1,1)$，$\boldsymbol{a}_3=(1,1,1)$，向量 $\boldsymbol{a}$ 满足 $2(\boldsymbol{a}-\boldsymbol{a}_1)+3(\boldsymbol{a}_2-\boldsymbol{a})=5(\boldsymbol{a}+\boldsymbol{a}_3)$，求 $\boldsymbol{a}$.

2. k 取何值时，向量 $\boldsymbol{a}=(1,2,k,k)$ 与 $\boldsymbol{b}=(2,k,k,1)$ 正交？

3. 将向量 $\boldsymbol{a}=(1,9,2,6)$ 表示成 $\boldsymbol{a}_1=(-1,2,0,3)$，$\boldsymbol{a}_2=(2,3,0,1)$，$\boldsymbol{a}_3=(-2,1,2,1)$ 的线性组合.

4. 判断下列向量组的线性相关性：

(1) $\boldsymbol{a}_1=(1,2,1,4)$，$\boldsymbol{a}_2=(1,1,1,1)$，$\boldsymbol{a}_3=(3,2,3,0)$；

(2) $\boldsymbol{a}_1=(3,1,0,2)$，$\boldsymbol{a}_2=(-1,1,2,1)$，$\boldsymbol{a}_3=(1,3,4,1)$；

(3) $\boldsymbol{a}_1=\begin{pmatrix}1\\2\\-1\\-1\end{pmatrix}$，$\boldsymbol{a}_2=\begin{pmatrix}2\\-1\\-1\\1\end{pmatrix}$，$\boldsymbol{a}_3=\begin{pmatrix}0\\2\\1\\3\end{pmatrix}$；

(4) $\boldsymbol{a}_1=\begin{pmatrix}1\\1\\0\end{pmatrix}$，$\boldsymbol{a}_2=\begin{pmatrix}1\\1\\1\end{pmatrix}$，$\boldsymbol{a}_3=\begin{pmatrix}2\\a\\b\end{pmatrix}$，这里 a，b 都是实数.

5. 设 $\boldsymbol{a}_1,\boldsymbol{a}_2,\cdots,\boldsymbol{a}_m$ 为 n 维向量组，令 $\boldsymbol{b}_1=\boldsymbol{a}_1+\boldsymbol{a}_2$，$\boldsymbol{b}_2=\boldsymbol{a}_2+\boldsymbol{a}_3$，$\cdots$，$\boldsymbol{b}_m=\boldsymbol{a}_m+\boldsymbol{a}_1$，证明：

(1) 当 m 为偶数时，$\boldsymbol{b}_1,\boldsymbol{b}_2,\cdots,\boldsymbol{b}_m$ 线性相关；

(2) 当 m 为奇数时，若 $\boldsymbol{a}_1,\boldsymbol{a}_2,\cdots,\boldsymbol{a}_m$ 线性无关，则 $\boldsymbol{b}_1,\boldsymbol{b}_2,\cdots,\boldsymbol{b}_m$ 线性无关.

6. 已知向量组(Ⅰ)：$\boldsymbol{a}_1,\boldsymbol{a}_2,\boldsymbol{a}_3,\boldsymbol{a}_4$；讨论向量组(Ⅱ)：$\boldsymbol{b}_1=\boldsymbol{a}_1+\boldsymbol{a}_2+\boldsymbol{a}_3$，$\boldsymbol{b}_2=\boldsymbol{a}_2+\boldsymbol{a}_3+\boldsymbol{a}_4$，$\boldsymbol{b}_3=\boldsymbol{a}_1+\boldsymbol{a}_3+\boldsymbol{a}_4$，$\boldsymbol{b}_4=\boldsymbol{a}_1+\boldsymbol{a}_2+\boldsymbol{a}_4$ 的线性相关性.

7. 求下列向量组的秩和一个极大无关组：

(1) $\boldsymbol{a}_1=(1,0,1,0,1)$，$\boldsymbol{a}_2=(0,1,0,1,0)$，$\boldsymbol{a}_3=(2,1,2,1,2)$，$\boldsymbol{a}_4=(2,1,0,1,2)$；

(2) $\boldsymbol{b}_1=\begin{pmatrix}1\\1\\1\\k\end{pmatrix}$，$\boldsymbol{b}_2=\begin{pmatrix}1\\1\\k\\1\end{pmatrix}$，$\boldsymbol{b}_3=\begin{pmatrix}1\\2\\1\\1\end{pmatrix}$，这里 k 为实数.

8. 确定向量 $\boldsymbol{b}_3=(2,a,b)$，使向量组 $\boldsymbol{b}_1=(1,1,0)$，$\boldsymbol{b}_2=(1,1,1)$，$\boldsymbol{b}_3$ 与向量组 $\boldsymbol{a}_1=(0,1,1)$，$\boldsymbol{a}_2=(1,2,1)$，$\boldsymbol{a}_3=(1,0,-1)$ 的秩相同，且 $\boldsymbol{b}_3$ 可由 $\boldsymbol{a}_1,\boldsymbol{a}_2,\boldsymbol{a}_3$ 线性表示.

9. 设 n 维向量组(Ⅰ)：$\boldsymbol{a}_1,\boldsymbol{a}_2,\cdots,\boldsymbol{a}_m$ 与(Ⅱ)：$\boldsymbol{b}_1,\boldsymbol{b}_2,\cdots,\boldsymbol{b}_s$ 的秩相同，且向量组(Ⅱ)可由向量组(Ⅰ)线性表示，证明向量组(Ⅰ)与(Ⅱ)等价.

10. 判断下列向量集合是否为向量空间？若是向量空间，试求其维数，并给出一个基.

(1) $\mathrm{V}_1=\{\boldsymbol{x}=(x_1,x_2,\cdots,x_n)\mid x_1,x_2,\cdots,x_n\in\mathbf{K}$ 且 $x_1-x_n=0\}$；

(2) $\mathrm{V}_2=\{\boldsymbol{x}=(x_1,x_2,\cdots,x_n)\mid x_1,x_2,\cdots,x_n\in\mathbf{K}$ 且 $x_1-x_n=1\}$.

11. 已知 n 维向量组 $\boldsymbol{a}_1,\boldsymbol{a}_2,\cdots,\boldsymbol{a}_m$，证明：向量组 $\boldsymbol{a}_1,\boldsymbol{a}_2,\cdots,\boldsymbol{a}_m$ 的极大无关组是向量空间 $\mathrm{L}(\boldsymbol{a}_1,\boldsymbol{a}_2,\cdots,\boldsymbol{a}_m)$ 的基.

12. 已知 $\boldsymbol{a}_1=(1,1,0,0)^{\mathrm{T}}$，$\boldsymbol{a}_2=(1,0,1,0)^{\mathrm{T}}$，$\boldsymbol{a}_3=(-1,0,0,1)^{\mathrm{T}}$，求向量空间 $\mathrm{V}=\mathrm{L}(\boldsymbol{a}_1,\boldsymbol{a}_2,$

$\boldsymbol{a}_3$)的一个正交基.

13. 已知 $\boldsymbol{a}_1=(1,1,0,0)$, $\boldsymbol{a}_2=(1,0,1,1)$, $\boldsymbol{b}_1=(2,-1,3,3)$, $\boldsymbol{b}_2=(0,1,-1,-1)$. 设 $\mathrm{V}_1=\mathrm{L}(\boldsymbol{a}_1,\boldsymbol{a}_2)$, $\mathrm{V}_2=\mathrm{L}(\boldsymbol{b}_1,\boldsymbol{b}_2)$. 证明 $\mathrm{V}_1=\mathrm{V}_2$.

14. 求下列齐次线性方程组的一个基础解系:

(1) $\begin{cases} x_1+x_2+2x_3-x_4=0, \\ 2x_1+x_2+x_3-x_4=0, \\ 2x_1+2x_2+x_3+2x_4=0; \end{cases}$ (2) $\begin{cases} x_1+x_2+x_3+x_4+x_5=0, \\ 3x_1+2x_2+x_3+x_4-3x_5=0, \\ x_2+2x_3+2x_4+6x_5=0, \\ 5x_1+4x_2+3x_3+3x_4-x_5=0; \end{cases}$

(3) $\begin{cases} 2x_1+3x_2-x_3+5x_4=0, \\ 3x_1+x_2+2x_3-7x_4=0, \\ 4x_1+x_2-3x_3+6x_4=0, \\ x_1-2x_2+4x_3-7x_4=0. \end{cases}$

15. 设 $\boldsymbol{A}=\begin{pmatrix} 1 & 2 & 3 & 4 \\ c & 1 & 1 & c \\ 4 & 3 & 2 & 1 \end{pmatrix}$, $\boldsymbol{b}=\begin{pmatrix} 2k \\ k \\ 3k \end{pmatrix}$ $(k\in\mathbf{K})$,求线性方程组 $\boldsymbol{Ax}=\boldsymbol{b}$ 的通解(用向量形式表示).

16. 已知 $\boldsymbol{a}_1=\begin{pmatrix} 1 \\ 4 \\ 0 \\ 2 \end{pmatrix}$, $\boldsymbol{a}_2=\begin{pmatrix} 2 \\ 7 \\ 1 \\ 3 \end{pmatrix}$, $\boldsymbol{a}_3=\begin{pmatrix} 0 \\ 1 \\ -1 \\ a \end{pmatrix}$, $\boldsymbol{b}=\begin{pmatrix} 3 \\ 10 \\ b \\ 4 \end{pmatrix}$,其中 $a,b\in\mathbf{K}$. 问:

(1) a,b 取何值时,$\boldsymbol{b}$ 不能由 $\boldsymbol{a}_1,\boldsymbol{a}_2,\boldsymbol{a}_3$ 线性表示?

(2) a,b 取何值时,$\boldsymbol{b}$ 可以由 $\boldsymbol{a}_1,\boldsymbol{a}_2,\boldsymbol{a}_3$ 线性表示?

(3) a,b 取何值时,$\boldsymbol{b}$ 可以由 $\boldsymbol{a}_1,\boldsymbol{a}_2,\boldsymbol{a}_3$ 唯一线性表示?

17. 设四元非齐次线性方程组的系数矩阵的秩为 3,已知 $\boldsymbol{x}_1,\boldsymbol{x}_2,\boldsymbol{x}_3$ 是它的三个解向量,且

$$\boldsymbol{x}_1=\begin{pmatrix} 2 \\ 3 \\ 4 \\ 5 \end{pmatrix}, \quad \boldsymbol{x}_2+\boldsymbol{x}_3=\begin{pmatrix} 1 \\ 2 \\ 3 \\ 4 \end{pmatrix},$$

求该方程组的通解.

18. 设 $\boldsymbol{x}_0,\boldsymbol{x}_1,\cdots,\boldsymbol{x}_{n-r}$ 是非齐次线性方程组 $\boldsymbol{Ax}=\boldsymbol{b}$ 的 $n-r+1$ 个线性无关的解向量,其中 $\boldsymbol{A}$ 是秩为 r 的 $m\times n$ 矩阵. 求证:$\boldsymbol{x}_1-\boldsymbol{x}_0,\boldsymbol{x}_2-\boldsymbol{x}_0,\cdots,\boldsymbol{x}_{n-r}-\boldsymbol{x}_0$ 是对应齐次线性方程组 $\boldsymbol{Ax}=\boldsymbol{0}$ 的一个基础解系.

19. 设 $\boldsymbol{A}$ 是 $m\times n$ 矩阵,$\boldsymbol{x}_1$ 与 $\boldsymbol{x}_2$ 是非齐次线性方程组 $\boldsymbol{Ax}=\boldsymbol{b}$ 的两个不同的解向量,$\boldsymbol{z}$ 是对应的齐次线性方程组 $\boldsymbol{Ax}=\boldsymbol{0}$ 的非零解向量. 证明:若 $\mathrm{rank}\boldsymbol{A}=n-1$,则向量组 $\boldsymbol{z},\boldsymbol{x}_1,\boldsymbol{x}_2$ 线性相关.

20. 已知四阶方阵 $\boldsymbol{A}=(\boldsymbol{a}_1,\boldsymbol{a}_2,\boldsymbol{a}_3,\boldsymbol{a}_4)$,其中 $\boldsymbol{a}_1,\boldsymbol{a}_2,\boldsymbol{a}_3,\boldsymbol{a}_4$ 均为四维列向量,且 $\boldsymbol{a}_2,\boldsymbol{a}_3,\boldsymbol{a}_4$ 线性无关,而 $\boldsymbol{a}_1=2\boldsymbol{a}_2-\boldsymbol{a}_3$,如果 $\boldsymbol{b}=\boldsymbol{a}_1+\boldsymbol{a}_2+\boldsymbol{a}_3+\boldsymbol{a}_4$,求线性方程组 $\boldsymbol{Ax}=\boldsymbol{b}$ 的通解.

21. 设四元齐次线性方程组(Ⅰ):$\begin{cases} x_1+x_2=0, \\ x_2-x_4=0, \end{cases}$ 又已知某齐次线性方程组(Ⅱ)的基础解系

为 $\boldsymbol{z}_1=(0,1,1,0)^{\mathrm{T}}$，$\boldsymbol{z}_2=(-1,2,2,1)^{\mathrm{T}}$.

(1) 求方程组(Ⅰ)的通解；(2) 求方程组(Ⅰ)与(Ⅱ)的公共解.

22. 已知三阶方阵 $\boldsymbol{A}$ 的第一行是 (a,b,c) 且 $a\neq 0$，矩阵 $\boldsymbol{B}=\begin{pmatrix}1&2&3\\2&4&6\\3&6&t\end{pmatrix}$（$t$ 为常数），且 $\boldsymbol{AB}=\boldsymbol{O}$，求线性方程组 $\boldsymbol{Ax}=\boldsymbol{0}$ 的通解.

第5章　多　项　式

多项式是一类最常见、最简单的函数,它的应用非常广泛.关于多项式的一些重要定理和方法,不仅在解决实际问题时常常用到,而且在进一步学习代数以及其他学科时也经常会遇到.在中学代数中已学习过多项式的运算,本章将在复习这些内容的基础上,进一步讨论一元多项式和多元多项式的理论.

5.1　一元多项式及其运算

一元多项式的运算是大家所熟知的,本节只做一个简要的介绍.

5.1.1　一元多项式的概念

定义 5.1　设 n 是一个非负整数,x 是一个文字(符号),$a_0,a_1,\cdots,a_n$ 是数域 **K** 上的一组数,表达式

$$a_0+a_1x+a_2x^2+\cdots+a_nx^n=\sum_{i=0}^{n}a_ix^i \tag{5.1}$$

称为**系数在数域 K 上的一元多项式**,简称**数域 K 上的一元多项式**.

一元多项式常用 $f(x),g(x),\cdots$ 表示,或简单地用 $f,g,\cdots$ 来表示.当 $a_0,a_1,\cdots,a_n$ 全为零时,称为**零多项式**.

在多项式(5.1)中,称 a_kx^k 为多项式的 ***k* 次项**,称 a_k 为 k 次项的**系数**.特别地,称 a_0 为**零次项**或**常数项**.当 $a_k=0$ 时,a_kx^k 可以不写.因此为了某些方便,在一个多项式中可以添上或去掉系数是零的项.

当 $a_n\neq0$ 时,称 a_nx^n 为多项式(5.1)的**首项**,称 a_n 为多项式(5.1)的**首项系数**,称 n 为多项式(5.1)的**次数**,零多项式是唯一不定义次数的多项式.若 $f(x)\neq0$,多项式 $f(x)$ 的次数记为

$$\deg(f(x)).$$

需要注意的是,零多项式与零次多项式是不同的,零是零多项式,非零常数是零次多项式.

定义 5.2　如果在多项式 $f(x)$ 与 $g(x)$ 中,同次项的系数完全相同,则称 $f(x)$ 与 $g(x)$ **相等**,记作 $f(x)=g(x)$.

5.1.2　多项式的运算

假设多项式

$$f(x)=a_nx^n+a_{n-1}x^{n-1}+\cdots+a_1x+a_0,$$
$$g(x)=b_mx^m+b_{m-1}x^{m-1}+\cdots+b_1x+b_0.$$

不妨设 $m\leqslant n$. 为方便起见，在 $g(x)$ 中令 $b_n=b_{n-1}=\cdots=b_{m+1}=0$，则 $f(x)$ 与 $g(x)$ 的**和**或**差**为

$$f(x)\pm g(x)=(a_n\pm b_n)x^n+(a_{n-1}\pm b_{n-1})x^{n-1}+\cdots+(a_1\pm b_1)x+(a_0\pm b_0)=\sum_{i=0}^{n}(a_i\pm b_i)x^i. \quad (5.2)$$

而 $f(x)$ 与 $g(x)$ 的**乘积**为

$$f(x)g(x)=a_nb_mx^{n+m}+(a_nb_{m-1}+a_{n-1}b_m)x^{n+m-1}+\cdots+(a_1b_0+a_0b_1)x+a_0b_0. \quad (5.3)$$

其中 s 次项的系数是

$$a_sb_0+a_{s-1}b_1+\cdots+a_1b_{s-1}+a_0b_s=\sum_{i+j=s}a_ib_j,$$

所以 $f(x)g(x)$ 可表成

$$f(x)g(x)=\sum_{s=0}^{n+m}\Big(\sum_{i+j=s}a_ib_j\Big)x^s.$$

容易证明多项式的运算与次数之间有下面关系：

(1) 若 $f(x)\neq0$，$g(x)\neq0$ 且 $f(x)\pm g(x)\neq0$，则

$$\deg(f(x)\pm g(x))\leqslant\max(\deg(f(x)),\deg(g(x)));$$

(2) 若 $f(x)\neq0$，$g(x)\neq0$，则 $f(x)g(x)\neq0$，且

$$\deg(f(x)\ g(x))=\deg(f(x))+\deg(g(x)),$$

$f(x)g(x)$ 的首项系数就是 $f(x)$ 的首项系数与 $g(x)$ 的首项系数的乘积.

多项式的运算满足如下一些规律：

(1) 交换律　$f(x)+g(x)=g(x)+f(x)$，$f(x)g(x)=g(x)f(x)$；

(2) 结合律　$(f(x)+g(x))+h(x)=f(x)+(g(x)+h(x))$，
$(f(x)g(x))h(x)=f(x)(g(x)h(x))$；

(3) 乘法对加法的分配律　$f(x)(g(x)+h(x))=f(x)g(x)+f(x)h(x)$；

(4) 乘法的消去律　如果 $f(x)g(x)=f(x)h(x)$，且 $f(x)\neq0$，那么 $g(x)=h(x)$.

这些规律很容易证明，这里只给出(4)的证明.

证　由 $f(x)g(x)=f(x)h(x)$ 得 $f(x)(g(x)-h(x))=0$. 如果 $g(x)\neq h(x)$，则 $g(x)-h(x)\neq0$，从而由 $f(x)\neq0$ 得 $f(x)(g(x)-h(x))\neq0$ 导致矛盾. 因而 $g(x)=h(x)$. ▌

数域 **K** 上的全部多项式构成的集合记作 **K**$[x]$，称 **K**$[x]$ 为**多项式环**. 自然，有理数域、实数域、复数域上的全部多项式集合分别记为 **Q**$[x]$，**R**$[x]$，**C**$[x]$.

5.2 整除的概念

如果不特别说明,后面诸节的讨论都是在某一固定的数域 **K** 上的多项式环 $\mathbf{K}[x]$中进行的.

在一元多项式环中,可以作加、减、乘三种运算,但是除法并不是普遍可以做的.因而整除就成了两个多项式之间的一种特殊关系.带余除法在讨论多项式的整除中占有重要的地位.

5.2.1 带余除法

定义 5.3 设多项式 $f(x),g(x)\in\mathbf{K}[x]$,且 $g(x)\neq 0$,如果有多项式 $q(x),r(x)\in\mathbf{K}[x]$满足下面条件:

(1) $f(x)=q(x)g(x)+r(x)$;

(2) $r(x)=0$ 或 $\deg(r(x))<\deg(g(x))$,

则称 $q(x)$是 $g(x)$除 $f(x)$的**商**,$r(x)$是 $g(x)$除 $f(x)$的**余式**.

自然,$f(x)$和 $g(x)$分别称为**被除式**和**除式**.已知 $f(x)$和 $g(x)$求(1)中的 $q(x)$和 $r(x)$称为**带余除法**.

例 5.1 求 x^2-2x+1 除 x^3+2x^2-x+5 的商和余式.

解 我们可以按下面的格式进行运算:

$$\begin{array}{r|r|l}
x+4 & x^3+2x^2-x+5 & x^2-2x+1 \\
 & x^3-2x^2+x \\ \cline{2-2}
 & 4x^2-2x+5 & \\
 & 4x^2-8x+4 & \\ \cline{2-2}
 & 6x+1 &
\end{array}$$

于是求得商为 $x+4$,余式为 $6x+1$.所得结果可以写成

$$x^3+2x^2-x+5=(x+4)(x^2-2x+1)+(6x+1).$$

作为特殊情形,如果被除式 $f(x)=\sum\limits_{i=0}^{n}a_ix^i$,除式 $g(x)=x-b$,商为 $q(x)=\sum\limits_{j=0}^{n-1}c_jx^j$,余式 $r(x)=r$,则由 $f(x)=q(x)g(x)+r(x)$,得

$$\begin{cases}c_{n-1}=a_n,\\ c_i=bc_{i+1}+a_{i+1}, \quad (i=n-2,\cdots,1,0).\\ r=bc_0+a_0\end{cases}$$

于是,可用下表算出 $q(x)$的系数与 r:

b	a_n	a_{n-1}	a_{n-2}	$\cdots$	a_1	a_0
		$+bc_{n-1}$	$+bc_{n-2}$	$\cdots$	$+bc_1$	$+bc_0$
	c_{n-1}	c_{n-2}	c_{n-3}	$\cdots$	c_0	r

用这种方法求商和余式称为**综合除法**.

例 5.2 求 $x+1$ 除 $x^4-6x^3+2x^2+3x-5$ 的商和余式.

解 用综合除法列表如下：

-1	1	-6	2	3	-5
		$+(-1)$	$+7$	$+(-9)$	$+6$
	1	-7	9	-6	1

于是商为 x^3-7x^2+9x-6,余式为 1.

那么商与余式是否存在？如果存在,是否唯一？下面定理回答了这一问题.

定理 5.1 设多项式 $f(x),g(x)\in\mathbf{K}[x]$，且 $g(x)\neq0$,则 $f(x)$除以 $g(x)$的商 $q(x)$和余式 $r(x)$存在且唯一.

证 如果 $f(x)=0$,取 $q(x)=r(x)=0$ 即可. 以下设 $f(x)\neq0$.

令 $\deg(f(x))=n,\deg(g(x))=m$. 当 $n<m$ 时,取 $q(x)=0,r(x)=f(x)$即知结论成立. 下面讨论 $n\geqslant m$ 的情形. 对 $\deg(f(x))$用归纳法证明.

当 $n=0$ 时,结论显然成立. 假设 $\deg(f(x))<n$ 时结论成立. 现在来看 $\deg(f(x))=n$ 的情形. 令 ax^n,bx^m 分别是 $f(x),g(x)$的首项,则多项式

$$f_1(x)=f(x)-b^{-1}ax^{n-m}g(x)$$

的次数小于 n. 由归纳法假设,对 $f_1(x),g(x)$有 $q_1(x)$，$r_1(x)$存在,使

$$f_1(x)=q_1(x)g(x)+r_1(x),$$

其中 $\deg(r_1(x))<\deg(g(x))$或者 $r_1(x)=0$. 于是

$$f(x)=(q_1(x)+b^{-1}ax^{n-m})g(x)+r_1(x).$$

即有 $q(x)=q_1(x)+b^{-1}ax^{n-m}$和 $r(x)=r_1(x)$,使得

$$f(x)=q(x)g(x)+r(x).$$

这样就证明了存在性.

再证唯一性. 设另有多项式 $\tilde{q}(x),\tilde{r}(x)$,使得

$$f(x)=\tilde{q}(x)g(x)+\tilde{r}(x),$$

其中 $\deg(\tilde{r}(x))<\deg(g(x))$或者 $\tilde{r}(x)=0$. 于是

$$q(x)g(x)+r(x)=\tilde{q}(x)g(x)+\tilde{r}(x),$$

即

$$(q(x)-\tilde{q}(x))g(x)=\tilde{r}(x)-r(x).$$

如果 $q(x)\neq\tilde{q}(x)$,则由 $g(x)\neq0$ 得,$\tilde{r}(x)-r(x)\neq0$,且有

$$\deg(q(x)-\tilde{q}(x))+\deg(g(x))=\deg(\tilde{r}(x)-r(x)).$$

于是 $\deg(g(x))\leqslant\deg(\tilde{r}(x)-r(x))$. 但 $\deg(g(x))>\deg(\tilde{r}(x)-r(x))$，导致矛盾. 故$q(x)=\tilde{q}(x)$，因而 $r(x)=\tilde{r}(x)$. ▍

5.2.2 整除的概念

定义 5.4 设多项式 $f(x),g(x)\in\mathbf{K}[x]$，如果存在 $h(x)\in\mathbf{K}[x]$，使得

$$f(x)=h(x)g(x),$$

则称 $g(x)$**整除** $f(x)$，记为 $g(x)\mid f(x)$. 而用 $g(x)\nmid f(x)$表示 $g(x)$**不能整除**$f(x)$. 当 $g(x)\mid f(x)$时，$g(x)$称为 $f(x)$的**因式**，$f(x)$称为 $g(x)$的**倍式**.

当 $g(x)\neq 0$ 时，用带余除法可以给出整除性的一个判别法.

定理 5.2 设多项式 $f(x),g(x)\in\mathbf{K}[x]$，其中 $g(x)\neq 0$，则 $g(x)\mid f(x)$的充分必要条件是$g(x)$除 $f(x)$的余式为零.

证 充分性. 因为 $r(x)=0$，所以 $f(x)=q(x)g(x)$，即 $g(x)\mid f(x)$.

必要性. 因为 $g(x)\mid f(x)$，所以 $f(x)=q(x)g(x)=q(x)g(x)+0$，即 $r(x)=0$. ▍

需要指出的是，在带余除法中 $g(x)$必须不为零；但在整除的定义中，并没有假设因式 $g(x)\neq 0$；如果因式 $g(x)=0$，则倍式 $f(x)=0$，即零多项式的倍式只有零多项式，由定义还可看出：

$$f(x)\mid f(x);\quad f(x)\mid 0;\quad c\mid f(x)\quad (c\text{ 为非零常数}).$$

下面介绍整除的几个常用性质.

定理 5.3 设多项式 $f(x),g(x),h(x),g_i(x)\in\mathbf{K}[x]\,(i=1,2,\cdots,r)$，则有

(1) 如果 $f(x)\mid g(x)$，$g(x)\mid f(x)$，那么 $f(x)=cg(x)$，其中 c 为非零常数；

(2) 如果 $f(x)\mid g(x)$，$g(x)\mid h(x)$，那么 $f(x)\mid h(x)$；

(3) 如果 $f(x)\mid g_i(x)\ (i=1,2,\cdots,r)$，那么 $f(x)\mid \sum\limits_{i=1}^{r}u_i(x)g_i(x)$，其中 $u_i(x)\,(i=1,2,\cdots,r)$ 是 $\mathbf{K}[x]$ 中的任意多项式.

证 (1) 由 $f(x)\mid g(x)$得 $g(x)=h_1(x)f(x)$，而由 $g(x)\mid f(x)$得 $f(x)=h_2(x)g(x)$，于是

$$f(x)=h_1(x)h_2(x)f(x).$$

如果 $f(x)=0$，则有 $g(x)=0$，结论成立；如果 $f(x)\neq 0$，则有 $h_1(x)h_2(x)=1$，从而

$$\deg(h_1(x))+\deg(h_2(x))=0,$$

即 $\deg(h_1(x))=\deg(h_2(x))=0$，故 $h_2(x)$是一个非零常数.

(2) 由 $f(x)\mid g(x)$得 $g(x)=q_1(x)f(x)$；又由 $g(x)\mid h(x)$得 $h(x)=q_2(x)g(x)$. 于是 $h(x)=q_1(x)q_2(x)f(x)$，故 $f(x)\mid h(x)$.

(3) 因为 $f(x)\mid g_i(x)$，所以 $g_i(x)=h_i(x)f(x)(i=1,2,\cdots,r)$. 于是

$$\sum_{i=1}^{r}u_i(x)g_i(x)=\sum_{i=1}^{r}u_i(x)(h_i(x)f(x))=\left(\sum_{i=1}^{r}u_i(x)h_i(x)\right)f(x),$$

故 $f(x)\mid\sum\limits_{i=1}^{r}u_i(x)g_i(x)$. ▌

由以上的性质可以看出，多项式 $f(x)$ 与它的一个非零常数倍 $cf(x)(c\neq0)$ 有相同的因式，也有相同的倍式. 因此，在多项式的整除性讨论中，$f(x)$ 常常可以用 $cf(x)$ 来代替.

例 5.3 假设 $h(x)\mid(3f(x)+2g(x)),h(x)\mid(2f(x)-3g(x))$，试证：$h(x)\mid f(x),h(x)\mid g(x)$.

证 由 $h(x)\mid(3f(x)+2g(x))$ 得

$$3f(x)+2g(x)=q_1(x)h(x). \tag{5.4}$$

又由 $h(x)\mid(2f(x)-3g(x))$ 得

$$2f(x)-3g(x)=q_2(x)h(x). \tag{5.5}$$

由式(5.4)和式(5.5)解得

$$13f(x)=(3q_1(x)+2q_2(x))h(x),\quad 13g(x)=(2q_1(x)-3q_2(x))h(x),$$

故 $h(x)\mid f(x),h(x)\mid g(x)$.

需要指出的是，对于两个多项式 $f(x)$ 和 $g(x)(g(x)\neq0)$，用 $g(x)$ 除 $f(x)$ 的商和余式不因数域的变化而变化. 也就是说，如果 $f(x),g(x)\in\mathbf{K}[x]$，而 $\widetilde{\mathbf{K}}$ 是包含 $\mathbf{K}$ 的一个较大的数域，当然 $f(x),g(x)\in\widetilde{\mathbf{K}}[x]$，此时，用 $g(x)$ 除 $f(x)$ 的商和余式在 $\mathbf{K}[x]$ 和 $\widetilde{\mathbf{K}}[x]$ 中都是一样的. 因此，如果在 $\mathbf{K}[x]$ 中 $g(x)\nmid f(x)$，则在 $\widetilde{\mathbf{K}}[x]$ 中也有 $g(x)\nmid f(x)$.

5.3 最大公因式

定义 5.5 设多项式 $f(x),g(x),\varphi(x)\in\mathbf{K}[x]$，如果 $\varphi(x)\mid f(x),\varphi(x)\mid g(x)$，则称 $\varphi(x)$ 为 $f(x)$ 与 $g(x)$ 的**公因式**.

显然，任意两个多项式 $f(x)$ 与 $g(x)$ 总有公因式. 例如，任意零次多项式都是它们的公因式.

定义 5.6 设多项式 $f(x),g(x)\in\mathbf{K}[x]$，如果多项式 $d(x)\in\mathbf{K}[x]$ 满足

(1) $d(x)\mid f(x),d(x)\mid g(x)$；

(2) $f(x)$ 与 $g(x)$ 的任一公因式都是 $d(x)$ 的因式，

则称 $d(x)$ 为 $f(x)$ 与 $g(x)$ 的**最大公因式**.

例如，对于任意多项式 $f(x)$，$f(x)$ 就是 $f(x)$ 与 0 的一个最大公因式. 特别地，根据定义，两个零多项式的最大公因式就是 0.

下面，我们讨论最大公因式的存在性与计算方法.

定理 5.4 设多项式 $f(x),g(x)\in\mathbf{K}[x]$，则在 $\mathbf{K}[x]$ 中存在一个 $f(x)$ 与 $g(x)$ 的最大公因式 $d(x)$，且 $d(x)$ 可表成 $f(x)$ 与 $g(x)$ 的一个组合，即一定有 $u(x)$，$v(x)\in\mathbf{K}[x]$，使得

$$d(x)=u(x)f(x)+v(x)g(x).$$

证 如果 $f(x)=g(x)=0$，则 $f(x)$ 与 $g(x)$ 的最大公因式就是 0，且有

$$0=0f(x)+0g(x).$$

如果 $g(x)\neq0$，以 $g(x)$ 除 $f(x)$，得到商 $q_1(x)$ 和余式 $r_1(x)$；如果 $r_1(x)\neq0$，再以 $r_1(x)$ 除 $g(x)$，得到商 $q_2(x)$ 和余式 $r_2(x)$；如果 $r_2(x)\neq0$，就再以 $r_2(x)$ 除 $r_1(x)$；如此辗转相除下去，显然所得余式的次数不断降低，因此在有限次后，必须有余式为零. 于是我们得到一串等式：

$$\begin{cases}f(x)=q_1(x)g(x)+r_1(x),\\ g(x)=q_2(x)r_1(x)+r_2(x),\\ r_1(x)=q_3(x)r_2(x)+r_3(x),\\ \qquad\cdots\cdots\\ r_{k-2}(x)=q_k(x)r_{k-1}(x)+r_k(x),\\ r_{k-1}(x)=q_{k+1}(x)r_k(x).\end{cases}\tag{5.6}$$

由于 $r_k(x)\mid r_{k-1}(x)$，所以，由式(5.6)的倒数第 2 式可得 $r_k(x)\mid r_{k-2}(x)$；如此逐步往上推，最后得到 $r_k(x)\mid g(x)$，$r_k(x)\mid f(x)$. 因而 $r_k(x)$ 是 $f(x)$ 与 $g(x)$ 的一个公因式.

其次，假定 $\varphi(x)\mid f(x)$，$\varphi(x)\mid g(x)$，则由式(5.6)的第 1 式得 $\varphi(x)\mid r_1(x)$；同理，由式(5.6)的第 2 式得 $\varphi(x)\mid r_2(x)$；如此逐步往下推，最后得到 $\varphi(x)\mid r_k(x)$，这样 $r_k(x)$ 是 $f(x)$ 与 $g(x)$ 的一个最大公因式.

由式(5.6)的倒数第 2 式得

$$r_k(x)=r_{k-2}(x)-q_k(x)r_{k-1}(x),$$

再由式(5.6)的倒数第 3 式有 $r_{k-1}(x)=r_{k-3}(x)-q_{k-1}(x)r_{k-2}(x)$，代入上式消去 $r_{k-1}(x)$ 得

$$r_k(x)=(1+q_k(x)q_{k-1}(x))r_{k-2}(x)-q_k(x)r_{k-3}(x),$$

根据同样的方法利用式(5.6)中的等式逐个地消去 $r_{k-2}(x),\cdots,r_1(x)$，再并项就得到

$$r_k(x)=u(x)f(x)+v(x)g(x).$$ ▌

定理 5.4 不但证明了任意两个多项式都有最大公因式，且其证明过程给出了求最大公因式的一种方法，称之为**辗转相除法**.

如果 $d_1(x)$，$d_2(x)$ 是 $f(x)$ 与 $g(x)$ 的两个最大公因式，则由最大公因式的定义知，$d_1(x)\mid d_2(x)$ 且 $d_2(x)\mid d_1(x)$，再由定理 5.3(1) 知 $d_1(x)=cd_2(x)$，$c\neq0$. 这

就是说，两个多项式的最大公因式在可以相差一个非零常数倍的意义下是唯一确定的. 对于两个不全为零的多项式 $f(x)$ 与 $g(x)$，它们的最大公因式总是一个非零多项式，且这些最大公因式只有常数因子的差别，通常我们用符号

$$(f(x),g(x))$$

表示 $f(x)$ 与 $g(x)$ 首项系数为 1 的最大公因式.

例 5.4 设

$$f(x)=x^4+x^3-3x^2-4x-1,\quad g(x)=x^3+x^2-x-1,$$

求 $(f(x),g(x))$，并求 $u(x),v(x)$ 使

$$(f(x),g(x))=u(x)f(x)+v(x)g(x).$$

解 辗转相除法可按如下的格式来做：

	$g(x)$	$f(x)$	
$q_2(x)=-\frac{1}{2}x+\frac{1}{4}$	x^3+x^2-x-1 $x^3+\frac{3}{2}x^2+\frac{1}{2}x$	$x^4+x^3-3x^2-4x-1$ $x^4+x^3-x^2-x$	$x=q_1(x)$
	$-\frac{1}{2}x^2-\frac{3}{2}x-1$ $-\frac{1}{2}x^2-\frac{3}{4}x-\frac{1}{4}$	$r_1(x)=-2x^2-3x-1$ $-2x^2-2x$	$\frac{8}{3}x+\frac{4}{3}=q_3(x)$
	$r_2(x)=-\frac{3}{4}x-\frac{3}{4}$	$-x-1$ $-x-1$	
		0	

从而 $r_2(x)=-\frac{3}{4}x-\frac{3}{4}$ 是 $f(x)$ 与 $g(x)$ 的一个最大公因式，故

$$(f(x),g(x))=x+1.$$

又因为

$$f(x)=q_1(x)g(x)+r_1(x)=xg(x)+(-2x^2-3x-1),$$

$$g(x)=q_2(x)r_1(x)+r_2(x)=\left(-\frac{1}{2}x+\frac{1}{4}\right)r_1(x)+r_2(x),$$

所以

$$\begin{aligned}r_2(x)&=g(x)-\left(-\frac{1}{2}x+\frac{1}{4}\right)r_1(x)\\&=g(x)-\left(-\frac{1}{2}x+\frac{1}{4}\right)(f(x)-xg(x))\\&=\left(\frac{1}{2}x-\frac{1}{4}\right)f(x)+\left(-\frac{1}{2}x^2+\frac{1}{4}x+1\right)g(x),\end{aligned}$$

故

$$(f(x),g(x))=\left(-\frac{2}{3}x+\frac{1}{3}\right)f(x)+\left(\frac{2}{3}x^2-\frac{1}{3}x-\frac{4}{3}\right)g(x).$$

例 5.5 设多项式 $f(x),g(x)\in\mathbf{K}[x]$,求证:

$$(f(x),g(x))=(f(x)+g(x),g(x)).$$

证 设

$$d_1(x)=(f(x),g(x)),\quad d_2(x)=(f(x)+g(x),g(x)),$$

由于 $d_1(x)\mid f(x),d_1(x)\mid g(x)$,所以 $d_1(x)\mid(f(x)+g(x))$,从而 $d_1(x)\mid d_2(x)$.又因为 $d_2(x)\mid g(x),d_2(x)\mid(f(x)+g(x))$,所以 $d_2(x)\mid f(x)$,即有 $d_2(x)\mid d_1(x)$.由于 $d_1(x)$与 $d_2(x)$都是首项系数为 1 的多项式,从而 $d_1(x)=d_2(x)$,即

$$(f(x),g(x))=(f(x))+g(x),g(x)).$$ ∎

定义 5.7 设多项式 $f(x),g(x)\in\mathbf{K}[x]$,如果$(f(x),g(x))=1$,即 $f(x)$与 $g(x)$的最大公因式是非零常数,则称 $f(x)$与 $g(x)$**互素**或**互质**.

定理 5.5 设多项式 $f(x),g(x)\in\mathbf{K}[x]$,则 $f(x)$与 $g(x)$互素的充分必要条件是存在$u(x),v(x)\in\mathbf{K}[x]$,使得

$$u(x)f(x)+v(x)g(x)=1.$$

证 必要性是定理 5.4 的直接推论.

充分性. 设有 $u(x),v(x)\in\mathbf{K}[x]$,使得

$$u(x)f(x)+v(x)g(x)=1.$$

如果 $\varphi(x)$是 $f(x)$与 $g(x)$的一个最大公因式,则 $\varphi(x)\mid f(x),\varphi(x),\mid g(x)$,从而 $\varphi(x)\mid 1$,即 $f(x)$与 $g(x)$互素. ∎

下面介绍关于互素多项式的一些重要性质,这些性质在以后经常用到.

定理 5.6 如果$(f(x),g(x))=1$,且 $f(x)\mid g(x)h(x)$,则 $f(x)\mid h(x)$.

证 由$(f(x),g(x))=1$ 可知,存在 $u(x),v(x)$使

$$u(x)f(x)+v(x)g(x)=1.$$

等式两边同乘 $h(x)$,得

$$u(x)f(x)h(x)+v(x)g(x)h(x)=h(x).$$

因为 $f(x)\mid g(x)h(x)$,所以 $f(x)\mid h(x)$. ∎

推论 如果 $f_1(x)\mid g(x),f_2(x)\mid g(x)$,且$(f_1(x),f_2(x))=1$,则 $f_1(x)f_2(x)\mid g(x)$.

证 由 $f_1(x)\mid g(x)$得

$$g(x)=h_1(x)f_1(x),\tag{5.7}$$

又由 $f_2(x)\mid g(x)$得 $f_2(x)\mid h_1(x)f_1(x)$.因为$(f_1(x),f_2(x))=1$,根据定理 5.6 有 $f_2(x)\mid h_1(x)$,即

$$h_1(x)=h_2(x)f_2(x).$$

代入式(5.7)即得

$$g(x)=h_2(x)f_1(x)f_2(x),$$

故 $f_1(x)f_2(x)\mid g(x)$. ▌

例 5.6　设 $(f(x),g(x))=1$，且 $h(x)$ 是任意多项式，试证

$$(f(x),h(x))=(f(x),h(x)g(x)).$$

证　设

$$d_1(x)=(f(x),h(x)g(x)),\quad d_2(x)=(f(x),h(x)),$$

显然 $d_2(x)\mid d_1(x)$. 因为 $d_1(x)\mid f(x)$，所以 $f(x)=h_1(x)d_1(x)$. 而由 $(f(x),g(x))=1$ 得 $u(x)f(x)+v(x)g(x)=1$，即

$$u(x)h_1(x)d_1(x)+v(x)g(x)=1,$$

可见 $(d_1(x),g(x))=1$. 又因为 $d_1(x)\mid h(x)g(x)$，所以，$d_1(x)\mid h(x)$. 故 $d_1(x)\mid d_2(x)$，因而 $d_1(x)=d_2(x)$. ▌

最大公因式与互素的概念可以推广到有限多个多项式的情形：设多项式 $f_1(x),f_2(x),\cdots,f_s(x)(s\geqslant 2)$，如果多项式 $d(x)$ 具有下面性质：

(1) $d(x)\mid f_i(x)(i=1,2,\cdots,s)$；

(2) 对任意 $\varphi(x)\mid f_i(x)(i=1,2,\cdots,s)$，有 $\varphi(x)\mid d(x)$，

则称 $d(x)$ 为 $f_1(x),f_2(x),\cdots,f_s(x)$ 的最大公因式. 仍用 $(f_1(x),f_2(x),\cdots,f_s(x))$ 表示首项系数为 1 的最大公因式. 容易证明

$$(f_1(x),f_2(x),\cdots,f_s(x))=((f_1(x),f_2(x),f_2(x),\cdots,f_{s-1}(x)),f_s(x)),$$

利用此关系可以证明，存在 $u_i(x)(i=1,2,\cdots,s)$ 使

$$(f_1(x),f_2(x),\cdots,f_s(x))=u_1(x)f_1(x)+\cdots+u_s(x)f_s(x).$$

如果 $(f_1(x),f_2(x),\cdots,f_s(x))=1$，则称 $f_1(x),f_2(x),\cdots,f_s(x)$ 互素或互质，同样有类似于定理 5.5 的结论，这里不再叙述了.

5.4　因式分解定理

在这一节中，我们讨论多项式的因式分解问题. 这些讨论是对任意取定的数域 **K** 上的多项式进行的.

定义 5.8　设多项式 $p(x)\in \mathbf{K}[x]$，$\deg(p(x))\geqslant 1$，如果它不能表成数域 **K** 上两个次数比 $p(x)$ 低的多项式的乘积，则称 $p(x)$ 为数域 **K** 上的**不可约多项式**，否则称为**可约多项式**.

按照定义，一次多项式总是不可约的；如果 $p(x)$ 是一个不可约多项式，则 $p(x)$ 的因式只有 c 和 $cp(x)(c\neq 0)$，而且 $cp(x)$ 也是不可约的.

一个多项式是否可约与数域有关. 例如，x^2+2 是实数域上的不可约多项式，但

是它在复数域上可以分解成两个一次多项式的乘积. 因而,它在复数域上是可约的.

不可约多项式具有以下性质.

定理 5.7 设多项式 $f(x),g(x),p(x)\in\mathbf{K}[x]$,且 $p(x)$ 是不可约多项式,则

(1) $p(x)\mid f(x)$ 或 $(p(x),f(x))=1$;

(2) 当 $p(x)\mid f(x)g(x)$ 时,有 $p(x)\mid f(x)$ 或 $p(x)\mid g(x)$.

证 (1) 设 $(p(x),f(x))=d(x)$,则

$$d(x)=cp(x)\quad(c\neq 0)\quad 或\quad d(x)=1.$$

当 $d(x)=cp(x)$ 时,有 $p(x)\mid f(x)$;当 $d(x)=1$ 时,有 $(p(x),f(x))=1$.

(2) 如果 $p(x)\mid f(x)$,结论成立. 如果 $p(x)\nmid f(x)$,由(1)知,$(p(x),f(x))=1$. 于是由定理 5.6 得 $p(x)\mid g(x)$. ▌

利用数学归纳法,定理 5.7 的(2)可推广为:

推论 如果 $p(x)$ 不可约,而且 $p(x)\mid f_1(x)f_2(x)\cdots f_s(x)$,则 $p(x)$ 一定整除 $f_i(x)(i=1,2,\cdots,s)$ 中的一个.

例 5.7 设 $f(x)$ 是 $n(\geqslant 1)$ 次多项式,试证:对于任意多项式 $f(x)$ 与 $g(x)$,如果 $p(x)\mid f(x)g(x)$ 就有 $p(x)\mid f(x)$ 或者 $p(x)\mid g(x)$,则 $p(x)$ 不可约.

证 如果 $p(x)$ 可约,即 $p(x)=p_1(x)p_2(x)$,其中 $p_1(x)$ 和 $p_2(x)$ 是比 $p(x)$ 次数低的两个多项式. 取 $f(x)=p_1(x)$,$g(x)=p_2(x)$,则有 $p(x)\mid f(x)g(x)$. 但 $p(x)\nmid f(x)$,$p(x)\nmid g(x)$,这与假设矛盾. 故 $p(x)$ 不可约. ▌

例 5.7 是定理 5.7(2)的逆命题,可见其条件是充分必要条件.

现在来证明本节的主要结果.

定理 5.8(因式分解唯一性定理) $\mathbf{K}[x]$ 中每个次数大于零的多项式 $f(x)$ 都能唯一地分解成数域 $\mathbf{K}$ 上一些不可约多项式的乘积. 所谓唯一性是指,如果 $f(x)$ 有两个这样的分解式

$$f(x)=p_1(x)p_2(x)\cdots p_s(x)=q_1(x)q_2(x)\cdots q_t(x),$$

则一定有 $s=t$,并且适当排列因式的次序后有

$$p_i(x)=c_iq_i(x)\quad(i=1,2,\cdots,s),$$

其中 $c_i(i=1,2,\cdots,s)$ 是一些非零常数.

证 先证分解式的存在性. 对于多项式次数 n 做数学归纳法.

当 $n=1$ 时,因为一次多项式是不可约的,所以结论成立. 假设对于次数小于等于 n 的多项式结论成立,现在来讨论 n 次多项式 $f(x)$.

如果 $f(x)$ 是不可约多项式,则结论显然成立;如果 $f(x)$ 是可约多项式,则有

$$f(x)=f_1(x)f_2(x).$$

其中 $f_i(x)\in\mathbf{K}[x]$,并且 $\deg f_i(x)<\deg f(x)\ (i=1,2)$,由归纳假设 $f_1(x)$ 与 $f_2(x)$ 都可以分解成数域 $\mathbf{K}$ 上有限个不可约多项式的乘积,将 $f_1(x)$ 与 $f_2(x)$ 的分解式合起来就得到 $f(x)$ 的一个分解式. 由归纳法原理,结论普遍成立.

再证唯一性. 假设 $f(x)$有两个这样的分解式

$$f(x)=p_1(x)p_2(x)\cdots p_s(x)=q_1(x)q_2(x)\cdots q_t(x), \tag{5.8}$$

其中 $p_i(x),q_j(x)(i=1,\cdots,s;j=1,\cdots,t)$都是数域 **K** 上的不可约多项式.

我们对分解式中不可约因式个数 s 作归纳法.

当 $s=1$ 时,$f(x)$是不可约多项式,显然 $s=t=1$,且 $p_1(x)=q_1(x)=f(x)$.

假设对 $s-1$ 唯一性成立,现在讨论 s 的情形.

由式(5.8),$p_1(x)\mid q_1(x)q_2(x)\cdots q_t(x)$,因此 $p_i(x)$必能整数其中的一个,不妨设

$$p_1(x)\mid q_1(x),$$

因为 $q_1(x)$也是不可约多项式,所以

$$p_1(x)=c_1q_1(x)\quad(c_1\neq 0). \tag{5.9}$$

将式(5.9)代入式(5.8),并且两边消去 $q_1(x)$,得

$$p_2(x)\cdots p_s(x)=(c_1^{-1}q_2(x))\cdots q_t(x).$$

由归纳假设有 $s-1=t-1$,即 $s=t$,并且适当排列因式的次序之后,有

$$p_i(x)=c_iq_i(x)\quad(c_i\neq 0,i=2,3,\cdots,s).$$

根据数学归纳法原理,唯一性得证. ▍

对于多项式 $f(x)\in\mathbf{K}[x]$,如果 $f(x)$的分解式为

$$f(x)=ap_1^{r_1}(x)p_2^{r_2}(x)\cdots p_s^{r_s}(x), \tag{5.10}$$

其中 a 为 $f(x)$的首项系数,$p_i(x)(i=1,2,\cdots,s)$是首项系数为 1 的不可约多项式,且$(p_i(x),\ p_j(x))=1(i\neq j)$,而 $r_i(i=1,2,\cdots,s)$是正整数,则称式(5.10)为 $f(x)$的**标准分解式**. 如果已经有了两个多项式的标准分解式,就可以直接写出两个多项式的最大公因式.

定理 5.9　设多项式 $f(x)$与 $g(x)$的标准分解式分别为

$$f(x)=ap_1^{r_1}(x)\cdots p_l^{r_l}(x)p_{l+1}^{r_{l+1}}(x)\cdots p_s^{r_s}(x)\quad(r_i\geqslant 0),$$
$$g(x)=bp_1^{t_1}(x)\cdots p_l^{t_l}(x)p_{l+1}^{t_{l+1}}(x)\cdots p_s^{t_s}(x)\quad(t_i\geqslant 0),$$

则

$$(f(x),g(x))=p_1^{\min(r_1,t_1)}(x)\cdots p_s^{\min(r_s,t_s)}(x).$$

证　显然

$$\prod_{i=1}^{s}p_i^{\min(r_i,t_i)}(x)\mid(f(x),g(x)).$$

任取 $f(x)$与 $g(x)$的一个次数大于零的公因式 $\varphi(x)$,在 $\varphi(x)$的标准分解式中任取一个首项系数为 1 的不可约因式 $q(x)$,由于 $q(x)\mid f(x)$且 $q(x)\mid g(x)$,所以存在某个 i,使 $q(x)=p_i(x)$. 于是

$$\varphi(x)=cp_1^{h_1}(x)p_2^{h_2}(x)\cdots p_s^{h_s}(x),$$

其中 $h_i(i=1,2,\cdots,s)$是非负整数,且 $h_i\leqslant\min(r_i,t_i)(i=1,2,\cdots,s)$,故

$$\varphi(x) \mid \prod_{i=1}^{s} p_i^{\min(r_i,t_i)}(x),$$

从而$(f(x),g(x))=\prod_{i=1}^{s} p_i^{\min(r_i,t_i)}(x)$. ∎

例 5.8 设

$$f(x)=(x+1)(x-2)(x+4)^2,\quad g(x)=(x+1)^2(x-1)(x+4)$$

求$(f(x),g(x))$.

解 $(f(x),g(x))=(x+1)(x+4)$.

由于将多项式分解成不可约多项式的乘积没有确定的方法,因而,因式分解定理只是一个理论结果,且定理 5.9 给出的求最大公因式的方法只是一个理论结果.

5.5 重 因 式

本节用代数方法定义多项式的导数,并用它来研究一个多项式何时有重因式.

定义 5.9 设 $f(x)=\sum_{k=0}^{n} a_k x^k \in \mathbf{K}[x]$,称多项式

$$\sum_{k=1}^{n} k a_k x^{k-1}$$

为 $f(x)$的**导数**,记为 $f'(x)$或$\dfrac{\mathrm{d}f(x)}{\mathrm{d}x}$.

导数有下面一些性质.

定理 5.10 设多项式 $f(x),g(x)\in\mathbf{K}[x]$,则有

(1) 当 $\deg(f(x))>1$ 时,$\deg(f'(x))=\deg(f(x))-1$;

(2) $f'(x)=0$ 当且仅当 $f(x)=c$,其中 $c\in\mathbf{K}$;

(3) $(f(x)+g(x))'=f'(x)+g'(x)$;

(4) $(cf(x))'=cf'(x)\ (c\in\mathbf{K})$;

(5) $(f(x)g(x))'=f'(x)g(x)+f(x)g'(x)$;

(6) $(f^m(x))'=mf^{m-1}(x)f'(x)$;

(7) 若 $f(x)$不可约,则$(f(x),f'(x))=1$.

证 (1)~(6)可以从定义直接得到.现证(7).

因为 $f(x)$不可约,所以$(f(x),f'(x))=1$ 或 $f(x)\mid f'(x)$.又因为 $\deg f'(x)<\deg(f(x))$,所以 $f(x)\nmid f'(x)$,因而$(f(x),f'(x))=1$. ∎

定义 5.10 设 $p(x)$是不可约多项式,如果 $p^k(x)\mid f(x)$,而 $p^{k+1}(x)\nmid f(x)$,则称 $p(x)$为 $f(x)$的 ***k* 重因式**.

特别地,$k=0$ 时,$p(x)$不是 $f(x)$的因式;$k=1$ 时,称 $p(x)$是 $f(x)$的**单因式**;$k\geqslant 2$ 时,称 $p(x)$是 $f(x)$的**重因式**.

如果能将 $f(x)$ 分解为不可约多项式之积，我们很容易判断 $f(x)$ 有无重因式，只是实际上往往做不到这一点. 下面的方法不依赖于因式分解就可以判定 $f(x)$ 有无重因式.

定理 5.11　若不可约多项式 $p(x)$ 是 $f(x)$ 的一个 k 重因式($k\geqslant 1$)，则 $p(x)$ 为 $f'(x)$ 的 $k-1$ 重因式.

证　因为 $p(x)$ 是 $f(x)$ 的 k 重因式，所以可设

$$f(x)=g(x)p^k(x),$$

其中 $p(x)\nmid g(x)$. 求 $f(x)$ 的导数

$$f'(x)=(g'(x)p(x)+kg(x)p'(x))p^{k-1}(x),$$

可见 $p^{k-1}(x)\mid f'(x)$. 由于 $p(x)\nmid p'(x)$，$p(x)\nmid g(x)$，所以 $p(x)\nmid p'(x)g(x)$，故

$$p(x)\nmid(g'(x)p(x)+kg(x)p'(x)).$$

这表明 $p^k(x)\nmid f'(x)$，从而 $p(x)$ 是 $f'(x)$ 的 $k-1$ 重因式. ▌

按数学分析中的方法，记 $f^{(k)}(x)=(f^{(k-1)}(x))'$，称 $f^{(k)}(x)$ 为 $f(x)$ 的 k **阶导数**.

由定理 5.11 可得下面结论.

推论 1　如果 $p(x)$ 是 $f(x)$ 的 k 重因式($k\geqslant 1$)，则 $p(x)$ 分别是 $f'(x)$，$f^{(2)}(x)$，…，$f^{(k-1)}(x)$ 的 $k-1$，$k-2$，…，1 重因式，但不是 $f^{(k)}(x)$ 的因式. 特别地，$f(x)$ 的单因式不再是 $f'(x)$ 的因式.

推论 2　不可约多项式 $p(x)$ 为 $f(x)$ 的重因式的充分必要条件是 $p(x)$ 为 $f(x)$ 与 $f'(x)$ 的公因式.

证　如果 $p(x)$ 是 $f(x)$ 的重因式，由推论 1 知它是 $f'(x)$ 的因式，从而 $p(x)$ 是 $f(x)$ 与 $f'(x)$ 的公因式. 反之，如果 $p(x)$ 是 $f(x)$ 的单因式，则 $p(x)$ 不再是 $f'(x)$ 的因式，因而不是 $f(x)$ 与 $f'(x)$ 的公因式. ▌

推论 3　多项式 $f(x)$ 没有重因式的充分必要条件是 $(f(x),f'(x))=1$.

这个推论给出了判断一个多项式 $f(x)$ 有无重因式的具体方法，即对 $f(x)$ 和 $f'(x)$ 用辗转相除法求其最大公因式，从而判断 $f(x)$ 有无重因式，并在有重因式时求出重因式来. 这个方法既可以求出重因式，在某些情况下，也可用来分解因式.

例 5.9　求 $f(x)=x^4+x^3-3x^2-5x-2$ 的重因式.

解　因为 $f'(x)=4x^3+3x^2-6x-5$，用辗转相除法可求得

$$(f(x),f'(x))=x^2+2x+1=(x+1)^2,$$

所以 $x+1$ 是 $f(x)$ 的 3 重因式. 由此得到 $f(x)$ 的标准分解式为

$$f(x)=(x+1)^3(x-2).$$

例 5.10　证明：多项式 $f(x)=1+x+\dfrac{x^2}{2!}+\cdots+\dfrac{x^n}{n!}$ 没有重因式.

证　因为 $f'(x)=1+x+\dfrac{x^2}{2!}+\cdots+\dfrac{x^{n-1}}{(n-1)!}$，于是 $f(x)-f'(x)=\dfrac{x^n}{n!}$. 由例

5.5 得

$$(f(x),f'(x))=(f(x)-f'(x),f'(x))=\left(\frac{x^n}{n!},f'(x)\right)=1,$$

所以 $f(x)$ 无重因式. ∎

最后,我们来讨论如何去掉重因式的问题.

如果求得多项式 $f(x)$ 的标准分解式(5.10),则由定理 5.11 可知

$$(f(x),f'(x))=p_1^{r_1-1}(x)p_2^{r_2-1}(x)\cdots p_s^{r_s-1}(x),$$

于是

$$\frac{f(x)}{(f(x),f'(x))}=ap_1(x)p_2(x)\cdots p_s(x).$$

这是一个没有重因式的多项式,但是它与 $f(x)$ 具有完全相同的不可约因式.因此,这是一个去掉重因式的有效方法.

例 5.11 设 $f(x)=x^5-6x^4+16x^3-24x^2+20x-8$,求一个多项式与 $f(x)$ 有相同的不可约因式,但无重因式.

解 $$f'(x)=5x^4-24x^3+48x^2-48x+20,$$

用辗转相除法求得

$$(f(x),f'(x))=x^2-2x+2.$$

多项式 $\dfrac{f(x)}{(f(x),f'(x))}=x^3-4x^2+6x-4$ 即为所求.

去掉 $f(x)$ 的不可约因式的重数有不少好处,如可通过次数较低的多项式得到 $f(x)$ 的不可约多项式.又如,要求出多项式 $f(x)$ 的根,而有些求多项式的根的算法只对没有重因式的多项式适用,采用无重因式的多项式 $\dfrac{f(x)}{(f'(x),f(x))}$,即可求出 $f(x)$ 的全部根(不计重数).

5.6 多项式函数

直到现在为止,我们始终是纯形式地讨论多项式,也就是把多项式看作形式的表达式.在这一节,我们将从另一个观点,即函数的观点来考虑多项式.设

$$f(x)=a_nx^n+a_{n-1}x^{n-1}+\cdots+a_1x+a_0 \tag{5.11}$$

是 $\mathbf{K}[x]$ 中的多项式,$\alpha\in\mathbf{K}$,在式(5.11)中用 α 代 x 所得的数

$$a_n\alpha^n+a_{n-1}\alpha^{n-1}+\cdots+a_1\alpha+a_0$$

称为 $f(x)$ 当 $x=\alpha$ 时的**值**,记为 $f(\alpha)$.这样多项式 $f(x)$ 就定义了一个数域 $\mathbf{K}$ 的函数.由多项式定义的函数称为数域 $\mathbf{K}$ 上的**多项式函数**.

利用带余除法,我们得到下面常用的定理.

定理 5.12(余数定理)　用一次多项式 $x-\alpha$ 去除多项式 $f(x)$ 所得的余式是一个常数，这个常数等于 $f(\alpha)$.

证　用 $x-\alpha$ 去除 $f(x)$，设商为 $q(x)$，余式为一常数 b，于是

$$f(x)=(x-\alpha)q(x)+b,$$

所以 $f(\alpha)=b$. ▌

如果 $f(\alpha)=0$，则称 α 为 $f(x)$ 的一个**根或零点**.

由余数定理，我们得到根与一次因式的关系.

推论　α 是 $f(x)$ 的根的充分必要条件是 $(x-\alpha)\mid f(x)$.

由这个关系，可以定义重根的概念.

如果 $x-\alpha$ 是 $f(x)$ 的 $k(\geqslant 0)$ 重因式，则称 α 为 $f(x)$ 的 $\boldsymbol{k}$ **重根**. 当 $k=0$ 时，α 不是根；当 $k=1$ 时，称 α 为**单根**；当 $k>1$ 时，称 α 为**重根**. 利用根与一次因式的关系，我们可以得到 $\mathbf{K}[x]$ 中的多项式 $f(x)$ 在 $\mathbf{K}$ 中的根的数目的上界.

定理 5.13　$\mathbf{K}[x]$ 中 n 次多项式 $(n\geqslant 0)$ 在数域 $\mathbf{K}$ 中的根不可能多于 n 个(重根按重数计算).

证　设 $f(x)\in\mathbf{K}[x]$，$\deg(f(x))=n$. 当 $n=0$ 时，$f(x)$ 为非零常数，因而没有根. 当 $n>0$ 时，设 $f(x)$ 的标准分解式为

$$f(x)=ap_1^{r_1}(x)p_2^{r_2}(x)\cdots p_s^{r_s}(x),$$

其中 $p_i(x)$ 为首项系数为 1 的不可约多项式，且 $(p_i(x),p_j(x))=1\ (i\neq j)$. 显然，$f(x)$ 的根的个数为

$$\sum_{\deg p_j(x)=1} r_j\leqslant\sum_{i=1}^{s}r_i\deg(p_i(x))=\deg(f(x))=n,$$

因而定理成立. ▌

从定理 5.13 可以得到如下重要结论.

推论　设多项式 $f(x),g(x)\in\mathbf{K}[x]$，且 $\max(\deg(f(x)),\deg(g(x)))\leqslant n$，又 $\alpha_1,\alpha_2,\cdots,\alpha_{n+1}$ 是 $\mathbf{K}$ 中 $n+1$ 个不同的数，且 $f(\alpha_i)=g(\alpha_i)$，则 $f(x)=g(x)$.

证　令 $h(x)=f(x)-g(x)$，如果 $h(x)\neq 0$，则有 $0<\deg(h(x))\leqslant n$. 但

$$h(\alpha_i)=f(\alpha_i)-g(\alpha_i)=0\quad(1\leqslant i\leqslant n+1),$$

即 $h(x)$ 有 $n+1$ 个根，与定理 5.13 矛盾. 故 $h(x)=0$，即 $f(x)=g(x)$. ▌

定理 5.13 与其推论说明，不同的多项式定义的多项式函数是不同的. 如果两个多项式定义相同的函数，则称这两个多项式**恒等**. 上面的结论表明，多项式恒等与多项式相等实际上是一致的. 换句话说，数域上的多项式既可作为形式表达式来处理，也可作为函数来处理. 考虑到今后的应用和推广，多项式看成形式表达式要方便些.

例 5.12　设 m,n,p 为非负整数，求证：$x^2+x+1\mid x^{3m}+x^{3n+1}+x^{3p+2}$.

证　由 $x^2+x+1=0$ 得其根为

$$\alpha_1=\frac{-1+\sqrt{3}\,\mathrm{i}}{2},\quad \alpha_2=\frac{-1-\sqrt{3}\,\mathrm{i}}{2}.$$

注意到 $\alpha_1^3=\alpha_2^3=1$，所以

$$\alpha_1^{3m}+\alpha_1^{3m+1}+\alpha_1^{3p+2}=1+\frac{-1+\sqrt{3}\,\mathrm{i}}{2}+\frac{1-2\sqrt{3}\,\mathrm{i}-3}{4}=0.$$

同理可得 $\alpha_2^{3m}+\alpha_2^{3n+1}+\alpha_2^{3p+2}=0$，故

$$x^2+x+1\mid x^{3m}+x^{3n+1}+x^{3p+2}.$$

∎

5.7 复系数与实系数多项式的因式分解

前面讨论了在一般数域 **K** 上多项式的因式分解问题，现在具体讨论在复数域和实数域上多项式的因式分解．由于这两个数域有它们的特殊性，所以可以得到进一步的一些结论．

5.7.1 复系数多项式的因式分解

定理 5.14(代数基本定理) 每个次数≥1 的复系数多项式在复数域中有一个根．

这个定理的证明在本课程中不讲，将来利用复变函数理论中的结论可以很简单地证明．

利用根与一次因式的关系，代数基本定理显然可以等价叙述为：

每个次数≥1 的复系数多项式，在复数域上一定有一个一次因式．

由上可知，在复数域 **C** 上不可约多项式只有一次因式，因而有下面定理．

定理 5.15 每个次数≥1 的复系数多项式在复数域上都可以唯一分解成一次因式的乘积．

根据定理 5.15，复系数多项式 $f(x)$ 的标准分解式为

$$f(x)=a_n(x-\alpha_1)^{l_1}(x-\alpha_2)^{l_2}\cdots(x-\alpha_s)^{l_s},$$

其中 $\alpha_1,\alpha_2,\cdots,\alpha_s$ 是不同的数，$l_1,l_2,\cdots,l_s$ 是正整数．

标准分解式说明了每个 n 次复系数多项式恰有 n 个复根(重根按重数计算)．

5.7.2 实系数多项式的因式分解

引理 如果 α 是实系数多项式 $f(x)$ 的复根，则 α 的共轭 $\bar{\alpha}$ 也是 $f(x)$ 的根．

证 设 $f(x)=a_nx^n+a_{n-1}x^{n-1}+\cdots+a_1x+a_0\ (a_i\in\mathbf{R},i=0,1,\cdots,n)$，由假设

$$f(\alpha)=a_n\alpha^n+a_{n-1}\alpha^{n-1}+\cdots+a_1\alpha+a_0=0,$$

两边取共轭得

$$a_n\bar{\alpha}^n+a_{n-1}\bar{\alpha}^{n-1}+\cdots+a_1\bar{\alpha}+a_0=0,$$

所以 $f(\bar{\alpha})=0$,即 $\bar{\alpha}$ 也是 $f(x)$的根. ▌

利用该引理,我们可以得出:

定理 5.16　每个次数大于等于 1 的实系数多项式在实数域上都可以唯一地分解成一次因式与二次不可约因式的乘积.

证　当次数 $n=1$ 时,结论成立.假设对次数小于 n 的多项式结论成立.

设 $f(x)$是 n 次实系数多项式,由定理 5.14,$f(x)$有一根 α.如果 α 是实数,则 $f(x)=(x-\alpha)f_1(x)$,其中 $f_1(x)$是 $n-1$ 次实系数多项式.由归纳假设 $f_1(x)$可分解成一次因式与二次不可约因式的乘积,因而定理成立.

如果 α 是复数,则由引理 $\bar{\alpha}$ 也是 $f(x)$的根,所以 $f(x)=(x-\alpha)(x-\bar{\alpha})g(x)$.因为$(x-\alpha)(x-\bar{\alpha})$是实系数多项式,所以 $g(x)$是 $n-2$ 次实系数多项式.由归纳假设,$g(x)$可分解成一次因式与二次不可约因式的乘积,定理成立. ▌

因此实系数多项式具有标准分解式

$$f(x)=a_n(x-\alpha_1)^{l_1}\cdots(x-\alpha_s)^{l_s}(x^2+p_1x+q_1)^{k_1}\cdots(x^2+p_rx+q_r)^{k_r},$$

其中 $\alpha_1,\alpha_2,\cdots,\alpha_s;p_1,p_2,\cdots,p_r;q_1\cdots,q_r$ 全是实数,$l_1,\cdots,l_s;k_1,\cdots,k_r$ 是正整数,并且$x^2+p_ix+q_i(i=1,2,\cdots,r)$在 $\mathbf{R}[x]$上不可约,即适合条件 $p_i^2-4q_i<0(i=1,2,\cdots,r)$.

从理论上说,$\mathbf{C}[x]$和 $\mathbf{R}[x]$中多项式的根以及因式分解的问题已经完全解决.但是,如何具体地分解一个多项式,即如何求多项式的根并没有解决.探讨求多项式的根的近似值的方法是计算数学中的一个分支.

5.8　有理系数多项式

对于有理数域上的多项式,我们首先将有理系数的因式分解问题归纳为整系数多项式的因式分解问题,然后解决求有理系数多项式的有理根问题,并表明在有理系数多项式中有任意次数的不可约多项式.

5.8.1　本原多项式

设 $\mathbf{Z}[x]$为整系数多项式的集合.

定义 5.11　设非零整系数多项式

$$g(x)=b_nx^n+b_{n-1}x^{n-1}+\cdots+b_1x+b_0.$$

若其系数 $b_0,b_1,\cdots,b_n$ 互素,则称 $g(x)$为**本原多项式**.

对于有理系数多项式

$$f(x)=a_nx^n+a_{n-1}x^{n-1}+\cdots+a_1x+a_0.$$

选取适当的整数 c 乘 $f(x)$,总可以使 $cf(x)$是一整系数多项式.如果 $cf(x)$的各项系数有公因数,就可以提出来,得到

$$cf(x)=dg(x),$$

于是

$$f(x)=\frac{d}{c}g(x)=rg(x)\quad(r\in\mathbf{Q}).\tag{5.12}$$

其中 $g(x)$ 是本原多项式.

例如，$f(x)=\frac{4}{3}x^4-2x^2+\frac{2}{7}x=\frac{2}{21}(14x^4-21x^2+3x)$.

由此可见，任意一个 $f(x)\in\mathbf{Q}[x]$ 都可以表示成有理数与本原多项式的乘积.

引理 设 $f(x)\in\mathbf{Q}[x]$，则存在 $r\in\mathbf{Q}$ 和本原多项式 $g(x)$，使得 $f(x)=rg(x)$，且 r 与 $g(x)$ 除相差一个正负号外是唯一确定的.

证 $f(x)$ 可表为有理数与本原多项式的乘积已经证明. 下证唯一性. 设

$$f(x)=rg(x)=r_1g_1(x),$$

其中 $r,r_1\in\mathbf{Q}$，且 $r\neq0,r_1\neq0$；$g(x)$ 与 $g_1(x)$ 是本原多项式. 于是

$$\frac{r}{r_1}g(x)=g_1(x).$$

假如 $\frac{r}{r_1}\neq\pm1$，则可设 $\frac{r}{r_1}=\frac{q}{p}$，其中 $(p,q)=1$，并且 p,q 中至少有一个不等于 ±1，不妨设 $p\neq\pm1$. 因为 $g_1(x)$ 是整系数多项式，所以 $\frac{q}{p}b_i$ 为整数，其中 $b_i(i=0,1,\cdots,n)$ 是 $g(x)$ 的各项系数，于是 $p\mid qb_i$. 由于 $(p,q)=1$，所以 $p\mid b_i(i=0,1,\cdots,n)$，这与 $g(x)$ 的各项系数互素矛盾. 因此 $\frac{r}{r_1}=\pm1$，即 $r=\pm r_1$，从而 $g(x)=\pm g_1(x)$. ∎

由式(5.12)知，有理系数多项式 $f(x)$ 与本原多项式 $g(x)$ 只差一个常数倍，所以 $f(x)$ 的因式分解问题可以归结为本原多项式 $g(x)$ 的因式分解问题.

本原多项式有如下重要的性质.

定理 5.17(高斯引理) 两个本原多项式的乘积还是本原多项式.

证 设

$$f(x)=a_nx^n+\cdots+a_1x+a_0,\quad g(x)=b_mx^m+\cdots+b_1x+b_0$$

是两个本原多项式，又设

$$h(x)=f(x)g(x)=c_{m+n}x^{n+m}+\cdots+c_1x+c_0.$$

假如 $h(x)$ 不是本原多项式，即 $(c_{m+n},\cdots,c_1,c_0)\neq1$，则存在一个素数 p 使得

$$p\mid c_i\quad(i=0,1,\cdots,m+n).$$

因为 $f(x)$ 是本原多项式，所以 p 不能同时整除 $f(x)$ 中的每个系数，设 a_k 是 $a_n,\cdots,a_1,a_0$ 中第一个不能被 p 整除的系数，即

$$p\mid a_n,\cdots,p\mid a_{k+1},p\nmid a_k.$$

同样地，设 b_l 是 $b_m,\cdots,b_1,b_0$ 中第一个不能被 p 整除的系数，即

$$p \mid b_m, \cdots, p \mid b_{l+1}, p \nmid b_l.$$

由多项式乘法的定义知，$h(x)$的系数 c_{k+l} 为

$$c_{k+l} = a_{k+l}b_0 + a_{k+l-1}b_1 + \cdots + a_{k+1}b_{l-1} + a_kb_l + a_{k-1}b_{l+1} + \cdots + a_0b_{k+l}. \tag{5.13}$$

其中若 $i>n$，则令 $a_i=0$；若 $j>m$，则令 $b_j=0$. 由上面假设，p 整除式(5.13)右端除 a_kb_l 以外的每一项. 又因为 $p \mid c_{k+l}$，所以 $p \mid a_kb_l$. 由此推出 $p \mid a_k$ 或 $p \mid b_l$，这与 $p \nmid a_k$ 且 $p \nmid b_l$ 矛盾. 故 $h(x)$是本原多项式. ▌

由数学归纳法立即得出，有限多个本原多项式的乘积仍是本原多项式.

5.8.2 整系数多项式的有理根

首先我们讨论整系数多项式因式分解的性质.

定理 5.18 如果一非零整系数多项式能分解成两个次数较低的有理系数多项式的乘积，则它一定能够分解成两个次数较低的整系数多项式的乘积.

证 设 $f(x)$是一非零整系数多项式，且

$$f(x) = h_1(x)h_2(x),$$

其中 $h_1(x), h_2(x) \in \mathbf{Q}[x]$. 因为

$$h_1(x) = r_1g_1(x), h_2(x) = r_2g_2(x), f(x) = rg(x),$$

其中 $g_1(x), g_2(x)$和 $g(x)$都是本原多项式，且 $r_1r_2r \neq 0$，r 是整数，则有

$$rg(x) = r_1r_2g_1(x)g_2(x).$$

由定理 5.17 可知 $g_1(x)g_2(x)$是本原多项式，而由引理知 $r = \pm r_1r_2$，$g(x) = \pm g_1(x)g_2(x)$，从而 r_1r_2 是整数，故

$$f(x) = (r_1r_2g_1(x))g_2(x),$$

即 $f(x)$能够分解成两个较低次数的整系数多项式的乘积. ▌

由定理 5.18 可得如下推论.

推论 设多项式 $f(x), g(x) \in \mathbf{Z}[x]$，且 $g(x)$是本原多项式. 如果 $f(x) = g(x)h(x)$，其中 $h(x) \in \mathbf{Q}[x]$，则 $h(x) \in \mathbf{Z}[x]$.

证明留给读者.

由推论可以得到一个求整系数多项式的全部有理根的方法.

定理 5.19 设 $f(x) \in \mathbf{Z}[x]$，且

$$f(x) = a_nx^n + a_{n-1}x^{n-1} + \cdots + a_1x + a_0.$$

如果它有一个有理根$\frac{r}{s}$，其中 r, s 是互素的整数，则必有 $s \mid a_n$，$r \mid a_0$. 特别地，如果 $f(x)$的首项系数 $a_n = 1$，则 $f(x)$的有理根都是整数，而且是 a_0 的因数.

证 因为$\frac{r}{s}$是 $f(x)$的根，所以$\left(x - \frac{r}{s}\right) \mid f(x)$，即$(sx - r) \mid f(x)$，从而

$$f(x)=(sx-r)g(x).$$

因为 $sx-r$ 是本原多项式,由推论知 $g(x)\in\mathbf{Z}[x]$,设

$$g(x)=b_{n-1}x^{n-1}+b_{n-2}x^{n-2}+\cdots+b_1x+b_0,$$

则由

$$f(x)=(sx-r)(b_{n-1}x^{n-1}+b_{n-2}x^{n-2}+\cdots+b_1x+b_0),$$

得 $a_n=sb_{n-1}, a_0=-rb_0$,故 $s\mid a_n, r\mid a_0$. ▍

例 5.13 求方程 $2x^4-x^3+2x-3=0$ 的有理根.

解 这个方程的有理根只可能是 $\pm1,\pm3,\pm\dfrac{1}{2},\pm\dfrac{3}{2}$. 经验证可知,这个方程的有理根只有 $x=1$.

例 5.14 证明:$f(x)=x^3-5x+1$ 在有理数域上不可约.

证 假设 $f(x)$ 可约,则它至少有一个一次因式,即有一个有理根. 但 $f(x)$ 的有理根只可能是 ±1,经验算可知 ±1 都不是它的根,这与假设矛盾,因而 $f(x)$ 在有理数域上不可约. ▍

例 5.15 设 $f(x)\in\mathbf{Z}[x]$,试证如果 $f(0)$ 与 $f(1)$ 都是奇数,则 $f(x)$ 不能有整数根.

证 假设 $f(x)$ 有整数根 α,则

$$f(x)=(x-\alpha)g(x).$$

因为 $x-\alpha$ 是本原多项式,所以 $g(x)\in\mathbf{Z}[x]$. 又因为

$$f(0)=-\alpha g(0),\quad f(1)=(1-\alpha)g(1),$$

注意到 $g(0)$ 与 $g(1)$ 都是整数,而 $-\alpha$ 与 $1-\alpha$ 一定有一个是偶数,所以 $f(0)$ 与 $f(1)$ 至少有一个是偶数. 这与所给条件矛盾,故 $f(x)$ 不能有整数根. ▍

以上的讨论解决了有理系数多项式的有理根的求解问题.

5.8.3 有理系数多项式的因式分解

由于有理系数多项式在 $\mathbf{Q}$ 上的因式分解问题可以转化成整系数多项式在 $\mathbf{Q}$ 上的因式分解问题,因而我们讨论整系数多项式在 $\mathbf{Q}$ 上的因式分解.

定理 5.20(艾森斯坦(Eisenstein)判别法) 设 $f(x)\in\mathbf{Z}[x]$,且

$$f(x)=a_nx^n+a_{n-1}x^{n-1}+\cdots+a_1x+a_0.$$

如果有一个素数 p,使得

(1) $p\nmid a_n$;

(2) $p\mid a_{n-1},a_{n-2},\cdots,a_0$;

(3) $p^2\nmid a_0$,

则 $f(x)$ 在有理数域上是不可约的.

证 假如 $f(x)$ 在 $\mathbf{Q}$ 上可约,则由定理 5.18 得

$$f(x)=(b_mx^m+\cdots+b_1x+b_0)(c_lx^l+\cdots+c_1x+c_0),$$

其中 $b_i,c_j(i=0,1,\cdots,m;j=0,1,\cdots,l)$ 都是整数，$b_m\neq 0,c_l\neq 0,m<n,l<n$，且 $m+l=n$. 于是

$$a_n=b_mc_l,\quad a_0=b_0c_0.$$

已知 $p|a_0$，从而 $p|b_0$ 或 $p|c_0$. 又因为 $p^2\nmid a_0$ 所以 p 不能同时整除 b_0 和 c_0. 不妨设 $p|b_0,p\nmid c_0$. 又由 $p\nmid a_n$，得 $p\nmid b_m$. 假设 $b_0,b_1,\cdots,b_m$ 中第一个不能被 p 整除的是 b_k，即

$$p|b_0,p|b_1,\cdots,p|b_{k-1},p\nmid b_k\quad(0<k\leqslant m),$$

比较 $f(x)$ 中 x^k 的系数，得

$$a_k=b_kc_0+b_{k-1}c_1+\cdots+b_0c_k.$$

上式中 $a_k,b_{k-1},\cdots,b_1,b_0$ 都可被 p 整除，因此 b_kc_0 也可被 p 整除，但是 b_k 与 c_0 都不能被 p 整除，这是一个矛盾，故 $f(x)$ 在有理数域上是不可约的. ▎

根据定理 5.20 知，对于任意的正整数 n，多项式

$$x^n+2$$

在有理数域上是不可约的. 由此可见，在有理数域上存在任意次数的不可约多项式.

例 5.16　x^6+x^3+1 在有理数域上是否可约？

解　对于多项式 x^6+x^3+1，找不到满足 Eisenstein 判别法的素数 p. 令 $x=y+1$，则

$$\begin{aligned}x^6+x^3+1&=(y+1)^6+(y+1)^3+1\\&=y^6+6y^5+15y^4+21y^3+18y^2+9y+3.\end{aligned}$$

显然代换前后的多项式有相同的不可约性. 取素数 $p=3$，由 Eisenstein 判别法知 $y^6+6y^5+15y^4+21y^3+18y^2+9y+3$ 在有理数域上不可约，故 x^6+x^3+1 在有理数域上不可约.

由于有理数域上的不可约多项式可以是任意次数的，所以在 $\mathbf{Q}$ 上的标准分解式没有一个一般的形式，这不同于实数域或复数域上的标准分解式.

5.9　多元多项式

前面诸节讨论了一元多项式的基本性质，但在一些应用问题中还涉及含多个文字的多项式，即多元多项式. 从本节开始，我们讨论多元多项式及其基本性质.

定义 5.12　设 $\mathbf{K}$ 是一个数域，$x_1,x_2,\cdots,x_n$ 是 n 个文字，$k_1,k_2,\cdots,k_n$ 是非负整数，形式为

$$a_{k_1k_2\cdots k_n}x_1^{k_1}x_2^{k_2}\cdots x_n^{k_n}\quad(a_{k_1k_2\cdots k_n}\in\mathbf{K})\tag{5.14}$$

的式子称为一个**单项式**，$a_{k_1k_2\cdots k_n}$ 称为这个单项式的**系数**；如果两个单项式中

$x_j(j=1,2,\cdots,n)$的指数都对应相同,则称它们为**同类项**;有限个单项式的和

$$\sum_{k_1,k_2,\cdots,k_n} a_{k_1k_2\cdots k_n}x_1^{k_1}x_2^{k_2}\cdots x_n^{k_n} \tag{5.15}$$

称为**系数在数域 K 中的 n 元多项式**,简称为**数域 K 上的 n 元多项式**.

n 元多项式常用 $f(x_1,x_2,\cdots,x_n),g(x_1,x_2,\cdots,x_n),\cdots$或简单地用 $f,g,\cdots$来表示,通常认为式(5.15)中所含的单项式无同类项.如果数域 $\mathbf{K}$ 上一个 n 元多项式的系数全为零,则称它为**零多项式**,记为 0.

与一元多项式一样,n 元多项式也可以定义相等、相加、相减、相乘.例如

$$(5x_1^3x_2x_3^2+4x_1^2x_2^2x_3)+(x_1^2x_2^2x_3-x_1^4x_2x_3)=5x_1^3x_2x_3^2+5x_1^2x_2^2x_3-x_1^4x_2x_3,$$

$$\begin{aligned}(5x_1^3x_2x_3^2+4x_1^2x_2^2x_3)(x_1^2x_2^2x_3-x_1^4x_2x_3)&=5x_1^4x_2^3x_3^4+4x_1^4x_2^4x_3^2\\&\quad-5x_1^7x_2^2x_3^3-4x_1^6x_2^3x_3^2.\end{aligned}$$

同样,多元多项式的加法、乘法满足交换律、结合律;乘法对加法满足分配律.

与一元的情况相仿,系数在数域 $\mathbf{K}$ 上的 n 元多项式全体,对所定义的加法与乘法运算构成一个环,称为**数域 K 上的 n 元多项式环**,记为 $\mathbf{K}[x_1,x_2,\cdots,x_n]$.非负整数 $k_1+k_2+\cdots+k_n$称为单项式(5.14)的**次数**.当一个 n 元多项式 f 表示成一些不同类的单项式的和之后,其中系数不为零的单项式的最高次数就称为这个 **n 元多项式的次数**,记为 $\deg(f)$.例如,三元多项式

$$3x_1^2x_2^2+2x_1x_2^2x_3^2+x_3^3$$

的次数为 5.

在研究一元多项式时,将其各项按降幂排列或升幂排列对于许多问题的讨论带来了较大的方便.同样地,为了便于以后讨论,我们对于多元多项式的各个项也需要规定一个先后次序,但此时不能按次数来排列,因为不同类的单项式可能有相同的次数.

由于每一个单项式(5.14)都对应一个 n 元数组

$$(k_1,k_2,\cdots,k_n),$$

其中 k_i 为非负整数.要给出单项式之间一个排列顺序的方法,只需对这个 n 元数组定义一个先后顺序就行了.

设两个 n 元数组为

$$(k_1,k_2,\cdots,k_n),\quad (l_1,l_2,\cdots,l_n). \tag{5.16}$$

如果数 $k_1-l_1,k_2-l_2,\cdots,k_n-l_n$ 中第一个不为零的数是正的,即有 $i\leqslant n$ 使

$$k_1-l_1=0,\cdots,k_{i-1}-l_{i-1}=0,\quad k_i-l_i>0,$$

则称 n 元数组$(k_1,k_2,\cdots,k_n)$**先于** n 元数组$(l_1,l_2,\cdots,l_n)$,并记为

$$(k_1,k_2,\cdots,k_n)>(l_1,l_2,\cdots,l_n).$$

例如$(1,3,2)>(1,2,4)$.

由定义立即看出,对于任意两个 n 元数组(5.16),关系

$$(k_1,k_2,\cdots,k_n)>(l_1,l_2,\cdots,l_n),\quad (k_1,k_2,\cdots,k_n)=(l_1,l_2,\cdots,l_n),$$
$$(l_1,l_2,\cdots,l_n)>(k_1,k_2,\cdots,k_n).$$

中有且仅有一个成立.同时关系“>”具有传递性,即如果

$$(k_1,k_2,\cdots,k_n)>(l_1,l_2,\cdots,l_n),(l_1,l_2,\cdots,l_n)>(m_1,m_2,\cdots,m_n),$$

则

$$(k_1,k_2,\cdots,k_n)>(m_1,m_2,\cdots,m_n).$$

这是因为,由 $k_i-m_i=(k_i-l_i)+(l_i-m_i)$即得上面的结论.

由于“先于”关系具有上述性质,因而不同的 n 元数组就可以给出一个先后次序.相应地,不同类的单项式之间就有了一个先后次序.将 n 元多项式(5.15)中各单项式按如上规定的次序排列出来,就像字典中单字的排列次序一样,因而称为**字典排列法**.

例如,三元多项式 $2x_1x_2^2x_3^2+x_1^2x_2+x_1^3$ 按字典排列法写出来就是

$$x_1^3+x_1^2x_2+2x_1x_2^2x_3^2.$$

按字典排列法写出来的第一个系数不为零的单项式称为 n 元多项式的**首项**.如 x_1^3 就是上面多项式的首项.应该注意,首项不一定具有最大的次数.当 $n=1$ 时,字典排列法就归结为以前的降幂排列法.

对于字典排列法,我们有:

定理 5.21 在 $\mathbf{K}[x_1,x_2,\cdots,x_n]$中两个非零多项式的乘积的首项等于它们的首项的乘积,从而两个 n 元非零多项式的乘积仍是 n 元非零多项式.

证 设 $f(x_1,x_2,\cdots,x_n),g(x_1,x_2,\cdots,x_n)\in\mathbf{K}[x_1,x_2,\cdots,x_n]$,它们的首项分别为

$$ax_1^{p_1}x_2^{p_2}\cdots x_n^{p_n},\quad bx_1^{q_1}x_2^{q_2}\cdots x_n^{q_n}\quad (a\neq 0,b\neq 0).$$

为了证明它们的积

$$abx_1^{p_1+q_1}x_2^{p_2+q_2}\cdots x_n^{p_n+q_n}\tag{5.17}$$

是 fg 的首项,只要证明 n 元数组

$$(p_1+q_1,p_2+q_2,\cdots,p_n+q_n)$$

先于 fg 中其他单项式的方幂所对应的 n 元数组即可. fg 的其他单项式的方幂对应的 n 元数组只有三种可能的情形:

$$(p_1+l_1,p_2+l_2,\cdots,p_n+l_n),\quad 或者(k_1+q_1,k_2+q_2,\cdots,k_n+q_n),$$
$$或者(k_1+l_1,k_2+l_2,\cdots,k_n+l_n),$$

其中$(p_1,p_2,\cdots,p_n)>(k_1,k_2,\cdots,k_n)$,$(q_1,q_2,\cdots,q_n)>(l_1,l_2,\cdots,l_n)$.显然有

$$(p_1+q_1,p_2+q_2,\cdots,p_n+q_n)>(p_1+l_1,p_2+l_2,\cdots,p_n+l_n),$$
$$(p_1+q_1,p_2+q_2,\cdots,p_n+q_n)>(k_1+q_1,k_2+q_2,\cdots,k_n+q_n).$$

同样有$(k_1+q_1,k_2+q_2,\cdots,k_n+q_n)>(k_1+l_1,k_2+l_2,\cdots,k_n+l_n)$.由传递性得

$$(p_1+q_1,p_2+q_2,\cdots,p_n+q_n)>(k_1+l_1,k_2+l_2,\cdots,k_n+l_n).$$

这就证明了式(5.17)不可能与 fg 中其他的单项式相消,且先于其他所有的项,因此它是 fg 的首项. ▎

用数学归纳法可得出:

推论 在 $\mathbf{K}[x_1,x_2,\cdots,x_n]$中,如果 $f_i\neq 0(i=1,2,\cdots,m)$,则 $f_1f_2\cdots f_m$ 的首项等于每个 f_i 的首项的乘积.

为了方便,还可将多元多项式用另一种形式表示. 为此先引入齐次多项式的概念.

定义 5.13 如果数域 $\mathbf{K}$ 上 n 元多项式 $f(x_1,x_2,\cdots,x_n)$中每个单项式都是 m 次的,则称 f 为 $\boldsymbol{m}$ **次齐次多项式**.

例如,$f(x_1,x_2,x_3)=2x_1^4+3x_1^2x_2x_3+x_1x_2x_3^2$ 是一个 4 次齐次多项式.

显然,$\mathbf{K}[x_1,x_2,\cdots,x_n]$中两个齐次多项式的乘积仍是齐次多项式,它的次数之和等于这两个多项式的次数之和.

对于任何一个 m 次的 n 元多项式 $f(x_1,x_2,\cdots,x_n)$,如果把 f 中所有次数相同的单项式放在一起,则 f 可唯一地表示成

$$f(x_1,x_2,\cdots,x_n)=\sum_{i=0}^{m}f_i(x_1,x_2,\cdots,x_n),$$

其中 $f_i(x_1,x_2,\cdots,x_n)$是 i 次齐次多项式(当 $i=0$ 时是零次多项式),称 $f_i(x_1,x_2,\cdots,x_n)$为 $f(x_1,x_2,\cdots,x_n)$的 $\boldsymbol{i}$ **次齐次成分**.

又若

$$g(x_1,x_2,\cdots,x_n)=\sum_{j=0}^{l}g_j(x_1,x_2,\cdots,x_n)$$

为 l 次多项式,其中 g_j 是 g 的 j 次齐次成分,则乘积

$$\begin{aligned}h(x_1,x_2,\cdots,x_n)&=f(x_1,x_2,\cdots,x_n)g(x_1,x_2,\cdots,x_n)\\&=f_mg_l+(f_{m-1}g_l+f_mg_{l-1})+\cdots+f_0g_0,\end{aligned}$$

其中 h 的 k 次齐次成分为 $h_k=\sum\limits_{i+j=k}f_ig_j$. 特别地,$h$ 的最高齐次成分为

$$h_{m+l}=f_mg_l\neq 0.$$

故可知

$$\deg(fg)=m+l=\deg(f)+\deg(g).$$

最后我们指出,与一元多项式一样,多元多项式也可以看作函数的表达式. 设

$$f(x_1,x_2,\cdots,x_n)=\sum_{k_1,k_2,\cdots,k_n}a_{k_1k_2\cdots k_n}x_1^{k_1}x_2^{k_2}\cdots x_n^{k_n}$$

为数域 $\mathbf{K}$ 上的 n 元多项式, $\alpha_1,\alpha_2,\cdots,\alpha_n\in\mathbf{K}$,称

$$f(\alpha_1,\alpha_2,\cdots,\alpha_n)=\sum_{k_1,k_2,\cdots,k_n}a_{k_1k_2\cdots k_n}\alpha_1^{k_1}\alpha_2^{k_2}\cdots\alpha_n^{k_n}$$

为 $f(x_1,x_2,\cdots,x_n)$在 $x_1=\alpha_1,x_2=\alpha_2,\cdots,x_n=\alpha_n$ 处的值,这种由数域 $\mathbf{K}$ 上的 n 元

多项式确定的 **K** 上的 n 元函数称为**数域 K 上的 n 元多项式函数**.

可以证明,由数域 **K** 上两个 n 元多项式确定的两个数域 **K** 上的 n 元多项式函数相等的充分必要条件是,这两个多项式相等.

5.10　对称多项式

本节我们讨论一类重要的多元多项式,即对称多项式.对称多项式的来源之一以及它应用的一个重要方面,是一元多项式根的研究.

5.10.1　对称多项式的概念与性质

定义 5.14　设 $f(x_1,x_2,\cdots,x_n)\in \mathbf{K}[x_1,x_2,\cdots,x_n]$,如果对于任意 i,j $(1\leqslant i<j\leqslant n)$都有

$$f(x_1,\cdots,x_i,\cdots,x_j,\cdots,x_n)=f(x_1,\cdots,x_j,\cdots,x_i,\cdots,x_n),$$

则称$f(x_1,x_2,\cdots,x_n)$为 ***n* 元对称多项式.**

这就是说,如果任意对换两个文字的地位,$f(x_1,x_2,\cdots,x_n)$恒不变,它就是一个对称多项式.

例如

$$f(x_1,x_2,x_3)=x_1^2x_2+x_2^2x_1+x_1x_3^2+x_3^2x_1+x_2^2x_3+x_3^2x_2+x_1x_2x_3$$

就是一个三元对称多项式.

以下的 n 个 n 元多项式都是对称多项式:

$$\begin{cases}\sigma_1=x_1+x_2+\cdots+x_n,\\ \sigma_2=x_1x_2+\cdots+x_{n-1}x_n,\\ \qquad\cdots\cdots\\ \sigma_k=\sum\limits_{i_1<i_2<\cdots<i_k}x_{i_1}x_{i_2}\cdots x_{i_k},\\ \qquad\cdots\cdots\\ \sigma_n=x_1x_2\cdots x_n.\end{cases}\tag{5.18}$$

称式(5.18)的 $\sigma_1,\sigma_2,\cdots,\sigma_n$ 为**初等对称多项式.**

对称多项式有如下一些性质.

定理 5.22　设 $f(x_1,\cdots,x_n)$和 $g(x_1,\cdots,x_n)$是数域 **K** 上的两个 n 元对称多项式,则有

(1) $f(x_1,x_2,\cdots,x_n)\pm g(x_1,x_2,\cdots,x_n)$仍是对称多项式;

(2) $f(x_1,x_2,\cdots,x_n)g(x_1,x_2,\cdots,x_n)$也是对称多项式;

(3) 存在数域 **K** 上的 n 元多项式 $\varphi(y_1,y_2,\cdots,y_n)$,使得

$$f(x_1,x_2,\cdots,x_n)=\varphi(\sigma_1,\sigma_2,\cdots,\sigma_n).$$

证 (1)、(2)显然成立.以下只证(3).

先证存在性.设 $f(x_1,x_2,\cdots,x_n)$ 的首项为

$$ax_1^{k_1}x_2^{k_2}\cdots x_n^{k_n}\quad (a\neq 0). \tag{5.19}$$

由于 f 是对称多项式,必有

$$k_1\geqslant k_2\geqslant\cdots\geqslant k_n\geqslant 0.$$

这是因为,如果存在 $k_i<k_{i+1}$,则由定义 5.14 知,f 中一定含有项

$$ax_1^{k_1}\cdots x_{i+1}^{k_i}x_i^{k_{i+1}}\cdots x_n^{k_n}=ax_1^{k_1}\cdots x_i^{k_{i+1}}x_{i+1}^{k_i}\cdots x_n^{k_n}.$$

该项先于项(5.19),这与项(5.19)是 f 的首项假设矛盾.

做初等对称多项式的单项式

$$\varphi_1=a\sigma_1^{k_1-k_2}\sigma_2^{k_2-k_3}\cdots\sigma_{n-1}^{k_{n-1}-k_n}\sigma_n^{k_n}. \tag{5.20}$$

因为 $\sigma_1,\sigma_2,\cdots,\sigma_n$ 的首项分别是 $x_1,x_1x_2,\cdots,x_1x_2\cdots x_n$,故式(5.20)展开后的首项为

$$ax_1^{k_1-k_2}(x_1x_2)^{k_2-k_3}\cdots(x_1x_2\cdots x_n)^{k_n}=ax_1^{k_1}x_2^{k_2}\cdots x_n^{k_n},$$

即与 f 有相同的首项.于是对称多项式

$$f_1=f-\varphi_1$$

比 $f(x_1,x_2,\cdots,x_n)$ 有较“小”的首项.对于 $f_1(x_1,x_2,\cdots,x_n)$ 重复上面的做法,并且继续作下去,我们就得到一系列的对称多项式

$$f,\quad f_1=f-\varphi_1,\quad f_2=f_1-\varphi_2,\quad \cdots. \tag{5.21}$$

它们的首项一个比一个“小”,其中 $\varphi_i(i=1,2,\cdots)$ 都是 $\sigma_1,\sigma_2,\cdots,\sigma_n$ 的多项式.设

$$bx_1^{p_1}x_2^{p_2}\cdots x_n^{p_n}$$

是式(5.21)中某一对称多项式的首项,于是式(5.19)要先于它,故有

$$k_1\geqslant p_1\geqslant p_2\geqslant\cdots\geqslant p_n\geqslant 0. \tag{5.22}$$

由于 k_1 为一确定的非负整数,所以适合式(5.22)的 n 元数组$(p_1,p_2,\cdots,p_n)$只能有有限多个,因而式(5.21)中也只能有有限个对称多项式 f_i 不为零,即有正整数 m,使得 $f_m=0$. 于是由式(5.21),得

$$f=\varphi_1+\varphi_2+\cdots+\varphi_m,$$

即 f 可以表成初等对称多项式的多项式. ∎

实际上还可以证明定理中的多项式 φ 是被对称多项式 f 唯一确定的.这个结果与定理 5.22(3)合在一起通常称为**对称多项式基本定理**.

定理的证明过程给出了把一个对称多项式表示为初等对称多项式的多项式的方法.

例 5.17 把三元对称多项式 $f=x_1^3+x_2^3+x_3^3$ 表为 $\sigma_1,\sigma_2,\sigma_3$ 的多项式.

解 因为该多项式的首项为 x_1^3,它的方幂所对应的数组为(3,0,0),构造

$$\varphi_1=\sigma_1^{3-0}\sigma_2^{0-0}\sigma_3^0=\sigma_1^3,$$

做对称多项式

$$f_1=f-\varphi_1=-3(x_1^2x_2+x_2^2x_1+x_1^2x_3+x_3^2x_1+x_2^2x_3+x_3^2x_2)-6x_1x_2x_3.$$

f_1 的首项 $-3x_1^2x_2$ 的方幂对应的数组为(2,1,0),所以

$$\varphi_2=-3\sigma_1\sigma_2=-3(x_1^2x_2+x_2^2x_1+x_1^2x_3+x_3^2x_1+x_2^2x_3+x_3^2x_2)-9x_1x_2x_3.$$

则

$$f_2=f_1-\varphi_2=3x_1x_2x_3=3\sigma_3,$$

故

$$f=\varphi_1+f_1=\varphi_1+\varphi_2+f_2=\sigma_1^3-3\sigma_1\sigma_2+3\sigma_3.$$

由定理5.22的证明过程可以看出,所求的表达式中的项 φ_i 完全由对称多项式 $f,f_1,f_2,\cdots$ 的首项确定,而这些首项必须满足以下条件:① $f,f_1,f_2,\cdots$ 中前一个的首项先于后一个的首项;② 每个首项对应的数组 $(k_1,k_2,\cdots,k_n)$ 满足不等式 $k_1\geqslant k_2\geqslant\cdots\geqslant k_n\geqslant 0$;③ $\sum_{i=1}^{n}k_i=\deg(f)$. 这样,对于较复杂的齐次对称多项式,可以采用待定系数法将其表为初等对称多项式的多项式. 仍以例5.17来说明这种方法.

因为 f 是三次齐次对称多项式,首项为 x_1^3,满足条件①～③的数组只有(3,0,0),(2,1,0),(1,1,1)这三种情况,对应的三次初等对称多项式方幂的乘积为 $\sigma_1^3,\sigma_1\sigma_2,\sigma_3$,注意到 f 的首项系数为1,于是

$$f=\sigma_1^3+a\sigma_1\sigma_2+b\sigma_3. \tag{5.23}$$

为了决定待定系数 a,b,分别取 x_1,x_2,x_3 等于一些特殊的数进行计算:

取 $x_1=x_2=1,x_3=0$,得 $\sigma_1=2,\sigma_2=1,\sigma_3=0,f=2$;又取 $x_1=x_2=x_3=1$,得 $\sigma_1=3,\sigma_2=3,\sigma_3=1,f=3$. 将这两组值分别代入式(5.23),得

$$2=8+2a,\quad 3=27+9a+b,$$

即 $a=-3,b=3$,故

$$f=\sigma_1^3-3\sigma_1\sigma_2+3\sigma_3.$$

如果所给对称多项式不是齐次的,首先把 f 表示成它的齐次成分之和,对每一个齐次成分(仍然是对称多项式)采用待定系数法求解,最后把所得结果相加即可.

5.10.2　对称多项式的应用

对称多项式基本定理的一个重要应用是研究一元多项式的根. 设

$$f(x)=x^n+a_{n-1}x^{n-1}+\cdots+a_1x+a_0 \tag{5.24}$$

是 $\mathbf{K}[x]$ 中的一个多项式,如果 $f(x)$ 在数域 $\mathbf{K}$ 中 n 个根 $\alpha_1,\alpha_2,\cdots,\alpha_n$,则 $f(x)$ 可以分解成

$$f(x)=(x-\alpha_1)(x-\alpha_2)\cdots(x-\alpha_n). \tag{5.25}$$

将式(5.25)乘开,并与式(5.24)比较,即得根与系数的关系如下:

$$\begin{cases} -a_{n-1} = \alpha_1 + \alpha_2 + \cdots + \alpha_n, \\ a_{n-2} = \alpha_1\alpha_2 + \alpha_1\alpha_3 + \cdots + \alpha_{n-1}\alpha_n, \\ \quad\cdots\cdots \\ (-1)^k a_{n-k} = \sum\limits_{i_1<i_2<\cdots<i_k} \alpha_{i_1}\alpha_{i_2}\cdots\alpha_{i_k}, \\ \quad\cdots\cdots \\ (-1)^n a_0 = \alpha_1\alpha_2\cdots\alpha_n. \end{cases} \tag{5.26}$$

由此看出，系数对称地依赖方程的根，且恰是 n 个根的初等对称多项式. 式(5.26)称为**韦达(Viete)公式**.

以下考虑式(5.24)的一元多项式 $f(x)$ 是否有重根的问题. 构造 n 元对称多项式

$$D(x_1,x_2,\cdots,x_n) = \prod_{i<j}(x_i - x_j)^2.$$

设 $\alpha_1,\alpha_2,\cdots,\alpha_n$ 是 $f(x)$ 在数域 $\mathbf{K}$ 中的 n 个根，显然如果 $f(x)$ 有重根，则有

$$D(\alpha_1,\alpha_2,\cdots,\alpha_n)=0.$$

由于 $D(\alpha_1,\alpha_2,\cdots,\alpha_n)$ 可以表示为关于 $\alpha_1,\alpha_2,\cdots,\alpha_n$ 的初等对称多项式的多项式，而由式(5.26)，这些初等对称多项式可以用 $f(x)$ 的系数表示. 这样，我们就可以利用 $f(x)$ 的系数给出 $f(x)$ 在数域 $\mathbf{K}$ 中有重根的条件.

特别地，$n=2$ 时，$f(x)=x^2+a_1x+a_0$，而 $D(x_1,x_2)=(x_1-x_2)^2$. 可求得

$$D(x_1,x_2)=\sigma_1^2-4\sigma_2.$$

于是，当 $x_1=\alpha_1,x_2=\alpha_2$ 时，由式(5.26)有

$$\sigma_1=-a_1,\quad \sigma_2=a_0,$$

从而

$$D(\alpha_1,\alpha_2)=a_1^2-4a_0=0,$$

故 $f(x)$ 有重根的判别条件是 $a_1^2-4a_0=0$.

当 $n=3$ 时，$f(x)=x^3+a_2x^2+a_1x+a_0$，而

$$D=(x_1-x_2)^2(x_2-x_3)^2(x_1-x_3)^2.$$

D 是六次齐次对称多项式，其首项为 $x_1^4x_2^2$，可能的数组为

$$(4,2,0),\quad (4,1,1),\quad (3,3,0),\quad (3,2,1),\quad (2,2,2).$$

故可设

$$D=\sigma_1^2\sigma_2^2+a\sigma_1^3\sigma_3+b\sigma_2^3+c\sigma_1\sigma_2\sigma_3+d\sigma_3^2. \tag{5.27}$$

取 $x_1=x_2=1,x_3=0$，得 $\sigma_1=2,\sigma_2=1,\sigma_3=0,D=0$；又取 $x_1=x_2=x_3=1$，得 $\sigma_1=3$，$\sigma_2=3,\sigma_3=1,D=0$；再取 $x_1=-1,x_2=x_3=1$，得 $\sigma_1=1,\sigma_2=-1,\sigma_3=-1,D=0$；最后取 $x_1=2,x_2=x_3=1$，得 $\sigma_1=4,\sigma_2=5,\sigma_3=2,D=0$. 将以上 4 组值代入式(5.27)，得

$$\begin{cases}0=4 \qquad +b,\\ 0=81+27a+27b+9c+d,\\ 0=1-a-b+c+d,\\ 0=400+128a+125b+40c+4d,\end{cases}$$

即有 $a=-4,b=-4,c=18,d=-27$. 从而

$$D=\sigma_1^2\sigma_2^2-4\sigma_1^3\sigma_3-4\sigma_2^3+18\sigma_1\sigma_2\sigma_3-27\sigma_3^2.$$

当 $x_1=\alpha_1,x_2=\alpha_2,x_3=\alpha_3$ 时,由式(5.26)有

$$\sigma_k=(-1)^k a_{3-k} \quad (k=1,2,3),$$

故 $f(x)$有重根的判别条件为

$$a_2^2a_1^2-4a_2^3a_0-4a_1^3+18a_2a_1a_0-27a_0^2=0.$$

类似地,也可以得到根的其他特性的判别条件.例如,为给出多项式

$$f(x)=x^3+a_2x^2+a_1x+a_0$$

的根成等比数列的判别条件,构造对称多项式

$$D=(x_1^2-x_2x_3)(x_2^2-x_1x_3)(x_3^2-x_1x_2).$$

显然三根 $\alpha_1,\alpha_2,\alpha_3$ 构成等比数列时,有 $D(\alpha_1,\alpha_2,\alpha_3)=0$. 将 D 表为初等对称多项式的多项式

$$D=\sigma_1^3\sigma_3+\frac{13}{2}\sigma_1\sigma_2\sigma_3-\frac{27}{2}\sigma_3^2-8\sigma_2^2,$$

于是 $f(x)$的三根成等比数列的判别条件为

$$a_2^3a_0+\frac{13}{2}a_2a_1a_0-8a_1^2-\frac{27}{2}a_0^2=0.$$

5.11　二元高次方程组

在历史上,求一组多项式(方程)的公共零点的问题是代数学的中心问题,其中最简单的情形是线性方程组,无论从方法上还是理论上都完满的解决了.只含一个未知量的高次多项式(方程)的情形,本章前面部分对它的理论进行了讨论;有理系数方程的有理根问题得到解决,而实系数方程的实根的求法可在计算方法中学到.对一般情形,问题要复杂得多,困难得多,至今远未解决.本节里,我们只讨论二元高次方程组公共零点问题.为此,先引入结式的概念.

5.11.1　结式

对于数域 **K** 上的两个多项式 $f(x)$与 $g(x)$,可以用辗转相除法判断它们是否有公因式并求出它们的公因式,也可以直接从 $f(x)$与 $g(x)$的系数判断它们是否有公因式.这里仅介绍后一方法.

引理　设

$$f(x)=a_nx^n+a_{n-1}x^{n-1}+\cdots+a_1x+a_0,$$
$$g(x)=b_mx^m+b_{m-1}x^{m-1}+\cdots+b_1x+b_0$$
是数域 **K** 上的两个非零多项式，a_n,b_m 不全为零. 则 $f(x)$ 与 $g(x)$ 在 $\mathbf{K}[x]$ 中有非常数公因式的充分必要条件是，在 $\mathbf{K}[x]$ 中存在非零的次数小于 m 的多项式 $u(x)$ 与次数小于 n 的多项式 $v(x)$，使
$$u(x)f(x)=v(x)g(x).$$

证 必要性. 如果 $f(x)$ 与 $g(x)$ 有非常数公因式 $d(x)$，即
$$f(x)=d(x)f_1(x),\quad g(x)=d(x)g_1(x),$$
其中 $\deg(f_1(x))<n$，$\deg(g_1(x))<m$. 取 $u(x)=g_1(x)$，$v(x)=f_1(x)$，则有 $u(x)f(x)=v(x)g(x)$.

充分性. 不妨设 $a_n\neq 0$，即 $\deg(f(x))=n$. 假设有 $u(x)$，$v(x)$，使得
$$u(x)f(x)=v(x)g(x),$$
其中 $\deg(u(x))<m$，$\deg(v(x))<n$. 则有 $f(x)\mid v(x)g(x)$. 如果 $(f(x),g(x))=1$，根据定理 10.6 得 $f(x)\mid v(x)$，矛盾，故 $f(x)$ 与 $g(x)$ 有非常数公因式. ∎

下面来确定引理中 $u(x)$ 和 $v(x)$. 令
$$u(x)=u_{m-1}x^{m-1}+u_{m-2}x^{m-2}+\cdots+u_0,$$
$$v(x)=v_{n-1}x^{n-1}+v_{n-2}x^{n-2}+\cdots+v_0.$$
比较等式 $u(x)f(x)=v(x)g(x)$ 两边对应项的系数，得
$$\begin{cases} a_nu_{m-1}=b_mv_{n-1}, \\ a_{n-1}u_{m-1}+a_nu_{m-2}=b_{m-1}v_{n-1}+b_mv_{n-2}, \\ a_{n-2}u_{m-1}+a_{n-1}u_{m-2}+a_nu_{m-3}=b_{m-2}v_{n-1}+b_{m-1}v_{n-2}+b_mv_{m-3}, \\ \cdots\cdots \\ a_0u_1+a_1u_0=b_0v_1+b_1v_0, \\ a_0u_0=b_0v_0. \end{cases} \tag{5.28}$$
如果将式(5.28)看成一个关于未知量 $u_{m-1},u_{m-2},\cdots,u_0,v_{n-1},v_{n-2},\cdots,v_0$ 的方程组，那么它是含 $m+n$ 个未知量，$m+n$ 个方程的齐次线性方程组. 显然，引理中的条件就相当于说齐次线性方程组(5.28)有非零解，而该方程组有非零解的充分必要条件是它的系数矩阵的行列式等于 0. 为了书写方便，将式(5.28)的系数行列式转置，再把后 n 行反号得到如下的行列式：
$$\begin{vmatrix} a_n & a_{n-1} & \cdots & a_0 & & & \\ & a_n & a_{n-1} & \cdots & a_0 & & \\ & & \ddots & \ddots & & \ddots & \\ & & & a_n & a_{n-1} & \cdots & a_0 \\ b_m & b_{m-1} & \cdots & b_0 & & & \\ & b_m & b_{m-1} & \cdots & b_0 & & \\ & & \ddots & \ddots & & \ddots & \\ & & & b_m & b_{m-1} & \cdots & b_0 \end{vmatrix} \begin{matrix} \left.\vphantom{\begin{matrix}a\\a\\a\\a\end{matrix}}\right\} m\text{ 行} \\ \left.\vphantom{\begin{matrix}a\\a\\a\\a\end{matrix}}\right\} n\text{ 行} \end{matrix}. \tag{5.29}$$

定义 5.15　设

$$f(x)=a_nx^n+a_{n-1}x^{n-1}+\cdots+a_0,\quad g(x)=b_mx^m+b_{m-1}x^{m-1}+\cdots+b_0$$

是数域 **K** 上的两个多项式,称式(5.29)的行列式为 $f(x)$ 与 $g(x)$ 的**结式**,记为 $R(f,g)$.

综合以上分析,可以证明

定理 5.23　设

$$f(x)=a_nx^n+a_{n-1}x^{n-1}+\cdots+a_0,\quad g(x)=b_mx^m+b_{m-1}x^{m-1}+\cdots+b_0$$

是 $\mathbf{K}[x]$中两个多项式,其中 $m,n>0$. 于是它们的结式 $R(f,g)=0$ 的充分必要条件是 $f(x)$与 $g(x)$在 $\mathbf{K}[x]$中有非常数的公因式或者它们的第一个系数 a_n,b_m 全为零.

证　充分性. 如果 $a_n=b_m=0$ 或 $f(x),g(x)$有一个为零,则 $R(f,g)=0$. 如果 $f(x)$与 $g(x)$全不为零且有非常数公因式,由引理有 $u(x),v(x),\deg(u(x))<m$, $\deg(v(x))<n$,且 $u(x)f(x)=v(x)g(x)$,于是(5.28)有非零解,也得 $R(f,g)=0$.

必要性. 设 $R(f,g)=0$. 如果 $f(x),g(x)$中有一个为零多项式,定理显然成立. 在 $f(x),g(x)$都不为零,且 a_n,b_m 不全为零时,由 $R(f,g)=0$,则(5.28)有非零解,可知有 $u(x),v(x)$不全为零使 $u(x)f(x)=v(x)g(x)$. 因 $f(x),g(x)$全不为零,必有 $u(x),v(x)$全不为零,且 $\deg(u(x))<m,\deg(v(x))<n$. 由引理, $f(x)$, $g(x)$有非常数公因式. 此外就是 $a_n=0,b_m=0$ 的情况. ▍

当 **K** 是复数域时,两个多项式有非常数公因式与有公共根是一致的. 因此对复数域上多项式 $f(x)$和 $g(x)$,结式 $R(f,g)=0$ 的充分必要条件为 $f(x),g(x)$在复数域中有公共根或它们的第一个系数全为零.

例 5.18　问 λ 取何值时,多项式

$$f(x)=x^3-\lambda x+2,\quad g(x)=x^2+\lambda x+2$$

有公共根?

解　因为

$$R(f,g)=\begin{vmatrix}1&0&-\lambda&2&0\\0&1&0&-\lambda&2\\1&\lambda&2&0&0\\0&1&\lambda&2&0\\0&0&1&\lambda&2\end{vmatrix}=-4(\lambda+1)^2(\lambda-3),$$

所以 $\lambda=-1$ 或 $\lambda=3$ 时,$f(x)$与 $g(x)$有公共根.

注意到若多项式 $f(x)$有重根,则 $f(x)$和它的导数 $f'(x)$有公共根,于是有

定理 5.24　复数域上次数大于 1 的多项式 $f(x)$在复数域上有重根的充分必要条件是结式 $R(f,f')=0$.

例 5.19　求二次多项式 $f(x)=ax^2+bx+c(a\neq0)$有重根的充分必要条件.

解 $f'(x)=2ax+b$. 可求得 $R(f,f')=-a(b^2-4ac)$，于是二次多项式有重根的充分必要条件是 $b^2-4ac=0$.

5.11.2 二元高次方程组

下面给出用结式来解二元高次方程组的一个一般的方法.

设 $f(x,y)$，$g(x,y)$是两个复系数的二元多项式，求方程组

$$\begin{cases} f(x,y)=0, \\ g(x,y)=0. \end{cases} \tag{5.30}$$

在复数域中的全部解. $f(x,y)$与 $g(x,y)$可以写成

$$f(x,y)=a_n(y)x^n+a_{n-1}(y)x^{n-1}+\cdots+a_0(y),$$
$$g(x,y)=b_m(y)x^m+b_{m-1}(y)x^{m-1}+\cdots+b_0(y),$$

其中 $a_i(y)$，$b_j(y)$($i=0,1,\cdots,n;j=0,1,\cdots,m$)是 y 的多项式. 将 $f(x,y)$与 $g(x,y)$看作是 x 的多项式，令

$$R_x(f,g)=\begin{vmatrix} a_n(y) & a_{n-1}(y) & \cdots & a_0(y) & & & \\ & a_n(y) & a_{n-1}(y) & \cdots & a_0(y) & & \\ & & \ddots & \ddots & & \ddots & \\ & & & a_n(y) & a_{n-1}(y) & \cdots & a_0(y) \\ b_m(y) & b_{m-1}(y) & \cdots & b_0(y) & & & \\ & b_m(y) & b_{m-1}(y) & \cdots & b_0(y) & & \\ & & \ddots & \ddots & & \ddots & \\ & & & b_m(y) & b_{m-1}(y) & \cdots & b_0(y) \end{vmatrix} \begin{matrix} \left.\begin{matrix} \\ \\ \\ \\ \end{matrix}\right\} m\text{ 行} \\ \left.\begin{matrix} \\ \\ \\ \\ \end{matrix}\right\} n\text{ 行} \end{matrix},$$

这是一个 y 的复系数多项式.

由定理 5.23 即得

定理 5.25 如果(x_0,y_0)是方程组(5.30)的一个复数解，则 y_0 是 $R_x(f,g)$的一个根；反过来，如果 y_0 是 $R_x(f,g)$的一个根，则 $a_n(y_0)=b_m(y_0)=0$，或存在一个复数 x_0 使(x_0,y_0)是方程组(5.30)的一个解.

由此可知，要解方程组(5.30)需先求高次方程 $R_x(f,g)=0$ 的全部根. 将 $R_x(f,g)=0$的每个根代入(5.30)，再求 x 的值. 这样，就得到(5.30)的全部解.

例 5.20 解方程组

$$\begin{cases} x^2y+3xy+2y+3=0, \\ 2xy+2x+2y+3=0. \end{cases} \tag{5.31}$$

解 将方程组(5.31)改写成

$$\begin{cases} yx^2+3yx+(2y+3)=0, \\ (2y-2)x+(2y+3)=0. \end{cases}$$

于是

$$R_x(f,g)=\begin{vmatrix} y & 3y & 2y+3 \\ 2y-2 & 2y+3 & 0 \\ 0 & 2y-2 & 2y+3 \end{vmatrix}=(2y+3)(y+4).$$

$R_x(f,g)$的两个根是 $y_1=-\dfrac{3}{2}$，$y_2=-4$. 把 $y_1=-\dfrac{3}{2}$代入方程组(5.31)，得

$$\begin{cases} -\dfrac{3}{2}x^2-\dfrac{9}{2}x=0, \\ \qquad\quad -5x\ =0, \end{cases}$$

解得 $x_1=0$. 再把 $y_2=-4$ 代入方程组(5.31)，得

$$\begin{cases} -4x^2-12x-5=0, \\ \qquad\ \ -10x-5=0, \end{cases}$$

解得 $x_2=-\dfrac{1}{2}$. 故$\left(0,-\dfrac{3}{2}\right)$，$\left(-\dfrac{1}{2},-4\right)$是方程组(5.31)的全部解.

当然，也可以通过 $R_y(f,g)=0$ 来求解，这要根据计算中哪个比较简便来确定.

习　题　5

1. 用 $g(x)$除 $f(x)$，求商 $q(x)$和余式 $r(x)$：

(1) $f(x)=x^3-3x^2-x-1$，$g(x)=3x^2-2x+1$；

(2) $f(x)=x^4-2x+5$，$g(x)=x^2-x+2$.

2. m,p,q 适合什么条件时，有

(1) $x^2+mx-1\mid x^3+px+q$；　(2) $x^2+mx+1\mid x^4+px^2+q$.

3. 用综合除法求 $g(x)$除 $f(x)$的商 $q(x)$和余式 $r(x)$：

(1) $f(x)=2x^5-5x^3-8x$，$g(x)=x+3$；

(2) $f(x)=x^3-x^2-x$，$g(x)=x-1+2\mathrm{i}$.

4. 设 $f(x),g(x),h(x)\in\mathbf{K}[x]$，且 $h(x)\mid(af(x)+bg(x))$，$h(x)\mid(cf(x)+dg(x))$，其中 $ad\neq cb$，求证：$h(x)\mid f(x)$，$h(x)\mid g(x)$.

5. 求 $f(x)$与 $g(x)$的最大公因式：

(1) $f(x)=x^4+x^3-3x^2-4x-1$，$g(x)=x^3+x^2-x-1$；

(2) $f(x)=x^4-4x^3+1$，$g(x)=x^3-3x^2+1$.

6. 求 $u(x),v(x)$，使 $u(x)f(x)+v(x)g(x)=(f(x),g(x))$：

(1) $f(x)=x^4+2x^3-x^2-4x-2$，$g(x)=x^4+x^3-x^2-2x-2$；

(2) $f(x)=4x^4-2x^3-16x^2+5x+9$，$g(x)=2x^3-x^2-5x+43$.

7. 设 $f(x)=x^3+(1+t)x^2+2x+2u$，$g(x)=x^3+tx+u$ 的最大公因式是一个二次多项式，求 t,u 的值.

8. 证明：如果 $d(x)\mid f(x)$，$d(x)\mid g(x)$，且 $d(x)$为 $f(x)$与 $g(x)$的一个组合，则 $d(x)$是 $f(x)$与 $g(x)$的一个最大公因式.

9. 证明：$(f(x)h(x),g(x)h(x))=(f(x),g(x))h(x)$，($h(x)$的首项系数为 1).

10. 证明：如果 $f(x),g(x)$不全为零，且

$$u(x)f(x)+v(x)g(x)=(f(x),g(x)),$$

则

$$(u(x),v(x))=1,\quad \left(\frac{f(x)}{(f(x),g(x))},\frac{g(x)}{(f(x),g(x))}\right)=1.$$

11. 证明：如果$(f(x),g(x))=1$，$(f(x),h(x))=1$，则有$(f(x),g(x)h(x))=1$.

12. 证明：如果$(f(x),g(x))=1$，则有$(f(x)g(x),g(x)+f(x))=1$.

13. 设 $f(x)\in\mathbf{K}[x]$，$\deg(f(x))>0$，试证下面三个条件等价：

(1) $f(x)=cp^m(x)$，其中 $p(x)$不可约，且 $c\neq0$；

(2) 对任意 $g(x)\in\mathbf{K}[x]$有$(f(x),g(x))=1$，或存在正整数 k 使得 $f(x)\mid g^k(x)$；

(3) 如果 $f(x)\mid g(x)h(x)$，则 $f(x)\mid g(x)$或存在正整数 k 使得 $f(x)\mid h^k(x)$.

14. 设 $f(x),g(x)\in\mathbf{K}[x]$，且 $g(x)\neq0$，则下面条件等价：

(1) $g(x)\mid f(x)$；

(2) 对任意正整数 k 有 $g^k(x)\mid f^k(x)$；

(3) 存在自然数 m，使得 $g^m(x)\mid f^m(x)$.

15. 设 $f(x),g(x),h(x)\in\mathbf{K}[x]$，又$(f(x),h(x))=1$，且存在某个正整数 k 使得 $f^k(x)\mid(g(x)h(x))^k$，试证 $f(x)\mid g(x)$.

16. 判断下列多项式有无重因式，如果有，试求出其重数：

(1) x^3-x^2-x+1； (2) $x^5-10x^3-20x^2-15x-4$；

(3) $x^5-5x^4+7x^3-2x^2+4x-8$.

17. a,b,λ 满足什么条件时，下面多项式有重因式：

(1) $x^3+3x^2+\lambda x+1$； (2) $x^3+3ax+b$； (3) $x^4+4ax+b$.

18. 举例说明，$\mathbf{K}[x]$中可以有不可约多项式 $p(x)$是 $f(x)$的导数 $f'(x)$的 $k-1$ 重因式($k\geqslant2$)，但是$p(x)$不是 $f(x)$的 k 重因式.

19. 在 $\mathbf{Q}[x]$中求一个没有重因式的多项式 $g(x)$，使它与 $f(x)$含有完全相同的不可约因式(不计重数)，然后求 $f(x)$的标准分解式：

$$f(x)=x^5-3x^4+2x^3+2x^2-3x+1.$$

20. 设 $\deg(f(x))>0$，试证 $f'(x)\mid f(x)$充分必要条件是 $f(x)=a(x-b)^n$.

21. 求证$(x^m-1,x^n-1)=x^{(m,n)}-1$，其中$(m,n)$为 m 与 n 的最大公因数.

22. 设 m,n,p 为非负整数，求 m,n,p，使下列条件成立：

(1) $x^2-x+1\mid x^{3m}+x^{3n+1}+x^{3p+2}$； (2) $x^4+x^2+1\mid x^{3m}+x^{3n+1}+x^{3p+2}$；

(3) $x^2+x+1\mid x^{2m}+x^m+1$； (4) $(x-1)^2\mid mx^4-nx^2+1$.

23. 如果 α 是 $f''(x)$的 k 重根，试证：α 是

$$g(x)=\frac{1}{2}(x-\alpha)(f'(x)+f'(\alpha))-f(x)+f(\alpha)$$

的 $k+3$ 重根.

24. 证明：α_0 为 $f(x)$的 k 重根的充分必要条件是

$$f(\alpha_0)=f^{(i)}(\alpha_0)=0\quad(1\leqslant i\leqslant k-1),\quad f^{(k)}(\alpha_0)\neq0.$$

25. “如果 α 是 $f'(x)$ 的 m 重根，则 α 是 $f(x)$ 的 $m+1$ 重根”这一论断是否正确？为什么？

26. 证明：若 $x-1\mid f(x^n)$，则 $x^n-1\mid f(x^n)$.

27. 证明：若 $x^2+x+1\mid f_1(x^3)+xf_2(x^3)$，则 $(x-1)\mid f_1(x)$，$(x-1)\mid f_2(x)$.

28. 试证：$x^n+ax^{n-m}+b$ 的非零根的重数 $\leqslant 2$.

29. 证明：若 $f(x)\mid f(x^n)$，则 $f(x)$ 的根只能是零或单位根（即 x^n-1 的根）.

30. 求下列多项式在复数域上和实数域上的因式分解：

(1) x^3-1；　(2) x^4-1；　(3) x^n-1.

31. 设 $f(x)\in \mathbf{R}[x]$，$\deg(f(x))$ 为奇数，试证：$f(x)$ 在 $\mathbf{R}$ 中有根.

32. 设 $f(x)\in \mathbf{R}[x]$，且 $\alpha\in \mathbf{R}$ 使得 $f(\alpha)\geqslant 0$，试证：存在 $f_1(x), f_2(x)\in \mathbf{R}[x]$，使得

$$f(x)=f_1^2(x)+f_2^2(x).$$

33. 求下列多项式的有理根：

(1) $x^3-6x^2+15x-14$；　(2) $4x^4-7x^2-5x-1$；

(3) $x^5+x^4-6x^3-14x^2-11x-3$.

34. 下列多项式在有理数域上是否可约？

(1) x^2+1；　(2) $x^4-8x^3+12x^2+2$；

(3) x^p+px+1，p 为奇素数；　(4) $x^4+4kx+1$，k 为整数.

35. 设 $f(x)=a_nx^n+a_{n-1}x^{n-1}+\cdots+a_1x+a_0$ 是一个次数大于零的整系数多项式，证明：如果 $a_n+a_{n-1}+\cdots+a_1+a_0$ 是奇数，则 1 和 -1 都不是 $f(x)$ 的根.

36. 设 $f(x)=x^3+ax^2+bx+c$ 是整系数多项式，证明：如果 $(a+b)c$ 是奇数，则 $f(x)$ 在有理数域上不可约.

37. 设 $a_1, a_2, \cdots, a_n$ 是 n 个不同的整数，又设

$$f(x)=(x-a_1)(x-a_2)\cdots(x-a_n)+1.$$

证明：如果 n 是奇数，则 $f(x)$ 在有理数域上不可约；如果 n 是偶数，$f(x)$ 是否在有理数域上不可约？

38. 证明：一个本原多项式如果在 $\mathbf{Z}$ 上不可约，则它在 $\mathbf{Q}$ 上也不可约.

39. 将下列四元多项式按字典排列法排好：

(1) $x_3^4x_4-x_1^3x_2+5x_2x_3x_4+2x_2^4x_3x_4$；

(2) $x_1^3+x_3^2+3x_1x_2^2x_4-5x_1^2x_3x_4^2-2x_2^3x_3$.

40. 按字典排列法的次序，写出 x_1, x_2, x_3 的全部可能的三次单项式.

41. 用初等对称多项式表示出下列对称多项式：

(1) $x_1^2x_2+x_1x_2^2+x_1^2x_3+x_1x_3^2+x_2^2x_3+x_2x_3^2$；

(2) $(x_1+x_2)(x_1+x_3)(x_2+x_3)$；

(3) $(x_1x_2+x_3)(x_2x_3+x_1)(x_3x_1+x_2)$.

42. 用初等对称多项式表示出下列 n 元对称多项式：

(1) $\sum x_1^4$；　(2) $\sum x_1^2x_2x_3$；　(3) $\sum x_1^2x_2^2$；

$\left(\sum ax_1^{l_1}\cdots x_n^{l_n}\right.$ 表示所有由 $ax_1^{l_1}x_2^{l_2}\cdots x_n^{l_n}$ 经过对换得到的项的和$\left.\right)$.

43. 设 $\alpha_1, \alpha_2, \alpha_3$ 是方程 $5x^3-6x^2+7x-8=0$ 的三个根，计算

$$(\alpha_1^2+\alpha_1\alpha_2+\alpha_2^2)(\alpha_2^2+\alpha_2\alpha_3+\alpha_3^2)(\alpha_1^2+\alpha_1\alpha_3+\alpha_3^2).$$

44. 证明：三次方程 $x^3+a_2x^2+a_1x+a_0=0$ 的三个根成等差数列的充分必要条件是

$$2a_2^3-9a_2a_1+27a_0=0.$$

45. 设 $f(x),g_1(x),g_2(x)\in\mathbf{C}[x]$，证明：

$$R(f,g_1g_2)=R(f,g_1)R(f,g_2).$$

46. $R(f,g)$ 与 $R(g,f)$ 的关系是怎样的？

47. 判断方程组 $\begin{cases}f(x)=2x^3+3x^2+1=0\\g(x)=2x^2+x-1=0\end{cases}$ 有无公共根.

48. 求多项式

$$f(x)=a_nx^n+a_{n-1}x^{n-1}+\cdots+a_0,\quad g(x)=a_nx^{n-1}+a_{n-1}x^{n-2}+\cdots+a_1$$

的结式.

49. 判断多项式 $f(x)=x^3+x^2-8x-12$ 有无重根.

50. 问 λ 取何值时，多项式 $f(x)=x^3-3x+\lambda$ 有重根？

51. 解下列方程组

(1) $\begin{cases}y^2-7xy+4x^2+13x-2y-3=0,\\y^3-12xy+9x^2+28x-4y-5=0;\end{cases}$

(2) $\begin{cases}x^2+y^2-3x-y=0,\\x^2+6xy-y^2-7x-11y+12=0.\end{cases}$

第6章 矩阵的相似变换

相似变换是矩阵的一种重要变换．本章主要研究矩阵在相似变换下能否化为对角矩阵的问题，这一问题与矩阵的特征值和特征向量有着密切的联系．本章介绍的特征值与特征向量、矩阵的相似对角化等概念，在系统理论、控制理论以及经济规划理论等方面都有重要的应用.

6.1 特征值与特征向量

定义6.1 设 $\boldsymbol{A}$ 是数域 $\mathbf{K}$ 上的 n 阶方阵，如果存在数 $\lambda\in\mathbf{K}$ 和 $\mathbf{K}$ 上的 n 维非零列向量 $\boldsymbol{x}$ 使关系式

$$\boldsymbol{A}\boldsymbol{x}=\lambda\boldsymbol{x} \tag{6.1}$$

成立，则称数 λ 为方阵 $\boldsymbol{A}$ 的**特征值**，非零向量 $\boldsymbol{x}$ 称为 $\boldsymbol{A}$ 的对应于特征值 λ 的**特征向量**．

下面来讨论如何求方阵 $\boldsymbol{A}$ 的特征值与相应的特征向量．式(6.1)可改写为

$$(\lambda\boldsymbol{E}-\boldsymbol{A})\boldsymbol{x}=\boldsymbol{0}. \tag{6.2}$$

这是 n 个未知数 n 个方程的齐次线性方程组，它有非零解（要求特征向量 $\boldsymbol{x}\neq\boldsymbol{0}$）的充分必要条件是系数行列式

$$\det(\lambda\boldsymbol{E}-\boldsymbol{A})=0, \tag{6.3}$$

即

$$\begin{vmatrix} \lambda-a_{11} & a_{12} & \cdots & a_{1n} \\ a_{21} & \lambda-a_{22} & \cdots & a_{2n} \\ \vdots & \vdots & & \vdots \\ a_{n1} & a_{n2} & \cdots & \lambda-a_{nn} \end{vmatrix}=0.$$

显然它是以 λ 为未知数的一元 n 次方程，称为方阵 $\boldsymbol{A}$ 的**特征方程**．n次多项式 $\det(\lambda\boldsymbol{E}-\boldsymbol{A})$ 称为方阵 $\boldsymbol{A}$ 的**特征多项式**，而 $\boldsymbol{A}$ 的特征值就是特征方程的根．由于一元 n 次方程在复数范围内有 n 个根（重根按重数计算），所以 n 阶方阵 $\boldsymbol{A}$ 有 n 个特征值.

由上述讨论可得到矩阵 $\boldsymbol{A}$ 的特征值与特征向量的求法：

(1) 计算 $\boldsymbol{A}$ 的特征多项式 $\det(\lambda\boldsymbol{E}-\boldsymbol{A})$；

(2) 求特征方程 $\det(\lambda\boldsymbol{E}-\boldsymbol{A})=0$ 的 n 个根 $\lambda_1,\lambda_2,\cdots,\lambda_n$，它们是 $\boldsymbol{A}$ 的全部特征值；

(3) 对于特征值 λ_i，求出齐次线性方程组 $(\lambda_i\boldsymbol{E}-\boldsymbol{A})\boldsymbol{x}=\boldsymbol{0}$ 的非零解向量，即得 $\boldsymbol{A}$ 的对应于 λ_i 的特征向量.

例 6.1 求矩阵 $\boldsymbol{A}=\begin{pmatrix}1&2&2\\2&1&2\\2&2&1\end{pmatrix}$ 的特征值与特征向量.

解 $\boldsymbol{A}$ 的特征多项式

$$\det(\lambda\boldsymbol{E}-\boldsymbol{A})=\begin{vmatrix}\lambda-1&-2&-2\\-2&\lambda-1&-2\\-2&-2&\lambda-1\end{vmatrix}=(\lambda-5)(\lambda+1)^2,$$

所以 $\boldsymbol{A}$ 的特征值为 $\lambda_1=5,\lambda_2=\lambda_3=-1$.

对于特征值 $\lambda_1=5$，解方程组 $(5\boldsymbol{E}-\boldsymbol{A})\boldsymbol{x}=\boldsymbol{0}$. 由于

$$5\boldsymbol{E}-\boldsymbol{A}=\begin{pmatrix}4&-2&-2\\-2&4&-2\\-2&-2&4\end{pmatrix}\xrightarrow{\text{初等行变换}}\begin{pmatrix}1&0&-1\\0&1&-1\\0&0&0\end{pmatrix},$$

得同解方程组 $\begin{cases}x_1=x_3\\x_2=x_3\end{cases}$，故基础解系为

$$\boldsymbol{p}_1=\begin{pmatrix}1\\1\\1\end{pmatrix},$$

所以 $k\boldsymbol{p}_1(k\neq 0)$ 是对应于 $\lambda_1=5$ 的全部特征向量.

对于特征值 $\lambda_2=\lambda_3=-1$，解方程组 $(-\boldsymbol{A}-\boldsymbol{E})\boldsymbol{x}=\boldsymbol{0}$. 由于

$$-\boldsymbol{A}-\boldsymbol{E}=\begin{pmatrix}2&2&2\\2&2&2\\2&2&2\end{pmatrix}\xrightarrow{\text{初等行变换}}\begin{pmatrix}1&1&1\\0&0&0\\0&0&0\end{pmatrix},$$

得同解方程组 $x_1=-x_2-x_3$，故基础解系为

$$\boldsymbol{p}_2=\begin{pmatrix}-1\\1\\0\end{pmatrix},\quad \boldsymbol{p}_3=\begin{pmatrix}-1\\0\\1\end{pmatrix},$$

所以对应于 $\lambda_2=\lambda_3=-1$ 的全部特征向量为

$$k_2\boldsymbol{p}_2+k_3\boldsymbol{p}_3\quad(k_2,k_3\text{ 不同时为 }0).$$

在这个例子中，特征值的重数恰好与对应的线性无关特征向量的个数相等，但一般而言不一定是这样，下面便是一例.

例 6.2 求矩阵 $\boldsymbol{A}=\begin{pmatrix}-1&1&0\\-4&3&0\\1&0&2\end{pmatrix}$ 的特征值和特征向量.

解　$\boldsymbol{A}$ 的特征多项式为

$$\det(\lambda\boldsymbol{E}-\boldsymbol{A})=\begin{vmatrix}\lambda+1 & 1 & 0\\ 4 & \lambda-3 & 0\\ 1 & 0 & \lambda-2\end{vmatrix}=(\lambda-2)(\lambda-1)^2,$$

所以 $\boldsymbol{A}$ 的特征值为 $\lambda_1=2$，$\lambda_2=\lambda_3=1$.

当 $\lambda_1=2$ 时，解方程组 $(2\boldsymbol{E}-\boldsymbol{A})\boldsymbol{x}=\boldsymbol{0}$. 由于

$$2\boldsymbol{E}-\boldsymbol{A}=\begin{pmatrix}3 & -1 & 0\\ 4 & -1 & 0\\ 1 & 0 & 0\end{pmatrix}\xrightarrow{\text{初等行变换}}\begin{pmatrix}1 & 0 & 0\\ 0 & 1 & 0\\ 0 & 0 & 0\end{pmatrix},$$

得同解方程组 $\begin{cases}x_1=0x_3\\ x_2=0x_3\end{cases}$，故基础解系为

$$\boldsymbol{p}_1=\begin{pmatrix}0\\ 0\\ 1\end{pmatrix},$$

所以 $k\boldsymbol{p}_1(k\neq0)$ 是对应于 $\lambda_1=2$ 的全部特征向量.

当 $\lambda_2=\lambda_3=1$ 时，解方程组 $(\boldsymbol{E}-\boldsymbol{A})\boldsymbol{x}=\boldsymbol{0}$. 由于

$$\boldsymbol{E}-\boldsymbol{A}=\begin{pmatrix}2 & -1 & 0\\ 4 & -2 & 0\\ -1 & 0 & 1\end{pmatrix}\xrightarrow{\text{初等行变换}}\begin{pmatrix}1 & 0 & 1\\ 0 & 1 & 2\\ 0 & 0 & 0\end{pmatrix},$$

得同解方程组 $\begin{cases}x_1=-x_3\\ x_2=-2x_3\end{cases}$，故基础解系为

$$\boldsymbol{p}_2=\begin{pmatrix}-1\\ -2\\ 1\end{pmatrix},$$

所以 $k\boldsymbol{p}_2(k\neq0)$ 是对应于 $\lambda_2=\lambda_3=1$ 的全部特征向量.

可见对应于 $\boldsymbol{A}$ 的二重特征值 $\lambda_2=\lambda_3=1$，只有一个线性无关的特征向量.

矩阵的特征值与特征向量有如下一些性质.

定理 6.1　设 n 阶方阵 $\boldsymbol{A}=(a_{ij})_{n\times n}$ 的特征值为 $\lambda_1,\lambda_2,\cdots,\lambda_n$，则

(1) $a_{11}+a_{22}+\cdots+a_{nn}=\lambda_1+\lambda_2+\cdots+\lambda_n$；

(2) $\det\boldsymbol{A}=\lambda_1\lambda_2\cdots\lambda_n$.

证　根据行列式定义可知，在 $\boldsymbol{A}$ 的特征多项式 $\det(\lambda\boldsymbol{E}-\boldsymbol{A})$ 的展开式中，有一项是主对角线上元素的乘积

$$(\lambda-a_{11})(\lambda-a_{22})\cdots(\lambda-a_{nn}),$$

而展开式中的其余各项，至多包含 $n-2$ 个主对角线上的元素. 这是因为，如果某一项含有 $\det(\lambda\boldsymbol{E}-\boldsymbol{A})$ 中位于第 i 行第 j 列 $(i\neq j)$ 的元素 a_{ij}，则该项就不可能含有元

素$\lambda-a_{ii}$与$\lambda-a_{jj}$,因此这些项关于λ的次数最多是$n-2$. 那么,特征多项式中含λ的n次与$n-1$次的项只能在主对角线上各元素乘积中出现. 于是

$$\det(\lambda\boldsymbol{E}-\boldsymbol{A})=\lambda^n-(a_{11}+a_{22}+\cdots+a_{nn})\lambda^{n-1}+\cdots. \tag{6.4}$$

又因为$\lambda_1,\lambda_2,\cdots,\lambda_n$是$\det(\lambda\boldsymbol{E}-\boldsymbol{A})$的$n$个根,所以

$$\begin{aligned}\det(\lambda\boldsymbol{E}-\boldsymbol{A})&=(\lambda-\lambda_1)(\lambda-\lambda_2)\cdots(\lambda-\lambda_n)\\&=\lambda^n-(\lambda_1+\lambda_2+\cdots+\lambda_n)\lambda^{n-1}+\cdots(-1)^n\lambda_1\lambda_2\cdots\lambda_n.\end{aligned} \tag{6.5}$$

比较式(6.4)与式(6.5)而得(1). 在式(6.5)中取$\lambda=0$即得(2). ▌

推论 设$\boldsymbol{A}$是n阶方阵,则0是$\boldsymbol{A}$的特征值的充分必要条件是$\det\boldsymbol{A}=0$.

对于n阶方阵$\boldsymbol{A}=(a_{ij})_{n\times n}$,引入记号$\mathrm{tr}\boldsymbol{A}$表示$\boldsymbol{A}$的对角元素之和,即

$$\mathrm{tr}\boldsymbol{A}=a_{11}+a_{22}+\cdots+a_{nn},$$

称为方阵$\boldsymbol{A}$的**迹**. 定理6.1表明,$\boldsymbol{A}$的所有特征值的和等于$\boldsymbol{A}$的迹,而$\boldsymbol{A}$的全体特征值的积等于$\det\boldsymbol{A}$.

定义 6.2 设$f(x)$是x的多项式

$$f(x)=a_sx^s+a_{s-1}x^{s-1}+\cdots+a_1x+a_0,$$

对于方阵$\boldsymbol{A}$,规定

$$f(\boldsymbol{A})=a_s\boldsymbol{A}^s+a_{s-1}\boldsymbol{A}^{s-1}+\cdots+a_1\boldsymbol{A}+a_0\boldsymbol{E},$$

称$f(\boldsymbol{A})$为**矩阵多项式**.

定理 6.2 设λ是方阵$\boldsymbol{A}$的一个特征值,对应的特征向量是$\boldsymbol{x}$. 又设$f(x)$是一个多项式,则$f(\lambda)$是$f(\boldsymbol{A})$的一个特征值,对应的特征向量仍是$\boldsymbol{x}$;若$f(\boldsymbol{A})=\boldsymbol{O}$,则$\boldsymbol{A}$的任一特征值$\lambda$满足$f(\lambda)=0$.

证 因为$\boldsymbol{Ax}=\lambda\boldsymbol{x}$,于是对正整数$k$,有

$$\boldsymbol{A}^k\boldsymbol{x}=\boldsymbol{A}^{k-1}(\boldsymbol{Ax})=\lambda\boldsymbol{A}^{k-1}\boldsymbol{x}=\cdots=\lambda^k\boldsymbol{x},$$

故

$$\begin{aligned}f(\boldsymbol{A})\boldsymbol{x}&=(a_s\boldsymbol{A}^s+a_{s-1}\boldsymbol{A}^{s-1}+\cdots+a_1\boldsymbol{A}+a_0\boldsymbol{E})\boldsymbol{x}\\&=a_s\boldsymbol{A}^s\boldsymbol{x}+a_{s-1}\boldsymbol{A}^{s-1}\boldsymbol{x}+\cdots+a_1\boldsymbol{Ax}+a_0\boldsymbol{x}\\&=(a_s\lambda^s+a_{s-1}\lambda^{s-1}+\cdots+a_1\lambda+a_0)\boldsymbol{x}=f(\lambda)\boldsymbol{x}.\end{aligned}$$

特别地,当$f(\boldsymbol{A})=\boldsymbol{O}$时,上式左端为零向量,右端$f(\lambda)\boldsymbol{x}$中,$\boldsymbol{x}\neq\boldsymbol{0}$,从而$f(\lambda)=0$. ▌

例 6.3 设三阶方阵$\boldsymbol{A}$的特征值为1,2,−3,求$\det(\boldsymbol{A}^3-3\boldsymbol{A}+\boldsymbol{E})$.

解 设$f(x)=x^3-3x+1$,则$f(\boldsymbol{A})=\boldsymbol{A}^3-3\boldsymbol{A}+\boldsymbol{E}$,由定理6.2知$f(\boldsymbol{A})$的特征值为$f(1)=-1,f(2)=3,f(-3)=-17$. 又由定理6.1得

$$\det(\boldsymbol{A}^3-3\boldsymbol{A}+\boldsymbol{E})=(-1)\times3\times(-17)=51.$$

定理 6.3 设$\lambda_1,\lambda_2,\cdots,\lambda_m$是方阵$\boldsymbol{A}$的$m$个互不相同的特征值,$\boldsymbol{p}_1,\boldsymbol{p}_2,\cdots,\boldsymbol{p}_m$依次是与之对应的特征向量,则$\boldsymbol{p}_1,\boldsymbol{p}_2,\cdots,\boldsymbol{p}_m$线性无关.

证 对m用数学归纳法证明之. 当$m=1$时,因为$\boldsymbol{p}_1\neq\boldsymbol{0}$,所以$\boldsymbol{p}_1$线性无关,

即定理成立．假定对 $m-1$ 个互不相同的特征值定理成立，下证对 m 个互不相同的特征值定理也成立．为此，设有一组数 $k_1,k_2,\cdots,k_m$ 使

$$k_1\boldsymbol{p}_1+k_2\boldsymbol{p}_2+\cdots+k_m\boldsymbol{p}_m=\boldsymbol{0}. \tag{6.6}$$

由于 $\boldsymbol{A}\boldsymbol{p}_i=\lambda_i\boldsymbol{p}_i(i=1,2,\cdots,m)$，用 $\boldsymbol{A}$ 左乘上式，得

$$\lambda_1k_1\boldsymbol{p}_1+\lambda_2k_2\boldsymbol{p}_2+\cdots+\lambda_mk_m\boldsymbol{p}_m=\boldsymbol{0}. \tag{6.7}$$

式(6.6)乘数 λ_m 再与式(6.7)相减得

$$k_1(\lambda_m-\lambda_1)\boldsymbol{p}_1+\cdots+k_{m-1}(\lambda_m-\lambda_{m-1})\boldsymbol{p}_{m-1}=\boldsymbol{0}.$$

由归纳假定，$\boldsymbol{p}_1,\boldsymbol{p}_2,\cdots,\boldsymbol{p}_{m-1}$ 已线性无关，从而

$$k_i(\lambda_m-\lambda_i)=0\quad(i=1,2,\cdots,m-1).$$

又因为 $\lambda_m-\lambda_i\neq0\ (i=1,2,\cdots,m-1)$，所以 $k_1=\cdots=k_{m-1}=0$，代入式(6.6)得 $k_m=0$，故 $\boldsymbol{p}_1,\boldsymbol{p}_2,\cdots,\boldsymbol{p}_m$ 线性无关． ▎

定理 6.3 还可以推广为如下的定理.

定理 6.4　如果 $\lambda_1,\lambda_2,\cdots,\lambda_m$ 是方阵 $\boldsymbol{A}$ 的 m 个互不相同的特征值，$\boldsymbol{p}_{i1},\boldsymbol{p}_{i2},\cdots,\boldsymbol{p}_{ir_i}$ 是对应 λ_i 的线性无关的特征向量($i=1,2,\cdots,m$)，则向量组

$$\boldsymbol{p}_{11},\cdots\boldsymbol{p}_{1r_1},\boldsymbol{p}_{21},\cdots,\boldsymbol{p}_{2r_2},\cdots,\boldsymbol{p}_{m1},\cdots,\boldsymbol{p}_{mr_m}$$

也线性无关.

证明与定理 6.3 相仿，这里从略.

6.2　相似对角化

6.2.1　相似矩阵

定义 6.3　设 $\boldsymbol{A},\boldsymbol{B}$ 都是 n 阶方阵，若存在 n 阶可逆矩阵 $\boldsymbol{P}$，使

$$\boldsymbol{P}^{-1}\boldsymbol{A}\boldsymbol{P}=\boldsymbol{B}, \tag{6.8}$$

则称矩阵 $\boldsymbol{A}$ 与 $\boldsymbol{B}$ **相似**，记为 $\boldsymbol{A}\sim\boldsymbol{B}$. 对 $\boldsymbol{A}$ 进行运算 $\boldsymbol{P}^{-1}\boldsymbol{A}\boldsymbol{P}$ 称为对 $\boldsymbol{A}$ 做**相似变换**，称可逆矩阵 $\boldsymbol{P}$ 为把 $\boldsymbol{A}$ 变成 $\boldsymbol{B}$ 的**相似变换矩阵**．

例如，对于二阶方阵 $\boldsymbol{A}=\begin{pmatrix}1&1\\0&2\end{pmatrix}$，存在可逆矩阵 $\boldsymbol{P}=\begin{pmatrix}1&1\\0&1\end{pmatrix}$ 使得

$$\boldsymbol{P}^{-1}\boldsymbol{A}\boldsymbol{P}=\begin{pmatrix}1&-1\\0&1\end{pmatrix}\begin{pmatrix}1&1\\0&2\end{pmatrix}\begin{pmatrix}1&1\\0&1\end{pmatrix}=\begin{pmatrix}1&0\\0&2\end{pmatrix},$$

所以矩阵 $\begin{pmatrix}1&1\\0&2\end{pmatrix}$ 与 $\begin{pmatrix}1&0\\0&2\end{pmatrix}$ 相似.

相似矩阵具有以下性质：

(1) $\boldsymbol{A}\sim\boldsymbol{A}$(反身性)；

(2) 若 $\boldsymbol{A}\sim\boldsymbol{B}$,则 $\boldsymbol{B}\sim\boldsymbol{A}$(对称性);

(3) 若 $\boldsymbol{A}\sim\boldsymbol{B}$,$\boldsymbol{B}\sim\boldsymbol{C}$,则 $\boldsymbol{A}\sim\boldsymbol{C}$(传递性);

(4) 若 $\boldsymbol{A}\sim\boldsymbol{B}$,则 $\det\boldsymbol{A}=\det\boldsymbol{B}$;

(5) 若 $\boldsymbol{A}\sim\boldsymbol{B}$,且 $\boldsymbol{A}$ 可逆,则 $\boldsymbol{B}$ 也可逆,且 $\boldsymbol{A}^{-1}\sim\boldsymbol{B}^{-1}$;

(6) 若 $\boldsymbol{A}\sim\boldsymbol{B}$,则 $l\boldsymbol{A}\sim l\boldsymbol{B}$,$\boldsymbol{A}^k\sim\boldsymbol{B}^k$,其中 l 为任一常数,k 为任一正整数;

(7) 若 $\boldsymbol{A}\sim\boldsymbol{B}$,$f(x)$是一多项式,则 $f(\boldsymbol{A})\sim f(\boldsymbol{B})$;

(8) 若 $\boldsymbol{A}\sim\boldsymbol{B}$,则 $\det(\lambda\boldsymbol{E}-\boldsymbol{A})=\det(\lambda\boldsymbol{E}-\boldsymbol{B})$,即 $\boldsymbol{A}$ 与 $\boldsymbol{B}$ 的特征多项式相同,从而特征值相同.

证 只证明性质(7)和性质(8).设

$$f(x)=a_sx^s+a_{s-1}x^{s-1}+\cdots+a_1x+a_0,$$

因为 $\boldsymbol{A}\sim\boldsymbol{B}$,所以式(6.8)成立,从而

$$\begin{aligned}f(\boldsymbol{B})&=a_s\boldsymbol{B}^s+a_{s-1}\boldsymbol{B}^{s-1}+\cdots+a_1\boldsymbol{B}+a_0\boldsymbol{E}\\&=a_s(\boldsymbol{P}^{-1}\boldsymbol{AP})^s+a_{s-1}(\boldsymbol{P}^{-1}\boldsymbol{AP})^{s-1}+\cdots+a_1(\boldsymbol{P}^{-1}\boldsymbol{AP})+a_0\boldsymbol{E}\\&=\boldsymbol{P}^{-1}(a_s\boldsymbol{A}^s+a_{s-1}\boldsymbol{A}^{s-1}+\cdots+a_1\boldsymbol{A}+a_0\boldsymbol{E})\boldsymbol{P}=\boldsymbol{P}^{-1}f(\boldsymbol{A})\boldsymbol{P}.\end{aligned}$$

又有

$$\begin{aligned}\det(\lambda\boldsymbol{E}-\boldsymbol{B})&=\det(\lambda\boldsymbol{E}-\boldsymbol{P}^{-1}\boldsymbol{AP})=\det(\boldsymbol{P}^{-1}(\lambda\boldsymbol{E}-\boldsymbol{A}))\boldsymbol{P})\\&=\det\boldsymbol{P}^{-1}\det(\lambda\boldsymbol{E}-\boldsymbol{A})\det\boldsymbol{P}=\det(\lambda\boldsymbol{E}-\boldsymbol{A}).\end{aligned}$$ ▌

需要指出的是,当两个 n 阶方阵有相同的特征值时,它们并不一定相似.例如,矩阵$\boldsymbol{A}=\begin{pmatrix}1&2\\0&1\end{pmatrix}$与单位矩阵 $\boldsymbol{E}=\begin{pmatrix}1&0\\0&1\end{pmatrix}$的特征值相同,但是,对于任何二阶可逆矩阵 $\boldsymbol{P}$,恒有

$$\boldsymbol{P}^{-1}\boldsymbol{EP}=\boldsymbol{E}\neq\boldsymbol{A},$$

即单位矩阵 $\boldsymbol{E}$ 只能与其自身相似,而不能与矩阵 $\boldsymbol{A}$ 相似.

6.2.2 相似对角化

对角矩阵可以认为是最简单的矩阵之一.现在的问题是,任意方阵 $\boldsymbol{A}$ 能否和一个对角矩阵相似?

定义 6.4 如果矩阵 $\boldsymbol{A}$ 相似于一个对角矩阵,则称矩阵 $\boldsymbol{A}$ **可对角化**.

定理 6.5 n 阶方阵 $\boldsymbol{A}$ 与对角矩阵相似的充分必要条件是 $\boldsymbol{A}$ 有 n 个线性无关的特征向量.

证 必要性.设 $\boldsymbol{A}$ 与对角矩阵相似,即存在 n 阶可逆矩阵 $\boldsymbol{P}$,使得

$$\boldsymbol{P}^{-1}\boldsymbol{AP}=\mathrm{diag}(\lambda_1,\lambda_2,\cdots,\lambda_n)=\boldsymbol{\Lambda}.\tag{6.9}$$

令矩阵 $\boldsymbol{P}$ 的 n 个列向量为 $\boldsymbol{p}_1,\boldsymbol{p}_2,\cdots,\boldsymbol{p}_n$,即 $\boldsymbol{P}=(\boldsymbol{p}_1,\boldsymbol{p}_2,\cdots,\boldsymbol{p}_n)$,由式(6.9)得 $\boldsymbol{AP}=\boldsymbol{P\Lambda}$,即

$$\boldsymbol{A}(\boldsymbol{p}_1,\boldsymbol{p}_2,\cdots,\boldsymbol{p}_n)=(\boldsymbol{p}_1,\boldsymbol{p}_2,\cdots,\boldsymbol{p}_n)\mathrm{diag}(\lambda_1,\lambda_2,\cdots,\lambda_n)=(\lambda_1\boldsymbol{p}_1,\lambda_2\boldsymbol{p}_2,\cdots,\lambda_n\boldsymbol{p}_n),$$

于是有

$$\boldsymbol{A}\boldsymbol{p}_i=\lambda_i\boldsymbol{p}_i \quad (i=1,2,\cdots,n).$$

可见 λ_i 是 $\boldsymbol{A}$ 的特征值，而 $\boldsymbol{P}$ 的列向量 $\boldsymbol{p}_i$ 就是 $\boldsymbol{A}$ 的对应于特征值 λ_i 的特征向量. 再由 $\boldsymbol{P}$ 可逆，知 $\boldsymbol{p}_1,\boldsymbol{p}_2,\cdots,\boldsymbol{p}_n$ 线性无关.

充分性. 设 $\lambda_1,\lambda_2,\cdots,\lambda_n$ 是矩阵 $\boldsymbol{A}$ 的特征值，$\boldsymbol{p}_1,\boldsymbol{p}_2,\cdots,\boldsymbol{p}_n$ 是分别对应于 $\lambda_1,\lambda_2,\cdots,\lambda_n$ 的特征向量，即

$$\boldsymbol{A}\boldsymbol{p}_i=\lambda_i\boldsymbol{p}_i \quad (i=1,2,\cdots,n),$$

并且 $\boldsymbol{p}_1,\boldsymbol{p}_2,\cdots,\boldsymbol{p}_n$ 线性无关. 做矩阵 $\boldsymbol{P}=(\boldsymbol{p}_1,\boldsymbol{p}_2,\cdots,\boldsymbol{p}_n)$，则矩阵 $\boldsymbol{P}$ 可逆，且有

$$\begin{aligned}\boldsymbol{AP}&=\boldsymbol{A}(\boldsymbol{p}_1,\boldsymbol{p}_2,\cdots,\boldsymbol{p}_n)=(\boldsymbol{A}\boldsymbol{p}_1,\boldsymbol{A}\boldsymbol{p}_2,\cdots,\boldsymbol{A}\boldsymbol{p}_n)=(\lambda_1\boldsymbol{p}_1,\lambda_2\boldsymbol{p}_2,\cdots,\lambda_n\boldsymbol{p}_n)\\&=(\boldsymbol{p}_1,\boldsymbol{p}_2,\cdots,\boldsymbol{p}_n)\mathrm{diag}(\lambda_1,\lambda_2,\cdots,\lambda_n)=\boldsymbol{P\Lambda},\end{aligned}$$

于是 $\boldsymbol{P}^{-1}\boldsymbol{AP}=\boldsymbol{\Lambda}$，即 $\boldsymbol{A}$ 与 $\boldsymbol{\Lambda}$ 相似. ▌

由定理的证明过程可以看到，若 n 阶方阵 $\boldsymbol{A}$ 与对角矩阵 $\boldsymbol{\Lambda}$ 相似，则 $\boldsymbol{\Lambda}$ 的主对角线上元素恰为 $\boldsymbol{A}$ 的 n 个特征值 $\lambda_1,\lambda_2,\cdots,\lambda_n$，而相似变换矩阵 $\boldsymbol{P}$ 的 n 个列向量是对应的特征向量 $\boldsymbol{p}_1,\boldsymbol{p}_2,\cdots,\boldsymbol{p}_n$. 由于特征向量不是唯一的，所以 $\boldsymbol{P}$ 也不是唯一的，并且 $\boldsymbol{P}$ 还有可能是复矩阵.

由定理 6.3 可得以下推论.

推论 1　如果 n 阶方阵 $\boldsymbol{A}$ 的 n 个特征值互不相同，则 $\boldsymbol{A}$ 与对角矩阵相似.

当矩阵 $\boldsymbol{A}$ 有重特征值时，利用定理 6.4 可得以下推论.

推论 2　设 $\lambda_1,\lambda_2,\cdots,\lambda_m$ 是 n 阶方阵 $\boldsymbol{A}$ 的 m 个互不相同的特征值，其重数分别为 $r_1,r_2,\cdots,r_m$，且 $r_1+r_2+\cdots+r_m=n$. 若对应 r_i 重特征值 λ_i 有 r_i 个线性无关的特征向量($i=1,2,\cdots,m$)，则 $\boldsymbol{A}$ 可相似于对角矩阵.

推论 1 和 2 是判断方阵 $\boldsymbol{A}$ 是否可对角化的常用条件，且推论 1 的条件是充分的，而推论 2 的条件是充分必要的(必要性的证明略).

例 6.4　下列矩阵哪些可对角化，哪些不可对角化？对于可对角化的矩阵，求使之相似于对角矩阵的相似变换矩阵.

(1) $\boldsymbol{A}=\begin{pmatrix}0&1&0\\0&0&1\\-6&-11&-6\end{pmatrix}$；　(2) $\boldsymbol{A}=\begin{pmatrix}1&2&2\\2&1&2\\2&2&1\end{pmatrix}$；

(3) $\boldsymbol{A}=\begin{pmatrix}-1&1&0\\-4&3&0\\1&0&2\end{pmatrix}$.

解　(1) 因 $\det(\lambda\boldsymbol{E}-\boldsymbol{A})=(\lambda+1)(\lambda+2)(\lambda+3)$，所以 $\boldsymbol{A}$ 的特征值为 $\lambda_1=-1$，$\lambda_2=-2$，$\lambda_3=-3$.

由于 $\boldsymbol{A}$ 的三个特征值互不相同，故 $\boldsymbol{A}$ 可对角化. 可求得对应于特征值 λ_1,λ_2，

λ_3 的特征向量分别为

$$\boldsymbol{p}_1=\begin{pmatrix}1\\-1\\1\end{pmatrix},\quad \boldsymbol{p}_2=\begin{pmatrix}1\\-2\\4\end{pmatrix},\quad \boldsymbol{p}_3=\begin{pmatrix}1\\-3\\9\end{pmatrix},$$

因此相似变换矩阵

$$\boldsymbol{P}=\begin{pmatrix}1&1&1\\-1&-2&-3\\1&4&9\end{pmatrix},\quad 使得\ \boldsymbol{P}^{-1}\boldsymbol{AP}=\begin{pmatrix}-1&0&0\\0&-2&0\\0&0&-3\end{pmatrix}.$$

(2) 例 6.1 已求得 $\boldsymbol{A}$ 的特征值为 $\lambda_1=5$, $\lambda_2=\lambda_3=-1$,对应于 $\lambda_1=5$ 的特征向量为 $\boldsymbol{p}_1=(1,1,1)^{\mathrm{T}}$,而对应于二重特征值$\lambda_2=\lambda_3=-1$有两个线性无关的特征向量 $\boldsymbol{p}_2=(-1,1,0)^{\mathrm{T}}$, $\boldsymbol{p}_3=(-1,0,1)^{\mathrm{T}}$,故 $\boldsymbol{A}$ 可对角化. 相似变换矩阵

$$\boldsymbol{P}=\begin{pmatrix}1&-1&-1\\1&1&0\\1&0&1\end{pmatrix},\quad 使得\ \boldsymbol{P}^{-1}\boldsymbol{AP}=\begin{pmatrix}5&0&0\\0&-1&0\\0&0&-1\end{pmatrix}.$$

(3) 例 6.2 已求得 $\boldsymbol{A}$ 的特征值为 $\lambda_1=2$, $\lambda_2=\lambda_3=1$. 由于对应二重特征值$\lambda_2=\lambda_3=1$ 只有一个线性无关的特征向量,故 $\boldsymbol{A}$ 不可对角化.

以下举一例说明可对角化矩阵的应用.

例 6.5 已知 $\boldsymbol{A}=\begin{pmatrix}1&2&2\\2&1&2\\2&2&1\end{pmatrix}$,求 $\boldsymbol{A}^k$(k 为正整数).

解 一般说来,求一个矩阵的方幂是一件比较困难的事情,尤其当矩阵的阶数或方幂的次数较高时,这项工作就十分烦杂. 但是如果所给的矩阵可对角化,其方幂就比较好求了. 例 6.4 已求得 $\boldsymbol{P}^{-1}\boldsymbol{AP}=\boldsymbol{\Lambda}$,其中

$$\boldsymbol{P}=\begin{pmatrix}1&-1&-1\\1&1&0\\1&0&1\end{pmatrix},\quad \boldsymbol{\Lambda}=\begin{pmatrix}5&0&0\\0&-1&0\\0&0&-1\end{pmatrix}.$$

于是 $\boldsymbol{A}=\boldsymbol{P\Lambda P}^{-1}$,故有

$$\begin{aligned}\boldsymbol{A}^k&=(\boldsymbol{P\Lambda P}^{-1})^k=\underbrace{(\boldsymbol{P\Lambda P}^{-1})(\boldsymbol{P\Lambda P}^{-1})\cdots(\boldsymbol{P\Lambda P}^{-1})}_{k个}=\boldsymbol{P\Lambda}^k\boldsymbol{P}^{-1}\\&=\begin{pmatrix}1&-1&-1\\1&1&0\\1&0&1\end{pmatrix}\begin{pmatrix}5^k&0&0\\0&(-1)^k&0\\0&0&(-1)^k\end{pmatrix}\frac{1}{3}\begin{pmatrix}1&1&1\\-1&2&-1\\-1&-1&2\end{pmatrix}\\&=\frac{1}{3}\begin{pmatrix}5^k+(-1)^k2&5^k-(-1)^k&5^k-(-1)^k\\5^k-(-1)^k&5^k+(-1)^k2&5^k-(-1)^k\\5^k-(-1)^k&5^k-(-1)^k&5^k+(-1)^k2\end{pmatrix}.\end{aligned}$$

例 6.6 Fibonacci 数列 这个数列是由意大利数学家 Fibonacci 于 1922 年从

研究兔子的繁殖问题中提出来的：设有一对兔子，出生两个月后生下一对小兔，以后每一个月生下一对；新生的小兔也是这样繁殖后代. 假定每生下一对小兔必为雌雄异性，且均无死亡，问：从一对新生兔开始，此后每个月有多少对兔？

我们逐月列出兔子的对数：

月　数	0	1	2	3	4	5	6	7	…
兔子对数	1	1	2	3	5	8	13	21	…

令 F_n 代表第 n 个月的兔子对数，则有

$$F_0=1,\quad F_1=1,\quad F_2=2,\quad F_3=3,\quad F_4=5,\quad F_5=8,\cdots.$$

这个数列称为 **Fibonacci 数列**，其中的每一项称为 **Fibonacci 数**. 此数列满足如下的递推关系：

$$F_{n+2}=F_{n+1}+F_n\quad (n=0,\ 1,\ \cdots).$$

现导出其通项的表达式. 注意到

$$\begin{pmatrix}F_{n+2}\\F_{n+1}\end{pmatrix}=\begin{pmatrix}1&1\\1&0\end{pmatrix}\begin{pmatrix}F_{n+1}\\F_n\end{pmatrix}\quad (n=0,1,\cdots).$$

记 $\boldsymbol{y}^{(n)}=\begin{pmatrix}F_{n+1}\\F_n\end{pmatrix}$，$\boldsymbol{A}=\begin{pmatrix}1&1\\1&0\end{pmatrix}$. 则有

$$\boldsymbol{y}^{(n)}=\boldsymbol{A}\boldsymbol{y}^{(n-1)}=\boldsymbol{A}^2\boldsymbol{y}^{(n-2)}=\cdots=\boldsymbol{A}^n\boldsymbol{y}^{(0)}.$$

因 $\det(\lambda\boldsymbol{E}-\boldsymbol{A})=\lambda^2-\lambda-1$，所以 $\boldsymbol{A}$ 的特征值为 $\lambda_1=\dfrac{1+\sqrt{5}}{2}$，$\lambda_2=\dfrac{1-\sqrt{5}}{2}$，对应的特征向量为

$$\boldsymbol{x}_1=\begin{pmatrix}\dfrac{1+\sqrt{5}}{2}\\1\end{pmatrix},\quad \boldsymbol{x}_2=\begin{pmatrix}\dfrac{1-\sqrt{5}}{2}\\1\end{pmatrix}.$$

因此有

$$\boldsymbol{T}=\begin{pmatrix}\dfrac{1+\sqrt{5}}{2}&\dfrac{1-\sqrt{5}}{2}\\1&1\end{pmatrix},\quad \boldsymbol{T}^{-1}=\begin{pmatrix}\dfrac{1}{\sqrt{5}}&-\dfrac{1-\sqrt{5}}{2\sqrt{5}}\\-\dfrac{1}{\sqrt{5}}&\dfrac{1+\sqrt{5}}{2\sqrt{5}}\end{pmatrix},$$

且

$$\boldsymbol{T}^{-1}\boldsymbol{A}\boldsymbol{T}=\begin{pmatrix}\dfrac{1+\sqrt{5}}{2}&0\\0&\dfrac{1-\sqrt{5}}{2}\end{pmatrix}=\boldsymbol{\Lambda},$$

从而

$$\boldsymbol{y}^{(n)}=\boldsymbol{A}^{n}\boldsymbol{y}^{(0)}=\boldsymbol{T\Lambda}^{n}\boldsymbol{T}^{-1}\boldsymbol{y}^{(0)}$$

$$=\begin{pmatrix}\frac{1+\sqrt{5}}{2} & \frac{1-\sqrt{5}}{2}\\ 1 & 1\end{pmatrix}\begin{pmatrix}\left(\frac{1+\sqrt{5}}{2}\right)^{n} & 0\\ 0 & \left(\frac{1-\sqrt{5}}{2}\right)^{n}\end{pmatrix}\begin{pmatrix}\frac{1}{\sqrt{5}} & -\frac{1-\sqrt{5}}{2\sqrt{5}}\\ -\frac{1}{\sqrt{5}} & \frac{1+\sqrt{5}}{2\sqrt{5}}\end{pmatrix}\begin{pmatrix}1\\1\end{pmatrix}.$$

由此即得

$$F_n=\frac{1}{\sqrt{5}}\left[\left(\frac{1+\sqrt{5}}{2}\right)^{n+1}-\left(\frac{1-\sqrt{5}}{2}\right)^{n+1}\right].$$

例 6.7 解微分方程组

$$\begin{cases}\dfrac{\mathrm{d}x_1}{\mathrm{d}t}=x_1+2x_2+2x_3,\\ \dfrac{\mathrm{d}x_2}{\mathrm{d}t}=2x_1+x_2+2x_3,\\ \dfrac{\mathrm{d}x_3}{\mathrm{d}t}=2x_1+2x_2+x_3.\end{cases}\tag{6.10}$$

解 引入记号

$$\boldsymbol{x}=\begin{pmatrix}x_1\\x_2\\x_3\end{pmatrix},\quad \boldsymbol{A}=\begin{pmatrix}1&2&2\\2&1&2\\2&2&1\end{pmatrix},\quad \frac{\mathrm{d}\boldsymbol{x}}{\mathrm{d}t}=\begin{pmatrix}\dfrac{\mathrm{d}x_1}{\mathrm{d}t}\\ \dfrac{\mathrm{d}x_2}{\mathrm{d}t}\\ \dfrac{\mathrm{d}x_3}{\mathrm{d}t}\end{pmatrix},$$

则方程组(6.10)可表示为

$$\frac{\mathrm{d}\boldsymbol{x}}{\mathrm{d}t}=\boldsymbol{Ax}.\tag{6.11}$$

例 6.4 已求得

$$\boldsymbol{P}=\begin{pmatrix}1&-1&-1\\1&1&0\\1&0&1\end{pmatrix},\quad \boldsymbol{P}^{-1}\boldsymbol{AP}=\begin{pmatrix}5&0&0\\0&-1&0\\0&0&-1\end{pmatrix}=\boldsymbol{\Lambda}.$$

令

$$\boldsymbol{x}=\boldsymbol{Py},\tag{6.12}$$

其中 $\boldsymbol{y}=(y_1,y_2,y_3)^{\mathrm{T}}$,则$\dfrac{\mathrm{d}\boldsymbol{x}}{\mathrm{d}t}=\boldsymbol{P}\dfrac{\mathrm{d}\boldsymbol{y}}{\mathrm{d}t}$,代入式(6.11)得$\boldsymbol{P}\dfrac{\mathrm{d}\boldsymbol{y}}{\mathrm{d}t}=\boldsymbol{APy}$,即$\dfrac{\mathrm{d}\boldsymbol{y}}{\mathrm{d}t}=\boldsymbol{\Lambda y}$,写成分量形式有

$$\frac{\mathrm{d}y_1}{\mathrm{d}t}=5y_1,\quad \frac{\mathrm{d}y_2}{\mathrm{d}t}=-y_2,\quad \frac{\mathrm{d}y_3}{\mathrm{d}t}=-y_3.$$

解出

$$y_1=k_1\mathrm{e}^{5t},\quad y_2=k_2\mathrm{e}^{-t},\quad y_3=k_3\mathrm{e}^{-t},$$

故由式(6.12)得原方程组的解

$$\begin{cases}x_1=k_1\mathrm{e}^{5t}-k_2\mathrm{e}^{-t}-k_3\mathrm{e}^{-t},\\x_2=k_1\mathrm{e}^{5t}+k_2\mathrm{e}^{-t},\\x_3=k_1\mathrm{e}^{5t}+k_3\mathrm{e}^{-t}\end{cases}\quad(k_1,k_2,k_3\text{ 为任意实数}).$$

6.3 实对称矩阵的相似矩阵

在 6.2 节已看到,并不是每个方阵都能与对角矩阵相似.本节专门讨论实对称矩阵,这类矩阵不但可以相似于对角矩阵,而且可以正交相似于对角矩阵.

6.3.1 实对称矩阵的特征值与特征向量

实对称矩阵不但具备通常矩阵所有关于特征值、特征向量的性质,并且还具有一些特殊的性质.

定理 6.6 实对称矩阵的特征值为实数.

证 设 λ 为实对称矩阵 $\boldsymbol{A}$ 的特征值,$\boldsymbol{x}$ 为对应的特征向量,即 $\boldsymbol{Ax}=\lambda\boldsymbol{x}$,$\boldsymbol{x}\neq\boldsymbol{0}$.用 $\bar{\lambda}$ 表示 λ 的共轭复数,$\bar{\boldsymbol{x}}$ 表示 $\boldsymbol{x}$ 的共轭复向量,则 $\boldsymbol{A}\bar{\boldsymbol{x}}=\bar{\boldsymbol{A}}\bar{\boldsymbol{x}}=\overline{\boldsymbol{Ax}}=\overline{\lambda\boldsymbol{x}}=\bar{\lambda}\bar{\boldsymbol{x}}$,于是有

$$\bar{\boldsymbol{x}}^{\mathrm{T}}\boldsymbol{Ax}=\bar{\boldsymbol{x}}^{\mathrm{T}}(\boldsymbol{Ax})=\bar{\boldsymbol{x}}^{\mathrm{T}}\lambda\boldsymbol{x}=\lambda\bar{\boldsymbol{x}}^{\mathrm{T}}\boldsymbol{x},$$

及

$$\bar{\boldsymbol{x}}^{\mathrm{T}}\boldsymbol{Ax}=(\bar{\boldsymbol{x}}^{\mathrm{T}}\boldsymbol{A}^{\mathrm{T}})\boldsymbol{x}=(\boldsymbol{A}\bar{\boldsymbol{x}})^{\mathrm{T}}\boldsymbol{x}=\bar{\lambda}\bar{\boldsymbol{x}}^{\mathrm{T}}\boldsymbol{x}.$$

两式相减得

$$(\lambda-\bar{\lambda})\bar{\boldsymbol{x}}^{\mathrm{T}}\boldsymbol{x}=0.$$

但因为 $\boldsymbol{x}=(x_1,x_2,\cdots,x_n)^{\mathrm{T}}\neq\boldsymbol{0}$,所以

$$\bar{\boldsymbol{x}}^{\mathrm{T}}\boldsymbol{x}=\sum_{i=1}^{n}\bar{x}_i x_i=\sum_{i=1}^{n}|x_i|^2>0.$$

故 $\lambda-\bar{\lambda}=0$,即 $\lambda=\bar{\lambda}$,这就说明 λ 是实数. ▌

显然,当特征值 λ_i 为实数时,齐次线性方程组 $(\boldsymbol{A}-\lambda_i\boldsymbol{E})\boldsymbol{x}=\boldsymbol{0}$ 是实系数方程组,所以对应的特征向量可以取实向量.通常约定:实对称矩阵的特征向量取为实向量.

定理 6.7 设 λ_1,λ_2 是实对称矩阵 $\boldsymbol{A}$ 的两个特征值,$\boldsymbol{p}_1,\boldsymbol{p}_2$ 是对应的特征向量,若 $\lambda_1\neq\lambda_2$,则 $\boldsymbol{p}_1$ 与 $\boldsymbol{p}_2$ 正交.

证 因为 $\boldsymbol{A}$ 是实对称矩阵,且 $\boldsymbol{Ap}_1=\lambda_1\boldsymbol{p}_1$,$\boldsymbol{Ap}_2=\lambda_2\boldsymbol{p}_2$,所以

$$\lambda_1\boldsymbol{p}_1^{\mathrm{T}}=(\lambda_1\boldsymbol{p}_1)^{\mathrm{T}}=(\boldsymbol{Ap}_1)^{\mathrm{T}}=\boldsymbol{p}_1^{\mathrm{T}}\boldsymbol{A}^{\mathrm{T}}=\boldsymbol{p}_1^{\mathrm{T}}\boldsymbol{A}.$$

于是

$$\lambda_1\boldsymbol{p}_1^{\mathrm{T}}\boldsymbol{p}_2=\boldsymbol{p}_1^{\mathrm{T}}\boldsymbol{Ap}_2=\boldsymbol{p}_1^{\mathrm{T}}(\lambda_2\boldsymbol{p}_2)=\lambda_2\boldsymbol{p}_1^{\mathrm{T}}\boldsymbol{p}_2,$$

即有

$$(\lambda_1-\lambda_2)\boldsymbol{p}_1^{\mathrm{T}}\boldsymbol{p}_2=0.$$

但 $\lambda_1\neq\lambda_2$，从而 $\boldsymbol{p}_1^{\mathrm{T}}\boldsymbol{p}_2=0$，即 $\boldsymbol{p}_1$ 与 $\boldsymbol{p}_2$ 正交. ▌

例 6.8 已知三阶实对称矩阵 $\boldsymbol{A}$ 的特征值为 1,3,−3，$\boldsymbol{p}_1=(1,-1,0)^{\mathrm{T}}$，$\boldsymbol{p}_2=(1,1,1)^{\mathrm{T}}$ 分别是对应特征值 1 和 3 的特征向量，求 $\boldsymbol{A}$.

解 设 $\boldsymbol{A}$ 对应于 $\lambda_3=-3$ 的特征向量是 $\boldsymbol{p}_3=(x_1,x_2,x_3)^{\mathrm{T}}$，根据定理 6.7，有 $\boldsymbol{p}_1\perp\boldsymbol{p}_3$，$\boldsymbol{p}_2\perp\boldsymbol{p}_3$，即

$$x_1-x_2=0,\quad x_1+x_2+x_3=0.$$

解此线性方程组得 $\boldsymbol{p}_3=(-1,-1,2)^{\mathrm{T}}$，故相似变换矩阵 $\boldsymbol{P}=(\boldsymbol{p}_1,\boldsymbol{p}_2,\boldsymbol{p}_3)$，使得

$$\boldsymbol{P}^{-1}\boldsymbol{A}\boldsymbol{P}=\begin{pmatrix}1&0&0\\0&3&0\\0&0&-3\end{pmatrix},$$

于是

$$\boldsymbol{A}=\boldsymbol{P}\begin{pmatrix}1&0&0\\0&3&0\\0&0&-3\end{pmatrix}\boldsymbol{P}^{-1}=\begin{pmatrix}1&0&2\\0&1&2\\2&2&-1\end{pmatrix}.$$

6.3.2 正交矩阵

定义 6.5 如果 n 阶实方阵 $\boldsymbol{A}$ 满足

$$\boldsymbol{A}^{\mathrm{T}}\boldsymbol{A}=\boldsymbol{E}\quad(\text{即 }\boldsymbol{A}^{-1}=\boldsymbol{A}^{\mathrm{T}}\text{ 或 }\boldsymbol{A}\boldsymbol{A}^{\mathrm{T}}=\boldsymbol{E}),$$

则称 $\boldsymbol{A}$ 为**正交矩阵**.

正交矩阵 $\boldsymbol{A}$ 有以下性质：

(1) $\det\boldsymbol{A}=\pm1$；

(2) 如果 $\boldsymbol{A}$ 为正交矩阵，则 $\boldsymbol{A}^{\mathrm{T}},\boldsymbol{A}^{-1},\boldsymbol{A}^*$ 也是正交矩阵；

(3) 如果 $\boldsymbol{A},\boldsymbol{B}$ 都是 n 阶正交矩阵，则 $\boldsymbol{A}\boldsymbol{B}$ 也是正交矩阵；

(4) 实方阵 $\boldsymbol{A}$ 是正交矩阵的充分必要条件是 $\boldsymbol{A}$ 的列(行)向量是单位正交向量组.

证 性质(1)～(3)由读者自己证明，下面只证明性质(4).

设 $\boldsymbol{A}$ 的列向量是 $\boldsymbol{\alpha}_1,\boldsymbol{\alpha}_2,\cdots,\boldsymbol{\alpha}_n$，即 $\boldsymbol{A}=(\boldsymbol{\alpha}_1,\boldsymbol{\alpha}_2,\cdots,\boldsymbol{\alpha}_n)$，则

$$\boldsymbol{A}^{\mathrm{T}}\boldsymbol{A}=\begin{pmatrix}\boldsymbol{\alpha}_1^{\mathrm{T}}\\\boldsymbol{\alpha}_2^{\mathrm{T}}\\\vdots\\\boldsymbol{\alpha}_n^{\mathrm{T}}\end{pmatrix}(\boldsymbol{\alpha}_1,\boldsymbol{\alpha}_2,\cdots,\boldsymbol{\alpha}_n)=\begin{pmatrix}\boldsymbol{\alpha}_1^{\mathrm{T}}\boldsymbol{\alpha}_1&\boldsymbol{\alpha}_1^{\mathrm{T}}\boldsymbol{\alpha}_2&\cdots&\boldsymbol{\alpha}_1^{\mathrm{T}}\boldsymbol{\alpha}_n\\\boldsymbol{\alpha}_2^{\mathrm{T}}\boldsymbol{\alpha}_1&\boldsymbol{\alpha}_2^{\mathrm{T}}\boldsymbol{\alpha}_2&\cdots&\boldsymbol{\alpha}_2^{\mathrm{T}}\boldsymbol{\alpha}_n\\\vdots&\vdots&&\vdots\\\boldsymbol{\alpha}_n^{\mathrm{T}}\boldsymbol{\alpha}_1&\boldsymbol{\alpha}_n^{\mathrm{T}}\boldsymbol{\alpha}_2&\cdots&\boldsymbol{\alpha}_n^{\mathrm{T}}\boldsymbol{\alpha}_n\end{pmatrix}.$$

可见 $\boldsymbol{A}^{\mathrm{T}}\boldsymbol{A}=\boldsymbol{E}$ 的充分必要条件是

$$\langle\boldsymbol{\alpha}_i,\boldsymbol{\alpha}_j\rangle=\boldsymbol{\alpha}_i^{\mathrm{T}}\boldsymbol{\alpha}_j=\begin{cases}1&(i=j),\\0&(i\neq j)\end{cases}\quad(i,j=1,\cdots,n),$$

即 $\boldsymbol{\alpha}_1,\boldsymbol{\alpha}_2,\cdots,\boldsymbol{\alpha}_n$ 是两两正交的单位向量.

同理,由 $\boldsymbol{A}\boldsymbol{A}^{\mathrm{T}}=\boldsymbol{E}$ 可推得 $\boldsymbol{A}$ 的行向量组是单位正交向量组. ▎

6.3.3　实对称矩阵正交相似于对角矩阵

定理 6.8　设 $\boldsymbol{A}$ 为 n 阶实对称矩阵,则必存在正交矩阵 $\boldsymbol{Q}$,使得

$$\boldsymbol{Q}^{-1}\boldsymbol{A}\boldsymbol{Q}=\boldsymbol{Q}^{\mathrm{T}}\boldsymbol{A}\boldsymbol{Q}=\mathrm{diag}(\lambda_1,\lambda_2,\cdots,\lambda_n),$$

其中 $\lambda_i(i=1,2,\cdots,n)$ 为 $\boldsymbol{A}$ 的特征值.

证　对实对称矩阵 $\boldsymbol{A}$ 的阶数 n 作数学归纳法.

当 $n=1$ 时,$\boldsymbol{A}$ 本身是对角矩阵,取正交矩阵 $\boldsymbol{Q}=(1)$ 知定理成立. 假设对于 $n-1$ 阶实对称矩阵定理成立,下面证明对于 n 阶实对称矩阵 $\boldsymbol{A}$,定理也成立. 设 $\boldsymbol{q}_1$ 是 $\boldsymbol{A}$ 的对应特征值 λ_1 的单位特征向量,即有

$$\boldsymbol{A}\boldsymbol{q}_1=\lambda_1\boldsymbol{q}_1,\quad 且\ \|\boldsymbol{q}_1\|=1.$$

又设向量 $\boldsymbol{x}=(x_1,x_2,\cdots,x_n)^{\mathrm{T}}$ 与 $\boldsymbol{q}_1$ 正交,即

$$\boldsymbol{q}_1^{\mathrm{T}}\boldsymbol{x}=\langle\boldsymbol{q}_1,\boldsymbol{x}\rangle=0.$$

这是含有 n 个未知数 1 个方程的齐次线性方程组. 由于该齐次线性方程组的系数矩阵 $\boldsymbol{q}_1^{\mathrm{T}}$ 的秩为 1,故基础解系含有 $n-1$ 个线性无关的解向量 $\boldsymbol{p}_2,\boldsymbol{p}_3,\cdots,\boldsymbol{p}_n$,利用施密特正交化方法将其正交化,再单位化得向量组 $\boldsymbol{q}_2,\boldsymbol{q}_3,\cdots,\boldsymbol{q}_n$. 则 $\boldsymbol{q}_1,\boldsymbol{q}_2,\cdots,\boldsymbol{q}_n$ 是单位正交向量组,以它们为列向量构成的矩阵 $\boldsymbol{Q}_1=(\boldsymbol{q}_1,\boldsymbol{q}_2,\cdots,\boldsymbol{q}_n)$ 是正交矩阵. 注意到

$$\boldsymbol{q}_1^{\mathrm{T}}\boldsymbol{A}\boldsymbol{q}_i=(\boldsymbol{q}_1^{\mathrm{T}}\boldsymbol{A}\boldsymbol{q}_i)^{\mathrm{T}}=\boldsymbol{q}_i^{\mathrm{T}}\boldsymbol{A}\boldsymbol{q}_1=\lambda_1\boldsymbol{q}_i^{\mathrm{T}}\boldsymbol{q}_1=\begin{cases}\lambda_1 & (i=1),\\ 0 & (i\neq 1).\end{cases}$$

则有

$$\boldsymbol{Q}_1^{-1}\boldsymbol{A}\boldsymbol{Q}_1=\boldsymbol{Q}_1^{\mathrm{T}}\boldsymbol{A}\boldsymbol{Q}_1=\begin{pmatrix}\boldsymbol{q}_1^{\mathrm{T}}\\ \boldsymbol{q}_2^{\mathrm{T}}\\ \vdots\\ \boldsymbol{q}_n^{\mathrm{T}}\end{pmatrix}\boldsymbol{A}(\boldsymbol{q}_1,\boldsymbol{q}_2,\cdots,\boldsymbol{q}_n)$$

$$=\begin{pmatrix}\boldsymbol{q}_1^{\mathrm{T}}\boldsymbol{A}\boldsymbol{q}_1 & \boldsymbol{q}_1^{\mathrm{T}}\boldsymbol{A}\boldsymbol{q}_2 & \cdots & \boldsymbol{q}_1^{\mathrm{T}}\boldsymbol{A}\boldsymbol{q}_n\\ \boldsymbol{q}_2^{\mathrm{T}}\boldsymbol{A}\boldsymbol{q}_1 & \boldsymbol{q}_2^{\mathrm{T}}\boldsymbol{A}\boldsymbol{q}_2 & \cdots & \boldsymbol{q}_2^{\mathrm{T}}\boldsymbol{A}\boldsymbol{q}_n\\ \vdots & \vdots & & \vdots\\ \boldsymbol{q}_n^{\mathrm{T}}\boldsymbol{A}\boldsymbol{q}_1 & \boldsymbol{q}_n^{\mathrm{T}}\boldsymbol{A}\boldsymbol{q}_2 & \cdots & \boldsymbol{q}_n^{\mathrm{T}}\boldsymbol{A}\boldsymbol{q}_n\end{pmatrix}=\begin{pmatrix}\lambda_1 & 0 & \cdots & 0\\ 0 & b_{22} & \cdots & b_{2n}\\ \vdots & \vdots & & \vdots\\ 0 & b_{n2} & \cdots & b_{nn}\end{pmatrix},$$

其中 $b_{ij}=\boldsymbol{q}_i^{\mathrm{T}}\boldsymbol{A}\boldsymbol{q}_j(i,j=2,3,\cdots,n)$,记

$$\boldsymbol{B}=\begin{pmatrix}b_{22} & \cdots & b_{2n}\\ \vdots & & \vdots\\ b_{n2} & \cdots & b_{nn}\end{pmatrix}.$$

由于 b_{ij} 是实数,且

$$b_{ij}=\boldsymbol{q}_i^{\mathrm{T}}\boldsymbol{A}\boldsymbol{q}_j=(\boldsymbol{q}_i^{\mathrm{T}}\boldsymbol{A}\boldsymbol{q}_j)^{\mathrm{T}}=\boldsymbol{q}_j^{\mathrm{T}}\boldsymbol{A}\boldsymbol{q}_i=b_{ji},$$

所以 $\boldsymbol{B}$ 为 $n-1$ 阶实对称矩阵,由归纳法假设,存在 $n-1$ 阶正交矩阵 $\widetilde{\boldsymbol{Q}}_2$,使

$$\widetilde{Q}_2^{-1}B\widetilde{Q}_2=\widetilde{Q}_2^{T}B\widetilde{Q}_2=\mathrm{diag}(\lambda_2,\cdots,\lambda_n).$$

令

$$Q_2=\begin{pmatrix}1 & \mathbf{0}^T\\ \mathbf{0} & \widetilde{Q}_2\end{pmatrix},\quad Q=Q_1Q_2,$$

显然 Q_2 是 n 阶正交矩阵，从而 Q 是 n 阶正交矩阵，且有

$$\begin{aligned}Q^{-1}AQ&=Q^TAQ=Q_2^T(Q_1^TAQ_1)Q_2\\&=\begin{pmatrix}1 & \mathbf{0}^T\\ \mathbf{0} & \widetilde{Q}_2^T\end{pmatrix}\begin{pmatrix}\lambda_1 & \mathbf{0}^T\\ \mathbf{0} & B\end{pmatrix}\begin{pmatrix}1 & \mathbf{0}^T\\ \mathbf{0} & \widetilde{Q}_2\end{pmatrix}=\begin{pmatrix}\lambda_1 & \mathbf{0}^T\\ \mathbf{0} & \widetilde{Q}_2^TB\widetilde{Q}_2\end{pmatrix}=\mathrm{diag}(\lambda_1,\lambda_2,\cdots,\lambda_n).\end{aligned}$$

易知 $\lambda_1,\lambda_2,\cdots,\lambda_n$ 是 A 的全部特征值. ▌

由定理 6.8 及定理 6.5 的推论 2 得以下推论.

推论 设 $\lambda_1,\lambda_2,\cdots,\lambda_m$ 是 n 阶实对称矩阵 A 的 m 个互不相同的特征值，其重数分别为 $r_1,r_2,\cdots,r_m$，且 $r_1+r_2+\cdots+r_m=n$，则对应 A 的 r_i 重特征值 λ_i 必有 r_i 个线性无关的特征向量($i=1,2,\cdots,m$).

根据定理 6.7 知实对称矩阵 A 对应于不同特征值的特征向量是彼此正交的，于是得到使 n 阶实对称矩阵 A 正交相似于对角矩阵的具体步骤如下：

(1) 求出 A 的全部特征值. 设 $\lambda_1,\lambda_2,\cdots,\lambda_m$ 是 A 的互不相同特征值，其重数分别为 $r_1,r_2,\cdots,r_m$，且 $r_1+r_2+\cdots+r_m=n$；

(2) 对于每个特征值 $\lambda_i(i=1,2,\cdots,m)$，求出对应的 r_i 个线性无关的特征向量 $p_{i1},p_{i2},\cdots,p_{ir_i}(i=1,2,\cdots,m)$；

(3) 将 $p_{i1},p_{i2},\cdots,p_{ir_i}(i=1,2,\cdots,m)$ 用施密特正交化方法正交化，再单位化得 $q_{i1},q_{i2},\cdots,q_{ir_i}(i=1,2,\cdots,m)$，它们仍是 A 的对应于 λ_i 的特征向量；

(4) 写出正交矩阵

$$Q=(q_{11},\cdots,q_{1r_1},q_{21},\cdots,q_{2r_2},\cdots,q_{m1},\cdots,q_{mr_m})$$

和对角矩阵

$$\Lambda=\begin{pmatrix}\lambda_1E_{r_1} & & & \\ & \lambda_2E_{r_2} & & \\ & & \ddots & \\ & & & \lambda_mE_{r_m}\end{pmatrix},$$

便有 $Q^{-1}AQ=Q^TAQ=\Lambda$.

例 6.9 对于下列实对称矩阵 A，求正交矩阵 Q，使 Q^TAQ 为对角矩阵.

(1) $A=\begin{pmatrix}1&0&1\\0&1&1\\1&1&2\end{pmatrix}$； (2) $A=\begin{pmatrix}1&2&2\\2&1&2\\2&2&1\end{pmatrix}$.

解 (1) 因为

$$\det(\lambda \boldsymbol{E}-\boldsymbol{A})=\begin{vmatrix}\lambda-1 & 0 & -1\\ 0 & \lambda-1 & -1\\ -1 & -1 & \lambda-2\end{vmatrix}=\lambda(\lambda-1)(\lambda-3),$$

所以 $\boldsymbol{A}$ 的特征值为 $\lambda_1=0,\lambda_2=1,\lambda_3=3$. 可求得对应的特征向量分别为

$$\boldsymbol{p}_1=\begin{pmatrix}-1\\-1\\1\end{pmatrix},\quad \boldsymbol{p}_2=\begin{pmatrix}-1\\1\\0\end{pmatrix},\quad \boldsymbol{p}_3=\begin{pmatrix}1\\1\\2\end{pmatrix},$$

它们应是两两正交的. 单位化得

$$\boldsymbol{q}_1=\frac{\boldsymbol{p}_1}{\|\boldsymbol{p}_1\|}=\begin{pmatrix}-\frac{1}{\sqrt{3}}\\-\frac{1}{\sqrt{3}}\\\frac{1}{\sqrt{3}}\end{pmatrix},\quad \boldsymbol{q}_2=\frac{\boldsymbol{p}_2}{\|\boldsymbol{p}_2\|}=\begin{pmatrix}-\frac{1}{\sqrt{2}}\\\frac{1}{\sqrt{2}}\\0\end{pmatrix},\quad \boldsymbol{q}_3=\frac{\boldsymbol{p}_3}{\|\boldsymbol{p}_3\|}=\begin{pmatrix}\frac{1}{\sqrt{6}}\\\frac{1}{\sqrt{6}}\\\frac{2}{\sqrt{6}}\end{pmatrix}.$$

于是正交矩阵

$$\boldsymbol{Q}=(\boldsymbol{q}_1,\boldsymbol{q}_2,\boldsymbol{q}_2)=\begin{pmatrix}-\frac{1}{\sqrt{3}} & -\frac{1}{\sqrt{2}} & \frac{1}{\sqrt{6}}\\-\frac{1}{\sqrt{3}} & \frac{1}{\sqrt{2}} & \frac{1}{\sqrt{6}}\\\frac{1}{\sqrt{3}} & 0 & \frac{2}{\sqrt{6}}\end{pmatrix},$$

使得

$$\boldsymbol{Q}^{\mathrm{T}}\boldsymbol{A}\boldsymbol{Q}=\begin{pmatrix}0&0&0\\0&1&0\\0&0&3\end{pmatrix}.$$

(2) 例 6.1 已求得 $\boldsymbol{A}$ 的特征值为 $\lambda_1=5$, $\lambda_2=\lambda_3=-1$, 对应于 $\lambda_1=5$ 的特征向量为 $\boldsymbol{p}_1=(1,1,1)^{\mathrm{T}}$, 单位化得

$$\boldsymbol{q}_1=\frac{\boldsymbol{p}_1}{\|\boldsymbol{p}_1\|}=\left(\frac{1}{\sqrt{3}},\frac{1}{\sqrt{3}},\frac{1}{\sqrt{3}}\right)^{\mathrm{T}}.$$

对应于 $\lambda_2=\lambda_3=-1$ 的特征向量为

$$\boldsymbol{p}_2=\begin{pmatrix}-1\\1\\0\end{pmatrix},\quad \boldsymbol{p}_3=\begin{pmatrix}-1\\0\\1\end{pmatrix},$$

它们应与 $\boldsymbol{p}_1$(从而与 $\boldsymbol{q}_1$)正交. 但 $\boldsymbol{p}_2$ 与 $\boldsymbol{p}_3$ 不正交. 正交化得

$$\boldsymbol{\alpha}_2=\boldsymbol{p}_2=\begin{pmatrix}-1\\1\\0\end{pmatrix},\quad \boldsymbol{\alpha}_3=\boldsymbol{p}_3-\frac{\langle \boldsymbol{p}_3,\boldsymbol{\alpha}_2\rangle}{\langle \boldsymbol{\alpha}_2,\boldsymbol{\alpha}_2\rangle}\boldsymbol{\alpha}_2=\begin{pmatrix}-\frac{1}{2}\\-\frac{1}{2}\\1\end{pmatrix}.$$

再单位化得

$$\boldsymbol{q}_2=\frac{\boldsymbol{\alpha}_2}{\|\boldsymbol{\alpha}_2\|}=\begin{pmatrix}-\frac{1}{\sqrt{2}}\\\frac{1}{\sqrt{2}}\\0\end{pmatrix},\quad \boldsymbol{q}_3=\frac{\boldsymbol{\alpha}_3}{\|\boldsymbol{\alpha}_3\|}=\begin{pmatrix}-\frac{1}{\sqrt{6}}\\-\frac{1}{\sqrt{6}}\\\frac{2}{\sqrt{6}}\end{pmatrix}.$$

故正交矩阵

$$\boldsymbol{Q}=\begin{pmatrix}\frac{1}{\sqrt{3}}&-\frac{1}{\sqrt{2}}&-\frac{1}{\sqrt{6}}\\\frac{1}{\sqrt{3}}&\frac{1}{\sqrt{2}}&-\frac{1}{\sqrt{6}}\\\frac{1}{\sqrt{3}}&0&\frac{2}{\sqrt{6}}\end{pmatrix},$$

使得

$$\boldsymbol{Q}^{\mathrm{T}}\boldsymbol{A}\boldsymbol{Q}=\begin{pmatrix}5&0&0\\0&-1&0\\0&0&-1\end{pmatrix}.$$

习　题　6

1. 求下列矩阵的特征值和特征向量：

(1) $\begin{pmatrix}1&-1\\2&4\end{pmatrix}$； (2) $\begin{pmatrix}0&a\\-a&0\end{pmatrix}$； (3) $\begin{pmatrix}3&1&0\\-4&-1&0\\4&-8&-2\end{pmatrix}$；

(4) $\begin{pmatrix}1&2&3\\2&1&3\\3&3&6\end{pmatrix}$； (5) $\begin{pmatrix}1&1&1&1\\1&1&-1&-1\\1&-1&1&-1\\1&-1&-1&1\end{pmatrix}$.

2. 设 $\lambda_1,\lambda_2,\cdots,\lambda_n$ 是 n 阶方阵 $\boldsymbol{A}$ 的特征值，如果 $\boldsymbol{A}$ 是可逆矩阵，证明：

(1) $\frac{1}{\lambda_i}$ $(i=1,2,\cdots,n)$ 是 $\boldsymbol{A}^{-1}$ 的特征值；

(2) $\frac{\det\boldsymbol{A}}{\lambda_i}$ $(i=1,2,\cdots,n)$ 是 $\boldsymbol{A}^*$ 的特征值.

3. 已知三阶方阵 $\boldsymbol{A}$ 的特征值为 1，1，-2，求 $\det(\boldsymbol{A}-\boldsymbol{E})$，$\det(\boldsymbol{A}+2\boldsymbol{E})$，$\det(\boldsymbol{A}^2+2\boldsymbol{A}-3\boldsymbol{E})$.

4. 设 λ_1,λ_2 是方阵 $\boldsymbol{A}$ 的两个不同的特征值，$\boldsymbol{p}_1,\boldsymbol{p}_2$ 分别为对应于 λ_1,λ_2 的特征向量，证明

$\boldsymbol{p}_1+\boldsymbol{p}_2$不是$\boldsymbol{A}$的特征向量.

5. 已知向量$\boldsymbol{x}=(1,k,1)^{\mathrm{T}}$是矩阵$\boldsymbol{A}=\begin{pmatrix}2&1&1\\1&2&1\\1&1&2\end{pmatrix}$的逆矩阵$\boldsymbol{A}^{-1}$的特征向量,试求常数$k$的值.

6. 设$\boldsymbol{A}$是n阶方阵,$1,2,\cdots,n$是$\boldsymbol{A}$的n个特征值,$\boldsymbol{E}$是n阶单位矩阵,计算行列式$\det(\boldsymbol{A}-(n+1)\boldsymbol{E})$的值.

7. 如果n阶方阵$\boldsymbol{A}$满足$\boldsymbol{A}^2=2\boldsymbol{A}$,证明$\boldsymbol{A}$的特征值只能是0和2.

8. 证明关于矩阵的迹的下列论断($\boldsymbol{A},\boldsymbol{B}$均为$n$阶方阵):

(1) $\mathrm{tr}(\boldsymbol{A}+\boldsymbol{B})=\mathrm{tr}\boldsymbol{A}+\mathrm{tr}\boldsymbol{B}$;　(2) $\mathrm{tr}(k\boldsymbol{A})=k\,\mathrm{tr}\boldsymbol{A}$;

(3) $\mathrm{tr}(\boldsymbol{A}^{\mathrm{T}})=\mathrm{tr}\boldsymbol{A}$;　(4) $\mathrm{tr}(\boldsymbol{AB})=\mathrm{tr}(\boldsymbol{BA})$.

9. 如果$\boldsymbol{A}\sim\boldsymbol{B},\boldsymbol{C}\sim\boldsymbol{D}$,证明$\begin{pmatrix}\boldsymbol{A}&\\&\boldsymbol{C}\end{pmatrix}\sim\begin{pmatrix}\boldsymbol{B}&\\&\boldsymbol{D}\end{pmatrix}$.

10. 设$\boldsymbol{A},\boldsymbol{B}$都是$n$阶方阵,且$\det\boldsymbol{A}\neq0$,证明$\boldsymbol{AB}$与$\boldsymbol{BA}$相似.

11. 问下列矩阵能否与对角矩阵相似?若可以,试求相似变换矩阵$\boldsymbol{P}$和相应的对角矩阵$\boldsymbol{\Lambda}$.

(1) $\boldsymbol{A}=\begin{pmatrix}-2&0&-4\\1&2&1\\1&0&3\end{pmatrix}$;　(2) $\boldsymbol{A}=\begin{pmatrix}3&1&0\\-4&-1&0\\4&-8&-2\end{pmatrix}$;　(3) $\boldsymbol{A}=\begin{pmatrix}1&0&1\\0&1&0\\1&0&1\end{pmatrix}$.

12. 设$\boldsymbol{A}=\begin{pmatrix}-2&1&1\\0&2&0\\-4&1&3\end{pmatrix}$,求$\boldsymbol{A}^{100}$.

13. 设三阶方阵$\boldsymbol{A}$的特征值为$\lambda_1=1,\lambda_2=0,\lambda_3=-1$,对应的特征向量依次为

$$\boldsymbol{p}_1=\begin{pmatrix}1\\2\\2\end{pmatrix},\quad \boldsymbol{p}_2=\begin{pmatrix}2\\-2\\1\end{pmatrix},\quad \boldsymbol{p}_3=\begin{pmatrix}-2\\-1\\2\end{pmatrix},$$

求$\boldsymbol{A}$.

14. 设$\boldsymbol{A}=\begin{pmatrix}1&a&1\\a&1&b\\1&b&1\end{pmatrix}$,$\boldsymbol{B}=\begin{pmatrix}0&0&0\\0&1&0\\0&0&2\end{pmatrix}$,且$\boldsymbol{A}$与$\boldsymbol{B}$相似.

(1) 求a,b;　(2) 求一可逆矩阵$\boldsymbol{P}$,使$\boldsymbol{P}^{-1}\boldsymbol{AP}=\boldsymbol{B}$.

15. 设$\boldsymbol{A}$是正交矩阵,证明:

(1) $\det\boldsymbol{A}=\pm1$;　(2) $\boldsymbol{A}^{\mathrm{T}},\boldsymbol{A}^{-1},\boldsymbol{A}^{*}$都是正交矩阵.

16. 设$\boldsymbol{A},\boldsymbol{B}$均为$n$阶正交矩阵,证明$\boldsymbol{AB}$也是正交矩阵.

17. 设$\boldsymbol{A},\boldsymbol{B}$均为$n$阶正交矩阵,且$\det\boldsymbol{A}=-\det\boldsymbol{B}$,证明$\det(\boldsymbol{A}+\boldsymbol{B})=0$.

18. 设$\boldsymbol{A}$是正交矩阵,证明$\boldsymbol{A}$的实特征向量所对应的特征值的绝对值是1.

19. 求正交矩阵$\boldsymbol{Q}$,使$\boldsymbol{Q}^{-1}\boldsymbol{AQ}$为对角矩阵:

(1) $\boldsymbol{A}=\begin{pmatrix}2&-2&0\\-2&1&-2\\0&-2&0\end{pmatrix}$;　(2) $\boldsymbol{A}=\begin{pmatrix}2&2&-2\\2&5&-4\\-2&-4&5\end{pmatrix}$.

20. 设三阶实对称矩阵$\boldsymbol{A}$的特征值为6,3,3,特征值6对应的特征向量为$\boldsymbol{p}_1=(1,1,1)^{\mathrm{T}}$,求$\boldsymbol{A}$.

第7章　二　次　型

二次型理论起源于解析几何中的化二次曲线和二次曲面方程为标准形的问题，这一理论在数理统计、物理、力学及现代控制理论等诸多领域都有重要的应用．本章主要讨论化实二次型为标准形及正定二次型的判定等问题．

7.1　二次型及其矩阵表示

在平面解析几何中，为了研究曲线的类型及性质，常把二次曲线方程化为标准形．例如，二次曲线方程

$$5x^2+8xy+5y^2=9 \tag{7.1}$$

可经坐标旋转变换(这是 $\mathbf{R}^2$ 的一个线性变换)

$$\begin{cases} x=x'\cos\dfrac{\pi}{4}-y'\sin\dfrac{\pi}{4}, \\ y=x'\sin\dfrac{\pi}{4}+y'\cos\dfrac{\pi}{4}, \end{cases}$$

化为标准形

$$x'^2+\frac{1}{9}y'^2=1.$$

在空间解析几何中，对于二次曲面也有类似的化简问题．式(7.1)的左边是一个二次齐次多项式，把方程化为标准形的过程就是通过变量的线性变换，把二次齐次多项式化为变量的平方和形式．更一般地，这里讨论 n 个变量的二次齐次多项式的化简问题．

定义 7.1　含有 n 个变量 $x_1,x_2,\cdots,x_n$ 且系数在数域 $\mathbf{K}$ 中的二次齐次多项式

$$\begin{aligned} f(x_1,x_2,\cdots,x_n)=&a_{11}x_1^2+2a_{12}x_1x_2+2a_{13}x_1x_3+\cdots+2a_{1n}x_1x_n \\ &+a_{22}x_2^2+2a_{23}x_2x_3+\cdots+2a_{2n}x_2x_n+\cdots+a_{nn}x_n^2 \end{aligned} \tag{7.2}$$

称为域数 $\mathbf{K}$ 上的 ***n* 元二次型**，简称**二次型**．如果取 $\mathbf{K}$ 为实数域 $\mathbf{R}$，则称 f 为**实二次型**；如果取 $\mathbf{K}$ 为复数域 $\mathbf{C}$，则称 f 为**复二次型**．如果二次型中只含有变量的平方项，即

$$f(x_1,x_2,\cdots,x_n)=d_1x_1^2+d_2x_2^2+\cdots+d_nx_n^2,$$

称为**标准形式的二次型**，简称为**标准形**．

在研究二次型时，矩阵是一个有力的工具，因此我们先把二次型用矩阵来表示．

取 $a_{ji}=a_{ij}$，便有 $2a_{ij}x_ix_j=a_{ij}x_ix_j+a_{ji}x_jx_i$，于是式(7.2)可以改写为

$$\begin{aligned} f &= a_{11}x_1^2+a_{12}x_1x_2+\cdots+a_{1n}x_1x_n \\ &\quad +a_{21}x_2x_1+a_{22}x_2^2+\cdots+a_{2n}x_2x_n+\cdots \\ &\quad +a_{n1}x_nx_1+a_{n2}x_nx_2+\cdots+a_{nn}x_n^2 \\ &= x_1(a_{11}x_1+a_{12}x_2+\cdots+a_{1n}x_n) \\ &\quad +x_2(a_{21}x_1+a_{22}x_2+\cdots+a_{2n}x_n)+\cdots \\ &\quad +x_n(a_{n1}x_1+a_{n2}x_2+\cdots+a_{nn}x_n) \\ &= (x_1,x_2,\cdots,x_n)\begin{pmatrix} a_{11}x_1+a_{12}x_2+\cdots+a_{1n}x_n \\ a_{21}x_1+a_{22}x_2+\cdots+a_{2n}x_n \\ \vdots \\ a_{n1}x_1+a_{n2}x_2+\cdots+a_{nn}x_n \end{pmatrix} \\ &= (x_1,x_2,\cdots,x_n)\begin{pmatrix} a_{11} & a_{12} & \cdots & a_{1n} \\ a_{21} & a_{22} & \cdots & a_{2n} \\ \vdots & \vdots & & \vdots \\ a_{n1} & a_{n2} & \cdots & a_{nn} \end{pmatrix}\begin{pmatrix} x_1 \\ x_2 \\ \vdots \\ x_n \end{pmatrix}. \end{aligned}$$

记

$$\boldsymbol{A}=\begin{pmatrix} a_{11} & a_{12} & \cdots & a_{1n} \\ a_{21} & a_{22} & \cdots & a_{2n} \\ \vdots & \vdots & & \vdots \\ a_{n1} & a_{n2} & \cdots & a_{nn} \end{pmatrix}, \quad \boldsymbol{x}=\begin{pmatrix} x_1 \\ x_2 \\ \vdots \\ x_n \end{pmatrix},$$

则二次型可记作

$$f=\boldsymbol{x}^{\mathrm{T}}\boldsymbol{A}\boldsymbol{x}, \tag{7.3}$$

其中 $\boldsymbol{A}$ 是对称矩阵. 称式(7.3)为**二次型的矩阵形式**.

例如，二次型

$$f(x_1,x_2,x_3)=x_1^2+2x_2^2+3x_3^2+x_1x_2+2x_1x_3-4x_2x_3$$

的矩阵形式为

$$f=(x_1,x_2,x_3)\begin{pmatrix} 1 & \frac{1}{2} & 1 \\ \frac{1}{2} & 2 & -2 \\ 1 & -2 & 3 \end{pmatrix}\begin{pmatrix} x_1 \\ x_2 \\ x_3 \end{pmatrix}.$$

由式(7.3)知，任给一个二次型就唯一地确定一个对称矩阵；反之，任给一个对称矩阵可唯一地确定一个二次型. 因此，二次型与对称矩阵之间有着一一对应的关系. 把对称矩阵 $\boldsymbol{A}$ 称为**二次型 f 的矩阵**，也把 f 称为**对称矩阵 $\boldsymbol{A}$ 的二次型**. 称对称矩阵 $\boldsymbol{A}$ 的秩为**二次型 f 的秩**.

对于二次型，讨论的主要问题是：寻找可逆线性变换

$$\begin{cases}x_1=c_{11}y_1+c_{12}y_2+\cdots+c_{1n}y_n,\\x_2=c_{21}y_1+c_{22}y_2+\cdots+c_{2n}y_n,\\\quad\cdots\cdots\\x_n=c_{n1}y_1+c_{n2}y_2+\cdots+c_{nn}y_n.\end{cases}$$

其矩阵表示式为

$$\boldsymbol{x}=\boldsymbol{C}\boldsymbol{y},\tag{7.4}$$

其中$\boldsymbol{C}=(c_{ij})_{n\times n}\in\mathbf{K}^{n\times n}$，且$\det\boldsymbol{C}\neq 0$. 使二次型$f$为标准形，即把式(7.4)代入式(7.3)，能使

$$f=d_1y_1^2+d_2y_2^2+\cdots+d_ny_n^2.$$

定义 7.2 设$\boldsymbol{A},\boldsymbol{B}$为数域$\mathbf{K}$上的$n$阶方阵，若有数域$\mathbf{K}$上的$n$阶可逆矩阵$\boldsymbol{C}$，使得

$$\boldsymbol{C}^{\mathrm{T}}\boldsymbol{A}\boldsymbol{C}=\boldsymbol{B},$$

则称矩阵$\boldsymbol{A}$与$\boldsymbol{B}$**合同**，记为$\boldsymbol{A}\simeq\boldsymbol{B}$.

合同是矩阵之间的一种关系. 容易验证，合同关系具有：

(1) 反身性：$\boldsymbol{A}\simeq\boldsymbol{A}$；

(2) 对称性：若$\boldsymbol{A}\simeq\boldsymbol{B}$，则$\boldsymbol{B}\simeq\boldsymbol{A}$；

(3) 传递性：若$\boldsymbol{A}\simeq\boldsymbol{B}$，$\boldsymbol{B}\simeq\boldsymbol{D}$，则$\boldsymbol{A}\simeq\boldsymbol{D}$.

定理 7.1 若n阶方阵$\boldsymbol{A}$与$\boldsymbol{B}$合同，且$\boldsymbol{A}$为对称矩阵，则$\boldsymbol{B}$也为对称矩阵，且$\mathrm{rank}\boldsymbol{B}=\mathrm{rank}\boldsymbol{A}$.

证 $\boldsymbol{A}$与$\boldsymbol{B}$合同，即存在n阶可逆矩阵$\boldsymbol{C}$，使得

$$\boldsymbol{C}^{\mathrm{T}}\boldsymbol{A}\boldsymbol{C}=\boldsymbol{B}.$$

又$\boldsymbol{A}$为对称矩阵，即$\boldsymbol{A}^{\mathrm{T}}=\boldsymbol{A}$，于是

$$\boldsymbol{B}^{\mathrm{T}}=(\boldsymbol{C}^{\mathrm{T}}\boldsymbol{A}\boldsymbol{C})^{\mathrm{T}}=\boldsymbol{C}^{\mathrm{T}}\boldsymbol{A}^{\mathrm{T}}\boldsymbol{C}=\boldsymbol{C}^{\mathrm{T}}\boldsymbol{A}\boldsymbol{C}=\boldsymbol{B},$$

即$\boldsymbol{B}$为对称矩阵.

若$\boldsymbol{A}$与$\boldsymbol{B}$合同，由定理 3.8 知$\boldsymbol{A}$与$\boldsymbol{B}$等价，故$\mathrm{rank}\boldsymbol{B}=\mathrm{rank}\boldsymbol{A}$. ▌

把可逆线性变换(7.4)代入二次型(7.3)得

$$f=(\boldsymbol{C}\boldsymbol{y})^{\mathrm{T}}\boldsymbol{A}(\boldsymbol{C}\boldsymbol{y})=\boldsymbol{y}^{\mathrm{T}}(\boldsymbol{C}^{\mathrm{T}}\boldsymbol{A}\boldsymbol{C})\boldsymbol{y}=\boldsymbol{y}^{\mathrm{T}}\boldsymbol{B}\boldsymbol{y},$$

其中$\boldsymbol{B}=\boldsymbol{C}^{\mathrm{T}}\boldsymbol{A}\boldsymbol{C}$. 由于$\boldsymbol{A}$是对称矩阵，由定理 7.1 知，$\boldsymbol{B}$也是对称矩阵，这表明可逆线性变换将二次型仍变为二次型，且变换前后二次型的矩阵是合同的. 若$\boldsymbol{B}$是对角阵，则$\boldsymbol{y}^{\mathrm{T}}\boldsymbol{B}\boldsymbol{y}$就是标准形. 因此，把二次型化为标准形的问题其实质是：对于对称矩阵$\boldsymbol{A}$，寻找可逆矩阵$\boldsymbol{C}$，使得$\boldsymbol{C}^{\mathrm{T}}\boldsymbol{A}\boldsymbol{C}$为对角矩阵.

7.2 化二次型为标准形

本节介绍三种把二次型化为标准形的方法.

7.2.1　正交变换法

由定理6.8,对于n阶实对称矩阵$\boldsymbol{A}$,一定存在n阶正交矩阵$\boldsymbol{Q}$,使

$$\boldsymbol{Q}^{\mathrm{T}}\boldsymbol{A}\boldsymbol{Q}=\boldsymbol{Q}^{-1}\boldsymbol{A}\boldsymbol{Q}=\boldsymbol{\Lambda}=\mathrm{diag}(\lambda_1,\lambda_2,\cdots,\lambda_n),$$

其中$\lambda_i(i=1,2,\cdots,n)$是$\boldsymbol{A}$的特征值,即实对称矩阵$\boldsymbol{A}$一定与对角矩阵合同. 取可逆线性变换,也称为**正交变换**

$$\boldsymbol{x}=\boldsymbol{Q}\boldsymbol{y}, \tag{7.5}$$

则二次型化为

$$f=\boldsymbol{x}^{\mathrm{T}}\boldsymbol{A}\boldsymbol{x}=\boldsymbol{y}^{\mathrm{T}}(\boldsymbol{Q}^{\mathrm{T}}\boldsymbol{A}\boldsymbol{Q})\boldsymbol{y}=\boldsymbol{y}^{\mathrm{T}}\boldsymbol{\Lambda}\boldsymbol{y}=\sum_{i=1}^{n}\lambda_i y_i^2.$$

这种用正交变换化二次型为标准形的方法称为**正交变换法**. 于是有下面的重要定理.

定理7.2(主轴定理)　对于任何一个n元实二次型$f=\boldsymbol{x}^{\mathrm{T}}\boldsymbol{A}\boldsymbol{x}$,存在正交变换$\boldsymbol{x}=\boldsymbol{Q}\boldsymbol{y}$,使二次型$f$化为标准形

$$f=\lambda_1 y_1^2+\lambda_2 y_2^2+\cdots+\lambda_n y_n^2, \tag{7.6}$$

其中$\lambda_1,\lambda_2,\cdots,\lambda_n$为实对称矩阵$\boldsymbol{A}$的特征值,$\boldsymbol{Q}$的列向量是$\boldsymbol{A}$的$n$个特征值对应的$n$个单位正交的特征向量,称式(7.6)为**实二次型在正交变换下的标准形**.

例7.1　用正交变换化二次型

$$f(x_1,x_2,x_3)=2x_1^2+5x_2^2+5x_3^2+4x_1x_2-4x_1x_3-8x_2x_3$$

为标准形,并写出所用的正交变换.

解　二次型的矩阵为

$$\boldsymbol{A}=\begin{pmatrix}2&2&-2\\2&5&-4\\-2&-4&5\end{pmatrix}.$$

因为$\det(\lambda\boldsymbol{E}-\boldsymbol{A})=(\lambda-1)^2(\lambda-10)$,所以$\boldsymbol{A}$的特征值为

$$\lambda_1=\lambda_2=1,\quad \lambda_3=10.$$

可求得对应的特征向量分别为

$$\boldsymbol{p}_1=\begin{pmatrix}-2\\1\\0\end{pmatrix},\quad \boldsymbol{p}_2=\begin{pmatrix}2\\0\\1\end{pmatrix},\quad \boldsymbol{p}_3=\begin{pmatrix}-1\\-2\\2\end{pmatrix}.$$

将$\boldsymbol{p}_1,\boldsymbol{p}_2$正交化

$$\boldsymbol{\eta}_1=\boldsymbol{p}_1=\begin{pmatrix}-2\\1\\0\end{pmatrix},\quad \boldsymbol{\eta}_2=\boldsymbol{p}_1-\frac{\langle\boldsymbol{p}_2,\boldsymbol{\eta}_1\rangle}{\langle\boldsymbol{\eta}_1,\boldsymbol{\eta}_1\rangle}\boldsymbol{\eta}_1=\begin{pmatrix}\frac{2}{5}\\\frac{4}{5}\\1\end{pmatrix}.$$

再将 $\boldsymbol{\eta}_1,\boldsymbol{\eta}_2,\boldsymbol{p}_3$ 单位化

$$\boldsymbol{q}_1=\begin{pmatrix}-\frac{2}{\sqrt{5}}\\ \frac{1}{\sqrt{5}}\\ 0\end{pmatrix},\quad \boldsymbol{q}_2=\begin{pmatrix}\frac{2}{3\sqrt{5}}\\ \frac{4}{3\sqrt{5}}\\ \frac{5}{3\sqrt{5}}\end{pmatrix},\quad \boldsymbol{q}_3=\begin{pmatrix}-\frac{1}{3}\\ -\frac{2}{3}\\ \frac{2}{3}\end{pmatrix}.$$

于是正交变换

$$\begin{pmatrix}x_1\\x_2\\x_3\end{pmatrix}=\begin{pmatrix}-\frac{2}{\sqrt{5}} & \frac{2}{3\sqrt{5}} & -\frac{1}{3}\\ \frac{2}{\sqrt{5}} & \frac{4}{3\sqrt{5}} & -\frac{2}{3}\\ 0 & \frac{5}{3\sqrt{5}} & \frac{2}{3}\end{pmatrix}\begin{pmatrix}y_1\\y_2\\y_3\end{pmatrix},$$

化二次型为

$$f=y_1^2+y_2^2+10y_3^2.$$

式(7.5)的正交变换不改变向量的内积,这是因为:若列向量 $\boldsymbol{y}_1$ 和 $\boldsymbol{y}_2$ 经过正交变换变为 $\boldsymbol{x}_1$ 和 $\boldsymbol{x}_2$,则

$$\langle \boldsymbol{x}_1,\boldsymbol{x}_2\rangle=\boldsymbol{x}_1^{\mathrm{T}}\boldsymbol{x}_2=(\boldsymbol{Q}\boldsymbol{y}_1)^{\mathrm{T}}(\boldsymbol{Q}\boldsymbol{y}_2)=\boldsymbol{y}_1^{\mathrm{T}}(\boldsymbol{Q}^{\mathrm{T}}\boldsymbol{Q})\boldsymbol{y}_2=\boldsymbol{y}_1^{\mathrm{T}}\boldsymbol{y}_2=\langle \boldsymbol{y}_1,\boldsymbol{y}_2\rangle,$$

从而正交变换不改变向量的长度与夹角. 这是正交变换的优良特性,是它得以广泛应用的重要原因. 在解析几何中化简二次曲线或二次曲面方程时,要用到正交变换(如转轴公式).

下面我们介绍如何把一般二次曲面的方程化为标准方程.

一般二次曲线方程的化简过程是,首先通过坐标轴的适当旋转消去交叉乘积项,再通过坐标轴的平移化为标准方程. 这里坐标轴的旋转是一个正交变换,它将原坐标轴转到与二次曲线的"主轴"平行的方向,而平移使得新坐标轴与二次曲线的"主轴"重合. 同样,对于一般二次曲面的方程 $f(x_1,x_2,x_3)=0$,其中

$$\begin{aligned}f(x_1,x_2,x_3)=&a_{11}x_1^2+a_{22}x_2^2+a_{33}x_3^2+2a_{12}x_1x_2+2a_{13}x_1x_3\\&+2a_{23}x_2x_3+b_1x_1+b_2x_2+b_3x_3+c.\end{aligned}\tag{7.7}$$

令

$$\boldsymbol{x}=\begin{pmatrix}x_1\\x_2\\x_3\end{pmatrix},\quad \boldsymbol{b}=\begin{pmatrix}b_1\\b_2\\b_3\end{pmatrix},\quad \boldsymbol{A}=\begin{pmatrix}a_{11}&a_{12}&a_{12}\\a_{12}&a_{22}&a_{23}\\a_{13}&a_{23}&a_{33}\end{pmatrix},$$

则式(7.7)可以写成

$$f=\boldsymbol{x}^{\mathrm{T}}\boldsymbol{A}\boldsymbol{x}+\boldsymbol{b}^{\mathrm{T}}\boldsymbol{x}+c.$$

做正交变换 $\boldsymbol{x}=\boldsymbol{Q}\boldsymbol{y}$,其中正交矩阵 $\boldsymbol{Q}$ 满足

$$Q^{\mathrm{T}}AQ=\begin{pmatrix}\lambda_1 & & \\ & \lambda_2 & \\ & & \lambda_3\end{pmatrix}=\boldsymbol{\Lambda},$$

又记 $\boldsymbol{b}^{\mathrm{T}}\boldsymbol{Q}=(b_1',b_2',b_3')$，则二次曲面方程化为

$$\lambda_1 y_1^2+\lambda_2 y_2^2+\lambda_3 y_3^2+b_1' y_1+b_2' y_2+b_3' y_3+c=0. \tag{7.8}$$

这里，可以要求 $\det\boldsymbol{Q}=1$，这相当于坐标轴的旋转，因此，这一步骤即是将原坐标轴转到与二次曲面的"主轴"平行的方向. 再做平移变换即可把式(7.8)化为标准方程，讨论如下.

我们将正交变换与平移变换统称为**直角坐标变换**，用直角坐标变换化一般二次曲面(或二次曲线)方程为标准方程的问题称为**主轴问题**. 之所以要用直角坐标变换进行化简，是因为这一变换具有保持向量长度及夹角等度量不变的性质，从而也将保持曲面(或曲线)的形状不改变.

例 7.2　试用直角坐标变换化简二次曲面方程

$$x^2+y^2+z^2-2xz+4x+2y-4z-5=0.$$

解　方程左端二次型部分 $x^2+y^2+z^2-2xz$ 的矩阵为

$$\boldsymbol{A}=\begin{pmatrix}1 & 0 & -1\\ 0 & 1 & 0\\ -1 & 0 & 1\end{pmatrix}.$$

因为 $\det(\lambda\boldsymbol{E}-\boldsymbol{A})=(\lambda-1)(\lambda-2)\lambda$，所以 $\boldsymbol{A}$ 的特征值为 1,2,0，它们对应的特征向量分别为

$$\boldsymbol{x}_1=\begin{pmatrix}0\\1\\0\end{pmatrix},\quad \boldsymbol{x}_2=\begin{pmatrix}-1\\0\\1\end{pmatrix},\quad \boldsymbol{x}_3=\begin{pmatrix}1\\0\\1\end{pmatrix}.$$

把它们单位化得到正交矩阵

$$\boldsymbol{Q}=\begin{pmatrix}0 & -\frac{1}{\sqrt{2}} & \frac{1}{\sqrt{2}}\\ 1 & 0 & 0\\ 0 & \frac{1}{\sqrt{2}} & \frac{1}{\sqrt{2}}\end{pmatrix}$$

(为保证所得正交变换是旋转，可要求 $\det\boldsymbol{Q}=1$). 因此，正交变换

$$\begin{cases}x=-\dfrac{1}{\sqrt{2}}y'+\dfrac{1}{\sqrt{2}}z',\\ y=x',\\ z=\dfrac{1}{\sqrt{2}}y'+\dfrac{1}{\sqrt{2}}z'\end{cases}$$

把所给方程化为

$$x'^2+2y'^2+2x'-4\sqrt{2}y'-5=0,$$

即

$$(x'+1)^2+2(y'-\sqrt{2})^2=10.$$

令$\begin{cases}x''=x'+1,\\ y''=y'-\sqrt{2},\\ z''=z',\end{cases}$或$\begin{cases}x'=x''-1,\\ y'=y''+\sqrt{2},\\ z'=z'',\end{cases}$得标准方程为

$$x''^2+2y''^2=10.$$

它是椭圆柱面,所用的直角坐标变换为

$$\begin{cases}x=\dfrac{1}{\sqrt{2}}(-y''+z'')-1,\\ y=x''-1,\\ z=\dfrac{1}{\sqrt{2}}(y''+z'')+1.\end{cases}$$

7.2.2 配方法

如果不限于正交变换,那么还可以有多种方法(对应有多个可逆的线性变换)把二次型化为标准形.以下仅介绍配方法和初等变换法.

配方法又称为**拉格朗日**(Lagrange)**配方法**,其基本思想是配平方.下面举例说明这种方法.

例 7.3 用配方法化二次型

$$f(x_1,x_2,x_3)=x_1^2+2x_2^2+5x_3^2+2x_1x_2+2x_1x_3+6x_2x_3$$

为标准形,并写出所用的可逆线性变换.

解 先集中所有含 x_1 的项并配方,得

$$\begin{aligned}f&=x_1^2+2x_1(x_2+x_3)+2x_2^2+5x_3^2+6x_2x_3\\&=(x_1+x_2+x_3)^2-(x_2+x_3)^2+2x_2^2+5x_3^2+6x_2x_3\\&=(x_1+x_2+x_3)^2+x_2^2+4x_2x_3+4x_3^2.\end{aligned}$$

令$\begin{cases}y_1=x_1+x_2+x_3,\\ y_2=x_2,\\ y_3=x_3,\end{cases}$即$\begin{cases}x_1=y_1-y_2-y_3,\\ x_2=y_2,\\ x_3=y_3,\end{cases}$得

$$f=y_1^2+y_2^2+4y_2y_3+4y_3^2.$$

上式右端除第一项外已不再含 y_1.继续配方,可得

$$f=y_1^2+(y_2+2y_3)^2.$$

令$\begin{cases} z_1 = y_1, \\ z_2 = \quad y_2 + 2y_3, \\ z_3 = \qquad y_3, \end{cases}$即$\begin{cases} y_1 = z_1, \\ y_3 = \quad z_2 - 2z_3, \\ y_3 = \qquad z_3, \end{cases}$得标准形

$$f = z_1^2 + z_2^2.$$

所用的可逆线性变换为

$$\begin{cases} x_1 = z_1 - z_2 + z_3, \\ x_2 = \quad z_2 - 2z_3, \\ x_3 = \qquad z_3. \end{cases}$$

例 7.4 用配方法把二次型

$$f(x_1, x_2, x_3) = 2x_1x_2 + 2x_1x_3 - 6x_2x_3$$

化为标准形,并写出所用的可逆线性变换.

解 因为 f 中不含平方项而含 x_1x_2 乘积项,故令

$$\begin{cases} x_1 = y_1 + y_2, \\ x_2 = y_1 - y_2, \\ x_3 = \qquad y_3. \end{cases} \tag{7.9}$$

代入二次型,得

$$\begin{aligned} f &= 2(y_1 + y_2)(y_1 - y_2) + 2(y_1 + y_2)y_3 - 6(y_1 - y_2)y_3 \\ &= 2y_1^2 - 2y_2^2 - 4y_1y_3 + 8y_2y_3. \end{aligned}$$

再按例 7.3 的方法配方

$$f = 2(y_1 - y_3)^2 - 2(y_2 - 2y_3)^2 + 6y_3^2.$$

令$\begin{cases} z_1 = y_1 \quad - y_3, \\ z_2 = \quad y_2 - 2y_3, \\ z_3 = \qquad y_3, \end{cases}$即

$$\begin{cases} y_1 = z_1 \quad + z_3, \\ y_2 = \quad z_2 + 2z_3, \\ y_3 = \qquad z_3, \end{cases} \tag{7.10}$$

则二次型化为

$$f = 2z_1^2 - 2z_2^2 + 6z_3^2.$$

将式(7.10)代入式(7.9),得可逆线性变换

$$\begin{cases} x_1 = z_1 + z_2 + 3z_3, \\ x_2 = z_1 - z_2 - z_3, \\ x_3 = \qquad z_3. \end{cases}$$

如果再做实的可逆线性变换

$$\begin{cases} u_1 = \sqrt{2}z_1, \\ u_2 = \qquad\qquad \sqrt{6}z_3, \\ u_3 = \qquad \sqrt{2}z_2, \end{cases} \quad 即 \begin{cases} x_1 = \frac{1}{\sqrt{2}}u_1 + \frac{3}{\sqrt{6}}u_2 + \frac{1}{\sqrt{2}}u_3, \\ x_2 = \frac{1}{\sqrt{2}}u_1 - \frac{1}{\sqrt{6}}u_2 - \frac{1}{\sqrt{2}}u_3, \\ x_3 = \qquad \frac{1}{\sqrt{6}}u_2, \end{cases}$$

则二次型进一步化为

$$f = u_1^2 + u_2^2 - u_3^2.$$

以上例子说明，用可逆线性变换化二次型为标准形时，所用的线性变换不唯一，得到的标准形也不唯一. 但是标准形中的非零平方项的个数是不变的，等于二次型的秩. 这是因为新旧二次型的矩阵是合同的，而合同矩阵的秩相同.

定理 7.3 数域 **K** 上秩为 r 的任意 n 元二次型 $f=\boldsymbol{x}^{\mathrm{T}}\boldsymbol{A}\boldsymbol{x}$ 都可以通过可逆线性变换 $\boldsymbol{x}=\boldsymbol{C}\boldsymbol{y}$ 化为标准形

$$f = d_1y_1^2 + d_2y_2^2 + \cdots + d_ry_r^2 \quad (d_i \neq 0, i=1,2,\cdots,r).$$

证 对变量个数 n 作归纳法. 对于 $n=1$，二次型就是 $f(x_1)=a_{11}x_1^2$，已经是标准形了. 现假定对 $n-1$ 元的二次型，定理的结论成立. 分三种情形讨论 n 元二次型

$$f(x_1, x_2, \cdots, x_n) = \sum_{i=1}^{n}\sum_{j=1}^{n} a_{ij}x_ix_j \quad (a_{ij} = a_{ji}).$$

(1) $a_{ii}(i=1,2,\cdots,n)$ 中至少有一个不为零，如 $a_{11}\neq 0$. 此时

$$\begin{aligned} f &= a_{11}x_1^2 + 2x_1\sum_{j=1}^{n}a_{1j}x_j + \sum_{i=1}^{n}\sum_{j=2}^{n}a_{ij}x_ix_j \\ &= a_{11}\left(x_1 + a_{11}^{-1}\sum_{j=2}^{n}a_{ij}x_j\right)^2 + g(x_2, \cdots, x_n), \end{aligned}$$

其中

$$g(x_2, \cdots, x_n) = -a_{11}^{-1}\left(\sum_{j=2}^{n}a_{1j}x_j\right)^2 + \sum_{i=1}^{n}\sum_{j=1}^{n}a_{ij}x_ix_j$$

是以 $x_2, \cdots, x_n$ 为变量的 $n-1$ 元二次型. 令

$$\begin{cases} y_1 = x_1 + a_{11}^{-1}\sum_{j=2}^{n}a_{ij}x_j, \\ y_2 = \qquad x_2, \\ \quad \cdots\cdots \\ y_n = \qquad\qquad x_n, \end{cases} \quad 即 \quad \begin{cases} x_1 = y_1 - a_{11}^{-1}\sum_{j=2}^{n}a_{ij}y_j, \\ x_2 = \qquad y_2, \\ \quad \cdots\cdots \\ x_n = \qquad\qquad y_n. \end{cases}$$

这是一个可逆线性变换，它使

$$f = a_{11}y_1^2 + g(y_2, \cdots, y_n).$$

由归纳假定，对 $n-1$ 元二次型 $g(y_2, \cdots, y_n)$，存在可逆线性变换

$$\begin{cases} y_2 = c_{22}z_2 + \cdots + c_{2n}z_n, \\ y_3 = c_{32}z_2 + \cdots + c_{3n}z_n, \\ \quad \cdots\cdots \\ y_n = c_{n2}z_2 + \cdots + c_{nn}z_n, \end{cases}$$

化 g 为标准形

$$g = d_2 z_2^2 + \cdots + d_n z_n^2.$$

从而可逆线性变换

$$\begin{cases} x_1 = z_1 - a_{11}^{-1}\sum_{j=2}^{n} a_{1j}(c_{j2}z_2 + \cdots + c_{jn}z_n), \\ x_2 = c_{22}z_2 + \cdots + c_{2n}z_n, \\ \quad \cdots\cdots \\ x_n = c_{n2}z_2 + \cdots + c_{nn}z_n, \end{cases}$$

化 f 为标准形

$$f = a_{11}z_1^2 + d_2 z_2^2 + \cdots + d_n z_n^2.$$

(2) 所有 $a_{ii}=0$,但至少有一个 $a_{ij}\neq 0(j>1)$. 不妨设 $a_{12}\neq 0$. 令

$$\begin{cases} x_1 = y_1 + y_2, \\ x_2 = y_1 - y_2, \\ x_3 = \qquad\qquad y_3, \\ \quad \cdots\cdots \\ x_n = \qquad\qquad\quad y_n. \end{cases}$$

这是可逆线性变换,且使

$$f = 2a_{12}(y_1 + y_2)(y_1 - y_2) + \cdots = 2a_{12}y_1^2 - 2a_{12}y_2^2 + \cdots.$$

上式右端是 $y_1, y_2, \cdots, y_n$ 的二次型,且 y_1^2 的系数不为零,属于第一种情形,定理成立.

(3) $a_{11} = a_{12} = \cdots = a_{1n} = 0$.

由对称性有 $a_{21} = a_{31} = \cdots = a_{n1} = 0$,此时

$$f = \sum_{i=2}^{n}\sum_{j=2}^{n} a_{ij}x_i x_j$$

是 $n-1$ 元二次型,由归纳假设知,它能用可逆线性变换化为标准形.

由于变换前后二次型的矩阵是合同的,由定理 7.1 知合同矩阵的秩相同,从而二次型的标准形中含 r 个非零平方项,适当调整平方项的次序可使得标准形中前 r 项为非零平方项. ∎

这个定理还可以用矩阵的语言叙述如下.

定理 7.4 数域 **K** 上秩为 r 的任一 n 阶对称矩阵 $\boldsymbol{A}$ 都合同于对角矩阵,即存在 n 阶可逆矩阵 $\boldsymbol{C}$,使得

$$C^{\mathrm{T}}AC = D = \mathrm{diag}(d_1,\cdots,d_r,0,\cdots,0) \quad (d_i \neq 0, i=1,2,\cdots,r). \tag{7.11}$$

7.2.3 初等变换法

由定理 7.4 知，对称矩阵 $\boldsymbol{A}$ 合同于对角矩阵. 现讨论用矩阵的初等变换求定理 7.4 中的逆矩阵 $\boldsymbol{C}$ 及对角矩阵 $\boldsymbol{D}$.

根据定理 3.7，可逆矩阵 $\boldsymbol{C}$ 可以表示为有限个初等矩阵 $\boldsymbol{P}_1,\boldsymbol{P}_2,\cdots,\boldsymbol{P}_m$ 的乘积，即

$$\boldsymbol{C}=\boldsymbol{P}_1\boldsymbol{P}_2\cdots\boldsymbol{P}_m=\boldsymbol{E}\boldsymbol{P}_1\boldsymbol{P}_2\cdots\boldsymbol{P}_m. \tag{7.12}$$

把式(7.12)代入式(7.11)，得

$$\boldsymbol{P}_m^{\mathrm{T}}\cdots\boldsymbol{P}_2^{\mathrm{T}}\boldsymbol{P}_1^{\mathrm{T}}\boldsymbol{A}\boldsymbol{P}_1\boldsymbol{P}_2\cdots\boldsymbol{P}_m=\boldsymbol{D}. \tag{7.13}$$

式(7.11)表明，对对称矩阵 $\boldsymbol{A}$ 施行 m 次初等行变换及相同的 m 次初等列变换(定理 3.6)，$\boldsymbol{A}$ 就变为对角矩阵 $\boldsymbol{D}$. 而式(7.13)表明对单位矩阵 $\boldsymbol{E}$ 施行上述的初等列变换，$\boldsymbol{E}$ 就变为可逆矩阵 $\boldsymbol{C}$. 这种利用矩阵的初等变换求可逆矩阵 $\boldsymbol{C}$ 及对角矩阵 $\boldsymbol{D}$，使得 $\boldsymbol{A}$ 与 $\boldsymbol{D}$ 合同的方法称为**初等变换法**.

具体做法：对以 n 阶对称矩阵 $\boldsymbol{A}$ 和 n 阶单位矩阵 $\boldsymbol{E}$ 做成的 $2n\times n$ 矩阵进行初等变换

$$\begin{pmatrix} \boldsymbol{A} \\ \cdots \\ \boldsymbol{E} \end{pmatrix} \xrightarrow[\text{对 } 2n\times n \text{ 矩阵施行相同的初等列变换}]{\text{对 } \boldsymbol{A} \text{ 施行初等行变换}} \begin{pmatrix} \boldsymbol{D} \\ \cdots \\ \boldsymbol{C} \end{pmatrix},$$

则 $\boldsymbol{C}^{\mathrm{T}}\boldsymbol{A}\boldsymbol{C}=\boldsymbol{D}$.

例 7.5 已知对称矩阵

$$\boldsymbol{A}=\begin{pmatrix} 1 & 1 & 1 \\ 1 & 2 & 3 \\ 1 & 3 & 5 \end{pmatrix},$$

用初等变换法求可逆矩阵 $\boldsymbol{C}$ 及对角矩阵 $\boldsymbol{D}$，使得 $\boldsymbol{A}$ 与 $\boldsymbol{D}$ 合同.

解

$$\begin{pmatrix} \boldsymbol{A} \\ \cdots \\ \boldsymbol{E} \end{pmatrix}=\begin{pmatrix} 1 & 1 & 1 \\ 1 & 2 & 3 \\ 1 & 3 & 5 \\ \hdashline 1 & 0 & 0 \\ 0 & 1 & 0 \\ 0 & 0 & 1 \end{pmatrix} \xrightarrow[c_2+(-1)\times c_1]{r_2+(-1)\times r_1} \begin{pmatrix} 1 & 0 & 1 \\ 0 & 1 & 2 \\ 1 & 2 & 5 \\ \hdashline 1 & -1 & 0 \\ 0 & 1 & 0 \\ 0 & 0 & 1 \end{pmatrix}$$

$$\xrightarrow[c_3+(-1)\times c_1]{r_3+(-1)\times r_1} \begin{pmatrix} 1 & 0 & 0 \\ 0 & 1 & 2 \\ 0 & 2 & 4 \\ \hdashline 1 & -1 & -1 \\ 0 & 1 & 0 \\ 0 & 0 & 1 \end{pmatrix} \xrightarrow[c_3+(-2)\times c_2]{r_3+(-2)\times r_2} \begin{pmatrix} 1 & 0 & 0 \\ 0 & 1 & 0 \\ 0 & 0 & 0 \\ \hdashline 1 & -1 & 1 \\ 0 & 1 & -2 \\ 0 & 0 & 1 \end{pmatrix}.$$

所求可逆矩阵 $\boldsymbol{C}$ 及对角矩阵 $\boldsymbol{D}$ 为

$$C=\begin{pmatrix}1 & -1 & 1\\ 0 & 1 & -2\\ 0 & 0 & 1\end{pmatrix},\quad D=\begin{pmatrix}1 & 0 & 0\\ 0 & 1 & 0\\ 0 & 0 & 0\end{pmatrix},$$

且 $C^{\mathrm{T}}AC=D$.

例 7.6　用初等变换法把例 7.4 的二次型化为标准形,并写出所用的可逆线性变换.

解　二次型的矩阵为

$$A=\begin{pmatrix}0 & 1 & 1\\ 1 & 0 & -3\\ 1 & -3 & 0\end{pmatrix},$$

又有

$$\begin{pmatrix}A\\ \hdashline E\end{pmatrix}=\begin{pmatrix}0 & 1 & 1\\ 1 & 0 & -3\\ 1 & -3 & 0\\ \hdashline 1 & 0 & 0\\ 0 & 1 & 0\\ 0 & 0 & 1\end{pmatrix}\xrightarrow[c_1+c_2]{r_1+r_2}\begin{pmatrix}2 & 1 & -2\\ 1 & 0 & -3\\ -2 & -3 & 0\\ \hdashline 1 & 0 & 0\\ 1 & 1 & 0\\ 0 & 0 & 1\end{pmatrix}$$

$$\xrightarrow[c_2+\left(-\frac{1}{2}\right)\times c_1]{r_2+\left(-\frac{1}{2}\right)\times r_1}\begin{pmatrix}2 & 0 & -2\\ 0 & -\frac{1}{2} & -2\\ -2 & -2 & 0\\ \hdashline 1 & -\frac{1}{2} & 0\\ 1 & \frac{1}{2} & 0\\ 0 & 0 & 1\end{pmatrix}$$

$$\xrightarrow[c_3+c_1]{r_3+r_1}\begin{pmatrix}2 & 0 & 0\\ 0 & -\frac{1}{2} & -2\\ 0 & -2 & -2\\ \hdashline 1 & -\frac{1}{2} & 1\\ 1 & \frac{1}{2} & 1\\ 0 & 0 & 1\end{pmatrix}\xrightarrow[c_3+(-4)\times c_2]{r_3+(-4)\times r_2}\begin{pmatrix}2 & 0 & 0\\ 0 & -\frac{1}{2} & 0\\ 0 & 0 & 6\\ \hdashline 1 & -\frac{1}{2} & 3\\ 1 & \frac{1}{2} & -1\\ 0 & 0 & 1\end{pmatrix},$$

故可逆线性变换

$$\begin{pmatrix} x_1 \\ x_2 \\ x_3 \end{pmatrix} = \begin{pmatrix} 1 & -\dfrac{1}{2} & 3 \\ 1 & \dfrac{1}{2} & -1 \\ 0 & 0 & 1 \end{pmatrix} \begin{pmatrix} y_1 \\ y_2 \\ y_3 \end{pmatrix},$$

化二次型为

$$f = 2y_1^2 - \frac{1}{2}y_2^2 + 6y_3^2.$$

7.3 正、负定二次型

7.3.1 惯性定理

7.2 节的算例表明，在一般的数域内，二次型的标准形不是唯一的，它与所做的可逆线性变换有关，但标准形中所含非零平方项的个数不变，等于该二次型的秩.

下面就复数域和实数域的情形来进一步讨论二次型的标准形. 先看复数域的情形.

设 $f(x_1, x_2, \cdots, x_n)$ 是一个秩为 r 的复系数二次型，由定理 7.3 知经过适当的可逆线性变换后，可化 f 为标准形

$$f = d_1 y_1^2 + d_2 y_2^2 + \cdots + d_r y_r^2 \quad (d_i \neq 0, i = 1, 2, \cdots, r).$$

因为复数总可以开平方，因此再做一可逆线性变换

$$z_1 = \sqrt{d_1}\, y_1,\ \cdots, z_r = \sqrt{d_r}\, y_r,\ z_{r+1} = y_{r+1},\ \cdots,\ z_n = y_n,$$

可将二次型化为

$$f = z_1^2 + z_2^2 + \cdots + z_r^2,$$

称之为**复二次型的规范形**. 显然，规范形完全被原二次型的秩所决定，因此有

$$f = \boldsymbol{x}^{\mathrm{T}} \boldsymbol{A} \boldsymbol{x}.$$

定理 7.5 秩为 r 的任一复系数二次型 $f = \boldsymbol{x}^{\mathrm{T}} \boldsymbol{A} \boldsymbol{x}$ 可经过适当的可逆线性变换化成规范形

$$f = z_1^2 + z_2^2 + \cdots + z_r^2,$$

且规范形是唯一的.

该定理换成矩阵的语言可叙述为

推论 1 秩为 r 的任一复数的对称矩阵合同于如下形式的对角矩阵

$$\begin{pmatrix} \boldsymbol{E}_r & \boldsymbol{O} \\ \boldsymbol{O} & \boldsymbol{O} \end{pmatrix}.$$

推论 2 两个复数对称矩阵合同的充分必要条件是它们的秩相同.

再看实数域的情形.

由定理 7.3,秩为 r 的 n 元实二次型 $f=\boldsymbol{x}^{\mathrm{T}}\boldsymbol{A}\boldsymbol{x}$ 可经过适当的可逆线性变换 $\boldsymbol{x}=\boldsymbol{C}\boldsymbol{y}$(包括重新排列变量的顺序)后,化为标准形

$$f=d_1y_1^2+\cdots+d_py_p^2-d_{p+1}y_{p+1}^2-\cdots-d_ry_r^2,$$

其中 $d_i>0\ (i=1,2,\cdots,r)$. 假如再做实可逆线性变换

$$z_1=\sqrt{d_1}y_1,\ \cdots,\ z_r=\sqrt{d_r}y_r,\ z_{r+1}=y_{r+1},\ \cdots,z_n=y_n,$$

就得到

$$f=z_1^2+\cdots+z_p^2-z_{p+1}^2-\cdots-z_r^2,$$

称这一简单形式为**实二次型的规范形**.

定理 7.6 (惯性定理)　对于秩为 r 的 n 元实二次型 $f=\boldsymbol{x}^{\mathrm{T}}\boldsymbol{A}\boldsymbol{x}$,不论用怎样的实可逆线性变换将其化为标准形,标准形中系数不等于零的平方项个数为 r,且其中正项的个数 p 由所给二次型唯一确定. 进一步有,任意实二次型 f 都可以用实可逆线性变换化为规范形,且规范形是唯一的.

证　前面的讨论已表明实二次型可以化为规范形. 下面来证明规范形的唯一性.

设秩为 r 的 n 元实二次型 $f=\boldsymbol{x}^{\mathrm{T}}\boldsymbol{A}\boldsymbol{x}$ 经过实的可逆线性变换 $\boldsymbol{x}=\boldsymbol{C}\boldsymbol{y}$ 和 $\boldsymbol{x}=\widetilde{\boldsymbol{C}}\boldsymbol{z}$ 分别化为规范形

$$f=y_1^2+\cdots+y_p^2-y_{p+1}^2-\cdots-y_r^2,$$
$$f=z_1^2+\cdots+z_q^2-z_{q+1}^2-\cdots-z_r^2.$$

要证明规范形是唯一的,只要证明 $p=q$ 即可. 用反证法. 设 $p>q$,则有

$$y_1^2+\cdots+y_p^2-y_{p+1}^2-\cdots-y_r^2=z_1^2+\cdots+z_q^2-z_{q+1}^2-\cdots-z_r^2. \tag{7.14}$$

由 $\boldsymbol{x}=\boldsymbol{C}\boldsymbol{y}$ 及 $\boldsymbol{x}=\widetilde{\boldsymbol{C}}\boldsymbol{z}$ 得

$$\boldsymbol{z}=\widetilde{\boldsymbol{C}}^{-1}\boldsymbol{C}\boldsymbol{y}=\boldsymbol{G}\boldsymbol{y},$$

其中 $\boldsymbol{G}=\widetilde{\boldsymbol{C}}^{-1}\boldsymbol{C}=(g_{ij})_{n\times n}$,即

$$\begin{cases}z_1=g_{11}y_1+g_{12}y_2+\cdots+g_{1n}y_n,\\ \quad\cdots\cdots\\ z_q=g_{q1}y_1+g_{q2}y_2+\cdots+g_{qn}y_n,\\ \quad\cdots\cdots\\ z_n=g_{n1}y_1+g_{n2}y_2+\cdots+g_{nn}y_n.\end{cases} \tag{7.15}$$

考察齐次线性方程组

$$\begin{cases}g_{11}y_1+g_{12}y_2+\cdots+g_{1n}y_n=0,\\ \quad\cdots\cdots\\ g_{q1}y_1+g_{q2}y_2+\cdots+g_{qn}y_n=0,\\ y_{p+1}=0,\\ \quad\cdots\cdots\\ y_n=0,\end{cases}$$

这个方程组含 n 个未知量,而方程个数为

$$q+(n-p)=n-(p-q)<n,$$

所以它有非零解.设

$$y_1=k_1,\cdots,y_p=k_p,\ y_{p+1}=0,\cdots,\ y_n=0$$

是它的一个非零解.代入式(7.14)左端得到的值为 $k_1^2+\cdots+k_p^2>0$,代入式(7.15)得到一组数 $z_i^{(0)}(i=1,2,\cdots,n)$,其中

$$z_1^{(0)}=z_2^{(0)}=\cdots=z_q^{(0)}=0.$$

再代入式(7.14)的右端得到的值为 $-(z_{q+1}^{(0)})^2-\cdots-(z_r^{(0)})^2\leqslant 0$,这是一个矛盾.同理可证明 $q>p$ 也是不可能的,故 $p=q$. ▎

通常称 p 为二次型 f 的**正惯性指数**,$r-p$ 为**负惯性指数**.例如,例 7.1 的二次型 f 的正惯性指数是 3,负惯性指数是 0;例 7.2 的二次型 f 的正惯性指数是 2,负惯性指数是 0;例 7.3 的二次型 f 的正惯性指数是 2,负惯性指数是 1.

定理 7.6 可以用矩阵的语言叙述如下.

推论 秩为 r 的 n 阶实对称矩阵 $\boldsymbol{A}$ 合同于形式为

$$\begin{pmatrix}\boldsymbol{E}_p & & \\ & -\boldsymbol{E}_{r-p} & \\ & & \boldsymbol{O}\end{pmatrix}$$

的对角矩阵,其中 p 由 $\boldsymbol{A}$ 唯一确定.

7.3.2 正、负定二次型

在实二次型中,正、负二次型占有特殊的地位.

定义 7.3 设有 n 元实二次型 $f=\boldsymbol{x}^{\mathrm{T}}\boldsymbol{A}\boldsymbol{x}$,如果对任意 $\boldsymbol{x}\neq\boldsymbol{0}$ 都有:

(1) $f>0$,则称 f 为**正定二次型**,并称实对称矩阵 $\boldsymbol{A}$ 为**正定矩阵**;

(2) $f<0$,则称 f 为**负定二次型**,并称实对称矩阵 $\boldsymbol{A}$ 为**负定矩阵**;

(3) $f\geqslant 0$,则称 f 为**半正定二次型**,并称实对称矩阵 $\boldsymbol{A}$ 为**半正定矩阵**;

(4) $f\leqslant 0$,则称 f 为**半负定二次型**,并称实对称矩阵 $\boldsymbol{A}$ 为**半负定矩阵**;

(5) f 既不满足(3),又不满足(4),则称 f 为**不定二次型**,并称实对称矩阵 $\boldsymbol{A}$ 为**不定矩阵**.

例 7.7 已知 $\boldsymbol{A}$ 和 $\boldsymbol{B}$ 都是 n 阶正定矩阵,证明 $\boldsymbol{A}+\boldsymbol{B}$ 也是正定矩阵.

证 因为 $\boldsymbol{A}^{\mathrm{T}}=\boldsymbol{A},\ \boldsymbol{B}^{\mathrm{T}}=\boldsymbol{B}$,所以

$$(\boldsymbol{A}+\boldsymbol{B})^{\mathrm{T}}=\boldsymbol{A}^{\mathrm{T}}+\boldsymbol{B}^{\mathrm{T}}=\boldsymbol{A}+\boldsymbol{B},$$

即 $\boldsymbol{A}+\boldsymbol{B}$ 也是实对称矩阵.又对任意 $\boldsymbol{x}\neq\boldsymbol{0}$,有 $\boldsymbol{x}^{\mathrm{T}}\boldsymbol{A}\boldsymbol{x}>0,\ \boldsymbol{x}^{\mathrm{T}}\boldsymbol{B}\boldsymbol{x}>0$,从而

$$\boldsymbol{x}^{\mathrm{T}}(\boldsymbol{A}+\boldsymbol{B})\boldsymbol{x}=\boldsymbol{x}^{\mathrm{T}}\boldsymbol{A}\boldsymbol{x}+\boldsymbol{x}^{\mathrm{T}}\boldsymbol{B}\boldsymbol{x}>0,$$

即 $\boldsymbol{x}^{\mathrm{T}}(\boldsymbol{A}+\boldsymbol{B})\boldsymbol{x}$ 是正定二次型,故 $\boldsymbol{A}+\boldsymbol{B}$ 是正定矩阵. ▎

基于正(负)定二次型与正(负)定矩阵在数学、物理以及工程技术中有着重要的应用,以下给出一些常用的判别条件.

定理 7.7 n 元实二次型 $f=\boldsymbol{x}^{\mathrm{T}}\boldsymbol{A}\boldsymbol{x}$ 为正定的充分必要条件是,它的标准形中 n

个系数全为正,即 f 的正惯性指数为 n.

证　设二次型 $f=\boldsymbol{x}^{\mathrm{T}}\boldsymbol{A}\boldsymbol{x}$ 经可逆线性变换 $\boldsymbol{x}=\boldsymbol{C}\boldsymbol{y}$ 化为标准形

$$f=\sum_{i=1}^{n}d_i y_i^2.$$

充分性. 已知 $d_i>0\ (i=1,2,\cdots,n)$,对于任意 $\boldsymbol{x}\neq\boldsymbol{0}$ 有 $\boldsymbol{y}=\boldsymbol{C}^{-1}\boldsymbol{x}\neq\boldsymbol{0}$,故

$$f=\sum_{i=1}^{n}d_i y_i^2>0.$$

必要性. 用反证法. 假设有某个 $d_s\leqslant 0$,当取 $\boldsymbol{y}=\boldsymbol{\varepsilon}_s$ 时,有 $\boldsymbol{x}=\boldsymbol{C}\boldsymbol{\varepsilon}_s\neq\boldsymbol{0}$,此时

$$f=\boldsymbol{x}^{\mathrm{T}}\boldsymbol{A}\boldsymbol{x}=\boldsymbol{\varepsilon}_s^{\mathrm{T}}\boldsymbol{C}^{\mathrm{T}}\boldsymbol{A}\boldsymbol{C}\boldsymbol{\varepsilon}_s=d_s\leqslant 0,$$

这与已知 f 为正定二次型矛盾. 故 $d_i>0\ (i=1,2,\cdots,n)$. ▌

推论1　实对称矩阵 $\boldsymbol{A}$ 为正定矩阵的充分必要条件是 $\boldsymbol{A}$ 的特征值全为正数.

推论2　实对称矩阵 $\boldsymbol{A}$ 为正定矩阵的充分必要条件是 $\boldsymbol{A}$ 合同于单位矩阵 $\boldsymbol{E}$.

推论3　实对称矩阵 $\boldsymbol{A}$ 为正定矩阵的必要条件是 $\det\boldsymbol{A}>0$.

证　设 $\lambda_1,\lambda_2,\cdots,\lambda_n$ 是 $\boldsymbol{A}$ 的特征值,因为 $\boldsymbol{A}$ 是正定矩阵,由推论1知,$\lambda_i>0$ $(i=1,2,\cdots,n)$,因此

$$\det\boldsymbol{A}=\lambda_1\lambda_2\cdots\lambda_n>0.$$ ▌

定理7.8(Sylvester)　实对称矩阵 $\boldsymbol{A}=(a_{ij})_{n\times n}$ 为正定矩阵的充分必要条件是,$\boldsymbol{A}$ 的各阶**顺序主子式** $\Delta_k\ (k=1,2,\cdots,n)$ 均大于零,即

$$\Delta_1=a_{11}>0,\ \Delta_2=\begin{vmatrix}a_{11}&a_{12}\\a_{21}&a_{22}\end{vmatrix}>0,\cdots,\Delta_n=\det\boldsymbol{A}>0.$$

证　构造二次型

$$f=\boldsymbol{x}^{\mathrm{T}}\boldsymbol{A}\boldsymbol{x}=\sum_{i=1}^{n}\sum_{j=1}^{n}a_{ij}x_i x_j.$$

必要性. 已知二次型 f 是正定的. 令

$$f_k(x_1,x_2,\cdots,x_k)=\sum_{i=1}^{k}\sum_{j=1}^{k}a_{ij}x_i x_j\quad(k=1,2,\cdots,n),$$

则对任意的 $(x_1,x_2,\cdots,x_k)^{\mathrm{T}}\neq\boldsymbol{0}$,有

$$f_k(x_1,x_2,\cdots,x_k)=f(x_1,x_2,\cdots,x_k,0,\cdots,0)>0,$$

从而 $f_k(x_1,x_2,\cdots,x_k)$ 是 k 元正定二次型. 由上面的推论3知

$$\Delta_k=\begin{vmatrix}a_{11}&\cdots&a_{1k}\\\vdots&&\vdots\\a_{k1}&\cdots&a_{kk}\end{vmatrix}>0\quad(k=1,2,\cdots,n).$$

充分性. 已知 $\Delta_k>0\ (k=1,2,\cdots,n)$. 对阶数 n 作数学归纳法. 当 $n=1$ 时,$f=a_{11}x_1^2$,由 $\Delta_1=a_{11}>0$ 知 f 是正定的. 假设论断对 $n-1$ 元二次型成立. 以下来证 n 元二次型的情形.

注意到 $a_{11}>0$,将 f 关于 x_1 配方,得

$$f=\frac{1}{a_{11}}(a_{11}x_1+a_{12}x_2+\cdots+a_{1n}x_n)^2+\sum_{i=2}^{n}\sum_{j=2}^{n}b_{ij}x_ix_j,$$

其中

$$b_{ij}=a_{ij}-\frac{a_{1i}a_{1j}}{a_{11}}\quad(i,j=2,3,\cdots,n).$$

由 $a_{ij}=a_{ji}$ 知 $b_{ij}=b_{ji}$. 如果能证明 $n-1$ 元实二次型 $\sum_{i=2}^{n}\sum_{j=2}^{n}b_{ij}x_ix_j$ 是正定的,则由定义知 f 也是正定的. 根据行列式性质,得

$$\Delta_k=\begin{vmatrix}a_{11}&a_{12}&\cdots&a_{1k}\\a_{21}&a_{22}&\cdots&a_{2k}\\\vdots&\vdots&&\vdots\\a_{k1}&a_{k2}&\cdots&a_{kk}\end{vmatrix}\xlongequal[i=2,3,\cdots,k]{r_i-\frac{a_{i1}}{a_{11}}r_1}\begin{vmatrix}a_{11}&a_{12}&\cdots&a_{1k}\\0&b_{22}&\cdots&b_{2k}\\\vdots&\vdots&&\vdots\\0&b_{k2}&\cdots&b_{kk}\end{vmatrix}=a_{11}\begin{vmatrix}b_{22}&\cdots&b_{2k}\\\vdots&&\vdots\\b_{k2}&\cdots&b_{kk}\end{vmatrix},$$

从而

$$\begin{vmatrix}b_{22}&\cdots&b_{2k}\\\vdots&&\vdots\\b_{k2}&\cdots&b_{kk}\end{vmatrix}>0\quad(k=2,3,\cdots,n).$$

由归纳假设知 $n-1$ 元二次型 $\sum_{i=2}^{n}\sum_{j=2}^{n}b_{ij}x_ix_j$ 是正定的. ▎

注意到,若 $f=\boldsymbol{x}^{\mathrm{T}}\boldsymbol{A}\boldsymbol{x}$ 是负定二次型,则 $-f=\boldsymbol{x}^{\mathrm{T}}(-\boldsymbol{A})\boldsymbol{x}$ 是正定二次型,于是有以下定理.

定理 7.9 n 元实二次型 $f=\boldsymbol{x}^{\mathrm{T}}\boldsymbol{A}\boldsymbol{x}$ 负定的充分必要条件是下列条件之一成立:

(1) f 的负惯性指数为 n;

(2) $\boldsymbol{A}$ 的特征值全为负数;

(3) $\boldsymbol{A}$ 合同于 $-\boldsymbol{E}$;

(4) $\boldsymbol{A}$ 的各阶顺序主子式负正相间,即奇数阶顺序主子式为负数,偶数阶顺序主子式为正数.

例 7.8 判断下列二次型的正定性:

(1) $f=5x_1^2+x_2^2+5x_3^2+4x_1x_2-8x_1x_3-4x_2x_3$;

(2) $f=-5x_1^2-6x_2^2-4x_3^2+4x_1x_2+4x_1x_3$.

解 (1) 二次型 f 的矩阵为

$$\boldsymbol{A}=\begin{pmatrix}5&2&-4\\2&1&-2\\-4&-2&5\end{pmatrix}.$$

因为 $\Delta_1=5>0$, $\Delta_2=\begin{vmatrix}5&2\\2&1\end{vmatrix}=1>0$, $\Delta_3=\det\boldsymbol{A}=1>0$,所以 f 是正定的.

(2) 二次型 f 的矩阵为

$$A=\begin{pmatrix} -5 & 2 & 2 \\ 2 & -6 & 0 \\ 2 & 0 & -4 \end{pmatrix}.$$

因为 $\Delta_1=-5<0$，$\Delta_2=\begin{vmatrix} -5 & 2 \\ 2 & -6 \end{vmatrix}=26>0$，　$\Delta_3=\det \boldsymbol{A}=-80<0$，所以 f 是负定的.

至于半正定二次型的判定有如下定理.

定理 7.10　n 元实二次型 $f=\boldsymbol{x}^{\mathrm{T}}\boldsymbol{A}\boldsymbol{x}$ 半正定的充分必要条件是下列条件之一成立：

(1) f 的正惯性指数与秩相等；

(2) $\boldsymbol{A}$ 的特征值全非负；

(3) $\boldsymbol{A}$ 合同于矩阵 $\begin{pmatrix} \boldsymbol{E}_r & \boldsymbol{O} \\ \boldsymbol{O} & \boldsymbol{O} \end{pmatrix}$.

需要指出的是，仅有顺序主子式大于或等于零是不能保证半正定性的. 比如，

$$f(x_1,x_2)=-x_2^2=(x_1,x_2)\begin{pmatrix} 0 & 0 \\ 0 & -1 \end{pmatrix}\begin{pmatrix} x_1 \\ x_2 \end{pmatrix}$$

就是一个反例.

由解析几何知道，二次方程

$$a_{11}x_1^2+a_{22}x_2^2+a_{33}x_3^2+2a_{12}x_1x_2+2a_{13}x_1x_3+2a_{23}x_2x_3 \\ +b_1x_1+b_2x_2+b_3x_3+c=0.$$

一般来说表示空间二次曲面. 要判断该二次曲面的类型，需要用直角坐标变换将其中三元二次型部分的交叉项消去，即变成标准形，再通过坐标平移，即可得到二次曲面的标准方程.

当二次曲线或二次曲面方程中的二次型部分是正定或负定二次型时，相应的二次曲线或二次曲面是椭圆或椭球面(读者可以考虑其原因).

例 7.9　判定 $5x^2-6xy+5y^2+4x+y-10=0$ 为何种二次曲线？

解　二次型部分

$$f=5x^2-6xy+6y^2.$$

该二次型的矩阵为 $\boldsymbol{A}=\begin{pmatrix} 5 & -3 \\ -3 & 5 \end{pmatrix}$. 因为

$$\Delta_1=5>0,\quad \Delta_2=\det \boldsymbol{A}=16>0,$$

故 f 为正定二次型，从而该二次曲线为椭圆.

7.3.3　多元函数极值的判定

在实际问题中，往往会遇到求多元函数的最大值、最小值问题. 这一问题可利

用二次型的理论来解决.

设 n 元实函数 $f(x_1,x_2,\cdots,x_n)$ 在点 $M_0(a_1,a_2,\cdots,a_n)$ 的邻域内有连续的二阶偏导数,且设 M_0 为驻点,即满足

$$\left.\frac{\partial f(x_1,x_2,\cdots,x_n)}{\partial x_j}\right|_{M_0}=0 \quad (j=1,2,\cdots,n). \tag{7.16}$$

由高等数学知,函数的极值点必是驻点,但驻点不一定是极值点. 现要判定 M_0 究竟是否为极值点? 对 $n=2$ 的情形,高等数学教材中已给出了一个充分条件;但对 $n>2$ 的情形,一般高等数学教材中不做介绍.

设 $\Delta x_i=x_i-a_i(i=1,2,\cdots,n)$,利用多元函数的泰勒公式(高等数学中仅讨论 $n=2$的情形)有

$$\begin{aligned}&f(x_1,x_2,\cdots,x_n)-f(a_1,a_2,\cdots,a_n)\\&=\Delta x_1\frac{\partial f(a_1,a_2,\cdots,a_n)}{\partial x_1}+\cdots+\Delta x_n\frac{\partial f(a_1,a_2,\cdots,a_n)}{\partial x_n}\\&\quad+\frac{1}{2!}\Big[(\Delta x_1)^2\frac{\partial^2 f(a_1,a_2,\cdots,a_n)}{\partial x_1^2}+2(\Delta x_1)(\Delta x_2)\frac{\partial^2 f(a_1,a_2,\cdots,a_n)}{\partial x_1\partial x_2}\\&\quad+\cdots+2(\Delta x_1)(\Delta x_n)\frac{\partial^2 f(a_1,a_2,\cdots,a_n)}{\partial x_1\partial x_n}+(\Delta x_2)^2\frac{\partial^2 f(a_1,a_2,\cdots,a_n)}{\partial x_2^2}\\&\quad+2(\Delta x_2)(\Delta x_3)\frac{\partial^2 f(a_1,a_2,\cdots,a_n)}{\partial x_2\partial x_3}+\cdots+(\Delta x_n)^2\frac{\partial^2 f(a_1,a_2,\cdots,a_n)}{\partial x_n^2}\Big]+O(\rho^3),\end{aligned} \tag{7.17}$$

其中 $\rho=\sqrt{(\Delta x_1)^2+(\Delta x_2)^2+\cdots+(\Delta x_n)^2}$. 令

$$\Delta\boldsymbol{x}=(\Delta x_1,\Delta x_2,\cdots,\Delta x_n)^{\mathrm{T}}, \quad \boldsymbol{A}=(a_{ij})_{n\times n},$$

其中 $a_{ij}=\dfrac{\partial^2 f(a_1,a_2,\cdots,a_n)}{\partial x_i\partial x_j}$. 则根据 $f(x_1,x_2,\cdots,x_n)$ 有二阶连续偏导数知 $a_{ij}=a_{ji}$,即 $\boldsymbol{A}$ 是实对称矩阵. 利用式(7.16)可将式(7.17)写成

$$f(x_1,x_2,\cdots,x_n)-f(a_1,a_2,\cdots,a_n)=\frac{1}{2}(\Delta\boldsymbol{x})^{\mathrm{T}}\boldsymbol{A}(\Delta\boldsymbol{x})+O(\rho^3). \tag{7.18}$$

在点 M_0 附近 ρ 很小,因此由式(7.18)可知,对任意 $\Delta\boldsymbol{x}\neq\boldsymbol{0}$,若 $(\Delta\boldsymbol{x})^{\mathrm{T}}\boldsymbol{A}(\Delta\boldsymbol{x})>0$,即 $\boldsymbol{A}$ 正定,则

$$f(x_1,x_2,\cdots,x_n)>f(a_1,a_2,\cdots,a_n),$$

即 M_0 是极小值点;若 $\boldsymbol{A}$ 负定,则

$$f(x_1,x_2,\cdots,x_n)<f(a_1,a_2,\cdots,a_n),$$

即 M_0 是极大值点;若 $\boldsymbol{A}$ 是不定矩阵,则在 M_0 点附近 $(\Delta\boldsymbol{x})^{\mathrm{T}}\boldsymbol{A}(\Delta\boldsymbol{x})$ 的值可正可负,所以 M_0 点不是极值点;当 $\boldsymbol{A}$ 是半正定或半负定矩阵时,在 M_0 点附近 $(\Delta\boldsymbol{x})^{\mathrm{T}}\boldsymbol{A}(\Delta\boldsymbol{x})$ 的符号会受到 $O(\rho^3)$ 项的影响,需采用其他方法来判定 M_0 是否为极值点.

定理 7.11　设 n 元实函数 $f(x_1,x_2,\cdots,x_n)$ 在点 $M_0(a_1,a_2,\cdots,a_n)$ 的邻域内有二阶连续偏导数,若

$$\left.\frac{\partial f}{\partial x_j}\right|_{(a_1,a_2,\cdots,a_n)}=0\quad(j=1,2,\cdots,n),$$

并且

$$\boldsymbol{A}=\begin{pmatrix}\dfrac{\partial^2 f(a_1,a_2,\cdots,a_n)}{\partial x_1^2} & \dfrac{\partial^2 f(a_1,a_2,\cdots,a_n)}{\partial x_1\partial x_2} & \cdots & \dfrac{\partial^2 f(a_1,a_2,\cdots,a_n)}{\partial x_1\partial x_n}\\ \dfrac{\partial^2 f(a_1,a_2,\cdots,a_n)}{\partial x_1\partial x_2} & \dfrac{\partial^2 f(a_1,a_2,\cdots,a_n)}{\partial x_2^2} & \cdots & \dfrac{\partial^2 f(a_1,a_2,\cdots,a_n)}{\partial x_2\partial x_n}\\ \vdots & \vdots & & \vdots\\ \dfrac{\partial^2 f(a_1,a_2,\cdots,a_n)}{\partial x_1\partial x_n} & \dfrac{\partial^2 f(a_1,a_2,\cdots,a_n)}{\partial x_2\partial x_n} & \cdots & \dfrac{\partial^2 f(a_1,a_2,\cdots,a_n)}{\partial x_n^2}\end{pmatrix},$$

则　(1) 当 $\boldsymbol{A}$ 正定时,M_0 是极小值点;

(2) 当 $\boldsymbol{A}$ 负定时,M_0 是极大值点;

(3) 当 $\boldsymbol{A}$ 不定时,M_0 不是极值点;

(4) 当 $\boldsymbol{A}$ 为半正定或半负定矩阵时,M_0 是 $f(x_1,x_2,\cdots,x_n)$ 的"可疑"极值点,尚需利用其他方法来判定.

特别地,对于二元实函数 $f(x,y)$,有

$$\boldsymbol{A}=\begin{pmatrix}\dfrac{\partial^2 f(a_1,a_2)}{\partial x_1^2} & \dfrac{\partial^2 f(a_1,a_2)}{\partial x_1\partial x_2}\\ \dfrac{\partial^2 f(a_1,a_2)}{\partial x_1\partial x_2} & \dfrac{\partial^2 f(a_1,a_2)}{\partial x_2^2}\end{pmatrix}.$$

若利用顺序主子式判定 $\boldsymbol{A}$ 正定或负定,再根据定理 7.11 判定二元函数的极值,则有:

(1) 当 $\dfrac{\partial^2 f(a_1,a_2)}{\partial x^2}>0$,且

$$\frac{\partial^2 f(a_1,a_2)}{\partial x^2}\,\frac{\partial^2 f(a_1,a_2)}{\partial y^2}-\left(\frac{\partial^2 f(a_1,a_2)}{\partial x\partial y}\right)^2>0$$

时,$\boldsymbol{A}$ 正定,从而 (a_1,a_2) 是 $f(x,y)$ 的极小值点;

(2) 当 $\dfrac{\partial^2 f(a_1,a_2)}{\partial x^2}<0$,且

$$\frac{\partial^2 f(a_1,a_2)}{\partial x^2}\,\frac{\partial^2 f(a_1,a_2)}{\partial y^2}-\left(\frac{\partial^2 f(a_1,a_2)}{\partial x\partial y}\right)^2>0$$

时,$\boldsymbol{A}$ 负定,从而 (a_1,a_2) 是 $f(x,y)$ 的极大值点.

可见,该判定条件与高等数学中所给条件是一致的.

例 7.10　求三元函数

$$f(x,y,z)=x^2+y^2+z^2+2x+4y-6z$$

的极值.

解　因为

$$\frac{\partial f}{\partial x}=2x+2,\quad \frac{\partial f}{\partial y}=2y+4,\quad \frac{\partial f}{\partial z}=2z-6,$$

所以 f 的驻点是$(-1,-2,3)$. 又可求得

$$\frac{\partial^2 f}{\partial x^2}=2,\quad \frac{\partial^2 f}{\partial x\partial y}=0,\quad \frac{\partial^2 f}{\partial x\partial z}=0,\quad \frac{\partial^2 f}{\partial y^2}=2,\quad \frac{\partial^2 f}{\partial y\partial z}=0,\quad \frac{\partial^2 f}{\partial z^2}=2,$$

于是

$$\boldsymbol{A}=\begin{pmatrix}2&0&0\\0&2&0\\0&0&2\end{pmatrix}.$$

由于 $\boldsymbol{A}$ 是正定矩阵,故$(-1,-2,3)$是极小值点,且极小值为 $f(-1,-2,3)=-14$.

习 题 7

1. 写出下列二次型的矩阵形式,并求二次型的秩:
   (1) $f=x_1^2+2x_2^2+x_1x_2-2x_2x_3$;
   (2) $f=x_1^2+2x_2^2+5x_3^2+2x_1x_2+2x_1x_3+6x_2x_3$;
   (3) $f=x_1x_2-2x_2x_3+3x_3x_4$.
2. 用正交变换化下列二次型为标准形,并写出所用的正交变换:
   (1) $f=2x_1^2+3x_2^2+3x_3^2+4x_2x_3$;
   (2) $f=2x_1^2+x_2^2-4x_1x_2-4x_2x_3$;
   (3) $f=2x_1x_2-2x_3x_4$.
3. 用配方法化下列二次型为标准形,并写出所用的可逆线性变换:
   (1) $f=x_1^2+2x_2^2+4x_3^2+2x_1x_2+2x_1x_3+6x_2x_3$;
   (2) $f=x_1x_2-2x_1x_3+3x_2x_3$.
4. 用初等变换法化下列二次型为标准形,并写出所用的可逆线性变换:
   (1) $f=x_1^2+2x_2^2+4x_3^2+2x_1x_2+4x_2x_3$;
   (2) $f=-x_2^2+4x_3^2+2x_1x_2+4x_1x_3+6x_2x_3$.
5. 用初等变换求可逆矩阵 $\boldsymbol{C}$,使下列实对称矩阵 $\boldsymbol{A}$ 与对角矩阵合同:

   (1) $\boldsymbol{A}=\begin{pmatrix}2&2&4\\2&-1&-2\\4&-2&-1\end{pmatrix}$;　(2) $\boldsymbol{A}=\begin{pmatrix}0&1&1\\1&0&1\\1&1&0\end{pmatrix}$.
6. 已知二次型

$$f(x_1,x_2,x_3)=x_1^2+x_2^2+x_3^2+2ax_1x_2+2bx_2x_3+2x_1x_3$$

经正交变换化为标准形 $f=y_2^2+2y_3^2$,试求参数 a,b 及所用的正交变换.

7. 判断下列二次型的正定性：

（1）$f=5x_1^2+x_2^2+5x_3^2+4x_1x_2-8x_1x_3-4x_2x_3$；

（2）$f=-5x_1^2-6x_2^2-4x_3^2+4x_1x_2+4x_1x_3$.

8. 当 t 取什么值时，下列二次型是正定的：

（1）$f=x_1^2+4x_2^2+2x_3^2+2tx_1x_2+2x_1x_3$；

（2）$f=x_1^2+2x_2^2+5x_3^2+2x_1x_2-2x_1x_3+4tx_2x_3$.

9. 设 $\boldsymbol{A}$ 为正定矩阵，证明 $\boldsymbol{A}^{-1}$，$\boldsymbol{A}^*$ 也是正定矩阵.

10. 证明：如果 n 阶实对称矩阵 $\boldsymbol{A}=(a_{ij})_{n\times n}$ 是正定的，则 $a_{ii}>0$ $(i=1,2,\cdots,n)$.

11. 设 $\boldsymbol{A}$ 是 n 阶正定矩阵，$\boldsymbol{E}$ 是 n 阶单位矩阵，证明：$\det(\boldsymbol{A}+\boldsymbol{E})>1$.

12. 设 $\boldsymbol{A}$ 是 $m\times n$ 实矩阵，且 $\mathrm{rank}\boldsymbol{A}=n$，证明 $\boldsymbol{A}^{\mathrm{T}}\boldsymbol{A}$ 是正定矩阵.

13. 设 $\boldsymbol{A}$ 为 n 阶实对称矩阵，$\boldsymbol{A}$ 的 n 个特征值为 $\lambda_1\leqslant\lambda_2\leqslant\cdots\leqslant\lambda_n$. 证明：对任意 $\boldsymbol{x}=(x_1,x_2,\cdots,x_n)^{\mathrm{T}}$ 有

$$\lambda_1\boldsymbol{x}^{\mathrm{T}}\boldsymbol{x}\leqslant\boldsymbol{x}^{\mathrm{T}}\boldsymbol{A}\boldsymbol{x}\leqslant\lambda_n\boldsymbol{x}^{\mathrm{T}}\boldsymbol{x}.$$

14. 设 $\boldsymbol{A}$ 是 n 阶实对称矩阵，$\boldsymbol{B}$ 是 n 阶正定矩阵. 证明：存在可逆矩阵 $\boldsymbol{C}$，使得 $\boldsymbol{C}^{\mathrm{T}}\boldsymbol{A}\boldsymbol{C}$ 和 $\boldsymbol{C}^{\mathrm{T}}\boldsymbol{B}\boldsymbol{C}$ 都是对角矩阵.

15. 设 $\boldsymbol{A}$ 为 n 阶实对称矩阵，且 $\det\boldsymbol{A}<0$. 试证：必有实向量 $\boldsymbol{x}\neq\boldsymbol{0}$，使得 $\boldsymbol{x}^{\mathrm{T}}\boldsymbol{A}\boldsymbol{x}<0$.

第 8 章　λ-矩阵

在第 6 章中，我们讨论过矩阵在相似变换下的化简问题，证明了矩阵可对角化的一些条件. 本章将讨论 λ-矩阵的性质，并应用这些性质研究矩阵相似的条件，进而研究矩阵的 Jordan 标准形和有理标准形.

8.1　λ-矩阵的概念

定义 8.1　设 $\mathbf{K}$ 是一个数域，λ 是一个文字，$a_{ij}(\lambda)(i=1,2,\cdots,m;j=1,2,\cdots,n)$ 是数域 $\mathbf{K}$ 上 λ 的多项式，以 $a_{ij}(\lambda)$ 为元素的矩阵

$$\begin{pmatrix} a_{11}(\lambda) & a_{12}(\lambda) & \cdots & a_{1n}(\lambda) \\ a_{21}(\lambda) & a_{22}(\lambda) & \cdots & a_{2n}(\lambda) \\ \vdots & \vdots & & \vdots \\ a_{m1}(\lambda) & a_{m2}(\lambda) & \cdots & a_{mn}(\lambda) \end{pmatrix}$$

称为**数域 $\mathbf{K}$ 上 $m\times n$ 的 λ-矩阵**，简称 **λ-矩阵**.

因为数域 $\mathbf{K}$ 中的数也是数域 $\mathbf{K}$ 上 λ 的多项式，所以 λ-矩阵中也包括以数为元素的矩阵，为了与 λ-矩阵相区别，称之为**数字矩阵**，仍用 $\boldsymbol{A}$, $\boldsymbol{B}$ 等表示数字矩阵，而用 $\boldsymbol{A}(\lambda)$、$\boldsymbol{B}(\lambda)$ 等表示 λ-矩阵.

我们知道，数域 $\mathbf{K}$ 上的多项式可以做加、减、乘三种运算，并且它们与数的运算有相同的运算规律，而矩阵加法与乘法的定义只是用到其中元素的加法与乘法. 因此，同样可以定义 λ-矩阵的加法与乘法，它们与数字矩阵的运算有相同的运算规律. 行列式的定义也只用到其中元素的加法与乘法，因此，同样可以定义一个 $n\times n$ 的 λ-矩阵的行列式，它的值是 λ 的一个多项式. λ-矩阵的行列式与数字矩阵的行列式有相同的性质，这些就不重复叙述与证明了.

对于 n 阶方阵 $\boldsymbol{A}$，其特征矩阵 $\lambda\boldsymbol{E}-\boldsymbol{A}$ 就是一个 λ-矩阵，而 $\det(\lambda\boldsymbol{E}-\boldsymbol{A})$ 是 $\boldsymbol{A}$ 的特征多项式.

既然有行列式，也就有 λ-矩阵的子式的概念，利用这个概念可以定义 λ-矩阵的秩.

定义 8.2　如果 λ-矩阵 $\boldsymbol{A}(\lambda)$ 中有一个 $r(\geqslant 1)$ 阶子式不为零，而所有 $r+1$ 阶子式（如果有的话）全为零，则称 $\boldsymbol{A}(\lambda)$ 的**秩**为 r，记为 $\operatorname{rank}\boldsymbol{A}(\lambda)$. 零矩阵的秩规定为零.

对于数字矩阵,这与从前的定义是一致的.

例 8.1　求 λ-矩阵 $\boldsymbol{A}(\lambda)=\begin{pmatrix}\lambda^2 & \lambda^2 & 2\lambda^2 & 2\lambda^2\\ 1 & 2 & 2 & 3\\ \lambda+1 & \lambda & 2\lambda+2 & 2\lambda+1\end{pmatrix}$的秩.

解　因为 $\boldsymbol{A}(\lambda)$有一个二阶子式

$$\begin{vmatrix}\lambda^2 & \lambda^2\\ 1 & 2\end{vmatrix}=\lambda^2\neq 0,$$

而 $\boldsymbol{A}(\lambda)$的 4 个三阶子式全等于 0,所以 $\operatorname{rank}\boldsymbol{A}(\lambda)=2$.

定义 8.3　设 $\boldsymbol{A}(\lambda)$是 $n\times n$ 的 λ-矩阵,如果存在 $n\times n$ 的 λ-矩阵 $\boldsymbol{B}(\lambda)$,使得

$$\boldsymbol{A}(\lambda)\boldsymbol{B}(\lambda)=\boldsymbol{B}(\lambda)\boldsymbol{A}(\lambda)=\boldsymbol{E}_n.$$

这里 $\boldsymbol{E}_n$ 是 n 阶单位矩阵,则称 $\boldsymbol{A}(\lambda)$是**可逆**的,而称 $\boldsymbol{B}(\lambda)$为 $\boldsymbol{A}(\lambda)$的**逆矩阵**.

容易证明,λ-矩阵 $\boldsymbol{A}(\lambda)$如果可逆,则其逆矩阵 $\boldsymbol{B}(\lambda)$是唯一的,记之为 $\boldsymbol{A}^{-1}(\lambda)$.

关于 λ-矩阵可逆的条件有:

定理 8.1　一个 $n\times n$ 的 λ-矩阵 $\boldsymbol{A}(\lambda)$可逆的充分必要条件是 $\det\boldsymbol{A}(\lambda)$是一个非零常数.

证　如果 $\boldsymbol{A}(\lambda)$可逆,则存在 n 阶 λ-矩阵 $\boldsymbol{B}(\lambda)$,使得

$$\boldsymbol{A}(\lambda)\boldsymbol{B}(\lambda)=\boldsymbol{E}_n.$$

上式两边取行列式,得

$$\det\boldsymbol{A}(\lambda)\det\boldsymbol{B}(\lambda)=\det\boldsymbol{E}_n=1.$$

因为 $\det\boldsymbol{A}(\lambda)$与 $\det\boldsymbol{B}(\lambda)$都是 λ 的多项式,由它们的乘积是 1 可知它们都是零次多项式,也就是非零常数.

反之,如果 $\det\boldsymbol{A}(\lambda)=d$ 是一个非零常数,设 $\boldsymbol{A}^*(\lambda)$是 $\boldsymbol{A}(\lambda)$的伴随矩阵,它也是一个λ-矩阵. 由

$$\boldsymbol{A}(\lambda)\boldsymbol{A}^*(\lambda)=\boldsymbol{A}^*(\lambda)\boldsymbol{A}(\lambda)=(\det\boldsymbol{A}(\lambda))\boldsymbol{E}_n=d\boldsymbol{E}_n$$

得

$$\boldsymbol{A}(\lambda)\left(\frac{1}{d}\boldsymbol{A}^*(\lambda)\right)=\left(\frac{1}{d}\boldsymbol{A}^*(\lambda)\right)\boldsymbol{A}(\lambda)=\boldsymbol{E}_n,$$

故 $\boldsymbol{A}(\lambda)$可逆,且 $\boldsymbol{A}^{-1}(\lambda)=\dfrac{1}{d}\boldsymbol{A}^*(\lambda)$. ▎

例 8.2　判断下列 λ-矩阵是否可逆?若可逆,试求其逆矩阵.

(1) $\boldsymbol{A}(\lambda)=\begin{pmatrix}\lambda & -\lambda\\ -\lambda & \lambda\end{pmatrix}$;　(2) $\boldsymbol{B}(\lambda)=\begin{pmatrix}\lambda^2 & 2\lambda\\ 3\lambda & -\lambda\end{pmatrix}$;

(3) $\boldsymbol{C}(\lambda)=\begin{pmatrix}-\lambda+2 & \lambda\\ \lambda & -\lambda-2\end{pmatrix}$.

解　(1) 因为 $\det\boldsymbol{A}(\lambda)=0$,所以 $\boldsymbol{A}(\lambda)$不可逆;

(2) 因为 $\det\boldsymbol{B}(\lambda)=-\lambda^3-6\lambda^2$ 不是一个非零常数，所以 $\boldsymbol{B}(\lambda)$ 不可逆；

(3) 因为 $\det\boldsymbol{C}(\lambda)=-4$ 是一个非零常数，所以 $\boldsymbol{C}(\lambda)$ 可逆，并且

$$\boldsymbol{C}^{-1}(\lambda)=\frac{1}{-4}\boldsymbol{C}^*(\lambda)=\frac{1}{-4}\begin{pmatrix}-\lambda-2 & -\lambda\\ -\lambda & -\lambda+2\end{pmatrix}=\begin{pmatrix}\frac{1}{4}\lambda+\frac{1}{2} & \frac{1}{4}\lambda\\ \frac{1}{4}\lambda & \frac{1}{4}\lambda-\frac{1}{2}\end{pmatrix}.$$

对于数字矩阵 $\boldsymbol{A}$ 来说，$\boldsymbol{A}$ 可逆的充分必要条件是 $\det\boldsymbol{A}\neq 0$. 从定理 8.1 和例题可以看出，一个 λ-矩阵 $\boldsymbol{A}(\lambda)$ 可逆，则 $\det\boldsymbol{A}(\lambda)\neq 0$，但 $\det\boldsymbol{A}(\lambda)\neq 0$ 时，$\boldsymbol{A}(\lambda)$ 不一定是可逆的.

多项式矩阵也可以像多项式那样写成另一种比较整齐的形式. 设 λ-矩阵 $\boldsymbol{A}(\lambda)=(a_{ij}(\lambda))_{m\times n}$ 的元素的最高次数为 k，则 $\boldsymbol{A}(\lambda)$ 可以表示为

$$\boldsymbol{A}(\lambda)=\lambda^k\boldsymbol{A}_k+\lambda^{k-1}\boldsymbol{A}_{k-1}+\cdots+\lambda\boldsymbol{A}_1+\boldsymbol{A}_0, \tag{8.1}$$

其中 $\boldsymbol{A}_k\neq\boldsymbol{O}$, $\boldsymbol{A}_{k-1}$, …, $\boldsymbol{A}_1$, $\boldsymbol{A}_0$ 都是 $m\times n$ 的数字矩阵，称 k 为 λ-矩阵 $\boldsymbol{A}(\lambda)$ 的**次数**，而称式(8.1)为 $\boldsymbol{A}(\lambda)$ 的**自然表示**.

例 8.3 λ-矩阵

$$\boldsymbol{A}(\lambda)=\begin{pmatrix}\lambda^3-\lambda & \lambda^2+1 & 2\lambda^3-3\lambda^2+\lambda-1\\ 1 & \lambda^3-2 & 5\lambda^2+1\\ \lambda^2 & -1 & 0\end{pmatrix}$$

的次数为 3，其自然表示为

$$\boldsymbol{A}(\lambda)=\lambda^3\begin{pmatrix}1&0&2\\0&1&0\\0&0&0\end{pmatrix}+\lambda^2\begin{pmatrix}0&1&-3\\0&0&5\\1&0&0\end{pmatrix}+\lambda\begin{pmatrix}-1&0&1\\0&0&0\\0&0&0\end{pmatrix}+\begin{pmatrix}0&1&-1\\1&-2&1\\0&-1&0\end{pmatrix}.$$

将两个 λ-矩阵用自然形式表示后，它们相加、相减、相乘与一般多项式的运算一样，但由于数字矩阵乘法中可能出现 $\boldsymbol{A}\neq\boldsymbol{O}$, $\boldsymbol{B}\neq\boldsymbol{O}$，而 $\boldsymbol{AB}=\boldsymbol{O}$ 的情形，因此，两个 λ-矩阵相乘不满足多项式乘法的次数规律. 如取

$$\boldsymbol{A}(\lambda)=\lambda^3\begin{pmatrix}1&0\\0&0\end{pmatrix}+\lambda\begin{pmatrix}1&2\\-1&0\end{pmatrix}+\begin{pmatrix}1&1\\0&0\end{pmatrix},\quad \boldsymbol{B}(\lambda)=\lambda^2\begin{pmatrix}0&0\\2&1\end{pmatrix}+\begin{pmatrix}1&2\\-1&-2\end{pmatrix},$$

则 $\boldsymbol{A}(\lambda)$，$\boldsymbol{B}(\lambda)$ 的次数分别为 3 和 2，它们的乘积为

$$\boldsymbol{A}(\lambda)\boldsymbol{B}(\lambda)=\lambda^3\begin{pmatrix}5&4\\0&0\end{pmatrix}+\lambda^2\begin{pmatrix}2&1\\0&0\end{pmatrix}+\lambda\begin{pmatrix}-1&-2\\-1&-2\end{pmatrix},$$

可见，$\boldsymbol{A}(\lambda)\boldsymbol{B}(\lambda)$ 的次数为 3.

8.2 λ-矩阵的等价标准形

类似于数字矩阵的初等变换(3.1 节)，可以同样地定义 λ-矩阵的初等变换.

定义 8.4 对 λ-矩阵进行的如下三种变换：

(1) 对调两行(列)；

(2) 用 $k\neq 0$ 乘一行(列)的所有元素；

(3) 某一行(列)所有元素的 $\varphi(\lambda)$ 倍加到另一行(列)的对应元素上，$\varphi(\lambda)$ 是一个多项式，称为 λ-矩阵的**初等行(列)变换**，初等行变换与初等列变换统称为**初等变换**. 若 λ-矩阵 $\boldsymbol{A}(\lambda)$ 经过有限次的初等变换变成 $\boldsymbol{B}(\lambda)$，则称 $\boldsymbol{A}(\lambda)$ 与 $\boldsymbol{B}(\lambda)$ **等价**，记为 $\boldsymbol{A}(\lambda)\cong\boldsymbol{B}(\lambda)$ 或 $\boldsymbol{A}(\lambda)\rightarrow\boldsymbol{B}(\lambda)$.

为方便，对调 λ-矩阵的 i，j 两行(列)记作 $\mathrm{r}_i\leftrightarrow\mathrm{r}_j$ $(\mathrm{c}_i\leftrightarrow\mathrm{c}_j)$；第 i 行(列)乘非零数 k 记作 $\mathrm{r}_i\times k$ $(\mathrm{c}_i\times k)$；将第 j 行(列)的 $\varphi(\lambda)$ 倍加到第 i 行(列)上记作 $\mathrm{r}_i+\varphi(\lambda)\mathrm{r}_j$ $(\mathrm{c}_i+\varphi(\lambda)\mathrm{c}_j)$.

等价是 λ-矩阵之间的一种关系，这个关系显然具有下列三条性质：

(1) 自反性：$\boldsymbol{A}(\lambda)\cong\boldsymbol{A}(\lambda)$；

(2) 对称性：若 $\boldsymbol{A}(\lambda)\cong\boldsymbol{B}(\lambda)$，则 $\boldsymbol{B}(\lambda)\cong\boldsymbol{A}(\lambda)$；

(3) 传递性：若 $\boldsymbol{A}(\lambda)\cong\boldsymbol{B}(\lambda)$，$\boldsymbol{B}(\lambda)\cong\boldsymbol{C}(\lambda)$，则 $\boldsymbol{A}(\lambda)\cong\boldsymbol{C}(\lambda)$.

为了将 λ-矩阵的等价关系通过矩阵运算来表示，需要建立初等变换与矩阵的关系. 为此，和数字矩阵一样，可以引进初等矩阵. 例如，将单位矩阵第 j 行的 $\varphi(\lambda)$ 倍加到第 i 行上得

$$\boldsymbol{E}(i,\ j(\varphi(\lambda)))=\begin{pmatrix}1&&&&&&\\&\ddots&&&&&\\&&1&&\varphi(\lambda)&&\\&&&\ddots&&&\\&&&&1&&\\&&&&&\ddots&\\&&&&&&1\end{pmatrix}\begin{matrix}\\\\i\text{ 行}\\\\j\text{ 行}\\\\\\\end{matrix}.$$
$$\qquad\qquad\qquad\qquad i\text{ 列}\qquad j\text{ 列}$$

仍用 $\boldsymbol{E}(i,j)$ 表示由单位矩阵经过对调第 i 行与第 j 行所得的初等矩阵，用 $\boldsymbol{E}(i(k))$ 表示用非零数 k 乘单位矩阵第 i 行所得的初等矩阵. 容易证明，初等矩阵都是可逆的，并且有

$$\boldsymbol{E}(i,\ j)^{-1}=\boldsymbol{E}(i,j),\quad \boldsymbol{E}(i(k))^{-1}=\boldsymbol{E}\left(i\left(\frac{1}{k}\right)\right),$$

$$\boldsymbol{E}(i,j(\varphi(\lambda)))^{-1}=\boldsymbol{E}(i,j(-\varphi(\lambda))).$$

同样地，对一个 $m\times n$ 的 λ-矩阵 $\boldsymbol{A}(\lambda)$ 做一次初等行变换就相当于在 $\boldsymbol{A}(\lambda)$ 的左边乘上相应的 m 阶初等矩阵；对 $\boldsymbol{A}(\lambda)$ 做一次初等列变换就相当于在 $\boldsymbol{A}(\lambda)$ 的右边乘上相应的 n 阶初等矩阵.

应用初等变换与初等矩阵的关系得到下述定理.

定理 8.2 $m\times n$ 矩阵 $\boldsymbol{A}(\lambda)$ 与 $\boldsymbol{B}(\lambda)$ 等价的充分必要条件是存在 m 阶初等矩阵 $\boldsymbol{P}_1,\boldsymbol{P}_2,\cdots,\boldsymbol{P}_s$ 和 n 阶初等矩阵 $\boldsymbol{Q}_1,\boldsymbol{Q}_2,\cdots,\boldsymbol{Q}_t$,使得

$$\boldsymbol{B}(\lambda)=\boldsymbol{P}_1\boldsymbol{P}_2\cdots\boldsymbol{P}_s\boldsymbol{A}(\lambda)\boldsymbol{Q}_1\boldsymbol{Q}_2\cdots\boldsymbol{Q}_t.$$

对于 λ-矩阵,可以仿照数字矩阵的有关结果(定理 3.1)得到.

定理 8.3 如果 λ-矩阵 $\boldsymbol{A}(\lambda)$ 与 $\boldsymbol{B}(\lambda)$ 等价,则 $\operatorname{rank}\boldsymbol{A}(\lambda)=\operatorname{rank}\boldsymbol{B}(\lambda)$.

以下我们证明,任意一个 λ-矩阵可以经过初等变换化为某种对角的形式. 为此,首先给出以下引理.

引理 如果 λ-矩阵 $\boldsymbol{A}(\lambda)$ 的左上角元素 $a_{11}(\lambda)\neq 0$,并且 $\boldsymbol{A}(\lambda)$ 中至少有一个元素不能被它除尽,则可找到一个与 $\boldsymbol{A}(\lambda)$ 等价的矩阵 $\boldsymbol{B}(\lambda)$,它的左上角元素也不为零,但是次数比$a_{11}(\lambda)$的次数低.

证 根据 $\boldsymbol{A}(\lambda)$ 中不能被 $a_{11}(\lambda)$ 除尽的元素所在的位置,分三种情形来讨论:

(1) 若在 $\boldsymbol{A}(\lambda)$ 的第 1 行中有一个元素 $a_{1j}(\lambda)$ 不能被 $a_{11}(\lambda)$ 除尽,则有

$$a_{1j}(\lambda)=a_{11}(\lambda)q(\lambda)+r(\lambda),$$

其中余式 $r(\lambda)\neq 0$,且次数比 $a_{11}(\lambda)$ 的次数低. 对 $\boldsymbol{A}(\lambda)$ 作下述初等列变换:

$$\boldsymbol{A}(\lambda)=\begin{pmatrix} a_{11}(\lambda) & \cdots & a_{1j}(\lambda) & \cdots \\ \vdots & & \vdots & \end{pmatrix}\xrightarrow{\mathrm{c}_j-q(\lambda)\mathrm{c}_1}\begin{pmatrix} a_{11}(\lambda) & \cdots & r(\lambda) & \cdots \\ \vdots & & \vdots & \end{pmatrix}$$

$$\xrightarrow{\mathrm{c}_1\leftrightarrow \mathrm{c}_j}\begin{pmatrix} r(\lambda) & \cdots & a_{11}(\lambda) & \cdots \\ \vdots & & \vdots & \end{pmatrix}.$$

$\boldsymbol{B}(\lambda)$ 的左上角元素 $r(\lambda)$ 符合引理要求;

(2) 在 $\boldsymbol{A}(\lambda)$ 的第 1 列中有一个元素 $a_{i1}(\lambda)$ 不能被 $a_{11}(\lambda)$ 除尽,这种情形的证明与(1)类似;

(3) $\boldsymbol{A}(\lambda)$ 的第 1 行与第 1 列中的元素都能被 $a_{11}(\lambda)$ 除尽,但 $\boldsymbol{A}(\lambda)$ 中有另一个元素 $a_{ij}(\lambda)(i>1,j>1)$ 不能被 $a_{11}(\lambda)$ 除尽. 设 $a_{i1}(\lambda)=a_{11}(\lambda)q(\lambda)$,对 $\boldsymbol{A}(\lambda)$ 做下述初等行变换:

$$\boldsymbol{A}(\lambda)=\begin{pmatrix} a_{11}(\lambda) & \cdots & a_{1j}(\lambda) & \cdots \\ \vdots & & \vdots & \\ a_{i1}(\lambda) & \cdots & a_{ij}(\lambda) & \cdots \\ \vdots & & \vdots & \end{pmatrix}$$

$$\xrightarrow{\mathrm{r}_i-q(\lambda)\mathrm{r}_1}\begin{pmatrix} a_{11}(\lambda) & \cdots & a_{1j}(\lambda) & \cdots \\ \vdots & & \vdots & \\ 0 & \cdots & a_{ij}(\lambda)-q(\lambda)a_{1j}(\lambda) & \cdots \\ \vdots & & \vdots & \end{pmatrix}$$

$$\xrightarrow{r_1+r_i}\begin{pmatrix} a_{11}(\lambda) & \cdots & a_{ij}(\lambda)+(1-q(\lambda))a_{1j}(\lambda) & \cdots \\ \vdots & & \vdots & \\ 0 & \cdots & a_{ij}(\lambda)-q(\lambda)a_{1j}(\lambda) & \cdots \\ \vdots & & \vdots & \end{pmatrix}=\boldsymbol{A}_1(\lambda).$$

矩阵 $\boldsymbol{A}_1(\lambda)$的第一行中有一个元素 $a_{ij}(\lambda)+(1-q(\lambda))a_{1j}(\lambda)$不能被 $a_{11}(\lambda)$除尽,这就化为已经证明了的情形(1). ▌

定理 8.4　设 $\boldsymbol{A}(\lambda)$是 $m\times n$ 的λ-矩阵,且 $\operatorname{rank}\boldsymbol{A}(\lambda)=r(>0)$,则 $\boldsymbol{A}(\lambda)$等价于下列形式的矩阵:

$$\boldsymbol{S}(\lambda)=\begin{pmatrix} \boldsymbol{D}_r(\lambda) & \boldsymbol{O} \\ \boldsymbol{O} & \boldsymbol{O} \end{pmatrix}, \tag{8.2}$$

其中 $\boldsymbol{D}_r(\lambda)=\operatorname{diag}(d_1(\lambda),\ d_2(\lambda),\ \cdots,\ d_r(\lambda))$,而 $d_i(\lambda)(i=1,\ 2,\ \cdots,\ r)$是首项系数为 1 的多项式,且

$$d_i(\lambda)\mid d_{i+1}(\lambda)\quad(i=1,2,\cdots,r-1).$$

称式(8.2)为λ-矩阵 $\boldsymbol{A}(\lambda)$的 **Smith 标准形**.

证　经过行列调动之后,可以使得 $\boldsymbol{A}(\lambda)$的左上角元素 $a_{11}(\lambda)\neq 0$. 如果 $a_{11}(\lambda)$不能除尽 $\boldsymbol{A}(\lambda)$的全部元素,由引理可以找到与 $\boldsymbol{A}(\lambda)$等价的 $\boldsymbol{B}_1(\lambda)$,它的左上角元素 $b_1(\lambda)\neq 0$,并且次数比 $a_{11}(\lambda)$低,如果 $b_1(\lambda)$还不能除尽 $\boldsymbol{B}_1(\lambda)$的全部元素,由引理又可以找到与 $\boldsymbol{B}_1(\lambda)$等价的 $\boldsymbol{B}_2(\lambda)$,它的左上角元素 $b_2(\lambda)\neq 0$,并且次数比 $b_1(\lambda)$低,如此下去,将得到一系列彼此等价的λ-矩阵$\boldsymbol{A}(\lambda)$,$\boldsymbol{B}_1(\lambda)$,$\boldsymbol{B}_2(\lambda)$,…,它们的左上角元素皆不为零,而且次数越来越低,在有限步后,将终止于一个λ-矩阵 $\boldsymbol{B}_s(\lambda)$,它的左上角元素 $b_s(\lambda)\neq 0$,而且可以除尽 $\boldsymbol{B}_s(\lambda)$的全部元素 $b_{ij}(\lambda)$,即

$$b_{ij}(\lambda)=b_s(\lambda)q_{ij}(\lambda).$$

对 $\boldsymbol{B}_s(\lambda)$做初等变换:

$$\boldsymbol{B}_s(\lambda)=\begin{pmatrix} b_s(\lambda) & \cdots & b_{1j}(\lambda) & \cdots \\ \vdots & & \vdots & \\ b_{i1}(\lambda) & \cdots & b_{ij}(\lambda) & \cdots \\ \vdots & & \vdots & \end{pmatrix}\xrightarrow[\substack{c_j-q_{1j}(\lambda)c_1\\ j=2,3,\cdots,n}]{\substack{r_i-q_{i1}(\lambda)r_1\\ i=2,3,\cdots,m}}\left(\begin{array}{c:ccc} b_s(\lambda) & 0 & \cdots & 0 \\ \hdashline 0 & & & \\ \vdots & & \boldsymbol{A}_1(\lambda) & \\ 0 & & & \end{array}\right),$$

其中 $\boldsymbol{A}_1(\lambda)$是$(m-1)\times(n-1)$的λ-矩阵,它的全部元素都可以被 $b_s(\lambda)$除尽. 将 $b_s(\lambda)$化为首项系数为 1 的多项式 $d_1(\lambda)$,它也能除尽 $\boldsymbol{A}_1(\lambda)$的全部元素. 如果 $\boldsymbol{A}_1(\lambda)\neq \boldsymbol{O}$,则对于 $\boldsymbol{A}_1(\lambda)$重复上述过程,进而把矩阵化成

$$\left(\begin{array}{cc:ccc} d_1(\lambda) & 0 & 0 & \cdots & 0 \\ 0 & d_2(\lambda) & 0 & \cdots & 0 \\ \hdashline 0 & 0 & & & \\ \vdots & \vdots & & \boldsymbol{A}_2(\lambda) & \\ 0 & 0 & & & \end{array}\right),$$

其中 $d_1(\lambda)$ 与 $d_2(\lambda)$ 都是首项系数为 1 的多项式，且 $d_1(\lambda)\mid d_2(\lambda)$，$d_2(\lambda)$ 能除尽 $\boldsymbol{A}_2(\lambda)$ 的全部元素.

如此下去，并注意等价的 λ-矩阵有相同的秩，$\boldsymbol{A}(\lambda)$ 最后就化成了所要求的形式(8.2). ∎

例 8.4 用初等变换化 λ-矩阵

$$\boldsymbol{A}(\lambda)=\begin{pmatrix}\lambda^3+\lambda-1 & -\lambda^2 & 1+\lambda^2\\ \lambda^2 & -\lambda & \lambda\\ 2\lambda-1 & \lambda & 1-\lambda\end{pmatrix}$$

为 Smith 标准形.

解

$$\boldsymbol{A}(\lambda)\xrightarrow{c_3+c_2}\begin{pmatrix}\lambda^3+\lambda-1 & -\lambda^2 & 1\\ \lambda^2 & -\lambda & 0\\ 2\lambda-1 & \lambda & 1\end{pmatrix}\xrightarrow{c_1\leftrightarrow c_3}\begin{pmatrix}1 & -\lambda^2 & \lambda^3+\lambda-1\\ 0 & -\lambda & \lambda^2\\ 1 & \lambda & 2\lambda-1\end{pmatrix}$$

$$\xrightarrow[\substack{c_2+\lambda^2c_1\\ c_3-(\lambda^3+\lambda-1)c_1}]{r_3-r_1}\begin{pmatrix}1 & 0 & 0\\ 0 & -\lambda & \lambda^2\\ 0 & \lambda^2+\lambda & -\lambda^3+\lambda\end{pmatrix}$$

$$\xrightarrow[\substack{r_3+(\lambda+1)r_2\\ r_2\times(-1)}]{c_3+\lambda c_2}\begin{pmatrix}1 & 0 & 0\\ 0 & \lambda & 0\\ 0 & 0 & \lambda(\lambda+1)\end{pmatrix}=\boldsymbol{S}(\lambda).$$

$\boldsymbol{S}(\lambda)$ 就是 $\boldsymbol{A}(\lambda)$ 的 Smith 标准形.

8.3 不变因子

8.2 节已经证明了，一个 λ-矩阵必可用初等变换化为 Smith 标准形. 现在来证明 Smith 标准形是唯一的. 为此，首先引入下述定义.

定义 8.5 设 λ-矩阵 $\boldsymbol{A}(\lambda)$ 的秩为 r，对于正整数 $k(1\leqslant k\leqslant r)$，$\boldsymbol{A}(\lambda)$ 中必有非零的 k 阶子式，$\boldsymbol{A}(\lambda)$ 中所有 k 阶子式的首项系数为 1 的最大公因式 $D_k(\lambda)$ 称为 $\boldsymbol{A}(\lambda)$ 的 **k 阶行列式因子**.

例 8.5 求 λ-矩阵 $\boldsymbol{A}(\lambda)=\begin{pmatrix}1+\lambda^2 & 2\lambda^2 & -\lambda^2\\ \lambda & 2\lambda & -\lambda\\ 1-\lambda & 2\lambda^2 & \lambda\end{pmatrix}$ 的各阶行列式因子.

解 由于 $\boldsymbol{A}(\lambda)$ 中有两个 1 阶子式 $1+\lambda^2$ 和 λ^2 互素，所以 $D_1(\lambda)=1$. 可求得 $\boldsymbol{A}(\lambda)$ 的 9 个二阶子式：

$$\begin{vmatrix}1+\lambda^2 & 2\lambda^2\\ \lambda & 2\lambda\end{vmatrix}=2\lambda;\quad \begin{vmatrix}1+\lambda^2 & -\lambda^2\\ \lambda & -\lambda\end{vmatrix}=-\lambda;\quad \begin{vmatrix}2\lambda^2 & -\lambda^2\\ 2\lambda & -\lambda\end{vmatrix}=0;$$

$$\begin{vmatrix} 1+\lambda^2 & 2\lambda^2 \\ 1-\lambda & 2\lambda^2 \end{vmatrix}=2\lambda^3(\lambda+1);\quad \begin{vmatrix} 1+\lambda^2 & -\lambda^2 \\ 1-\lambda & \lambda \end{vmatrix}=\lambda(\lambda+1);$$

$$\begin{vmatrix} 2\lambda^2 & -\lambda^2 \\ 2\lambda^2 & \lambda \end{vmatrix}=2\lambda^3(\lambda+1);\quad \begin{vmatrix} \lambda & 2\lambda \\ 1-\lambda & 2\lambda^2 \end{vmatrix}=2\lambda(\lambda^2+\lambda-1);$$

$$\begin{vmatrix} \lambda & -\lambda \\ 1-\lambda & \lambda \end{vmatrix}=\lambda;\quad \begin{vmatrix} 2\lambda & -\lambda \\ 2\lambda^2 & \lambda \end{vmatrix}=2\lambda^2(\lambda+1).$$

从而 $D_2(\lambda)=\lambda$. 又有 $\det\boldsymbol{A}(\lambda)=2\lambda^2(\lambda+1)$，故 $D_3(\lambda)=\lambda^2(\lambda+1)$.

定理 8.5　等价的 λ-矩阵具有相同的各阶行列式因子.

证　我们只需证明，λ-矩阵经过一次初等变换后行列式因子相同即可.

设 λ-矩阵 $\boldsymbol{A}(\lambda)$ 经过一次初等行变换变成 $\boldsymbol{B}(\lambda)$，$D_k(\lambda)$ 与 $\widetilde{D}_k(\lambda)$ 分别是 $\boldsymbol{A}(\lambda)$ 与 $\boldsymbol{B}(\lambda)$ 的 k 阶行列式因子. 为了证明 $D_k(\lambda)=\widetilde{D}_k(\lambda)$，分下面三种情形讨论：

(1) $\boldsymbol{A}(\lambda)\xrightarrow{r_i\leftrightarrow r_j}\boldsymbol{B}(\lambda)$. 这时，$\boldsymbol{B}(\lambda)$ 的每个 k 阶子式或者等于 $\boldsymbol{A}(\lambda)$ 的某个 k 阶子式，或者与 $\boldsymbol{A}(\lambda)$ 的某个 k 阶子式反号，因此 $D_k(\lambda)$ 是 $\boldsymbol{B}(\lambda)$ 的 k 阶子式的公因式，从而 $D_k(\lambda)\mid\widetilde{D}_k(\lambda)$；

(2) $\boldsymbol{A}(\lambda)\xrightarrow[(c\neq 0)]{r_i\times c}\boldsymbol{B}(\lambda)$. 这时，$\boldsymbol{B}(\lambda)$ 的每个 k 阶子式或者等于 $\boldsymbol{A}(\lambda)$ 的某个 k 阶子式，或者等于 $\boldsymbol{A}(\lambda)$ 的某个 k 阶子式的 c 倍，因此 $D_k(\lambda)$ 是 $\boldsymbol{B}(\lambda)$ 的 k 阶子式的公因式，从而 $D_k(\lambda)\mid\widetilde{D}_k(\lambda)$；

(3) $\boldsymbol{A}(\lambda)\xrightarrow{r_i+\varphi(\lambda)r_j}\boldsymbol{B}(\lambda)$. 这时，$\boldsymbol{B}(\lambda)$ 中包含 i 行与 j 行的 k 阶子式和不包含 i 行的 k 阶子式，都等于 $\boldsymbol{A}(\lambda)$ 中对应的 k 阶子式；$\boldsymbol{B}(\lambda)$ 中那些包含 i 行但不包含 j 行的 k 阶子式，可按 i 行分成两部分，即等于 $\boldsymbol{A}(\lambda)$ 的一个 k 阶子式与另一个 k 阶子式的 $\pm\varphi(\lambda)$ 倍的和，因此 $D_k(\lambda)$ 是 $\boldsymbol{B}(\lambda)$ 的 k 阶子式的公因式，从而 $D_k(\lambda)\mid\widetilde{D}_k(\lambda)$.

又对应上述三种情形分别有 $\boldsymbol{B}(\lambda)\xrightarrow{r_i\leftrightarrow r_j}\boldsymbol{A}(\lambda)$，或 $\boldsymbol{B}(\lambda)\xrightarrow{r_i\times\frac{1}{c}}\boldsymbol{A}(\lambda)$，或 $\boldsymbol{B}(\lambda)\xrightarrow{r_i+(-\varphi(\lambda))r_j}\boldsymbol{A}(\lambda)$，所以有 $\widetilde{D}_k(\lambda)\mid D_k(\lambda)$，于是 $D_k(\lambda)=\widetilde{D}_k(\lambda)$.

对于列变换，可以完全一样地讨论.　▌

由定理 8.5 可以证得：

定理 8.6　λ-矩阵的 Smith 标准形是唯一的.

证　设 $\boldsymbol{A}(\lambda)$ 是 $m\times n$ 的 λ-矩阵，且 $\operatorname{rank}\boldsymbol{A}(\lambda)=r(>0)$，又设式(8.2)的 $\boldsymbol{S}(\lambda)$ 是 $\boldsymbol{A}(\lambda)$ 的 Smith 标准形. 由于 $\boldsymbol{A}(\lambda)$ 与 $\boldsymbol{S}(\lambda)$ 等价，它们有相同的行列式因子. 在 $\boldsymbol{S}(\lambda)$ 中，如果一个 k 阶子式包含的行与列的标号不完全相同，那么这个 k 阶子式一定为零. 因此，为了计算 k 阶行列式因子，只要看由 $i_1,i_2,\cdots,i_k$ 行与 $i_1,i_2,\cdots,i_k$ 列($1\leqslant i_1<i_2<\cdots<i_k\leqslant r$)组成的 k 阶子式即可，而这个 k 阶子式等于

$$d_{i_1}(\lambda)d_{i_2}(\lambda)\cdots d_{i_k}(\lambda).$$

显然，这些 k 阶子式的最大公因式，即 k 阶行列式因子就是

$$D_k(\lambda)=d_1(\lambda)d_2(\lambda)\cdots d_k(\lambda) \quad (k=1,2,\cdots,r), \tag{8.3}$$

于是

$$d_1(\lambda)=D_1(\lambda), \quad d_i(\lambda)=\frac{D_i(\lambda)}{D_{i-1}(\lambda)} \quad (i=2,3,\cdots,r). \tag{8.4}$$

这说明 $\boldsymbol{A}(\lambda)$ 的 Smith 标准形中的非零元素是被 $\boldsymbol{A}(\lambda)$ 的行列式因子所唯一决定的，所以 $\boldsymbol{A}(\lambda)$ 的 Smith 标准形是唯一的. ▌

利用式(8.3)或根据行列式按照它的一行(列)展开公式可得：

推论 设 $D_k(\lambda)(k=1,2,\cdots,r)$ 是 λ-矩阵 $\boldsymbol{A}(\lambda)$ 的 k 阶行列式因子，则

$$D_k(\lambda)\mid D_{k+1}(\lambda) \quad (k=1,2,\cdots,r-1).$$

定义 8.6 λ-矩阵 $\boldsymbol{A}(\lambda)$ 的 Smith 标准形 $\boldsymbol{S}(\lambda)$ 中的非零元素 $d_1(\lambda),d_2(\lambda),\cdots,d_r(\lambda)$ 称为 $\boldsymbol{A}(\lambda)$ 的**不变因子**.

定理 3.3 的推论 2 表明，两个 $m\times n$ 数字矩阵等价的充分必要条件是它们有相同的秩，但对于 λ-矩阵，仅有秩相同不能保证它们是等价的. 根据定理 8.6 可得：

定理 8.7 两个 $m\times n$ 的 λ-矩阵等价的充分必要条件是它们有相同的不变因子，或者，它们有相同的行列式因子.

对于一些特殊的 λ-矩阵，用行列式因子求所给 λ-矩阵的 Smith 标准形有时比较方便. 因为 $D_k(\lambda)\mid D_{k+1}(\lambda)(k=1,2,\cdots,r-1)$，其中 r 为所给 λ-矩阵的秩，所以计算行列式因子时，常常先计算较高阶的行列式因子，这样就将低阶行列式因子的范围限制了，可减少一些不必要的计算.

例 8.6 已知 n 阶方阵

$$(1)\ \boldsymbol{J}=\begin{pmatrix}\lambda_0 & 1 & & \\ & \lambda_0 & \ddots & \\ & & \ddots & 1 \\ & & & \lambda_0\end{pmatrix}; \quad (2)\ \boldsymbol{F}=\begin{pmatrix}0 & 1 & 0 & \cdots & 0 \\ 0 & 0 & 1 & \cdots & 0 \\ \vdots & \vdots & \vdots & & \vdots \\ 0 & 0 & 0 & \cdots & 1 \\ -a_0 & -a_1 & -a_2 & \cdots & -a_{n-1}\end{pmatrix},$$

分别求特征矩阵 $\lambda\boldsymbol{E}-\boldsymbol{J}$ 和 $\lambda\boldsymbol{E}-\boldsymbol{F}$ 的不变因子.

解 (1) $\lambda\boldsymbol{E}-\boldsymbol{J}$ 的 n 阶行列式因子为

$$D_n(\lambda)=\det(\lambda\boldsymbol{E}-\boldsymbol{J})=(\lambda-\lambda_0)^n.$$

而去掉 $\lambda\boldsymbol{E}-\boldsymbol{J}$ 的第 n 行与第 1 列后所得到的 $n-1$ 阶行列式为

$$\begin{vmatrix}-1 & & & \\ \lambda-\lambda_0 & -1 & & \\ & \ddots & \ddots & \\ & & \lambda-\lambda_0 & -1\end{vmatrix}=(-1)^{n-1}.$$

于是 $D_{n-1}(\lambda)=1$，从而

$$D_1(\lambda)=\cdots=D_{n-1}(\lambda)=1,\quad D_n(\lambda)=(\lambda-\lambda_0)^n,$$

故 $\lambda\boldsymbol{E}-\boldsymbol{J}$ 的不变因子为

$$d_1(\lambda)=\cdots=d_{n-1}(\lambda)=1,\quad d_n(\lambda)=(\lambda-\lambda_0)^n.$$

(2) 可求得 $\lambda\boldsymbol{E}-\boldsymbol{F}$ 的 n 阶行列式因子为

$$D_n(\lambda)=\det(\lambda\boldsymbol{E}-\boldsymbol{F})=\lambda^n+a_{n-1}\lambda^{n-1}+\cdots+a_1\lambda+a_0.$$

同(1)中一样可求得 $D_{n-1}(\lambda)=1$,从而

$$D_1(\lambda)=\cdots=D_{n-1}(\lambda)=1,\quad D_n(\lambda)=\lambda^n+a_{n-1}\lambda^{n-1}+\cdots+a_1\lambda+a_0,$$

故 $\lambda\boldsymbol{E}-\boldsymbol{F}$ 的不变因子为

$$d_1(\lambda)=\cdots=d_{n-1}(\lambda)=1,\quad d_n(\lambda)=\lambda^n+a_{n-1}\lambda^{n-1}+\cdots+a_1\lambda+a_0.$$

例 8.7 求 λ-矩阵

$$\boldsymbol{A}(\lambda)=\begin{pmatrix}\lambda+1 & 2 & 1 & 0\\ -2 & \lambda+1 & 0 & 1\\ 0 & 0 & \lambda+1 & 2\\ 0 & 0 & -2 & \lambda+1\end{pmatrix}$$

的 Smith 标准形.

解 可求得 $D_4(\lambda)=\det\boldsymbol{A}(\lambda)=((\lambda+1)^2+4)^2$. 因为 $\boldsymbol{A}(\lambda)$ 中有一个三阶子式

$$\begin{vmatrix}2 & 1 & 0\\ \lambda+1 & 0 & 1\\ 0 & \lambda+1 & 2\end{vmatrix}=-4(\lambda+1).$$

由 $D_3(\lambda)\mid(\lambda+1)$ 知,$D_3(\lambda)=1$ 或 $D_3(\lambda)=\lambda+1$,但 $D_3(\lambda)\mid D_4(\lambda)$,所以 $D_3(\lambda)\neq\lambda+1$,从而 $D_3(\lambda)=1$,于是 $D_1(\lambda)=D_2(\lambda)=1$,故

$$d_1(\lambda)=d_2(\lambda)=d_3(\lambda)=1,\quad d_4(\lambda)=D_4(\lambda)=(\lambda^2+2\lambda+5)^2,$$

从而 $\boldsymbol{A}(\lambda)$ 的 Smith 标准形为

$$\boldsymbol{S}(\lambda)=\begin{pmatrix}1 & 0 & 0 & 0\\ 0 & 1 & 0 & 0\\ 0 & 0 & 1 & 0\\ 0 & 0 & 0 & (\lambda^2+2\lambda+5)^2\end{pmatrix}.$$

定理 8.8 n 阶 λ-矩阵 $\boldsymbol{A}(\lambda)$ 可逆的充分必要条件是,$\boldsymbol{A}(\lambda)$ 的 Smith 标准形为单位矩阵 $\boldsymbol{E}$.

证 由定理 8.1 知,如果 $\boldsymbol{A}(\lambda)$ 可逆,则 $\det\boldsymbol{A}(\lambda)=d\neq0$. 这就是说 $D_n(\lambda)=1$,从而 $D_1(\lambda)=\cdots=D_n(\lambda)=1$,因此可逆矩阵的 Smith 标准形是单位矩阵 $\boldsymbol{E}$.

反之,如果 $\boldsymbol{A}(\lambda)$ 的 Smith 标准形是 $\boldsymbol{E}$,则根据定理 8.2,存在初等矩阵 $\boldsymbol{P}_1,\boldsymbol{P}_2,\cdots,\boldsymbol{P}_s$ 和 $\boldsymbol{Q}_1,\boldsymbol{Q}_2,\cdots,\boldsymbol{Q}_t$,使得

$$\boldsymbol{A}(\lambda)=\boldsymbol{P}_1\boldsymbol{P}_2\cdots\boldsymbol{P}_s\boldsymbol{E}\boldsymbol{Q}_1\boldsymbol{Q}_2\cdots\boldsymbol{Q}_t,$$

于是 $\det \boldsymbol{A}(\lambda)=d\neq 0$，故 $\boldsymbol{A}(\lambda)$可逆. ▎

推论 1 n 阶λ-矩阵 $\boldsymbol{A}(\lambda)$可逆的充分必要条件是，$\boldsymbol{A}(\lambda)$可以表示成一些初等矩阵的乘积.

由此又得到λ-矩阵等价的另一条件.

推论 2 两个 $m\times n$ 的λ-矩阵 $\boldsymbol{A}(\lambda)$，$\boldsymbol{B}(\lambda)$等价的充分必要条件是，存在 m 阶可逆λ-矩阵$\boldsymbol{P}(\lambda)$和 n 阶可逆λ-矩阵 $\boldsymbol{Q}(\lambda)$，使得

$$\boldsymbol{B}(\lambda)=\boldsymbol{P}(\lambda)\boldsymbol{A}(\lambda)\boldsymbol{Q}(\lambda).$$

8.4 初等因子

本节讨论将λ-矩阵的不变因子进一步分解成更为简单的形式.

定义 8.7 设 $\boldsymbol{A}(\lambda)$是数域 **K** 上的λ-矩阵，将其次数大于 1 的不变因子分解成数域 **K** 上首项系数为 1 的互不相同的不可约多项式方幂的乘积，所有这些不可约多项式的方幂(相同的必须按出现的次数计算)称为 $\boldsymbol{A}(\lambda)$的**初等因子**.

例 8.8 设数域 **K** 上λ-矩阵 $\boldsymbol{A}(\lambda)$的 Smith 标准形为

$$\boldsymbol{S}(\lambda)=\begin{pmatrix}1 & 0 & 0 & 0\\ 0 & (\lambda^2+1)(\lambda^2-2)^2 & 0 & 0\\ 0 & 0 & (\lambda^2+1)(\lambda^4-4)^3 & 0\\ 0 & 0 & 0 & 0\end{pmatrix},$$

则 $\boldsymbol{A}(\lambda)$的不变因子为

$$d_1(\lambda)=1,\quad d_2(\lambda)=(\lambda^2+1)(\lambda^2-2)^2,\quad d_3(\lambda)=(\lambda^2+1)(\lambda^2-2)^3(\lambda^2+2)^3.$$

当 **K** 为有理数域 **Q** 时，$\boldsymbol{A}(\lambda)$的初等因子为

$$\lambda^2+1,\quad (\lambda^2-2)^2,\quad \lambda^2+1,\quad (\lambda^2-2)^3,\quad (\lambda^2+2)^3,$$

当 **K** 为实数域 **R** 时，$\boldsymbol{A}(\lambda)$的初等因子为

$$\lambda^2+1,\quad (\lambda-\sqrt{2})^2,\quad (\lambda+\sqrt{2})^2,\quad \lambda^2+1,\quad (\lambda-\sqrt{2})^3,\quad (\lambda+\sqrt{2})^3,\quad (\lambda^2+2)^3,$$

当 **K** 为复数域 **C** 时，$\boldsymbol{A}(\lambda)$的初等因子为

$$\lambda-\mathrm{i},\quad \lambda+\mathrm{i},\quad (\lambda-\sqrt{2})^2,\quad (\lambda+\sqrt{2})^2,\quad \lambda-\mathrm{i},\quad \lambda+\mathrm{i},$$

$$(\lambda-\sqrt{2})^3,\quad (\lambda+\sqrt{2})^3,\quad (\lambda-\sqrt{2}\mathrm{i})^3,\quad (\lambda+\sqrt{2}\mathrm{i})^3.$$

由上面例子可见，λ-矩阵的初等因子与数域 **K** 是密切相关的. 如果只在复数域 **C** 上讨论，则λ-矩阵的初等因子都是一次因式的方幂.

由初等因子的定义知，数域 **K** 上λ-矩阵 $\boldsymbol{A}(\lambda)$的初等因子由 $\boldsymbol{A}(\lambda)$的不变因子唯一确定，又 $\boldsymbol{A}(\lambda)$的不变因子由 $\boldsymbol{A}(\lambda)$唯一确定，因此，等价的λ-矩阵的初等因子相同. 但是初等因子相同的λ-矩阵不一定等价. 例如

$$\boldsymbol{A}(\lambda)=\begin{pmatrix}1 & 0 & 0 & 0\\ 0 & (\lambda+1)(\lambda-2) & 0 & 0\\ 0 & 0 & 0 & 0\end{pmatrix} \quad 与 \quad \boldsymbol{B}(\lambda)=\begin{pmatrix}1 & 0 & 0 & 0\\ 0 & 1 & 0 & 0\\ 0 & 0 & (\lambda+1)(\lambda-2) & 0\end{pmatrix}$$

都是 3×4 的 λ-矩阵，它们的初等因子都是 $\lambda+1,\lambda-2$，因它们的秩不等，所以 $\boldsymbol{A}(\lambda)$ 与 $\boldsymbol{B}(\lambda)$ 不等价.

下面进一步说明不变因子和初等因子的关系. 首先，假设 $\boldsymbol{A}(\lambda)$ 的秩为 r，不变因子为 $d_1(\lambda),d_2(\lambda),\cdots,d_r(\lambda)$. 为了讨论方便起见，把它们统一表示成数域 **K** 上首项系数为 1 的不可约多项式方幂的乘积：

$$d_1(\lambda)=(p_1(\lambda))^{k_{11}}(p_2(\lambda))^{k_{12}}\cdots(p_t(\lambda))^{k_{1t}} \quad (k_{11},k_{12},\cdots,k_{1t}\geqslant 0),$$
$$d_2(\lambda)=(p_1(\lambda))^{k_{21}}(p_2(\lambda))^{k_{22}}\cdots(p_t(\lambda))^{k_{2t}} \quad (k_{21},k_{22},\cdots,k_{2t}\geqslant 0),$$
$$\cdots\cdots$$
$$d_r(\lambda)=(p_1(\lambda))^{k_{r1}}(p_2(\lambda))^{k_{r2}}\cdots(p_t(\lambda))^{k_{rt}} \quad (k_{r1},k_{r2},\cdots,k_{rt}\geqslant 0),$$

则其中对应 $k_{ij}>0$ 的那些方幂

$$(p_j(\lambda))^{k_{ij}} \quad (k_{ij}>0)$$

就是 $\boldsymbol{A}(\lambda)$ 的全部初等因子. 根据不变因子的性质

$$d_i(\lambda)\mid d_{i+1}(\lambda) \quad (i=1,2,\cdots,r-1),$$

知

$$(p_j(\lambda))^{k_{ij}}\mid(p_j(\lambda))^{k_{i+1,j}} \quad (i=1,2,\cdots,r-1;j=1,2,\cdots,t),$$

因此，在 $d_1(\lambda),d_2(\lambda),\cdots,d_r(\lambda)$ 的分解式中，属于同一个不可约因式的幂指数有递升的性质，即

$$k_{1j}\leqslant k_{2j}\leqslant\cdots\leqslant k_{rj} \quad (j=1,2,\cdots,t).$$

这说明，同一个不可约因式的方幂作成的初等因子中，幂次最高的一定出现在 $d_r(\lambda)$ 的分解式中，幂次相等或次高的必定出现在 $d_{r-1}(\lambda)$ 的分解式中，如此顺推下去，可知属于同一个不可约因式的方幂所成的初等因子在不变因子中出现的位置是唯一确定的.

上面的分析还给出了如何从 λ-矩阵的初等因子及秩做出不变因子的方法. 设 λ-矩阵 $\boldsymbol{A}(\lambda)$ 的秩为 $r(>0)$，$\boldsymbol{A}(\lambda)$ 的全部初等因子为已知. 在全部初等因子中将同一个不可约因式方幂的那些初等因子按降幂排列(如果其个数不足 r 个，就在后面补上一些 1 使凑成 r 个)，将它们分别作为 $d_r(\lambda),d_{r-1}(\lambda),\cdots,d_1(\lambda)$ 的因式. 对所有互不相同的不可约因式方幂重复上述步骤即得到 $\boldsymbol{A}(\lambda)$ 的全部不变因子. 可见，不变因子由初等因子和秩唯一确定.

定理 8.9　两个 $m\times n$ 的 λ-矩阵 $\boldsymbol{A}(\lambda),\boldsymbol{B}(\lambda)$ 等价的充分必要条件是它们有相同的秩及初等因子.

例 8.9　设 $\boldsymbol{A}(\lambda)$ 是有理数域 **Q** 上 4×5 的 λ-矩阵，已知 $\boldsymbol{A}(\lambda)$ 的秩为 3，且全部初等因子为

$$\lambda,\lambda^2,\lambda^2,\lambda+1,(\lambda+1)^2,(\lambda^2+2)^2,(\lambda^2+2)^3,$$

求 $\boldsymbol{A}(\lambda)$ 的 Smith 标准形.

解 $\boldsymbol{A}(\lambda)$ 的不变因子为

$$d_3(\lambda)=\lambda^2(\lambda+1)^2(\lambda^2+2)^3,$$
$$d_2(\lambda)=\lambda^2(\lambda+1)(\lambda^2+2)^2,$$
$$d_1(\lambda)=\lambda,$$

故 $\boldsymbol{A}(\lambda)$ 的 Smith 标准形为

$$\boldsymbol{S}(\lambda)=\begin{pmatrix}\lambda & 0 & 0 & 0 & 0\\ 0 & \lambda^2(\lambda+1)(\lambda^2+2)^2 & 0 & 0 & 0\\ 0 & 0 & \lambda^2(\lambda+1)^2(\lambda^2+2)^3 & 0 & 0\\ 0 & 0 & 0 & 0 & 0\end{pmatrix}.$$

给定数域 $\mathbf{K}$ 上的 λ-矩阵 $\boldsymbol{A}(\lambda)$ 后,为求出 $\boldsymbol{A}(\lambda)$ 的初等因子,当然可以按定义先求出 $\boldsymbol{A}(\lambda)$ 的 Smith 标准形,即求出 $\boldsymbol{A}(\lambda)$ 的不变因子,再将这些不变因子分解为数域 $\mathbf{K}$ 上的不可约多项式的方幂之积,从而得到 $\boldsymbol{A}(\lambda)$ 的初等因子. 但这种求法计算量比较大. 初等因子有比不变因子较为方便的计算方法.

定理 8.10 设 $\boldsymbol{A}(\lambda)$ 是数域 $\mathbf{K}$ 上 $m\times n$ 的 λ-矩阵,且 $\operatorname{rank}\boldsymbol{A}(\lambda)=r(>0)$,如果

$$\boldsymbol{A}(\lambda)\cong\begin{pmatrix}\boldsymbol{F}_r(\lambda) & \boldsymbol{O}\\ \boldsymbol{O} & \boldsymbol{O}\end{pmatrix},\tag{8.5}$$

其中 $\boldsymbol{F}_r=\operatorname{diag}(f_1(\lambda),f_2(\lambda),\cdots,f_r(\lambda))$,而 $f_i(\lambda)(i=1,2,\cdots,r)$ 都是首项系数为 1 的多项式. 将 $f_i(\lambda)$ 分解成数域 $\mathbf{K}$ 上首项系数为 1 的不可约多项式 $p_1(\lambda),p_2(\lambda),\cdots,p_t(\lambda)$ 的方幂的乘积:

$$f_i(\lambda)=(p_1(\lambda))^{k_{i1}}(p_2(\lambda))^{k_{i2}}\cdots(p_t(\lambda))^{k_{it}}$$
$$(k_{ij}\geqslant 0,i=1,2,\cdots,r;\quad j=1,2,\cdots,t),$$

则所有 $(p_j(\lambda))^{k_{ij}}(i=1,2,\cdots,r;j=1,2,\cdots,t)$ 中那些 $k_{ij}>0$ 的方幂就是 $\boldsymbol{A}(\lambda)$ 的全部初等因子.

证 首先计算 $\boldsymbol{A}(\lambda)$ 的 l 阶行列式因子. 在式(8.5)右边的矩阵中,如果一个 l 阶子式包含的行与列的标号不完全相同,那么这个 l 阶子式一定为零. 因此,为了计算 l 阶行列式因子,只要看 $\boldsymbol{F}_r(\lambda)$ 中由 $i_1,i_2,\cdots,i_l$ 行与 $i_1,i_2,\cdots,i_l$ 列组成的 l 阶子式即可,而这个 l 阶子式等于

$$f_{i_1}(\lambda)f_{i_2}(\lambda)\cdots f_{i_l}(\lambda)=(p_1(\lambda))^{k_{i_11}+k_{i_21}+\cdots+k_{i_l1}}(p_2(\lambda))^{k_{i_12}+k_{i_22}+\cdots+k_{i_l2}}(p_t(\lambda))^{k_{i_1t}+k_{i_2t}+\cdots+k_{i_lt}}.$$

将 $k_{1j},k_{2j},\cdots,k_{rj}$ 按由小到大的次序排列:

$$k_{q_{j1}j}\leqslant k_{q_{j2}j}\leqslant\cdots\leqslant k_{q_{jr}j}\quad(j=1,2,\cdots,t),$$

其中 $q_{j1},q_{j2},\cdots,q_{jr}$ 是 $1,2,\cdots,r$ 的一个排列,则

$$D_l(\lambda)=(p_1(\lambda))^{k_{q_{11}1}+k_{q_{12}1}+\cdots+k_{q_{1l}1}}(p_2(\lambda))^{k_{q_{21}2}+k_{q_{22}2}+\cdots+k_{q_{2l}2}}\cdots(p_t(\lambda))^{k_{q_{t1}t}+k_{q_{t2}t}+\cdots+k_{q_{tl}t}}$$
$$(l=1,2,\cdots,r).$$

由式(8.4)即得

$$d_1(\lambda)=(p_1(\lambda))^{k_{q_{11}1}}(p_2(\lambda))^{k_{q_{21}2}}\cdots(p_t(\lambda))^{k_{q_{t1}t}},$$

$$d_2(\lambda)=(p_1(\lambda))^{k_{q_{12}1}}(p_2(\lambda))^{k_{q_{22}2}}\cdots(p_t(\lambda))^{k_{q_{t2}t}},$$

$$\cdots\cdots$$

$$d_r(\lambda)=(p_1(\lambda))^{k_{q_{1r}1}}(p_2(\lambda))^{k_{q_{2r}2}}\cdots(p_t(\lambda))^{k_{q_{tr}t}}.$$

因此 $\boldsymbol{A}(\lambda)$的全部初等因子就是

$$(p_j(\lambda))^{k_{ij}}\quad(k_{ij}>0,i=1,2,\cdots,r;j=1,2,\cdots,t).$$ ▌

根据定理 8.10,只要把一个 λ-矩阵 $\boldsymbol{A}(\lambda)$用初等变换化为对角的形式(不必化为 Smith 标准形),就可以求出 $\boldsymbol{A}(\lambda)$的全部初等因子,从而求出 $\boldsymbol{A}(\lambda)$的 Smith 标准形.

推论　设 $\boldsymbol{A}(\lambda)$是一个分块对角 λ-矩阵

$$\boldsymbol{A}(\lambda)=\begin{pmatrix}\boldsymbol{A}_1(\lambda) & & & \\ & \boldsymbol{A}_2(\lambda) & & \\ & & \ddots & \\ & & & \boldsymbol{A}_s(\lambda)\end{pmatrix},$$

其中 $\boldsymbol{A}_i(\lambda)(i=1,2,\cdots,s)$是 m_i 阶λ-矩阵,则 $\boldsymbol{A}_1(\lambda),\boldsymbol{A}_2(\lambda),\cdots,\boldsymbol{A}_s(\lambda)$的全部初等因子合起来就是 $\boldsymbol{A}(\lambda)$的全部初等因子.

证　应用定理 8.10,只要将 $\boldsymbol{A}_1(\lambda),\boldsymbol{A}_2(\lambda),\cdots,\boldsymbol{A}_s(\lambda)$分别化为对角形式即可. ▌

例 8.10　已知实数域 **R** 上的 λ-矩阵

$$\boldsymbol{A}(\lambda)=\begin{pmatrix}\boldsymbol{A}_1(\lambda) & \boldsymbol{O}\\ \boldsymbol{O} & \boldsymbol{A}_2(\lambda)\end{pmatrix},$$

其中

$$\boldsymbol{A}_1(\lambda)=\begin{pmatrix}\lambda^2-1 & \lambda-1\\ \lambda^2+2 & 0\end{pmatrix},\quad \boldsymbol{A}_2(\lambda)=\begin{pmatrix}0 & \lambda^2(\lambda^2+3)\\ \lambda(\lambda^2-1) & 0\end{pmatrix},$$

求 $\boldsymbol{A}(\lambda)$的全部初等因子与 Smith 标准形.

解　因为

$$\boldsymbol{A}_1(\lambda)\xrightarrow[c_1\leftrightarrow c_2]{c_1-(\lambda+1)c_2}\begin{pmatrix}\lambda-1 & 0\\ 0 & \lambda^2+2\end{pmatrix},$$

$$\boldsymbol{A}_2(\lambda)\xrightarrow{c_1\leftrightarrow c_2}\begin{pmatrix}\lambda^2(\lambda^2+3) & 0\\ 0 & \lambda(\lambda-1)(\lambda+1)\end{pmatrix},$$

所以 $\boldsymbol{A}_1(\lambda)$的初等因子为 $\lambda-1,\lambda^2+2$. 而 $\boldsymbol{A}_2(\lambda)$的初等因子为 $\lambda^2,\lambda^2+3,\lambda,\lambda-1,\lambda+1$,故 $\boldsymbol{A}(\lambda)$的全部初等因子为

$$\lambda-1,\quad \lambda^2+2,\quad \lambda^2,\quad \lambda^2+3,\quad \lambda,\quad \lambda-1,\quad \lambda+1.$$

又 $\boldsymbol{A}(\lambda)$ 的不变因子为

$$d_4(\lambda)=\lambda^2(\lambda-1)(\lambda+1)(\lambda^2+2)(\lambda^2+3),$$
$$d_3(\lambda)=\lambda(\lambda-1),$$
$$d_2(\lambda)=d_1(\lambda)=1,$$

于是 $\boldsymbol{A}(\lambda)$ 的 Smith 标准形为

$$\boldsymbol{S}(\lambda)=\begin{pmatrix}1 & 0 & 0 & 0\\ 0 & 1 & 0 & 0\\ 0 & 0 & \lambda(\lambda-1) & 0\\ 0 & 0 & 0 & \lambda^2(\lambda-1)(\lambda+1)(\lambda^2+2)(\lambda^2+3)\end{pmatrix}.$$

8.5 矩阵相似的条件

为了研究矩阵在相似变换下的标准形式，本节将利用前两节的结果，将两个 n 阶方阵 $\boldsymbol{A}$ 与 $\boldsymbol{B}$ 相似的问题转化为特征矩阵 $\lambda\boldsymbol{E}-\boldsymbol{A}$ 与 $\lambda\boldsymbol{E}-\boldsymbol{B}$ 的等价问题，从而得到矩阵相似的一些条件.

引理 1 设 $\boldsymbol{A},\boldsymbol{B}$ 是数域 $\mathbf{K}$ 上的 n 阶方阵，如果有 n 阶数字矩阵 $\boldsymbol{P}_0,\boldsymbol{Q}_0$ 使得

$$\lambda\boldsymbol{E}-\boldsymbol{A}=\boldsymbol{P}_0(\lambda\boldsymbol{E}-\boldsymbol{B})\boldsymbol{Q}_0,$$

则 $\boldsymbol{A}$ 与 $\boldsymbol{B}$ 相似.

证 因为 $\boldsymbol{P}_0(\lambda\boldsymbol{E}-\boldsymbol{B})\boldsymbol{Q}_0=\lambda\boldsymbol{P}_0\boldsymbol{Q}_0-\boldsymbol{P}_0\boldsymbol{B}\boldsymbol{Q}_0$，且它与 $\lambda\boldsymbol{E}-\boldsymbol{A}$ 相等，比较两边 λ 的系数矩阵有 $\boldsymbol{P}_0\boldsymbol{Q}_0=\boldsymbol{E},\boldsymbol{P}_0\boldsymbol{B}\boldsymbol{Q}_0=\boldsymbol{A}$，由此得 $\boldsymbol{Q}_0=\boldsymbol{P}_0^{-1}$，而 $\boldsymbol{P}_0^{-1}\boldsymbol{A}\boldsymbol{P}_0=\boldsymbol{B}$，故 $\boldsymbol{A}$ 与 $\boldsymbol{B}$ 相似. ∎

引理 2 对于数域 $\mathbf{K}$ 上的任何不为零的 n 阶数字矩阵 $\boldsymbol{A}$ 和 n 阶的 λ-矩阵 $\boldsymbol{U}(\lambda)$ 与 $\boldsymbol{V}(\lambda)$，一定存在 n 阶 λ-矩阵 $\boldsymbol{T}(\lambda)$ 与 $\boldsymbol{S}(\lambda)$ 以及 n 阶数字矩阵 $\boldsymbol{U}_0$ 和 $\boldsymbol{V}_0$ 使得

$$\boldsymbol{U}(\lambda)=(\lambda\boldsymbol{E}-\boldsymbol{A})\boldsymbol{Q}(\lambda)+\boldsymbol{U}_0, \tag{8.6}$$

$$\boldsymbol{V}(\lambda)=\boldsymbol{S}(\lambda)(\lambda\boldsymbol{E}-\boldsymbol{A})+\boldsymbol{V}_0. \tag{8.7}$$

证 设 $\boldsymbol{U}(\lambda)$ 的次数为 m，把 $\boldsymbol{U}(\lambda)$ 用自然形式表示

$$\boldsymbol{U}(\lambda)=\lambda^m\boldsymbol{D}_m+\lambda^{m-1}\boldsymbol{D}_{m-1}+\cdots+\lambda\boldsymbol{D}_1+\boldsymbol{D}_0.$$

这里 $\boldsymbol{D}_0,\boldsymbol{D}_1,\cdots,\boldsymbol{D}_m$ 都是 n 阶数字矩阵，且 $\boldsymbol{D}_m\neq\boldsymbol{O}$. 如果 $m=0$，则令 $\boldsymbol{T}(\lambda)=\boldsymbol{O}$ 及 $\boldsymbol{U}_0=\boldsymbol{D}_0$，它们显然满足引理 2 的要求.

设 $m>0$，令

$$\boldsymbol{T}(\lambda)=\lambda^{m-1}\boldsymbol{T}_{m-1}+\cdots+\lambda\boldsymbol{T}_1+\boldsymbol{T}_0.$$

这里 $\boldsymbol{T}_i$ 都是待定的 n 阶数字矩阵，于是

$$(\lambda\boldsymbol{E}-\boldsymbol{A})\boldsymbol{T}(\lambda)=\lambda^m\boldsymbol{T}_{m-1}+\lambda^{m-1}(\boldsymbol{T}_{m-2}-\boldsymbol{A}\boldsymbol{T}_{m-1})+\cdots+\lambda(\boldsymbol{T}_0-\boldsymbol{A}\boldsymbol{T}_1)-\boldsymbol{A}\boldsymbol{T}_0.$$

为使 $\boldsymbol{U}(\lambda)=(\lambda\boldsymbol{E}-\boldsymbol{A})\boldsymbol{T}(\lambda)+\boldsymbol{U}_0$ 成立，只需取

$$\begin{cases}\boldsymbol{T}_{m-1}=\boldsymbol{D}_m, \quad \boldsymbol{T}_{k-1}=\boldsymbol{D}_k+\boldsymbol{A}\boldsymbol{T}_k \quad (k=m-1,\cdots,2,1),\\ \boldsymbol{U}_0=\boldsymbol{D}_0+\boldsymbol{A}\boldsymbol{T}_0.\end{cases}$$

类似地可证另一式. ▍

定理 8.11　设 $\boldsymbol{A},\boldsymbol{B}$ 是数域 K 上的两个 n 阶方阵,$\boldsymbol{A}$ 与 $\boldsymbol{B}$ 相似的充分必要条件是它们的特征矩阵 $\lambda\boldsymbol{E}-\boldsymbol{A}$ 与 $\lambda\boldsymbol{E}-\boldsymbol{B}$ 等价.

证　必要性. 设 $\boldsymbol{A}$ 与 $\boldsymbol{B}$ 相似,即存在可逆矩阵 $\boldsymbol{P}$,使

$$\boldsymbol{P}^{-1}\boldsymbol{A}\boldsymbol{P}=\boldsymbol{B},$$

于是

$$\lambda\boldsymbol{E}-\boldsymbol{B}=\lambda\boldsymbol{E}-\boldsymbol{P}^{-1}\boldsymbol{A}\boldsymbol{P}=\boldsymbol{P}^{-1}(\lambda\boldsymbol{E}-\boldsymbol{A})\boldsymbol{P}.$$

由定理 8.8 的推论 2 知,$\lambda\boldsymbol{E}-\boldsymbol{A}$ 与 $\lambda\boldsymbol{E}-\boldsymbol{B}$ 等价.

充分性.　已知 $\lambda\boldsymbol{E}-\boldsymbol{A}$ 与 $\lambda\boldsymbol{E}-\boldsymbol{B}$ 等价,则由定理 8.8 的推论 2 知,存在 n 阶可逆 λ-矩阵 $\boldsymbol{U}(\lambda)$ 与 $\boldsymbol{V}(\lambda)$,使得

$$\lambda\boldsymbol{E}-\boldsymbol{A}=\boldsymbol{U}(\lambda)(\lambda\boldsymbol{E}-\boldsymbol{B})\boldsymbol{V}(\lambda),$$

改写为

$$[\boldsymbol{U}(\lambda)]^{-1}(\lambda\boldsymbol{E}-\boldsymbol{A})=(\lambda\boldsymbol{E}-\boldsymbol{B})\boldsymbol{V}(\lambda).$$

根据引理 2,存在 λ-矩阵 $\boldsymbol{S}(\lambda),\boldsymbol{T}(\lambda)$ 和数字矩阵 $\boldsymbol{U}_0,\boldsymbol{V}_0$ 使得式(8.6)和式(8.7)成立,代入上式并整理得

$$[(\boldsymbol{U}(\lambda))^{-1}-(\lambda\boldsymbol{E}-\boldsymbol{B})\boldsymbol{S}(\lambda)](\lambda\boldsymbol{E}-\boldsymbol{A})=(\lambda\boldsymbol{E}-\boldsymbol{B})\boldsymbol{V}_0. \tag{8.8}$$

右边次数为 1 或 $\boldsymbol{V}_0=\boldsymbol{O}$,因此$[\boldsymbol{U}(\lambda)]^{-1}-(\lambda\boldsymbol{E}-\boldsymbol{B})\boldsymbol{S}(\lambda)$是一个数字矩阵(当 $\boldsymbol{V}_0=\boldsymbol{O}$ 时它也是零矩阵),记作 $\boldsymbol{P}$,即

$$\boldsymbol{P}=[\boldsymbol{U}(\lambda)]^{-1}-(\lambda\boldsymbol{E}-\boldsymbol{B})\boldsymbol{S}(\lambda).$$

下证 $\boldsymbol{P}$ 是可逆的. 由上式及式(8.6),得

$$\begin{aligned}\boldsymbol{E}&=\boldsymbol{U}(\lambda)\boldsymbol{P}+\boldsymbol{U}(\lambda)(\lambda\boldsymbol{E}-\boldsymbol{B})\boldsymbol{S}(\lambda)\\&=\boldsymbol{U}(\lambda)\boldsymbol{P}+[\boldsymbol{U}(\lambda)(\lambda\boldsymbol{E}-\boldsymbol{B})\boldsymbol{V}(\lambda)][\boldsymbol{V}(\lambda)]^{-1}\boldsymbol{S}(\lambda)\\&=[(\lambda\boldsymbol{E}-\boldsymbol{A})\boldsymbol{T}(\lambda)+\boldsymbol{U}_0]\boldsymbol{P}+(\lambda\boldsymbol{E}-\boldsymbol{A})\boldsymbol{V}(\lambda)^{-1}\boldsymbol{S}(\lambda)\\&=\boldsymbol{U}_0\boldsymbol{P}+(\lambda\boldsymbol{E}-\boldsymbol{A})[\boldsymbol{T}(\lambda)\boldsymbol{P}+\boldsymbol{V}(\lambda)^{-1}\boldsymbol{S}(\lambda)].\end{aligned}$$

上式右边的第二项必须为零矩阵,否则它的次数至少是 1,由于 $\boldsymbol{E}$ 和 $\boldsymbol{U}_0\boldsymbol{P}$ 都是数字矩阵,等式不可能成立. 因此

$$\boldsymbol{E}=\boldsymbol{U}_0\boldsymbol{P},$$

即 $\boldsymbol{P}$ 是可逆的. 由式(8.8)得

$$\boldsymbol{P}(\lambda\boldsymbol{E}-\boldsymbol{A})=(\lambda\boldsymbol{E}-\boldsymbol{B})\boldsymbol{V}_0 \quad 或 \quad \lambda\boldsymbol{E}-\boldsymbol{A}=\boldsymbol{P}^{-1}(\lambda\boldsymbol{A}-\boldsymbol{B})\boldsymbol{V}_0,$$

再由引理 1,$\boldsymbol{A}$ 与 $\boldsymbol{B}$ 相似. ▍

定义 8.8　设 $\boldsymbol{A}$ 是数域 K 上的 n 阶方阵,称 $\boldsymbol{A}$ 的特征矩阵 $\lambda\boldsymbol{E}-\boldsymbol{A}$ 的不变因子,行列式因子及初等因子分别为 $\boldsymbol{A}$ 的**不变因子,行列式因子**及**初等因子**.

注意 n 阶方阵 $\boldsymbol{A}$ 的特征矩阵 $\lambda\boldsymbol{E}-\boldsymbol{A}$ 的秩是 n,于是由定理 8.7,定理 8.9 和定

理 8.11 得：

定理 8.12 设 $\boldsymbol{A},\boldsymbol{B}$ 是数域 $\mathbf{K}$ 上的 n 阶方阵，则 $\boldsymbol{A}$ 与 $\boldsymbol{B}$ 相似的充分必要条件是它们有相同的不变因子，或它们有相同的行列式因子，或它们有相同的初等因子.

例 8.11 下列矩阵是否相似？为什么？

$$\boldsymbol{A}=\begin{pmatrix}-1&1&0\\-4&3&0\\1&0&2\end{pmatrix},\quad \boldsymbol{B}=\begin{pmatrix}3&0&8\\3&-1&6\\-2&0&-5\end{pmatrix},\quad \boldsymbol{C}=\begin{pmatrix}2&0&0\\0&1&1\\1&0&1\end{pmatrix}.$$

解 因为

$$\lambda\boldsymbol{E}-\boldsymbol{A}=\begin{pmatrix}\lambda+1&-1&0\\4&\lambda-3&0\\-1&0&\lambda-2\end{pmatrix}\xrightarrow[\mathrm{r}_2+(\lambda-3)\mathrm{r}_1]{\mathrm{c}_1+(\lambda+1)\mathrm{c}_2}\begin{pmatrix}0&-1&0\\(\lambda-1)^2&0&0\\-1&0&\lambda-2\end{pmatrix}$$

$$\xrightarrow[\mathrm{c}_3+(\lambda-2)\mathrm{c}_1]{\mathrm{r}_2+(\lambda-1)^2\mathrm{r}_3}\begin{pmatrix}0&-1&0\\0&0&(\lambda-1)^2(\lambda-2)\\-1&0&0\end{pmatrix}$$

$$\xrightarrow[\substack{\mathrm{r}_2\leftrightarrow\mathrm{r}_3\\ \mathrm{r}_1\leftrightarrow\mathrm{r}_2}]{\substack{\mathrm{r}_1\times(-1)\\ \mathrm{r}_3\times(-1)}}\begin{pmatrix}1&0&0\\0&1&0\\0&0&(\lambda-1)^2(\lambda-2)\end{pmatrix},$$

所以 $\boldsymbol{A}$ 的不变因子为 $1,1,(\lambda-1)^2(\lambda-2)$. 同理可求得 $\boldsymbol{B}$ 的不变因子为 $1,\lambda+1,(\lambda+1)^2$；而 $\boldsymbol{C}$ 的不变因子为 $1,1,(\lambda-1)^2(\lambda-2)$. 由定理 8.12 知，$\boldsymbol{A}$ 与 $\boldsymbol{C}$ 相似，而 $\boldsymbol{A}$ 与 $\boldsymbol{B}$，$\boldsymbol{B}$ 与 $\boldsymbol{C}$ 都不相似.

8.6 矩阵的 Jordan 标准形

本节应用不变因子与初等因子的理论来解决矩阵在相似变换下的化简问题.

定义 8.9 形如

$$\boldsymbol{J}_i=\begin{pmatrix}\lambda_i&1&&\\&\lambda_i&\ddots&\\&&\ddots&1\\&&&\lambda_i\end{pmatrix}_{r_i\times r_i}$$

的矩阵称为 r_i 阶 **Jordan 块**，由若干个Jordan块构成的分块对角矩阵

$$\boldsymbol{J}=\begin{pmatrix}\boldsymbol{J}_1&&&\\&\boldsymbol{J}_2&&\\&&\ddots&\\&&&\boldsymbol{J}_s\end{pmatrix}$$

称为 **Jordan 矩阵.**

定理 8.13　复数域 **C** 上的每一个 n 阶方阵 $\boldsymbol{A}$ 都与一个 n 阶 Jordan 矩阵 $\boldsymbol{J}$ 相似，这个 Jordan 矩阵 $\boldsymbol{J}$ 除去其中 Jordan 块的排列次序外是被矩阵 $\boldsymbol{A}$ 唯一确定的. 称 $\boldsymbol{J}$ 为 $\boldsymbol{A}$ 的**Jordan标准形.**

证　因为复数域 **C** 上的不可约多项式只有一次式，故可设 $\boldsymbol{A}$ 的初等因子为

$$(\lambda-\lambda_1)^{r_1},\quad (\lambda-\lambda_2)^{r_2},\quad \cdots,\quad (\lambda-\lambda_s)^{r_s},$$

其中 $r_i>0(i=1,2,\cdots,s)$ 且 $r_1+r_2+\cdots+r_s=n$（因为 $\lambda\boldsymbol{E}-\boldsymbol{A}$ 的秩为 n，所以 $\boldsymbol{A}$ 的不变因子乘积等于 $\boldsymbol{A}$ 的特征多项式，从而 $\boldsymbol{A}$ 的初等因子乘积等于 $\boldsymbol{A}$ 的特征多项式）. 对应每个初等因子 $(\lambda-\lambda_i)^{r_i}$ 做一个 r_i 阶 Jordan 块

$$\boldsymbol{J}_i=\begin{pmatrix}\lambda_i & 1 & & \\ & \lambda_i & \ddots & \\ & & \ddots & 1 \\ & & & \lambda_i\end{pmatrix}_{r_i\times r_i}\qquad (i=1,2,\cdots,s).$$

将这些 Jordan 块构成一个 Jordan 矩阵

$$\boldsymbol{J}=\begin{pmatrix}\boldsymbol{J}_1 & & & \\ & \boldsymbol{J}_2 & & \\ & & \ddots & \\ & & & \boldsymbol{J}_s\end{pmatrix}.$$

由例 8.6 知，Jordan 块 $\boldsymbol{J}_i$ 的不变因子为

$$\underbrace{1,\cdots,1}_{r_i-1\text{个}},\quad (\lambda-\lambda_i)^{r_i},$$

于是 $\boldsymbol{J}_i$ 的初等因子为 $(\lambda-\lambda_i)^{r_i}$. 又由定理 8.10 的推论知 Jordan 矩阵 $\boldsymbol{J}$ 的全部初等因子为

$$(\lambda-\lambda_1)^{r_1},\quad (\lambda-\lambda_2)^{r_2},\quad \cdots\quad ,(\lambda-\lambda_s)^{r_s},$$

可见 $\boldsymbol{A}$ 与 $\boldsymbol{J}$ 的初等因子相同，故 $\boldsymbol{A}$ 与 $\boldsymbol{J}$ 相似.

如果 $\boldsymbol{A}$ 与另一个 Jordan 矩阵 $\tilde{\boldsymbol{J}}$ 相似，则 $\boldsymbol{J}$ 与 $\tilde{\boldsymbol{J}}$ 的初等因子相同，但 $\boldsymbol{J}$ 与 $\tilde{\boldsymbol{J}}$ 的 Jordan 块都由 $\boldsymbol{A}$ 的初等因子唯一确定，所以，适当地变换 $\tilde{\boldsymbol{J}}$ 的 Jordan 块的次序可得到 $\boldsymbol{J}$. ▍

例 8.12　求下列矩阵的 Jordan 标准形.

$$(1)\ \boldsymbol{A}=\begin{pmatrix}2 & 0 & 0 & 0 & 0\\ 1 & 2 & 0 & 0 & 0\\ 0 & -3 & 2 & 0 & 0\\ 0 & 0 & 0 & 0 & -1\\ 0 & 0 & 0 & 1 & 2\end{pmatrix};\quad (2)\ \boldsymbol{A}=\begin{pmatrix}1 & 2 & 3 & 4\\ 0 & 1 & 2 & 3\\ 0 & 0 & 1 & 2\\ 0 & 0 & 0 & 1\end{pmatrix}.$$

解　(1) $\boldsymbol{A}$ 是一个分块对角矩阵

$$\boldsymbol{A}=\begin{pmatrix}\boldsymbol{A}_1 & \boldsymbol{O}\\ \boldsymbol{O} & \boldsymbol{A}_2\end{pmatrix},$$

其中

$$A_1=\begin{pmatrix}2&0&0\\1&2&0\\0&-3&2\end{pmatrix},\quad A_2=\begin{pmatrix}0&-1\\1&2\end{pmatrix},$$

分别求 A_1,A_2 的初等因子. 因为

$$\lambda E-A_1=\begin{pmatrix}\lambda-2&0&0\\-1&\lambda-2&0\\0&3&\lambda-2\end{pmatrix},$$

由 $\det(\lambda E-A_1)=(\lambda-2)^3$ 知 $D_3(\lambda)=(\lambda-2)^3$，又 $\lambda E-A$ 的二阶子式 $\begin{vmatrix}-1&\lambda-2\\0&3\end{vmatrix}=-3$，所以 $D_2(\lambda)=D_1(\lambda)=1$. 故 A_1 的不变因子为 $1,1,(\lambda-2)^3$，初等因子为 $(\lambda-2)^3$. 又由

$$\lambda E-A_2=\begin{pmatrix}\lambda&1\\-1&\lambda-2\end{pmatrix}\xrightarrow[c_1+(\lambda-2)c_2]{r_1+\lambda r_2}\begin{pmatrix}0&(\lambda-1)^2\\-1&0\end{pmatrix}$$

$$\xrightarrow[r_1\leftrightarrow r_2]{r_2\times(-1)}\begin{pmatrix}1&0\\0&(\lambda-1)^2\end{pmatrix}$$

知 A_2 的初等因子为 $(\lambda-1)^2$. 从而 A 的初等因子为 $(\lambda-2)^3,(\lambda-1)^2$，故 A 的 Jordan 标准形为

$$J=\begin{pmatrix}2&1&&&\\&2&1&&\\&&2&&\\&&&1&1\\&&&&1\end{pmatrix}.$$

（2）由于

$$\lambda E-A=\begin{pmatrix}\lambda-1&-2&-3&-4\\0&\lambda-1&-2&-3\\0&0&\lambda-1&-2\\0&0&0&\lambda-1\end{pmatrix},$$

显然有 $D_4(\lambda)=\det(\lambda E-A)=(\lambda-1)^4$. 又 $\lambda E-A$ 中有三阶子式

$$\begin{vmatrix}-2&-3&-4\\\lambda-1&-2&-3\\0&\lambda-1&-2\end{vmatrix}=-4\lambda(\lambda+1),$$

因为 $D_3(\lambda)$ 整除每个三阶子式，且 $D_3(\lambda)\mid D_4(\lambda)$，所以 $D_3(\lambda)=1$，从而 $D_2(\lambda)=D_1(\lambda)=1$，于是 A 的不变因子为

$$d_1(\lambda)=d_2(\lambda)=d_3(\lambda)=1,\quad d_4(\lambda)=(\lambda-1)^4.$$

而 $\boldsymbol{A}$ 的初等因子为 $(\lambda-1)^4$,故 $\boldsymbol{A}$ 的 Jordan 标准形为

$$\boldsymbol{J}=\begin{pmatrix}1&1&0&0\\0&1&1&0\\0&0&1&1\\0&0&0&1\end{pmatrix}.$$

当矩阵相似于对角矩阵时,相似变换矩阵是由线性无关的特征向量构成的.下面通过例子说明当矩阵相似于 Jordan 标准形时,相似变换矩阵的确定方法.

例 8.13　求下列矩阵的 Jordan 标准形和所用的相似变换矩阵:

(1) $\boldsymbol{A}=\begin{pmatrix}2&-1&1&-1\\2&2&-1&-1\\1&2&-1&2\\0&0&0&3\end{pmatrix}$;　(2) $\boldsymbol{A}=\begin{pmatrix}3&1&-1\\-2&0&2\\-1&-1&3\end{pmatrix}$.

解　(1)可求得 $\lambda\boldsymbol{E}-\boldsymbol{A}=\begin{pmatrix}\lambda-2&1&-1&1\\-2&\lambda-2&1&1\\-1&-2&\lambda+1&-2\\0&0&0&\lambda-3\end{pmatrix}$中两个三阶子式

$$\begin{vmatrix}\lambda-2&1&-1\\-2&\lambda-2&1\\-1&-2&\lambda+1\end{vmatrix}=(\lambda-1)^3,\quad \begin{vmatrix}\lambda-2&1&1\\-2&\lambda-2&1\\-1&-2&-2\end{vmatrix}=-(\lambda-3)(2\lambda-5).$$

因为 $D_3(\lambda)$ 整除所有的三阶子式,所以 $D_3(\lambda)=1$,从而 $D_2(\lambda)=D_1(\lambda)=1$.又有

$$D_4(\lambda)=\det(\lambda\boldsymbol{E}-\boldsymbol{A})=(\lambda-1)^3(\lambda-3),$$

从而 $\boldsymbol{A}$ 的不变因子为

$$d_1(\lambda)=d_2(\lambda)=d_3(\lambda)=1,\quad d_4(\lambda)=(\lambda-1)^3(\lambda-3).$$

$\boldsymbol{A}$ 的初等因子为 $(\lambda-1)^3$,$\lambda-3$,故 $\boldsymbol{A}$ 的 Jordan 标准形为

$$\boldsymbol{J}=\begin{pmatrix}1&1&0&0\\0&1&1&0\\0&0&1&0\\0&0&0&3\end{pmatrix}.$$

设相似变换矩阵 $\boldsymbol{P}=(\boldsymbol{p}_1,\boldsymbol{p}_2,\boldsymbol{p}_3,\boldsymbol{p}_4)$,使得 $\boldsymbol{P}^{-1}\boldsymbol{AP}=\boldsymbol{J}$,即 $\boldsymbol{AP}=\boldsymbol{PJ}$,则有

$$\begin{cases}\boldsymbol{Ap}_1=\boldsymbol{p}_1,\\ \boldsymbol{Ap}_2=\boldsymbol{p}_1+\boldsymbol{p}_2,\\ \boldsymbol{Ap}_3=\boldsymbol{p}_2+\boldsymbol{p}_3,\\ \boldsymbol{Ap}_4=3\boldsymbol{p}_4,\end{cases}\quad 即\quad \begin{cases}(\boldsymbol{E}-\boldsymbol{A})\boldsymbol{p}_1=\boldsymbol{0},\\ (\boldsymbol{E}-\boldsymbol{A})\boldsymbol{p}_2=-\boldsymbol{p}_1,\\ (\boldsymbol{E}-\boldsymbol{A})\boldsymbol{p}_3=-\boldsymbol{p}_2,\\ (3\boldsymbol{E}-\boldsymbol{A})\boldsymbol{p}_4=\boldsymbol{0}.\end{cases}$$

可见 $\boldsymbol{p}_1$ 和 $\boldsymbol{p}_4$ 分别是 $\boldsymbol{A}$ 对应于特征值 1 和 3 的特征向量,而求出 $\boldsymbol{p}_1$ 后,$\boldsymbol{p}_2$ 由求解非齐次线性方程组 $(\boldsymbol{E}-\boldsymbol{A})\boldsymbol{x}=-\boldsymbol{p}_1$ 得到,进而 $\boldsymbol{p}_3$ 由求解线性方程组 $(\boldsymbol{E}-\boldsymbol{A})\boldsymbol{x}=$

$-\boldsymbol{p}_2$ 得到. 称 $\boldsymbol{p}_2,\boldsymbol{p}_3$ 是对应特征值 1 的**广义特征向量**. 还可以证明,这样求得的 $\boldsymbol{p}_1,\boldsymbol{p}_2,\boldsymbol{p}_3,\boldsymbol{p}_4$ 是线性无关的(证明请读者完成).

可求得 $\boldsymbol{A}$ 对应于特征值 1 和 3 的特征向量分别为

$$\boldsymbol{p}_1=(0,1,1,0)^{\mathrm{T}},\quad \boldsymbol{p}_4=(0,-1,0,1)^{\mathrm{T}}.$$

求解线性方程组 $(\boldsymbol{E}-\boldsymbol{A})\boldsymbol{x}=-\boldsymbol{p}_1$ 得 $\boldsymbol{p}_2=\left(\frac{1}{3},\frac{1}{3},0,0\right)^{\mathrm{T}}$(不唯一);再求解 $(\boldsymbol{E}-\boldsymbol{A})\boldsymbol{x}=-\boldsymbol{p}_2$ 得 $\boldsymbol{p}_3=\left(\frac{2}{9},-\frac{1}{9},0,0\right)^{\mathrm{T}}$. 故相似变换矩阵为

$$\boldsymbol{P}=\begin{pmatrix}0&\frac{1}{3}&\frac{2}{9}&0\\1&\frac{1}{3}&-\frac{1}{9}&-1\\1&0&0&0\\0&0&0&1\end{pmatrix}.$$

(2) 由于

$$\lambda\boldsymbol{E}-\boldsymbol{A}=\begin{pmatrix}\lambda-3&-1&1\\2&\lambda&-2\\1&1&\lambda-3\end{pmatrix}\xrightarrow[\substack{r_2+2r_1\\r_3-(\lambda-3)r_1}]{\substack{c_1-(\lambda-3)c_3\\c_2+c_3}}\begin{pmatrix}0&0&1\\2(\lambda-2)&\lambda-2&0\\-(\lambda-2)(\lambda-4)&\lambda-2&0\end{pmatrix}$$

$$\xrightarrow[c_3-c_2]{c_1-2c_2}\begin{pmatrix}0&0&1\\0&\lambda-2&0\\-(\lambda-2)^2&0&0\end{pmatrix}\xrightarrow[c_1\leftrightarrow c_3]{r_3\times(-1)}\begin{pmatrix}1&0&0\\0&\lambda-2&0\\0&0&(\lambda-2)^2\end{pmatrix},$$

可见 $\boldsymbol{A}$ 的不变因子为 $d_1(\lambda)=1,d_2(\lambda)=\lambda-2,d_3(\lambda)=(\lambda-2)^2$,而 $\boldsymbol{A}$ 的初等因子为 $\lambda-2,(\lambda-2)^2$,故 $\boldsymbol{A}$ 的 Jordan 标准形为

$$\boldsymbol{J}=\begin{pmatrix}2&0&0\\0&2&1\\0&0&2\end{pmatrix}.$$

设相似变换矩阵 $\boldsymbol{P}=(\boldsymbol{p}_1,\boldsymbol{p}_2,\boldsymbol{p}_3)$,使得 $\boldsymbol{P}^{-1}\boldsymbol{A}\boldsymbol{P}=\boldsymbol{J}$,即 $\boldsymbol{A}\boldsymbol{P}=\boldsymbol{P}\boldsymbol{J}$,则有

$$\begin{cases}\boldsymbol{A}\boldsymbol{p}_1=2\boldsymbol{p}_1,\\\boldsymbol{A}\boldsymbol{p}_2=2\boldsymbol{p}_2,\\\boldsymbol{A}\boldsymbol{p}_3=\boldsymbol{p}_2+2\boldsymbol{p}_3,\end{cases}\quad \text{即}\quad \begin{cases}(2\boldsymbol{E}-\boldsymbol{A})\boldsymbol{p}_1=\boldsymbol{0},\\(2\boldsymbol{E}-\boldsymbol{A})\boldsymbol{p}_2=\boldsymbol{0},\\(2\boldsymbol{E}-\boldsymbol{A})\boldsymbol{p}_3=-\boldsymbol{p}_2.\end{cases}$$

可见 $\boldsymbol{p}_1,\boldsymbol{p}_2$ 是对应特征值 2 的两个线性无关的特征向量,而对应特征值 2 的广义特征向量 $\boldsymbol{p}_3$ 由求解非齐次线性方程组 $(2\boldsymbol{E}-\boldsymbol{A})\boldsymbol{x}=-\boldsymbol{p}_2$ 得到.

可求得 $\boldsymbol{A}$ 对应特征值 2 的两个线性无关的特征向量为

$$(-1,1,0)^{\mathrm{T}},\quad (1,0,1)^{\mathrm{T}}.$$

可取 $\boldsymbol{p}_1=(-1,1,0)^{\mathrm{T}}$. 如果取 $\boldsymbol{p}_2=(1,0,1)^{\mathrm{T}}$,则可发现 $(2\boldsymbol{E}-\boldsymbol{A})\boldsymbol{x}=-\boldsymbol{p}_2$ 无解. 为了使该方程组有解,需要另外选择 $\boldsymbol{p}_2$,设

$$\boldsymbol{p}_2=k_1(-1,1,0)^{\mathrm{T}}+k_2(1,0,1)^{\mathrm{T}}.$$

由

$$(2\boldsymbol{E}-\boldsymbol{A},-\boldsymbol{p}_2)=\left(\begin{array}{ccc:c}-1&-1&1&k_1-k_2\\2&2&-2&-k_1\\1&1&-1&-k_2\end{array}\right)\xrightarrow[\mathrm{r}_1\leftrightarrow\mathrm{r}_3]{\substack{\mathrm{r}_1+\mathrm{r}_3\\ \mathrm{r}_2-2\mathrm{r}_3}}\left(\begin{array}{ccc:c}1&1&-1&-k_2\\0&0&0&2k_2-k_1\\0&0&0&k_1-2k_2\end{array}\right)$$

知 $k_1=2k_2$ 时 $(2\boldsymbol{E}-\boldsymbol{A})\boldsymbol{x}=-\boldsymbol{p}_2$ 有解. 取 $k_1=2,k_2=1$ 得 $\boldsymbol{p}_2=(-1,2,1)^{\mathrm{T}}$. 再取 $(2\boldsymbol{E}-\boldsymbol{A})\boldsymbol{x}=-\boldsymbol{p}_2$ 的解向量 $\boldsymbol{p}_3=(-1,0,0)^{\mathrm{T}}$. 故相似变换矩阵为

$$\boldsymbol{P}=\begin{pmatrix}-1&-1&-1\\1&2&0\\0&1&0\end{pmatrix}.$$

当矩阵 $\boldsymbol{A}$ 的某个重特征值对应一个以上 Jordan 块时，经常要做类似上例的处理.

利用矩阵的相似变换理论，可以方便地求得矩阵的方幂，也可以方便地求解在电路网络、振动理论及控制论等应用领域经常遇到的线性常系数微分方程组，举例如下.

例 8.14　已知 $\boldsymbol{A}=\begin{pmatrix}3&1&-1\\-2&0&2\\-1&-1&3\end{pmatrix}$.

(1) 求 $\boldsymbol{A}^{100}$；

(2) 求解齐次线性常系数微分方程组 $\dfrac{\mathrm{d}\boldsymbol{x}}{\mathrm{d}t}=\boldsymbol{A}\boldsymbol{x}$，其中

$$\boldsymbol{x}=(x_1(t),x_2(t),x_3(t))^{\mathrm{T}},\quad \frac{\mathrm{d}\boldsymbol{x}}{\mathrm{d}t}=\left(\frac{\mathrm{d}x_1}{\mathrm{d}t},\frac{\mathrm{d}x_2}{\mathrm{d}t},\frac{\mathrm{d}x_3}{\mathrm{d}t}\right)^{\mathrm{T}}.$$

解　例 8.13(2)已求得 $\boldsymbol{P}^{-1}\boldsymbol{A}\boldsymbol{P}=\boldsymbol{J}$，其中

$$\boldsymbol{P}=\begin{pmatrix}-1&-1&-1\\1&2&0\\0&1&0\end{pmatrix},\quad \boldsymbol{J}=\begin{pmatrix}2&0&0\\0&2&1\\0&0&2\end{pmatrix}.$$

(1) $\boldsymbol{A}^{100}=(\boldsymbol{P}\boldsymbol{J}\boldsymbol{P}^{-1})^{100}=\boldsymbol{P}\boldsymbol{J}^{100}\boldsymbol{P}^{-1}$

$$=\begin{pmatrix}-1&-1&-1\\1&2&0\\0&1&0\end{pmatrix}\begin{pmatrix}2^{100}&0&0\\0&2^{100}&100\times2^{99}\\0&0&2^{100}\end{pmatrix}\begin{pmatrix}0&1&-2\\0&0&1\\-1&-1&1\end{pmatrix}$$

$$=2^{100}\begin{pmatrix}51&50&-50\\-100&-99&100\\-50&-50&51\end{pmatrix}.$$

(2) 令 $\boldsymbol{x}=\boldsymbol{P}\boldsymbol{y}$，其中 $\boldsymbol{y}=(y_1,y_2,y_3)^{\mathrm{T}}$，则可验证 $\dfrac{\mathrm{d}\boldsymbol{x}}{\mathrm{d}t}=\boldsymbol{P}\dfrac{\mathrm{d}\boldsymbol{y}}{\mathrm{d}t}$. 代入 $\dfrac{\mathrm{d}\boldsymbol{x}}{\mathrm{d}t}=\boldsymbol{A}\boldsymbol{x}$ 得

$\boldsymbol{P}\frac{\mathrm{d}\boldsymbol{y}}{\mathrm{d}t}=\boldsymbol{A}\boldsymbol{P}\boldsymbol{y}$，即$\frac{\mathrm{d}\boldsymbol{y}}{\mathrm{d}t}=\boldsymbol{J}\boldsymbol{y}$，写成分量形式

$$\frac{\mathrm{d}y_1}{\mathrm{d}t}=2y_1,\quad \frac{\mathrm{d}y_2}{\mathrm{d}t}=2y_2+y_3,\quad \frac{\mathrm{d}y_3}{\mathrm{d}t}=2y_3.$$

第一，三个方程的一般解为 $y_1=c_1\mathrm{e}^{2t}$，$y_3=c_3\mathrm{e}^{2t}$，代入第二个方程得$\frac{\mathrm{d}y_2}{\mathrm{d}t}=2y_2+c_3\mathrm{e}^{2t}$，其一般解为

$$y_2=\mathrm{e}^{2t}\left(\int c_3\mathrm{e}^{2t}\mathrm{e}^{-2t}\mathrm{d}t+c_2\right)=\mathrm{e}^{2t}(c_2+c_3t).$$

由 $\boldsymbol{x}=\boldsymbol{P}\boldsymbol{y}$ 求得原微分方程组的一般解为

$$\begin{cases}x_1=-\mathrm{e}^{2t}(c_1+c_2+c_3+c_3t),\\ x_2=\mathrm{e}^{2t}(c_1+2c_2+2c_3t),\\ x_3=\mathrm{e}^{2t}(c_2+c_3t)\end{cases}\qquad (c_1,c_2,c_3\ \text{为任意常数}).$$

由于 1 阶 Jordan 块对应于 1 次初等因子，所以可得到矩阵相似于对角矩阵的另一些条件.

定理 8.14 复数域 **C** 上的 n 阶方阵 **A** 与对角矩阵相似的充分必要条件是，**A** 的初等因子都是 1 次的.

因为初等因子是由不变因子分解成不同一次因式的方幂而得，因此有：

定理 8.15 复数域 **C** 上的 n 阶方阵 **A** 与对角矩阵相似的充分必要条件是，**A** 的不变因子都没有重根.

8.7 矩阵的有理标准形

8.7.1 Frobenius 标准形

当 n 阶方阵 **A** 的所有初等因子都能表示成一次因式的方幂时，才能得到 **A** 的 Jordan 标准形. 在复数域 **C** 上，**A** 的初等因子都能表示成一次因式的方幂. 在实数域 **R** 上，**A** 的初等因子可以表示成一次因式和二次因式的方幂；而在有理数域 **Q** 上，**A** 的初等因子可以是任意次数的不可约多项式的方幂. 可见，在数域 **K** 上求 Jordan 标准形一般是不可能的. 基于 **A** 的不变因子不随数域的改变而改变的特点，以下利用 **A** 的不变因子建立与 **A** 相似的另一个标准形.

定理 8.16 设 **A** 是数域 **K** 上的 n 阶方阵，**A** 的不变因子为

$$1,\cdots,1,d_{k+1}(\lambda),d_{k+2}(\lambda),\cdots,d_n(\lambda),$$

其中 $d_{k+i}(\lambda)=\lambda^{r_i}+a_{i,r_i-1}\lambda^{r_i-1}+\cdots+a_{i1}\lambda+a_{i0}\ (i=1,2,\cdots,n-k)$. 这里 $r_i>0(i=1,2,\cdots,n-k)$，且由 $d_j(\lambda)\mid d_{j+1}(\lambda)$ 知

$$r_1\leqslant r_2\leqslant\cdots\leqslant r_{n-k},\quad \sum_{i=1}^{n-k}r_i=n.$$

对应每个非常数不变因子 $d_{k+i}(\lambda)$ 做一个 r_i 阶 **Frobenius 块**(或 $d_{k+i}(\lambda)$ 的**友矩阵**)

$$\boldsymbol{F}_i=\begin{pmatrix} 0 & 1 & 0 & \cdots & 0 \\ 0 & 0 & 1 & \cdots & 0 \\ \vdots & \vdots & \vdots & & \vdots \\ 0 & 0 & 0 & \cdots & 1 \\ -a_{i0} & -a_{i1} & -a_{i2} & \cdots & -a_{i,r_i-1} \end{pmatrix} \quad (i=1,2,\cdots,n-k).$$

将这些 Frobenius 块构成一个 **Frobenius 矩阵**

$$\boldsymbol{F}=\begin{pmatrix} \boldsymbol{F}_1 & & & \\ & \boldsymbol{F}_2 & & \\ & & \ddots & \\ & & & \boldsymbol{F}_{n-k} \end{pmatrix},$$

则 $\boldsymbol{A}$ 与 $\boldsymbol{F}$ 相似,且 $\boldsymbol{F}$ 由 $\boldsymbol{A}$ 唯一确定,称 $\boldsymbol{F}$ 为 $\boldsymbol{A}$ 的**有理标准形**或 **Frobemius 标准形**.

证 由例 8.6 知,$\boldsymbol{F}_i$ 的不变因子为

$$\underbrace{1,\cdots,1}_{r_i-1\text{个}},\quad d_{k+i}(\lambda),$$

于是

$$\begin{aligned} \lambda\boldsymbol{E}-\boldsymbol{F} &\longrightarrow \operatorname{diag}(1,\cdots,1,d_{k+1}(\lambda),\cdots,1,\cdots,1,d_n(\lambda)) \\ &\longrightarrow \operatorname{diag}(1,\cdots,1,d_{k+1}(\lambda),\cdots,d_n(\lambda)), \end{aligned}$$

即 $\boldsymbol{F}$ 的不变因子与 $\boldsymbol{A}$ 的不变因子相同,故 $\lambda\boldsymbol{E}-\boldsymbol{A}$ 与 $\lambda\boldsymbol{E}-\boldsymbol{F}$ 等价. 由于不变因子由 $\boldsymbol{A}$ 唯一确定,故 $\boldsymbol{F}$ 由 $\boldsymbol{A}$ 唯一确定. ▌

例 8.15 求下列矩阵的有理标准形和 Jordan 标准形(在复数域 **C**):

(1) $\boldsymbol{A}=\begin{pmatrix} 0 & 1 & -1 & 1 \\ -1 & 2 & -1 & 1 \\ -1 & 1 & 1 & 0 \\ -1 & 1 & 0 & 1 \end{pmatrix}$; (2) $\boldsymbol{B}=\begin{pmatrix} 1 & -2 & -1 & 0 \\ 2 & 1 & 0 & -1 \\ 0 & 0 & 1 & -2 \\ 0 & 0 & 2 & 1 \end{pmatrix}$.

解 (1) 可求得 $\boldsymbol{A}$ 的不变因子为

$$d_1(\lambda)=d_2(\lambda)=1,\quad d_3(\lambda)=d_4(\lambda)=(\lambda-1)^2=\lambda^2-2\lambda+1,$$

于是 $\boldsymbol{A}$ 的有理标准形为

$$\boldsymbol{F}=\begin{pmatrix} 0 & 1 & 0 & 0 \\ -1 & 2 & 0 & 0 \\ 0 & 0 & 0 & 1 \\ 0 & 0 & -1 & 2 \end{pmatrix}.$$

又 $\boldsymbol{A}$ 的初等因子为 $(\lambda-1)^2,(\lambda-1)^2$,从而 $\boldsymbol{A}$ 的 Jordan 标准为

$$J=\begin{pmatrix}1&1&0&0\\0&1&0&0\\0&0&1&1\\0&0&0&1\end{pmatrix}.$$

(2) 可求得 $\boldsymbol{B}$ 的不变因子为

$$d_1(\lambda)=d_2(\lambda)=d_3(\lambda)=1,$$

$$d_4(\lambda)=[(\lambda-1)^2+4]^2=\lambda^4-4\lambda^3+14\lambda^2-20\lambda+25,$$

于是 $\boldsymbol{B}$ 的有理标准形为

$$F=\begin{pmatrix}0&1&0&0\\0&0&1&0\\0&0&0&1\\-25&20&-14&4\end{pmatrix}.$$

又 $\boldsymbol{B}$ 的初等因子为$(\lambda-1-2\mathrm{i})^2$,$(\lambda-1+2\mathrm{i})^2$,从而 $\boldsymbol{B}$ 的 Jordan 标准形为

$$J=\begin{pmatrix}1+2\mathrm{i}&1&0&0\\0&1+2\mathrm{i}&0&0\\0&0&1-2\mathrm{i}&1\\0&0&0&1-2\mathrm{i}\end{pmatrix}.$$

有理标准形的突出优点是,它在任何数域上都是存在的,而且总可以具体地求出它,所以在应用上及理论推导中,它都起着重要的作用.

8.7.2 Jacobson 标准形

方阵 $\mathbf{A}$ 的有理标准形 $\boldsymbol{F}$ 虽然有很多优点,但当 n 较大时,$\boldsymbol{F}$ 的每一个 Frobenius 块的阶数还可能很高,这是它的不足之处. 这里将要把每一个 Frobenius 块分得更细.

设 $\mathbf{A}$ 是数域 $\mathbf{K}$ 上的 n 阶方阵,又设

$$(p(\lambda))^l=(\lambda^s+a_{s-1}\lambda^{s-1}+\cdots+a_1\lambda+a_0)^l \tag{8.9}$$

为 $\mathbf{A}$ 在数域 $\mathbf{K}$ 上的任一初等因子,其中 $p(\lambda)=\lambda^s+a_{s-1}\lambda^{s-1}+\cdots+a_1\lambda+a_0$ 在数域 $\mathbf{K}$ 上不可约. 构造两个 s 阶矩阵

$$F=\begin{pmatrix}0&1&0&\cdots&0\\0&0&1&\cdots&0\\\vdots&\vdots&\vdots&&\vdots\\0&0&0&\cdots&1\\-a_0&-a_1&-a_2&\cdots&-a_{s-1}\end{pmatrix},\quad N=\begin{pmatrix}0&0&\cdots&0\\\vdots&\vdots&&\vdots\\0&0&\cdots&0\\1&0&\cdots&0\end{pmatrix}, \tag{8.10}$$

其中 $\boldsymbol{F}$ 是 $p(\lambda)$的友矩阵. 再以 $\boldsymbol{F}$ 和 $\mathbf{N}$ 作 l 阶分块上三角矩阵

$$J=\begin{pmatrix} F & N & & \\ & F & \ddots & \\ & & \ddots & N \\ & & & F \end{pmatrix}. \tag{8.11}$$

这是一个 ls 阶方阵,称之为初等因子$(p(\lambda))^l$ 的 Jacobson **块**.

例如,设有理数域 **Q** 上的方阵 **A** 的某一个初等因子为$(\lambda^3-\lambda^2+1)^2$,则相应于它的Jacobson块为下面的 $2\times3=6$ 阶矩阵:

$$\begin{pmatrix} F & N \\ O & F \end{pmatrix}=\left(\begin{array}{ccc:ccc} 0 & 1 & 0 & 0 & 0 & 0 \\ 0 & 0 & 1 & 0 & 0 & 0 \\ -1 & 0 & 1 & 1 & 0 & 0 \\ \hdashline 0 & 0 & 0 & 0 & 1 & 0 \\ 0 & 0 & 0 & 0 & 0 & 1 \\ 0 & 0 & 0 & -1 & 0 & 1 \end{array}\right).$$

Jacobson 块的一个明显特点是,与它的主对角线相邻的右上角对角线的元素全是 1,而其余上三角元素全是 0. Jacobson 块的一个重要的特殊情形是,当不可约因式 $p(\lambda)$是一次因式时,相应于$(p(\lambda))^l$ 的 Jacobson 块是一个 l 阶 Jordan 块.

引理　初等因子$(p(\lambda))^l$ 的 Jacobson 块(8.11)的不变因子为

$$\underbrace{1,\cdots,1}_{ls-1\text{个}},\quad (p(\lambda))^l.$$

证　可求得

$$D_{ls}(\lambda)=\det(\lambda E-J)=(\det(\lambda E-F)^l=(p(\lambda))^l,$$

又 $\lambda E-J$ 的右上角的 $ls-1$ 阶子式等于$(-1)^{ls-1}$,所以 $D_{ls-1}(\lambda)=1$,故 J 的不变因子为$1,\cdots,1,(p(\lambda))^l$. ▍

定理 8.17　设 **A** 是数域 **K** 上的 n 阶方阵,**A** 在 **K** 上的全部初等因子为

$$\begin{gathered}(p_1(\lambda))^{l_{11}},\quad (p_1(\lambda))^{l_{21}},\quad \cdots,\quad (p_1(\lambda))^{l_{s_1 1}},\\ (p_2(\lambda))^{l_{12}},\quad (p_2(\lambda))^{l_{22}},\quad \cdots,\quad (p_2(\lambda))^{l_{s_2 2}},\\ \cdots\cdots\\ (p_t(\lambda))^{l_{1t}},\quad (p_t(\lambda))^{l_{2t}},\quad \cdots,\quad (p_t(\lambda))^{l_{s_t t}}.\end{gathered}$$

它们相应的 Jacobson 块依次记为

$$J_{11},\quad J_{21},\cdots,J_{s_1 1},J_{12},J_{22},\cdots,J_{s_2 2},\cdots,J_{1t},J_{2t},\cdots,J_{s_t t}.$$

以这些 Jacobson 块做一个分块对角矩阵 J,则 J 由 **A** 唯一确定,且 **A** 与 J 相似,称之为 **A** 的 Jacobson **标准形**.

证　由引理知,Jacobson 块 J_{ij} 的不变因子为

$$1,\cdots,1,\quad (p_j(\lambda))^{l_{ij}}\quad (i=1,2,\cdots,s_j;j=1,2,\cdots,t),$$

从而 J 与 **A** 的初等因子相同,故 **A** 与 J 相似. 由于初等因子由 **A** 唯一确定,故 J 由

$\boldsymbol{A}$ 唯一确定. ▌

例 8.16 设实数域 **R** 上的 10 阶方阵 $\boldsymbol{A}$ 的不变因子为

$$d_1(\lambda)=\cdots=d_8(\lambda)=1,\quad d_9(\lambda)=(\lambda-1)^2(\lambda^2+\lambda+1),$$
$$d_{10}(\lambda)=(\lambda-1)^2(\lambda^2+\lambda+1)^2,$$

求 $\boldsymbol{A}$ 的 Jacobson 标准形.

解 $\boldsymbol{A}$ 的初等因子为

$$(\lambda-1)^2,\quad (\lambda-1)^2,\quad \lambda^2+\lambda+1,\quad (\lambda^2+\lambda+1)^2,$$

所以 $\boldsymbol{A}$ 的 Jacobson 标准形为

$$\boldsymbol{J}=\begin{pmatrix} \begin{pmatrix}1&1\\0&1\end{pmatrix} &&&& \\ & \begin{pmatrix}1&1\\0&1\end{pmatrix} &&& \\ && \begin{pmatrix}0&1\\-1&-1\end{pmatrix} && \\ &&& \begin{pmatrix}0&1\\-1&-1\end{pmatrix} & \begin{pmatrix}0&0\\1&0\end{pmatrix} \\ &&&& \begin{pmatrix}0&1\\-1&-1\end{pmatrix} \end{pmatrix}.$$

有关方阵的相似标准形,除了本节介绍的三种主要标准形,即 Jordan 标准形(对复数域来说)、有理标准形和 Jacobson 标准形(均对任意数域来说)外,还可以做出其他标准形.事实上,只要能做出相应于 $\boldsymbol{A}$ 的初等因子的各种矩阵块,则这些矩阵块所成的分块对角矩阵就有可能成为 $\boldsymbol{A}$ 的相似标准形.这个想法是重要的.

8.8 Hamilton-Cayley 定理

8.8.1 Hamilton-Cayley 定理

著名的 Hamilton-Cayley 定理指出了矩阵特征多项式的一个重要性质,即每个方阵都是它的特征多项式的"根".

定理 8.18(Hamilton-Cayley) 设 $\boldsymbol{A}$ 是 n 阶方阵,$f(\lambda)=\det(\lambda\boldsymbol{E}-\boldsymbol{A})$ 是 $\boldsymbol{A}$ 的特征多项式,则 $f(\boldsymbol{A})=\boldsymbol{O}$.

证 设

$$f(\lambda)=\det(\lambda\boldsymbol{E}-\boldsymbol{A})=a_n\lambda^{n-1}+\cdots+a_1\lambda+a_0, \tag{8.12}$$

又设 $\boldsymbol{B}(\lambda)$ 是 $\boldsymbol{A}-\lambda\boldsymbol{E}$ 的伴随矩阵,则由式(2.10)知

$$\boldsymbol{B}(\lambda)(\lambda\boldsymbol{E}-\boldsymbol{A})=(\det(\lambda\boldsymbol{E}-\boldsymbol{A}))\boldsymbol{E}. \tag{8.13}$$

根据伴随矩阵的定义可知,$\boldsymbol{B}(\lambda)$的元素都是行列式 $\det(\lambda\boldsymbol{E}-\boldsymbol{A})$的元素的代数余子式,显然都是 λ 的多项式,并且其最高次数不超过 $n-1$,所以可用自然形式表示为

$$\boldsymbol{B}(\lambda)=\boldsymbol{B}_{n-1}\lambda^{n-1}+\boldsymbol{B}_{n-2}\lambda^{n-2}+\cdots+\boldsymbol{B}_1\lambda+\boldsymbol{B}_0, \tag{8.14}$$

其中 $\boldsymbol{B}_{n-1},\boldsymbol{B}_{n-2},\cdots,\boldsymbol{B}_1,\boldsymbol{B}_0$ 都是 n 阶常数矩阵,将式(8.12)与式(8.14)代入式(8.13)得

$$(\boldsymbol{B}_{n-1}\lambda^{n-1}+\boldsymbol{B}_{n-2}\lambda^{n-2}+\cdots+\boldsymbol{B}_1\lambda+\boldsymbol{B}_0)(\boldsymbol{A}-\lambda\boldsymbol{E})=(a_n\lambda^n+a_{n-1}\lambda^{n-1}+\cdots+a_1\lambda+a_0)\boldsymbol{E}.$$

比较两边 λ 的同次幂系数得

$$\begin{cases}-\boldsymbol{B}_{n-1}=a_n\boldsymbol{E},\\ \boldsymbol{B}_{n-1}\boldsymbol{A}-\boldsymbol{B}_{n-2}=a_{n-1}\boldsymbol{E},\\ \qquad\cdots\cdots\\ \boldsymbol{B}_1\boldsymbol{A}-\boldsymbol{B}_0=a_1\boldsymbol{E},\\ \boldsymbol{B}_0\boldsymbol{A}=a_0\boldsymbol{E}.\end{cases}$$

分别以 $\boldsymbol{A}^n,\boldsymbol{A}^{n-1},\cdots,\boldsymbol{A},\boldsymbol{E}$ 右乘上式的第 1 式,第 2 式,…,第 $n+1$ 式,然后相加,得

$$\boldsymbol{O}=a_n\boldsymbol{A}^n+a_{n-1}\boldsymbol{A}^{n-1}+\cdots+a_1\boldsymbol{A}+a_0\boldsymbol{E},$$

即 $f(\boldsymbol{A})=\boldsymbol{O}$. ▎

以下用例子说明 Hamilton-Cayley 定理在简化矩阵计算中的应用.

例 8.17 已知矩阵 $\boldsymbol{A}=\begin{pmatrix}-1&1&0\\-4&3&0\\1&0&2\end{pmatrix}$.

(1) 试计算 $\boldsymbol{A}^7-\boldsymbol{A}^5-19\boldsymbol{A}^4+28\boldsymbol{A}^3+6\boldsymbol{A}-4\boldsymbol{E}$;

(2) 试求 $\boldsymbol{A}^{-1}$;

(3) 试求 $\boldsymbol{A}^{100}$.

解 (1) 令 $g(\lambda)=\lambda^7-\lambda^5-19\lambda^4+28\lambda^3+6\lambda-4$,需计算 $g(\boldsymbol{A})$. 因为 $\boldsymbol{A}$ 的特征多项式为

$$f(\lambda)=\det(\lambda\boldsymbol{E}-\boldsymbol{A})=(\lambda-2)(\lambda-1)^2=\lambda^3-4\lambda^2+5\lambda-2,$$

用 $f(\lambda)$除 $g(\lambda)$得

$$g(\lambda)=(\lambda^4+4\lambda^3+10\lambda^2+3\lambda-2)f(\lambda)-3\lambda^2+22\lambda-8.$$

由 Hamilton-Cayley 定理知 $f(\boldsymbol{A})=\boldsymbol{O}$,于是

$$g(\boldsymbol{A})=-3\boldsymbol{A}^2+22\boldsymbol{A}-8\boldsymbol{E}=\begin{pmatrix}-19&16&0\\-64&43&0\\19&-3&24\end{pmatrix}.$$

(2) 由 $f(\boldsymbol{A})=\boldsymbol{A}^3-4\boldsymbol{A}^2+5\boldsymbol{A}-2\boldsymbol{E}=\boldsymbol{O}$ 得

$$\boldsymbol{A}\left(\frac{1}{2}(\boldsymbol{A}^2-4\boldsymbol{A}+5\boldsymbol{E})\right)=\boldsymbol{E},$$

故

$$\boldsymbol{A}^{-1}=\frac{1}{2}(\boldsymbol{A}^2-4\boldsymbol{A}+5\boldsymbol{E})=\begin{pmatrix} 3 & -1 & 0 \\ 4 & -1 & 0 \\ -\frac{3}{2} & \frac{1}{2} & \frac{1}{2} \end{pmatrix}.$$

(3) 设 $\lambda^{100}=q(\lambda)f(\lambda)+b_2\lambda^2+b_1\lambda+b_0$，注意到 $f(2)=f(1)=f'(1)=0$，分别将 $\lambda=2$ 和 $\lambda=1$ 代入上式，再对上式求导后将 $\lambda=1$ 代入，得

$$\begin{cases} 2^{100}=4b_2+2b_1+b_0, \\ 1=b_2+b_1+b_0, \\ 100=2b_2+b_1. \end{cases}$$

解之得 $b_2=2^{100}-101$，$b_1=-2^{101}+302$，$b_0=2^{100}-200$，故

$$\boldsymbol{A}^{100}=b_2\boldsymbol{A}^2+b_1\boldsymbol{A}+b_0\boldsymbol{E}=\begin{pmatrix} -199 & 100 & 0 \\ -400 & 201 & 0 \\ 201 & 2^{100}-101 & 2^{100} \end{pmatrix}.$$

8.8.2 最小多项式

Hamilton-Cayley 定理说明，任意 n 阶方阵 $\boldsymbol{A}$ 是它的特征多项式的根. 现在要问，是否存在比特征多项式次数低的多项式也以 $\boldsymbol{A}$ 为根? 对于某些矩阵这是可能的，如对于 n 阶方阵 $\boldsymbol{A}=a\boldsymbol{E}$，$\lambda-a$ 就是以 $\boldsymbol{A}$ 为根的多项式，它比 $\boldsymbol{A}$ 的特征多项式 $(\lambda-a)^n$ 的次数低.

定义 8.10 设 $\boldsymbol{A}$ 是数域 $\mathbf{K}$ 上的 n 阶方阵，$f(\lambda)$ 是 $\mathbf{K}$ 上的多项式，如果 $f(\boldsymbol{A})=\boldsymbol{O}$，则称 $f(\lambda)$ 是 $\boldsymbol{A}$ 的**零化多项式**. 在 $\boldsymbol{A}$ 的零化多项式中，次数最低且首项系数为 1 的多项式称为 $\boldsymbol{A}$ 的**最小多项式**.

首先介绍最小多项式的一些性质.

定理 8.19 设 $\boldsymbol{A}$ 是数域 $\mathbf{K}$ 上的 n 阶方阵，则 $\boldsymbol{A}$ 的最小多项式存在且唯一.

证 存在性由 Hamilton-Cayley 定理保证. 下面证明唯一性.

设 $m_1(\lambda)$，$m_2(\lambda)$ 都是 $\boldsymbol{A}$ 的最小多项式，若 $m_1(\lambda)\neq m_2(\lambda)$，则 $\varphi(\lambda)=m_1(\lambda)-m_2(\lambda)\neq 0$. 因为 $m_1(\lambda)$ 与 $m_2(\lambda)$ 是同次的首项系数为 1 的多项式，所以 $\varphi(\lambda)$ 的次数低于 $m_1(\lambda)$ 的次数. 又 $\varphi(\boldsymbol{A})=m_1(\boldsymbol{A})-m_2(\boldsymbol{A})=\boldsymbol{O}$，这说明 $m_1(\lambda)$ 不是 $\boldsymbol{A}$ 的最小多项式，与假设矛盾，故 $m_1(\lambda)=m_2(\lambda)$. ▌

记方阵 $\boldsymbol{A}$ 的唯一最小多项式为 $m_{\boldsymbol{A}}(\lambda)$.

定理 8.20 设 $\boldsymbol{A}$ 是数域 $\mathbf{K}$ 上的 n 阶方阵，则 $\boldsymbol{A}$ 的最小多项式整除 $\boldsymbol{A}$ 的任一零化多项式.

证 设 $g(\lambda)$ 是 $\boldsymbol{A}$ 的零化多项式，若 $m_{\boldsymbol{A}}(\lambda)\nmid g(\lambda)$，则由带余除法知，存在多项

式 $q(\lambda)$ 以及 $r(\lambda)\neq 0$，使得

$$g(\lambda)=q(\lambda)m_A(\lambda)+r(\lambda),$$

其中 $r(\lambda)$ 的次数低于 $m_A(\lambda)$ 的次数. 由于

$$\boldsymbol{O}=g(\boldsymbol{A})=g(\boldsymbol{A})m_A(\boldsymbol{A})+r(\boldsymbol{A})=r(\boldsymbol{A}),$$

这说明 $m_A(\lambda)$ 不是 $\boldsymbol{A}$ 的最小多项式，与假设矛盾，故 $m_A(\lambda)\mid g(\lambda)$. ▌

推论　任一方阵的最小多项式必定整除其特征多项式.

推论表明，方阵 $\boldsymbol{A}$ 的最小多项式的次数不会超过其特征多项式. 由于最小多项式也像特征多项式那样，具有以 $\boldsymbol{A}$ 为根的性质，这就使得一些用 Hamilton-Cayley 定理解决的矩阵问题(如例 8.17 求方阵的高次幂，求逆矩阵等)，在改用最小多项式解决时更为方便.

定理 8.21　设 $\boldsymbol{A}$ 是数域 $\mathbf{K}$ 上的 n 阶方阵，则 $\boldsymbol{A}$ 的特征值必定是其最小多项式的根.

证　设 λ_0 是 $\boldsymbol{A}$ 的特征值，$\boldsymbol{x}$ 是对应 λ_0 的特征向量，即 $\boldsymbol{A}\boldsymbol{x}=\lambda_0\boldsymbol{x}$. 由特征值与特征向量的性质 2 知，$m_A(\boldsymbol{A})\boldsymbol{x}=m_A(\lambda_0)\boldsymbol{x}$，但 $m_A(\boldsymbol{A})=\boldsymbol{O}$，于是 $m_A(\lambda_0)\boldsymbol{x}=\boldsymbol{0}$. 由 $\boldsymbol{x}\neq\boldsymbol{0}$ 得 $m_A(\lambda_0)=0$，即 λ_0 是 $m_A(\lambda)$ 的根. ▌

由定理 8.21 可见，特征多项式的根与最小多项式的根是一致的，不同的只可能是根的重数而已.

例 8.18　求矩阵 $\boldsymbol{A}=\begin{pmatrix}7&4&-1\\4&7&-1\\-4&-4&4\end{pmatrix}$ 的最小多项式.

解　先求 $\boldsymbol{A}$ 的特征多项式

$$f(\lambda)=\det(\lambda\boldsymbol{E}-\boldsymbol{A})=\begin{vmatrix}\lambda-7&-4&1\\-4&\lambda-7&1\\4&4&\lambda-4\end{vmatrix}=(\lambda-3)^2(\lambda-12).$$

因为 $\boldsymbol{A}$ 的最小多项式 $m_A(\lambda)$ 能整除 $f(\lambda)$，且包含 $\boldsymbol{A}$ 的所有互异特征值，所以取 $f(\lambda)$ 的因式 $(\lambda-3)(\lambda-12)$，经计算

$$(\boldsymbol{A}-3\boldsymbol{E})(\boldsymbol{A}-12\boldsymbol{E})=\begin{pmatrix}4&4&-1\\4&4&-1\\-4&-4&1\end{pmatrix}\begin{pmatrix}-5&4&-1\\4&-5&-1\\-4&-4&-8\end{pmatrix}=\boldsymbol{O},$$

故 $m_A(\lambda)=(\lambda-3)(\lambda-12)$.

定理 8.22　相似矩阵有相同的最小多项式.

证　设 $\boldsymbol{B}=\boldsymbol{P}^{-1}\boldsymbol{A}\boldsymbol{P}$，则

$$m_A(\boldsymbol{B})=m_A(\boldsymbol{P}^{-1}\boldsymbol{A}\boldsymbol{P})=\boldsymbol{P}^{-1}m_A(\boldsymbol{A})\boldsymbol{P}=\boldsymbol{O},$$

即 $m_A(\lambda)$ 是 $\boldsymbol{B}$ 的零化多项式. 由定理 8.19 知，$m_B(\lambda)\mid m_A(\lambda)$，同理可证 $m_A(\lambda)\mid m_B(\lambda)$. 由于 $m_A(\lambda)$ 与 $m_B(\lambda)$ 都是首项系数为 1 的多项式，故 $m_A(\lambda)=m_B(\lambda)$. ▌

定理 8.23 设 $\boldsymbol{A}=\begin{pmatrix}\boldsymbol{A}_1 & \boldsymbol{O}\\ \boldsymbol{O} & \boldsymbol{A}_2\end{pmatrix}$，$\boldsymbol{A}_1$，$\boldsymbol{A}_2$ 都是方阵，则 $\boldsymbol{A}$ 的最小多项式 $m_{\boldsymbol{A}}(\lambda)$ 是 $\boldsymbol{A}_1$ 的最小多项式 $m_{\boldsymbol{A}_1}(\lambda)$ 和 $\boldsymbol{A}_2$ 的最小多项式 $m_{\boldsymbol{A}_2}(\lambda)$ 的首项系数为 1 的最小公倍式.

证 因为

$$m_{\boldsymbol{A}}(\boldsymbol{A})=\begin{pmatrix}m_{\boldsymbol{A}}(\boldsymbol{A}_1) & \boldsymbol{O}\\ \boldsymbol{O} & m_{\boldsymbol{A}}(\boldsymbol{A}_2)\end{pmatrix}=\boldsymbol{O},$$

所以 $m_{\boldsymbol{A}}(\boldsymbol{A}_1)=\boldsymbol{O}$，$m_{\boldsymbol{A}}(\boldsymbol{A}_2)=\boldsymbol{O}$. 由定理 8.19 知，$m_{\boldsymbol{A}_1}(\lambda)\mid m_{\boldsymbol{A}}(\lambda)$，$m_{\boldsymbol{A}_2}(\lambda)\mid m_{\boldsymbol{A}}(\lambda)$，可见 $m_{\boldsymbol{A}}(\lambda)$ 是 $m_{\boldsymbol{A}_1}(\lambda)$ 和 $m_{\boldsymbol{A}_2}(\lambda)$ 的公倍式.

再假设 $h(\lambda)$ 是 $m_{\boldsymbol{A}_1}(\lambda)$ 和 $m_{\boldsymbol{A}_2}(\lambda)$ 的任意公倍式，因为

$$h(\boldsymbol{A})=\begin{pmatrix}h(\boldsymbol{A}_1) & \boldsymbol{O}\\ \boldsymbol{O} & h(\boldsymbol{A}_2)\end{pmatrix}=\boldsymbol{O},$$

又由定理 8.19 知，$m_{\boldsymbol{A}}(\lambda)\mid h(\lambda)$，即 $m_{\boldsymbol{A}_1}(\lambda)$ 和 $m_{\boldsymbol{A}_2}(\lambda)$ 的任意公倍式是 $m_{\boldsymbol{A}}(\lambda)$ 的倍式，故 $m_{\boldsymbol{A}}(\lambda)$ 是 $m_{\boldsymbol{A}_1}(\lambda)$ 与 $m_{\boldsymbol{A}_2}(\lambda)$ 的首项系数为 1 的最小公倍式. ▍

应用归纳法，可将定理 8.23 推广到一般的分块对角矩阵上去.

推论 设 $\boldsymbol{A}=\begin{pmatrix}\boldsymbol{A}_1 & & & \\ & \boldsymbol{A}_2 & & \\ & & \ddots & \\ & & & \boldsymbol{A}_s\end{pmatrix}$，其中 $\boldsymbol{A}_i$ 都是方阵，则 $\boldsymbol{A}$ 的最小多项式 $m_{\boldsymbol{A}}(\lambda)$ 是 $\boldsymbol{A}_i$ 的最小多项式 $m_{\boldsymbol{A}_i}(\lambda)$ $(i=1,2,\cdots,s)$ 的首项系数为 1 的最小公倍式.

利用定理 8.22、定理 8.23 及其推论，可得到求最小多项式的另一方法：先求出 n 阶方阵 $\boldsymbol{A}$ 的 Jordan 标准形

$$\boldsymbol{J}=\begin{pmatrix}\boldsymbol{J}_1 & & & \\ & \boldsymbol{J}_2 & & \\ & & \ddots & \\ & & & \boldsymbol{J}_s\end{pmatrix}.$$

由于相似矩阵有相同的最小多项式，所以 $\boldsymbol{J}$ 的最小多项式就是 $\boldsymbol{A}$ 的最小多项式，经验证知

$$\boldsymbol{J}_i=\begin{pmatrix}\lambda_i & 1 & & \\ & \lambda_i & \ddots & \\ & & \ddots & 1\\ & & & \lambda_i\end{pmatrix}_{r_i\times r_i}$$

的最小多项式为 $(\lambda-\lambda_i)^{r_i}$，从而 $\boldsymbol{J}$ 的最小多项式就是 $(\lambda-\lambda_i)^{r_i}$ $(i=1,2,\cdots,s)$ 的首项系数为 1 的最小公倍式.

例 8.19 求矩阵 $\boldsymbol{A}=\begin{pmatrix}0&1&-1&1\\-1&2&-1&1\\-1&1&1&0\\-1&1&0&1\end{pmatrix}$的最小多项式.

解 例 8.15 已求得 $\boldsymbol{A}$ 的 Jordan 标准形为

$$\boldsymbol{J}=\begin{pmatrix}\boldsymbol{J}_1&\\&\boldsymbol{J}_2\end{pmatrix}=\begin{pmatrix}1&1&0&0\\0&1&0&0\\0&0&1&1\\0&0&0&1\end{pmatrix},\quad \boldsymbol{J}_i=\begin{pmatrix}1&1\\0&1\end{pmatrix}\quad(i=1,2).$$

由于 $\boldsymbol{J}_i(i=1,2)$的最小多项式为$(\lambda-1)^2$,故 $\boldsymbol{A}$ 的最小多项式为 $m_{\boldsymbol{A}}(\lambda)=(\lambda-1)^2$.

下一定理给出了最小多项式与不变因子的关系.

定理 8.24 设 $\boldsymbol{A}$ 是数域 $\mathbf{K}$ 上的 n 阶方阵,则 $\boldsymbol{A}$ 的最小多项式等于 $\boldsymbol{A}$ 的第 n 个不变因子 $d_n(\lambda)$.

证 设 $g(\lambda)=d_n(\lambda)=\dfrac{D_n(\lambda)}{D_{n-1}(\lambda)}$,其中 $D_n(\lambda)=\det(\lambda\boldsymbol{E}-\boldsymbol{A})$,$D_{n-1}(\lambda)$是$\lambda\boldsymbol{E}-\boldsymbol{A}$ 的 $n-1$ 阶行列式因子,又设 $\boldsymbol{B}(\lambda)$是 $\lambda\boldsymbol{E}-\boldsymbol{A}$ 的伴随矩阵,则有

$$\boldsymbol{B}(\lambda)=D_{n-1}(\lambda)\boldsymbol{C}(\lambda),$$

其中 $\boldsymbol{C}(\lambda)$是 n^2 个元素互素的 n 阶λ-矩阵. 于是,由

$$\boldsymbol{B}(\lambda)(\lambda\boldsymbol{E}-\boldsymbol{A})=D_n(\lambda)\boldsymbol{E}$$

得

$$\boldsymbol{C}(\lambda)(\lambda\boldsymbol{E}-\boldsymbol{A})=g(\lambda)\boldsymbol{E},$$

类似于 Hamilton-Cayley 定理的证明过程,可得 $g(\boldsymbol{A})=\boldsymbol{O}$,故由定理 8.19 知,$m_{\boldsymbol{A}}(\lambda)\mid g(\lambda)$.

易知 $x-y$ 能够整除 $m_{\boldsymbol{A}}(x)-m_{\boldsymbol{A}}(y)$,从而

$$m_{\boldsymbol{A}}(x)-m_{\boldsymbol{A}}(y)=(x-y)h(x,y).$$

用 $\lambda\boldsymbol{E}$ 代 x,用 $\boldsymbol{A}$ 代 y,并注意 $m_{\boldsymbol{A}}(\boldsymbol{A})=\boldsymbol{O}$ 和 $m_{\boldsymbol{A}}(\lambda\boldsymbol{E})=m_{\boldsymbol{A}}(\lambda)\boldsymbol{E}$,得

$$m_{\boldsymbol{A}}(\lambda)\boldsymbol{E}=(\lambda\boldsymbol{E}-\boldsymbol{A})h(\lambda\boldsymbol{E},\boldsymbol{A}).$$

左乘 $\boldsymbol{B}(\lambda)$得

$$\boldsymbol{B}(\lambda)m_{\boldsymbol{A}}(\lambda)=D_n(\lambda)h(\lambda\boldsymbol{E},\boldsymbol{A}),$$

即

$$\boldsymbol{C}(\lambda)m_{\boldsymbol{A}}(\lambda)=g(\lambda)h(\lambda\boldsymbol{E},\boldsymbol{A}).$$

这表明 $g(\lambda)$能整除 $\boldsymbol{C}(\lambda)m_{\boldsymbol{A}}(\lambda)$中所有元素,但 $\boldsymbol{C}(\lambda)$中元素互素,所以 $g(\lambda)\mid m_{\boldsymbol{A}}(\lambda)$. 故 $m_{\boldsymbol{A}}(\lambda)=g(\lambda)=d_n(\lambda)$. ▎

推论 设 $\boldsymbol{A}$ 是数域 $\mathbf{K}$ 上的 n 阶方阵,则 $\boldsymbol{A}$ 的特征多项式与最小多项式相等的充分必要条件是 $D_{n-1}(\lambda)=1$,其中 $D_{n-1}(\lambda)$是 $\boldsymbol{A}$ 的 $n-1$ 阶行列式因子.

定理 8.25 复数域 $\boldsymbol{C}$ 上的 n 阶方阵 $\boldsymbol{A}$ 与对角矩阵相似的充分必要条件是，$\boldsymbol{A}$ 的最小多项式没有重根.

证 根据定理 8.15，$\boldsymbol{A}$ 相似于对角矩阵的充分必要条件是 $\boldsymbol{A}$ 的不变因子都没有重根. 但 $d_i(\lambda)\mid d_{i+1}(\lambda)(i=1,2,\cdots,n-1)$，可见只要 $d_n(\lambda)=m_{\boldsymbol{A}}(\lambda)$ 无重根，则 $d_i(\lambda)(i=1,2,\cdots,n)$ 都没有重根. ▌

例 8.20 设 $\boldsymbol{A}$ 是 n 阶方阵，若有正整数 k 使得 $\boldsymbol{A}^k=\boldsymbol{E}$，证明 $\boldsymbol{A}$ 相似于对角矩阵.

证 记 $g(\lambda)=\lambda^k-1$，则有 $g(\boldsymbol{A})=\boldsymbol{O}$，即 $g(\lambda)$ 是 $\boldsymbol{A}$ 的零化多项式，从而 $m_{\boldsymbol{A}}(\lambda)\mid g(\lambda)$. 但 $g(\lambda)$ 没有重根，所以 $m_{\boldsymbol{A}}(\lambda)$ 也没有重根，故 $\boldsymbol{A}$ 相似于对角矩阵.

习 题 8

1. 求下列 λ-矩阵的秩：

(1) $\boldsymbol{A}(\lambda)=\begin{pmatrix}\lambda & 2\lambda+1 & 1\\ 1 & \lambda+1 & \lambda^2+1\\ \lambda-1 & \lambda & -\lambda^2\end{pmatrix}$；　(2) $\boldsymbol{B}(\lambda)=\begin{pmatrix}1 & 0 & 1\\ 0 & \lambda-1 & \lambda\\ 1 & 1 & \lambda^2\end{pmatrix}$；

(3) $\boldsymbol{C}(\lambda)=\begin{pmatrix}1 & \lambda & 0\\ 2 & \lambda & 1\\ \lambda^2+1 & 2 & \lambda^2+1\end{pmatrix}$.

2. 判断第 1 题(1)～(3)中 λ-矩阵是否可逆. 若可逆，求其逆矩阵.

3. 用初等变换化下列 λ-矩阵为 Smith 标准形：

(1) $\begin{pmatrix}\lambda^3-\lambda & 2\lambda^2\\ \lambda^2+5\lambda & 3\lambda\end{pmatrix}$；　(2) $\begin{pmatrix}1-\lambda & \lambda^2 & \lambda\\ \lambda & \lambda & -\lambda\\ 1+\lambda^2 & \lambda^2 & -\lambda^2\end{pmatrix}$；

(3) $\begin{pmatrix}\lambda(\lambda+1) & 0 & 0\\ 0 & \lambda & 0\\ 0 & 0 & (\lambda+1)^2\end{pmatrix}$；　(4) $\begin{pmatrix}3\lambda^2+2\lambda-3 & 2\lambda-1 & \lambda^2+2\lambda-3\\ 4\lambda^2+3\lambda-5 & 3\lambda-2 & \lambda^2+3\lambda-4\\ \lambda^2+\lambda-4 & \lambda-2 & \lambda-1\end{pmatrix}$.

4. 求下列 λ-矩阵的行列式因子和不变因子：

(1) $\begin{pmatrix}\lambda-2 & -1 & 0\\ 0 & \lambda-2 & -1\\ 0 & 0 & \lambda-2\end{pmatrix}$；　(2) $\begin{pmatrix}\lambda & 0 & 0 & 5\\ -1 & \lambda & 0 & 4\\ 0 & -1 & \lambda & 3\\ 0 & 0 & -1 & \lambda+2\end{pmatrix}$；

(3) $\begin{pmatrix}\lambda+a & b & 1 & 0\\ -b & \lambda+a & 0 & 1\\ 0 & 0 & \lambda+a & b\\ 0 & 0 & -b & \lambda+a\end{pmatrix}$；　(4) $\begin{pmatrix}\lambda^3-\lambda & 2\lambda^2\\ \lambda^2+5\lambda & 3\lambda\end{pmatrix}$.

5. 利用行列式因子求下列 λ-矩阵的 Smith 标准形：

(1) $\begin{pmatrix} \lambda^2+\lambda & 0 & 0 \\ 0 & \lambda & 0 \\ 0 & 0 & (\lambda+1)^2 \end{pmatrix}$；　(2) $\begin{pmatrix} 0 & 0 & 0 & \lambda^2 \\ 0 & 0 & \lambda^2-\lambda & 0 \\ 0 & (\lambda-1)^2 & 0 & 0 \\ \lambda^2-\lambda & 0 & 0 & 0 \end{pmatrix}$.

6. 证明：两个 n 阶的等价的 λ-矩阵 $\boldsymbol{A}(\lambda)$ 和 $\boldsymbol{B}(\lambda)$ 的行列式只相差一个非零的常数因子.

7. 证明：若 $(f(\lambda),g(x))=1$，则下列 λ-矩阵彼此等价：

$$\boldsymbol{A}(\lambda)=\begin{pmatrix} f(\lambda) & 0 \\ 0 & g(\lambda) \end{pmatrix},\quad \boldsymbol{B}(\lambda)=\begin{pmatrix} g(\lambda) & 0 \\ 0 & f(\lambda) \end{pmatrix},\quad \boldsymbol{C}(\lambda)=\begin{pmatrix} 1 & 0 \\ 0 & f(\lambda)g(\lambda) \end{pmatrix}.$$

8. 求下列 λ-矩阵的初等因子和 Smith 标准形：

(1) $\begin{pmatrix} 0 & 0 & 0 & \lambda^2 \\ 0 & 0 & \lambda(\lambda-1) & 0 \\ 0 & (\lambda-1)^2 & 0 & 0 \\ \lambda(\lambda-1) & 0 & 0 & 0 \end{pmatrix}$；　(2) $\begin{pmatrix} 0 & 0 & 1 & \lambda+2 \\ 0 & 1 & \lambda+1 & 0 \\ 1 & \lambda+2 & 0 & 0 \\ \lambda+2 & 0 & 0 & 0 \end{pmatrix}$；

(3) $\begin{pmatrix} \lambda^2+2 & \lambda^2+1 & \lambda^2+1 \\ 3 & \lambda^2+1 & 3 \\ \lambda^2+1 & \lambda^2+1 & \lambda^2+1 \end{pmatrix}$(分有理数域，实数域，复数域三种情形).

9. 已知 7 阶 λ-矩阵 $\boldsymbol{A}(\lambda)$ 的秩为 5，初等因子是

$$\lambda,\quad \lambda,\quad \lambda^3, \lambda-2,\quad (\lambda-2)^4,\quad (\lambda-2)^4,$$

求 $\boldsymbol{A}(\lambda)$ 的不变因子和行列式因子.

10. 设 $\boldsymbol{A}$ 是数域 $\mathbf{K}$ 上一个 n 阶方阵，证明 $\boldsymbol{A}$ 与 $\boldsymbol{A}^{\mathrm{T}}$ 相似.

11. 证明下列三个矩阵彼此都不相似：

$$\boldsymbol{A}=\begin{pmatrix} a & 0 & 0 \\ 0 & a & 0 \\ 0 & 0 & a \end{pmatrix};\quad \boldsymbol{B}=\begin{pmatrix} a & 0 & 0 \\ 0 & a & 1 \\ 0 & 0 & a \end{pmatrix};\quad \boldsymbol{C}=\begin{pmatrix} a & 1 & 0 \\ 0 & a & 1 \\ 0 & 0 & a \end{pmatrix}.$$

12. 证明以下两个 n 阶方阵相似：

$$\boldsymbol{F}=\begin{pmatrix} 0 & 1 & 0 & \cdots & 0 \\ 0 & 0 & 1 & \cdots & 0 \\ \vdots & \vdots & \vdots & & \vdots \\ 0 & 0 & 0 & \cdots & 1 \\ -a_0 & -a_1 & -a_2 & \cdots & -a_{n-1} \end{pmatrix};\quad \boldsymbol{N}=\begin{pmatrix} -a_{n-1} & \cdots & -a_2 & -a_1 & -a_0 \\ 1 & \cdots & 0 & 0 & 0 \\ \vdots & & \vdots & \vdots & \vdots \\ 0 & \cdots & 1 & 0 & 0 \\ 0 & \cdots & 0 & 1 & 0 \end{pmatrix}.$$

13. 求下列矩阵的 Jordan 标准形和相应的相似变换矩阵：

(1) $\begin{pmatrix} -1 & 1 & 1 \\ -5 & 21 & 17 \\ 6 & -26 & -21 \end{pmatrix}$；　(2) $\begin{pmatrix} 8 & -3 & 6 \\ 3 & -2 & 0 \\ -4 & 2 & -2 \end{pmatrix}$；

(3) $\begin{pmatrix} -7 & -12 & -6 \\ 3 & 5 & 3 \\ 3 & 6 & 2 \end{pmatrix}$；　(4) $\begin{pmatrix} -1 & -2 & 6 \\ -1 & 0 & 3 \\ -1 & -1 & 4 \end{pmatrix}$.

14. 求下列矩阵的有理标准形和 Jordan 标准形：

(1) $\boldsymbol{A}=\begin{pmatrix}1&2&3&4\\0&1&2&3\\0&0&1&2\\0&0&0&1\end{pmatrix}$;　　(2) $\boldsymbol{B}=\begin{pmatrix}0&-1&0&0\\0&0&-1&0\\0&-1&0&0\\0&0&-1&0\end{pmatrix}$.

15. 证明:n 阶方阵 $\mathbf{A}$ 是数量矩阵(即 $\mathbf{A}=a\boldsymbol{E}$)的充分必要条件是,$\mathbf{A}$ 的不变因子都不是常数.

16. 设 $\mathbf{A}$ 是 n 阶方阵,若有正整数 k,使得 $\mathbf{A}^k=\boldsymbol{E}$,证明 $\mathbf{A}$ 相似于对角矩阵.

17. 证明:n 阶方阵 $\mathbf{A}$ 的特征值全是零的充分必要条件是,存在正整数 k,使得 $\mathbf{A}^k=\boldsymbol{O}$(称这样的矩阵 $\mathbf{A}$ 为**幂零矩阵**).

18. 已知 11 阶方阵 $\mathbf{A}$ 的不变因子为 $d_1(\lambda)=\cdots=d_9(\lambda)=1$,$d_{10}(\lambda)=(\lambda+7)(\lambda^2-5)$,$d_{11}(\lambda)=(\lambda+7)^2(\lambda^2-5)(\lambda^2+3)^2$,求 $\mathbf{A}$ 在有理数域 $\mathbf{Q}$ 和实数域 $\mathbf{R}$ 上的 Jacobson 标准形.

19. 试计算 $2\boldsymbol{A}^8-3\boldsymbol{A}^5+\boldsymbol{A}^4+\boldsymbol{A}^2-4\boldsymbol{E}$,其中 $\boldsymbol{A}=\begin{pmatrix}1&0&2\\0&-1&1\\0&1&0\end{pmatrix}$.

20. 设 $\boldsymbol{A}=\begin{pmatrix}1&-1\\2&5\end{pmatrix}$,试求 $(2\boldsymbol{A}^4-12\boldsymbol{A}^3+19\boldsymbol{A}^2-29\boldsymbol{A}+37\boldsymbol{E})^{-1}$.

21. 求下列矩阵的最小多项式:

(1) $\begin{pmatrix}-1&-2&6\\-1&0&3\\-1&-1&4\end{pmatrix}$;　　(2) $\begin{pmatrix}0&0&1\\0&1&0\\1&0&0\end{pmatrix}$;　　(3) $\begin{pmatrix}3&-1&-3&1\\-1&3&1&-3\\3&-1&-3&1\\-1&3&1&-3\end{pmatrix}$.

22. 设 n 阶方阵的所有元素都是 1,求 $\mathbf{A}$ 的最小多项式.

23. 设 $\mathbf{A}$ 是 n 阶方阵,$f(\lambda)=\det(\lambda\boldsymbol{E}-\mathbf{A})$,证明 $f(\lambda)\mid(m_{\mathbf{A}}(\lambda))^n$.

第 9 章　线 性 空 间

第 4 章介绍了向量空间的概念，它是几何空间的推广. 向量空间的引入，使得一些反映不同研究对象的有序数组在线性运算下的性质可以统一起来讨论. 但是在另外一些数学问题中，还会遇到许多其他的研究对象，它们之间也可以进行线性运算，也具有一些类似的性质. 为了对这些更为广泛的问题统一地加以研究，有必要使向量的概念更为一般化、抽象化，这就需要引入一般的线性空间的概念.

9.1　映射与变换

映射是函数概念的推广.

设 M 和 M′是两个非空集合，如果对 M 中的每个元素，按照某种法则 T 都有 M′中一个确定的元素与之对应，则称 T 是从 M 到 M′的一个**映射**，记作

$$T: \mathrm{M} \to \mathrm{M}',$$

称 M 为 T 的**定义域**. 如果映射 T 使 $\boldsymbol{\alpha} \in \mathrm{M}$ 与 $\boldsymbol{\beta} \in \mathrm{M}'$ 相对应，则称 $\boldsymbol{\beta}$ 是 $\boldsymbol{\alpha}$ 在映射 T 下的**象**，而称 $\boldsymbol{\alpha}$ 为 $\boldsymbol{\beta}$ 的一个**原象**，记作

$$T(\boldsymbol{\alpha}) = \boldsymbol{\beta} \quad (\boldsymbol{\alpha} \in \mathrm{M}).$$

集合 M 到自身的映射称为 M 上的**变换**. 设 T 和 S 都是集合 M 到 M′的映射. 如果对任一元素 $\boldsymbol{\alpha} \in \mathrm{M}$ 都有 $T(\boldsymbol{\alpha}) = S(\boldsymbol{\alpha})$，则称 T 和 S **相等**，记作 $T = S$.

按定义，M 中每一元素 $\boldsymbol{\alpha}$ 在映射 T 下都有象 $\boldsymbol{\beta} \in \mathrm{M}'$，而且只有这么一个象；反过来，对 M′中每一元素 $\boldsymbol{\beta}$ 未必都有原象 $\boldsymbol{\alpha} \in \mathrm{M}$，如果某一元素 $\boldsymbol{\beta}$ 有原象的话，也可能不只一个.

如果对于 M′中每一元素 $\boldsymbol{\beta}$，都有 $\boldsymbol{\alpha} \in \mathrm{M}$ 使 $T(\boldsymbol{\alpha}) = \boldsymbol{\beta}$，则称 T 是一个**满射**（或**映上的**）. 如果对于任意 $\boldsymbol{\alpha}_1, \boldsymbol{\alpha}_2 \in \mathrm{M}$，当 $\boldsymbol{\alpha}_1 \neq \boldsymbol{\alpha}_2$ 时，有 $T(\boldsymbol{\alpha}_1) \neq T(\boldsymbol{\alpha}_2)$，则称 T 为**单射**（或**一一的**）. 如果映射 T 既是满射又是单射，则称之为**双射**（或**一一对应的**）.

映射 T 下所有象所成的集合称为 T 的**值域**（或**象集合**），记作 $\mathrm{R}(T)$，即

$$\mathrm{R}(T) = \{T(\boldsymbol{\alpha}) \mid \boldsymbol{\alpha} \in \mathrm{M}\}.$$

显然 $\mathrm{R}(T) \subset \mathrm{M}'$. 一个从集合 M 到 M′的映射 T 是满射的充分必要条件是 $\mathrm{R}(T) = \mathrm{M}'$；而 T 是单射的充分必要条件是，对任意 $\boldsymbol{\alpha}_1, \boldsymbol{\alpha}_2 \in \mathrm{M}$，由 $T(\boldsymbol{\alpha}_1) = T(\boldsymbol{\alpha}_2)$ 可以推出 $\boldsymbol{\alpha}_1 = \boldsymbol{\alpha}_2$.

例 9.1　设 $\mathrm{M} = \mathbf{R}$，$\mathrm{M}' = \mathbf{R}^+$（全体正实数的集合）. 令

$$T(x) = \mathrm{e}^x \quad (x \in \mathbf{R}),$$

则 T 是 $\mathbf{R}$ 到 $\mathbf{R}^+$ 的一个映射，且是双射. 这是因为，对任意 $y\in\mathbf{R}^+$ 都有 $x=\ln y\in\mathbf{R}$，使得 $T(x)=\mathrm{e}^{\ln y}=y$，所以 T 是一个满射；又对任意 $x_1,x_2\in\mathbf{R}^+$，如果 $T(x_1)=\mathrm{e}^{x_1}=T(x_2)=\mathrm{e}^{x_2}$，则 $\ln\mathrm{e}^{x_1}=\ln\mathrm{e}^{x_2}$，从而 $x_1=x_2$，即 T 是单射. 故 T 是双射.

例 9.2 设 $\mathrm{M}=\mathbf{K}^{n\times n}$. 定义

$$T_1(\mathbf{A})=\det\mathbf{A}\quad(\mathbf{A}\in\mathbf{K}^{n\times n}),$$

则 T 是 $\mathbf{K}^{n\times n}$ 到 $\mathbf{K}$ 的一个映射. 它是满射，但不是单射.

例 9.3 设 $\mathrm{M}=\mathbf{K}$. 定义

$$T_2(a)=a\boldsymbol{E}_n\quad(a\in\mathbf{K}),$$

则 T_2 是 $\mathbf{K}$ 到 $\mathbf{K}^{n\times n}$ 的一个映射. 它是单射，但不是满射.

例 9.4 对于 $f(x)\in\mathbf{K}[x]$（数域 $\mathbf{K}$ 上全体多项式的集合），定义

$$D(f(x))=f'(x),\quad J(f(x))=\int_0^x f(t)\mathrm{d}t,$$

则 D 和 J 都是 $\mathbf{K}[x]$ 到自身的一个映射，即是 $\mathbf{K}[x]$ 上的变换. D 是满射，但不是单射. 而 J 不是满射，但是单射.

例 9.5 设 M 是一个非空集合. 定义

$$E(\boldsymbol{\alpha})=\boldsymbol{\alpha}\quad(\boldsymbol{\alpha}\in\mathrm{M}),$$

则 E 是 M 上的变换，称为 M 的**单位变换**（或**恒等变换**）. E 是双射.

对于映射，可以定义它的乘积如下：

设 T 是集合 M 到 M′的映射，S 是集合 M′到 M″的映射，由

$$(ST)(\boldsymbol{\alpha})\overset{\text{def}}{=\!=\!=}S(T(\boldsymbol{\alpha}))\quad(\boldsymbol{\alpha}\in\mathrm{M})$$

所确定的从 M 到 M″的映射 ST 称为 S 与 T 的**乘积**.

映射的乘积是复合函数的推广，但不是任意两个映射都可以求它们的乘积. 由映射 T 和 S 可以得到乘积 ST 的充分必要条件是 T 的值域含于 S 的定义域.

对于例 9.2 和例 9.3 的两个映射 T_1 和 T_2，有

$$(T_1T_2)(\mathbf{A})=T_1(T_2(\mathbf{A}))=T_2(\det\mathbf{A})=(\det\mathbf{A})\boldsymbol{E}\quad(\mathbf{A}\in\mathbf{K}^{n\times n}),$$

$$(T_1T_2)(a)=T_1(T_2(a))=T_2(aE_n)=a^n\quad(a\in\mathbf{K}).$$

可见，T_1T_2 是 $\mathbf{K}^{n\times n}$ 上的变换，而 T_1T_2 是 $\mathbf{K}$ 上的变换. 对于例 9.4 的两个变换 D 和 J，有

$$(JD)(f(x))=J(D(f(x)))=J(f'(x))=\int_0^x f'(t)\mathrm{d}t=f(x)-f(0),$$

$$(DJ)(f(x))=D(J(f(x)))=D(\int_0^x f(t)\mathrm{d}t)=f(x).$$

可见，显然 DJ 与 JD 都是 $\mathbf{K}[x]$ 上的变换，但 $DJ\neq JD$.

一般地，映射的乘积不满足交换律，即 $ST\neq TS$. 容易证明，映射的乘积满足结合律，即若 T 是集合 M 到 M′的映射，S 是集合 M′到 M″的映射，U 是集合 M″到

M'''的映射，则

$$(US)T=U(ST).$$

设 T 是从集合 M 到 M'的映射，如果存在集合 M'到 M 的映射 S，使

$$TS=E_{M'},\quad ST=E_M,$$

其中 $E_{M'}$ 和 E_M 分别是集合 M'与 M 上的单位变换，则称 T 是**可逆映射**，并且称 S 是 T 的**逆映射**，记作 T^{-1}.

由定义可知，如果 T 是可逆映射，则 S 也是可逆映射，且 $S^{-1}=T$. 容易证明，如果 T 是可逆映射，则其逆映射 S 是唯一的.

判定一个映射是否可逆，有如下的方法：

设 T 是从集合 M 到 M'的映射，则 T 可逆的充分必要条件是 T 为双射.

事实上，如果 T 是双射，则对任意 $\boldsymbol{\beta}\in M'$，存在唯一的 $\boldsymbol{\alpha}\in M$，使 $T(\boldsymbol{\alpha})=\boldsymbol{\beta}$. 定义从 M'到 M 的映射 S，使得对任意 $\boldsymbol{\beta}\in M'$，有 $S(\boldsymbol{\beta})=\boldsymbol{\alpha}$，于是

$$(ST)(\boldsymbol{\alpha})=S(T(\boldsymbol{\alpha}))=S(\boldsymbol{\beta})=\boldsymbol{\alpha},\quad (TS)(\boldsymbol{\beta})=T(S(\boldsymbol{\beta}))=T(\boldsymbol{\alpha})=\boldsymbol{\beta},$$

即 $ST=E_M$，$TS=E_{M'}$，故 T 是可逆映射. 反之，设 T 是可逆映射，则存在从 M'到 M 的映射 S，使得 $ST=E_M$，$TS=E_{M'}$. 于是对任意 $\boldsymbol{\beta}\in M'$，有

$$\boldsymbol{\beta}=E_{M'}(\boldsymbol{\beta})=(TS)(\boldsymbol{\beta})=T(S(\boldsymbol{\beta})),$$

但 $S(\boldsymbol{\beta})\in M$，这表明 T 是一个满射. 又对任意 $\boldsymbol{\alpha}_1,\boldsymbol{\alpha}_2\in M$，如果 $T(\boldsymbol{\alpha}_1)=T(\boldsymbol{\alpha}_2)$，则有

$$\boldsymbol{\alpha}_1=E_M(\boldsymbol{\alpha}_1)=(ST)(\boldsymbol{\alpha}_1)=S(T(\boldsymbol{\alpha}_1))=S(T(\boldsymbol{\alpha}_2))=(ST)(\boldsymbol{\alpha}_2)=E_M(\boldsymbol{\alpha}_2)=\boldsymbol{\alpha}_2,$$

从而 T 是单射. 故 T 是双射.

例 9.1 的映射 T 是双射，从而可逆，其逆映射为

$$T^{-1}(x)=\ln x\quad (x\in\mathbf{R}^+).$$

9.2　线性空间的定义与基本性质

定义 9.1　设 V 是一个非空集合，$\mathbf{K}$ 是一个数域. 在 V 的元素之间规定了称之为"加法"的运算，在 $\mathbf{K}$ 与 V 的元素之间规定了称之为"数乘"的运算. 如果 V 对这两种运算**封闭**，即对任意 $\boldsymbol{\alpha},\boldsymbol{\beta}\in V$ 都有 $\boldsymbol{\alpha}+\boldsymbol{\beta}\in V$，而对任意 $k\in\mathbf{K}$ 和 $\boldsymbol{\alpha}\in V$ 都有 $k\boldsymbol{\alpha}\in V$，且这两种运算满足以下 8 条运算律（设 $\boldsymbol{\alpha},\boldsymbol{\beta},\boldsymbol{\gamma}\in V$，$k,l\in\mathbf{K}$）：

(1) $\boldsymbol{\alpha}+\boldsymbol{\beta}=\boldsymbol{\beta}+\boldsymbol{\alpha}$；

(2) $(\boldsymbol{\alpha}+\boldsymbol{\beta})+\boldsymbol{\gamma}=\boldsymbol{\alpha}+(\boldsymbol{\beta}+\boldsymbol{\gamma})$；

(3) 在 V 中存在**零元素** $\boldsymbol{\theta}$，对任意 $\boldsymbol{\alpha}\in V$ 都有 $\boldsymbol{\alpha}+\boldsymbol{\theta}=\boldsymbol{\alpha}$；

(4) 对任意 $\boldsymbol{\alpha}\in V$，都有 $\boldsymbol{\alpha}$ 的**负元素** $\boldsymbol{\beta}\in V$，使得 $\boldsymbol{\alpha}+\boldsymbol{\beta}=\boldsymbol{\theta}$；

(5) $1\boldsymbol{\alpha}=\boldsymbol{\alpha}$；

(6) $k(l\boldsymbol{\alpha})=(kl)\boldsymbol{\alpha}$；

(7) $(k+l)\boldsymbol{\alpha}=k\boldsymbol{\alpha}+l\boldsymbol{\alpha}$;

(8) $k(\boldsymbol{\alpha}+\boldsymbol{\beta})=k\boldsymbol{\alpha}+k\boldsymbol{\beta}$.

称 V 为**数域 K 上的线性空间**. V 中的元素也称为**向量**. 实数域上的线性空间简称为**实线性空间**;复数域上的线性空间简称为**复线性空间**.

应当注意,在定义 9.1 的非空集合 V 中的元素是什么,加法和数乘具体如何进行运算都没有规定. 正由于此,线性空间的内涵十分丰富. 但当人们说到某个非空集合是线性空间时,就要说明这个集合的元素及加法、数乘的具体规定. 下面列举几个线性空间的例子.

例 9.6 数域 K 上所有 n 维向量的集合 $\mathbf{K}^n$,按通常向量的加法与数乘运算构成线性空间.

例 9.7 数域 K 上所有 $m\times n$ 矩阵的集合 $\mathbf{K}^{m\times n}$,对通常矩阵的加法及数与矩阵的乘法构成线性空间.

例 9.8 定义在区间$[a,b]$上连续实函数的全体,对于函数的加法及实数与函数的乘法构成实线性空间,通常记为 $C[a,b]$.

例 9.9 数域 K 上所有多项式的全体 $\mathbf{K}[x]$和次数不超过 n 的多项式的全体 $\mathbf{K}[x]_n$,对于多项式的加法及数与多项式的乘法均构成线性空间.

例 9.10 数域 K 按照数的加法与乘法,构成线性空间.

上述诸例中的加法和数乘运算都是所熟知的,相应的验证也很简便,请读者自己完成. 为了对线性运算的理解更具有一般性,请看如下几例.

例 9.11 全体正实数的集合记为 $\mathbf{R}^+$,在其中定义加法及数乘运算为

$$a\oplus b=ab,\quad k\circ a=a^k\quad (\forall\, a,b\in\mathbf{R}^+,k\in\mathbf{R}).$$

(为了与通常数的加法与乘法区别,这里分别用"$\oplus$"与"$\circ$"代表所定义的加法与数乘运算.)试证 $\mathbf{R}^+$ 对上述加法与数乘运算构成实线性空间.

证 对任意 $a,b\in\mathbf{R}^+$,有 $a\oplus b=ab\in\mathbf{R}^+$,又对任意 $k\in\mathbf{R},a\in\mathbf{R}^+$,有$k\circ a=a^k\in\mathbf{R}^+$,即 $\mathbf{R}^+$ 对所定义的加法与数乘运算封闭. 对任意 $a,b,c\in\mathbf{R}^+,k,l\in\mathbf{R}$,有

(1) $a\oplus b=ab=ba=b\oplus a$;

(2) $(a\oplus b)\oplus c=(ab)\oplus c=(ab)c=a(bc)=a\oplus(b\oplus c)$;

(3) 1 是零元素:$a\oplus 1=a\times 1=a$;

(4) a 的负元素是 a^{-1}:$a\oplus a^{-1}=aa^{-1}=1$;

(5) $1\circ a=a^1=a$;

(6) $k\circ(l\circ a)=k\circ a^l=(a^l)^k=a^{kl}=(kl)\circ a$;

(7) $(k+l)\circ a=a^{k+l}=a^ka^l=a^k\oplus a^l=(k\circ a)\oplus(l\circ a)$;

(8) $k\circ(a\oplus b)=k\circ(ab)=(ab)^k=a^kb^k=a^k\oplus b^k=(k\circ a)\oplus(k\circ b)$.

故 $\mathbf{R}^+$ 对于所定义的运算构成线性空间. ▌

例 9.12 数域 K 上所有 n 维向量的集合 V 对于通常向量的加法及如下定义

的数乘运算

$$k\circ\boldsymbol{\alpha}=\mathbf{0}\quad(k\in\mathbf{K},\boldsymbol{\alpha}\in\mathrm{V})$$

不构成线性空间.这是因为 $1\circ\boldsymbol{\alpha}=\mathbf{0}$,即不满足运算律(5),但可以验证 V 对于两种运算的封闭性及其他运算律都是满足的.

根据线性空间的定义,可以推出线性空间的一些基本性质如下.由于这些基本性质仅利用 8 条运算律和已得到的结果推出,因此对所有的线性空间均成立.

定理 9.1　设 V 是线性空间,则有以下结论:

(1) V 中的零元素是唯一的;

(2) V 中任一元素 $\boldsymbol{\alpha}$ 的负元素是唯一的,记为 $-\boldsymbol{\alpha}$;

(3) $0\boldsymbol{\alpha}=\boldsymbol{\theta}$, $(-1)\boldsymbol{\alpha}=-\boldsymbol{\alpha}$, $k\boldsymbol{\theta}=\boldsymbol{\theta}$;

(4) 若 $k\boldsymbol{\alpha}=\boldsymbol{\theta}$,则 $k=0$ 或 $\boldsymbol{\alpha}=\boldsymbol{\theta}$.

证　(1) 设 $\boldsymbol{\theta}_1$ 和 $\boldsymbol{\theta}_2$ 是 V 中两个零元素,则有(所用到的运算律在等号上标出)

$$\boldsymbol{\theta}_1\overset{(3)}{=\!=}\boldsymbol{\theta}_1+\boldsymbol{\theta}_2\overset{(1)}{=\!=}\boldsymbol{\theta}_2+\boldsymbol{\theta}_1\overset{(3)}{=\!=}\boldsymbol{\theta}_2.$$

(2) 设 $\boldsymbol{\beta}$ 和 $\boldsymbol{\gamma}$ 均是 $\boldsymbol{\alpha}$ 的负元素,即 $\boldsymbol{\alpha}+\boldsymbol{\beta}=\boldsymbol{\theta}$, $\boldsymbol{\alpha}+\boldsymbol{\gamma}=\boldsymbol{\theta}$,于是

$$\boldsymbol{\beta}\overset{(3)}{=\!=}\boldsymbol{\beta}+\boldsymbol{\theta}=\boldsymbol{\beta}+(\boldsymbol{\alpha}+\boldsymbol{\gamma})\overset{(2)}{=\!=}(\boldsymbol{\beta}+\boldsymbol{\alpha})+\boldsymbol{\gamma}\overset{(1)}{=\!=}\boldsymbol{\theta}+\boldsymbol{\gamma}\overset{(3)}{=\!=}\boldsymbol{\gamma}.$$

(3) 因为

$$\boldsymbol{\alpha}+0\boldsymbol{\alpha}\overset{(5)}{=\!=}1\boldsymbol{\alpha}+0\boldsymbol{\alpha}=(1+0)\boldsymbol{\alpha}=1\boldsymbol{\alpha}\overset{(5)}{=\!=}\boldsymbol{\alpha},$$

两边加 $(-\boldsymbol{\alpha})$,便得 $0\boldsymbol{\alpha}=\boldsymbol{\theta}$;又因为

$$\boldsymbol{\alpha}+(-1)\boldsymbol{\alpha}\overset{(5)}{=\!=}1\boldsymbol{\alpha}+(-1)\boldsymbol{\alpha}=[1+(-1)]\boldsymbol{\alpha}=0\boldsymbol{\alpha}=\boldsymbol{\theta},$$

两边加 $(-\boldsymbol{\alpha})$ 即得 $(-1)\boldsymbol{\alpha}=-\boldsymbol{\alpha}$;而

$$k\boldsymbol{\theta}\overset{(4)}{=\!=}k[\boldsymbol{\alpha}+(-\boldsymbol{\alpha})]\overset{(7)}{=\!=}k[(1+(-1))\boldsymbol{\alpha}]\overset{(6)}{=\!=}(k0)\boldsymbol{\alpha}=0\boldsymbol{\alpha}=\boldsymbol{\theta}.$$

(4) 若 $k=0$,由(3)知 $k\boldsymbol{\alpha}=\boldsymbol{\theta}$;若 $k\neq0$,则

$$\boldsymbol{\alpha}\overset{(5)}{=\!=}1\boldsymbol{\alpha}=(k^{-1}k)\boldsymbol{\alpha}\overset{(6)}{=\!=}k^{-1}(k\boldsymbol{\alpha})=k^{-1}\boldsymbol{\theta}=\boldsymbol{\theta}.$$

▌

9.3　基、维数与坐标

9.3.1　线性相关性

有关向量组之间的线性关系,也可以推广到线性空间.

定义 9.2　设 V 是数域 **K** 上的线性空间, $\boldsymbol{\alpha},\boldsymbol{\alpha}_1,\boldsymbol{\alpha}_2,\cdots,\boldsymbol{\alpha}_m$ 是 V 中一组元素.如果存在 **K** 中一组数 $k_1,k_2,\cdots,k_m$,使得

$$\boldsymbol{\alpha}=k_1\boldsymbol{\alpha}_1+k_2\boldsymbol{\alpha}_2+\cdots+k_m\boldsymbol{\alpha}_m,$$

则称 $\boldsymbol{\alpha}$ 可由 $\boldsymbol{\alpha}_1,\boldsymbol{\alpha}_2,\cdots,\boldsymbol{\alpha}_m$ **线性表示**,或 $\boldsymbol{\alpha}$ 是 $\boldsymbol{\alpha}_1,\boldsymbol{\alpha}_2,\cdots,\boldsymbol{\alpha}_m$ 的**线性组合**. 如果存在 $\mathbf{K}$ 中一组不全为零的数 $k_1,k_2,\cdots,k_m$,使得

$$k_1\boldsymbol{\alpha}_1+k_2\boldsymbol{\alpha}_2+\cdots+k_m\boldsymbol{\alpha}_m=\boldsymbol{\theta},$$

则称 $\boldsymbol{\alpha}_1,\boldsymbol{\alpha}_2,\cdots,\boldsymbol{\alpha}_m$ **线性相关**;如果仅当 $k_1=\cdots=k_m=0$ 时上式才成立,则称 $\boldsymbol{\alpha}_1,\boldsymbol{\alpha}_2,\cdots,\boldsymbol{\alpha}_m$ **线性无关**.

定义 9.3 设 V 是数域 $\mathbf{K}$ 上的线性空间,(Ⅰ):$\boldsymbol{\alpha}_1,\boldsymbol{\alpha}_2,\cdots,\boldsymbol{\alpha}_r$ 和(Ⅱ):$\boldsymbol{\beta}_1,\boldsymbol{\beta}_2,\cdots,\boldsymbol{\beta}_s$ 是 V 中两个元素组. 如果组(Ⅰ)中每个元素都可由组(Ⅱ)中的元素线性表示,则称**组(Ⅰ)可由组(Ⅱ)线性表示**;如果组(Ⅰ)与组(Ⅱ)可以互相线性表示,则称**组(Ⅰ)与组(Ⅱ)等价**. 如果 V 中**元素组** $\boldsymbol{\alpha}_1,\boldsymbol{\alpha}_2,\cdots,\boldsymbol{\alpha}_m$ 中有 r 个元素 $\boldsymbol{\alpha}_{i_1},\boldsymbol{\alpha}_{i_2},\cdots,\boldsymbol{\alpha}_{i_r}$ 线性无关,而任意 $r+1$ 个元素(如果有的话)线性相关,则称该元素组的**秩**为 r,又称 $\boldsymbol{\alpha}_{i_1},\boldsymbol{\alpha}_{i_2},\cdots,\boldsymbol{\alpha}_{i_r}$ 是该元素组的一个**极大无关组**.

以上定义可以说是逐字逐句重复了 n 维向量组的有关概念,只要注意其中的加法与数乘运算应是线性空间 V 中规定的加法与数乘运算,而 $\boldsymbol{\theta}$ 是 V 中的零元素. 不仅如此,对于向量组成立的一些结论可以照搬到一般的线性空间中来,叙述如下,证明略.

结论 1 一个元素线性相关的充分必要条件是它为零元素;含一个以上元素的元素组线性相关的充分必要条件是,其中至少有一个元素可由其余元素线性表示.

结论 2 如果元素组 $\boldsymbol{\alpha}_1,\boldsymbol{\alpha}_2,\cdots,\boldsymbol{\alpha}_m$ 线性无关,而元素组 $\boldsymbol{\alpha}_1,\boldsymbol{\alpha}_2,\cdots,\boldsymbol{\alpha}_m,\boldsymbol{\beta}$ 线性相关,则 $\boldsymbol{\beta}$ 可由 $\boldsymbol{\alpha}_1,\boldsymbol{\alpha}_2,\cdots,\boldsymbol{\alpha}_m$ 线性表示,且表示法是唯一的.

结论 3 一个元素组的任意两个极大无关组等价.

结论 4 等价的元素组有相同的秩.

例 9.13 在线性空间 $\mathbf{K}^{m\times n}$ 中,设 $\boldsymbol{E}_{ij}(i=1,2,\cdots,m;j=1,2,\cdots,n)$ 是第 i 行第 j 列元素为 1,其余元素为 0 的 $m\times n$ 矩阵,则 $\boldsymbol{E}_{ij}(i=1,2,\cdots,m;j=1,2,\cdots,n)$ 线性无关,且任意 $m\times n$ 矩阵可由它们线性表示. 这是因为,若有 $\mathbf{K}$ 中一组数 k_{ij} 使得 $\sum\limits_{i=1}^{m}\sum\limits_{j=1}^{n}k_{ij}\boldsymbol{E}_{ij}=\boldsymbol{O}$,则 $(k_{ij})_{m\times n}=\boldsymbol{O}$,这只有 $k_{ij}=0(i=1,2,\cdots,m;j=1,2,\cdots,n)$,故 $\boldsymbol{E}_{ij}(i=1,2,\cdots,m;j=1,2,\cdots,n)$ 线性无关. 又对 $\mathbf{K}^{m\times n}$ 中任一矩阵 $\boldsymbol{A}=(a_{ij})_{m\times n}$ 有 $\boldsymbol{A}=\sum\limits_{i=1}^{m}\sum\limits_{j=1}^{n}a_{ij}\boldsymbol{E}_{ij}$.

例 9.14 在线性空间 $\mathbf{K}[x]$ 中,多项式组 $1,x,x^2,\cdots,x^N$ 是线性无关的,其中 N 是取定的自然数. 这是因为,若有 $\mathbf{K}$ 中一组数 $k_0,k_1,k_2,\cdots,k_N$,使

$$k_0+k_1x+k_2x^2+\cdots+k_Nx^N=0,$$

上式依次对 x 求 1 阶,2 阶,$\cdots$,N 阶导数得

$$\begin{cases} k_1+2k_2x+\cdots \qquad\qquad +Nk_Nx^{N-1}=0, \\ \qquad 2k_2+\cdots+N(N-1)k_Nx^{N-2}=0, \\ \qquad\qquad \cdots\cdots \\ \qquad\qquad\qquad N!\,k_N=0, \end{cases}$$

与前一式联立求解得唯一零解 $k_0=k_1=\cdots=k_N=0$，故 $1,x,x^2,\cdots,x^N$ 线性无关.

例 9.15　试证：在例 9.11 的线性空间 $\mathbf{R}^+$ 中，任意两个正实数都线性相关.

证　对任意 $a,b\in\mathbf{R}^+$，若有实数 k_1,k_2，使

$$(k_1\circ a)\oplus(k_2\circ b)=1,$$

则 $a^{k_1}b^{k_2}=1$，于是 $k_1=-k_2\log_a b$. 取 $k_1=-\log_a b$，$k_2=1$ 可使上式成立，故 a 与 b 线性相关.

例 9.16　复数集合 $\mathbf{C}$ 既构成复数域 $\mathbf{C}$ 上的线性空间，也构成实数域 $\mathbf{R}$ 上的线性空间. 试讨论 1 和 $\mathrm{i}(\mathrm{i}=\sqrt{-1})$ 关于这两个线性空间的线性相关性.

解　$\mathbf{C}$ 作为 $\mathbf{C}$ 上的线性空间时，1 与 i 是线性相关的. 这是因为有 $1,\mathrm{i}\in\mathbf{C}$，使得 $1\cdot1+\mathrm{i}\cdot\mathrm{i}=0$. 而 $\mathbf{C}$ 作为 $\mathbf{R}$ 上的线性空间时，1 与 i 是线性无关的. 因为，若有 $k_1,k_2\in\mathbf{R}$，使 $k_1\cdot1+k_2\cdot\mathrm{i}=0$，则必有 $k_1=k_2=0$.

可见，数域影响到元素组的线性相关性.

9.3.2　基与维数

线性空间中一般都有无穷多个元素，为了把这无穷多个元素表示出来，引入下面的定义.

定义 9.4　在线性空间 V 中，如果存在 n 个元素 $\boldsymbol{\alpha}_1,\boldsymbol{\alpha}_2,\cdots,\boldsymbol{\alpha}_n$，满足

(1) $\boldsymbol{\alpha}_1,\boldsymbol{\alpha}_2,\cdots,\boldsymbol{\alpha}_n$ 线性无关；

(2) V 中任一元素 $\boldsymbol{\alpha}$ 都可由 $\boldsymbol{\alpha}_1,\boldsymbol{\alpha}_2,\cdots,\boldsymbol{\alpha}_n$ 线性表示，

则称 $\boldsymbol{\alpha}_1,\boldsymbol{\alpha}_2,\cdots,\boldsymbol{\alpha}_n$ 是 V 的一个**基**，称 n 为 V 的**维数**，记为 dimV. 维数为 n 的线性空间 V 称为 n **维线性空间**，记为 V^n，此时也称 V 是**有限维线性空间**. 若对于预先指定的任何正整数 N，在 V 中总能找到 N 个线性无关的元素，则称 V 是**无限维线性空间**. 如果 V 中没有线性无关的元素，则规定其维数为 0.

若 $\boldsymbol{\alpha}_1,\boldsymbol{\alpha}_2,\cdots,\boldsymbol{\alpha}_n$ 是 V^n 的一个基，则 V^n 可表示为

$$\mathrm{V}^n=\{\boldsymbol{\alpha}=k_1\boldsymbol{\alpha}_1+k_2\boldsymbol{\alpha}_2+\cdots+k_n\boldsymbol{\alpha}_n\,|\,k_1,k_2,\cdots,k_n\in\mathbf{K}\}.$$

这就清楚地显示出了线性空间 V^n 的结构.

例 9.17　由例 9.13 知，线性空间 $\mathbf{K}^{m\times n}$ 是 mn 维的，$\boldsymbol{E}_{ij}\,(i=1,2,\cdots,m;j=1,2,\cdots,n)$ 是它的一个基.

例 9.18　在线性空间 $\mathbf{K}[x]_n$ 中，任意多项式 $f(t)=a_0+a_1x+\cdots+a_nx^n$ 可由线性无关的多项式组 $1,x,x^2,\cdots,x^n$ 线性表示，故它是 $\mathbf{K}[x]_n$ 的基，且 $\dim\mathbf{K}[x]_n$

$=n+1$. 又由例 9.14 知,$\mathbf{K}[x]$是无限维线性空间.

例 9.19 由例 9.15 知,线性空间 $\mathbf{R}^+$ 是一维的,正实数 $a\neq 1$ 是 $\mathbf{R}^+$ 的基.

例 9.20 由例 9.16 知,$\mathbf{C}$ 作为 $\mathbf{C}$ 上的线性空间是一维的,而 $\mathbf{C}$ 作为 $\mathbf{R}$ 上的线性空间是二维的. 这个例子说明,维数与所考虑的数域有关.

根据基的定义可以证明,线性空间 V^n 中任意 n 个线性无关的元素都可作为它的基. 因此,线性空间中的基不是唯一的. 例如,四维线性空间 $\mathbf{K}^{2\times 2}$ 的基可取为

$$\boldsymbol{E}_{11}=\begin{pmatrix}1&0\\0&0\end{pmatrix},\quad \boldsymbol{E}_{12}=\begin{pmatrix}0&1\\0&0\end{pmatrix},\quad \boldsymbol{E}_{21}=\begin{pmatrix}0&0\\1&0\end{pmatrix},\quad \boldsymbol{E}_{22}=\begin{pmatrix}0&0\\0&1\end{pmatrix},\tag{9.1}$$

或

$$\boldsymbol{G}_1=\begin{pmatrix}0&1\\1&1\end{pmatrix},\quad \boldsymbol{G}_2=\begin{pmatrix}1&0\\1&1\end{pmatrix},\quad \boldsymbol{G}_3=\begin{pmatrix}1&1\\0&1\end{pmatrix},\quad \boldsymbol{G}_4=\begin{pmatrix}1&1\\1&0\end{pmatrix}.\tag{9.2}$$

本章主要研究有限维线性空间,只是在一些有共性的问题上顺便谈及无限维线性空间.

9.3.3 坐标

在解析几何中,坐标是研究向量的重要工具;在有限维线性空间中,坐标也有同样的作用.

定义 9.5 设 V 是数域 $\mathbf{K}$ 上的 n 维线性空间,$\boldsymbol{\alpha}_1,\boldsymbol{\alpha}_2,\cdots,\boldsymbol{\alpha}_n$ 是 V 的一个基,则 V 中任意 $\boldsymbol{\alpha}$ 可由基 $\boldsymbol{\alpha}_1,\boldsymbol{\alpha}_2,\cdots,\boldsymbol{\alpha}_n$ 唯一线性表示为

$$\boldsymbol{\alpha}=x_1\boldsymbol{\alpha}_1+x_2\boldsymbol{\alpha}_2+\cdots+x_n\boldsymbol{\alpha}_n\quad (x_1,x_2,\cdots,x_n\in\mathbf{K}).$$

称 $x_1,x_2,\cdots,x_n$ 为 $\boldsymbol{\alpha}$ 在基 $\boldsymbol{\alpha}_1,\boldsymbol{\alpha}_2,\cdots,\boldsymbol{\alpha}_n$ 下的**坐标**,记作$(x_1,x_2,\cdots,x_n)^{\mathrm{T}}$.

例 9.21 在 n 维线性空间 $\mathbf{K}^n$ 中,取基为 n 维单位坐标向量

$$\boldsymbol{e}_1=(1,0,\cdots,0),\quad \boldsymbol{e}_2=(0,1,0,\cdots,0),\quad \cdots,\quad \boldsymbol{e}_n=(0,\cdots,0,1),$$

则向量 $\boldsymbol{b}=(b_1,b_2,\cdots,b_n)$在该基下的坐标为$(b_1,b_2,\cdots,b_n)^{\mathrm{T}}$. 如果取基为

$$\boldsymbol{a}_1=(1,0,\cdots,0),\quad \boldsymbol{a}_2=(1,1,0,\cdots,0),\quad \cdots,\quad \boldsymbol{a}_n=(1,1,\cdots,1),$$

则有

$$\boldsymbol{b}=(b_1-b_2)\boldsymbol{a}_1+(b_2-b_3)\boldsymbol{a}_2+\cdots+(b_{n-1}-b_n)a_{n-1}+b_n\boldsymbol{a}_n.$$

从而 $\boldsymbol{b}$ 在基 $a_1,a_2,\cdots,a_n$ 下的坐标为$(b_1-b_2,b_2-b_3,\cdots,b_{n-1}-b_n,b_n)^{\mathrm{T}}$.

例 9.22 在 $n+1$ 维线性空间 $\mathbf{K}[x]_n$ 中,取基 $1,x,x^2,\cdots,x^n$,则 $\mathbf{K}[x]_n$ 中多项式

$$f(x)=a_0+a_1x+a_2x^2+\cdots+a_nx^n$$

在该基下的坐标为$(a_0,a_1,a_2,\cdots,a_n)^{\mathrm{T}}$.

例 9.23 在四维线性空间 $\mathbf{K}^{2\times 2}$ 中,求矩阵 $\mathbf{A}=\begin{pmatrix}0&1\\2&-3\end{pmatrix}$在基(9.1)和(9.2)下

的坐标.

解 因为 $\boldsymbol{A}=0\boldsymbol{E}_{11}+1\boldsymbol{E}_{12}+2\boldsymbol{E}_{21}-3\boldsymbol{E}_{22}$，所以 $\boldsymbol{A}$ 在基(9.1)下的坐标为 $(0,1,2,-3)^{\mathrm{T}}$. 设 $\boldsymbol{A}=x_1\boldsymbol{G}_1+x_2\boldsymbol{G}_2+x_3\boldsymbol{G}_3+x_4\boldsymbol{G}_4$，由矩阵相等的定义得

$$\begin{cases} x_2+x_3+x_4=0, \\ x_1+x_3+x_4=1, \\ x_1+x_2+x_4=2, \\ x_1+x_2+x_3=-3. \end{cases}$$

解此方程组得 $x_1=0,x_2=-1,x_3=-2,x_4=3$，故 $\boldsymbol{A}$ 在基(9.2)下的坐标为 $(0,-1,-2,3)^{\mathrm{T}}$.

9.4 基变换与坐标变换

一个线性空间的基不是唯一的，线性空间中的元素在不同基下的坐标一般也不相同，这就需要研究坐标之间的关系如何随着基的改变而改变.

定义 9.6 设 V 是数域 **K** 上的 n 维线性空间，$\boldsymbol{\alpha}_1,\boldsymbol{\alpha}_2,\cdots,\boldsymbol{\alpha}_n$ 和 $\boldsymbol{\beta}_1,\boldsymbol{\beta}_2,\cdots,\boldsymbol{\beta}_n$ 是 V 的两个基，且表示为

$$\begin{cases} \boldsymbol{\beta}_1=c_{11}\boldsymbol{\alpha}_1+c_{21}\boldsymbol{\alpha}_2+\cdots+c_{n1}\boldsymbol{\alpha}_n, \\ \boldsymbol{\beta}_2=c_{12}\boldsymbol{\alpha}_1+c_{22}\boldsymbol{\alpha}_2+\cdots+c_{n2}\boldsymbol{\alpha}_n, \\ \cdots\cdots \\ \boldsymbol{\beta}_n=c_{1n}\boldsymbol{\alpha}_1+c_{2n}\boldsymbol{\alpha}_2+\cdots+c_{nn}\boldsymbol{\alpha}_n, \end{cases} \tag{9.3}$$

或按矩阵乘法规则形式地写为

$$(\boldsymbol{\beta}_1,\boldsymbol{\beta}_2,\cdots,\boldsymbol{\beta}_n)=(\boldsymbol{\alpha}_1,\boldsymbol{\alpha}_2,\cdots,\boldsymbol{\alpha}_n)\begin{pmatrix} c_{11} & c_{12} & \cdots & c_{1n} \\ c_{21} & c_{22} & \cdots & c_{2n} \\ \vdots & \vdots & & \vdots \\ c_{n1} & c_{n2} & \cdots & c_{nn} \end{pmatrix}, \tag{9.4}$$

则称矩阵 $\boldsymbol{C}=(c_{ij})_{n\times n}$ 为由基 $\boldsymbol{\alpha}_1,\boldsymbol{\alpha}_2,\cdots,\boldsymbol{\alpha}_n$ 到基 $\boldsymbol{\beta}_1,\boldsymbol{\beta}_2,\cdots,\boldsymbol{\beta}_n$ 的**过渡矩阵**，又称式(9.3)或式(9.4)为**基变换公式**.

说式(9.4)的记法是“形式”的，是由于式中把线性空间中的元素作为一个 $1\times m$ 矩阵的元素，一般说来是没有意义的. 但我们将它“形式”上看成矩阵的元素与矩阵 $\boldsymbol{A}$ 作乘法，从而得到左端矩阵“形式”上元素的对应结果. 在应用的特殊情况下，这种约定的记法是不会出问题的.

在利用形式记法作计算时，要用到如下一些运算规律.

设 $\boldsymbol{\alpha}_1,\boldsymbol{\alpha}_2,\cdots,\boldsymbol{\alpha}_n$ 和 $\boldsymbol{\beta}_1,\boldsymbol{\beta}_2,\cdots,\boldsymbol{\beta}_n$ 是线性空间的元素，且相应的矩阵运算有意

义.

(1) $(\boldsymbol{\alpha}_1,\boldsymbol{\alpha}_2,\cdots,\boldsymbol{\alpha}_n)\boldsymbol{A}+(\boldsymbol{\alpha}_1,\boldsymbol{\alpha}_2,\cdots,\boldsymbol{\alpha}_n)\boldsymbol{B}=(\boldsymbol{\alpha}_1,\boldsymbol{\alpha}_2,\cdots,\boldsymbol{\alpha}_n)(\boldsymbol{A}+\boldsymbol{B})$;

(2) $[(\boldsymbol{\alpha}_1,\boldsymbol{\alpha}_2,\cdots,\boldsymbol{\alpha}_n)\boldsymbol{A}]\boldsymbol{B}=(\boldsymbol{\alpha}_1,\boldsymbol{\alpha}_2,\cdots,\boldsymbol{\alpha}_n)(\boldsymbol{AB})$;

(3) $(\boldsymbol{\alpha}_1,\boldsymbol{\alpha}_2,\cdots,\boldsymbol{\alpha}_n)\boldsymbol{A}+(\boldsymbol{\beta}_1,\boldsymbol{\beta}_2,\cdots,\boldsymbol{\beta}_n)\boldsymbol{A}=(\boldsymbol{\alpha}_1+\boldsymbol{\beta}_1,\boldsymbol{\alpha}_2+\boldsymbol{\beta}_2,\cdots,\boldsymbol{\alpha}_n+\boldsymbol{\beta}_n)\boldsymbol{A}$;

(4) 当矩阵 $\boldsymbol{A}$ 可逆时,由 $(\boldsymbol{\beta}_1,\boldsymbol{\beta}_2,\cdots,\boldsymbol{\beta}_n)=(\boldsymbol{\alpha}_1,\boldsymbol{\alpha}_2,\cdots,\boldsymbol{\alpha}_n)\boldsymbol{A}$ 可得

$$(\boldsymbol{\alpha}_1,\boldsymbol{\alpha}_2,\cdots,\boldsymbol{\alpha}_n)=(\boldsymbol{\beta}_1,\boldsymbol{\beta}_2,\cdots,\boldsymbol{\beta}_n)\boldsymbol{A}^{-1};$$

(5) 如果元素组 $\boldsymbol{\alpha}_1,\boldsymbol{\alpha}_2,\cdots,\boldsymbol{\alpha}_n$ 线性无关,则

$$(\boldsymbol{\alpha}_1,\boldsymbol{\alpha}_2,\cdots,\boldsymbol{\alpha}_n)\boldsymbol{A}=(\boldsymbol{\alpha}_1,\boldsymbol{\alpha}_2,\cdots,\boldsymbol{\alpha}_n)\boldsymbol{B}$$

成立的充分必要条件是 $\boldsymbol{A}=\boldsymbol{B}$.

这些等式的证明是很容易的,请读者完成.

下一定理给出了过渡矩阵的性质及不同基下坐标之间的关系.

定理 9.2 设由线性空间 V^n 的基 $\boldsymbol{\alpha}_1,\boldsymbol{\alpha}_2,\cdots,\boldsymbol{\alpha}_n$ 到基 $\boldsymbol{\beta}_1,\boldsymbol{\beta}_2,\cdots,\boldsymbol{\beta}_n$ 的过渡矩阵为 $\boldsymbol{C}$,又设 $\boldsymbol{\alpha}\in\mathrm{V}^n$ 在基 $\boldsymbol{\alpha}_1,\boldsymbol{\alpha}_2,\cdots,\boldsymbol{\alpha}_n$ 下的坐标为 $\boldsymbol{x}=(x_1,x_2,\cdots,x_n)^{\mathrm{T}}$,在基 $\boldsymbol{\beta}_1,\boldsymbol{\beta}_2,\cdots,\boldsymbol{\beta}_n$ 下的坐标为 $\boldsymbol{y}=(y_1,y_2,\cdots,y_n)^{\mathrm{T}}$,则

(1) $\boldsymbol{C}$ 是可逆的;

(2) $\boldsymbol{x},\boldsymbol{y}$ 满足关系式

$$\boldsymbol{x}=\boldsymbol{C}\boldsymbol{y}\quad\text{或}\quad\boldsymbol{y}=\boldsymbol{C}^{-1}\boldsymbol{x}. \tag{9.5}$$

称式(9.5)为**坐标变换公式**.

证 (1)采用反证法.如果 $\boldsymbol{C}$ 不可逆,则齐次线性方程组 $\boldsymbol{Cx}=\boldsymbol{0}$ 有非零解,即存在 $\boldsymbol{x}_0=(x_{10},x_{20},\cdots,x_{n0})^{\mathrm{T}}\neq\boldsymbol{0}$,使得 $\boldsymbol{Cx}_0=\boldsymbol{0}$.于是

$$x_{10}\boldsymbol{\beta}_1+x_{20}\boldsymbol{\beta}_2+\cdots+x_{n0}\boldsymbol{\beta}_n=(\boldsymbol{\beta}_1,\boldsymbol{\beta}_2,\cdots,\boldsymbol{\beta}_n)\boldsymbol{x}_0=(\boldsymbol{\alpha}_1,\boldsymbol{\alpha}_2,\cdots,\boldsymbol{\alpha})\boldsymbol{C}\boldsymbol{x}_0=\boldsymbol{\theta}.$$

这与 $\boldsymbol{\beta}_1,\boldsymbol{\beta}_2,\cdots,\boldsymbol{\beta}_n$ 是基矛盾,故 $\boldsymbol{C}$ 可逆.

(2)因为

$$\boldsymbol{\alpha}=y_1\boldsymbol{\beta}_1+y_2\boldsymbol{\beta}_2+\cdots+y_n\boldsymbol{\beta}_n=(\boldsymbol{\beta}_1,\boldsymbol{\beta}_2,\cdots,\boldsymbol{\beta}_n)\boldsymbol{y}=(\boldsymbol{\alpha}_1,\boldsymbol{\alpha}_2,\cdots,\boldsymbol{\alpha}_n)\boldsymbol{C}\boldsymbol{y},$$

又有

$$\boldsymbol{\alpha}=x_1\boldsymbol{\alpha}_1+x_2\boldsymbol{\alpha}_2+\cdots+x_n\boldsymbol{\alpha}_n=(\boldsymbol{\alpha}_1,\boldsymbol{\alpha}_2,\cdots,\boldsymbol{\alpha}_n)\boldsymbol{x},$$

由 $\boldsymbol{\alpha}_1,\boldsymbol{\alpha}_2,\cdots,\boldsymbol{\alpha}_n$ 是基,即得 $\boldsymbol{x}=\boldsymbol{C}\boldsymbol{y}$. ▌

例 9.24 在 $\mathbf{K}[x]_3$ 中取两个基

$$\begin{cases}f_1(x)=x^3+2x^2-x,\\f_2(x)=x^3-x^2+x+1,\\f_3(x)=-x^3+2x^2+x+1,\\f_4(x)=-x^3-x^2+1;\end{cases}\qquad\begin{cases}g_1(x)=2x^3+x^2+1,\\g_2(x)=x^2+2x+2,\\g_3(x)=-2x^3+x^2+x+2,\\g_4(x)=x^3+3x^2+x+2,\end{cases}$$

求坐标变换公式.

解 首先要求出过渡矩阵.直接按式(9.3)确定过渡矩阵比较麻烦,本题采用"中介基"法求之.取 $\mathbf{K}[x]_3$ 的基 $x^3,x^2,x,1$,则有

$$(f_1(x),f_2(x),f_3(x),f_4(x))=(x^3,x^2,x,1)\boldsymbol{A},$$
$$(g_1(x),g_2(x),g_3(x),g_4(x))=(x^3,x^2,x,1)\boldsymbol{B},$$

其中

$$\boldsymbol{A}=\begin{pmatrix}1&1&-1&-1\\2&-1&2&-1\\-1&1&1&0\\0&1&1&1\end{pmatrix},\quad \boldsymbol{B}=\begin{pmatrix}2&0&-2&1\\1&1&1&3\\0&2&1&1\\1&2&2&2\end{pmatrix}.$$

从而

$$(g_1(x),g_2(x),g_3(x),g_4(x))=(f_1(x),f_2(x),f_3(x),f_4(x))\boldsymbol{A}^{-1}\boldsymbol{B},$$

即由基 $f_1(x),f_2(x),f_3(x),f_4(x)$ 到基 $g_1(x),g_2(x),g_3(x),g_4(x)$ 的过渡矩阵为

$$\boldsymbol{C}=\boldsymbol{A}^{-1}\boldsymbol{B}=\begin{pmatrix}1&0&0&1\\1&1&0&1\\0&1&1&1\\0&0&1&0\end{pmatrix}.$$

若设 $\mathbf{K}[x]_3$ 中任一多项式 $f(x)$ 在基 $f_1(x),f_2(x),f_3(x),f_4(x)$ 下的坐标为 $(x_1,x_2,x_3,x_4)^{\mathrm{T}}$，在基 $g_1(x),g_2(x),g_3(x),g_4(x)$ 下的坐标为 $(y_1,y_2,y_3,y_4)^{\mathrm{T}}$，则坐标变换公式为

$$\begin{pmatrix}x_1\\x_2\\x_3\\x_4\end{pmatrix}=\begin{pmatrix}1&0&0&1\\1&1&0&1\\0&1&1&1\\0&0&1&0\end{pmatrix}\begin{pmatrix}y_1\\y_2\\y_3\\y_4\end{pmatrix},$$

或

$$\begin{pmatrix}y_1\\y_2\\y_3\\y_4\end{pmatrix}=\begin{pmatrix}0&1&-1&1\\-1&1&0&0\\0&0&0&1\\1&-1&1&-1\end{pmatrix}\begin{pmatrix}x_1\\x_2\\x_3\\x_4\end{pmatrix}.$$

例 9.25 在 $\mathbf{K}^{2\times 2}$ 中取两个基

(Ⅰ)：$\boldsymbol{A}_1=\begin{pmatrix}1&0\\0&0\end{pmatrix},\quad \boldsymbol{A}_2=\begin{pmatrix}1&1\\0&0\end{pmatrix},\quad \boldsymbol{A}_3=\begin{pmatrix}1&1\\1&0\end{pmatrix},\quad \boldsymbol{A}_4=\begin{pmatrix}1&1\\1&1\end{pmatrix}$；

(Ⅱ)：$\boldsymbol{B}_1=\begin{pmatrix}1&0\\1&1\end{pmatrix},\quad \boldsymbol{B}_2=\begin{pmatrix}0&1\\1&1\end{pmatrix},\quad \boldsymbol{B}_3=\begin{pmatrix}1&1\\1&0\end{pmatrix},\quad \boldsymbol{B}_4=\begin{pmatrix}1&1\\0&1\end{pmatrix}$.

(1) 求由基(Ⅰ)到基(Ⅱ)的过渡矩阵；

(2) 求在基(Ⅰ)与基(Ⅱ)下有相同坐标的所有矩阵.

解 (1) 取 $\mathbf{K}^{2\times 2}$ 的基(9.1)，则有

$$(\boldsymbol{A}_1,\boldsymbol{A}_2,\boldsymbol{A}_3,\boldsymbol{A}_4)=(\boldsymbol{E}_{11},\boldsymbol{E}_{12},\boldsymbol{E}_{21},\boldsymbol{E}_{22})\boldsymbol{A},$$
$$(\boldsymbol{B}_1,\boldsymbol{B}_2,\boldsymbol{B}_3,\boldsymbol{B}_4)=(\boldsymbol{E}_{11},\boldsymbol{E}_{12},\boldsymbol{E}_{21},\boldsymbol{E}_{22})\boldsymbol{B},$$

其中

$$\boldsymbol{A}=\begin{pmatrix}1&1&1&1\\0&1&1&1\\0&0&1&1\\0&0&0&1\end{pmatrix},\quad \boldsymbol{B}=\begin{pmatrix}1&0&1&1\\0&1&1&1\\1&1&1&0\\1&1&0&1\end{pmatrix}.$$

于是$(\boldsymbol{B}_1,\boldsymbol{B}_2,\boldsymbol{B}_3,\boldsymbol{B}_4)=(\boldsymbol{A}_1,\boldsymbol{A}_2,\boldsymbol{A}_3,\boldsymbol{A}_4)\boldsymbol{A}^{-1}\boldsymbol{B}$,即由基(Ⅰ)到基(Ⅱ)的过渡矩阵为

$$\boldsymbol{C}=\boldsymbol{A}^{-1}\boldsymbol{B}=\begin{pmatrix}1&-1&0&0\\-1&0&0&1\\0&0&1&-1\\1&1&0&1\end{pmatrix}.$$

(2) 设 $\mathbf{A}\in\mathbf{K}^{2\times2}$ 在基(Ⅰ)与基(Ⅱ)下的坐标均为 $\boldsymbol{x}=(x_1,x_2,x_3,x_4)^{\mathrm{T}}$,则由坐标变换公式得 $\boldsymbol{x}=\boldsymbol{C}\boldsymbol{x}$,即$(\boldsymbol{E}-\boldsymbol{C})\boldsymbol{x}=\boldsymbol{0}$. 由于

$$\boldsymbol{E}-\boldsymbol{C}=\begin{pmatrix}0&1&0&0\\1&1&0&-1\\0&0&0&1\\-1&-1&0&0\end{pmatrix}\to\begin{pmatrix}1&0&0&0\\0&1&0&0\\0&0&0&1\\0&0&0&0\end{pmatrix},$$

从而方程组的通解为 $x_1=0,x_2=0,x_3=k,x_4=0(k\in\mathbf{K})$. 故在两个基下有相同坐标的所有矩阵为

$$\mathbf{A}=0\mathbf{A}_1+0\mathbf{A}_2+k\mathbf{A}_3+0\mathbf{A}_4=\begin{pmatrix}k&k\\k&0\end{pmatrix}\quad(k\in\mathbf{K}).$$

例 9.26　设$(x_1,x_2,x_3,x_4)^{\mathrm{T}}$ 是 $\mathbf{K}^4$ 中的向量 $\boldsymbol{a}$ 在基

$$\boldsymbol{a}_1=(1,3,4,4),\quad \boldsymbol{a}_2=(2,5,7,7),\quad \boldsymbol{a}_3=(-3,-3,-5,2),\quad \boldsymbol{a}_4=(5,5,8,-3)$$

下的坐标,而$(y_1,y_2,y_3,y_4)^{\mathrm{T}}$ 是向量 $\boldsymbol{a}$ 在基 $\boldsymbol{b}_1,\boldsymbol{b}_2,\boldsymbol{b}_3,\boldsymbol{b}_4$ 下的坐标,且有

$$y_1=3x_1+5x_2,\quad y_2=x_1+2x_2,\quad y_3=2x_3-3x_4,\quad y_4=-5x_3+8x_4.$$

(1) 求由基 $\boldsymbol{b}_1,\boldsymbol{b}_2,\boldsymbol{b}_3,\boldsymbol{b}_4$ 到基 $\boldsymbol{a}_1,\boldsymbol{a}_2,\boldsymbol{a}_3,\boldsymbol{a}_4$ 的过渡矩阵;

(2) 求基 $\boldsymbol{b}_1,\boldsymbol{b}_2,\boldsymbol{b}_3,\boldsymbol{b}_4$.

解　(1) 根据坐标之间的关系写出坐标变换公式

$$\begin{pmatrix}y_1\\y_2\\y_3\\y_4\end{pmatrix}=\boldsymbol{C}\begin{pmatrix}x_1\\x_2\\x_3\\x_4\end{pmatrix},\quad 其中\ \boldsymbol{C}=\begin{pmatrix}3&5&0&0\\1&2&0&0\\0&0&2&-3\\0&0&-5&8\end{pmatrix}.$$

从而基变换公式为

$$(\boldsymbol{a}_1,\boldsymbol{a}_2,\boldsymbol{a}_3,\boldsymbol{a}_4)=(\boldsymbol{b}_1,\boldsymbol{b}_2,\boldsymbol{b}_3,\boldsymbol{b}_4)\boldsymbol{C}.$$

故 $\boldsymbol{C}$ 为由基 $\boldsymbol{b}_1,\boldsymbol{b}_2,\boldsymbol{b}_3,\boldsymbol{b}_4$ 到基 $\boldsymbol{a}_1,\boldsymbol{a}_2,\boldsymbol{a}_3,\boldsymbol{a}_4$ 的过渡矩阵.

(2) 由基变换公式得

$$(\boldsymbol{b}_1,\boldsymbol{b}_2,\boldsymbol{b}_3,\boldsymbol{b}_4)=(\boldsymbol{a}_1,\boldsymbol{a}_2,\boldsymbol{a}_3,\boldsymbol{a}_4)\boldsymbol{C}^{-1},$$

其中

$$\boldsymbol{C}^{-1}=\begin{pmatrix}2&-5&0&0\\-1&3&0&0\\0&0&8&3\\0&0&5&2\end{pmatrix}.$$

从而

$$\boldsymbol{b}_1=2\boldsymbol{a}_1-\boldsymbol{a}_2=(0,1,1,1),\quad \boldsymbol{b}_2=-5\boldsymbol{a}_1+3\boldsymbol{a}_2=(1,0,1,1),$$
$$\boldsymbol{b}_3=8\boldsymbol{a}_3+5\boldsymbol{a}_4=(1,1,0,1),\quad \boldsymbol{b}_4=3\boldsymbol{a}_3+2\boldsymbol{a}_4=(1,1,1,0).$$

9.5 线性空间的同构

有了坐标概念之后,不但可以将线性空间 V^n 中的抽象元素与 $\mathbf{K}^n$ 中的向量联系起来,而且还可以把 V^n 中的线性运算与 $\mathbf{K}^n$ 中的线性运算联系起来.

取定线性空间 V^n 的基 $\boldsymbol{\alpha}_1,\boldsymbol{\alpha}_2,\cdots,\boldsymbol{\alpha}_n$,则对 $\boldsymbol{\alpha},\boldsymbol{\beta}\in V^n$ 和 $k\in\mathbf{K}$,有

$$\boldsymbol{\alpha}=a_1\boldsymbol{\alpha}_1+a_2\boldsymbol{\alpha}_2+\cdots+a_n\boldsymbol{\alpha}_n,\quad \boldsymbol{\beta}=b_1\boldsymbol{\alpha}_1+b_2\boldsymbol{\alpha}_2+\cdots+b_n\boldsymbol{\alpha}_n.$$

于是

$$\boldsymbol{\alpha}+\boldsymbol{\beta}=(a_1+b_1)\boldsymbol{\alpha}_1+(a_2+b_2)\boldsymbol{\alpha}_2+\cdots+(a_n+b_n)\boldsymbol{\alpha}_n,$$
$$k\boldsymbol{\alpha}=(ka_1)\boldsymbol{\alpha}_1+(ka_2)\boldsymbol{\alpha}_2+\cdots+(ka_n)\boldsymbol{\alpha}_n.$$

可见元素及其线性运算与坐标的对应为

$$\boldsymbol{\alpha}\longleftrightarrow(a_1,a_2,\cdots,a_n)^{\mathrm{T}},\quad \boldsymbol{\beta}\longleftrightarrow(b_1,b_2,\cdots,b_n)^{\mathrm{T}},\quad \boldsymbol{\theta}\longleftrightarrow(0,0,\cdots,0)^{\mathrm{T}},$$
$$\boldsymbol{\alpha}+\boldsymbol{\beta}\longleftrightarrow(a_1+b_1,a_2+b_2,\cdots,a_n+b_n)^{\mathrm{T}},\quad k\boldsymbol{\alpha}\longleftrightarrow(ka_1,ka_2,\cdots,ka_n)^{\mathrm{T}}.\quad(9.6)$$

更进一步,V^n 中的元素组与 $\mathbf{K}^n$ 中的向量组也有对应的线性关系.

定理 9.3 设线性空间 V^n 的元素组 $\boldsymbol{\beta}_1,\boldsymbol{\beta}_2,\cdots,\boldsymbol{\beta}_m$ 在 V^n 的基 $\boldsymbol{\alpha}_1,\boldsymbol{\alpha}_2,\cdots,\boldsymbol{\alpha}_n$ 下的坐标分别为 $\boldsymbol{b}_1=(b_{11},b_{21},\cdots,b_{n1})^{\mathrm{T}},\boldsymbol{b}_2=(b_{12},b_{22},\cdots,b_{n2})^{\mathrm{T}},\cdots,\boldsymbol{b}_m=(b_{1m},b_{2m},\cdots,b_{nm})^{\mathrm{T}}$,则 $\boldsymbol{\beta}_1,\boldsymbol{\beta}_2,\cdots,\boldsymbol{\beta}_m$ 线性相关的充分必要条件是 $\boldsymbol{b}_1,\boldsymbol{b}_2,\cdots,\boldsymbol{b}_m$ 线性相关.

证 假设

$$\boldsymbol{\beta}_i=b_{1i}\boldsymbol{\alpha}_1+b_{2i}\boldsymbol{\alpha}_2+\cdots+b_{ni}\boldsymbol{\alpha}_n\quad(i=1,2,\cdots,m).$$

设一组数 $k_1,k_2,\cdots,k_m$,使得

$$k_1\boldsymbol{\beta}_1+k_2\boldsymbol{\beta}_2+\cdots+k_m\boldsymbol{\beta}_m=\boldsymbol{\theta}.\quad(9.7)$$

将 $\boldsymbol{\beta}_1,\boldsymbol{\beta}_2,\cdots,\boldsymbol{\beta}_m$ 的表达式代入式(9.7),并整理得

$$(k_1b_{11}+k_2b_{12}+\cdots+k_mb_{1m})\boldsymbol{\alpha}_1+(k_1b_{21}+k_2b_{22}+\cdots+k_mb_{2m})\boldsymbol{\alpha}_2$$
$$+\cdots+(k_1b_{n1}+k_2b_{n2}+\cdots+k_mb_{nm})\boldsymbol{\alpha}_n=\boldsymbol{\theta}.$$

由于 $\boldsymbol{\alpha}_1,\boldsymbol{\alpha}_2,\cdots,\boldsymbol{\alpha}_n$ 线性无关,所以有

$$\begin{cases} k_1 b_{11}+k_2 b_{12}+\cdots+k_m b_{1m}=0, \\ k_1 b_{21}+k_2 b_{22}+\cdots+k_m b_{2m}=0, \\ \cdots\cdots \\ k_1 b_{n1}+k_2 b_{n2}+\cdots+k_m b_{nm}=0, \end{cases}$$

即

$$k_1 \boldsymbol{b}_1+k_2 \boldsymbol{b}_2+\cdots+k_m \boldsymbol{b}_m=\mathbf{0}.$$

由式(9.7)和上式即知 $\boldsymbol{\beta}_1,\boldsymbol{\beta}_2,\cdots,\boldsymbol{\beta}_m$ 线性相关的充分必要条件是 $\boldsymbol{b}_1,\boldsymbol{b}_2,\cdots,\boldsymbol{b}_m$ 线性相关. ▎

这样一来,线性空间 V^n 中涉及线性关系的有关结果,如线性无关,线性相关,秩、极大无关组等,均对应于 $\mathbf{K}^n$ 中的相应结果.

例 9.27 求 $\mathbf{K}^{2\times 2}$ 中矩阵组 $\boldsymbol{A}_1=\begin{pmatrix} 2 & 1 \\ -1 & 3 \end{pmatrix}$,$\boldsymbol{A}_2=\begin{pmatrix} 1 & 0 \\ 2 & 0 \end{pmatrix}$,$\boldsymbol{A}_3=\begin{pmatrix} 3 & 1 \\ 1 & 3 \end{pmatrix}$,$\boldsymbol{A}_4=\begin{pmatrix} 1 & 1 \\ -3 & 3 \end{pmatrix}$的秩和极大无关组.

解 取 $\mathbf{K}^{2\times 2}$ 的基 $\boldsymbol{E}_{11},\boldsymbol{E}_{12},\boldsymbol{E}_{21},\boldsymbol{E}_{22}$ 如式(9.1),则 $\boldsymbol{A}_1,\boldsymbol{A}_2,\boldsymbol{A}_3,\boldsymbol{A}_4$ 在该基下的坐标分别为 $\boldsymbol{a}_1=(2,1,-1,3)^{\mathrm{T}}$,$\boldsymbol{a}_2=(1,0,2,0)^{\mathrm{T}}$,$\boldsymbol{a}_3=(3,1,1,3)^{\mathrm{T}}$,$\boldsymbol{a}_4=(1,1,-3,3)^{\mathrm{T}}$. 可求得向量组 $\boldsymbol{a}_1,\boldsymbol{a}_2,\boldsymbol{a}_3,\boldsymbol{a}_4$ 的秩为 2,且 $\boldsymbol{a}_1,\boldsymbol{a}_2$ 是一个极大无关组,故矩阵组 $\boldsymbol{A}_1,\boldsymbol{A}_2,\boldsymbol{A}_3,\boldsymbol{A}_4$ 的秩为 2,且 $\boldsymbol{A}_1,\boldsymbol{A}_2$ 是一个极大无关组.

定义 9.7 设 V 与 V′均是数域 **K** 上的线性空间,如果可以建立由 V 到 V′的双射 T,且对任意 $\boldsymbol{\alpha},\boldsymbol{\beta}\in \mathrm{V}$ 和 $k\in \mathbf{K}$ 有

$$T(\boldsymbol{\alpha}+\boldsymbol{\beta})=T(\boldsymbol{\alpha})+T(\boldsymbol{\beta}), \quad T(k\boldsymbol{\alpha})=kT(\boldsymbol{\alpha}),$$

则称 T 为**同构映射**,而称线性空间 V 与 V′**同构**.

在 n 维线性空间 V 中取定一个基 $\boldsymbol{\alpha}_1,\boldsymbol{\alpha}_2,\cdots,\boldsymbol{\alpha}_n$,则任意元素 $\boldsymbol{\alpha}\in \mathrm{V}$ 在这个基下有唯一确定的坐标 $(x_1,x_2,\cdots,x_n)^{\mathrm{T}}\in \mathbf{K}^n$. 构造 V 到 $\mathbf{K}^n$ 的映射

$$T(\boldsymbol{\alpha})=(x_1,x_2,\cdots,x_n)^{\mathrm{T}},$$

则 T 既是满射又是单射,即 T 是双射,且式(9.6)说明

$$T(\boldsymbol{\alpha}+\boldsymbol{\beta})=T(\boldsymbol{\alpha})+T(\boldsymbol{\beta}), \quad T(k\boldsymbol{\alpha})=kT(\boldsymbol{\alpha}),$$

故数域 **K** 上任一个 n 维线性空间都与 $\mathbf{K}^n$ 同构.

同构映射具有下列基本性质(设 T 是数域 **K** 上线性空间 V 到 V′的同构映射,$\boldsymbol{\alpha}_1,\boldsymbol{\alpha}_2,\cdots,\boldsymbol{\alpha}_s,\boldsymbol{\alpha},\boldsymbol{\beta}\in \mathrm{V}$,$k_1,k_2,\cdots,k_s,k\in \mathbf{K}$).

性质 1 $T(\boldsymbol{\theta})=\boldsymbol{\theta}'$,其中 $\boldsymbol{\theta}'$ 是 V′的零元素;$T(-\boldsymbol{\alpha})=-T(\boldsymbol{\alpha})$.

证 在 $T(k\boldsymbol{\alpha})=kT(\boldsymbol{\alpha})$ 中分别取 $k=0$ 和 $k=-1$ 即得. ▎

性质 2 $T(k_1\boldsymbol{\alpha}_1+k_2\boldsymbol{\alpha}_2+\cdots+k_s\boldsymbol{\alpha}_s)=k_1T(\boldsymbol{\alpha}_1)+k_2T(\boldsymbol{\alpha}_2)+\cdots+k_sT(\boldsymbol{\alpha}_s)$.

性质 3 元素组 $\boldsymbol{\alpha}_1,\boldsymbol{\alpha}_2,\cdots,\boldsymbol{\alpha}_s$ 线性相关的充分必要条件是它们的象 $T(\boldsymbol{\alpha}_1)$,

$T(\boldsymbol{\alpha}_2),\cdots,T(\boldsymbol{\alpha}_s)$线性相关.

证　如果 $k_1\boldsymbol{\alpha}_1+k_2\boldsymbol{\alpha}_2+\cdots+k_s\boldsymbol{\alpha}_s=\boldsymbol{\theta}$,则有

$k_1T(\boldsymbol{\alpha}_1)+k_2T(\boldsymbol{\alpha}_2)+\cdots+k_sT(\boldsymbol{\alpha}_s)=T(k_1\boldsymbol{\alpha}_1+k_2\boldsymbol{\alpha}_2+\cdots+k_s\boldsymbol{\alpha}_s)=T(\boldsymbol{\theta})=\boldsymbol{\theta}'$.

反过来,如果 $k_1T(\boldsymbol{\alpha}_1)+k_2T(\boldsymbol{\alpha}_2)+\cdots+k_sT(\boldsymbol{\alpha}_s)=\boldsymbol{\theta}'$,则由性质 2 知

$$T(k_1\boldsymbol{\alpha}_1+k_2\boldsymbol{\alpha}_2+\cdots+k_s\boldsymbol{\alpha}_s)=\boldsymbol{\theta}'.$$

因为 T 是单射,所以有

$$k_1\boldsymbol{\alpha}_1+k_2\boldsymbol{\alpha}_2+\cdots+k_s\boldsymbol{\alpha}_s=\boldsymbol{\theta}.$$ ▌

这一性质说明,同构的线性空间 V 与 V′中的元素有对应的线性关系. 又因为维数就是线性空间中线性无关元素的最大个数,所以同构的线性空间有相同的维数.

性质 4　同构映射的逆映射还是同构映射.

证　显然同构映射 T 的逆映射 T^{-1}是 V′到 V 的一个双射. 又对 V′的任意元素 $\boldsymbol{\alpha}'$和 $\boldsymbol{\beta}'$,有

$$\begin{aligned}T^{-1}(\boldsymbol{\alpha}'+\boldsymbol{\beta}')&=T^{-1}((TT^{-1})(\boldsymbol{\alpha}')+(TT^{-1})(\boldsymbol{\beta}'))\\&=T^{-1}(T(T^{-1}(\boldsymbol{\alpha}'))+T(T^{-1}(\boldsymbol{\beta}')))\\&=(T^{-1}T)(T^{-1}(\boldsymbol{\alpha}')+T^{-1}(\boldsymbol{\beta}'))\\&=T^{-1}(\boldsymbol{\alpha}')+T^{-1}(\boldsymbol{\beta}').\end{aligned}$$

同理可证 $T^{-1}(k\boldsymbol{\alpha}')=kT^{-1}(\boldsymbol{\alpha}')$. 故 T^{-1}是同构映射. ▌

性质 5　两个同构映射的乘积还是同构映射.

证　设 S 是由线性空间 V′到 V″的同构映射. 显然 ST 是单射与满射,且有

$$(ST)(\boldsymbol{\alpha}+\boldsymbol{\beta})=S(T(\boldsymbol{\alpha})+T(\boldsymbol{\beta}))=(ST)(\boldsymbol{\alpha})+(ST)(\boldsymbol{\beta}),$$

$$(ST)(k\boldsymbol{\alpha})=S(kT(\boldsymbol{\alpha}))=k(ST)(\boldsymbol{\alpha}).$$

可见 ST 是同构映射. ▌

因为任一线性空间 V 到自身的恒等映射(即恒等变换)显然是一同构映射,所以性质 4 与性质 5 表明,同构作为线性空间之间的一种关系,具有反身性、对称性和传递性.

既然数域 **K** 上任意一个 n 维线性空间都与 $\mathbf{K}^n$ 同构,由同构的对称性与传递性知,数域 **K** 上任意两个 n 维线性空间都同构.

综上所述有如下结论.

定理 9.4　数域 **K** 上两个有限维线性空间同构的充分必要条件是它们有相同的维数.

在线性空间的抽象讨论中,我们并没有考虑线性空间的元素是什么,也没有考虑其中运算是怎样定义的,而只涉及线性空间在所定义的运算下的代数性质. 从这个观点看来,同构的线性空间是可以不加区别的. 定理 9.4 说明,维数是有限维线性空间的唯一本质特征.

9.6 线性子空间

定义 9.8 设 V 是数域 $\mathbf{K}$ 上的线性空间，W 是 V 的一个非空子集合. 如果 W 对于 V 中所定义的加法与数乘运算也构成数域 $\mathbf{K}$ 上的线性空间，则称 W 为 V 的**线性子空间**，简称**子空间**.

对于线性空间 V，仅由 V 的零元素构成的集合 $\{\boldsymbol{\theta}\}$ 和 V 本身都是 V 的子空间，称这两个子空间为 V 的**平凡子空间**或**假子空间**. V 的其他子空间称为**非平凡子空间**或**真子空间**.

由于线性子空间也是线性空间，因此，前面引入的有关基、维数与坐标等概念，也可以应用到线性子空间中去.

判断一个非空子集是否为子空间时，可以按照线性空间的定义来进行，但利用如下的结果来判断更为方便.

定理 9.5 线性空间 V 的非空子集 W 是 V 的子空间的充分必要条件是，W 对于 V 中规定的加法与数乘运算封闭.

证 必要性是显然的. 下证充分性.

已知 W 对于 V 的加法与数乘运算封闭. 由于 W 中的元素均是 V 中的元素，所以线性空间定义中的运算律(1)，(2)，(5)～(8)均成立. 又设 $\boldsymbol{\alpha}\in \mathrm{W}\subset \mathrm{V}$，由于 $\boldsymbol{\theta}=0\boldsymbol{\alpha}\in \mathrm{W}$，$-\boldsymbol{\alpha}=(-1)\boldsymbol{\alpha}\in \mathrm{W}$，故运算律(3)与(4)也成立，从而 W 是一个线性空间. ▌

例 9.28 在几何空间 $\mathbf{R}^3$ 中，设 π 是过原点 O 的一个平面，则以 O 为起点，而终点在 π 上的所有向量构成 $\mathbf{R}^3$ 的一个二维子空间. 又设 L 是过原点 O 的一条直线，则以 O 为起点，而终点在 L 上的所有向量构成 $\mathbf{R}^3$ 的一个一维子空间.

例 9.29 $\mathbf{K}[x]_n$ 是线性空间 $\mathbf{K}[x]$的子空间.

例 9.30 取线性空间 $\mathbf{K}^{n\times n}$ 的子集

$$\mathrm{S}\mathbf{K}^{n\times n}=\{\boldsymbol{A}\mid \boldsymbol{A}^{\mathrm{T}}=\boldsymbol{A},\boldsymbol{A}\in \mathbf{K}^{n\times n}\},$$

证明 $\mathrm{S}\mathbf{K}^{n\times n}$是 $\mathbf{K}^{n\times n}$的子空间，并求其维数.

证 因为 $\boldsymbol{O}\in \mathrm{S}\mathbf{K}^{n\times n}$，所以 $\mathrm{S}\mathbf{K}^{n\times n}$ 非空. 对任意 $\boldsymbol{A},\boldsymbol{B}\in \mathrm{S}\mathbf{K}^{n\times n}$，有 $\boldsymbol{A}^{\mathrm{T}}=\boldsymbol{A}$，$\boldsymbol{B}^{\mathrm{T}}=\boldsymbol{B}$，从而$(\boldsymbol{A}+\boldsymbol{B})^{\mathrm{T}}=\boldsymbol{A}^{\mathrm{T}}+\boldsymbol{B}^{\mathrm{T}}=\boldsymbol{A}+\boldsymbol{B}$，即 $\boldsymbol{A}+\boldsymbol{B}\in \mathrm{S}\mathbf{K}^{n\times n}$；又对任意 $k\in\mathbf{K}$ 和 $\boldsymbol{A}\in \mathrm{S}\mathbf{K}^{n\times n}$，有$(k\boldsymbol{A})^{\mathrm{T}}=k\boldsymbol{A}^{\mathrm{T}}=k\boldsymbol{A}$，即 $k\boldsymbol{A}\in \mathrm{S}\mathbf{K}^{n\times n}$. 故 $\mathrm{S}\mathbf{K}^{n\times n}$是 $\mathbf{K}^{n\times n}$的子空间. 取 $\mathrm{S}\mathbf{K}^{n\times n}$中的$\dfrac{n(n+1)}{2}$个矩阵

$$\boldsymbol{F}_{ij}=\boldsymbol{E}_{ij}+\boldsymbol{E}_{ji}\quad(i,j=1,2,\cdots,n;i<j),\quad \boldsymbol{F}_{ii}=\boldsymbol{E}_{ii}\quad(i=1,2,\cdots,n),$$

容易证明该矩阵组线性无关，且对任意 $\boldsymbol{A}=(a_{ij})_{n\times n}\in \mathrm{S}\mathbf{K}^{n\times n}$有

$$\boldsymbol{A}=\sum_{i=1}^{n}\sum_{j=i}^{n}a_{ij}\boldsymbol{F}_{ij}.$$

故 $\dim S\mathbf{K}^{n\times n}=\frac{n(n+1)}{2}$.

例 9.31　取线性空间 $\mathbf{K}[x]_3$ 的子集

$$W=\{f(x)\mid f(x)=a_0+a_1x+a_2x^2+a_3x^3, a_0+a_1+a_2=0, a_i\in\mathbf{K}\},$$

证明 W 是 $\mathbf{K}[x]_3$ 的子空间,并求 W 的维数.

证　因为 $0\in W$,所以 W 非空.对任意 $f(x),g(x)\in W,k\in\mathbf{K}$,有

$$f(x)=a_0+a_1x+a_2x^2+a_3x^3,\quad g(x)=b_0+b_1x+b_2x^2+b_3x^3,$$

其中 $a_0+a_1+a_2=0, b_0+b_1+b_2=0$. 由于

$$f(x)+g(x)=(a_0+b_0)+(a_1+b_1)x+(a_2+b_2)x^2+(a_3+b_3)x^3,$$
$$kf(x)=(ka_0)+(ka_1)x+(ka_2)x^2+(ka_3)x^3,$$

且

$$(a_0+b_0)+(a_1+b_1)+(a_2+b_2)=(a_0+a_1+a_2)+(b_0+b_1+b_2)=0,$$
$$(ka_0)+(ka_1)+(ka_2)=k(a_0+a_1+a_2)=0.$$

所以 $f(x)+g(x)\in W, kf(x)\in W$,故 W 是 $\mathbf{K}[x]_3$ 的子空间.取 W 中三个多项式

$$f_1(x)=1-x,\quad f_2(x)=1-x^2,\quad f_3(x)=x^3,$$

容易证明该多项式组线性无关,且对任意 $f(x)\in W$,有

$$f(x)=-a_1f_1(x)-a_2f_2(x)+a_3f_3(x).$$

故 W 是三维的.

常用以下方法来得到子空间.

定理 9.6　设 V 是数域 $\mathbf{K}$ 上的线性空间,在 V 中任意取定 m 个元素 $\boldsymbol{\alpha}_1,\boldsymbol{\alpha}_2,\cdots,\boldsymbol{\alpha}_m$,构造子集

$$W=\{k_1\boldsymbol{\alpha}_1+k_2\boldsymbol{\alpha}_2+\cdots+k_m\boldsymbol{\alpha}_m\mid k_1,k_2,\cdots,k_m\in\mathbf{K}\},$$

则 W 是 V 的子空间,称之为由 $\boldsymbol{\alpha}_1,\boldsymbol{\alpha}_2,\cdots,\boldsymbol{\alpha}_m$ **生成的子空间**,记为 $L(\boldsymbol{\alpha}_1,\boldsymbol{\alpha}_2,\cdots,\boldsymbol{\alpha}_m)$.

证　由于 $\boldsymbol{\alpha}_1\in W$,所以 W 非空.对任意 $\boldsymbol{\alpha},\boldsymbol{\beta}\in W,k\in\mathbf{K}$,有

$$\boldsymbol{\alpha}=k_1\boldsymbol{\alpha}_1+k_2\boldsymbol{\alpha}_2+\cdots+k_m\boldsymbol{\alpha}_m,\quad \boldsymbol{\beta}=l_1\boldsymbol{\alpha}_1+l_2\boldsymbol{\alpha}_2+\cdots+l_m\boldsymbol{\alpha}_m.$$

由于

$$\boldsymbol{\alpha}+\boldsymbol{\beta}=(k_1+l_1)\boldsymbol{\alpha}_1+(k_2+l_2)\boldsymbol{\alpha}_2+\cdots+(k_m+l_m)\boldsymbol{\alpha}_m\in W,$$
$$k\boldsymbol{\alpha}=(kk_1)\boldsymbol{\alpha}_1+(kk_2)\boldsymbol{\alpha}_2+\cdots+(kk_m)\boldsymbol{\alpha}_m\in W,$$

故 W 是 V 的子空间.　▎

生成子空间的重要意义在于:有限维线性空间是由它的基生成的子空间.

由定义容易证明生成子空间的如下结论.

结论 1　设 $\boldsymbol{\alpha}_1,\boldsymbol{\alpha}_2,\cdots,\boldsymbol{\alpha}_s$ 和 $\boldsymbol{\beta}_1,\boldsymbol{\beta}_2,\cdots,\boldsymbol{\beta}_t$ 是线性空间 V 的两组元素.若 $\boldsymbol{\alpha}_1,\boldsymbol{\alpha}_2,\cdots,\boldsymbol{\alpha}_s$ 可由 $\boldsymbol{\beta}_1,\boldsymbol{\beta}_2,\cdots,\boldsymbol{\beta}_t$ 线性表示,则

$$L(\boldsymbol{\alpha}_1,\boldsymbol{\alpha}_2,\cdots,\boldsymbol{\alpha}_s)\subset L(\boldsymbol{\beta}_1,\boldsymbol{\beta}_2,\cdots,\boldsymbol{\beta}_t);$$

若 $\boldsymbol{\alpha}_1,\boldsymbol{\alpha}_2,\cdots,\boldsymbol{\alpha}_s$ 与 $\boldsymbol{\beta}_1,\boldsymbol{\beta}_2,\cdots,\boldsymbol{\beta}_t$ 等价,则

$$\mathrm{L}(\boldsymbol{\alpha}_1,\boldsymbol{\alpha}_2,\cdots,\boldsymbol{\alpha}_s)=\mathrm{L}(\boldsymbol{\beta}_1,\boldsymbol{\beta}_2,\cdots,\boldsymbol{\beta}_t).$$

结论 2 $\mathrm{L}(\boldsymbol{\alpha}_1,\boldsymbol{\alpha}_2,\cdots,\boldsymbol{\alpha}_s)$的维数等于元素组 $\boldsymbol{\alpha}_1,\boldsymbol{\alpha}_2,\cdots,\boldsymbol{\alpha}_s$ 的秩,且 $\boldsymbol{\alpha}_1,\boldsymbol{\alpha}_2,\cdots,\boldsymbol{\alpha}_s$ 的极大无关组是该生成子空间的基.

例 9.32 在线性空间 $\mathbf{K}^{2\times 2}$ 中,求由矩阵

$$\boldsymbol{A}_1=\begin{pmatrix}2&1\\-1&3\end{pmatrix},\quad \boldsymbol{A}_2=\begin{pmatrix}1&0\\2&0\end{pmatrix},\quad \boldsymbol{A}_3=\begin{pmatrix}3&1\\1&3\end{pmatrix},\quad \boldsymbol{A}_4=\begin{pmatrix}1&1\\-3&3\end{pmatrix}$$

生成的子空间的基与维数.

解 例 9.27 已求得该矩阵组的秩为 2,且 $\boldsymbol{A}_1,\boldsymbol{A}_2$ 是一个极大无关组,所以 $\mathrm{L}(\boldsymbol{A}_1,\boldsymbol{A}_2,\boldsymbol{A}_3,\boldsymbol{A}_4)$的维数为 2,且 $\boldsymbol{A}_1,\boldsymbol{A}_2$ 是它的一个基.

与矩阵 $\boldsymbol{A}$ 联系的有如下 4 个子空间.

定义 9.9 设 $\boldsymbol{A}\in\mathbf{K}^{m\times n}$,以 $\boldsymbol{a}_i(i=1,2,\cdots,n)$表示 $\boldsymbol{A}$ 的第 i 个列向量,称子空间 $\mathrm{L}(\boldsymbol{a}_1,\boldsymbol{a}_2,\cdots,\boldsymbol{a}_n)$为矩阵 $\boldsymbol{A}$ 的**值域**或**列空间**,记为 $\mathrm{R}(\boldsymbol{A})$;而称集合$\{\boldsymbol{x}\mid\boldsymbol{A}\boldsymbol{x}=\boldsymbol{0},\boldsymbol{x}\in\mathbf{K}^n\}$为 $\boldsymbol{A}$ 的**核**或**零空间**,记为 $\mathrm{N}(\boldsymbol{A})$. 又以 $\boldsymbol{b}_j(j=1,2,\cdots,m)$表示 $\boldsymbol{A}^{\mathrm{T}}$ 的第 j 个列向量,称子空间 $\mathrm{L}(\boldsymbol{b}_1,\boldsymbol{b}_2,\cdots,\boldsymbol{b}_m)$为矩阵 $\boldsymbol{A}$ 的**行空间**,记为 $\mathrm{R}(\boldsymbol{A}^{\mathrm{T}})$;而称集合$\{\boldsymbol{y}\mid\boldsymbol{A}^{\mathrm{T}}\boldsymbol{y}=\boldsymbol{0},\boldsymbol{y}\in\mathbf{K}^m\}$为 $\boldsymbol{A}$ 的**左零空间**,记为 $\mathrm{N}(\boldsymbol{A}^{\mathrm{T}})$.

由前面的论述及矩阵秩的概念可知 $\mathrm{R}(\boldsymbol{A})\subset\mathbf{K}^m$,且有 $\dim\mathrm{R}(\boldsymbol{A})=\mathrm{rank}\boldsymbol{A}$;而 $\mathrm{R}(\boldsymbol{A}^{\mathrm{T}})\subset\mathbf{K}^n$,且 $\dim\mathrm{R}(\boldsymbol{A}^{\mathrm{T}})=\mathrm{rank}\boldsymbol{A}$. 又 $\mathrm{N}(\boldsymbol{A})\subset\mathbf{K}^n$,它是齐次线性方程组 $\boldsymbol{A}\boldsymbol{x}=\boldsymbol{0}$ 的解空间,且$\dim\mathrm{N}(\boldsymbol{A})=n-\mathrm{rank}\boldsymbol{A}$;而 $\mathrm{N}(\boldsymbol{A}^{\mathrm{T}})\subset\mathbf{K}^m$,且 $\dim\mathrm{N}(\boldsymbol{A})^{\mathrm{T}}=m-\mathrm{rank}\boldsymbol{A}$. $\mathrm{R}(\boldsymbol{A})$ 与 $\mathrm{R}(\boldsymbol{A}^{\mathrm{T}})$还有如下的表达式:

$$\mathrm{R}(\boldsymbol{A})=\{\boldsymbol{A}\boldsymbol{x}\mid\boldsymbol{x}\in\mathbf{K}^n\},\quad \mathrm{R}(\boldsymbol{A}^{\mathrm{T}})=\{\boldsymbol{A}^{\mathrm{T}}\boldsymbol{y}\mid\boldsymbol{y}\in\mathbf{K}^m\}$$

(证明留给读者).

由于线性空间 V 的子空间 W 是 V 的一个子集合,因此 W 中不可能存在比 V 中更多数目的线性无关的元素,所以 $\dim\mathrm{W}\leqslant\dim\mathrm{V}$.

定理 9.7 线性空间 V^n 的 m 维子空间 W 的任何一个基都可以扩充成 V 的一个基.

证 设 $\boldsymbol{\alpha}_1,\boldsymbol{\alpha}_2,\cdots,\boldsymbol{\alpha}_m$ 是 W 的一个基,对维数差 $n-m$ 做归纳法. 当 $n-m=0$ 时,W=V,此时 $\boldsymbol{\alpha}_1,\boldsymbol{\alpha}_2,\cdots,\boldsymbol{\alpha}_m$ 已是 V 的一个基. 假定 $n-m=k$ 时定理成立,考虑 $n-m=k+1$的情形. 因为 $\boldsymbol{\alpha}_1,\boldsymbol{\alpha}_2,\cdots,\boldsymbol{\alpha}_m\in\mathrm{V}$ 且线性无关,但又不是 V 的基,故有 $\boldsymbol{\alpha}_{m+1}\in\mathrm{V}$ 且 $\boldsymbol{\alpha}_{m+1}$不能由$\boldsymbol{\alpha}_1,\boldsymbol{\alpha}_2,\cdots,\boldsymbol{\alpha}_m$线性表示. 因而 $\boldsymbol{\alpha}_1,\boldsymbol{\alpha}_2,\cdots,\boldsymbol{\alpha}_m,\boldsymbol{\alpha}_{m+1}$线性无关. 现在 $\mathrm{L}(\boldsymbol{\alpha}_1,\boldsymbol{\alpha}_2,\cdots,\boldsymbol{\alpha}_m,\boldsymbol{\alpha}_{m+1})$是 V 的 $m+1$ 维子空间,且

$$n-(m+1)=(n-m)-1=(k+1)-1=k.$$

由归纳假设知 $\boldsymbol{\alpha}_1,\boldsymbol{\alpha}_2,\cdots,\boldsymbol{\alpha}_m,\boldsymbol{\alpha}_{m+1}$可以扩充成 V 的基,故 $\boldsymbol{\alpha}_1,\boldsymbol{\alpha}_2,\cdots,\boldsymbol{\alpha}_m$ 可以扩充成 V 的基. ∎

9.7　子空间的交、和与直和

集合有交与并等运算,关于子空间的交有如下结果.

定理 9.8　设 V 是数域 $\mathbf{K}$ 上的线性空间,W_1,W_2 是 V 的两个子空间,则 $W_1\cap W_2$ 也是 V 的子空间.

证　首先,由 $\boldsymbol{\theta}\in W_1$,$\boldsymbol{\theta}\in W_2$ 得 $\boldsymbol{\theta}\in W_1\cap W_2$,所以 $W_1\cap W_2$ 非空. 其次,对任意 $\boldsymbol{\alpha},\boldsymbol{\beta}\in W_1\cap W_2$,有 $\boldsymbol{\alpha},\boldsymbol{\beta}\in W_1$ 且 $\boldsymbol{\alpha},\boldsymbol{\beta}\in W_2$,由于 W_1 与 W_2 是子空间,所以 $\boldsymbol{\alpha}+\boldsymbol{\beta}\in W_1$ 且 $\boldsymbol{\alpha}+\boldsymbol{\beta}\in W_2$,故 $\boldsymbol{\alpha}+\boldsymbol{\beta}\in W_1\cap W_2$;又对任意 $k\in\mathbf{K}$ 有 $k\boldsymbol{\alpha}\in W_1$ 且 $k\boldsymbol{\alpha}\in W_2$,即 $k\boldsymbol{\alpha}\in W_1\cap W_2$. 故 $W_1\cap W_2$ 是 V 的子空间. ∎

读者可以举例说明,两个子空间的并一般不再是子空间.

定义 9.10　设 W_1 与 W_2 是线性空间 V 的两个子空间,称集合

$$W_1+W_2=\{\boldsymbol{\alpha}\mid\boldsymbol{\alpha}=\boldsymbol{\alpha}_1+\boldsymbol{\alpha}_2,\boldsymbol{\alpha}_1\in W_1,\boldsymbol{\alpha}_2\in W_2\}$$

为 W_1 与 W_2 的**和**.

例 9.33　在几何空间 $\mathbf{R}^3$ 中,令 W_1 是以原点 O 为始点,终点在 x 轴上的全体向量组成的子空间,W_2 是以原点 O 为始点,终点在 y 轴上的全体向量组成的子空间,则 W_1+W_2 是以原点 O 为始点,终点在 xOy 面上的全体向量组成的子空间.

定理 9.9　设 V 是数域 $\mathbf{K}$ 上的线性空间,W_1,W_2 是 V 的两个子空间,则 W_1+W_2 也是 V 的子空间.

证　因为 $\boldsymbol{\theta}=\boldsymbol{\theta}+\boldsymbol{\theta}\in W_1+W_2$,所以 W_1+W_2 非空. 对任意 $\boldsymbol{\alpha},\boldsymbol{\beta}\in W_1+W_2$,$k\in\mathbf{K}$,有 $\boldsymbol{\alpha}=\boldsymbol{\alpha}_1+\boldsymbol{\alpha}_2$,$\boldsymbol{\beta}=\boldsymbol{\beta}_1+\boldsymbol{\beta}_2$($\boldsymbol{\alpha}_1,\boldsymbol{\beta}_1\in W_1$;$\boldsymbol{\alpha}_2,\boldsymbol{\beta}_2\in W_2$),于是

$$\boldsymbol{\alpha}+\boldsymbol{\beta}=(\boldsymbol{\alpha}_1+\boldsymbol{\beta}_1)+(\boldsymbol{\alpha}_2+\boldsymbol{\beta}_2)\in W_1+W_2,\quad k\boldsymbol{\alpha}=k\boldsymbol{\alpha}_1+k\boldsymbol{\alpha}_2\in W_1+W_2.$$

故 W_1+W_2 也是 V 的子空间. ∎

子空间的交与和可以看成由已知子空间构造新的子空间的一种方法.

例 9.34　设 $W_1=L(\boldsymbol{A}_1,\boldsymbol{A}_2)$,$W_2=L(\boldsymbol{A}_3,\boldsymbol{A}_4)$,其中

$$\boldsymbol{A}_1=\begin{pmatrix}2&1\\-1&3\end{pmatrix},\quad\boldsymbol{A}_2=\begin{pmatrix}1&0\\2&0\end{pmatrix},\quad\boldsymbol{A}_3=\begin{pmatrix}3&1\\1&3\end{pmatrix},\quad\boldsymbol{A}_4=\begin{pmatrix}1&1\\-3&3\end{pmatrix},$$

求 W_1+W_2 与 $W_1\cap W_2$ 的基与维数.

解　容易证明

$$W_1+W_2=L(\boldsymbol{A}_1,\boldsymbol{A}_2,\boldsymbol{A}_3,\boldsymbol{A}_4).$$

例 9.27 已求得矩阵组 $\boldsymbol{A}_1,\boldsymbol{A}_2,\boldsymbol{A}_3,\boldsymbol{A}_4$ 的秩为 2,且 $\boldsymbol{A}_1,\boldsymbol{A}_2$ 为一个极大无关组,从而 $\dim(W_1+W_2)=2$,且 $\boldsymbol{A}_1,\boldsymbol{A}_2$ 是 W_1+W_2 的一个基.

下面求 $W_1\cap W_2$ 的基与维数. 设 $\boldsymbol{A}\in W_1\cap W_2$,则 $\boldsymbol{A}\in W_1$ 且 $\boldsymbol{A}\in W_2$,即存在 $x_1,x_2,x_3,x_4\in\mathbf{K}$,使是 $\boldsymbol{A}=x_1\boldsymbol{A}_1+x_2\boldsymbol{A}_2=x_3\boldsymbol{A}_3+x_4\boldsymbol{A}_4$,即

$$x_1\boldsymbol{A}_1+x_2\boldsymbol{A}_2-x_3\boldsymbol{A}_3-x_4\boldsymbol{A}_4=\boldsymbol{O}.$$

比较矩阵的元素得

$$\begin{cases} 2x_1 + x_2 - 3x_3 - x_4 = 0, \\ x_1 - x_3 - x_4 = 0, \\ -x_1 + 2x_2 - x_3 + 3x_4 = 0, \\ 3x_1 - 3x_3 - 3x_4 = 0, \end{cases}$$

解得

$$\begin{cases} x_1 = k_1 + k_2, \\ x_2 = k_1 - k_2, \\ x_3 = k_1, \\ x_4 = k_2 \end{cases} \quad (k_1, k_2 \in \mathbf{K}).$$

于是 $\mathbf{A} = k_1\mathbf{A}_3 + k_2\mathbf{A}_4 (k_1, k_2 \in \mathbf{K})$. 故 $\dim(\mathrm{W}_1 \cap \mathrm{W}_2) = 2$，且 $\mathbf{A}_3, \mathbf{A}_4$ 是 $\mathrm{W}_1 \cap \mathrm{W}_2$ 的一个基.

关于子空间及其交与和的维数，有以下定理.

定理 9.10(维数公式) 设 V 是数域 $\mathbf{K}$ 上的有限维线性空间，$\mathrm{W}_1, \mathrm{W}_2$ 是 V 的两个子空间，则

$$\dim \mathrm{W}_1 + \dim \mathrm{W}_2 = \dim(\mathrm{W}_1 + \mathrm{W}_2) + \dim(\mathrm{W}_1 \cap \mathrm{W}_2).$$

证 设 $\dim \mathrm{W}_1 = n_1, \dim \mathrm{W}_2 = n_2, \dim(\mathrm{W}_1 \cap \mathrm{W}_2) = m$. 因为 $\mathrm{W}_1 \cap \mathrm{W}_2 \subset \mathrm{W}_1$，$\mathrm{W}_1 \cap \mathrm{W}_2 \subset \mathrm{W}_2$，所以 $m \leqslant n_1, m \leqslant n_2$.

如果 $m \neq 0$，取 $\mathrm{W}_1 \cap \mathrm{W}_2$ 的基 $\boldsymbol{\alpha}_1, \boldsymbol{\alpha}_2, \cdots, \boldsymbol{\alpha}_m$，把它分别扩充成 W_1 与 W_2 的基 $\boldsymbol{\alpha}_1, \cdots, \boldsymbol{\alpha}_m, \boldsymbol{\beta}_1, \cdots, \boldsymbol{\beta}_{n_1-m}$ 与 $\boldsymbol{\alpha}_1, \cdots, \boldsymbol{\alpha}_m, \boldsymbol{\gamma}_1, \cdots, \boldsymbol{\gamma}_{n_2-m}$，则

$$\mathrm{W}_1 + \mathrm{W}_2 = \mathrm{L}(\boldsymbol{\alpha}_1, \cdots, \boldsymbol{\alpha}_m, \boldsymbol{\beta}_1, \cdots, \boldsymbol{\beta}_{n_1-m}, \boldsymbol{\gamma}_1, \cdots, \boldsymbol{\gamma}_{n_2-m}).$$

下证 $\boldsymbol{\alpha}_1, \cdots, \boldsymbol{\alpha}_m, \boldsymbol{\beta}_1, \cdots, \boldsymbol{\beta}_{n_1-m}, \boldsymbol{\gamma}_1, \cdots, \boldsymbol{\gamma}_{n_2-m}$ 线性无关. 设

$$k_1\boldsymbol{\alpha}_1 + \cdots + k_m\boldsymbol{\alpha}_m + l_1\boldsymbol{\beta}_1 + \cdots + l_{n_1-m}\boldsymbol{\beta}_{n_1-m} + p_1\boldsymbol{\gamma}_1 + \cdots + p_{n_2-m}\boldsymbol{\gamma}_{n_2-m} = \boldsymbol{\theta}.$$

令

$$\boldsymbol{\alpha} = k_1\boldsymbol{\alpha}_1 + \cdots + k_m\boldsymbol{\alpha}_m + l_1\boldsymbol{\beta}_1 + \cdots + l_{n_1-m}\boldsymbol{\beta}_{n_1-m} = -p_1\boldsymbol{\gamma}_1 - \cdots - p_{n_2-m}\boldsymbol{\gamma}_{n_2-m}, \tag{9.8}$$

于是由式(9.8)的第一个等号知 $\boldsymbol{\alpha} \in \mathrm{W}_1$，由第二个等号知 $\boldsymbol{\alpha} \in \mathrm{W}_2$. 因此 $\boldsymbol{\alpha} \in \mathrm{W}_1 \cap \mathrm{W}_2$，即 $\boldsymbol{\alpha}$ 可以由 $\boldsymbol{\alpha}_1, \boldsymbol{\alpha}_2, \cdots, \boldsymbol{\alpha}_m$ 线性表出，设为 $\boldsymbol{\alpha} = q_1\boldsymbol{\alpha}_1 + \cdots + q_m\boldsymbol{\alpha}_m$，从而

$$q_1\boldsymbol{\alpha}_1 + \cdots + q_m\boldsymbol{\alpha}_m = -p_1\boldsymbol{\gamma}_1 - \cdots - p_{n_2-m}\boldsymbol{\gamma}_{n_2-m},$$

即

$$q_1\boldsymbol{\alpha}_1 + \cdots + q_m\boldsymbol{\alpha}_m + p_1\boldsymbol{\gamma}_1 + \cdots + p_{n_2-m}\boldsymbol{\gamma}_{n_2-m} = \boldsymbol{\theta}.$$

由 $\boldsymbol{\alpha}_1, \cdots, \boldsymbol{\alpha}_m, \boldsymbol{\gamma}_1, \cdots, \boldsymbol{\gamma}_{n_2-m}$ 是 W_2 的基知 $q_1 = \cdots = q_m = p_1 = \cdots = p_{n_2-m} = 0$. 再由式(9.8)得

$$k_1\boldsymbol{\alpha}_1 + \cdots + k_m\boldsymbol{\alpha}_m + l_1\boldsymbol{\beta}_1 + \cdots + l_{n_1-m}\boldsymbol{\beta}_{n_1-m} = \boldsymbol{\theta}.$$

又因为 $\boldsymbol{\alpha}_1, \cdots, \boldsymbol{\alpha}_m, \boldsymbol{\beta}_1, \cdots, \boldsymbol{\beta}_{n_1-m}$ 是 W_1 的基，所以只有 $k_1 = \cdots = k_m = l_1 = \cdots = l_{n_1-m} = 0$.

这就证明了 $\boldsymbol{\alpha}_1,\cdots,\boldsymbol{\alpha}_m,\boldsymbol{\beta}_1,\cdots,\boldsymbol{\beta}_{n_1-m},\boldsymbol{\gamma}_1,\cdots,\boldsymbol{\gamma}_{n_2-m}$线性无关. 故

$$\dim(W_1+W_2)=n_1+n_2-m=\dim W_1+\dim W_2-\dim(W_1\cap W_2),$$

即维数公式成立.

如果 $m=0$,即 $W_1\cap W_2=\{\boldsymbol{\theta}\}$. 取 W_1 的基 $\boldsymbol{\beta}_1,\cdots,\boldsymbol{\beta}_{n_1}$ 和 W_2 的基 $\boldsymbol{\gamma}_1,\cdots,\boldsymbol{\gamma}_{n_2}$,同样可证$\boldsymbol{\beta}_1,\cdots,\boldsymbol{\beta}_{n_1},\boldsymbol{\gamma}_1,\cdots,\boldsymbol{\gamma}_{n_2}$是 W_1+W_2的基. 仍得维数公式. ▌

维数公式表明,和空间的维数一般比空间维数的和小.

需要指出的是,在和空间 W_1+W_2 中,其元素 $\boldsymbol{\alpha}=\boldsymbol{\alpha}_1+\boldsymbol{\alpha}_2(\boldsymbol{\alpha}_1\in W_1,\boldsymbol{\alpha}_2\in W_2)$的表示方法一般不是唯一的. 例如,在 $\mathbf{R}^3$ 中,子空间 $W_1=L(\boldsymbol{a}_1,\boldsymbol{a}_2)$,$W_2=L(\boldsymbol{b}_1,\boldsymbol{b}_2)$,其中$\boldsymbol{a}_1=(1,0,0)$,$\boldsymbol{a}_2=(1,1,1)$,$\boldsymbol{b}_1=(0,0,1)$,$\boldsymbol{b}_2=(3,1,2)$,则和空间 W_1+W_2 中的零向量 $\mathbf{0}$ 可表示为

$$\mathbf{0}=\mathbf{0}+\mathbf{0}=(2\boldsymbol{a}_1+\boldsymbol{a}_2)-(\boldsymbol{b}_2-\boldsymbol{b}_1),$$

即零向量的表示法不唯一. 针对这种现象,引入一种特殊的子空间的和.

定义 9.11　设 W_1 与 W_2 是线性空间 V 的两个子空间,如果 W_1+W_2 中每个元素 $\boldsymbol{\alpha}$ 表示为

$$\boldsymbol{\alpha}=\boldsymbol{\alpha}_1+\boldsymbol{\alpha}_2\quad(\boldsymbol{\alpha}_1\in W_1,\boldsymbol{\alpha}_2\in W_2)$$

的方法是唯一的,则称 W_1+W_2 是**直和**,记为 $W_1\oplus W_2$.

下面的定理给出了判断子空间的和是否为直和的充分必要条件.

定理 9.11　设 W_1 与 W_2 是线性空间 V 的两个子空间,则下列条件等价:

(1) W_1+W_2 是直和;

(2) 零元素的分解式是唯一的,即由

$$\boldsymbol{\theta}=\boldsymbol{\alpha}_1+\boldsymbol{\alpha}_2\quad(\boldsymbol{\alpha}_1\in W_1,\boldsymbol{\alpha}_2\in W_2)$$

可推出 $\boldsymbol{\alpha}_1=\boldsymbol{\alpha}_2=\boldsymbol{\theta}$;

(3) $W_1\cap W_2=\{\boldsymbol{\theta}\}$;

(4) $\dim(W_1+W_2)=\dim W_1+\dim W_2$.

证　(1)⇒(2). 显然.

(2)⇒(1). 任取 $\boldsymbol{\alpha}\in W_1+W_2$,假如有

$$\boldsymbol{\alpha}=\boldsymbol{\alpha}_1+\boldsymbol{\alpha}_2,\quad \boldsymbol{\alpha}=\boldsymbol{\beta}_1+\boldsymbol{\beta}_2\quad(\boldsymbol{\alpha}_1,\boldsymbol{\beta}_1\in W_1;\boldsymbol{\alpha}_2,\boldsymbol{\beta}_2\in W_2),$$

则有

$$\boldsymbol{\theta}=(\boldsymbol{\alpha}_1-\boldsymbol{\beta}_1)+(\boldsymbol{\alpha}_2-\boldsymbol{\beta}_2)\quad(\boldsymbol{\alpha}_1-\boldsymbol{\beta}_1\in W_1,\boldsymbol{\alpha}_2-\boldsymbol{\beta}_2\in W_2).$$

由(2)推出 $\boldsymbol{\alpha}_1-\boldsymbol{\beta}_1=\boldsymbol{\theta}$,$\boldsymbol{\alpha}_2-\boldsymbol{\beta}_2=\boldsymbol{\theta}$,即 $\boldsymbol{\alpha}_1=\boldsymbol{\beta}_1$,$\boldsymbol{\alpha}_2=\boldsymbol{\beta}_2$. 故 $\boldsymbol{\alpha}$ 的分解式唯一,从而 W_1+W_2 是直和.

(2)⇒(3). 任取 $\boldsymbol{\alpha}\in W_1\cap W_2$,则

$$\boldsymbol{\theta}=\boldsymbol{\alpha}+(-\boldsymbol{\alpha})\quad(\boldsymbol{\alpha}\in W_1,-\boldsymbol{\alpha}\in W_2).$$

由(2)推出 $\boldsymbol{\alpha}=-\boldsymbol{\alpha}=\boldsymbol{\theta}$,这表明 $W_1\cap W_2=\{\boldsymbol{\theta}\}$.

(3)⇒(2). 因为由 $\boldsymbol{\theta}=\boldsymbol{\alpha}_1+\boldsymbol{\alpha}_2(\boldsymbol{\alpha}_1\in W_1,\boldsymbol{\alpha}_2\in W_2)$可推得 $\boldsymbol{\alpha}_1=-\boldsymbol{\alpha}_2\in W_2$,于是

$\boldsymbol{\alpha}_1 \in \mathrm{W}_1 \cap \mathrm{W}_2 = \{\boldsymbol{\theta}\}$，从而 $\boldsymbol{\alpha}_1 = \boldsymbol{\theta}$；同理可推出 $\boldsymbol{\alpha}_2 = \boldsymbol{\theta}$. 故零元素的分解式唯一.

(3)⇔(4). 由维数公式即得. ∎

推论 设 W_1 与 W_2 是线性空间 V 的两个子空间. 如果 $\boldsymbol{\alpha}_1, \cdots, \boldsymbol{\alpha}_s$ 为 W_1 的基，$\boldsymbol{\beta}_1, \cdots, \boldsymbol{\beta}_t$ 为 W_2 的基，且 $\mathrm{W}_1 + \mathrm{W}_2$ 为直和，则 $\boldsymbol{\alpha}_1, \cdots, \boldsymbol{\alpha}_s, \boldsymbol{\beta}_1, \cdots, \boldsymbol{\beta}_t$ 为 $\mathrm{W}_1 + \mathrm{W}_2$ 的基.

证 因为 $\mathrm{W}_1 = \mathrm{L}(\boldsymbol{\alpha}_1, \cdots, \boldsymbol{\alpha}_s)$，$\mathrm{W}_2 = \mathrm{L}(\boldsymbol{\beta}_1, \cdots, \boldsymbol{\beta}_t)$，所以 $\mathrm{W}_1 + \mathrm{W}_2 = \mathrm{L}(\boldsymbol{\alpha}_1, \cdots, \boldsymbol{\alpha}_s, \boldsymbol{\beta}_1, \cdots, \boldsymbol{\beta}_t)$. 又因为 $\mathrm{W}_1 + \mathrm{W}_2$ 是直和，由定理 9.11 知，$\dim(\mathrm{W}_1 + \mathrm{W}_2) = s + t$，所以 $\boldsymbol{\alpha}_1, \cdots, \boldsymbol{\alpha}_s, \boldsymbol{\beta}_1, \cdots, \boldsymbol{\beta}_t$ 线性无关，故它们就是 $\mathrm{W}_1 + \mathrm{W}_2$ 的基. ∎

定理 9.12 设 W_1 是线性空间 V^n 的一个子空间，则必存在 V^n 的子空间 W_2，使

$$\mathrm{V}^n = \mathrm{W}_1 \oplus \mathrm{W}_2.$$

证 如果 $\mathrm{W}_1 = \mathrm{V}$，则取 $\mathrm{W}_2 = \{\boldsymbol{\theta}\}$；如果 $\mathrm{W}_1 = \{\boldsymbol{\theta}\}$，则取 $\mathrm{W}_2 = \mathrm{V}$. 如果 $\mathrm{W}_1 \neq \{\boldsymbol{\theta}\}$ 且 $\mathrm{W}_1 \neq \mathrm{V}$，取 W_1 的基 $\boldsymbol{\alpha}_1, \boldsymbol{\alpha}_2, \cdots, \boldsymbol{\alpha}_m (m < n)$，把它扩充成 V 的基 $\boldsymbol{\alpha}_1, \cdots, \boldsymbol{\alpha}_m, \boldsymbol{\alpha}_{m+1}, \cdots, \boldsymbol{\alpha}_n$. 令 $\mathrm{W}_2 = \mathrm{L}(\boldsymbol{\alpha}_{m+1}, \cdots, \boldsymbol{\alpha}_n)$，则 $\mathrm{W}_1 \cap \mathrm{W}_2 = \{\boldsymbol{\theta}\}$，且 $\mathrm{V}^n = \mathrm{W}_1 + \mathrm{W}_2$. ∎

例 9.35 在几何空间 $\mathbf{R}^3$ 中，用 π 表示过原点 O 的平面，L 表示过原点 O 且不在 π 上的直线. 以原点 O 为始点，且终点在 π 上和 L 上的全体向量分别构成 $\mathbf{R}^3$ 的子空间 W_1 与 W_2. 显然 $\mathbf{R}^3 = \mathrm{W}_1 + \mathrm{W}_2$. 由于 $\mathrm{W}_1 \cap \mathrm{W}_2 = \{\boldsymbol{\theta}\}$，所以 $\mathbf{R}^3 = \mathrm{W}_1 \oplus \mathrm{W}_2$.

线性子空间的交与和、直和等概念可以推广到多个子空间的情形，在此不再详述.

如果能将一个线性空间分解成若干个子空间的直和，那么对整个线性空间的研究就可以归结为对若干个较简单的子空间的研究.

习 题 9

1. 证明映射的乘积满足结合律.

2. 证明可逆映射的逆映射是唯一的.

3. 设 T 是从集合 M 到 M′的映射，S 是从 M′到 M 的映射，且 $ST = E_{\mathrm{M}}$，其中 E_{M} 是 M 上的恒等变换. 证明 T 是单射，而 S 是满射.

4. 判别以下集合对于所指定的运算是否构成相应数域上的线性空间？为什么？

(1) 次数等于 $n(n \geqslant 1)$ 的实系数多项式的集合，对于多项式的加法和实数与多项式的乘法；

(2) 数域 $\mathbf{K}$ 上 n 阶对称(反对称)矩阵的集合，对于矩阵的加法和数与矩阵的乘法；

(3) 数域 $\mathbf{K}$ 上二维向量的集合，其加法与数乘的运算定义为

$$(a, b) \oplus (c, d) = (a + c, b + d + ac), \quad k \circ (a, b) = \left(ka, kb + \frac{k(k-1)}{2} a^2\right);$$

(4) 数域 $\mathbf{K}$ 上 n 维向量的集合，按通常向量的加法，而数乘运算为

$$k \circ (a_1, a_2, \cdots, a_n) = (a_1, a_2, \cdots, a_n).$$

5. 全体实函数的集合，按通常函数的加法和数与函数的乘法构成实线性空间. 判断该线性

空间中下列函数组的线性相关性：

(1) x, x^2, e^{2x}；　(2) $1, \cos^2 x, \cos 2x$.

6. 试证：在第 4(3) 题的线性空间中，向量组 $(1,1),(2,2)$ 是线性无关的.

7. 判断 $\mathbf{K}[x]_3$ 中多项式组 $f_1(x)=x^3-2x^2+4x+1, f_2(x)=2x^3-3x^2+9x-1, f_3(x)=x^3+6x-5, f_4(x)=2x^3-5x^2+7x+5$ 的线性相关性.

8. 求数域 $\mathbf{K}$ 上三阶对称（反对称）矩阵对于通常矩阵的加法和数乘所构成的线性空间的基与维数.

9. 在线性空间 $\mathbf{K}[x]_2$ 中，证明 $1, x-1, (x-2)(x-1)$ 是一个基，求多项式 $1+x+x^2$ 在该基下的坐标.

10. 已知 $\mathbf{K}^3$ 的两个基：

$$\begin{cases} \boldsymbol{a}_1=(-1,0,2), \\ \boldsymbol{a}_2=(0,1,1), \\ \boldsymbol{a}_3=(3,-1,0); \end{cases} \quad \begin{cases} \boldsymbol{b}_1=(-1,1,1), \\ \boldsymbol{b}_2=(1,0,-1), \\ \boldsymbol{b}_3=(0,1,1). \end{cases}$$

试求由基 $\boldsymbol{a}_1, \boldsymbol{a}_2, \boldsymbol{a}_3$ 到基 $\boldsymbol{b}_1, \boldsymbol{b}_2, \boldsymbol{b}_3$ 的过渡矩阵，并求向量 $\boldsymbol{a}=(0,1,-1)$ 在基 $\boldsymbol{a}_1, \boldsymbol{a}_2, \boldsymbol{a}_3$ 下的坐标.

11. 在 $\mathbf{K}^4$ 中取两个基

$$(\text{Ⅰ})：\boldsymbol{a}_1=\begin{pmatrix}1\\2\\1\\0\end{pmatrix}, \quad \boldsymbol{a}_2=\begin{pmatrix}1\\1\\0\\0\end{pmatrix}, \quad \boldsymbol{a}_3=\begin{pmatrix}1\\0\\0\\1\end{pmatrix}, \quad \boldsymbol{a}_4=\begin{pmatrix}0\\0\\0\\1\end{pmatrix};$$

$$(\text{Ⅱ})：\boldsymbol{b}_1=\begin{pmatrix}3\\4\\1\\0\end{pmatrix}, \quad \boldsymbol{b}_2=\begin{pmatrix}2\\3\\1\\0\end{pmatrix}, \quad \boldsymbol{b}_3=\begin{pmatrix}1\\-2\\-1\\2\end{pmatrix}, \quad \boldsymbol{b}_4=\begin{pmatrix}2\\2\\1\\2\end{pmatrix}.$$

(1) 求基(Ⅰ)到基(Ⅱ)的过渡矩阵；

(2) 向量 $\boldsymbol{a}=\boldsymbol{b}_1+2\boldsymbol{b}_2+\boldsymbol{b}_3+\boldsymbol{b}_4$ 在基(Ⅰ)下的坐标.

12. 已知线性空间 $\mathbf{K}^{2\times 2}$ 的两个基 $\boldsymbol{E}_{11}, \boldsymbol{E}_{12}, \boldsymbol{E}_{21}, \boldsymbol{E}_{22}$ 和

$$\boldsymbol{G}_1=\begin{pmatrix}0&1\\1&1\end{pmatrix}, \quad \boldsymbol{G}_2=\begin{pmatrix}1&0\\1&1\end{pmatrix}, \quad \boldsymbol{G}_3=\begin{pmatrix}1&1\\0&1\end{pmatrix}, \quad \boldsymbol{G}_4=\begin{pmatrix}1&1\\1&0\end{pmatrix}.$$

求由基 $\boldsymbol{G}_1, \boldsymbol{G}_2, \boldsymbol{G}_3, \boldsymbol{G}_4$ 到 $\boldsymbol{E}_{11}, \boldsymbol{E}_{12}, \boldsymbol{E}_{21}, \boldsymbol{E}_{22}$ 的过渡矩阵，并求 $\boldsymbol{A}=\begin{pmatrix}1&2\\3&6\end{pmatrix}$ 在基 $\boldsymbol{G}_1, \boldsymbol{G}_2, \boldsymbol{G}_3, \boldsymbol{G}_4$ 下的坐标.

13. 已知三维线性空间 V 的基 $\boldsymbol{\alpha}_1, \boldsymbol{\alpha}_2, \boldsymbol{\alpha}_3$，记

$$\boldsymbol{\beta}_1=\boldsymbol{\alpha}_1+2\boldsymbol{\alpha}_2, \quad \boldsymbol{\beta}_2=\boldsymbol{\alpha}_2+\boldsymbol{\alpha}_3, \quad \boldsymbol{\beta}_3=\boldsymbol{\alpha}_1+\boldsymbol{\alpha}_2.$$

(1) 证明 $\boldsymbol{\beta}_1, \boldsymbol{\beta}_2, \boldsymbol{\beta}_3$ 是 V 的基；

(2) 求由基 $\boldsymbol{\beta}_1, \boldsymbol{\beta}_2, \boldsymbol{\beta}_3$ 到 $\boldsymbol{\alpha}_1, \boldsymbol{\alpha}_2, \boldsymbol{\alpha}_3$ 的过渡矩阵；

(3) 求元素 $\boldsymbol{\alpha}=\boldsymbol{\alpha}_1+2\boldsymbol{\alpha}_2+3\boldsymbol{\alpha}_3$ 在基 $\boldsymbol{\beta}_1, \boldsymbol{\beta}_2, \boldsymbol{\beta}_3$ 下的坐标.

14. 求第 7 题的多项式组 $f_1(x), f_2(x), f_3(x), f_4(x)$ 的秩和一个极大无关组.

15. 判断下列 n 维向量的集合是否为 $\mathbf{K}^n$ 的子空间？为什么？如果是子空间，求基与维数.

(1) $W_1=\{(x_1, x_2,\cdots,x_{n-1},0)\mid x_1,x_2,\cdots,x_{n-1}\in\mathbf{K}\}$;

(2) $W_2=\{(x_1,x_2,\cdots,x_n)\mid x_1,x_2,\cdots,x_n\in\mathbf{K}$ 且 $x_1-x_n=0\}$;

(3) $W_3=\{(x_1,x_2,\cdots,x_n)\mid x_1,x_2,\cdots,x_n\in\mathbf{K}$ 且 $x_1-x_n=1\}$.

16. $\mathbf{K}^{2\times3}$的下列子集是否构成子空间？为什么？如果是子空间,求基与维数.

(1) $W_1=\left\{\begin{pmatrix}-1 & b & 0\\ 0 & c & d\end{pmatrix}\middle| b,c,d\in\mathbf{K}\right\}$;

(2) $W_2=\left\{\begin{pmatrix}a & b & 0\\ 0 & 0 & c\end{pmatrix}\middle| a,b,c\in\mathbf{K}\right\}$.

17. 设 W_1 是由向量组 $\boldsymbol{a}_1,\boldsymbol{a}_2$ 生成的子空间,W_2 是由向量组 $\boldsymbol{b}_1,\boldsymbol{b}_2$ 生成的子空间,求 W_1+W_2与 $W_1\cap W_2$ 的基与维数.

(1) $\begin{cases}\boldsymbol{a}_1=(1,2,1,0),\\ \boldsymbol{a}_2=(-1,1,1,1),\end{cases}$ $\begin{cases}\boldsymbol{b}_1=(2,-1,0,1),\\ \boldsymbol{b}_2=(1,-1,3,7);\end{cases}$

(2) $\begin{cases}\boldsymbol{a}_1=(1,1,0,0),\\ \boldsymbol{a}_2=(1,0,1,1),\end{cases}$ $\begin{cases}\boldsymbol{b}_1=(0,0,1,1),\\ \boldsymbol{b}_2=(0,1,1,0).\end{cases}$

18. 求 $\mathbf{K}^4$ 的子空间

$$W_1=\{(x_1,x_2,x_3,x_4)\mid x_1-x_2+x_3-x_4=0\},$$
$$W_2=\{(x_1,x_2,x_3,x_4)\mid x_1+x_2+x_3+x_4=0\}$$

的交 $W_1\cap W_2$ 的基与维数.

19. 证明线性空间 $\mathbf{K}^{n\times n}$可以分解为 n 阶对称矩阵集合构成的子空间与 n 阶反对称矩阵集合构成的子空间的直和.

第 10 章　线 性 映 射

线性映射反映了线性空间元素之间的一种最基本的联系.本章介绍线性映射的基本概念及运算,讨论有限维线性空间上线性映射的矩阵表示,进而研究线性变换的矩阵化简问题.

10.1　线性映射的概念

我们知道一元线性函数 $f(x)=ax$(a 为实常数)是最简单的一类函数,它是 $\mathbf{R}$ 到 $\mathbf{R}$ 的一种映射,且具有性质

$$f(a_1x_1+a_2x_2)=a_1f(x_1)+a_2f(x_2).$$

将其推广到线性空间 V 到 V′的映射,并保留上述性质,就得到线性映射的概念.

定义 10.1　设 V 和 V′都是数域 $\mathbf{K}$ 上的线性空间,T 是从 V 到 V′的映射.如果对任意$\boldsymbol{\alpha},\boldsymbol{\beta}\in$ V和任意 $k,l\in\mathbf{K}$,有

$$T(k\boldsymbol{\alpha}+l\boldsymbol{\beta})=kT(\boldsymbol{\alpha})+lT(\boldsymbol{\beta}), \tag{10.1}$$

则称 T 为从线性空间 V 到 V′的**线性映射**.线性空间 V 到自身的线性映射称为 V 上的**线性变换**.

注意,式(10.1)左边的 $k\boldsymbol{\alpha}+l\boldsymbol{\beta}$ 是 V 中元素 $\boldsymbol{\alpha},\boldsymbol{\beta}$ 在数域 $\mathbf{K}$ 上的线性组合,右边的$kT(\boldsymbol{\alpha})+lT(\boldsymbol{\beta})$是 V′中元素 $T(\boldsymbol{\alpha}),T(\boldsymbol{\beta})$在数域 $\mathbf{K}$ 上的线性组合.

式(10.1)也可等价地表述为:对任意 $\boldsymbol{\alpha},\boldsymbol{\beta}\in$ V 和 $k\in\mathbf{K}$,都有

$$T(\boldsymbol{\alpha}+\boldsymbol{\beta})=T(\boldsymbol{\alpha})+T(\boldsymbol{\beta}),\quad T(k\boldsymbol{\alpha})=kT(\boldsymbol{\alpha}). \tag{10.2}$$

这是因为,在式(10.1)中分别取 $k=l=1$ 和 $k=1,l=0$ 即得式(10.2).反之,易从式(10.2)推出式(10.1).

容易验证,例 9.3 的映射 T_2 是从 $\mathbf{K}$ 到 $\mathbf{K}^{n\times n}$的线性映射.例 9.4 的变换 D 和 J 是 $\mathbf{K}[x]$上的线性变换.从线性空间 V 到 V′的同构映射是线性映射.线性空间 V 上的单位变换 E 是线性变换.

例 10.1　在线性空间 C$[a,b]$上,定义映射

$$T_1(f(x))=\int_a^b f(t)\mathrm{d}t\quad (f(x)\in \mathrm{C}[a,b]).$$

则由定积分的性质知,T_1 是从 C$[a,b]$到 $\mathbf{R}$ 的线性映射.

例 10.2　设 $\mathbf{A}\in\mathbf{K}^{m\times n}$,定义从 $\mathbf{K}^n$ 到 $\mathbf{K}^m$ 的映射为

$$T(\boldsymbol{x})=\mathbf{A}\boldsymbol{x}\quad(\boldsymbol{x}\in\mathbf{K}^n).$$

则 T 是一个线性映射.作为特例,把几何空间 $\mathbf{R}^2$ 的所有向量均绕原点依反时针方向旋转 θ 角的变换,就是一个线性变换.这时象(y_1,y_2)与原象(x_1,x_2)之间的关系是

$$\begin{pmatrix} y_1 \\ y_2 \end{pmatrix}=\begin{pmatrix} \cos\theta & -\sin\theta \\ \sin\theta & \cos\theta \end{pmatrix}\begin{pmatrix} x_1 \\ x_2 \end{pmatrix}.$$

例 10.3 取定矩阵 $\boldsymbol{A},\boldsymbol{B},\boldsymbol{C}\in\mathbf{K}^{n\times n}$,定义 $\mathbf{K}^{n\times n}$ 的变换

$$T(\boldsymbol{X})=\boldsymbol{AX}+\boldsymbol{XB}+\boldsymbol{C}\quad(\boldsymbol{X}\in\mathbf{K}^{n\times n}).$$

由于对任意 $\boldsymbol{X},\boldsymbol{Y}\in\mathbf{K}^{n\times n}$ 和 $k\in\mathbf{K}$,有

$$T(\boldsymbol{X}+\boldsymbol{Y})=\boldsymbol{A}(\boldsymbol{X}+\boldsymbol{Y})+(\boldsymbol{X}+\boldsymbol{Y})\boldsymbol{B}+\boldsymbol{C}=(\boldsymbol{AX}+\boldsymbol{XB})+(\boldsymbol{AY}+\boldsymbol{YB})+\boldsymbol{C},$$

$$T(k\boldsymbol{X})=\boldsymbol{A}(k\boldsymbol{X})+(k\boldsymbol{X})\boldsymbol{B}+\boldsymbol{C}=k(\boldsymbol{AX}+\boldsymbol{XB})+\boldsymbol{C},$$

可见,当 $\boldsymbol{C}\neq\boldsymbol{O}$ 时,T 不是线性变换;当 $\boldsymbol{C}=\boldsymbol{O}$ 时,T 是线性变换.

例 10.4 将线性空间 V 的任意元素变成零元素 $\boldsymbol{\theta}$ 的**零变换**

$$O(\boldsymbol{\alpha})=\boldsymbol{\theta}\quad(\boldsymbol{\alpha}\in\mathrm{V})$$

是线性变换.

从定义可以推出线性映射的一些简单而重要的性质.

性质 1 设 T 是从线性空间 V 到 V′的一个线性映射,则

$$T(\boldsymbol{\theta})=\boldsymbol{\theta}',\quad T(-\boldsymbol{\alpha})=-T(\boldsymbol{\alpha}),$$

其中 $\boldsymbol{\theta}$ 和 $\boldsymbol{\theta}'$ 分别是 V 和 V′的零元素,$\boldsymbol{\alpha}\in\mathrm{V}$.

在式(10.1)中分别取 $k=l=0$ 和 $k=-1,l=0$ 即得.

这一性质可用于确定一个映射不是线性映射.例如,对于 $\mathbf{K}^3$ 上的变换

$$T(x,y,z)=(x+y+1,z,y+z),$$

有 $T(0,0,0)=(1,0,0)$,从而 T 不是线性变换.

性质 2 设 T 是数域 $\mathbf{K}$ 上线性空间 V 到 V′的一个线性映射,则

$$T(k_1\boldsymbol{\alpha}_1+k_2\boldsymbol{\alpha}_2+\cdots+k_m\boldsymbol{\alpha}_m)=k_1T(\boldsymbol{\alpha}_1)+k_2(\boldsymbol{\alpha}_2)+\cdots+k_mT(\boldsymbol{\alpha}_m),$$

其中 $\boldsymbol{\alpha}_i\in\mathrm{V},k_i\in\mathbf{K}(i=1,2,\cdots,m)$.

用数学归纳法易证上式成立.这个性质表明,线性映射保持线性组合与线性关系不变.

性质 3 设 T 是数域 $\mathbf{K}$ 上线性空间 V 到 V′的一个线性映射.如果 $\boldsymbol{\alpha}_1,\boldsymbol{\alpha}_2,\cdots,\boldsymbol{\alpha}_m$ 是 V 中线性相关的元素组,则 $T(\boldsymbol{\alpha}_1),T(\boldsymbol{\alpha}_2),\cdots,T(\boldsymbol{\alpha}_m)$是 V′中线性相关的元素组.

事实上,如果不全为零的数 $k_1,k_2,\cdots,k_m\in\mathbf{K}$,使得

$$k_1\boldsymbol{\alpha}_1+k_2\boldsymbol{\alpha}_2+\cdots+k_m\boldsymbol{\alpha}_m=\boldsymbol{\theta},$$

由性质 1 和 2,得

$$k_1T(\boldsymbol{\alpha}_1)+k_2T(\boldsymbol{\alpha}_2)+\cdots+k_mT(\boldsymbol{\alpha}_m)=T(\boldsymbol{\theta})=\boldsymbol{\theta}'.$$

因此 $T(\boldsymbol{\alpha}_1),T(\boldsymbol{\alpha}_2),\cdots,T(\boldsymbol{\alpha}_m)$也线性相关.

性质 3 的逆命题是不成立的，即线性无关的元素组经过线性映射后，可能会变成线性相关的. 例如，任何元素经零变换后都变成零元素，因此零变换把任一个线性无关的元素组都变成线性相关的元素组. 那么线性映射 T 具备什么条件时才能保证把线性无关的元素组变成线性无关的元素组呢？

性质 4 设 T 是数域 $\mathbf{K}$ 上线性空间 V 到 V′的一个线性映射. 如果 T 是单射，则 T 把线性无关的元素组变成线性无关的元素组.

事实上，设 $\boldsymbol{\alpha}_1,\boldsymbol{\alpha}_2,\cdots,\boldsymbol{\alpha}_m$ 线性无关，令

$$k_1T(\boldsymbol{\alpha}_1)+k_2T(\boldsymbol{\alpha}_2)+\cdots+k_mT(\boldsymbol{\alpha}_m)=\boldsymbol{\theta}',$$

于是有

$$T(k_1\boldsymbol{\alpha}_1+k_2\boldsymbol{\alpha}_2+\cdots+k_m\boldsymbol{\alpha}_m)=\boldsymbol{\theta}'.$$

如果 T 是一个单射，则有

$$k_1\boldsymbol{\alpha}_1+k_2\boldsymbol{\alpha}_2+\cdots+k_m\boldsymbol{\alpha}_m=\boldsymbol{\theta}.$$

于是 $k_1=k_2=\cdots=k_m=0$，从而 $T(\boldsymbol{\alpha}_1),T(\boldsymbol{\alpha}_2),\cdots,T(\boldsymbol{\alpha}_m)$线性无关.

10.2 线性映射的值域与核

在 9.1 节中引入了映射的值域的概念，下面给出线性映射的核的定义.

定义 10.2 设 T 是数域 $\mathbf{K}$ 上线性空间 V 到 V′的线性映射. 由所有被 T 变成零元素的元素组成的集合称为 T 的**核**，记作 $\mathrm{N}(T)$，即

$$\mathrm{N}(T)=\{\boldsymbol{\alpha}\mid T(\boldsymbol{\alpha})=\boldsymbol{\theta}',\boldsymbol{\alpha}\in \mathrm{V}\}.$$

关于线性映射 T 的值域与核，有以下结论.

定理 10.1 线性映射 T 的值域是 V′的子空间，而 T 的核是 V 的子空间.

证 由于 $\boldsymbol{\theta}'=T(\boldsymbol{\theta})\in\mathrm{R}(T)$，所以 $\mathrm{R}(T)$非空. 任取 $\mathrm{R}(T)$中两个元素 $T(\boldsymbol{\alpha})$和 $T(\boldsymbol{\beta})$，则有

$$T(\boldsymbol{\alpha})+T(\boldsymbol{\beta})=T(\boldsymbol{\alpha}+\boldsymbol{\beta})\in\mathrm{R}(T),\quad kT(\boldsymbol{\alpha})=T(k\boldsymbol{\alpha})\in\mathrm{R}(T),$$

其中 $\boldsymbol{\alpha},\boldsymbol{\beta}\in\mathrm{V}$，$k\in\mathbf{K}$，故 $\mathrm{R}(T)$是 V′的子空间. 又因为 $\boldsymbol{\theta}\in\mathrm{N}(T)$，所以 $\mathrm{N}(T)$非空. 如果$\boldsymbol{\alpha},\boldsymbol{\beta}\in\mathrm{N}(T)$，则有

$$T(\boldsymbol{\alpha})=T(\boldsymbol{\beta})=\boldsymbol{\theta}'.$$

于是对任意 $k\in\mathbf{K}$，有

$$T(\boldsymbol{\alpha}+\boldsymbol{\beta})=T(\boldsymbol{\alpha})+T(\boldsymbol{\beta})=\boldsymbol{\theta}',\quad T(k\boldsymbol{\alpha})=kT(\boldsymbol{\alpha})=\boldsymbol{\theta}',$$

即 $\boldsymbol{\alpha}+\boldsymbol{\beta}\in\mathrm{N}(T)$，$k\boldsymbol{\alpha}\in\mathrm{N}(T)$，故 $\mathrm{N}(T)$是 V 的子空间. ▌

基于定理 10.1，我们也称 $\mathrm{R}(T)$为 T 的**象空间**，而称 $\mathrm{N}(T)$为 T 的**核空间**或**零空间**.

例 10.5 线性空间 V 的零变换 O 的值域是$\{\boldsymbol{\theta}\}$，核是整个空间 V.

例 10.6 线性空间 $\mathbf{K}[x]_n$ 的微分变换 D（例 9.4）的值域是 $\mathbf{K}[x]_{n-1}$，核是 $\mathbf{R}$.

定义 10.3 设 T 是线性空间 V 到 V′的线性映射，称 R(T)的维数为 T 的**秩**，记作 rank$T$；称 N(T)的维数为 T 的**零度**(或**亏**)，记作 null$T$.

定理 10.2 设 V 和 V′分别是数域 **K** 上的 n 维和 m 维线性空间，T 是 V 到 V′的线性映射，则

(1) $\mathrm{R}(T)=\mathrm{L}(T(\boldsymbol{\alpha}_1),T(\boldsymbol{\alpha}_2),\cdots,T(\boldsymbol{\alpha}_n))$，其中 $\boldsymbol{\alpha}_1,\boldsymbol{\alpha}_2,\cdots,\boldsymbol{\alpha}_n$ 是 V 的一个基；

(2) $\mathrm{rank}T+\mathrm{null}T=n$.

证 (1) 任取 $\boldsymbol{\alpha}\in\mathrm{V}$，则有 $\boldsymbol{\alpha}=k_1\boldsymbol{\alpha}_1+k_2\boldsymbol{\alpha}_2+\cdots+k_n\boldsymbol{\alpha}_n$. 由 $T(\boldsymbol{\alpha})=k_1T(\boldsymbol{\alpha}_1)+k_2T(\boldsymbol{\alpha}_2)+\cdots+k_nT(\boldsymbol{\alpha}_n)$知，$T(\boldsymbol{\alpha})\in\mathrm{L}(T(\boldsymbol{\alpha}_1),T(\boldsymbol{\alpha}_2),\cdots,T(\boldsymbol{\alpha}_n))$，从而

$$\mathrm{R}(T)\subset\mathrm{L}(T(\boldsymbol{\alpha}_1),T(\boldsymbol{\alpha}_2),\cdots,T(\boldsymbol{\alpha}_n)).$$

显然有

$$\mathrm{L}(T(\boldsymbol{\alpha}_1),T(\boldsymbol{\alpha}_2),\cdots,T(\boldsymbol{\alpha}_n))\subset\mathrm{R}(T),$$

所以

$$\mathrm{R}(T)=\mathrm{L}(T(\boldsymbol{\alpha}_1),T(\boldsymbol{\alpha}_2),\cdots,T(\boldsymbol{\alpha}_n)).$$

(2) 设 $\mathrm{null}T=s$，且 $\boldsymbol{\alpha}_1,\boldsymbol{\alpha}_2,\cdots,\boldsymbol{\alpha}_s$ 是 N(T)的一个基，将其扩充为 V 的一个基 $\boldsymbol{\alpha}_1,\cdots,\boldsymbol{\alpha}_s,\boldsymbol{\alpha}_{s+1},\cdots,\boldsymbol{\alpha}_n$. 注意到 $T(\boldsymbol{\alpha}_i)=\boldsymbol{\theta}'(i=1,2,\cdots,s)$. 于是由(1)，得

$$\begin{aligned}\mathrm{R}(T)&=\mathrm{L}(T(\boldsymbol{\alpha}_1),\cdots,T(\boldsymbol{\alpha}_s),T(\boldsymbol{\alpha}_{s+1}),\cdots,T(\boldsymbol{\alpha}_n))\\&=\mathrm{L}(T(\boldsymbol{\alpha}_{s+1}),\cdots,T(\boldsymbol{\alpha}_n)).\end{aligned}$$

下面证明 $T(\boldsymbol{\alpha}_{s+1}),\cdots,T(\boldsymbol{\alpha}_n)$线性无关. 设有一组数 $k_{s+1},\cdots,k_n$，使得

$$k_{s+1}T(\boldsymbol{\alpha}_{s+1})+\cdots+k_nT(\boldsymbol{\alpha}_n)=\boldsymbol{\theta}',$$

即

$$T(k_{s+1}\boldsymbol{\alpha}_{s+1}+\cdots+k_n\boldsymbol{\alpha}_n)=\boldsymbol{\theta}',$$

所以 $k_{s+1}\boldsymbol{\alpha}_{s+1}+\cdots+k_n\boldsymbol{\alpha}_n\in\mathrm{N}(T)$，于是可由 $\boldsymbol{\alpha}_1,\boldsymbol{\alpha}_2,\cdots,\boldsymbol{\alpha}_s$ 线性表示，即有

$$k_{s+1}\boldsymbol{\alpha}_{s+1}+\cdots+k_n\boldsymbol{\alpha}_n=k_1\boldsymbol{\alpha}_1+\cdots+k_s\boldsymbol{\alpha}_s,$$

这样就有

$$-k_1\boldsymbol{\alpha}_1-\cdots-k_s\boldsymbol{\alpha}_s+k_{s+1}\boldsymbol{\alpha}_{s+1}+\cdots+k_n\boldsymbol{\alpha}_n=\boldsymbol{\theta}.$$

由 $\boldsymbol{\alpha}_1,\cdots,\boldsymbol{\alpha}_s,\boldsymbol{\alpha}_{s+1},\cdots,\boldsymbol{\alpha}_n$ 是 V 的基得 $k_1=\cdots=k_s=k_{s+1}=\cdots=k_n=0$，故 $T(\boldsymbol{\alpha}_{s+1}),\cdots,T(\boldsymbol{\alpha}_n)$线性无关，从而

$$\mathrm{rank}T=\mathrm{dim}\mathrm{L}(T(\boldsymbol{\alpha}_{s+1}),\cdots,T(\boldsymbol{\alpha}_n))=n-s=n-\mathrm{null}T.$$ ▌

对于从 n 维线性空间 V 到 m 维线性空间 V′的线性映射 T，显然有

$$\mathrm{rank}T\leqslant\mathrm{dim}\mathrm{V}'=m,\quad \mathrm{null}T\leqslant\mathrm{dim}\mathrm{V}=n.$$

如果 $\mathrm{rank}T=m$，则称 T 是**满秩的**，此时 $\mathrm{R}(T)=\mathrm{V}'$；如果 $\mathrm{rank}T<m$，则称 T 为**降秩的**，此时 R(T)是 V′的真子空间.

例 10.7 已知 $\mathbf{K}^4$ 到 $\mathbf{K}^3$ 的线性映射

$$T(x_1,x_2,x_3,x_4)=(x_1+x_2-3x_3-x_4,3x_1-x_2-3x_3+4x_4,0),$$

求 T 的值域与核的基与维数.

解 取 $\mathbf{K}^4$ 的规范正交基 $\boldsymbol{e}_1,\boldsymbol{e}_2,\boldsymbol{e}_3,\boldsymbol{e}_4$，则有

$$T(\boldsymbol{e}_1)=(1,3,0),\quad T(\boldsymbol{e}_2)=(1,-1,0),$$
$$T(\boldsymbol{e}_3)=(-3,-3,0),\quad T(\boldsymbol{e}_4)=(-1,4,0).$$

可求得该向量组的秩为 2，且 $T(\boldsymbol{e}_1),T(\boldsymbol{e}_2)$是一个极大无关组. 故 $\dim\mathrm{R}(T)=2$，且 $T(\boldsymbol{e}_1)=(1,3,0),T(\boldsymbol{e}_2)=(1,-1,0)$是一个基.

根据定理 10.2 知，$\dim\mathrm{N}(T)=4-2=2$. 设 $\boldsymbol{x}=(x_1,x_2,x_3,x_4)\in\mathrm{N}(T)$. 由 $T(\boldsymbol{x})=\mathbf{0}$，得

$$\begin{cases} x_1+x_2-3x_3-x_4=0,\\ 3x_1-x_2-3x_3+4x_4=0.\end{cases}$$

该齐次方程组的通解为

$$x_1=3s-3t,x_2=3s+7t,x_3=2s,x_4=4t\quad(s,t\in\mathbf{K}),$$

于是

$$\boldsymbol{x}=(3s-3t,3s+7t,2s,4t)=s(3,3,2,0)+t(-3,7,0,4),$$

故(3,3,2,0)，(−3,7,0,4)是 $\mathrm{N}(T)$的一个基.

10.3 线性映射的运算

这里，假设考虑的都是数域 $\mathbf{K}$ 上的线性空间.

首先，线性映射作为映射的特殊情形，当然可以定义乘法. 设 T 是线性空间 V 到 V'的线性映射，S 是线性空间 V'到 V''的线性映射，定义它们的**乘积** ST 为

$$(ST)(\boldsymbol{\alpha})=S(T(\boldsymbol{\alpha}))\quad(\boldsymbol{\alpha}\in\mathrm{V}).$$

容易证明，线性映射的乘积也是线性映射. 事实上，对任意 $\boldsymbol{\alpha},\boldsymbol{\beta}\in\mathrm{V}$ 和 $k,l\in\mathbf{K}$，有

$$\begin{aligned}(ST)(k\boldsymbol{\alpha}+l\boldsymbol{\beta})&=S(T(k\boldsymbol{\alpha}+l\boldsymbol{\beta}))=S(kT(\boldsymbol{\alpha})+lT(\boldsymbol{\beta}))\\ &=kS(T(\boldsymbol{\alpha}))+lS(T(\boldsymbol{\beta}))=k(ST)(\boldsymbol{\alpha})+l(ST)(\boldsymbol{\beta}),\end{aligned}$$

这说明 ST 是从 V 到 V''的线性映射.

既然一般映射的乘法适合结合律，线性映射的乘法当然也适合结合律，即

$$(US)T=U(ST),$$

其中 U 是从线性空间 V''到 V'''的线性映射. 但线性映射的乘法一般是不可交换的. 例如，在线性空间 $\mathbf{K}[x]$中，线性变换

$$D(f(x))=f'(x),\quad J(f(x))=\int_0^x f(t)\mathrm{d}t$$

的乘积 $DJ=E$，但一般 $JD\neq E$.

对于乘法，单位变换 E 有特殊的地位. 对于从线性空间 V 到 V'的任意线性映射 T 都有

$$E_{\mathrm{V}'}T=TE_{\mathrm{V}}=T.$$

其次，如同逆映射一样，可以定义线性映射的逆映射. 设 T 是线性空间 V 到 V′的线性映射，如果存在 V′到 V 的映射 S，使得

$$TS=E_{V'},\quad ST=E_V,$$

则称 T 是**可逆的**，称 S 为 T 的**逆映射**，记作 T^{-1}.

同样，线性映射 T 可逆的充分必要条件是 T 为一一映射. 如果线性映射 T 可逆，则其逆映射是唯一的，更进一步有，T^{-1} 也是线性映射. 事实上，对任意 $\boldsymbol{\alpha},\boldsymbol{\beta}\in$ V′，$k,l\in\mathbf{K}$，有

$$\begin{aligned}T^{-1}(k\boldsymbol{\alpha}+l\boldsymbol{\beta})&=T^{-1}[k(TT^{-1})(\boldsymbol{\alpha})+l(TT^{-1})(\boldsymbol{\beta})]\\&=T^{-1}[T(kT^{-1}(\boldsymbol{\alpha}))+T(lT^{-1}(\boldsymbol{\beta}))]\\&=(T^{-1}T)(kT^{-1}(\boldsymbol{\alpha})+lT^{-1}(\boldsymbol{\beta}))=kT^{-1}(\boldsymbol{\alpha})+lT^{-1}(\boldsymbol{\beta}),\end{aligned}$$

这就说明 T^{-1} 是线性映射.

再来定义线性映射的线性运算.

设 T 和 S 均是线性空间 V 到 V′的线性映射，k 是数域 $\mathbf{K}$ 中的数. 定义 T 与 S 的**和** $T+S$，T 的**负映射** $-T$，k 与 T 的**数量乘积** kT 分别为

$$(T+S)(\boldsymbol{\alpha})=T(\boldsymbol{\alpha})+S(\boldsymbol{\alpha}),\quad (-T)(\boldsymbol{\alpha})=-T(\boldsymbol{\alpha}),$$
$$(kT)(\boldsymbol{\alpha})=kT(\boldsymbol{\alpha})\quad (\boldsymbol{\alpha}\in \mathrm{V}).$$

容易证明 $T+S$，$-T$，kT 均是从 V 到 V′的线性映射，且满足运算律：

$$T+S=S+T,\quad (T+S)+U=T+(S+U),\quad T+O=T,$$
$$T+(-T)=O,\quad 1T=T,$$
$$k(lT)=(kl)T,\quad k(T+S)=kT+kS,\quad (k+l)T=kT+lT.$$

这表明，线性空间 V 到 V′的全体线性映射，对于所定义的加法与数量乘法，构成数域 $\mathbf{K}$ 上的一个线性空间，记作 L(V，V′).

线性映射的乘法对加法有左右分配律(假设线性映射可以相乘与相加)，即

$$T(S+U)=TS+TU,\quad (S+U)T=ST+UT.$$

对数量乘积有

$$k(TS)=(kT)S=T(kS).$$

以上证明均留给读者.

最后，我们引入线性变换的多项式的概念.

设 T 是线性空间 V 上的线性变换，由于线性变换的乘法满足结合律，当若干个线性变换 T 相乘时，其最终结果与乘积的结合方法无关. 因此，当 k 个(k 是正整数)线性变换 T 相乘时，我们就可以用

$$\underbrace{T\,T\,\cdots\,T}_{k\text{个}}$$

来表示所得的乘积，而不必在中间加上任何括号. 为了方便起见，我们把这个乘积记作 T^k，称为 T 的 k 次**方幂**. 此外，规定

$$T^0=E.$$

根据定义,可知 T 的方幂满足指数法则:

$$T^{k+l}=T^kT^l,\quad (T^k)^l=T^{kl}\quad (k,l\text{ 是非负整数}).$$

当线性变换 T 可逆时,定义 T 的负整数幂为

$$T^{-k}=(T^{-1})^k\quad (k\text{ 为正整数}).$$

这时,指数法则可以推广到负整数幂的情形.

值得注意的是,线性变换乘积的指数法则不成立,即一般说来,对于线性变换 T 和 S,$(TS)^k$ 与 T^kS^k 不一定相等.

设有多项式

$$f(x)=a_mx^m+a_{m-1}x^{m-1}+\cdots+a_1x+a_0\quad (a_i\in\mathbf{K},i=0,1,\cdots,m),$$

又设 T 是线性空间 V 上的线性变换. 规定

$$f(T)=a_mT^m+a_{m-1}T^{m-1}+\cdots+a_1T+a_0E.$$

显然,$f(T)$也是 V 的一个线性变换,称它为**线性变换 T 的多项式**.

容易验证,如果 $f(x)$和 $g(x)$都是多项式,设

$$h(x)=f(x)+g(x),\quad p(x)=f(x)g(x),$$

则

$$h(T)=f(T)+g(T),\quad p(T)=f(T)g(T).$$

特别地

$$f(T)g(T)=g(T)f(T),$$

即同一个线性变换的多项式相乘是可交换的.

例 10.8　在线性空间 $\mathbf{K}[x]_n$ 中,对于微分变换 D 显然有

$$D^{n+1}=O.$$

又规定

$$U_a(f(x))=f(x+a)\quad (a\in\mathbf{R},f(x)\in\mathbf{K}[x]_n),$$

则 U_a 也是线性变换. 根据泰勒展开式

$$f(x+a)=f(x)+af'(x)+\frac{a^2}{2!}f''(x)+\cdots+\frac{a^n}{n!}f^{(n)}(x),$$

有

$$U_a=E+aD+\frac{a^2}{2!}D^2+\cdots+\frac{a^n}{n!}D^n,$$

即线性变换 U_a 可表示为线性变换 D 的多项式.

例 10.9　设 V 是线性空间,W_1 和 W_2 是 V 的子空间,且 $V=W_1\oplus W_2$,则 V 中任意元素 $\boldsymbol{\alpha}$ 可唯一分解为

$$\boldsymbol{\alpha}=\boldsymbol{\alpha}_1+\boldsymbol{\alpha}_2\quad (\boldsymbol{\alpha}_1\in W_1,\boldsymbol{\alpha}_2\in W_2).$$

定义 V 上的变换

$$P(\boldsymbol{\alpha})=\boldsymbol{\alpha}_1\quad (\boldsymbol{\alpha}\in V),$$

称 P 为沿 W_2 到 W_1 的**投影变换**. 试证明：

(1) P 是线性变换；

(2) 线性变换 P 是投影变换的充分必要条件是 $P^2=P$.

证 容易验证 P 是线性变换. 如果 P 是投影变换，则对任意 $\boldsymbol{\alpha}\in V$，有

$$P^2(\boldsymbol{\alpha})=P(P(\boldsymbol{\alpha}))=P(\boldsymbol{\alpha}_1)=\boldsymbol{\alpha}_1=P(\boldsymbol{\alpha}),$$

于是 $P^2=P$.

反之，当线性变换 P 满足 $P^2=P$ 时，记 $R(P)=W_1$，$R(E-P)=W_2$. 下面证明 $V=W_1\oplus W_2$. 对任意 $\boldsymbol{\alpha}\in V$，有

$$\boldsymbol{\alpha}=P(\boldsymbol{\alpha})+(E-P)(\boldsymbol{\alpha})=\boldsymbol{\alpha}_1+\boldsymbol{\alpha}_2,$$

其中 $\boldsymbol{\alpha}_1=P(\boldsymbol{\alpha})\in W_1$，$\boldsymbol{\alpha}_2=(E-P)(\boldsymbol{\alpha})\in W_2$，即 $V=W_1+W_2$. 又对任意 $\boldsymbol{\alpha}\in W_1\cap W_2$，有 $\boldsymbol{\alpha}\in W_1$ 且 $\boldsymbol{\alpha}\in W_2$，即存在 $\boldsymbol{\beta}_1,\boldsymbol{\beta}_2\in V$，使得 $\boldsymbol{\alpha}=P(\boldsymbol{\beta}_1)=(E-P)(\boldsymbol{\beta}_2)$. 注意到 $P(E-P)=(E-P)P=O$，则有

$$P(\boldsymbol{\alpha})=P(E-P)(\boldsymbol{\beta}_2)=O(\boldsymbol{\beta}_2)=\boldsymbol{\theta},$$
$$(E-P)(\boldsymbol{\alpha})=(E-P)P(\boldsymbol{\beta}_1)=O(\boldsymbol{\beta}_1)=\boldsymbol{\theta}.$$

从而

$$\boldsymbol{\alpha}=P(\boldsymbol{\alpha})+(E-P)(\boldsymbol{\alpha})=\boldsymbol{\theta}+\boldsymbol{\theta}=\boldsymbol{\theta}.$$

这表明 $W_1\cap W_2=\{\boldsymbol{\theta}\}$，故 $V=W_1\oplus W_2$. 因此 P 是沿 $R(E-P)$ 到 $R(P)$ 的投影变换. ∎

满足 $P^2=P$ 的线性变换称为**幂等变换**. 可见幂等变换就是投影变换.

10.4 线性映射的矩阵

从本节开始，我们仅考虑有限维线性空间的线性映射.

定理 10.2 说明，如果已知 n 维线性空间 V 的基 $\boldsymbol{\alpha}_1,\boldsymbol{\alpha}_2,\cdots,\boldsymbol{\alpha}_n$ 在线性映射 T 下的象 $T(\boldsymbol{\alpha}_1),T(\boldsymbol{\alpha}_2),\cdots,T(\boldsymbol{\alpha}_n)$，则 V 中任一元素在 T 下的象也就知道了. 这就是说，一个线性映射的作用完全由它在一个基上的作用所确定. 我们还可以证明，基元素的象可以是任意指定的，即有下述定理.

定理 10.3 设 V 和 V′分别是数域 **K** 上的 n 维和 m 维线性空间，$\boldsymbol{\alpha}_1,\boldsymbol{\alpha}_2,\cdots,\boldsymbol{\alpha}_n$ 是 V 的一个基，$\boldsymbol{\gamma}_1,\boldsymbol{\gamma}_2,\cdots,\boldsymbol{\gamma}_n$ 是 V′中任意取定的 n 个元素，则存在从 V 到 V′的唯一线性映射 T，使得

$$T(\boldsymbol{\alpha}_i)=\boldsymbol{\gamma}_i\quad(i=1,2,\cdots,n).$$

证 首先证明存在性. 设 $\boldsymbol{\xi}$ 是 V 中任一元素，则 $\boldsymbol{\xi}$ 可唯一表示成 $\boldsymbol{\alpha}_1,\boldsymbol{\alpha}_2,\cdots,\boldsymbol{\alpha}_n$ 的线性组合

$$\boldsymbol{\xi}=x_1\boldsymbol{\alpha}_1+x_2\boldsymbol{\alpha}_2+\cdots+x_n\boldsymbol{\alpha}_n.$$

定义 V 到 V′的映射

$$T(\boldsymbol{\xi})=x_1\boldsymbol{\gamma}_1+x_2\boldsymbol{\gamma}_2+\cdots+x_n\boldsymbol{\gamma}_n.$$

现证 T 是一个线性映射.

对于任意 $\boldsymbol{\alpha},\boldsymbol{\beta}\in \mathrm{V}$ 和 $k,l\in \mathbf{K}$,设

$$\boldsymbol{\alpha}=a_1\boldsymbol{\alpha}_1+a_2\boldsymbol{\alpha}_2+\cdots+a_n\boldsymbol{\alpha}_n,\quad \boldsymbol{\beta}=b_1\boldsymbol{\alpha}_1+b_2\boldsymbol{\alpha}_2+\cdots+b_n\boldsymbol{\alpha}_n,$$

则

$$k\boldsymbol{\alpha}+l\boldsymbol{\beta}=(ka_1+lb_1)\boldsymbol{\alpha}_1+(ka_2+lb_2)\boldsymbol{\alpha}_2+\cdots+(ka_n+lb_n)\boldsymbol{\alpha}_n.$$

于是

$$\begin{aligned}T(k\boldsymbol{\alpha}+l\boldsymbol{\beta})&=(ka_1+lb_1)\boldsymbol{\gamma}_1+(ka_2+lb_2)\boldsymbol{\gamma}_2+\cdots+(ka_n+lb_n)\boldsymbol{\gamma}_n\\&=k(a_1\boldsymbol{\gamma}_1+a_2\boldsymbol{\gamma}_2+\cdots+a_n\boldsymbol{\gamma}_n)+l(b_1\boldsymbol{\gamma}_1+b_2\boldsymbol{\gamma}_2+\cdots+b_n\boldsymbol{\gamma}_n)\\&=kT(\boldsymbol{\alpha})+lT(\boldsymbol{\beta}),\end{aligned}$$

所以 T 是 V 到 V' 的一个线性映射. 又因为

$$\boldsymbol{\alpha}_i=0\boldsymbol{\alpha}_1+\cdots+0\boldsymbol{\alpha}_{i-1}+\boldsymbol{\alpha}_i+0\boldsymbol{\alpha}_{i+1}+\cdots+0\boldsymbol{\alpha}_n\quad(i=1,2,\cdots,n),$$

所以

$$T(\boldsymbol{\alpha}_i)=0\boldsymbol{\gamma}_1+\cdots+0\boldsymbol{\gamma}_{i-1}+\boldsymbol{\gamma}_i+0\boldsymbol{\gamma}_{i+1}+\cdots+0\boldsymbol{\gamma}_n=\boldsymbol{\gamma}_i\quad(i=1,2,\cdots,n),$$

可见 T 即为所求的线性映射.

再证唯一性. 设有 V 到 V' 的两个线性映射 T 和 S 都满足条件

$$T(\boldsymbol{\alpha}_i)=\boldsymbol{\gamma}_i,\quad S(\boldsymbol{\alpha}_i)=\boldsymbol{\gamma}_i\quad(i=1,2,\cdots,n),$$

则对于 V 中任一元素 $\boldsymbol{\xi}=x_1\boldsymbol{\alpha}_1+x_2\boldsymbol{\alpha}_2+\cdots+x_n\boldsymbol{\alpha}_n$,有

$$T(\boldsymbol{\xi})=x_1T(\boldsymbol{\alpha}_1)+x_2T(\boldsymbol{\alpha}_2)+\cdots+x_nT(\boldsymbol{\alpha}_n)=x_1\boldsymbol{\gamma}_1+x_2\boldsymbol{\gamma}_2+\cdots+x_n\boldsymbol{\gamma}_n,$$

$$S(\boldsymbol{\xi})=x_1S(\boldsymbol{\alpha}_1)+x_2S(\boldsymbol{\alpha}_2)+\cdots+x_nS(\boldsymbol{\alpha}_n)=x_1\boldsymbol{\gamma}_1+x_2\boldsymbol{\gamma}_2+\cdots+x_n\boldsymbol{\gamma}_n,$$

因此 $T(\boldsymbol{\xi})=S(\boldsymbol{\xi})$,故必有 $T=S$. ▍

推论　设 $\boldsymbol{\alpha}_1,\boldsymbol{\alpha}_2,\cdots,\boldsymbol{\alpha}_n$ 是 n 维线性空间 V 的一个基,如果从 V 到 V' 的两个线性映射 T 和 S 在这个基上的作用相同,即

$$T(\boldsymbol{\alpha}_i)=S(\boldsymbol{\alpha}_i)\quad(i=1,2,\cdots,n),$$

则 $T=S$.

有了以上的讨论,我们就可以来建立有限维线性空间的线性映射与矩阵的联系.

定义 10.4　设 V 和 V' 分别是数域 $\mathbf{K}$ 上 n 维和 m 维的线性空间,$\boldsymbol{\alpha}_1,\boldsymbol{\alpha}_2,\cdots,\boldsymbol{\alpha}_n$ 是 V 的一个基,$\boldsymbol{\varphi}_1,\boldsymbol{\varphi}_2,\cdots,\boldsymbol{\varphi}_m$ 是 V' 的一个基. 又设 T 是从 V 到 V' 的一个线性映射,$T(\boldsymbol{\alpha}_1),T(\boldsymbol{\alpha}_2),\cdots,T(\boldsymbol{\alpha}_n)$ 可以唯一地由 $\boldsymbol{\varphi}_1,\boldsymbol{\varphi}_2,\cdots,\boldsymbol{\varphi}_m$ 线性表示,设为

$$\begin{cases}T(\boldsymbol{\alpha}_1)=a_{11}\boldsymbol{\varphi}_1+a_{21}\boldsymbol{\varphi}_2+\cdots+a_{m1}\boldsymbol{\varphi}_m,\\T(\boldsymbol{\alpha}_2)=a_{12}\boldsymbol{\varphi}_1+a_{22}\boldsymbol{\varphi}_2+\cdots+a_{m2}\boldsymbol{\varphi}_m,\\\qquad\cdots\cdots\\T(\boldsymbol{\alpha}_n)=a_{1n}\boldsymbol{\varphi}_1+a_{2n}\boldsymbol{\varphi}_2+\cdots+a_{mn}\boldsymbol{\varphi}_m,\end{cases}\tag{10.3}$$

称矩阵 $\mathbf{A}=(a_{ij})_{m\times n}$ 为 T **在基** $\boldsymbol{\alpha}_1,\boldsymbol{\alpha}_2,\cdots,\boldsymbol{\alpha}_n;\boldsymbol{\varphi}_1,\boldsymbol{\varphi}_2,\cdots,\boldsymbol{\varphi}_m$ **下的矩阵**. 特别地,设 $\boldsymbol{\alpha}_1,\boldsymbol{\alpha}_2,\cdots,\boldsymbol{\alpha}_n$ 是数域 $\mathbf{K}$ 上 n 维线性空间 V 的一个基,T 是 V 上的线性变换,且

$$\begin{cases}T(\boldsymbol{\alpha}_1)=a_{11}\boldsymbol{\alpha}_1+a_{21}\boldsymbol{\alpha}_2+\cdots+a_{n1}\boldsymbol{\alpha}_n,\\ T(\boldsymbol{\alpha}_2)=a_{12}\boldsymbol{\alpha}_1+a_{22}\boldsymbol{\alpha}_2+\cdots+a_{n2}\boldsymbol{\alpha}_n,\\ \qquad\cdots\cdots\\ T(\boldsymbol{\alpha}_n)=a_{1n}\boldsymbol{\alpha}_1+a_{2n}\boldsymbol{\alpha}_2+\cdots+a_{nn}\boldsymbol{\alpha}_n,\end{cases}$$

称矩阵 $\mathbf{A}=(a_{ij})_{n\times n}$ 为 T **在基** $\boldsymbol{\alpha}_1,\boldsymbol{\alpha}_2,\cdots,\boldsymbol{\alpha}_n$ **下的矩阵**.

为了以后应用起来方便，采用形式的记法来表示线性变换的矩阵，用 $T(\boldsymbol{\alpha}_1,\boldsymbol{\alpha}_2,\cdots,\boldsymbol{\alpha}_n)$ 表示 $(T(\boldsymbol{\alpha}_1),T(\boldsymbol{\alpha}_2),\cdots,T(\boldsymbol{\alpha}_n))$，于是式(10.3)可表成

$$\begin{aligned}T(\boldsymbol{\alpha}_1,\boldsymbol{\alpha}_2,\cdots,\boldsymbol{\alpha}_n)&=(T(\boldsymbol{\alpha}_1),T(\boldsymbol{\alpha}_2),\cdots,T(\boldsymbol{\alpha}_n))\\ &=(\boldsymbol{\varphi}_1,\boldsymbol{\varphi}_2,\cdots,\boldsymbol{\varphi}_m)\begin{pmatrix}a_{11}&a_{12}&\cdots&a_{1n}\\ a_{21}&a_{22}&\cdots&a_{2n}\\ \vdots&\vdots&&\vdots\\ a_{m1}&a_{m2}&\cdots&a_{mn}\end{pmatrix}\\ &=(\boldsymbol{\varphi}_1,\boldsymbol{\varphi}_2,\cdots,\boldsymbol{\varphi}_m)\mathbf{A}.\end{aligned}$$

这就是说，如果线性映射 T 在基 $\boldsymbol{\alpha}_1,\boldsymbol{\alpha}_2,\cdots,\boldsymbol{\alpha}_n;\boldsymbol{\varphi}_1,\boldsymbol{\varphi}_2,\cdots,\boldsymbol{\varphi}_m$ 下的矩阵为 $\mathbf{A}$，则

$$T(\boldsymbol{\alpha}_1,\boldsymbol{\alpha}_2,\cdots,\boldsymbol{\alpha}_n)=(\boldsymbol{\varphi}_1,\boldsymbol{\varphi}_2,\cdots,\boldsymbol{\varphi}_m)\mathbf{A}. \tag{10.4}$$

例 10.10 n 维线性空间 V 上的单位变换 E 和零变换 O 在 V 的任一个基下的矩阵分别是 n 阶单位矩阵 $\boldsymbol{E}$ 和 n 阶零矩阵 $\boldsymbol{O}$.

例 10.11 对于例 10.2 中定义的从 $\mathbf{K}^n$ 到 $\mathbf{K}^m$ 的线性映射 T，如果取 $\mathbf{K}^n$ 的基为 n 维单位坐标向量 $\boldsymbol{e}_1,\boldsymbol{e}_2,\cdots,\boldsymbol{e}_n$，而取 $\mathbf{K}^m$ 的基为 m 维单位坐标向量 $\tilde{\boldsymbol{e}}_1,\tilde{\boldsymbol{e}}_2,\cdots,\tilde{\boldsymbol{e}}_m$（为与 n 维单位坐标向量 $\boldsymbol{e}_i$ 区别起见，此处用 $\tilde{\boldsymbol{e}}_i$ 表示 m 维单位坐标向量)，则可求得

$$\begin{cases}T(\boldsymbol{e}_1)=(a_{11},a_{21},\cdots,a_{m1})^{\mathrm{T}}=a_{11}\tilde{\boldsymbol{e}}_1+a_{21}\tilde{\boldsymbol{e}}_2+\cdots+a_{m1}\tilde{\boldsymbol{e}}_m,\\ T(\boldsymbol{e}_2)=(a_{12},a_{22},\cdots,a_{m2})^{\mathrm{T}}=a_{12}\tilde{\boldsymbol{e}}_1+a_{22}\tilde{\boldsymbol{e}}_2+\cdots+a_{m2}\tilde{\boldsymbol{e}}_m,\\ \qquad\cdots\cdots\\ T(\boldsymbol{e}_n)=(a_{1n},a_{2n},\cdots,a_{mn})^{\mathrm{T}}=a_{1n}\tilde{\boldsymbol{e}}_1+a_{2n}\tilde{\boldsymbol{e}}_2+\cdots+a_{mn}\tilde{\boldsymbol{e}}_m.\end{cases}$$

于是 T 在基 $\boldsymbol{e}_1,\boldsymbol{e}_2,\cdots,\boldsymbol{e}_n;\tilde{\boldsymbol{e}}_1,\tilde{\boldsymbol{e}}_2,\cdots,\tilde{\boldsymbol{e}}_m$ 下的矩阵为 $\mathbf{A}=(a_{ij})_{m\times n}$.

例 10.12 在 $\mathbf{K}[x]_n$ 中取定一个基 $1,x,x^2,\cdots,x^n$，D 为 $\mathbf{K}[x]_n$ 的微分变换

$$D(f(x))=f'(x)\quad(f(x)\in\mathbf{K}[x]_n).$$

因为

$$\begin{aligned}&D(1)=0=0\cdot1+0\cdot x+0\cdot x^2+\cdots+0\cdot x^{n-1}+0\cdot x^n,\\ &D(x)=1=1\cdot1+0\cdot x+0\cdot x^2+\cdots+0\cdot x^{n-1}+0\cdot x^n,\\ &D(x^2)=2x=0\cdot1+2\cdot x+0\cdot x^2+\cdots+0\cdot x^{n-1}+0\cdot x^n,\\ &\qquad\cdots\cdots\\ &D(x^n)=nx^{n-1}=0\cdot1+0\cdot x+0\cdot x^2+\cdots+n\cdot x^{n-1}+0\cdot x^n,\end{aligned}$$

所以 D 在这个基下的矩阵为

$$D_1=\begin{pmatrix}0&1&0&\cdots&0\\&0&2&\ddots&\vdots\\&&\ddots&\ddots&0\\&&&0&n\\&&&&0\end{pmatrix}.$$

如果取另一个基

$$f_0(x)=1,\quad f_1(x)=\frac{x}{1!},\quad f_2(x)=\frac{x^2}{2!},\quad \cdots,\quad f_n(x)=\frac{x^n}{n!},$$

则因为

$$D(f_0(x))=0, D(f_1(x))=f_0(x), D(f_2(x))=f_1(x),\cdots,$$
$$D(f_n(x))=f_{n-1}(x),$$

所以 D 在这个基下的矩阵是

$$D_2=\begin{pmatrix}0&1&0&\cdots&0\\&0&1&\ddots&\vdots\\&&\ddots&\ddots&0\\&&&0&1\\&&&&0\end{pmatrix}.$$

利用线性映射的矩阵可以直接计算元素的象的坐标.

定理 10.4 设 V 和 V′是数域 **K** 上 n 维和 m 维的线性空间，$\boldsymbol{\alpha}_1,\boldsymbol{\alpha}_2,\cdots,\boldsymbol{\alpha}_n$ 和 $\boldsymbol{\varphi}_1,\boldsymbol{\varphi}_2,\cdots,\boldsymbol{\varphi}_m$ 分别是 V 和 V′的基. 又设 T 是 V 到 V′的一个线性映射，且 T 在基 $\boldsymbol{\alpha}_1,\boldsymbol{\alpha}_2,\cdots,\boldsymbol{\alpha}_n;\boldsymbol{\varphi}_1,\boldsymbol{\varphi}_2,\cdots,\boldsymbol{\varphi}_m$ 下的矩阵为 $\mathbf{A}=(a_{ij})_{m\times n}$. 如果 V 中元素 $\boldsymbol{\alpha}$ 在基 $\boldsymbol{\alpha}_1,\boldsymbol{\alpha}_2,\cdots,\boldsymbol{\alpha}_n$ 下的坐标为 $\boldsymbol{x}=(x_1,x_2,\cdots,x_n)^{\mathrm{T}}$，则 $T(\boldsymbol{\alpha})$在基 $\boldsymbol{\varphi}_1,\boldsymbol{\varphi}_2,\cdots,\boldsymbol{\varphi}_m$ 下的坐标 $\boldsymbol{y}=(y_1,y_2,\cdots,y_m)^{\mathrm{T}}$ 满足

$$\boldsymbol{y}=\mathbf{A}\boldsymbol{x}.$$

证 由于 $T(\boldsymbol{\alpha}_1,\boldsymbol{\alpha}_2,\cdots,\boldsymbol{\alpha}_n)=(\boldsymbol{\varphi}_1,\boldsymbol{\varphi}_2,\cdots,\boldsymbol{\varphi}_m)\mathbf{A}$，且

$$\boldsymbol{\alpha}=x_1\boldsymbol{\alpha}_1+x_2\boldsymbol{\alpha}_2+\cdots+x_n\boldsymbol{\alpha}_n=(\boldsymbol{\alpha}_1,\boldsymbol{\alpha}_2,\cdots,\boldsymbol{\alpha}_n)\boldsymbol{x},$$

于是

$$T(\boldsymbol{\alpha})=T[(\boldsymbol{\alpha}_1,\boldsymbol{\alpha}_2,\cdots,\boldsymbol{\alpha}_n)\boldsymbol{x}]=T(\boldsymbol{\alpha}_1,\boldsymbol{\alpha}_2,\cdots,\boldsymbol{\alpha}_n)\boldsymbol{x}=(\boldsymbol{\varphi}_1,\boldsymbol{\varphi}_2,\cdots,\boldsymbol{\varphi}_m)\mathbf{A}\boldsymbol{x}.$$

又有 $T(\boldsymbol{\alpha})=(\boldsymbol{\varphi}_1,\boldsymbol{\varphi}_2,\cdots,\boldsymbol{\varphi}_m)\boldsymbol{y}$，故 $\boldsymbol{y}=\mathbf{A}\boldsymbol{x}$. ∎

利用线性映射的矩阵还可以将线性映射的运算转化为矩阵的运算.

定理 10.5 设 V 和 V′是数域 **K** 上 n 维和 m 维的线性空间，$\boldsymbol{\alpha}_1,\boldsymbol{\alpha}_2,\cdots,\boldsymbol{\alpha}_n$ 和 $\boldsymbol{\varphi}_1,\boldsymbol{\varphi}_2,\cdots,\boldsymbol{\varphi}_m$ 分别是 V 和 V′的基. 又设 T 和 S 均是 V 到 V′的线性映射，且它们在基 $\boldsymbol{\alpha}_1,\boldsymbol{\alpha}_2,\cdots,\boldsymbol{\alpha}_n;\boldsymbol{\varphi}_1,\boldsymbol{\varphi}_2,\cdots,\boldsymbol{\varphi}_m$ 下的矩阵分别为 $\mathbf{A}=(a_{ij})_{m\times n}$ 和 $\boldsymbol{B}=(b_{ij})_{m\times n}$. 则 $T+S$ 和 $kT(k\in\mathbf{K})$在基 $\boldsymbol{\alpha}_1,\boldsymbol{\alpha}_2,\cdots,\boldsymbol{\alpha}_n;\boldsymbol{\varphi}_1,\boldsymbol{\varphi}_2,\cdots,\boldsymbol{\varphi}_m$ 下的矩阵分别为$\mathbf{A}+\boldsymbol{B}$和 $k\mathbf{A}$.（证明留给读者.）

定理 10.6 设 V,V′,V″分别是数域 **K** 上 n 维、m 维和 p 维线性空间,$\boldsymbol{\alpha}_1,\boldsymbol{\alpha}_2,\cdots,\boldsymbol{\alpha}_n$ 是 V 的一个基,$\boldsymbol{\varphi}_1,\boldsymbol{\varphi}_2,\cdots,\boldsymbol{\varphi}_m$ 是 V′的一个基,而 $\boldsymbol{\xi}_1,\boldsymbol{\xi}_2,\cdots,\boldsymbol{\xi}_p$ 是 V″的一个基.又设 V 到 V′的线性映射 S 在基 $\boldsymbol{\alpha}_1,\boldsymbol{\alpha}_2,\cdots,\boldsymbol{\alpha}_n;\boldsymbol{\varphi}_1,\boldsymbol{\varphi}_2,\cdots,\boldsymbol{\varphi}_m$ 下的矩阵为 $\boldsymbol{B}=(b_{ij})_{m\times n}$,V′到 V″的线性映射 T 在基 $\boldsymbol{\varphi}_1,\boldsymbol{\varphi}_2,\cdots,\boldsymbol{\varphi}_m;\boldsymbol{\xi}_1,\boldsymbol{\xi}_2,\cdots,\boldsymbol{\xi}_p$ 下的矩阵为 $\boldsymbol{A}=(a_{ij})_{p\times m}$.则映射 T 与 S 的乘积 TS 在基 $\boldsymbol{\alpha}_1,\boldsymbol{\alpha}_2,\cdots,\boldsymbol{\alpha}_n;\boldsymbol{\xi}_1,\boldsymbol{\xi}_2,\cdots,\boldsymbol{\xi}_p$ 下的矩阵为 $\boldsymbol{AB}$.

证 由假设有

$$S(\boldsymbol{\alpha}_1,\boldsymbol{\alpha}_2,\cdots,\boldsymbol{\alpha}_n)=(\boldsymbol{\varphi}_1,\boldsymbol{\varphi}_2,\cdots,\boldsymbol{\varphi}_m)\boldsymbol{B},$$
$$T(\boldsymbol{\varphi}_1,\boldsymbol{\varphi}_2,\cdots,\boldsymbol{\varphi}_m)=(\boldsymbol{\xi}_1,\boldsymbol{\xi}_2,\cdots,\boldsymbol{\xi}_p)\boldsymbol{A},$$

于是

$$\begin{aligned}(TS)(\boldsymbol{\alpha}_1,\boldsymbol{\alpha}_2,\cdots,\boldsymbol{\alpha}_n)&=T[S(\boldsymbol{\alpha}_1,\boldsymbol{\alpha}_2,\cdots,\boldsymbol{\alpha}_n)]=T[(\boldsymbol{\varphi}_1,\boldsymbol{\varphi}_2,\cdots,\boldsymbol{\varphi}_m)\boldsymbol{B}]\\&=T(\boldsymbol{\varphi}_1,\boldsymbol{\varphi}_2,\cdots,\boldsymbol{\varphi}_m)\boldsymbol{B}=(\boldsymbol{\xi}_1,\boldsymbol{\xi}_2,\cdots,\boldsymbol{\xi}_p)\boldsymbol{AB}.\end{aligned}$$ ▌

设 T 是数域 **K** 上从 n 维线性空间 V 到 m 维线性空间 V′的可逆线性映射,则 T 是一一对应的,根据线性映射的性质 4 知,$m=n$,即线性空间 V 与 V′的维数是相同的.下一定理将线性映射可逆性转化为矩阵的可逆问题.

定理 10.7 设 T 是数域 **K** 上从 n 维线性空间 V 到 V′的线性映射,又设 $\boldsymbol{\alpha}_1,\boldsymbol{\alpha}_2,\cdots,\boldsymbol{\alpha}_n$ 和 $\boldsymbol{\varphi}_1,\boldsymbol{\varphi}_2,\cdots,\boldsymbol{\varphi}_n$ 分别是 V 和 V′的基,且 T 在基 $\boldsymbol{\alpha}_1,\boldsymbol{\alpha}_2,\cdots,\boldsymbol{\alpha}_n;\boldsymbol{\varphi}_1,\boldsymbol{\varphi}_2,\cdots,\boldsymbol{\varphi}_n$ 下的矩阵为 $\boldsymbol{A}$,则 T 可逆的充分必要条件是 $\boldsymbol{A}$ 可逆,且 T^{-1} 在基 $\boldsymbol{\varphi}_1,\boldsymbol{\varphi}_2,\cdots,\boldsymbol{\varphi}_n;\boldsymbol{\alpha}_1,\boldsymbol{\alpha}_2,\cdots,\boldsymbol{\alpha}_n$ 下的矩阵为 $\boldsymbol{A}^{-1}$.

证 根据定义,T 可逆的充分必要条件是存在从 V′到 V 的线性映射 S,使得 $TS=E_{\mathrm{V}'}$,$ST=E_{\mathrm{V}}$,其中 E_{V} 和 $E_{\mathrm{V}'}$ 分别是 V 与 V′上的恒等变换.设 S 在基 $\boldsymbol{\varphi}_1,\boldsymbol{\varphi}_2,\cdots,\boldsymbol{\varphi}_n;\boldsymbol{\alpha}_1,\boldsymbol{\alpha}_2,\cdots,\boldsymbol{\alpha}_n$ 下的矩阵为 $\boldsymbol{B}$.由于恒等变换 E_{V} 和 $E_{\mathrm{V}'}$ 分别在 V 和 V′的基下的矩阵都是 n 阶单位矩阵 $\boldsymbol{E}$,利用定理 10.6 知

$$\boldsymbol{AB}=\boldsymbol{BA}=\boldsymbol{E}.$$

这表明 T 可逆的充分必要条件是 $\boldsymbol{A}$ 可逆,且 $T^{-1}=S$ 在基 $\boldsymbol{\varphi}_1,\boldsymbol{\varphi}_2,\cdots,\boldsymbol{\varphi}_n;\boldsymbol{\alpha}_1,\boldsymbol{\alpha}_2,\cdots,\boldsymbol{\alpha}_n$ 下的矩阵为 $\boldsymbol{A}^{-1}$. ▌

例 10.13 已知 $\mathbf{K}^{2\times 2}$ 的线性变换

$$T(\boldsymbol{X})=\boldsymbol{MX}-\boldsymbol{XN},\quad \forall\,\boldsymbol{X}\in\mathbf{K}^{2\times 2},\boldsymbol{M}=\begin{pmatrix}1&1\\0&1\end{pmatrix},\boldsymbol{N}=\begin{pmatrix}2&0\\-1&2\end{pmatrix},$$

问 T 是否可逆?若 T 可逆,求 T^{-1}.

解 取 $\mathbf{K}^{2\times 2}$ 的基 $\boldsymbol{E}_{11},\boldsymbol{E}_{12},\boldsymbol{E}_{21},\boldsymbol{E}_{22}$,可求得 T 在该基下的矩阵为

$$\boldsymbol{A}=\begin{pmatrix}-1&1&1&0\\0&-1&0&1\\0&0&-1&1\\0&0&0&-1\end{pmatrix}.$$

由于 $\det\boldsymbol{A}=1$,所以 T 可逆.又因为 T^{-1} 在基 $\boldsymbol{E}_{11},\boldsymbol{E}_{12},\boldsymbol{E}_{21},\boldsymbol{E}_{22}$ 下的矩阵为

$$A^{-1}=\begin{pmatrix}-1&-1&-1&-2\\0&-1&0&-1\\0&0&-1&-1\\0&0&0&-1\end{pmatrix},$$

从而

$$T^{-1}(\boldsymbol{E}_{11})=\begin{pmatrix}-1&0\\0&0\end{pmatrix},\quad T^{-1}(\boldsymbol{E}_{12})=\begin{pmatrix}-1&-1\\0&0\end{pmatrix},$$

$$T^{-1}(\boldsymbol{E}_{21})=\begin{pmatrix}-1&0\\-1&0\end{pmatrix},\quad T^{-1}(\boldsymbol{E}_{22})=\begin{pmatrix}-2&-1\\-1&-1\end{pmatrix}.$$

故对任意 $\boldsymbol{X}=\begin{pmatrix}x_{11}&x_{12}\\x_{21}&x_{22}\end{pmatrix}\in\mathbf{K}^{2\times2}$，有

$$\begin{aligned}T^{-1}(\boldsymbol{X})&=x_{11}T^{-1}(\boldsymbol{E}_{11})+x_{12}T^{-1}(\boldsymbol{E}_{12})+x_{21}T^{-1}(\boldsymbol{E}_{21})+x_{22}T^{-1}(\boldsymbol{E}_{22})\\&=\begin{pmatrix}-x_{11}-x_{12}-x_{21}-2x_{22}&-x_{12}-x_{22}\\-x_{21}-x_{22}&-x_{22}\end{pmatrix}.\end{aligned}$$

另外，线性映射的矩阵的秩与线性映射的秩密切相关. 利用线性映射的矩阵还可以求其值域与核的基.

定理 10.8　设 V 和 V′是数域 $\mathbf{K}$ 上 n 维和 m 维线性空间，$\boldsymbol{\alpha}_1,\boldsymbol{\alpha}_2,\cdots,\boldsymbol{\alpha}_n$ 和 $\boldsymbol{\varphi}_1,\boldsymbol{\varphi}_2,\cdots,\boldsymbol{\varphi}_m$ 分别是 V 和 V′的基. 又设 T 是 V 到 V′的一个线性映射，且 T 在基 $\boldsymbol{\alpha}_1,\boldsymbol{\alpha}_2,\cdots,\boldsymbol{\alpha}_n;\boldsymbol{\varphi}_1,\boldsymbol{\varphi}_2,\cdots,\boldsymbol{\varphi}_m$ 下的矩阵是 $\boldsymbol{A}=(a_{ij})_{m\times n}$，则

(1) $\mathrm{rank}T=\mathrm{rank}\boldsymbol{A}$，且 $\boldsymbol{A}$ 的列向量组的任一个极大无关组中诸向量就是 $\mathrm{R}(T)$ 的基在 $\boldsymbol{\varphi}_1,\boldsymbol{\varphi}_2,\cdots,\boldsymbol{\varphi}_m$ 下的坐标；

(2) $\mathrm{null}T=n-\mathrm{rank}\boldsymbol{A}$，且 $\boldsymbol{Ax}=\boldsymbol{0}$ 的基础解系中诸向量就是 $\mathrm{N}(T)$ 的基在 $\boldsymbol{\alpha}_1,\boldsymbol{\alpha}_2,\cdots,\boldsymbol{\alpha}_n$ 下的坐标.

证　(1) 由定理 10.2 知 $\mathrm{R}(T)=\mathrm{L}(T(\boldsymbol{\alpha}_1),T(\boldsymbol{\alpha}_2),\cdots,T(\boldsymbol{\alpha}_n))$，于是元素组 $T(\boldsymbol{\alpha}_1),T(\boldsymbol{\alpha}_2),\cdots,T(\boldsymbol{\alpha}_n)$ 的秩就等于 T 的秩，而它的极大无关组就是 $\mathrm{R}(T)$ 的基. 又由式(10.3)，元素组 $T(\boldsymbol{\alpha}_1),T(\boldsymbol{\alpha}_2),\cdots,T(\boldsymbol{\alpha}_n)$ 在基 $\boldsymbol{\varphi}_1,\boldsymbol{\varphi}_2,\cdots,\boldsymbol{\varphi}_m$ 下的坐标分别为 $\boldsymbol{a}_1=(a_{11},a_{21},\cdots,a_{m1})^{\mathrm{T}},\boldsymbol{a}_2=(a_{12},a_{22},\cdots,a_{m2})^{\mathrm{T}},\cdots,\boldsymbol{a}_n=(a_{1n},a_{2n},\cdots,a_{mn})^{\mathrm{T}}$，于是根据定理 9.3 知，$T$ 的秩就等于向量组 $\boldsymbol{a}_1,\boldsymbol{a}_2,\cdots,\boldsymbol{a}_n$ 的秩，且 $\boldsymbol{a}_1,\boldsymbol{a}_2,\cdots,\boldsymbol{a}_n$ 的任一个极大无关组中诸向量就是 $\mathrm{R}(T)$ 的基在 $\boldsymbol{\varphi}_1,\boldsymbol{\varphi}_2,\cdots,\boldsymbol{\varphi}_n$ 下的坐标. 注意到 $\boldsymbol{a}_1,\boldsymbol{a}_2,\cdots,\boldsymbol{a}_n$ 恰为矩阵 $\boldsymbol{A}$ 的列向量组，且 $\boldsymbol{A}$ 的秩就等于 $\boldsymbol{a}_1,\boldsymbol{a}_2,\cdots,\boldsymbol{a}_n$ 的秩，即得所需结果.

(2) 任取 $\boldsymbol{\alpha}\in\mathrm{N}(T)$，则 $T(\boldsymbol{\alpha})=\boldsymbol{\theta}'$，其中 $\boldsymbol{\theta}'$ 是 V′的零元素. 设 $\boldsymbol{\alpha}$ 在基 $\boldsymbol{\alpha}_1,\boldsymbol{\alpha}_2,\cdots,\boldsymbol{\alpha}_n$ 下的坐标为 $\boldsymbol{x}=(x_1,x_2,\cdots,x_n)^{\mathrm{T}}$，则由定理 10.4 知 $\boldsymbol{Ax}=\boldsymbol{0}$，即 $\boldsymbol{\alpha}$ 的坐标 $\boldsymbol{x}$ 是齐次线性方程组 $\boldsymbol{Ax}=\boldsymbol{0}$ 的解向量，而 $\boldsymbol{Ax}=\boldsymbol{0}$ 的基础解系所含向量个数为 $n-\mathrm{rank}\boldsymbol{A}$.

故 $\mathrm{null}T=n-\mathrm{rank}\boldsymbol{A}$，且 $\boldsymbol{Ax}=\boldsymbol{0}$ 的基础解系中诸向量是 $\mathrm{N}(T)$ 的基在 $\boldsymbol{\alpha}_1,\boldsymbol{\alpha}_2,\cdots,\boldsymbol{\alpha}_n$ 下的坐标. ▌

对于例 10.7 中从 $\mathbf{K}^4$ 到 $\mathbf{K}^3$ 的线性映射 T，取 $\mathbf{K}^4$ 的规范正交基 $\boldsymbol{e}_1,\boldsymbol{e}_2,\boldsymbol{e}_3,\boldsymbol{e}_4$ 和 $\mathbf{K}^3$ 的规范正交基 $\tilde{\boldsymbol{e}}_1,\tilde{\boldsymbol{e}}_2,\tilde{\boldsymbol{e}}_3$，则 T 在基 $\boldsymbol{e}_1,\boldsymbol{e}_2,\boldsymbol{e}_3,\boldsymbol{e}_4;\tilde{\boldsymbol{e}}_1,\tilde{\boldsymbol{e}}_2,\tilde{\boldsymbol{e}}_3$ 下的矩阵为

$$\boldsymbol{A}=\begin{pmatrix}1 & 1 & -3 & -1\\ 3 & -1 & -3 & 4\\ 0 & 0 & 0 & 0\end{pmatrix}.$$

可求得 $\mathrm{rank}\boldsymbol{A}=2$，且 $\boldsymbol{a}_1=(1,3,0)^{\mathrm{T}},\boldsymbol{a}_2=(1,-1,0)^{\mathrm{T}}$ 是 $\boldsymbol{A}$ 的列向量组的一个极大无关组，于是 $\mathrm{rank}T=2$，且

$$\tilde{\boldsymbol{b}}_1=1\tilde{\boldsymbol{e}}_1+3\tilde{\boldsymbol{e}}_2+0\tilde{\boldsymbol{e}}_3=(1,3,0),\quad \tilde{\boldsymbol{b}}_2=1\tilde{\boldsymbol{e}}_1+(-1)\tilde{\boldsymbol{e}}_2+0\tilde{\boldsymbol{e}}_3=(1,-1,0)$$

是 T 的值域的一个基.

求解 $\boldsymbol{Ax}=\boldsymbol{0}$ 得基础解系 $(3,3,2,0)^{\mathrm{T}},(-3,7,0,4)^{\mathrm{T}}$，于是 $\mathrm{null}T=2$，且 $\boldsymbol{c}_1=3\boldsymbol{e}_1+3\boldsymbol{e}_2+2\boldsymbol{e}_3+0\boldsymbol{e}_4=(3,3,2,0),\boldsymbol{c}_2=-3\boldsymbol{e}_1+7\boldsymbol{e}_2+0\boldsymbol{e}_3+4\boldsymbol{e}_4=(-3,7,0,4)$ 是 T 的核的一个基.

对于例 10.12 中 $\mathbf{K}[x]_n$ 上的微分变换 D，它在基 $1,x,x^2,\cdots,x^n$ 下的矩阵为 $\boldsymbol{D}_1$，可求得 $\mathrm{rank}\boldsymbol{D}_1=n-1$，且 $(1,0,\cdots,0)^{\mathrm{T}},(0,2,0,\cdots,0)^{\mathrm{T}},\cdots,(0,\cdots,0,n,0)^{\mathrm{T}}$ 是 $\boldsymbol{D}_1$ 的列向量组的极大无关组. 于是 $\mathrm{rank}D=n-1$，且 D 的值域的一个基为 $1,2x,3x^2,\cdots,nx^{n-1}$，故

$$\mathrm{R}(D)=\mathrm{L}(1,2x,3x^2,\cdots,nx^{n-1})=\mathbf{K}[x]_{n-1}.$$

求解 $\boldsymbol{D}_1\boldsymbol{x}=\boldsymbol{0}$ 得基础解系 $(1,0,\cdots,0)^{\mathrm{T}}$，于是 $\mathrm{null}D=1$，且

$$f=1\cdot 1+0x+0x^2+\cdots+0x^n=1$$

是 D 的核的基.

10.5 化简线性变换的矩阵

10.5.1 特征值与特征向量

一般说来，线性变换在不同基下的矩阵是不同的，有的简单些，有的复杂些. 为了更好地利用矩阵来研究线性变换，自然希望找到线性空间的一个基，使得线性变换在这个基下的矩阵尽可能的简单，这一问题与矩阵在相似变换下的标准形密切相关. 要解决这个问题，就要引入特征值与特征向量的概念.

定义 10.5 设 V 是数域 $\mathbf{K}$ 上的线性空间，T 是 V 的一个线性变换，如果存在数域 $\mathbf{K}$ 中的数 λ 和 V 中的非零元素 $\boldsymbol{\xi}$，使得

$$T(\boldsymbol{\xi})=\lambda\boldsymbol{\xi},\tag{10.5}$$

则称 λ 为 T 的**特征值**，$\boldsymbol{\xi}$ 为 T 的属于特征值 λ 的**特征向量**.

例 10.14　任何非零元素既是单位变换 E 的属于特征值 1 的特征向量，又是零变换 O 的属于特征值 0 的特征向量.

例 10.15　设 T 是线性空间 $\mathbf{R}^3$ 中以 xOy 面为镜面的镜射变换，则 T 作用于基向量 $\boldsymbol{i},\boldsymbol{j},\boldsymbol{k}$ 的象是

$$T(\boldsymbol{i})=\boldsymbol{i},\quad T(\boldsymbol{j})=\boldsymbol{j},\quad T(\boldsymbol{k})=-\boldsymbol{k}.$$

可见 1 和 -1 是 T 的特征值，xOy 面上任意非零向量 $l_1\boldsymbol{i}+l_2\boldsymbol{j}$ 是属于特征值 1 的特征向量. 形如 $l\boldsymbol{k}\,(l\neq 0)$ 的向量是属于特征值 -1 的特征向量.

例 10.16　设 V 是可微实函数全体所成的实线性空间，D 是微分变换

$$D(f(x))=f'(x),\quad f(x)\in \mathrm{V}.$$

D 的特征向量是满足方程 $f'(x)=\lambda f(x)$ 的非零函数 $f(x)$，其中 λ 是某一实数. 这是一阶线性微分方程，它的解由式

$$f(x)=c\mathrm{e}^{\lambda x}$$

给出，这里 c 是任意实常数. 可见所有实数 λ 都是 D 的特征值，而指数函数 $f(x)=c\mathrm{e}^{\lambda x}\,(c\neq 0)$ 是 D 的属于特征值 λ 的特征向量.

现在来给出求有限维线性空间上线性变换的特征值与特征向量的方法.

设 V 是数域 $\mathbf{K}$ 上 n 维线性空间，$\boldsymbol{\alpha}_1,\boldsymbol{\alpha}_2,\cdots,\boldsymbol{\alpha}_n$ 是它的一个基，线性变换 T 在这个基下的矩阵是 $\mathbf{A}$，即

$$T(\boldsymbol{\alpha}_1,\boldsymbol{\alpha}_2,\cdots,\boldsymbol{\alpha}_n)=(\boldsymbol{\alpha}_1,\boldsymbol{\alpha}_2,\cdots,\boldsymbol{\alpha}_n)\mathbf{A}.$$

又设 T 的属于特征值 λ 的特征向量 $\boldsymbol{\xi}$ 在这个基下的坐标是 $\boldsymbol{x}=(x_1,x_2,\cdots,x_n)^{\mathrm{T}}$. 则由定理 10.4 知，$T(\boldsymbol{\xi})=\lambda\boldsymbol{\xi}$ 相当于坐标之间应满足的等式 $\mathbf{A}\boldsymbol{x}=\lambda\boldsymbol{x}$. 从而确定线性变换 T 的特征值与特征向量的方法可以分成以下几步：

第一步：在 n 维线性空间 V 中取一个基 $\boldsymbol{\alpha}_1,\boldsymbol{\alpha}_2,\cdots,\boldsymbol{\alpha}_n$，写出 T 在这个基下的矩阵 $\mathbf{A}$；

第二步：求出 T 的特征多项式 $\det(\lambda\boldsymbol{E}-\mathbf{A})$ 在数域 $\mathbf{K}$ 中全部的根，它们也就是线性变换 T 的全部特征值；

第三步：设 λ_0 是 T 的一个特征值，解齐次线性方程组 $(\lambda_0\boldsymbol{E}-\mathbf{A})\boldsymbol{x}=\mathbf{0}$ 求出一个基础解系

$$\boldsymbol{x}_i=(c_{i1},c_{i2},\cdots,c_{in})^{\mathrm{T}}\quad (i=1,2,\cdots,s).$$

它们即为矩阵 $\mathbf{A}$ 的属于特征值 λ_0 的线性无关的特征向量. 令

$$\boldsymbol{\xi}_i=c_{i1}\boldsymbol{\alpha}_1+c_{i2}\boldsymbol{\alpha}_2+\cdots+c_{in}\boldsymbol{\alpha}_n\quad (i=1,2,\cdots,s),$$

则 $\boldsymbol{\xi}_1,\boldsymbol{\xi}_2,\cdots,\boldsymbol{\xi}_s$ 就是 T 的属于特征值 λ_0 的线性无关的特征向量，而 T 的属于特征值 λ_0 的全部特征向量为

$$k_1\boldsymbol{\xi}_1+k_2\boldsymbol{\xi}_2+\cdots+k_s\boldsymbol{\xi}_s\quad (k_1,k_2,\cdots,k_s\ \text{不全为零}).$$

例 10.17　已知 $\mathbf{K}^{2\times 2}$ 的线性变换 T

$$T(\boldsymbol{X})=\boldsymbol{MX}-\boldsymbol{XM},\quad \forall\,\boldsymbol{X}\in\mathbf{K}^{2\times 2},\quad \boldsymbol{M}=\begin{pmatrix}1 & 2\\ 0 & 3\end{pmatrix},$$

求 T 的特征值与特征向量.

解 取 $\mathbf{K}^{2\times 2}$ 的基 $\boldsymbol{E}_{11},\boldsymbol{E}_{12},\boldsymbol{E}_{21},\boldsymbol{E}_{22}$，可求得 T 在这个基下的矩阵为

$$\boldsymbol{A}=\begin{pmatrix}0 & 0 & 2 & 0\\ -2 & -2 & 0 & 2\\ 0 & 0 & 2 & 0\\ 0 & 0 & -2 & 0\end{pmatrix}.$$

$\boldsymbol{A}$ 的特征多项式为

$$\det(\lambda\boldsymbol{E}-\boldsymbol{A})=\begin{vmatrix}\lambda & 0 & -2 & 0\\ 2 & \lambda+2 & 0 & -2\\ 0 & 0 & \lambda-2 & 0\\ 0 & 0 & 2 & \lambda\end{vmatrix}=\lambda^2(\lambda+2)(\lambda-2),$$

所以 T 的特征值为 $\lambda_1=\lambda_2=0,\lambda_3=-2,\lambda_4=2$.

可求得 $\boldsymbol{A}$ 属于特征值 0 有两个线性无关的特征向量

$$(-1,1,0,0)^{\mathrm{T}},\quad (1,0,0,1)^{\mathrm{T}}.$$

因此，T 属于特征值 0 的两个线性无关的特征向量就是

$$\boldsymbol{X}_1=-\boldsymbol{E}_{11}+\boldsymbol{E}_{12}=\begin{pmatrix}-1 & 1\\ 0 & 0\end{pmatrix},\quad \boldsymbol{X}_2=\boldsymbol{E}_{11}+\boldsymbol{E}_{22}=\begin{pmatrix}1 & 0\\ 0 & 1\end{pmatrix},$$

而 T 属于特征值 0 的全部特征向量就是 $k_1\boldsymbol{X}_1+k_2\boldsymbol{X}_2$（$k_1,k_2$ 不全为零）.

又可求得 $\boldsymbol{A}$ 属于特征值-2的一个线性无关特征向量$(0,1,0,0)^{\mathrm{T}}$. 因此，T 属于特征值-2 的一个线性无关的特征向量就是

$$\boldsymbol{X}_3=\boldsymbol{E}_{12}=\begin{pmatrix}0 & 1\\ 0 & 0\end{pmatrix},$$

而 T 属于特征值-2 的全部特征向量就是 $k\boldsymbol{X}_3$（k 是任意不为零的数）.

同理可求得 T 属于特征值 2 的一个线性无关的特征向量是

$$\boldsymbol{X}_4=-\boldsymbol{E}_{11}+\boldsymbol{E}_{12}-\boldsymbol{E}_{21}+\boldsymbol{E}_{22}=\begin{pmatrix}-1 & 1\\ -1 & 1\end{pmatrix},$$

而 T 属于特征值 2 的全部特征向量就是 $l\boldsymbol{X}_4$（l 是任意不为零的数）.

例 10.18 在次数不超过 n 的多项式构成的线性空间 $\mathbf{K}[x]_n$ 中，微分变换

$$D(f(x))=f'(x)$$

在基 $1,x,x^2,\cdots,x^n$ 下的矩阵是

$$\boldsymbol{D}=\begin{pmatrix}0 & 1 & 0 & \cdots & 0\\ 0 & 0 & 2 & \cdots & 0\\ \vdots & \vdots & \vdots & & \vdots\\ 0 & 0 & 0 & \cdots & n\\ 0 & 0 & 0 & \cdots & 0\end{pmatrix}.$$

$\boldsymbol{D}$ 的特征多项式是 $\det(\lambda\boldsymbol{E}-\boldsymbol{D})=\lambda^n$. 因此，$D$ 的特征值为 $0(n+1$ 重). 将 $\lambda=0$ 代入 $(\lambda\boldsymbol{E}-\boldsymbol{D})\boldsymbol{x}=\boldsymbol{0}$ 得基础解系 $(1,0,\cdots,0)^{\mathrm{T}}$，因此，$D$ 属于特征值 0 的全部特征向量是零次多项式. 这表明导数为零的多项式只能是零或非零的常数.

例 10.19　设 $\boldsymbol{\alpha}_1,\boldsymbol{\alpha}_2,\boldsymbol{\alpha}_3$ 是数域 $\mathbf{K}$ 上三维线性空间 V 的一个基，线性变换 T 在该基下的矩阵为

$$\boldsymbol{A}=\begin{pmatrix}5&6&-3\\-1&0&1\\1&2&-1\end{pmatrix}.$$

分别取 $\mathbf{K}$ 为有理数域、实数域和复数域，求 T 的特征值与特征向量.

解　$\boldsymbol{A}$ 的特征多项式为

$$\det(\lambda\boldsymbol{E}-\boldsymbol{A})=(\lambda-2)(\lambda^2-2\lambda-2).$$

如果在有理数域中考虑，则 T 只有一个特征值 $\lambda=2$. 把 $\lambda=2$ 代入 $(\lambda\boldsymbol{E}-\boldsymbol{A})\boldsymbol{x}=\boldsymbol{0}$ 得到它的基础解系 $(-2,1,0)^{\mathrm{T}}$，于是 T 属于 $\lambda=2$ 的全部特征向量为 $k(-2\boldsymbol{\alpha}_1+\boldsymbol{\alpha}_2)$，$k$ 为任意非零有理数. 如果在实数域中考虑，则除去 $\lambda_1=2$ 外，T 还有两个特征值 $\lambda_{2,3}=1\pm\sqrt{3}$，把 $\lambda_{2,3}=1\pm\sqrt{3}$，分别代入 $(\lambda\boldsymbol{E}-\boldsymbol{A})\boldsymbol{x}=\boldsymbol{0}$ 得它们的基础解系分别为

$$\begin{pmatrix}6+3\sqrt{3}\\-2-\sqrt{3}\\1\end{pmatrix}\quad\text{和}\quad\begin{pmatrix}6-3\sqrt{3}\\-2+\sqrt{3}\\1\end{pmatrix}.$$

所以 T 属于 $\lambda_1=2,\lambda_2=1+\sqrt{3},\lambda_3=1-\sqrt{3}$ 的全部特征向量分别为

$$k(-2\boldsymbol{\alpha}_1+\boldsymbol{\alpha}_2),$$
$$l[(6+3\sqrt{3})\boldsymbol{\alpha}_1-(2+\sqrt{3})\boldsymbol{\alpha}_2+\boldsymbol{\alpha}_3],$$
$$m[(6-3\sqrt{3})\boldsymbol{\alpha}_1+(-2+\sqrt{3})\boldsymbol{\alpha}_2+\boldsymbol{\alpha}_3],$$

其中 k,l,m 为任意非零实数. 如果在复数域中考虑，T 的特征值与特值向量同上，只是其中 k,l,m 为任意非零复数.

由上例可见，线性变换(包括矩阵)的特征值与特征向量的概念与所考虑的数域有关. 在不同的数域中，可能得到不同的结果，其原因是由于多项式的根是与所考虑的数域有关的. 因为 n 次复系数多项式在复数域中一定有 n 个根. 所以在复数域中考虑时，n 维线性空间上的任一线性变换或任一 n 阶方阵一定有 n 个特征值.

与矩阵的特征值与特征向量一样，线性变换的特征值与特征向量具有如下一些性质(证明请读者完成).

性质 1　设 T 是数域 $\mathbf{K}$ 上线性空间 V 的线性变换，如果 T 的属于同一个特征值的特征向量的线性组合不是零元素，则它仍是 T 的属于这个特征值的特征向量.

由此性质即知，如果 λ 是线性变换 T 的特征值，则集合

$$\mathrm{V}_\lambda=\{\boldsymbol{\xi}\mid T(\boldsymbol{\xi})=\lambda\boldsymbol{\xi},\boldsymbol{\xi}\in\mathrm{V}\},$$

即属于特征值 λ 的特征向量的全体再添加零向量所构成的集合，是线性空间 V 的子空间，称为 T 属于特征值 λ 的**特征子空间**.

性质 2 设 T 是数域 **K** 上线性空间 V 的线性变换，$f(x)$ 是 x 的多项式

$$f(x)=a_sx^s+a_{s-1}x^{s-1}+\cdots+a_1x+a_0 \quad (a_i\in\mathbf{K}).$$

如果 λ 是 T 的特征值，$\boldsymbol{\xi}$ 是属于 λ 的特征向量，则 T 的多项式

$$f(T)=a_sT^s+a_{s-1}T^{s-1}+\cdots+a_1T+a_0E$$

的特征值是 $f(\lambda)$，属于 $f(\lambda)$ 的特征向量仍为 $\boldsymbol{\xi}$.

性质 3 线性变换 T 的属于不同特征值的特征向量是线性无关的.

性质 4 如果 $\lambda_1,\lambda_2,\cdots,\lambda_m$ 是线性变换 T 的互异特征值，$\boldsymbol{\xi}_{i1},\boldsymbol{\xi}_{i2},\cdots,\boldsymbol{\xi}_{is_i}$ 是属于特征值 λ_i 的线性无关的特征向量 $(i=1,2,\cdots,m)$，则元素组

$$\boldsymbol{\xi}_{11},\cdots,\boldsymbol{\xi}_{1s_1},\boldsymbol{\xi}_{21},\cdots,\boldsymbol{\xi}_{2s_2},\cdots,\boldsymbol{\xi}_{m1},\cdots,\boldsymbol{\xi}_{ms_m}$$

也线性无关.

10.5.2 化简线性变换的矩阵

线性变换的矩阵与所取的基有关，同一个线性变换在不同基下的矩阵一般是不相等的. 为了便于利用矩阵来研究线性变换，必须弄清楚同一个线性变换在不同基下矩阵间的关系.

定理 10.9 设 V 是数域 **K** 上的 n 维线性空间，$\boldsymbol{\alpha}_1,\boldsymbol{\alpha}_2,\cdots,\boldsymbol{\alpha}_n$ 和 $\boldsymbol{\beta}_1,\boldsymbol{\beta}_2,\cdots,\boldsymbol{\beta}_n$ 是 V 的两个基. 又设由基 $\boldsymbol{\alpha}_1,\boldsymbol{\alpha}_2,\cdots,\boldsymbol{\alpha}_n$ 到 $\boldsymbol{\beta}_1,\boldsymbol{\beta}_2,\cdots,\boldsymbol{\beta}_n$ 的过渡矩阵为 $\boldsymbol{P}$. 则 V 上的线性变换 T 在基 $\boldsymbol{\alpha}_1,\boldsymbol{\alpha}_2,\cdots,\boldsymbol{\alpha}_n$ 下的矩阵 $\mathbf{A}$ 和在基 $\boldsymbol{\beta}_1,\boldsymbol{\beta}_2,\cdots,\boldsymbol{\beta}_n$ 下的矩阵 $\boldsymbol{B}$ 满足

$$\boldsymbol{B}=\boldsymbol{P}^{-1}\mathbf{A}\boldsymbol{P}.$$

证 由假设

$$T(\boldsymbol{\alpha}_1,\boldsymbol{\alpha}_2,\cdots,\boldsymbol{\alpha}_n)=(\boldsymbol{\alpha}_1,\boldsymbol{\alpha}_2,\cdots,\boldsymbol{\alpha}_n)\mathbf{A},$$
$$T(\boldsymbol{\beta}_1,\boldsymbol{\beta}_2,\cdots,\boldsymbol{\beta}_n)=(\boldsymbol{\beta}_1,\boldsymbol{\beta}_2,\cdots,\boldsymbol{\beta}_n)\boldsymbol{B},$$
$$(\boldsymbol{\beta}_1,\boldsymbol{\beta}_2,\cdots,\boldsymbol{\beta}_n)=(\boldsymbol{\alpha}_1,\boldsymbol{\alpha}_2,\cdots,\boldsymbol{\alpha}_n)\boldsymbol{P},$$

于是

$$\begin{aligned}T(\boldsymbol{\beta}_1,\boldsymbol{\beta}_2,\cdots,\boldsymbol{\beta}_n)&=T((\boldsymbol{\alpha}_1,\boldsymbol{\alpha}_2,\cdots,\boldsymbol{\alpha}_n)\boldsymbol{P})=T(\boldsymbol{\alpha}_1,\boldsymbol{\alpha}_2,\cdots,\boldsymbol{\alpha}_n)\boldsymbol{P}\\&=(\boldsymbol{\alpha}_1,\boldsymbol{\alpha}_2,\cdots,\boldsymbol{\alpha}_n)\mathbf{A}\boldsymbol{P}=(\boldsymbol{\beta}_1,\boldsymbol{\beta}_2,\cdots,\boldsymbol{\beta}_n)\boldsymbol{P}^{-1}\mathbf{A}\boldsymbol{P}.\end{aligned}$$

由此即得 $\boldsymbol{B}=\boldsymbol{P}^{-1}\mathbf{A}\boldsymbol{P}$. ▌

例 10.20 在例 10.12 中，由基 $1,x,x^2,\cdots,x^n$ 到 $1,\frac{1}{1!}x,\frac{1}{2!}x^2,\cdots,\frac{1}{n!}x^n$ 的过渡矩阵为

$$\boldsymbol{P}=\mathrm{diag}\left(1,\frac{1}{1!},\frac{1}{2!},\cdots,\frac{1}{n!}\right).$$

请读者自己验证：

$$P^{-1}\begin{pmatrix}0 & 1 & 0 & \cdots & 0\\ & \ddots & 2 & \ddots & \vdots\\ & & \ddots & \ddots & 0\\ & & & \ddots & n\\ & & & & 0\end{pmatrix}P=\begin{pmatrix}0 & 1 & 0 & \cdots & 0\\ & \ddots & 1 & \ddots & \vdots\\ & & \ddots & \ddots & 0\\ & & & \ddots & 1\\ & & & & 0\end{pmatrix}.$$

定理 10.9 表明,同一个线性变换在不同基下的矩阵是相似的,且相似变换矩阵恰为两个基的过渡矩阵.为了更直接地反映线性变换的性质,我们希望适当地选择一个基,使得线性变换在这个基下的矩阵尽可能得简单,这归结为矩阵在相似变换下的化简问题.

根据矩阵可对角化的条件可以得出线性变换在某个基下的矩阵是对角矩阵的条件.

定理 10.10　设 T 是数域 $\mathbf{K}$ 上 n 维线性空间 V 的线性变换,存在 V 的一个基使得 T 在这个基下的矩阵是对角矩阵的充分必要条件和充分条件如下:

(1) 充分必要条件:T 有 n 个线性无关的特征向量;

(2) 充分条件:T 有 n 个互异的特征值;

(3) 充分必要条件:T 有 n 个特征值,且属于每个重特征值的线性无关特征向量的个数,恰等于该特征值的重数.

例 10.21　已知 $\mathbf{K}^{2\times2}$ 的线性变换 T:

$$T(\boldsymbol{X})=\boldsymbol{MX}-\boldsymbol{XM},\quad \forall\, \boldsymbol{X}\in\mathbf{K}^{2\times2},\quad \boldsymbol{M}=\begin{pmatrix}1 & 2\\ 0 & 3\end{pmatrix}.$$

试求 $\mathbf{K}^{2\times2}$ 的一个基,使 T 在这个基下的矩阵为对角矩阵.

解　例 10.17 已求得 T 的特征值为 $\lambda_1=\lambda_2=0,\lambda_3=-2,\lambda_4=2$,且属于 $\lambda_1=\lambda_2=0$ 有两个线性无关的特征向量

$$\boldsymbol{X}_1=\begin{pmatrix}-1 & 1\\ 0 & 0\end{pmatrix},\quad \boldsymbol{X}_2=\begin{pmatrix}1 & 0\\ 0 & 1\end{pmatrix},$$

而属于 $\lambda_3=-2$ 和 $\lambda_4=2$ 的特征向量分别为

$$\boldsymbol{X}_3=\begin{pmatrix}0 & 1\\ 0 & 0\end{pmatrix},\quad \boldsymbol{X}_4=\begin{pmatrix}-1 & 1\\ -1 & 1\end{pmatrix},$$

故可取 $\mathbf{K}^{2\times2}$ 的基为 $\boldsymbol{X}_1,\boldsymbol{X}_2,\boldsymbol{X}_3,\boldsymbol{X}_4$,且 T 在这个基下的矩阵为

$$\begin{pmatrix}0 & & & \\ & 0 & & \\ & & -2 & \\ & & & 2\end{pmatrix}.$$

利用Jordan标准形的理论可得

定理 10.11 设 T 是数域 $\mathbf{K}$ 上 n 维线性空间 V 的线性变换. 如果 T 有 n 个特征值,则存在 V 的一个基,使得 T 在这个基下的矩阵为 Jordan 矩阵.

例 10.22 已知 $\mathbf{K}[x]_2$ 的线性变换 T:

$$T(a+bx+cx^2)=(8a+6b+5c)-(a-b+c)x-(9a+9b+5c)x^2.$$

试求 $\mathbf{K}[x]_2$ 的一个基,使 T 在这个基下的矩阵为 Jordan 矩阵.

解 取 $\mathbf{K}[x]_2$ 的基 $1,x,x^2$. 因为

$$T(1)=8-x-9x^2,\quad T(x)=6+x-9x^2,\quad T(x^2)=5-x-5x^2,$$

所以 T 在该基下的矩阵为

$$\boldsymbol{A}=\begin{pmatrix}8 & 6 & 5\\ -1 & 1 & -1\\ -9 & -9 & -5\end{pmatrix}.$$

$\boldsymbol{A}$ 的特征多项式 $\det(\lambda\boldsymbol{E}-\boldsymbol{A})=(\lambda-1)^2(\lambda-2)$, 于是 $\boldsymbol{A}$ 的特征值为 $\lambda_1=\lambda_2=1$, $\lambda_3=2$. 可求得属于 $\lambda_1=\lambda_2=1$ 有一个线性无关的特征向量

$$\boldsymbol{p}_1=(-3,1,3)^{\mathrm{T}}.$$

求解 $(\boldsymbol{E}-\boldsymbol{A})\boldsymbol{x}=-\boldsymbol{x}_1$ 得属于特征值 1 的广义特征向量

$$\boldsymbol{p}_2=(1,-2,0)^{\mathrm{T}}.$$

又属于特征值 $\lambda_3=2$ 的特征向量为

$$\boldsymbol{p}_3=(-1,1,0)^{\mathrm{T}}.$$

令

$$\boldsymbol{P}=(\boldsymbol{p}_1,\boldsymbol{p}_2,\boldsymbol{p}_3)=\begin{pmatrix}-3 & 1 & -1\\ 1 & -2 & 1\\ 3 & 0 & 0\end{pmatrix},$$

则所求的基 $f_1(x),f_2(x),f_3(x)$ 满足

$$(f_1(x),f_2(x),f_3(x))=(1,x,x^2)\boldsymbol{P},$$

即

$$f_1(x)=-3+x+3x^2,\quad f_2(x)=1-2x,\quad f_3(x)=-1+x,$$

且 T 在该基下的矩阵为

$$\boldsymbol{J}=\begin{pmatrix}1 & 1 & \\ & 1 & \\ & & 2\end{pmatrix}.$$

以上介绍了用相似矩阵的有关结论讨论线性变换所得的一些结果. 从另一方面来看,我们也可以应用线性空间和线性变换的一些概念和方法来讨论矩阵. 有些矩阵问题用线性空间及线性变换的方法比较容易解决.

例 10.23　证明实矩阵 $A=\begin{pmatrix} a_1 & & & \\ & a_2 & & \\ & & \ddots & \\ & & & a_n \end{pmatrix}$ 与 $B=\begin{pmatrix} a_{j_1} & & & \\ & a_{j_2} & & \\ & & \ddots & \\ & & & a_{j_n} \end{pmatrix}$ 相似,其中 $j_1,j_2,\cdots,j_n$ 是 $1,2,\cdots,n$ 的一个排列.

证　取 $\mathbf{K}^n$ 的基 $\boldsymbol{e}_1,\boldsymbol{e}_2,\cdots,\boldsymbol{e}_n$,做 $\mathbf{K}^n$ 的线性变换 T:

$$T(\boldsymbol{e}_i)=a_i\boldsymbol{e}_i\quad(i=1,2,\cdots,n),$$

则 T 在基 $\boldsymbol{e}_1,\boldsymbol{e}_2,\cdots,\boldsymbol{e}_n$ 下的矩阵为 $\boldsymbol{A}$. 令

$$\boldsymbol{x}_1=\boldsymbol{e}_{j_1},\quad \boldsymbol{x}_2=\boldsymbol{e}_{j_2},\cdots,\boldsymbol{x}_n=\boldsymbol{e}_{j_n},$$

则 $\boldsymbol{x}_1,\boldsymbol{x}_2,\cdots,\boldsymbol{x}_n$ 也是 $\mathbf{K}^n$ 的一组基. 由于

$$T(\boldsymbol{x}_1)=a_{j_1}\boldsymbol{x}_1,\quad T(\boldsymbol{x}_2)=a_{j_2}\boldsymbol{x}_2,\cdots,T(\boldsymbol{x}_n)=a_{j_n}\boldsymbol{x}_n,$$

可见 T 在基 $\boldsymbol{x}_1,\boldsymbol{x}_2,\cdots,\boldsymbol{x}_n$ 下的矩阵为 $\boldsymbol{B}$,从而 $\boldsymbol{A}$ 与 $\boldsymbol{B}$ 相似. ▌

例 10.24　设 λ_0 是 n 阶方阵 $\boldsymbol{A}$ 的 k 重特征值,试证:$\boldsymbol{A}$ 的属于特征值 λ_0 的线性无关特征向量最多有 k 个.

证　设 V 是 n 维线性空间,$\boldsymbol{\alpha}_1,\boldsymbol{\alpha}_2,\cdots,\boldsymbol{\alpha}_n$ 是 V 的一个基. 再设线性变换 T 在基 $\boldsymbol{\alpha}_1,\boldsymbol{\alpha}_2,\cdots,\boldsymbol{\alpha}_n$ 下的矩阵为 $\boldsymbol{A}$. 如果 $\boldsymbol{A}$ 的属于 λ_0 的线性无关特征向量有 l 个,则 T 属于 λ_0 的线性无关特征向量也有 l 个,设为 $\boldsymbol{\xi}_1,\cdots,\boldsymbol{\xi}_l$. 把 $\boldsymbol{\xi}_1,\cdots,\boldsymbol{\xi}_l$ 扩充成 V 的一个基

$$\boldsymbol{\xi}_1,\cdots,\boldsymbol{\xi}_l,\boldsymbol{\xi}_{l+1},\cdots,\boldsymbol{\xi}_n,$$

则因 $T(\boldsymbol{\xi}_i)=\lambda_0\boldsymbol{\xi}_i\,(i=1,\cdots,l)$,所以 T 在这个基下的矩阵 $\boldsymbol{B}$ 具有如下形式:

$$\boldsymbol{B}=\begin{pmatrix} \lambda_0 & 0 & \cdots & 0 & b_{1,l+1} & \cdots & b_{1n} \\ 0 & \lambda_0 & \cdots & 0 & b_{2,l+1} & \cdots & b_{2n} \\ \vdots & \vdots & & \vdots & \vdots & & \vdots \\ 0 & 0 & \cdots & \lambda_0 & b_{l,l+1} & \cdots & b_{ln} \\ 0 & 0 & \cdots & 0 & b_{l+1,l+1} & \cdots & b_{l+1,n} \\ \vdots & \vdots & & \vdots & \vdots & & \vdots \\ 0 & 0 & \cdots & 0 & b_{n,l+1} & \cdots & b_{nn} \end{pmatrix},$$

于是

$$\det(\lambda\boldsymbol{E}-\boldsymbol{B})=(\lambda-\lambda_0)^l g(\lambda).$$

因为 $\boldsymbol{B}$ 与 $\boldsymbol{A}$ 是相似的,所以

$$\det(\lambda\boldsymbol{E}-\boldsymbol{A})=\det(\lambda\boldsymbol{E}-\boldsymbol{B}),$$

因此 $l\leqslant k$. ▌

10.6　不变子空间

前面讨论了利用线性变换的特征向量化简这个线性变换的矩阵的问题. 这里

将要介绍的概念——线性变换的不变子空间，是特征向量的推广，它更深入地说明线性变换的矩阵化简与线性变换的内在联系.

定义 10.6 设 T 是数域 $\mathbf{K}$ 上线性空间 V 的一个线性变换，W 是 V 的一个子空间. 如果 W 中的元素在 T 下的象仍在 W 中，即对 $\forall \boldsymbol{\alpha} \in \mathrm{W}$，都有 $T(\boldsymbol{\alpha}) \in \mathrm{W}$，就称 W 是 T 的一个**不变子空间**.

显然，线性空间 V 本身，及 V 的子空间$\{\boldsymbol{\theta}\}$都是 T 的不变子空间，称它们为 T 的**平凡不变子空间**. 除此以外的其他不变子空间称为 T 的**非平凡不变子空间**.

例 10.25 设 T 是线性空间 V 的线性变换，λ 是 T 的一个特征值，则 T 的属于特征值 λ 的特征子空间 V_λ 是 T 的一个不变子空间.

例 10.26 线性变换 T 的值域 $\mathrm{R}(T)$ 和核 $\mathrm{N}(T)$ 都是 T 的不变子空间.

例 10.27 设 T 是数域 $\mathbf{K}$ 上线性空间 V 的一个线性变换. 试证：T 的不变子空间的交与和仍是 T 的不变子空间.

证 设 W_1，W_2 均是 T 的不变子空间. 前面已证得 $\mathrm{W}_1 \cap \mathrm{W}_2$ 及 $\mathrm{W}_1 + \mathrm{W}_2$ 都是 V 的子空间.

任取 $\boldsymbol{\alpha} \in \mathrm{W}_1 \cap \mathrm{W}_2$，则有 $\boldsymbol{\alpha} \in \mathrm{W}_1$ 和 $\boldsymbol{\alpha} \in \mathrm{W}_2$. 由于 W_1，W_2 都是 T 的不变子空间，因此 $T(\boldsymbol{\alpha}) \in \mathrm{W}_1$，$T(\boldsymbol{\alpha}) \in \mathrm{W}_2$，于是 $T(\boldsymbol{\alpha}) \in \mathrm{W}_1 \cap \mathrm{W}_2$，故 $\mathrm{W}_1 \cap \mathrm{W}_2$ 是 T 的不变子空间.

任取 $\boldsymbol{\alpha} = \boldsymbol{\alpha}_1 + \boldsymbol{\alpha}_2 \in \mathrm{W}_1 + \mathrm{W}_2$，其中 $\boldsymbol{\alpha}_1 \in \mathrm{W}_1$，$\boldsymbol{\alpha}_2 \in \mathrm{W}_2$. 由于 $T(\boldsymbol{\alpha}_1) \in \mathrm{W}_1$，$T(\boldsymbol{\alpha}_2) \in \mathrm{W}_2$，从而 $T(\boldsymbol{\alpha}) = T(\boldsymbol{\alpha}_1) + T(\boldsymbol{\alpha}_2) \in \mathrm{W}_1 + \mathrm{W}_2$，故 $\mathrm{W}_1 + \mathrm{W}_2$ 也是 T 的不变子空间. ▌

下面说明如何应用 T 的不变子空间来化简 T 的矩阵.

设 T 是数域 $\mathbf{K}$ 上 n 维线性空间 V 的一个线性变换，W 是 T 的一个非平凡不变子空间. 在 W 中任取一个基 $\boldsymbol{\alpha}_1, \boldsymbol{\alpha}_2, \cdots, \boldsymbol{\alpha}_t$，把它扩充成 V 的一个基

$$\boldsymbol{\alpha}_1, \cdots, \boldsymbol{\alpha}_t, \boldsymbol{\alpha}_{t+1}, \cdots, \boldsymbol{\alpha}_n.$$

由于 $T(\boldsymbol{\alpha}_i) \in \mathrm{W}(i=1,2,\cdots,t)$，它们可由 $\boldsymbol{\alpha}_1, \cdots, \boldsymbol{\alpha}_t$ 线性表示，故可设

$$\begin{cases} T(\boldsymbol{\alpha}_1) = a_{11}\boldsymbol{\alpha}_1 + \cdots + a_{t1}\boldsymbol{\alpha}_t, \\ \qquad\cdots\cdots \\ T(\boldsymbol{\alpha}_t) = a_{1t}\boldsymbol{\alpha}_1 + \cdots + a_{tt}\boldsymbol{\alpha}_t, \\ T(\boldsymbol{\alpha}_{t+1}) = a_{1,t+1}\boldsymbol{\alpha}_1 + \cdots + a_{t,t+1}\boldsymbol{\alpha}_t + a_{t+1,t+1}\boldsymbol{\alpha}_{t+1} + \cdots + a_{n,t+1}\boldsymbol{\alpha}_n, \\ \qquad\cdots\cdots \\ T(\boldsymbol{\alpha}_n) = a_{1n}\boldsymbol{\alpha}_1 + \cdots + a_{tn}\boldsymbol{\alpha}_t + a_{t+1,n}\boldsymbol{\alpha}_{t+1} + \cdots + a_{nn}\boldsymbol{\alpha}_n. \end{cases}$$

因此，T 在这个基下的矩阵是

$$\boldsymbol{A} = \begin{pmatrix} a_{11} & \cdots & a_{1t} & a_{1,t+1} & \cdots & a_{1n} \\ \vdots & & \vdots & \vdots & & \vdots \\ a_{t1} & \cdots & a_{tt} & a_{t,t+1} & \cdots & a_{tn} \\ 0 & \cdots & 0 & a_{t+1,t+1} & \cdots & a_{t+1,n} \\ \vdots & & \vdots & \vdots & & \vdots \\ 0 & \cdots & 0 & a_{n,t+1} & \cdots & a_{nn} \end{pmatrix} = \begin{pmatrix} \boldsymbol{A}_{11} & \boldsymbol{A}_{12} \\ \boldsymbol{O} & \boldsymbol{A}_{22} \end{pmatrix}.$$

反之,如果线性变换 T 在基 $\boldsymbol{\alpha}_1,\cdots,\boldsymbol{\alpha}_t,\boldsymbol{\alpha}_{t+1},\cdots,\boldsymbol{\alpha}_n$ 下的矩阵具有上述形式,其中 $\boldsymbol{A}_{11}$ 是一个 t 阶方阵,则由 $\boldsymbol{\alpha}_1,\cdots,\boldsymbol{\alpha}_t$ 生成的子空间是 T 的不变子空间.

更进一步,如果线性空间 V 可以分解成若干个 T 的不变子空间 $\mathrm{W}_i(i=1,2,\cdots,m)$的直和

$$\mathrm{V}=\mathrm{W}_1\oplus\mathrm{W}_2\oplus\cdots\oplus\mathrm{W}_m \quad (m\geqslant 2),$$

在每个 W_i 中取定一个基

$$\boldsymbol{\alpha}_{i1},\boldsymbol{\alpha}_{i2},\cdots,\boldsymbol{\alpha}_{ir_i} \quad (i=1,2,\cdots,m),$$

把它们合起来成为 V 的一个基:

$$\boldsymbol{\alpha}_{11},\cdots,\boldsymbol{\alpha}_{1r_1},\boldsymbol{\alpha}_{21},\cdots,\boldsymbol{\alpha}_{2r_2},\cdots,\boldsymbol{\alpha}_{m1},\cdots,\boldsymbol{\alpha}_{mr_m}.$$

则由于 $\mathrm{W}_i(i=1,2,\cdots,m)$是 T 的不变子空间,$T(\boldsymbol{\alpha}_{ij})(j=1,2,\cdots,r_i)$仍在 W_i 中,可以表示成 $\boldsymbol{\alpha}_{i1},\boldsymbol{\alpha}_{i2},\cdots,\boldsymbol{\alpha}_{ir_i}$ 的线性组合,所以 T 在这个基下的矩阵是分块对角矩阵

$$\begin{pmatrix}\boldsymbol{A}_1 & & & \\ & \boldsymbol{A}_2 & & \\ & & \ddots & \\ & & & \boldsymbol{A}_m\end{pmatrix},$$

其中 $\boldsymbol{A}_i$ 是 r_i 阶方阵 $(i=1,2,\cdots,m)$.

反之,如果 T 在这个基下的矩阵是上述的分块对角矩阵,则由 $\boldsymbol{\alpha}_{i1},\cdots,\boldsymbol{\alpha}_{ir_i}$ 生成的子空间 $\mathrm{W}_i(i=1,2,\cdots,m)$是 T 的不变子空间,且 V 是它们的直和.

由此可知,线性变换的矩阵的化简与不变子空间有着密切的联系.

必须指出,线性空间 V 的不变子空间的直和分解是比 V 的子空间的直和分解要求更高的一种分解,因为它要求每个子空间都是 T 的不变子空间. 至于如何进行这种分解,此处不再阐述.

习　题　10

1. 判别下列映射中哪些是线性映射?

   (1) 由 $\mathbf{K}^2$ 到 $\mathbf{K}^3$ 的映射 $F(x_1,x_2)=(x_1,x_1-x_2,x_1+x_2)$;

   (2) 由 $\mathbf{K}^2$ 到 $\mathbf{K}^4$ 的映射 $G(x_1,x_2)=(x_2,x_1^2+x_2,-x_1,0)$;

   (3) 线性空间 $\mathbf{K}[x]$中的变换 $T(f(x))=f(x+1)$;

   (4) 数域 $\mathbf{K}$ 上线性空间 V 的变换

   $$T(\boldsymbol{\alpha})=\boldsymbol{\alpha}+\boldsymbol{\alpha}_0 \quad (\boldsymbol{\alpha}_0 \text{ 是 V 中一个取定的元素}).$$

2. 求 $\mathbf{K}^3$ 的一个线性变换 T,满足

   $$T(1,-1,-3)=(1,0,-1),\quad T(2,1,1)=(2,-1,1),\quad T(1,0,-1)=(1,0,-1).$$

3. 设 T 是 $\mathbf{K}^3$ 的线性变换:

   $$T(x_1,x_2,x_3)=(0,x_1+x_2+x_3,0),$$

求 T 的值域与核的维数和基.

4. 设 D 是 $\mathbf{K}[x]_n$ 的线性变换：

$$D(f(x))=f'(x),$$

求 D 的值域与核的维数和基.

5. 设线性空间 $\mathbf{K}^3$ 的线性变换 T,S 如下：

$T(x_1,x_2,x_3)=(x_1,x_2,x_1+x_2)$， $S(x_1,x_2,x_3)=(x_1+x_2-x_3,0,-x_1-x_2)$.

(1) 求 $T+S,T-S,2T$； (2) 求 TS,ST,T^2.

6. 已知线性空间 $\mathbf{K}^3$ 的线性变换 T 为

$$T(x_1,x_2,x_3)=(x_1+x_2+x_3,x_2+x_3,x_3).$$

证明 T 为可逆变换,并求 T^{-1}.

7. 已知 $\mathbf{K}^3$ 的线性变换 $T(x_1,x_2,x_3)=(0,x_1,x_2)$,求 T^2 的值域与核的基与维数.

8. 已知 $\mathbf{K}[x]_n$ 的两个线性变换

$$T(f(x))=f'(x),\quad S(f(x))=xf(x),$$

证明 $TS-ST=E$.

9. 设 T 是线性空间 V 的线性变换,$\boldsymbol{\alpha}\in$ V 且 $T^{k-1}(\boldsymbol{\alpha})\neq\boldsymbol{\theta}$,$T^k(\boldsymbol{\alpha})=\boldsymbol{\theta}(k>1)$,证明元素组 $\boldsymbol{\alpha},T(\boldsymbol{\alpha}),T^2(\boldsymbol{\alpha}),\cdots,T^{k-1}(\boldsymbol{\alpha})$线性无关.

10. 假定 T 是 $\mathbf{K}^4$ 到 $\mathbf{K}^3$ 的线性映射

$$T(x_1,x_2,x_3,x_4)=(x_1+2x_2,x_4-3x_1,-x_3),$$

求 T 在 $\mathbf{K}^4$ 的单位坐标向量 $\boldsymbol{e}_1,\boldsymbol{e}_2,\boldsymbol{e}_3,\boldsymbol{e}_4$ 和 $\mathbf{K}^3$ 的单位坐标向量 $\tilde{\boldsymbol{e}}_1,\tilde{\boldsymbol{e}}_2,\tilde{\boldsymbol{e}}_3$ 下的矩阵.

11. 求 $\mathbf{R}^3$ 中将向量投影到 xOy 面上的线性变换 T,分别在基 $\boldsymbol{i},\boldsymbol{j},\boldsymbol{k}$ 和 $\boldsymbol{i},\boldsymbol{j},\boldsymbol{i}+\boldsymbol{j}+\boldsymbol{k}$ 下的矩阵.

12. 函数集合

$$\mathrm{V}=\{(a_2x^2+a_1x+a_0)\mathrm{e}^x\mid a_2,a_1,a_0\in\mathbf{R}\}$$

对于函数的加法与数乘构成 $\mathbf{R}$ 上的三维线性空间. 取 V 的基 $x^2\mathrm{e}^x,x\mathrm{e}^x,\mathrm{e}^x$,求微分运算 D 在这个基下的矩阵.

13. 已知 $\mathbf{R}^3$ 的线性变换 T 使得

$$T(\boldsymbol{k})=2\boldsymbol{i}+3\boldsymbol{j}+5\boldsymbol{k},\quad T(\boldsymbol{j}+\boldsymbol{k})=\boldsymbol{i},\quad T(\boldsymbol{i}+\boldsymbol{j}+\boldsymbol{k})=\boldsymbol{j}-\boldsymbol{k}.$$

(1) 计算 $T(4\boldsymbol{i}-\boldsymbol{j}+\boldsymbol{k})$； (2) 求 T 在基 $\boldsymbol{i},\boldsymbol{j},\boldsymbol{k}$ 下的矩阵和 T 的秩.

14. 已知 $\mathbf{K}^{2\times 2}$ 的变换

$$T(\boldsymbol{X})=\begin{pmatrix}a&b\\c&d\end{pmatrix}\boldsymbol{X},\quad S(\boldsymbol{X})=\boldsymbol{X}\begin{pmatrix}a&b\\c&d\end{pmatrix},\quad U(\boldsymbol{X})=\begin{pmatrix}a&b\\c&d\end{pmatrix}\boldsymbol{X}\begin{pmatrix}a&b\\c&d\end{pmatrix}\quad(\boldsymbol{X}\in\mathbf{K}^{2\times 2}).$$

(1) 证明 T,S,U 均是线性变换；

(2) 求 T,S,U 在基 $\boldsymbol{E}_{11},\boldsymbol{E}_{12},\boldsymbol{E}_{21},\boldsymbol{E}_{22}$ 下的矩阵.

15. 已知 $\mathbf{K}^3$ 的线性变换 T 在基 $\boldsymbol{a}_1=(-1,1,1),\boldsymbol{a}_2=(1,0,-1),\boldsymbol{a}_3=(0,1,1)$下的矩阵是

$$\begin{pmatrix}1&0&1\\1&1&0\\-1&2&1\end{pmatrix},$$

求 T 在基 $\boldsymbol{e}_1,\boldsymbol{e}_2,\boldsymbol{e}_3$ 下的矩阵.

16. 设 $\mathbf{K}^3$ 的线性变换 T 和 S 定义如下：

$T(x_1,x_2,x_3)=(2x_1-x_2,x_2-x_3,x_2+x_3)$;

$S(-1,0,2)=(-5,0,3)$, $S(0,1,1)=(0,-1,6)$, $S(-1,-1,0)=(-5,-1,0)$.

(1) 证明 T 和 S 都是可逆的;

(2) 求 T^{-1}, TS, $T+S$ 在基 $\boldsymbol{e}_1,\boldsymbol{e}_2,\boldsymbol{e}_3$ 下的矩阵.

17. 已知 $\mathbf{K}^{2\times 2}$ 的线性变换 T:

$$T(\boldsymbol{X})=\boldsymbol{MXN},\quad \forall \boldsymbol{X}\in \mathbf{K}^{2\times 2},\quad \boldsymbol{M}=\begin{pmatrix}1&0\\1&1\end{pmatrix},\quad \boldsymbol{N}=\begin{pmatrix}1&-1\\-1&1\end{pmatrix}.$$

求 T 的特征值与特征向量.

18. 设 T 是 $\mathbf{R}^3$ 的一个线性变换,且

$$T(1,0,0)=(5,6,-3),\quad T(0,1,0)=(-1,0,1),\quad T(0,0,1)=(1,2,1),$$

求 T 的特征值和特征向量.

19. 设 T 是数域 $\mathbf{K}$ 上三维线性空间 V 的一个线性变换,$\boldsymbol{\alpha}_1,\boldsymbol{\alpha}_2,\boldsymbol{\alpha}_3$ 是 V 的一个基. 已知

$$T(\boldsymbol{\alpha}_1)=\boldsymbol{\alpha}_1+2\boldsymbol{\alpha}_2-2\boldsymbol{\alpha}_3,\quad T(\boldsymbol{\alpha}_2)=2\boldsymbol{\alpha}_1+\boldsymbol{\alpha}_2-2\boldsymbol{\alpha}_3,\quad T(\boldsymbol{\alpha}_3)=2\boldsymbol{\alpha}_1-2\boldsymbol{\alpha}_2+\boldsymbol{\alpha}_3.$$

(1) 求 T 的全部特征值与特征向量;

(2) 求 V 的一个基,使 T 在该基下的矩阵为对角矩阵.

20. 已知 $\mathbf{K}^{2\times 2}$ 的线性变换 T:

$$T(\boldsymbol{X})=\boldsymbol{MXN},\quad \forall \boldsymbol{X}\in \mathbf{K}^{2\times 2},\quad \boldsymbol{M}=\begin{pmatrix}1&0\\1&1\end{pmatrix},\quad \boldsymbol{N}=\begin{pmatrix}1&-1\\-1&1\end{pmatrix}.$$

求 $\mathbf{K}^{2\times 2}$ 的一个基,使 T 在这个基下的矩阵为 Jordan 矩阵.

21. 设 T 是 $\mathbf{K}^3$ 的一个线性变换. 已知

$$T(1,0,0)=(5,6,-3),\quad T(0,1,0)=(-1,0,1),\quad T(0,0,1)=(1,2,1).$$

求 $\mathbf{K}^3$ 的一个基,使 T 在这个基下的矩阵为 Jordan 矩阵.

22. 设 T_1,T_2 是数域 $\mathbf{K}$ 上线性空间 V 的线性变换,且 $T_1T_2=T_2T_1$. 证明:如果 λ_0 是 T_1 的特征值,则 V_{λ_0} 是 T_2 的不变子空间.

第 11 章 欧氏空间

线性空间的许多例子说明,它应用的范围是很广泛的.但是在线性空间中,向量之间的运算只有加法和数乘这两种线性运算.与几何空间比较,就会发现向量的度量性质,如向量的长度、向量间的夹角等,在线性空间的理论中都没有得到反映.向量的度量性质在许多问题中是很重要的,因此有必要在线性空间中引入度量的概念.

11.1 欧氏空间的概念

在几何空间中,向量的长度、夹角等度量性质都可以通过向量的内积表示出来,而且向量的内积有比较明显的代数性质,容易计算.因此,在抽象的讨论中,我们就取内积作为度量性质的基本概念.

定义 11.1 设 V 是实数域 $\mathbf{R}$ 上的线性空间,如果对于 V 中任意两个向量 $\boldsymbol{\alpha},\boldsymbol{\beta}$ 都有一实数与之对应,记为 $\langle\boldsymbol{\alpha},\boldsymbol{\beta}\rangle$,且它满足下列条件($\boldsymbol{\alpha},\boldsymbol{\beta},\boldsymbol{\gamma}\in \mathrm{V},k\in\mathbf{R}$):

(1) $\langle\boldsymbol{\alpha},\boldsymbol{\beta}\rangle=\langle\boldsymbol{\beta},\boldsymbol{\alpha}\rangle$;

(2) $\langle\boldsymbol{\alpha}+\boldsymbol{\beta},\boldsymbol{\gamma}\rangle=\langle\boldsymbol{\alpha},\boldsymbol{\gamma}\rangle+\langle\boldsymbol{\beta},\boldsymbol{\gamma}\rangle$;

(3) $\langle k\boldsymbol{\alpha},\boldsymbol{\beta}\rangle=k\langle\boldsymbol{\alpha},\boldsymbol{\beta}\rangle$;

(4) $\langle\boldsymbol{\alpha},\boldsymbol{\alpha}\rangle\geqslant 0$;当且仅当 $\boldsymbol{\alpha}=\boldsymbol{\theta}$ 时,$\langle\boldsymbol{\alpha},\boldsymbol{\alpha}\rangle=0$.

则称实数 $\langle\boldsymbol{\alpha},\boldsymbol{\beta}\rangle$ 为向量 $\boldsymbol{\alpha}$ 与 $\boldsymbol{\beta}$ 的**内积**.定义了内积的实线性空间 V 称为 **Euclid 空间**(简称**欧氏空间**),也称为**实内积空间**.

几何空间向量的数量积显然具有定义 11.1 中列举的 4 条性质,因此几何空间是一个欧氏空间.

线性空间的内涵十分广泛,引入内积的方法也是多种多样的,只要符合内积的四条性质就行.下面再看几个例子.

例 11.1 对实线性空间 $\mathbf{R}^n$ 中的向量

$$\boldsymbol{a}=(a_1,a_2,\cdots,a_n),\quad \boldsymbol{b}=(b_1,b_2,\cdots,b_n),$$

定义

$$\langle\boldsymbol{a},\boldsymbol{b}\rangle=a_1b_1+a_2b_2+\cdots+a_nb_n. \tag{11.1}$$

读者自己验证它满足内积的 4 条性质,称之为 $\mathbf{R}^n$ 的**标准内积**.在引入上述内积后,$\mathbf{R}^n$ 就是一个欧氏空间.

如果定义

$$\langle \boldsymbol{a},\boldsymbol{b}\rangle = k_1a_1b_1+k_2a_2b_2+\cdots+k_na_nb_n \quad (k_i>0,\quad i=1,2,\cdots,n),$$

则易知它也构成 $\mathbf{R}^n$ 的内积. 除非特别说明, $\mathbf{R}^n$ 中的内积总是指标准内积(11.1).

例 11.2 对于实线性空间 $C[a,b]$ 中的函数 $f(x),g(x)$,定义

$$\langle f(x),g(x)\rangle = \int_a^b f(t)g(t)\mathrm{d}t.$$

根据定积分的性质,容易验证它满足内积的 4 条性质,这样, $C[a,b]$ 就是一个欧氏空间.

例 11.3 对于实线性空间 $\mathbf{R}^{m\times n}$ 中的矩阵 $\boldsymbol{A}=(a_{ij})_{m\times n}$, $\boldsymbol{B}=(b_{ij})_{m\times n}$,定义

$$\langle \boldsymbol{A},\boldsymbol{B}\rangle = \sum_{i=1}^m\sum_{j=1}^n a_{ij}b_{ij}.$$

易知它是内积, $\mathbf{R}^{m\times n}$ 按此内积构成欧氏空间.

由内积的定义,不难得出内积的如下基本性质.

定理 11.1 设 V 是欧氏空间,且 $\boldsymbol{\alpha},\boldsymbol{\beta},\boldsymbol{\gamma},\boldsymbol{\alpha}_i,\boldsymbol{\beta}_j\in \mathrm{V}$, $k,k_i,l_j\in\mathbf{R}$,则有

(1) $\langle \boldsymbol{\alpha},k\boldsymbol{\beta}\rangle = k\langle \boldsymbol{\alpha},\boldsymbol{\beta}\rangle$;

(2) $\langle \boldsymbol{\alpha},\boldsymbol{\beta}+\boldsymbol{\gamma}\rangle = \langle \boldsymbol{\alpha},\boldsymbol{\beta}\rangle+\langle \boldsymbol{\alpha},\boldsymbol{\gamma}\rangle$;

(3) $\langle \boldsymbol{\alpha},\boldsymbol{\theta}\rangle = \langle \boldsymbol{\theta},\boldsymbol{\beta}\rangle = 0$;

(4) $\left\langle \sum_{i=1}^m k_i\boldsymbol{\alpha}_i,\sum_{j=1}^n l_j\boldsymbol{\beta}_j\right\rangle = \sum_{i=1}^m\sum_{j=1}^n k_il_j\langle \boldsymbol{\alpha}_i,\boldsymbol{\beta}_j\rangle$;

(5) $\langle \boldsymbol{\alpha},\boldsymbol{\beta}\rangle^2\leqslant\langle \boldsymbol{\alpha},\boldsymbol{\alpha}\rangle\langle \boldsymbol{\beta},\boldsymbol{\beta}\rangle$,且等号成立的充分必要条件是 $\boldsymbol{\alpha}$ 与 $\boldsymbol{\beta}$ 线性相关(称之为 **Cauchy-Schwarz 不等式**).

证 只证(5). 如果 $\boldsymbol{\alpha},\boldsymbol{\beta}$ 线性相关,不妨设 $\boldsymbol{\beta}=k\boldsymbol{\alpha}$,于是

$$\langle \boldsymbol{\alpha},\boldsymbol{\beta}\rangle^2 = \langle \boldsymbol{\alpha},k\boldsymbol{\alpha}\rangle^2 = k^2\langle \boldsymbol{\alpha},\boldsymbol{\alpha}\rangle^2 = \langle \boldsymbol{\alpha},\boldsymbol{\alpha}\rangle\langle k\boldsymbol{\alpha},k\boldsymbol{\alpha}\rangle = \langle \boldsymbol{\alpha},\boldsymbol{\alpha}\rangle\langle \boldsymbol{\beta},\boldsymbol{\beta}\rangle.$$

反之,如果 $\langle \boldsymbol{\alpha},\boldsymbol{\beta}\rangle^2=\langle \boldsymbol{\alpha},\boldsymbol{\alpha}\rangle\langle \boldsymbol{\beta},\boldsymbol{\beta}\rangle$,则当 $\boldsymbol{\beta}=\boldsymbol{\theta}$ 时, $\boldsymbol{\alpha}$ 与 $\boldsymbol{\beta}$ 线性相关;当 $\boldsymbol{\beta}\neq\boldsymbol{\theta}$ 时,有

$$\begin{aligned}\left\langle \boldsymbol{\alpha}-\frac{\langle \boldsymbol{\alpha},\boldsymbol{\beta}\rangle}{\langle \boldsymbol{\beta},\boldsymbol{\beta}\rangle}\boldsymbol{\beta},\boldsymbol{\alpha}-\frac{\langle \boldsymbol{\alpha},\boldsymbol{\beta}\rangle}{\langle \boldsymbol{\beta},\boldsymbol{\beta}\rangle}\boldsymbol{\beta}\right\rangle &= \langle \boldsymbol{\alpha},\boldsymbol{\alpha}\rangle-\frac{\langle \boldsymbol{\alpha},\boldsymbol{\beta}\rangle}{\langle \boldsymbol{\beta},\boldsymbol{\beta}\rangle}\langle \boldsymbol{\alpha},\boldsymbol{\beta}\rangle-\frac{\langle \boldsymbol{\alpha},\boldsymbol{\beta}\rangle}{\langle \boldsymbol{\beta},\boldsymbol{\beta}\rangle}\langle \boldsymbol{\beta},\boldsymbol{\alpha}\rangle+\frac{\langle \boldsymbol{\alpha},\boldsymbol{\beta}\rangle^2}{\langle \boldsymbol{\beta},\boldsymbol{\beta}\rangle^2}\langle \boldsymbol{\beta},\boldsymbol{\beta}\rangle\\ &= \langle \boldsymbol{\alpha},\boldsymbol{\alpha}\rangle-\frac{\langle \boldsymbol{\alpha},\boldsymbol{\beta}\rangle^2}{\langle \boldsymbol{\beta},\boldsymbol{\beta}\rangle}=0.\end{aligned}$$

从而 $\boldsymbol{\alpha}-\frac{\langle \boldsymbol{\alpha},\boldsymbol{\beta}\rangle}{\langle \boldsymbol{\beta},\boldsymbol{\beta}\rangle}\boldsymbol{\beta}=\boldsymbol{\theta}$,即 $\boldsymbol{\alpha}$ 与 $\boldsymbol{\beta}$ 线性相关.

如果 $\boldsymbol{\alpha},\boldsymbol{\beta}$ 线性无关,则对任意实数 k 有 $\boldsymbol{\alpha}+k\boldsymbol{\beta}\neq\boldsymbol{\theta}$,从而

$$0<\langle \boldsymbol{\alpha}+k\boldsymbol{\beta},\boldsymbol{\alpha}+k\boldsymbol{\beta}\rangle = \langle \boldsymbol{\alpha},\boldsymbol{\alpha}\rangle+2\langle \boldsymbol{\alpha},\boldsymbol{\beta}\rangle k+\langle \boldsymbol{\beta},\boldsymbol{\beta}\rangle k^2.$$

这说明实系数方程 $\langle \boldsymbol{\beta},\boldsymbol{\beta}\rangle x^2+2\langle \boldsymbol{\alpha},\boldsymbol{\beta}\rangle x+\langle \boldsymbol{\alpha},\boldsymbol{\alpha}\rangle=0$ 无实根,因此

$$\langle \boldsymbol{\alpha},\boldsymbol{\beta}\rangle^2<\langle \boldsymbol{\alpha},\boldsymbol{\alpha}\rangle\langle \boldsymbol{\beta},\boldsymbol{\beta}\rangle.$$ ▎

在不同的欧氏空间中,元素及其内积的含义不一样,因此 Cauchy-Schwarz 不等式具有不同的形式,如在 $\mathbf{R}^n$ 中

$$\left(\sum_{i=1}^{n}a_ib_i\right)^2 \leqslant \left(\sum_{i=1}^{n}a_i^2\right)\left(\sum_{i=1}^{n}b_i^2\right);$$

而在 C[a,b]中

$$\left(\int_a^b f(t)g(t)\mathrm{d}t\right)^2 \leqslant \left(\int_a^b f^2(t)\mathrm{d}t\right)\left(\int_a^b g^2(t)\mathrm{d}t\right).$$

仿照几何空间，对一般欧氏空间中的元素也可以给出长度、夹角及正交等概念，但它们都没有直观的几何意义，只不过是借用了几何术语.

定义 11.2　设 $\boldsymbol{\alpha}$ 是欧氏空间 V 中一个元素，非负实数 $\sqrt{\langle\boldsymbol{\alpha},\boldsymbol{\alpha}\rangle}$ 称为 $\boldsymbol{\alpha}$ 的**长度**(或**范数**)，记作 $\|\boldsymbol{\alpha}\|$，即 $\|\boldsymbol{\alpha}\|=\sqrt{\langle\boldsymbol{\alpha},\boldsymbol{\alpha}\rangle}$. 如果 $\|\boldsymbol{\alpha}\|=1$，则称 $\boldsymbol{\alpha}$ 为**单位元素**. 两非零元素 $\boldsymbol{\alpha},\boldsymbol{\beta}$ 的**夹角** φ 规定为

$$\varphi=\arccos\frac{\langle\boldsymbol{\alpha},\boldsymbol{\beta}\rangle}{\|\boldsymbol{\alpha}\|\ \|\boldsymbol{\beta}\|},\quad 0\leqslant\varphi\leqslant\pi.$$

假如 $\langle\boldsymbol{\alpha},\boldsymbol{\beta}\rangle=0$，则称 $\boldsymbol{\alpha}$ 与 $\boldsymbol{\beta}$ **正交**(或**垂直**)，记作 $\boldsymbol{\alpha}\perp\boldsymbol{\beta}$. 零元素可认为与任何元素正交.

一般欧氏空间中元素的长度与几何空间中向量的长度有类似的性质.

定理 11.2　在欧氏空间 V 中，对元素 $\boldsymbol{\alpha},\boldsymbol{\beta}\in$ V 和 $k\in\mathbf{R}$，有

(1) $\|\boldsymbol{\alpha}\|\geqslant 0$；当且仅当 $\boldsymbol{\alpha}=\boldsymbol{\theta}$ 时，$\|\boldsymbol{\alpha}\|=0$；

(2) $\|k\boldsymbol{\alpha}\|=|k|\ \|\boldsymbol{\alpha}\|$；

(3) $\|\boldsymbol{\alpha}+\boldsymbol{\beta}\|\leqslant\|\boldsymbol{\alpha}\|+\|\boldsymbol{\beta}\|$；

(4) 当 $\boldsymbol{\alpha}\perp\boldsymbol{\beta}$ 时，$\|\boldsymbol{\alpha}+\boldsymbol{\beta}\|^2=\|\boldsymbol{\alpha}\|^2+\|\boldsymbol{\beta}\|^2$.

证　只证(3). 根据 Cauchy-Schwarz 不等式有 $|\langle\boldsymbol{\alpha},\boldsymbol{\beta}\rangle|\leqslant\|\boldsymbol{\alpha}\|\ \|\boldsymbol{\beta}\|$，于是

$$\begin{aligned}\|\boldsymbol{\alpha}+\boldsymbol{\beta}\|^2&=\langle\boldsymbol{\alpha}+\boldsymbol{\beta},\boldsymbol{\alpha}+\boldsymbol{\beta}\rangle=\langle\boldsymbol{\alpha},\boldsymbol{\alpha}\rangle+2\langle\boldsymbol{\alpha},\boldsymbol{\beta}\rangle+\langle\boldsymbol{\beta},\boldsymbol{\beta}\rangle\\&\leqslant\|\boldsymbol{\alpha}\|^2+2\|\boldsymbol{\alpha}\|\ \|\boldsymbol{\beta}\|+\|\boldsymbol{\beta}\|^2=(\|\boldsymbol{\alpha}\|+\|\boldsymbol{\beta}\|)^2,\end{aligned}$$

故(3)成立. ▍

如果 $\boldsymbol{\alpha}\neq\boldsymbol{\theta}$，则由定理 11.2(2)知，$\dfrac{1}{\|\boldsymbol{\alpha}\|}\boldsymbol{\alpha}$ 是单位元素，这种做法称为把元素 $\boldsymbol{\alpha}$ **单位化**.

对于 $\mathbf{R}^n$ 中的向量 $\boldsymbol{a}=(a_1,a_2,\cdots,a_n)$，有 $\|\boldsymbol{a}\|=\sqrt{\sum_{i=1}^{n}a_i^2}$；

对于 $\mathbf{R}^{m\times n}$ 中的矩阵 $\mathbf{A}=(a_{ij})_{m\times n}$，有 $\|\mathbf{A}\|=\sqrt{\sum_{i=1}^{m}\sum_{j=1}^{n}a_{ij}^2}$；

对于 C[a,b]中的函数 $f(x)$，有 $\|f(x)\|=\sqrt{\int_a^b f^2(t)\mathrm{d}t}$.

例 11.4　在 C[−π,π]中定义内积为

$$\langle f(x),g(x)\rangle=\int_{-\pi}^{\pi}f(t)g(t)\mathrm{d}t,\quad f(x),g(x)\in \mathrm{C}[-\pi,\pi].$$

试证明函数组

$$1,\quad \cos x,\quad \sin x,\quad \cos 2x,\quad \sin 2x,\cdots,\cos nx,\quad \sin nx,\cdots$$

是两两正交的,但它们不是单位元素.

证　可求得

$$\begin{aligned}\langle \sin mx,\sin nx\rangle &= \int_{-\pi}^{\pi}\sin mt\sin nt\,\mathrm{d}t\\ &= \frac{1}{2}\int_{-\pi}^{\pi}[\cos(m-n)t-\cos(m+n)t]\mathrm{d}t = 0\quad (m\neq n),\end{aligned}$$

$$\begin{aligned}\langle \cos mx,\cos nx\rangle &= \int_{-\pi}^{\pi}\cos mt\cos nt\,\mathrm{d}t\\ &= \frac{1}{2}\int_{-\pi}^{\pi}[\cos(m-n)t+\cos(m+n)t]\mathrm{d}t = 0\quad (m\neq n),\end{aligned}$$

$$\begin{aligned}\langle \sin mx,\cos nx\rangle &= \int_{-\pi}^{\pi}\sin mt\cos nt\,\mathrm{d}t\\ &= \frac{1}{2}\int_{-\pi}^{\pi}[\sin(m+n)t+\sin(m-n)t]\mathrm{d}t = 0,\end{aligned}$$

$$\langle 1,\cos nx\rangle = \int_{-\pi}^{\pi}\cos nt\,\mathrm{d}t = 0,$$

$$\langle 1,\sin nx\rangle = \int_{-\pi}^{\pi}\sin nt\,\mathrm{d}t = 0,$$

于是该函数组两两正交. 又有

$$\|1\| = \sqrt{\int_{-\pi}^{\pi}\mathrm{d}t} = \sqrt{2\pi},$$

$$\|\sin mx\| = \sqrt{\int_{-\pi}^{\pi}\sin^2 mt\,\mathrm{d}t} = \sqrt{\frac{1}{2}\int_{-\pi}^{\pi}(1-\cos 2mt)\mathrm{d}t} = \sqrt{\pi},$$

$$\|\cos mx\| = \sqrt{\int_{-\pi}^{\pi}\cos^2 mt\,\mathrm{d}t} = \sqrt{\frac{1}{2}\int_{-\pi}^{\pi}(1+\cos 2mt)\mathrm{d}t} = \sqrt{\pi},$$

故它们不是单位元素. ▌

在以上的讨论中,对欧氏空间的维数没有做任何限制. 以下假定欧氏空间是有限维的.

定义 11.3　设 V 是 n 维欧氏空间,$\boldsymbol{\alpha}_1,\boldsymbol{\alpha}_2,\cdots,\boldsymbol{\alpha}_n$ 是 V 的一个基. 称 n 阶方阵

$$\boldsymbol{A}=(a_{ij})_{n\times n},\quad (a_{ij}=\langle\boldsymbol{\alpha}_i,\boldsymbol{\alpha}_j\rangle\quad (i,j=1,2,\cdots,n))$$

为基 $\boldsymbol{\alpha}_1,\boldsymbol{\alpha}_2,\cdots,\boldsymbol{\alpha}_n$ 的**度量矩阵**或 **Gram 矩阵**.

任取 n 维欧氏空间 V 中两个元素 $\boldsymbol{\alpha}$ 和 $\boldsymbol{\beta}$,设 $\boldsymbol{\alpha}$ 与 $\boldsymbol{\beta}$ 在 V 的基 $\boldsymbol{\alpha}_1,\boldsymbol{\alpha}_2,\cdots,\boldsymbol{\alpha}_n$ 下的坐标分别为 $\boldsymbol{x}=(x_1,x_2,\cdots,x_n)^{\mathrm{T}}$ 和 $\boldsymbol{y}=(y_1,y_2,\cdots,y_n)^{\mathrm{T}}$,则由内积的性质得

$$\langle\boldsymbol{\alpha},\boldsymbol{\beta}\rangle = \left\langle\sum_{i=1}^{n}x_i\boldsymbol{\alpha}_i,\sum_{j=1}^{n}y_j\boldsymbol{\alpha}_j\right\rangle = \sum_{i=1}^{n}\sum_{j=1}^{n}x_i\langle\boldsymbol{\alpha}_i,\boldsymbol{\alpha}_j\rangle y_j = \boldsymbol{x}^{\mathrm{T}}\boldsymbol{A}\boldsymbol{y}.\qquad(11.2)$$

这表明,在知道了一个基的度量矩阵之后,任意两个元素的内积就可以通过坐标来

计算,因而度量矩阵完全确定了内积.

度量矩阵有以下一些重要性质.

性质 1 度量矩阵是正定矩阵.

证 设 $\boldsymbol{\alpha}_1,\boldsymbol{\alpha}_2,\cdots,\boldsymbol{\alpha}_n$ 是 n 维欧氏空间 V 的一个基. 由于

$$a_{ij}=\langle\boldsymbol{\alpha}_i,\boldsymbol{\alpha}_j\rangle=\langle\boldsymbol{\alpha}_j,\boldsymbol{\alpha}_i\rangle=a_{ji},$$

所以度量矩阵 $\boldsymbol{A}=(a_{ij})_{n\times n}$ 是实对称矩阵. 又对任意非零元素 $\boldsymbol{\alpha}$,它在基 $\boldsymbol{\alpha}_1,\boldsymbol{\alpha}_2,\cdots,\boldsymbol{\alpha}_n$ 下的坐标 $\boldsymbol{x}=(x_1,x_2,\cdots,x_n)^{\mathrm{T}}\neq(0,0,\cdots,0)^{\mathrm{T}}$. 由式(11.2)得

$$\boldsymbol{x}^{\mathrm{T}}\boldsymbol{A}\boldsymbol{x}=\langle\boldsymbol{\alpha},\boldsymbol{\alpha}\rangle>0,$$

故度量矩阵是正定的. ▌

性质 2 设 $\boldsymbol{\alpha}_1,\boldsymbol{\alpha}_2,\cdots,\boldsymbol{\alpha}_n$ 和 $\boldsymbol{\beta}_1,\boldsymbol{\beta}_2,\cdots,\boldsymbol{\beta}_n$ 是 n 维欧氏空间 V 的两个基,且基 $\boldsymbol{\alpha}_1,\boldsymbol{\alpha}_2,\cdots,\boldsymbol{\alpha}_n$ 的度量矩阵为 $\boldsymbol{A}$,而基 $\boldsymbol{\beta}_1,\boldsymbol{\beta}_2,\cdots,\boldsymbol{\beta}_n$ 的度量矩阵为 $\boldsymbol{B}$. 又设 $(\boldsymbol{\beta}_1,\boldsymbol{\beta}_2,\cdots,\boldsymbol{\beta}_n)=(\boldsymbol{\alpha}_1,\boldsymbol{\alpha}_2,\cdots,\boldsymbol{\alpha}_n)\boldsymbol{P}$,则 $\boldsymbol{B}=\boldsymbol{P}^{\mathrm{T}}\boldsymbol{A}\boldsymbol{P}$,即不同基的度量矩阵是合同的,且合同变换矩阵 $\boldsymbol{P}$ 是这两个基的过渡矩阵.

证 设 $\boldsymbol{P}=(p_{ij})_{n\times n}$. 由 $(\boldsymbol{\beta}_1,\boldsymbol{\beta}_2,\cdots,\boldsymbol{\beta}_n)=(\boldsymbol{\alpha}_1,\boldsymbol{\alpha}_2,\cdots,\boldsymbol{\alpha}_n)\boldsymbol{P}$ 得

$$\boldsymbol{\beta}_i=p_{1i}\boldsymbol{\alpha}_1+p_{2i}\boldsymbol{\alpha}_2+\cdots+p_{ni}\boldsymbol{\alpha}_n\quad(i=1,2,\cdots,n),$$

于是

$$\begin{aligned}\langle\boldsymbol{\beta}_i,\boldsymbol{\beta}_j\rangle&=\left\langle\sum_{s=1}^{n}p_{si}\boldsymbol{\alpha}_s,\sum_{t=1}^{n}p_{tj}\boldsymbol{\alpha}_t\right\rangle=\sum_{s=1}^{n}\sum_{t=1}^{n}p_{si}\langle\boldsymbol{\alpha}_s,\boldsymbol{\alpha}_t\rangle p_{tj}\\&=(p_{1i},p_{2i},\cdots,p_{ni})\boldsymbol{A}\begin{pmatrix}p_{1j}\\p_{2j}\\\vdots\\p_{nj}\end{pmatrix}\quad(i,j=1,2,\cdots,n).\end{aligned}$$

故 $\boldsymbol{B}=\boldsymbol{P}^{\mathrm{T}}\boldsymbol{A}\boldsymbol{P}$. ▌

11.2 规范正交基

先讨论非零正交元素组的一个性质.

定理 11.3 设 $\boldsymbol{\alpha}_1,\boldsymbol{\alpha}_2,\cdots,\boldsymbol{\alpha}_m$ 是欧氏空间 V 中两两正交的非零元素,则 $\boldsymbol{\alpha}_1,\boldsymbol{\alpha}_2,\cdots,\boldsymbol{\alpha}_m$ 线性无关.

证 设有一组实数 $k_1,k_2,\cdots,k_m$,使得

$$k_1\boldsymbol{\alpha}_1+k_2\boldsymbol{\alpha}_2+\cdots+k_m\boldsymbol{\alpha}_m=\boldsymbol{\theta}.$$

两边与 $\boldsymbol{\alpha}_i(i=1,2,\cdots,m)$ 做内积,有

$$\langle k_1\boldsymbol{\alpha}_1+k_2\boldsymbol{\alpha}_2+\cdots+k_m\boldsymbol{\alpha}_m,\boldsymbol{\alpha}_i\rangle=\langle\boldsymbol{\theta},\boldsymbol{\alpha}_i\rangle\quad(i=1,2,\cdots,m),$$

即

$$k_1\langle\boldsymbol{\alpha}_1,\boldsymbol{\alpha}_i\rangle+k_2\langle\boldsymbol{\alpha}_2,\boldsymbol{\alpha}_i\rangle+\cdots+k_m\langle\boldsymbol{\alpha}_m,\boldsymbol{\alpha}_i\rangle=0\quad(i=1,2,\cdots,m).$$

由 $\boldsymbol{\alpha}_1,\boldsymbol{\alpha}_2,\cdots,\boldsymbol{\alpha}_m$ 两两正交,得

$$k_i\langle\boldsymbol{\alpha}_i,\boldsymbol{\alpha}_i\rangle=0\quad(i=1,2,\cdots,m).$$

又因 $\boldsymbol{\alpha}_i$ 非零,所以 $\langle\boldsymbol{\alpha}_i,\boldsymbol{\alpha}_i\rangle>0$,从而必有 $k_i=0(i=1,2,\cdots,m)$,故 $\boldsymbol{\alpha}_1,\boldsymbol{\alpha}_2,\cdots,\boldsymbol{\alpha}_m$ 线性无关. ▍

这一定理表明,在 n 维欧氏空间中,最多有 n 个两两正交的非零元素.

由于欧氏空间中的元素具有度量性,因此,在欧氏空间中我们常用有度量性质的基,其中最重要的是规范正交基.

定义 11.4 在 n 维欧氏空间 V 中,由 n 个两两正交的元素组成的基称为**正交基**. 由单位元素组成的正交基称为**规范正交基**或**标准正交基**.

在几何空间 $\mathbf{R}^3$ 中,$\boldsymbol{i},\boldsymbol{j},\boldsymbol{k}$ 就是一个规范正交基;在欧氏空间 $\mathbf{R}^n$ 中,n 维单位坐标向量 $\boldsymbol{e}_1,\boldsymbol{e}_2,\cdots,\boldsymbol{e}_n$ 就是一个规范正交基;在欧氏空间 $\mathbf{R}^{m\times n}$ 中,$\boldsymbol{E}_{ij}(i=1,2,\cdots,m;j=1,2,\cdots,n)$ 就是一个规范正交基.

下面定理表明,有限维欧氏空间必有正交基和规范正交基,并给出了如何把一个基改造成规范正交基的方法.

定理 11.4 有限维欧氏空间必有规范正交基.

证 设 $\boldsymbol{\alpha}_1,\boldsymbol{\alpha}_2,\cdots,\boldsymbol{\alpha}_n$ 是 n 维欧氏空间 V 的一个基,我们采用下面的方法(通常称为 **Gram-Schmidt 正交化方法**),由 $\boldsymbol{\alpha}_1,\boldsymbol{\alpha}_2,\cdots,\boldsymbol{\alpha}_n$ 构造 V 的正交基. 取

$$\boldsymbol{\beta}_1=\boldsymbol{\alpha}_1,\quad \boldsymbol{\beta}_2=\boldsymbol{\alpha}_2+l_{21}\boldsymbol{\beta}_1.$$

由于 $\boldsymbol{\beta}_1,\boldsymbol{\alpha}_2$ 线性无关,所以 $\boldsymbol{\beta}_2\neq\boldsymbol{\theta}$,为使 $\boldsymbol{\beta}_1$ 与 $\boldsymbol{\beta}_2$ 正交,即

$$\langle\boldsymbol{\beta}_2,\boldsymbol{\beta}_1\rangle=\langle\boldsymbol{\alpha}_2+l_{21}\boldsymbol{\beta}_1,\boldsymbol{\beta}_1\rangle=\langle\boldsymbol{\alpha}_2,\boldsymbol{\beta}_1\rangle+l_{21}\langle\boldsymbol{\beta}_1,\boldsymbol{\beta}_1\rangle=0,$$

应取 $l_{21}=-\dfrac{\langle\boldsymbol{\alpha}_2,\boldsymbol{\beta}_1\rangle}{\langle\boldsymbol{\beta}_1,\boldsymbol{\beta}_1\rangle}$,从而

$$\boldsymbol{\beta}_2=\boldsymbol{\alpha}_2-\frac{\langle\boldsymbol{\alpha}_2,\boldsymbol{\beta}_1\rangle}{\langle\boldsymbol{\beta}_1,\boldsymbol{\beta}_1\rangle}\boldsymbol{\beta}_1.$$

假定已经求出两两正交的非零元素 $\boldsymbol{\beta}_1,\boldsymbol{\beta}_2,\cdots,\boldsymbol{\beta}_{m-1}$,再取

$$\boldsymbol{\beta}_m=\boldsymbol{\alpha}_m+l_{m1}\boldsymbol{\beta}_1+l_{m2}\boldsymbol{\beta}_2+\cdots+l_{m,m-1}\boldsymbol{\beta}_{m-1},$$

为使 $\boldsymbol{\beta}_m$ 与 $\boldsymbol{\beta}_k(k=1,2,\cdots,m-1)$ 正交,即

$$\langle\boldsymbol{\beta}_m,\boldsymbol{\beta}_k\rangle=\langle\boldsymbol{\alpha}_m+l_{m1}\boldsymbol{\beta}_1+\cdots+l_{m,m-1}\boldsymbol{\beta}_{m-1},\boldsymbol{\beta}_k\rangle=\langle\boldsymbol{\alpha}_m,\boldsymbol{\beta}_k\rangle+l_{mk}\langle\boldsymbol{\beta}_k,\boldsymbol{\beta}_k\rangle=0,$$

应取

$$l_{mk}=-\frac{\langle\boldsymbol{\alpha}_m,\boldsymbol{\beta}_k\rangle}{\langle\boldsymbol{\beta}_k,\boldsymbol{\beta}_k\rangle}\quad(k=1,2,\cdots,m-1),$$

从而

$$\boldsymbol{\beta}_m=\boldsymbol{\alpha}_m-\frac{\langle\boldsymbol{\alpha}_m,\boldsymbol{\beta}_1\rangle}{\langle\boldsymbol{\beta}_1,\boldsymbol{\beta}_1\rangle}\boldsymbol{\beta}_1-\frac{\langle\boldsymbol{\alpha}_m,\boldsymbol{\beta}_2\rangle}{\langle\boldsymbol{\beta}_2,\boldsymbol{\beta}_2\rangle}\boldsymbol{\beta}_2-\cdots-\frac{\langle\boldsymbol{\alpha}_m,\boldsymbol{\beta}_{m-1}\rangle}{\langle\boldsymbol{\beta}_{m-1},\boldsymbol{\beta}_{m-1}\rangle}\boldsymbol{\beta}_{m-1}.$$

可知 $\boldsymbol{\beta}_m\neq\boldsymbol{\theta}$,否则如果 $\boldsymbol{\beta}_m=\boldsymbol{\theta}$,由 $\boldsymbol{\beta}_k\in \mathrm{L}(\boldsymbol{\alpha}_1,\boldsymbol{\alpha}_2,\cdots,\boldsymbol{\alpha}_k)$,$(k=1,2,\cdots,m-1)$ 和上式

可知 $\boldsymbol{\alpha}_m \in \mathrm{L}(\boldsymbol{\alpha}_1, \boldsymbol{\alpha}_2, \cdots, \boldsymbol{\alpha}_{m-1})$，这与 $\boldsymbol{\alpha}_1, \boldsymbol{\alpha}_2, \cdots, \boldsymbol{\alpha}_m$ 线性无关矛盾.

按数学归纳法原理，用上述方法就可构造出 V 的正交基 $\boldsymbol{\beta}_1, \boldsymbol{\beta}_2, \cdots, \boldsymbol{\beta}_n$. 再将它们单位化

$$\boldsymbol{\varepsilon}_i = \frac{\boldsymbol{\beta}_i}{\|\boldsymbol{\beta}_i\|} \quad (i=1,2,\cdots,n),$$

就得到 V 的规范正交基 $\boldsymbol{\varepsilon}_1, \boldsymbol{\varepsilon}_2, \cdots, \boldsymbol{\varepsilon}_n$. ▍

例 11.5 已知 $\mathbf{R}^4$ 的基

$$\boldsymbol{a}_1 = (1,1,0,0), \quad \boldsymbol{a}_2 = (1,0,1,0),$$
$$\boldsymbol{a}_3 = (-1,0,0,1), \quad \boldsymbol{a}_4 = (1,-1,-1,1),$$

试用 Gram-Schmidt 正交化方法由 $\boldsymbol{a}_1, \boldsymbol{a}_2, \boldsymbol{a}_3, \boldsymbol{a}_4$ 构造 $\mathbf{R}^4$ 的一个规范正交基.

解 先把它们正交化，得

$$\boldsymbol{b}_1 = \boldsymbol{a}_1 = (1,1,0,0),$$
$$\boldsymbol{b}_2 = \boldsymbol{a}_2 - \frac{\langle \boldsymbol{a}_2, \boldsymbol{b}_1 \rangle}{\langle \boldsymbol{b}_1, \boldsymbol{b}_1 \rangle}\boldsymbol{b}_1 = \left(\frac{1}{2}, -\frac{1}{2}, 1, 0\right),$$
$$\boldsymbol{b}_3 = \boldsymbol{a}_3 - \frac{\langle \boldsymbol{a}_3, \boldsymbol{b}_1 \rangle}{\langle \boldsymbol{b}_1, \boldsymbol{b}_1 \rangle}\boldsymbol{b}_1 - \frac{\langle \boldsymbol{a}_3, \boldsymbol{b}_2 \rangle}{\langle \boldsymbol{b}_2, \boldsymbol{b}_2 \rangle}\boldsymbol{b}_2 = \left(-\frac{1}{3}, \frac{1}{3}, \frac{1}{3}, 1\right),$$
$$\boldsymbol{b}_4 = \boldsymbol{a}_4 - \frac{\langle \boldsymbol{a}_4, \boldsymbol{b}_1 \rangle}{\langle \boldsymbol{b}_1, \boldsymbol{b}_1 \rangle}\boldsymbol{b}_1 - \frac{\langle \boldsymbol{a}_4, \boldsymbol{b}_2 \rangle}{\langle \boldsymbol{b}_2, \boldsymbol{b}_2 \rangle}\boldsymbol{b}_2 - \frac{\langle \boldsymbol{a}_4, \boldsymbol{b}_3 \rangle}{\langle \boldsymbol{b}_3, \boldsymbol{b}_3 \rangle}\boldsymbol{b}_3 = (1,-1,-1,1).$$

再单位化得

$$\boldsymbol{u}_1 = \left(\frac{1}{\sqrt{2}}, \frac{1}{\sqrt{2}}, 0, 0\right), \quad \boldsymbol{u}_2 = \left(\frac{1}{\sqrt{6}}, -\frac{1}{\sqrt{6}}, \frac{2}{\sqrt{6}}, 0\right),$$
$$\boldsymbol{u}_3 = \left(-\frac{1}{\sqrt{12}}, \frac{1}{\sqrt{12}}, \frac{1}{\sqrt{12}}, \frac{3}{\sqrt{12}}\right), \quad \boldsymbol{u}_4 = \left(\frac{1}{2}, -\frac{1}{2}, -\frac{1}{2}, \frac{1}{2}\right).$$

于是 $\boldsymbol{u}_1, \boldsymbol{u}_2, \boldsymbol{u}_3, \boldsymbol{u}_4$ 是 $\mathbf{R}^4$ 的规范正交基.

例 11.6 在 $\mathbf{R}[x]_2$ 中定义内积

$$\langle f(x), g(x) \rangle = \int_{-1}^{1} f(t)g(t)\mathrm{d}t, \quad f(x), g(x) \in \mathbf{R}[x]_2.$$

试由 $\mathbf{R}[x]_2$ 的基 $1, x, x^2$ 出发，求出一个规范正交基.

解 由 Gram-Schmidt 正交化方法，有

$$f_1(x) = 1,$$
$$f_2(x) = x - \frac{\langle x, f_1(x) \rangle}{\langle f_1(x), f_1(x) \rangle} f_1(x) = x - \frac{\int_{-1}^{1} t\,\mathrm{d}t}{\int_{-1}^{1} 1^2\,\mathrm{d}t} = x,$$
$$f_3(x) = x^2 - \frac{\langle x^2, f_1(x) \rangle}{\langle f_1(x), f_1(x) \rangle} f_1(x) - \frac{\langle x^2, f_2(x) \rangle}{\langle f_2(x), f_2(x) \rangle} f_2(x)$$

$$= x^2 - \frac{\int_{-1}^{1} t^2 \mathrm{d}t}{\int_{-1}^{1} 1^2 \mathrm{d}t} - \frac{\int_{-1}^{1} t^3 \mathrm{d}t}{\int_{-1}^{1} t^2 \mathrm{d}t} x = x^2 - \frac{1}{3}.$$

又

$$\| f_1(x) \| = \sqrt{\int_{-1}^{1} 1^2 \mathrm{d}t} = \sqrt{2}, \quad \| f_2(x) \| = \sqrt{\int_{-1}^{1} t^2 \mathrm{d}t} = \sqrt{\frac{2}{3}},$$

$$\| f_3(x) \| = \sqrt{\int_{-1}^{1} \left(t^2 - \frac{1}{3}\right)^2 \mathrm{d}t} = \sqrt{\frac{8}{45}}.$$

于是规范正交基为

$$g_1(x) = \frac{1}{\sqrt{2}}, \quad g_2(x) = \sqrt{\frac{3}{2}} x, \quad g_3(x) = \sqrt{\frac{45}{8}} \left(x^2 - \frac{1}{3}\right) = \frac{\sqrt{10}}{4}(3x^2 - 1).$$

在有限维欧氏空间中取规范正交基，常常使一些计算问题得以简化.

定理 11.5　设 $\boldsymbol{\varepsilon}_1, \boldsymbol{\varepsilon}_2, \cdots, \boldsymbol{\varepsilon}_n$ 是欧氏空间 V^n 的一个规范正交基，则 V^n 中元素 $\boldsymbol{\alpha}$ 在该基下的坐标为

$$(\langle \boldsymbol{\alpha}, \boldsymbol{\varepsilon}_1 \rangle, \langle \boldsymbol{\alpha}, \boldsymbol{\varepsilon}_2 \rangle, \cdots, \langle \boldsymbol{\alpha}, \boldsymbol{\varepsilon}_n \rangle)^{\mathrm{T}}.$$

如果 V^n 中元素 $\boldsymbol{\alpha}, \boldsymbol{\beta}$ 在规范正交基 $\boldsymbol{\varepsilon}_1, \boldsymbol{\varepsilon}_2, \cdots, \boldsymbol{\varepsilon}_n$ 下的坐标分别为

$$(a_1, a_2, \cdots, a_n)^{\mathrm{T}} \quad 和 \quad (b_1, b_2, \cdots, b_n)^{\mathrm{T}},$$

则

$$\langle \boldsymbol{\alpha}, \boldsymbol{\beta} \rangle = a_1 b_1 + a_2 b_2 + \cdots + a_n b_n.$$

证　设 $\boldsymbol{\alpha} = k_1 \boldsymbol{\varepsilon}_1 + k_2 \boldsymbol{\varepsilon}_2 + \cdots + k_n \boldsymbol{\varepsilon}_n$，用 $\boldsymbol{\varepsilon}_i$ 与该式两边做内积，即得

$$\langle \boldsymbol{\alpha}, \boldsymbol{\varepsilon}_i \rangle = k_i \quad (i = 1, 2, \cdots, n),$$

从而 $\boldsymbol{\alpha}$ 在该基下的坐标为 $(\langle \boldsymbol{\alpha}, \boldsymbol{\varepsilon}_1 \rangle, \langle \boldsymbol{\alpha}, \boldsymbol{\varepsilon}_2 \rangle, \cdots, \langle \boldsymbol{\alpha}, \boldsymbol{\varepsilon}_n \rangle)^{\mathrm{T}}$. 又因为

$$\boldsymbol{\alpha} = a_1 \boldsymbol{\varepsilon}_1 + a_2 \boldsymbol{\varepsilon}_2 + \cdots + a_n \boldsymbol{\varepsilon}_n, \quad \boldsymbol{\beta} = b_1 \boldsymbol{\varepsilon}_1 + b_2 \boldsymbol{\varepsilon}_2 + \cdots + b_n \boldsymbol{\varepsilon}_n,$$

所以

$$\langle \boldsymbol{\alpha}, \boldsymbol{\beta} \rangle = \sum_{i=1}^{n} \sum_{j=1}^{n} a_i b_j \langle \boldsymbol{\varepsilon}_i, \boldsymbol{\varepsilon}_j \rangle = a_1 b_1 + a_2 b_2 + \cdots + a_n b_n.$$ ▌

11.3　正交子空间

欧氏空间的子空间对于原空间的内积显然也是一个欧氏空间. 除了具有通常子空间的性质外，欧氏空间的子空间还可以定义正交关系.

定义 11.5　设 W_1 与 W_2 是欧氏空间 V 的两个子空间，$\boldsymbol{\alpha}$ 是 V 中一个元素. 如果对任意 $\boldsymbol{\beta} \in \mathrm{W}_1$ 都有 $\langle \boldsymbol{\alpha}, \boldsymbol{\beta} \rangle = 0$，则称 **$\boldsymbol{\alpha}$ 与子空间 W_1 正交**，记作 $\boldsymbol{\alpha} \perp \mathrm{W}_1$. 如果对任意 $\boldsymbol{\alpha} \in \mathrm{W}_1$ 和任意 $\boldsymbol{\beta} \in \mathrm{W}_2$ 都有 $\langle \boldsymbol{\alpha}, \boldsymbol{\beta} \rangle = 0$，则称 W_1 与 W_2 **正交**，记作 $\mathrm{W}_1 \perp \mathrm{W}_2$.

例 11.7　如果元素 $\boldsymbol{\alpha}$ 与 $\boldsymbol{\alpha}_1, \boldsymbol{\alpha}_2, \cdots, \boldsymbol{\alpha}_s$ 都正交，则可推出 $\boldsymbol{\alpha}$ 与 $\boldsymbol{\alpha}_1, \boldsymbol{\alpha}_2, \cdots, \boldsymbol{\alpha}_s$ 的一切线性组合都正交，因此

$$\boldsymbol{\alpha}\perp \mathrm{L}(\boldsymbol{\alpha}_1,\boldsymbol{\alpha}_2,\cdots,\boldsymbol{\alpha}_s).$$

如果元素组 $\boldsymbol{\alpha}_1,\boldsymbol{\alpha}_2,\cdots,\boldsymbol{\alpha}_s$ 中每个元素都与元素组 $\boldsymbol{\beta}_1,\boldsymbol{\beta}_2,\cdots,\boldsymbol{\beta}_t$ 中每个元素正交，则

$$\mathrm{L}(\boldsymbol{\alpha}_1,\boldsymbol{\alpha}_2,\cdots,\boldsymbol{\alpha}_s)\perp \mathrm{L}(\boldsymbol{\beta}_1,\boldsymbol{\beta}_2,\cdots,\boldsymbol{\beta}_t).$$

定理 11.6 设 W_1 与 W_2 是欧氏空间 V 的两个子空间，且 $\mathrm{W}_1\perp \mathrm{W}_2$，则 $\mathrm{W}_1+\mathrm{W}_2$ 是直和.

证 设 $\boldsymbol{\alpha}\in \mathrm{W}_1\cap \mathrm{W}_2$，则有 $\boldsymbol{\alpha}\in \mathrm{W}_1$ 且 $\boldsymbol{\alpha}\in \mathrm{W}_2$. 因为 $\mathrm{W}_1\perp \mathrm{W}_2$，所以 $\langle\boldsymbol{\alpha},\boldsymbol{\alpha}\rangle=0$，即 $\boldsymbol{\alpha}=\boldsymbol{\theta}$. 这表明 $\mathrm{W}_1\cap \mathrm{W}_2=\{\boldsymbol{\theta}\}$. 故 $\mathrm{W}_1+\mathrm{W}_2$ 是直和. ▌

下面将欧氏空间分解为相互正交的子空间的直和，从而刻划欧氏空间的结构.

定义 11.6 设 W_1 与 W_2 是欧氏空间 V 的两个子空间，如果 $\mathrm{W}_1\perp \mathrm{W}_2$，且 $\mathrm{W}_1+\mathrm{W}_2=\mathrm{V}$，则称 W_2 是 W_1 的**正交补空间**(简称**正交补**)，记作 $\mathrm{W}_1^{\perp}$.

显然，如果 W_2 是 W_1 的正交补，则 W_1 也是 W_2 的正交补，即它们互为正交补. 根据定理 11.6，欧氏空间 V 的任一个子空间 W 与其正交补 $\mathrm{W}^{\perp}$ 是直和，而且

$$\mathrm{W}\oplus \mathrm{W}^{\perp}=\mathrm{V}.$$

例如在几何空间 $\mathbf{R}^3$ 中，设 L_1 和 L_2 是过原点 O 的两条互相垂直的直线，则始点在原点而终点在 L_1 和 L_2 上的所有向量分别构成两个一维子空间 W_1 和 W_2. 此时 $\mathrm{W}_1\perp \mathrm{W}_2$，但 W_1 与 W_2 并不互为正交补，因为 $\mathrm{W}_1+\mathrm{W}_2\neq \mathbf{R}^3$.

又如，在几何空间 $\mathbf{R}^3$ 中过原点的直线 L 与过原点且与 L 垂直的平面 π 上所有向量分别形成一维子空间 W_1 和二维子空间 W_2，此时 $\mathrm{W}_1\perp \mathrm{W}_2$，而且它们互为正交补.

定理 11.7 n 维欧氏空间 V 的每一个子空间 W 都有唯一的正交补.

证 如果 $\mathrm{W}=\{\boldsymbol{\theta}\}$，则 $\mathrm{W}^{\perp}=\mathrm{V}$；如果 $\mathrm{W}=\mathrm{V}$，则 $\mathrm{W}^{\perp}=\{\boldsymbol{\theta}\}$. 在这两种情况下都有 $\mathrm{V}=\mathrm{W}+\mathrm{W}^{\perp}$. 下设 $\mathrm{W}\neq\{\boldsymbol{\theta}\}$，$\mathrm{W}\neq \mathrm{V}$.

取 W 的一个正交基 $\boldsymbol{\beta}_1,\boldsymbol{\beta}_2,\cdots,\boldsymbol{\beta}_m$，把它扩充成 V 的正交基

$$\boldsymbol{\beta}_1,\boldsymbol{\beta}_2,\cdots,\boldsymbol{\beta}_m,\boldsymbol{\beta}_{m+1},\cdots,\boldsymbol{\beta}_n.$$

再令 $\mathrm{W}_1=\mathrm{L}(\boldsymbol{\beta}_{m+1},\cdots,\boldsymbol{\beta}_n)$，则 $\mathrm{W}_1\perp \mathrm{W}_2$，且有

$$\begin{aligned}\mathrm{V}&=\mathrm{L}(\boldsymbol{\beta}_1,\cdots,\boldsymbol{\beta}_m,\boldsymbol{\beta}_{m+1},\cdots,\boldsymbol{\beta}_n)\\&=\mathrm{L}(\boldsymbol{\beta}_1,\cdots,\boldsymbol{\beta}_m)\oplus \mathrm{L}(\boldsymbol{\beta}_{m+1},\cdots,\boldsymbol{\beta}_n)=\mathrm{W}\oplus \mathrm{W}_1,\end{aligned}$$

即 W_1 是 W 的正交补. 下面证明唯一性. 如果 W_1 与 W_2 都是 W 的正交补，即

$$\mathrm{V}=\mathrm{W}\oplus \mathrm{W}_1,\quad \mathrm{V}=\mathrm{W}\oplus \mathrm{W}_2,\quad \mathrm{W}_1\perp \mathrm{W},\quad \mathrm{W}_2\perp \mathrm{W}.$$

任取 $\boldsymbol{\alpha}_1\in \mathrm{W}_1\subset \mathrm{V}$，则由上面第二个等式，$\boldsymbol{\alpha}_1$ 可表示成

$$\boldsymbol{\alpha}_1=\boldsymbol{\alpha}+\boldsymbol{\alpha}_2,\quad \boldsymbol{\alpha}\in \mathrm{W},\quad \boldsymbol{\alpha}_2\in \mathrm{W}_2.$$

因为 $\boldsymbol{\alpha}\perp\boldsymbol{\alpha}_1$，$\boldsymbol{\alpha}\perp\boldsymbol{\alpha}_2$，所以

$$\langle\boldsymbol{\alpha},\boldsymbol{\alpha}\rangle=\langle\boldsymbol{\alpha},\boldsymbol{\alpha}_1-\boldsymbol{\alpha}_2\rangle=\langle\boldsymbol{\alpha},\boldsymbol{\alpha}_1\rangle-\langle\boldsymbol{\alpha},\boldsymbol{\alpha}_2\rangle=0,$$

由此得 $\boldsymbol{\alpha}=\boldsymbol{\theta}$，因此 $\boldsymbol{\alpha}_1=\boldsymbol{\alpha}_2\in \mathrm{W}_1$，这说明 $\mathrm{W}_1\subset \mathrm{W}_2$. 同理可得 $\mathrm{W}_2\subset \mathrm{W}_1$，故 $\mathrm{W}_1=\mathrm{W}_2$.

唯一性得证. ∎

推论 1　设 W 是 n 维欧氏空间 V 的子空间,则 $W^{\perp}$ 恰好由 V 中所有与 W 正交的元素组成.

证　当 $W=\{\boldsymbol{\theta}\}$ 或 W=V 时,结论显然成立. 设 $W\neq\{\boldsymbol{\theta}\}$,$W\neq V$. 取 W 的一个正交基 $\boldsymbol{\beta}_1,\boldsymbol{\beta}_2,\cdots,\boldsymbol{\beta}_m$,把它扩充成 V 的正交基

$$\boldsymbol{\beta}_1,\cdots,\boldsymbol{\beta}_m,\boldsymbol{\beta}_{m+1},\cdots,\boldsymbol{\beta}_n,$$

则由定理 11.7 的证明过程知,$W^{\perp}=L(\boldsymbol{\beta}_{m+1},\cdots,\boldsymbol{\beta}_n)$. 下证 V 中任一与 W 正交的元素一定属于 $W^{\perp}$. 设 $\boldsymbol{\alpha}\perp W$,把 $\boldsymbol{\alpha}$ 表示成

$$\boldsymbol{\alpha}=k_1\boldsymbol{\beta}_1+\cdots+k_m\boldsymbol{\beta}_m+k_{m+1}\boldsymbol{\beta}_{m+1}+\cdots+k_n\boldsymbol{\beta}_n.$$

依次用 $\boldsymbol{\beta}_1,\boldsymbol{\beta}_2,\cdots,\boldsymbol{\beta}_n$ 与上式两边做内积,得

$$k_i\langle\boldsymbol{\beta}_i,\boldsymbol{\beta}_i\rangle=0\quad(i=1,,2\cdots,m).$$

因为 $\langle\boldsymbol{\beta}_i,\boldsymbol{\beta}_i\rangle>0(i=1,2,\cdots,m)$,所以 $k_1=k_2=\cdots=k_m=0$,从而

$$\boldsymbol{\alpha}=k_{m+1}\boldsymbol{\beta}_{m+1}+\cdots+k_n\boldsymbol{\beta}_n\in W^{\perp},$$

因此 $W^{\perp}$ 是 V 中与 W 正交的全部元素组成的. ∎

推论 2　设 W 是 n 维欧氏空间 V 的非零子空间,$\boldsymbol{\alpha}_1,\boldsymbol{\alpha}_2,\cdots,\boldsymbol{\alpha}_m$ 是 W 的一个基,则 $W^{\perp}$ 是 V 中与 $\boldsymbol{\alpha}_1,\boldsymbol{\alpha}_2,\cdots,\boldsymbol{\alpha}_m$ 都正交的全部元素组成.

例 11.8　在欧氏空间 $\mathbf{R}^4$ 中,设 W 是由向量 $\boldsymbol{a}_1=(1,1,2,1)$,$\boldsymbol{a}_2=(1,0,0,-2)$生成的子空间,求 $W^{\perp}$.

解　设 $\boldsymbol{a}=(x_1,x_2,x_3,x_4)\in W^{\perp}$,则$\langle\boldsymbol{a},\boldsymbol{a}_1\rangle=\langle\boldsymbol{a},\boldsymbol{a}_2\rangle=0$,即有

$$\begin{cases}x_1+x_2+2x_3+\ \ x_4=0,\\ x_1\qquad\qquad\quad -2x_4=0.\end{cases}$$

该齐次方程组的通解为

$$x_1=2t,\quad x_2=-2s-3t,\quad x_3=s,\quad x_4=t\quad(s,t\ \text{为任意实数}),$$

于是

$$\boldsymbol{a}=s(0,-2,1,0)+t(2,-3,0,1)\quad(s,t\ \text{为任意实数}),$$

故 $W^{\perp}$ 是由向量 $\boldsymbol{b}_1=(0,-2,1,0)$,$\boldsymbol{b}_2=(2,-3,0,1)$生成的子空间.

11.4　正交变换与对称变换

线性变换是线性空间中保持两种线性运算的变换. 至于欧氏空间,除了这两种线性运算以外,还有度量性质. 由于度量关系是由内积来定义的,所以与内积有关的线性变换无疑是重要的. 本节主要讨论欧氏空间中两种重要的线性变换——正交变换与对称变换.

11.4.1　正交变换

在欧氏空间中,规范正交基占有特殊的地位,所以有必要导出从一个规范正交

基到另一个规范正交基的基变换公式.

定理 11.8 在 n 维欧氏空间 V 中,

(1) 由规范正交基到规范正交基的过渡矩阵是正交矩阵;

(2) 如果两个基之间的过渡矩阵是正交矩阵,则从其中一个基是规范正交基可推出另一个基也必是规范正交基.

证 (1) 设 $\boldsymbol{\varepsilon}_1,\boldsymbol{\varepsilon}_2,\cdots,\boldsymbol{\varepsilon}_n$ 和 $\boldsymbol{\eta}_1,\boldsymbol{\eta}_2,\cdots,\boldsymbol{\eta}_n$ 是欧氏空间 V 的两个规范正交基. 又设

$$(\boldsymbol{\eta}_1,\boldsymbol{\eta}_2,\cdots,\boldsymbol{\eta}_n)=(\boldsymbol{\varepsilon}_1,\boldsymbol{\varepsilon}_2,\cdots,\boldsymbol{\varepsilon}_n)\mathbf{A}, \tag{11.3}$$

其中 $\mathbf{A}=(a_{ij})_{n\times n}$ 是过渡矩阵,则有

$$\boldsymbol{\eta}_j=a_{1j}\boldsymbol{\varepsilon}_1+a_{2j}\boldsymbol{\varepsilon}_2+\cdots+a_{nj}\boldsymbol{\varepsilon}_n \quad (j=1,2,\cdots,n).$$

于是

$$a_{1i}a_{1j}+a_{2i}a_{2j}+\cdots+a_{ni}a_{nj}=\langle\boldsymbol{\eta}_i,\boldsymbol{\eta}_j\rangle=\begin{cases}1, & i=j,\\0, & i\neq j,\end{cases}$$

故 $\mathbf{A}$ 是正交矩阵.

(2) 设 $\boldsymbol{\varepsilon}_1,\boldsymbol{\varepsilon}_2,\cdots,\boldsymbol{\varepsilon}_n$ 和 $\boldsymbol{\eta}_1,\boldsymbol{\eta}_2,\cdots,\boldsymbol{\eta}_n$ 是欧氏空间 V 的两个基,式(11.3)成立,且其中 $\mathbf{A}$ 是正交矩阵. 如果 $\boldsymbol{\varepsilon}_1,\boldsymbol{\varepsilon}_2,\cdots,\boldsymbol{\varepsilon}_n$ 是规范正交基,则

$$\langle\boldsymbol{\eta}_i,\boldsymbol{\eta}_j\rangle=a_{1i}a_{1j}+a_{2i}a_{2j}+\cdots+a_{ni}a_{nj}=\begin{cases}1, & i=j,\\0, & i\neq j,\end{cases}$$

即 $\boldsymbol{\eta}_1,\boldsymbol{\eta}_2,\cdots,\boldsymbol{\eta}_n$ 也是规范正交基. 反之,如果 $\boldsymbol{\eta}_1,\boldsymbol{\eta}_2,\cdots,\boldsymbol{\eta}_n$ 是规范正交基. 由于

$$(\boldsymbol{\varepsilon}_1,\boldsymbol{\varepsilon}_2,\cdots,\boldsymbol{\varepsilon}_n)=(\boldsymbol{\eta}_1,\boldsymbol{\eta}_2,\cdots,\boldsymbol{\eta}_n)\mathbf{A}^{-1},$$

且注意到 $\mathbf{A}^{-1}$ 仍是正交矩阵,从而 $\boldsymbol{\varepsilon}_1,\boldsymbol{\varepsilon}_2,\cdots,\boldsymbol{\varepsilon}_n$ 也一定是规范正交基. ▎

下面定义欧氏空间中保持内积不变的线性变换.

定义 11.7 如果欧氏空间 V 的线性变换 T 保持元素的内积不变,即对于 V 中任意两个元素 $\boldsymbol{\alpha}$ 与 $\boldsymbol{\beta}$,都有

$$\langle T(\boldsymbol{\alpha}),T(\boldsymbol{\beta})\rangle=\langle\boldsymbol{\alpha},\boldsymbol{\beta}\rangle,$$

则称 T 为**正交变换**.

平面旋转变换(平面围绕坐标原点按反时针方向旋转 θ 角)

$$T(x_1,x_2)=(x_1\cos\theta-x_2\sin\theta,x_1\sin\theta+x_2\cos\theta) \tag{11.4}$$

就是欧氏空间 $\mathbf{R}^2$ 的一个正交变换. 这是因为,对 $\mathbf{R}^2$ 中任意向量 $\boldsymbol{x}=(x_1,x_2)$和 $\boldsymbol{y}=(y_1,y_2)$,有

$$\begin{aligned}\langle T(\boldsymbol{x}),T(\boldsymbol{y})\rangle&=(x_1\cos\theta-x_2\sin\theta)(y_1\cos\theta-y_2\sin\theta)\\&\quad+(x_1\sin\theta+x_2\cos\theta)(y_1\sin\theta+y_2\cos\theta)\\&=x_1y_1+x_2y_2=\langle\boldsymbol{x},\boldsymbol{y}\rangle.\end{aligned}$$

例 11.9 **镜射变换** 假定 $\boldsymbol{u}$ 是欧氏空间 $\mathbf{R}^3$ 中的单位向量. 由图 11.1 容易得知,任意向量 $\boldsymbol{x}$ 关于以 $\boldsymbol{u}$ 为法向量的平面 π 的**镜射变换**为

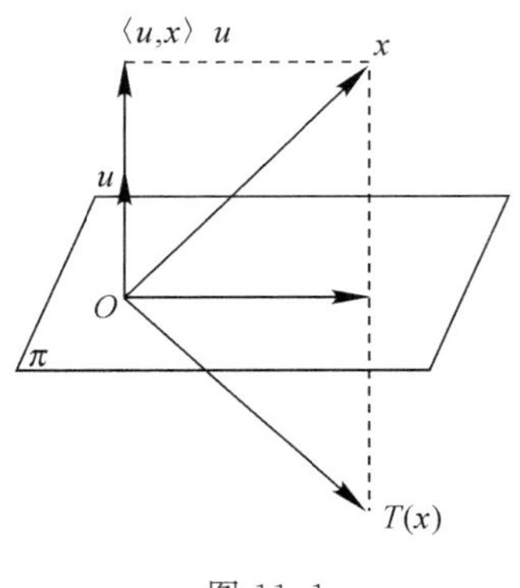

图 11.1

$$T(\boldsymbol{x})=\boldsymbol{x}-2\langle\boldsymbol{u},\boldsymbol{x}\rangle\boldsymbol{u}. \tag{11.5}$$

根据定义，T 是线性变换. 又因为

$$\begin{aligned}\langle T(\boldsymbol{x}),T(\boldsymbol{y})\rangle&=\langle\boldsymbol{x}-2\langle\boldsymbol{u},\boldsymbol{x}\rangle\boldsymbol{u},\boldsymbol{y}-2\langle\boldsymbol{u},\boldsymbol{y}\rangle\boldsymbol{u}\rangle\\&=\langle\boldsymbol{x},\boldsymbol{y}\rangle-2\langle\boldsymbol{u},\boldsymbol{y}\rangle\langle\boldsymbol{x},\boldsymbol{u}\rangle-2\langle\boldsymbol{u},\boldsymbol{x}\rangle\langle\boldsymbol{u},\boldsymbol{y}\rangle\\&\quad+4\langle\boldsymbol{u},\boldsymbol{x}\rangle\langle\boldsymbol{u},\boldsymbol{y}\rangle\langle\boldsymbol{u},\boldsymbol{u}\rangle=\langle\boldsymbol{x},\boldsymbol{y}\rangle,\end{aligned}$$

所以 T 是正交变换.

作为特例，如果 π 是 xOy 面，此时 $\boldsymbol{u}=(0,0,1)=\boldsymbol{k}$，相应的镜射变换为

$$T(x_1,x_2,x_3)=(x_1,x_2,-x_3).$$

在有限维欧氏空间中，正交变换可以通过几个方面来加以描述.

定理 11.9　设 T 是 n 维欧氏空间 V 的线性变换，则下列命题互相等价：

(1) T 是正交变换；

(2) T 保持元素的长度不变，即对任意 $\boldsymbol{\alpha}\in$ V，有 $\|T(\boldsymbol{\alpha})\|=\|\boldsymbol{\alpha}\|$；

(3) T 把 V 的规范正交基仍变为规范正交基；

(4) T 在 V 的任一规范正交基下的矩阵是正交矩阵.

证　我们采用这样的证法：由(1)推出(2)，由(2)推出(3)，由(3)推出(4)，再由(4)推出(1).

当(1)成立时，对于任意 $\boldsymbol{\alpha}\in$ V，都有

$$\|T(\boldsymbol{\alpha})\|=\sqrt{\langle T(\boldsymbol{\alpha}),T(\boldsymbol{\alpha})\rangle}=\sqrt{\langle\boldsymbol{\alpha},\boldsymbol{\alpha}\rangle}=\|\boldsymbol{\alpha}\|,$$

因此(2)成立.

当(2)成立时，假如 $\boldsymbol{\varepsilon}_1,\boldsymbol{\varepsilon}_2,\cdots,\boldsymbol{\varepsilon}_n$ 是 V 的规范正交基，则

$$\|T(\boldsymbol{\varepsilon}_i)\|=\|\boldsymbol{\varepsilon}_i\|=1\quad(i=1,2,\cdots,n).$$

再由

$$\|T(\boldsymbol{\varepsilon}_i+\boldsymbol{\varepsilon}_j)\|=\|\boldsymbol{\varepsilon}_i+\boldsymbol{\varepsilon}_j\|,$$

即

$$\langle T(\boldsymbol{\varepsilon}_i+\boldsymbol{\varepsilon}_j),T(\boldsymbol{\varepsilon}_i+\boldsymbol{\varepsilon}_j)\rangle=\langle\boldsymbol{\varepsilon}_i+\boldsymbol{\varepsilon}_j,\boldsymbol{\varepsilon}_j+\boldsymbol{\varepsilon}_j\rangle,$$

两边展开就得到

$$\|T(\boldsymbol{\varepsilon}_i)\|^2+2\langle T(\boldsymbol{\varepsilon}_i),T(\boldsymbol{\varepsilon}_j)\rangle+\|T(\boldsymbol{\varepsilon}_j)\|^2=\|\boldsymbol{\varepsilon}_i\|^2+2\langle\boldsymbol{\varepsilon}_i,\boldsymbol{\varepsilon}_j\rangle+\|\boldsymbol{\varepsilon}_j\|^2.$$

于是

$$\langle T(\boldsymbol{\varepsilon}_i),T(\boldsymbol{\varepsilon}_j)\rangle=\langle\boldsymbol{\varepsilon}_i,\boldsymbol{\varepsilon}_j\rangle=0\quad(i\neq j).$$

这样 $T(\boldsymbol{\varepsilon}_1),T(\boldsymbol{\varepsilon}_2),\cdots,T(\boldsymbol{\varepsilon}_n)$也是 V 的规范正交基. 因此(3)成立.

当(3)成立时，假如 $\boldsymbol{\varepsilon}_1,\boldsymbol{\varepsilon}_2,\cdots,\boldsymbol{\varepsilon}_n$ 是 V 的规范正交基，则 $T(\boldsymbol{\varepsilon}_1),T(\boldsymbol{\varepsilon}_2),\cdots,T(\boldsymbol{\varepsilon}_n)$也是 V 的规范正交基. 设

$$(T(\boldsymbol{\varepsilon}_1),T(\boldsymbol{\varepsilon}_2),\cdots,T(\boldsymbol{\varepsilon}_n))=(\boldsymbol{\varepsilon}_1,\boldsymbol{\varepsilon}_2,\cdots,\boldsymbol{\varepsilon}_n)\boldsymbol{A},$$

于是由定理 11.8,$\boldsymbol{A}$ 是一个正交矩阵,因此(4)成立.

当(4)成立时,假如 T 在 V 的规范正交基 $\boldsymbol{\varepsilon}_1,\boldsymbol{\varepsilon}_2,\cdots,\boldsymbol{\varepsilon}_n$ 下的矩阵是正交矩阵 $\boldsymbol{A}$,则由定理 11.8 知,$T(\boldsymbol{\varepsilon}_1),T(\boldsymbol{\varepsilon}_2),\cdots,T(\boldsymbol{\varepsilon}_n)$也是规范正交基,这时对于 V 中任意两个元素

$$\boldsymbol{\alpha}=x_1\boldsymbol{\varepsilon}_1+x_2\boldsymbol{\varepsilon}_2+\cdots+x_n\boldsymbol{\varepsilon}_n,\quad \boldsymbol{\beta}=y_1\boldsymbol{\varepsilon}_1+y_2\boldsymbol{\varepsilon}_2+\cdots+y_n\boldsymbol{\varepsilon}_n,$$

有

$$\begin{aligned}\langle T(\boldsymbol{\alpha}),T(\boldsymbol{\beta})\rangle&=\langle x_1T(\boldsymbol{\varepsilon}_1)+\cdots+x_nT(\boldsymbol{\varepsilon}_n),y_1T(\boldsymbol{\varepsilon}_1)+\cdots+y_nT(\boldsymbol{\varepsilon}_n)\rangle\\&=x_1y_1+\cdots+x_ny_n=\langle\boldsymbol{\alpha},\boldsymbol{\beta}\rangle,\end{aligned}$$

因此(1)成立. ▍

因为正交矩阵是可逆的,并且其逆矩阵也是正交矩阵,所以正交变换是可逆变换,其逆变换仍是正交变换.又因为两个正交矩阵的乘积仍是正交矩阵,故而两个正交变换的乘积仍是正交变换.

由于正交变换 T 在任一规范正交基下的矩阵是正交矩阵,而正交矩阵的行列式为 1 或 -1,不同基下的矩阵又是相似的,因此行列式为 1 或 -1 与规范正交基的选取无关,完全取决于 T 自身的性质.基于这一点,称行列式为 1 的正交变换为**旋转**或**第一类正交变换**,而称行列式为 -1 的正交变换为**第二类正交变换**.

如果取 $\mathbf{R}^2$ 的基 $\boldsymbol{i},\boldsymbol{j}$,则平面旋转变换(11.4)在这个基下的矩阵是

$$\boldsymbol{A}=\begin{pmatrix}\cos\theta & -\sin\theta\\ \sin\theta & \cos\theta\end{pmatrix}.$$

由 $\det\boldsymbol{A}=1$ 知,平面旋转变换是一个第一类正交变换.对于镜射变换(11.5),可以证明它是第二类正交变换.这是因为,如果将单位向量 $\boldsymbol{u}$ 扩充成 $\mathbf{R}^3$ 的规范正交基 $\boldsymbol{u},\boldsymbol{u}_2,\boldsymbol{u}_3$,则由(11.5)得

$$\begin{aligned}T(\boldsymbol{u})&=\boldsymbol{u}-2\langle\boldsymbol{u},\boldsymbol{u}\rangle\boldsymbol{u}=-\boldsymbol{u},\\T(\boldsymbol{u}_2)&=\boldsymbol{u}_2-2\langle\boldsymbol{u},\boldsymbol{u}_2\rangle\boldsymbol{u}=\boldsymbol{u}_2,\\T(\boldsymbol{u}_3)&=\boldsymbol{u}_3-2\langle\boldsymbol{u},\boldsymbol{u}_3\rangle\boldsymbol{u}=\boldsymbol{u}_3,\end{aligned}$$

所以 T 在 $\boldsymbol{u},\boldsymbol{u}_2,\boldsymbol{u}_3$ 下的矩阵为

$$\boldsymbol{A}=\begin{pmatrix}-1&0&0\\0&1&0\\0&0&1\end{pmatrix},$$

从而 T 是第二类正交变换.

要注意的是,正交变换对规范正交基的矩阵是正交矩阵,对其他基的矩阵可能是正交矩阵,也可能不是正交矩阵.如在 $\mathbf{R}^3$ 中,T 是关于 yOz 面的反射,它是正交变换;当取规范正交基 $\boldsymbol{i},\boldsymbol{j},\boldsymbol{k}$ 时,T 在该基下的矩阵是正交矩阵

$$\begin{pmatrix}-1&0&0\\0&1&0\\0&0&1\end{pmatrix};$$

当我们取 $\boldsymbol{i},\boldsymbol{j},\boldsymbol{l}=\boldsymbol{i}+\boldsymbol{j}+\boldsymbol{k}$ 作为 $\mathbf{R}^3$ 的基，它不是规范正交基，这时 T 在该基下的矩阵是

$$\begin{pmatrix}-1 & 0 & -2\\ 0 & 1 & 0\\ 0 & 0 & 1\end{pmatrix},$$

它不是正交矩阵；再取 $\boldsymbol{l}_1=\frac{1}{2}\boldsymbol{i}+\boldsymbol{j},\boldsymbol{l}_2=-\frac{1}{2}\boldsymbol{i}+\boldsymbol{j},\boldsymbol{k}$ 作为 $\mathbf{R}^3$ 的基，它也不是规范正交基，但 T 在该基下的矩阵是正交矩阵

$$\begin{pmatrix}0 & 1 & 0\\ 1 & 0 & 0\\ 0 & 0 & 1\end{pmatrix}.$$

下面我们以欧氏空间 $\mathbf{R}^2$ 和 $\mathbf{R}^3$ 为例，来讨论正交变换的几何意义.

设 T 是 $\mathbf{R}^2$ 的正交变换，它在 $\mathbf{R}^2$ 的规范正交基 $\boldsymbol{i},\boldsymbol{j}$ 下的矩阵是

$$\boldsymbol{A}=\begin{pmatrix}a_{11} & a_{12}\\ a_{21} & a_{22}\end{pmatrix}.$$

由于 $\boldsymbol{A}$ 是正交矩阵，从而

$$a_{11}^2+a_{21}^2=1,\quad a_{12}^2+a_{22}^2=1,\quad a_{11}a_{12}+a_{21}a_{22}=0.$$

由 $a_{11}^2+a_{21}^2=1$，存在一个角 θ_1，使

$$a_{11}=\cos\theta_1,\quad a_{21}=\pm\sin\theta_1.$$

但如果 $a_{21}=-\sin\theta_1$，令 $\theta_2=-\theta_1$，就有 $a_{11}=\cos\theta_2$，$a_{21}=\sin\theta_2$，因此总可选取角 θ，使

$$a_{11}=\cos\theta,\quad a_{21}=\sin\theta.$$

同理，由 $a_{12}^2+a_{22}^2=1$，总可选取角 φ，使

$$a_{12}=\cos\varphi,\quad a_{22}=\sin\varphi.$$

再由 $a_{11}a_{12}+a_{21}a_{22}=0$，得

$$\cos\theta\cos\varphi+\sin\theta\sin\varphi=\cos(\theta-\varphi)=0,$$

于是 $\theta-\varphi$ 是 $\frac{\pi}{2}$ 的奇数倍，从而

$$\cos\varphi=\mp\sin\theta,\quad \sin\varphi=\pm\cos\theta,$$

因此

$$\boldsymbol{A}=\begin{pmatrix}\cos\theta & -\sin\theta\\ \sin\theta & \cos\theta\end{pmatrix}\quad 或\quad \boldsymbol{A}=\begin{pmatrix}\cos\theta & \sin\theta\\ \sin\theta & -\cos\theta\end{pmatrix}.$$

如果 $\det\boldsymbol{A}=1$，则向量 $\boldsymbol{x}=x_1\boldsymbol{i}+x_2\boldsymbol{j}$ 和它的象 $T(\boldsymbol{x})=y_1\boldsymbol{i}+y_2\boldsymbol{j}$ 的关系是

$$\begin{pmatrix}y_1\\ y_2\end{pmatrix}=\begin{pmatrix}\cos\theta & -\sin\theta\\ \sin\theta & \cos\theta\end{pmatrix}\begin{pmatrix}x_1\\ x_2\end{pmatrix},$$

这时 T 是绕原点反时针转动角 θ 的旋转；如果 $\det\boldsymbol{A}=-1$，则向量 $\boldsymbol{x}$ 与它的象 $T(\boldsymbol{x})$ 的关系是

$$\begin{pmatrix} y_1 \\ y_2 \end{pmatrix}=\begin{pmatrix} \cos\theta & \sin\theta \\ \sin\theta & -\cos\theta \end{pmatrix}\begin{pmatrix} x_1 \\ x_2 \end{pmatrix},$$

这时 T 是连续施行下面的变换

$$\begin{pmatrix} z_1 \\ z_2 \end{pmatrix}=\begin{pmatrix} 1 & 0 \\ 0 & -1 \end{pmatrix}\begin{pmatrix} x_1 \\ x_2 \end{pmatrix}, \quad \begin{pmatrix} y_1 \\ y_2 \end{pmatrix}=\begin{pmatrix} \cos\theta & -\sin\theta \\ \sin\theta & \cos\theta \end{pmatrix}\begin{pmatrix} z_1 \\ z_2 \end{pmatrix}$$

的结果，其中第一个变换是对 x 轴的反射，第二个变换是绕原点反时针转动角 θ 的旋转.

假定 T 是 $\mathbf{R}^3$ 的正交变换，它将 $\mathbf{R}^3$ 的规范正交基 $\boldsymbol{i},\boldsymbol{j},\boldsymbol{k}$ 变为

$$\boldsymbol{i}'=T(\boldsymbol{i})=(a_{11},a_{21},a_{31}),$$
$$\boldsymbol{j}'=T(\boldsymbol{j})=(a_{12},a_{22},a_{32}),$$
$$\boldsymbol{k}'=T(\boldsymbol{k})=(a_{13},a_{23},a_{33}),$$

于是 T 在基 $\boldsymbol{i},\boldsymbol{j},\boldsymbol{k}$ 下的矩阵是正交矩阵

$$\boldsymbol{A}=\begin{pmatrix} a_{11} & a_{12} & a_{13} \\ a_{21} & a_{22} & a_{23} \\ a_{31} & a_{32} & a_{33} \end{pmatrix}.$$

因为单位正交向量 $\boldsymbol{i}',\boldsymbol{j}',\boldsymbol{k}'$ 的混合积

$$(\boldsymbol{i}'\times\boldsymbol{j}')\cdot\boldsymbol{k}'=\det\boldsymbol{A}=\pm 1,$$

又因为正交向量 $\boldsymbol{i}'$ 与 $\boldsymbol{j}'$ 的叉积 $\boldsymbol{i}'\times\boldsymbol{j}'$ 的长度

$$\|\boldsymbol{i}'\times\boldsymbol{j}'\|=\|\boldsymbol{i}'\|\,\|\boldsymbol{j}'\|\sin\frac{\pi}{2}=1,$$

所以

$$(\boldsymbol{i}'\times\boldsymbol{j}')\cdot\boldsymbol{k}'=\|\boldsymbol{i}'\times\boldsymbol{j}'\|\,\|\boldsymbol{k}'\|\cos\varphi=\cos\varphi=\pm 1.$$

于是当 $\det\boldsymbol{A}=1$ 时，$\varphi=0$，此时 $\boldsymbol{i}',\boldsymbol{j}',\boldsymbol{k}'$ 的指向与 $\boldsymbol{i},\boldsymbol{j},\boldsymbol{k}$ 一致（即如果 $\boldsymbol{i},\boldsymbol{j},\boldsymbol{k}$ 是右手系，则 $\boldsymbol{i}',\boldsymbol{j}',\boldsymbol{k}'$ 也是右手系），这表明 T 是把 $\boldsymbol{i},\boldsymbol{j},\boldsymbol{k}$ 顺次转到 $\boldsymbol{i}',\boldsymbol{j}',\boldsymbol{k}'$ 的旋转.

当 $\det\boldsymbol{A}=-1$ 时，$\varphi=\pi$，此时 $\boldsymbol{i}',\boldsymbol{j}',\boldsymbol{k}'$ 的指向与 $\boldsymbol{i},\boldsymbol{j},\boldsymbol{k}$ 不一致（即如果 $\boldsymbol{i},\boldsymbol{j},\boldsymbol{k}$ 是右手系，则 $\boldsymbol{i}',\boldsymbol{j}',\boldsymbol{k}'$ 是左手系），这表明 T 是先把 $\boldsymbol{i},\boldsymbol{j},\boldsymbol{k}$ 转到 $\boldsymbol{i}',\boldsymbol{j}',-\boldsymbol{k}'$，然后再对 $\boldsymbol{i}',\boldsymbol{j}'$ 所在的平面反射.

11.4.2 对称变换

下面介绍对称变换及其与实对称矩阵的关系.

定义 11.8 设 T 是欧氏空间 V 的一个线性变换. 如果对 V 中任意两个元素 $\boldsymbol{\alpha}$ 与 $\boldsymbol{\beta}$，都有

$$\langle T(\boldsymbol{\alpha}),\boldsymbol{\beta}\rangle=\langle\boldsymbol{\alpha},T(\boldsymbol{\beta})\rangle,$$

则称 T 为**对称变换**.

在有限维欧氏空间中,对称变换与实对称矩阵在规范正交基下是对应的,这也是称之为对称变换的原因.

定理 11.10　n 维欧氏空间 V 的线性变换 T 是对称变换的充分必要条件是,它在任一规范正交基下的矩阵是实对称矩阵.

证　必要性. 已知 T 是 n 维欧氏空间 V 的一个对称变换,设 $\boldsymbol{\varepsilon}_1,\boldsymbol{\varepsilon}_2,\cdots,\boldsymbol{\varepsilon}_n$ 是 V 的一个规范正交基,又设

$$T(\boldsymbol{\varepsilon}_1,\boldsymbol{\varepsilon}_2,\cdots,\boldsymbol{\varepsilon}_n)=(\boldsymbol{\varepsilon}_1,\boldsymbol{\varepsilon}_2,\cdots,\boldsymbol{\varepsilon}_n)\boldsymbol{A},$$

其中 $\boldsymbol{A}=(a_{ij})_{n\times n}$,则有

$$T(\boldsymbol{\varepsilon}_j)=a_{1j}\boldsymbol{\varepsilon}_1+a_{2j}\boldsymbol{\varepsilon}_2+\cdots+a_{nj}\boldsymbol{\varepsilon}_n.$$

于是

$$\langle T(\boldsymbol{\varepsilon}_i),\boldsymbol{\varepsilon}_j\rangle=\langle a_{1i}\boldsymbol{\varepsilon}_1+\cdots+a_{ni}\boldsymbol{\varepsilon}_n,\boldsymbol{\varepsilon}_j\rangle=a_{ji},$$
$$\langle\boldsymbol{\varepsilon}_i,T(\boldsymbol{\varepsilon}_j)\rangle=\langle\boldsymbol{\varepsilon}_i,a_{1j}\boldsymbol{\varepsilon}_1+\cdots+a_{nj}\boldsymbol{\varepsilon}_n\rangle=a_{ij}.$$

因为 T 是对称变换,所以

$$a_{ji}=\langle T(\boldsymbol{\varepsilon}_i),\boldsymbol{\varepsilon}_j\rangle=\langle\boldsymbol{\varepsilon}_i,T(\boldsymbol{\varepsilon}_j)\rangle=a_{ij}\quad(i,j=1,2,\cdots,n),$$

从而 $\boldsymbol{A}$ 是实对称矩阵.

充分性. 如果 T 在 V 的规范正交基 $\boldsymbol{\varepsilon}_1,\boldsymbol{\varepsilon}_2,\cdots,\boldsymbol{\varepsilon}_n$ 下的矩阵 $\boldsymbol{A}=(a_{ij})_{n\times n}$ 是实对称矩阵,如同必要性的推证,可得

$$\langle T(\boldsymbol{\varepsilon}_i),\boldsymbol{\varepsilon}_j\rangle=a_{ji}=a_{ij}=\langle\boldsymbol{\varepsilon}_i,T(\boldsymbol{\varepsilon}_j)\rangle\quad(i,j=1,2,\cdots,n).$$

于是对 V 中任意两个元素 $\boldsymbol{\alpha},\boldsymbol{\beta}$,设

$$\boldsymbol{\alpha}=x_1\boldsymbol{\varepsilon}_1+\cdots+x_n\boldsymbol{\varepsilon}_n,\quad\boldsymbol{\beta}=y_1\boldsymbol{\varepsilon}_1+\cdots+y_n\boldsymbol{\varepsilon}_n,$$

则有

$$\begin{aligned}\langle T(\boldsymbol{\alpha}),\boldsymbol{\beta}\rangle&=\langle x_1T(\boldsymbol{\varepsilon}_1)+\cdots+x_nT(\boldsymbol{\varepsilon}_n),y_1\boldsymbol{\varepsilon}_1+\cdots+y_n\boldsymbol{\varepsilon}_n\rangle\\&=\sum_{i=1}^n\sum_{j=1}^n x_iy_j\langle T(\boldsymbol{\varepsilon}_i),\boldsymbol{\varepsilon}_j\rangle=\sum_{i=1}^n\sum_{j=1}^n x_iy_j\langle\boldsymbol{\varepsilon}_i,T(\boldsymbol{\varepsilon}_j)\rangle\\&=\langle\boldsymbol{\alpha},T(\boldsymbol{\beta})\rangle,\end{aligned}$$

即 T 为对称变换. ▍

正因为有限维欧氏空间中的对称变换在取定的规范正交基下与实对称矩阵有一一对应的关系,所以可利用实对称矩阵来讨论对称变换.

定理 11.11　设 T 是 n 维欧氏空间 V 的一个对称变换,则

(1) T 的特征值均为实数;

(2) T 的不同特征值对应的特征向量正交;

(3) 存在 V 的一个规范正交基,使 T 在这个基下的矩阵为对角矩阵.

证　(1)、(2)的证明留给读者. 下面只证(3).

任取 V 的一个规范正交基 $\boldsymbol{\varepsilon}_1,\boldsymbol{\varepsilon}_2,\cdots,\boldsymbol{\varepsilon}_n$,则 T 在这个基下的矩阵 $\boldsymbol{A}$ 是实对称

矩阵,因此存在正交矩阵 $\boldsymbol{Q}$ 使得 $\boldsymbol{Q}^{-1}\boldsymbol{A}\boldsymbol{Q}$ 是对角矩阵.令

$$(\boldsymbol{\eta}_1,\boldsymbol{\eta}_2,\cdots,\boldsymbol{\eta}_n)=(\boldsymbol{\varepsilon}_1,\boldsymbol{\varepsilon}_2,\cdots,\boldsymbol{\varepsilon}_n)\boldsymbol{Q}.$$

因为 $\boldsymbol{Q}$ 是正交矩阵,所以 $\boldsymbol{\eta}_1,\boldsymbol{\eta}_2,\cdots,\boldsymbol{\eta}_n$ 也是 V 的规范正交基,而且 T 在 $\boldsymbol{\eta}_1,\boldsymbol{\eta}_2,\cdots,\boldsymbol{\eta}_n$ 下的矩阵就是对角矩阵 $\boldsymbol{Q}^{-1}\boldsymbol{A}\boldsymbol{Q}$. ▍

例 11.10 假设欧氏空间 $\mathbf{R}^4$ 的线性变换 T 为

$$T(x_1,x_2,x_3,x_4)=(x_1-x_2-x_3+x_4,-x_1+x_2-x_3+x_4,\\ -x_1-x_2+x_3+x_4,x_1+x_2+x_3+x_4).$$

试问 T 是否为对称变换?如果 T 是对称变换,求 $\mathbf{R}^4$ 的一个规范正交基,使得 T 在这个基下的矩阵是对角矩阵.

解 取 $\mathbf{R}^4$ 的规范正交基 $\boldsymbol{e}_1,\boldsymbol{e}_2,\boldsymbol{e}_3,\boldsymbol{e}_4$. 可求得 T 在这个基下的矩阵为

$$\boldsymbol{A}=\begin{pmatrix}1&-1&-1&1\\-1&1&-1&1\\-1&-1&1&1\\1&1&1&1\end{pmatrix}.$$

由于 $\boldsymbol{A}$ 是实对称矩阵,因此 T 是对称变换.经计算知正交矩阵

$$\boldsymbol{Q}=\begin{pmatrix}-\frac{1}{\sqrt{2}}&-\frac{1}{\sqrt{6}}&\frac{1}{2\sqrt{3}}&\frac{1}{2}\\ \frac{1}{\sqrt{2}}&-\frac{1}{\sqrt{6}}&\frac{1}{2\sqrt{3}}&\frac{1}{\sqrt{2}}\\ 0&\frac{2}{\sqrt{6}}&\frac{1}{2\sqrt{3}}&\frac{1}{2}\\ 0&0&\frac{3}{2\sqrt{3}}&\frac{1}{2}\end{pmatrix}\text{使得 }\boldsymbol{Q}^{-1}\boldsymbol{A}\boldsymbol{Q}=\begin{pmatrix}2&&&\\&2&&\\&&2&\\&&&-2\end{pmatrix}.$$

由 $(\boldsymbol{u}_1,\boldsymbol{u}_2,\boldsymbol{u}_3,\boldsymbol{u}_4)=(\boldsymbol{e}_1,\boldsymbol{e}_2,\boldsymbol{e}_3,\boldsymbol{e}_4)\boldsymbol{Q}$ 求得 $\mathbf{R}^4$ 的规范正交基

$$\boldsymbol{u}_1=\left(-\frac{1}{\sqrt{2}},\frac{1}{\sqrt{2}},0,0\right),\qquad \boldsymbol{u}_2=\left(-\frac{1}{\sqrt{6}},-\frac{1}{\sqrt{6}},\frac{2}{\sqrt{6}},0\right)$$

$$\boldsymbol{u}_3=\left(\frac{1}{2\sqrt{3}},\frac{1}{2\sqrt{3}},\frac{1}{2\sqrt{3}},\frac{3}{2\sqrt{3}}\right),\quad \boldsymbol{u}_4=\left(\frac{1}{2},\frac{1}{2},\frac{1}{2},-\frac{1}{2}\right),$$

T 在该基下的矩阵为

$$\begin{pmatrix}2&&&\\&2&&\\&&2&\\&&&-2\end{pmatrix}.$$

11.5 广义逆矩阵

当 $\boldsymbol{A}$ 是 n 阶方阵,且 $\boldsymbol{A}$ 非奇异(即 $\det\boldsymbol{A}\neq 0$)时,$\boldsymbol{A}$ 的逆矩阵 $\boldsymbol{A}^{-1}$ 才存在,此时

线性方程组 $\boldsymbol{Ax}=\boldsymbol{b}$ 的解可以简洁地表示为 $\boldsymbol{x}=\boldsymbol{A}^{-1}\boldsymbol{b}$. 近几十年来，由于解决各种问题的需要，人们把逆矩阵的概念推广到奇异方阵或长方矩阵上，从而产生了所谓的广义逆矩阵. 这种广义逆矩阵具有通常逆矩阵的部分性质，并且在矩阵非奇异时，它与通常的逆矩阵相一致；而且这种广义逆矩阵可以给出线性方程组(包括相容的和矛盾的方程组)"解"的统一表述.

1920 年，E. H. Moore 首先以较抽象的形式给出了广义逆矩阵这一概念，由于不知道它的应用，所以一直未受到重视. 直到 1955 年 R. Penrose 利用四个矩阵方程给出广义逆矩阵的更简便实用的定义后，它才引起普遍关注，并得到迅速发展. 目前，广义逆矩阵已形成了一套既系统又完整的理论，并在许多学科得到广泛的应用.

11.5.1 广义逆矩阵的概念

为方便计，本节仅考虑实矩阵.

定义 11.9 设 $\boldsymbol{A}\in\mathbf{R}^{m\times n}$，如果 $\boldsymbol{X}\in\mathbf{R}^{n\times m}$ 满足下列四个 **Penrose 方程**

(1) $\boldsymbol{AXA}=\boldsymbol{A}$;

(2) $\boldsymbol{XAX}=\boldsymbol{X}$;

(3) $(\boldsymbol{AX})^{\mathrm{T}}=\boldsymbol{AX}$;

(4) $(\boldsymbol{XA})^{\mathrm{T}}=\boldsymbol{XA}$,

的几个或全部，则称 $\boldsymbol{X}$ 为 $\boldsymbol{A}$ 的**广义逆矩阵**. 满足全部四个方程的广义逆矩阵 $\boldsymbol{X}$ 称为 **Moore-Penrose 逆**.

显然，如果 $\boldsymbol{A}$ 是非奇异矩阵，则 $\boldsymbol{X}=\boldsymbol{A}^{-1}$ 满足四个 Penrose 方程.

按照这一定义，可以分为满足其中一个、二个、三个或四个 Penrose 方程的广义逆矩阵，一共有 $\mathrm{C}_4^1+\mathrm{C}_4^2+\mathrm{C}_4^3+\mathrm{C}_4^4=15$ 类.

如果 $\boldsymbol{X}$ 是满足第 i 个方程的广义逆矩阵，就记为 $\boldsymbol{X}=\boldsymbol{A}^{(i)}\ (i=1,2,3,4)$，称为 $\boldsymbol{A}$ 的 $\{\boldsymbol{i}\}$-**逆**；如果 $\boldsymbol{X}$ 是满足第 i,j 个方程的广义逆矩阵，就记为 $\boldsymbol{X}=\boldsymbol{A}^{(i,j)}$，称为 $\boldsymbol{A}$ 的 $\{\boldsymbol{i},\boldsymbol{j}\}$-**逆**. 依此类推.

定理 11.12 矩阵 $\boldsymbol{A}$ 的 Moore-Penrose 逆如果存在的话，则必是唯一的.

证 假设 $\boldsymbol{X}$、$\boldsymbol{Y}$ 均满足四个 Penrose 方程，则(为了叙述简明，在等号上注明了推演时依据的方程号)

$$\begin{aligned}\boldsymbol{X}&\overset{(2)}{=\!=}\boldsymbol{XAX}\overset{(3)}{=\!=}\boldsymbol{X}(\boldsymbol{AX})^{\mathrm{T}}\overset{(1)}{=\!=}\boldsymbol{X}((\boldsymbol{AYA})\boldsymbol{X})^{\mathrm{T}}=\boldsymbol{X}(\boldsymbol{AX})^{\mathrm{T}}(\boldsymbol{AY})^{\mathrm{T}}\\&\overset{(3)}{=\!=}\boldsymbol{XAXAY}\overset{(2)}{=\!=}\boldsymbol{XAY}\overset{(2)}{=\!=}\boldsymbol{XA}(\boldsymbol{YAY})\overset{(4)}{=\!=}(\boldsymbol{XA})^{\mathrm{T}}(\boldsymbol{YA})^{\mathrm{T}}\boldsymbol{Y}\\&=(\boldsymbol{YAXA})^{\mathrm{T}}\boldsymbol{Y}\overset{(1)}{=\!=}(\boldsymbol{YA})^{\mathrm{T}}\boldsymbol{Y}\overset{(4)}{=\!=}\boldsymbol{YAY}\overset{(2)}{=\!=}\boldsymbol{Y},\end{aligned}$$

所以 $\boldsymbol{A}$ 的 Moore-Penrose 逆是唯一的. ▌

记 $\boldsymbol{A}$ 的 Moore-Penrose 逆为 $\boldsymbol{A}^{+}$，也称之为 $\boldsymbol{A}$ 的**加号逆**.

除了 $\boldsymbol{A}^{+}$ 唯一之外，其余各类广义逆矩阵一般都不是唯一的. 为了表示这种情况，把满足第 i 个方程或第 i,j 个方程的广义逆矩阵的集合分别记为 $\boldsymbol{A}\{i\}$ 或 $\boldsymbol{A}\{i,j\}$ 等.

在上述 15 类广义逆矩阵中，应用较多的是以下 5 类：

$$\boldsymbol{A}\{1\};\quad \boldsymbol{A}\{1,2\};\quad \boldsymbol{A}\{1,3\};\quad \boldsymbol{A}\{1,4\};\quad \boldsymbol{A}^{+}.$$

因为 $\boldsymbol{A}^{+}$ 满足 $\boldsymbol{A}^{+}\in\boldsymbol{A}\{1\}$，$\boldsymbol{A}^{+}\in\boldsymbol{A}\{1,2\}$，$\boldsymbol{A}^{+}\in\boldsymbol{A}\{1,3\}$，$\boldsymbol{A}^{+}\in\boldsymbol{A}\{1,4\}$，所以 $\boldsymbol{A}^{+}$ 在广义逆矩阵中占有十分重要的位置. 我们着重讨论 $\boldsymbol{A}^{(1)}$ 与 $\boldsymbol{A}^{+}$ 及其在线性方程组求解中的应用.

11.5.2 广义{1}-逆

首先解决广义逆矩阵 $\boldsymbol{A}^{(1)}$ 的计算问题.

定理 11.13 设 $\boldsymbol{A}\in\mathbf{R}^{m\times n}$ 的秩为 $r(>0)$，则存在 m 阶可逆矩阵 $\boldsymbol{S}$ 和 n 阶置换矩阵 $\boldsymbol{P}$，使得

$$\boldsymbol{SAP}=\begin{pmatrix}\boldsymbol{E}_r & \boldsymbol{K}\\ \boldsymbol{O} & \boldsymbol{O}\end{pmatrix},\tag{11.6}$$

其中 $\boldsymbol{K}$ 是 $r\times(n-r)$ 矩阵，且对任意 $(n-r)\times(m-r)$ 矩阵 $\boldsymbol{L}$，$n\times m$ 矩阵

$$\boldsymbol{X}=\boldsymbol{P}\begin{pmatrix}\boldsymbol{E}_r & \boldsymbol{O}\\ \boldsymbol{O} & \boldsymbol{L}\end{pmatrix}\boldsymbol{S}\tag{11.7}$$

是 $\boldsymbol{A}$ 的{1}-逆.

证 由第 3 章的结果知，矩阵 $\boldsymbol{A}$ 可以通过初等行变换化为行最简形矩阵 $\boldsymbol{H}$，即存在初等矩阵 $\boldsymbol{P}_1,\boldsymbol{P}_2,\cdots,\boldsymbol{P}_t$，使得

$$\boldsymbol{P}_t\cdots\boldsymbol{P}_2\boldsymbol{P}_1\boldsymbol{A}=\boldsymbol{H}.$$

令 $\boldsymbol{S}=\boldsymbol{P}_t\cdots\boldsymbol{P}_2\boldsymbol{P}_1$，则 $\boldsymbol{S}$ 是 m 阶可逆矩阵，且 $\boldsymbol{SA}=\boldsymbol{H}$. 如果取 n 阶置换矩阵 $\boldsymbol{P}=(\boldsymbol{e}_{i_1},\boldsymbol{e}_{i_2},\cdots,\boldsymbol{e}_{i_r},\cdots)$，即得式(11.6).

由式(11.6)得

$$\boldsymbol{A}=\boldsymbol{S}^{-1}\begin{pmatrix}\boldsymbol{E}_r & \boldsymbol{K}\\ \boldsymbol{O} & \boldsymbol{O}\end{pmatrix}\boldsymbol{P}^{-1}.$$

容易验证，由式(11.7)给定的任何矩阵 $\boldsymbol{X}$ 满足 $\boldsymbol{AXA}=\boldsymbol{A}$，故 $\boldsymbol{X}$ 是 $\boldsymbol{A}$ 的{1}-逆. ▌

需要注意的是，式(11.7)中矩阵 $\boldsymbol{L}$ 任意变化时，所得的矩阵 $\boldsymbol{X}$ 并非是满足 $\boldsymbol{AXA}=\boldsymbol{A}$ 的所有矩阵，即只是 $\boldsymbol{A}\{1\}$ 的一个子集. 为求得式(11.6)中的 m 阶可逆矩阵 $\boldsymbol{S}$，可首先构造 $m\times(m+n)$ 矩阵 $(\boldsymbol{A},\boldsymbol{E}_m)$，于是 $\boldsymbol{S}(\boldsymbol{A},\boldsymbol{E}_m)=(\boldsymbol{H},\boldsymbol{S})$，这表明对矩阵 $(\boldsymbol{A},\boldsymbol{E}_m)$ 用初等行变换化简时，如果矩阵 $\boldsymbol{A}$ 变成行最简形矩阵 $\boldsymbol{H}$，则单位矩阵 $\boldsymbol{E}_m$ 就变成可逆矩阵 $\boldsymbol{S}$；而置换矩阵 $\boldsymbol{P}$ 可通过观察直接得到.

例 11.11 已知矩阵 $\boldsymbol{A}=\begin{pmatrix}1 & 2 & -1 & 2\\ 2 & 4 & 1 & 1\\ -1 & -2 & -2 & 1\end{pmatrix}$，求 $\boldsymbol{A}^{(1)}$.

解　做初等行变换，化 $\boldsymbol{A}$ 为行最简形矩阵，并求可逆矩阵 $\boldsymbol{S}$：

$$(\boldsymbol{A},\boldsymbol{E})=\left(\begin{array}{cccc:ccc}1&2&-1&2&1&0&0\\2&4&1&1&0&1&0\\-1&-2&-2&1&0&0&1\end{array}\right)\xrightarrow[r_3+r_1]{r_2-2r_1}\left(\begin{array}{cccc:ccc}1&2&-1&2&1&0&0\\0&0&3&-3&-2&1&0\\0&0&-3&3&1&0&1\end{array}\right)$$

$$\xrightarrow[\substack{r_1+r_2\\ r_3+3r_2}]{r_2\times\frac{1}{3}}\left(\begin{array}{cccc:ccc}1&2&0&1&\frac{1}{3}&\frac{1}{3}&0\\0&0&1&-1&-\frac{2}{3}&\frac{1}{3}&0\\0&0&0&0&-1&1&1\end{array}\right),$$

于是

$$\boldsymbol{S}=\begin{pmatrix}\frac{1}{3}&\frac{1}{3}&0\\-\frac{2}{3}&\frac{1}{3}&0\\-1&1&1\end{pmatrix},\quad \boldsymbol{P}=(\boldsymbol{e}_1,\boldsymbol{e}_3,\boldsymbol{e}_2,\boldsymbol{e}_4)=\begin{pmatrix}1&0&0&0\\0&0&1&0\\0&1&0&0\\0&0&0&1\end{pmatrix},$$

使得

$$\boldsymbol{SAP}=\begin{pmatrix}1&0&2&1\\0&1&0&-1\\0&0&0&0\end{pmatrix}.$$

从而由定理 11.13，得

$$\boldsymbol{A}^{(1)}=\boldsymbol{P}\begin{pmatrix}1&0&0\\0&1&0\\0&0&k\\0&0&l\end{pmatrix}\boldsymbol{S}=\begin{pmatrix}\frac{1}{3}&\frac{1}{3}&0\\-k&k&k\\-\frac{2}{3}&\frac{1}{3}&0\\-l&l&l\end{pmatrix}\quad(k,l\text{ 任意}).$$

广义逆矩阵 $\boldsymbol{A}^{(1)}$ 具有以下一些性质.

定理 11.14　设 $\boldsymbol{A}\in\mathbf{R}^{m\times n}$，$\boldsymbol{A}^{(1)}\in\boldsymbol{A}\{1\}$，$\lambda\in\mathbf{R}$，则

(1) $(\boldsymbol{A}^{(1)})^{\mathrm{T}}\in\boldsymbol{A}^{\mathrm{T}}\{1\}$；

(2) $\lambda^{+}\boldsymbol{A}^{(1)}\in(\lambda\boldsymbol{A})\{1\}$，其中 $\lambda^{+}=\begin{cases}\lambda^{-1}, & \lambda\neq 0,\\ 0, & \lambda=0;\end{cases}$

(3) 如果 $\boldsymbol{S},\boldsymbol{T}$ 分别为 m 阶和 n 阶可逆矩阵,则 $\boldsymbol{T}^{-1}\boldsymbol{A}^{(1)}\boldsymbol{S}^{-1}\in(\boldsymbol{SAT})\{1\}$;

(4) $\text{rank}\boldsymbol{A}^{(1)}\geqslant\text{rank}\boldsymbol{A}$;

(5) $\text{rank}(\boldsymbol{AA}^{(1)})=\text{rank}(\boldsymbol{A}^{(1)}\boldsymbol{A})=\text{rank}\boldsymbol{A}$;

(6) $\boldsymbol{AA}^{(1)}=\boldsymbol{E}_m$ 的充分必要条件是 $\text{rank}\boldsymbol{A}=m$;

(7) $\boldsymbol{A}^{(1)}\boldsymbol{A}=\boldsymbol{E}_n$ 的充分必要条件是 $\text{rank}\boldsymbol{A}=n$.

证 (1)~(3)由定义直接得到;

(4) $\text{rank}\boldsymbol{A}=\text{rank}(\boldsymbol{AA}^{(1)}\boldsymbol{A})\leqslant\text{rank}(\boldsymbol{AA}^{(1)})\leqslant\text{rank}\boldsymbol{A}^{(1)}$;

(5) 与(4)的证明类似;

(6) 如果 $\boldsymbol{AA}^{(1)}=\boldsymbol{E}_m$,则由(5),$\text{rank}\boldsymbol{A}=\text{rank}(\boldsymbol{AA}^{(1)})=\text{rank}\boldsymbol{E}_m=m$. 反之,如果 $\text{rank}\boldsymbol{A}=m$,则由(5)知,$\text{rank}(\boldsymbol{AA}^{(1)})=\text{rank}\boldsymbol{A}=m$,从而 $\boldsymbol{AA}^{(1)}$ 是可逆矩阵. 又因 $(\boldsymbol{AA}^{(1)})^2=\boldsymbol{AA}^{(1)}$,两边同乘$(\boldsymbol{AA}^{(1)})^{-1}$即得 $\boldsymbol{AA}^{(1)}=\boldsymbol{E}_m$;

(7) 与(6)的证明类似. ▍

利用{1}-逆,可以直接判定一个线性方程组是否相容,并在相容时,表出线性方程组的通解.

定理 11.15 设 $\boldsymbol{A}\in\mathbf{R}^{m\times n}$,$\boldsymbol{A}^{(1)}\in\boldsymbol{A}\{1\}$. 线性方程组 $\boldsymbol{Ax}=\boldsymbol{b}$ 相容的充分必要条件是

$$\boldsymbol{AA}^{(1)}\boldsymbol{b}=\boldsymbol{b}. \tag{11.8}$$

又如果线性方程组相容,则通解为

$$\boldsymbol{x}=\boldsymbol{A}^{(1)}\boldsymbol{b}+(\boldsymbol{E}-\boldsymbol{A}^{(1)}\boldsymbol{A})\boldsymbol{y}, \tag{11.9}$$

其中 $\boldsymbol{y}$ 是任意 n 维列向量.

证 如果式(11.8)成立,则 $\boldsymbol{A}^{(1)}\boldsymbol{b}$ 是线性方程组 $\boldsymbol{Ax}=\boldsymbol{b}$ 的解. 反之,如果线性方程组$\boldsymbol{Ax}=\boldsymbol{b}$相容,则

$$\boldsymbol{b}=\boldsymbol{Ax}=\boldsymbol{AA}^{(1)}\boldsymbol{Ax}=\boldsymbol{AA}^{(1)}\boldsymbol{b}.$$

又当 $\boldsymbol{Ax}=\boldsymbol{b}$ 相容时,利用式(11.8)可直接验证式(11.9)是 $\boldsymbol{Ax}=\boldsymbol{b}$ 的解. 反之,设 $\boldsymbol{x}_0$ 是 $\boldsymbol{Ax}=\boldsymbol{b}$ 的任一解,则有

$$\boldsymbol{x}_0=\boldsymbol{A}^{(1)}\boldsymbol{Ax}_0+(\boldsymbol{E}-\boldsymbol{A}^{(1)}\boldsymbol{A})\boldsymbol{x}_0=\boldsymbol{A}^{(1)}\boldsymbol{b}+(\boldsymbol{E}-\boldsymbol{A}^{(1)}\boldsymbol{A})\boldsymbol{x}_0,$$

即 $\boldsymbol{x}_0$ 可表示为式(11.9)的形式,故式(11.9)是 $\boldsymbol{Ax}=\boldsymbol{b}$ 的通解. ▍

在定理 11.15 中令 $\boldsymbol{b}=\boldsymbol{0}$,即得

推论 齐次线性方程组 $\boldsymbol{Ax}=\boldsymbol{0}$ 的通解为

$$\boldsymbol{x}=(\boldsymbol{E}-\boldsymbol{A}^{(1)}\boldsymbol{A})\boldsymbol{y},$$

其中 $\boldsymbol{y}$ 是任意 n 维列向量.

例 11.12 用广义逆矩阵方法求解线性方程组 $\begin{cases}x_1+2x_2-x_3+2x_4=1,\\2x_1+4x_2+x_3+x_4=5,\\-x_1-2x_2-2x_3+x_4=-4.\end{cases}$

解 例 11.11 已求得系数矩阵 $\boldsymbol{A}$ 的{1}-逆为(取 $k=l=0$)

$$A^{(1)}=\begin{pmatrix}\frac{1}{3}&\frac{1}{3}&0\\0&0&0\\-\frac{2}{3}&\frac{1}{3}&0\\0&0&0\end{pmatrix}.$$

容易验证

$$AA^{(1)}b=(1,5,-4)^{\mathrm T}=b,$$

所以线性方程组相容,且通解为

$$x=A^{(1)}b+(E-A^{(1)}A)y=\begin{pmatrix}2\\0\\1\\0\end{pmatrix}+\begin{pmatrix}0&-2&0&-1\\0&1&0&0\\0&0&0&1\\0&0&0&1\end{pmatrix}\begin{pmatrix}y_1\\y_2\\y_3\\y_4\end{pmatrix}\quad(y_1,y_2,y_3,y_4\text{ 任意}).$$

11.5.3　Moore-Penrose 逆

A^+ 是满足四个 Penrose 方程的唯一矩阵,其计算相对要复杂一些.为了给出 A^+ 的计算公式,先介绍矩阵满秩分解的概念.

定义 11.10　设 $A\in\mathbf{R}^{m\times n}$ 的秩为 $r(>0)$,如果存在列满秩矩阵 $F\in\mathbf{R}^{m\times r}$ 和行满秩矩阵 $G\in\mathbf{R}^{r\times n}$,使得

$$A=FG,\tag{11.10}$$

则称之为矩阵 A 的**满秩分解**(或**最大秩分解**).

下面定理表明矩阵的满秩分解总是存在的.

定理 11.16　设 $A\in\mathbf{R}^{m\times n}$ 的秩为 $r(>0)$,则 A 的满秩分解存在.

证　如果 $r=m$,则 $A=E_mA$ 即为满秩分解;如果 $r=n$,则 $A=AE_n$ 也是满秩分解.现设 $0<r<\min\{m,n\}$,由定理 3.3 知,A 可经初等变换化为等价标准形 $\begin{pmatrix}E_r&O\\O&O\end{pmatrix}$,于是存在 m 阶可逆矩阵 S 和 n 阶可逆矩阵 T,使得

$$SAT=\begin{pmatrix}E_r&O\\O&O\end{pmatrix},$$

从而

$$A=S^{-1}\begin{pmatrix}E_r&O\\O&O\end{pmatrix}T^{-1}=S^{-1}\begin{pmatrix}E_r\\O\end{pmatrix}(E_r\quad O)T^{-1}=FG,$$

其中

$$F=S^{-1}\begin{pmatrix}E_r\\O\end{pmatrix},\quad G=(E_r\quad O)T^{-1}.$$

显然 $\boldsymbol{F}\in\mathbf{R}^{m\times r}$，$\boldsymbol{G}\in\mathbf{R}^{r\times n}$，且它们分别为列满秩和行满秩矩阵. ▌

需要指出的是，矩阵 $\boldsymbol{A}$ 的满秩分解不是唯一的，因为如果取 $\boldsymbol{D}$ 是任一个 r 阶可逆矩阵，则 $\boldsymbol{A}=(\boldsymbol{FD})(\boldsymbol{D}^{-1}\boldsymbol{G})=\hat{\boldsymbol{F}}\hat{\boldsymbol{G}}$ 是 $\boldsymbol{A}$ 的另一满秩分解.

利用定理 11.16 的证明过程中提供的方法求矩阵的满秩分解，计算工作量较大. 下面介绍用矩阵的行最简形求满秩分解的一种较简便的方法.

由定理 3.2 知，$\boldsymbol{A}$ 可通过初等行变换化为行最简形矩阵 $\boldsymbol{H}$，取 $\boldsymbol{H}$ 的前 r 行构成矩阵 $\boldsymbol{G}$，则 $\boldsymbol{G}\in\mathbf{R}^{r\times n}$ 且 $\boldsymbol{G}$ 的秩为 r. 令 $\boldsymbol{P}_1=(\boldsymbol{e}_{i_1},\boldsymbol{e}_{i_2},\cdots,\boldsymbol{e}_{i_r})$，这是一个 $n\times r$ 矩阵，则易知

$$\boldsymbol{GP}_1=\boldsymbol{E}_r.$$

给 $\boldsymbol{A}=\boldsymbol{FG}$ 两边右乘 $\boldsymbol{P}_1$，并由上述等式得 $\boldsymbol{F}=\boldsymbol{AP}_1$，可见 $\boldsymbol{F}$ 由 $\boldsymbol{A}$ 的 $i_1,i_2,\cdots,i_r$ 列构成，这样就得到矩阵 $\boldsymbol{A}$ 的一种满秩分解.

例 11.13 求矩阵 $\boldsymbol{A}=\begin{pmatrix}1 & 2 & -1 & 2\\ 2 & 4 & 1 & 1\\ -1 & -2 & -2 & 1\end{pmatrix}$ 的满秩分解.

解 例 11.11 已求得 $\boldsymbol{A}$ 的秩为 2，且行最简形矩阵为

$$\boldsymbol{H}=\begin{pmatrix}1 & 2 & 0 & 1\\ 0 & 0 & 1 & -1\\ 0 & 0 & 0 & 0\end{pmatrix},$$

可见 $i_1=1$，$i_2=3$. 于是 $\boldsymbol{A}=\boldsymbol{FG}$，其中

$$\boldsymbol{F}=\begin{pmatrix}1 & -1\\ 2 & 1\\ -1 & -2\end{pmatrix},\quad \boldsymbol{G}=\begin{pmatrix}1 & 2 & 0 & 1\\ 0 & 0 & 1 & -1\end{pmatrix}.$$

引理 设 $\boldsymbol{A}\in\mathbf{R}^{m\times n}$，则 $\operatorname{rank}(\boldsymbol{AA}^{\mathrm{T}})=\operatorname{rank}(\boldsymbol{A}^{\mathrm{T}}\boldsymbol{A})=\operatorname{rank}\boldsymbol{A}$.

证 设 $\boldsymbol{Ax}=\mathbf{0}$，则有 $\boldsymbol{A}^{\mathrm{T}}\boldsymbol{Ax}=\mathbf{0}$. 反之，如果 $\boldsymbol{A}^{\mathrm{T}}\boldsymbol{Ax}=\mathbf{0}$，则有 $\boldsymbol{x}^{\mathrm{T}}\boldsymbol{A}^{\mathrm{T}}\boldsymbol{Ax}=0$，即 $(\boldsymbol{Ax})^{\mathrm{T}}(\boldsymbol{Ax})=0$，从而有 $\boldsymbol{Ax}=\mathbf{0}$. 这表明，齐次线性方程组 $\boldsymbol{Ax}=\mathbf{0}$ 与 $\boldsymbol{A}^{\mathrm{T}}\boldsymbol{Ax}=\mathbf{0}$ 是同解的，故其基础解系所含向量个数相同，也即

$$n-\operatorname{rank}\boldsymbol{A}=n-\operatorname{rank}(\boldsymbol{A}^{\mathrm{T}}\boldsymbol{A}).$$

由此得 $\operatorname{rank}(\boldsymbol{A}^{\mathrm{T}}\boldsymbol{A})=\operatorname{rank}\boldsymbol{A}$. 又有 $\operatorname{rank}(\boldsymbol{AA}^{\mathrm{T}})=\operatorname{rank}\boldsymbol{A}^{\mathrm{T}}=\operatorname{rank}\boldsymbol{A}$. ▌

下一定理给出了 $\boldsymbol{A}^{+}$ 的计算公式.

定理 11.17 设 $\boldsymbol{A}\in\mathbf{R}^{m\times n}$ 的秩为 $r(>0)$，且 $\boldsymbol{A}=\boldsymbol{FG}$ 是满秩分解，则

$$\boldsymbol{A}^{+}=\boldsymbol{G}^{\mathrm{T}}(\boldsymbol{GG}^{\mathrm{T}})^{-1}(\boldsymbol{F}^{\mathrm{T}}\boldsymbol{F})^{-1}\boldsymbol{F}^{\mathrm{T}}. \tag{11.11}$$

证 由引理知

$$\operatorname{rank}(\boldsymbol{GG}^{\mathrm{T}})=\operatorname{rank}\boldsymbol{G}=r,\quad \operatorname{rank}(\boldsymbol{F}^{\mathrm{T}}\boldsymbol{F})=\operatorname{rank}\boldsymbol{F}=r,$$

且 $\boldsymbol{GG}^{\mathrm{T}}$ 与 $\boldsymbol{F}^{\mathrm{T}}\boldsymbol{F}$ 均为 r 阶方阵，从而它们均是可逆的. 令

$$\boldsymbol{X}=\boldsymbol{G}^{\mathrm{T}}(\boldsymbol{GG}^{\mathrm{T}})^{-1}(\boldsymbol{F}^{\mathrm{T}}\boldsymbol{F})^{-1}\boldsymbol{F}^{\mathrm{T}}.$$

容易验证 $\boldsymbol{X}$ 满足四个 Penrose 方程，由 $\boldsymbol{A}^+$ 的唯一性知 $\boldsymbol{X}=\boldsymbol{A}^+$. ▌

由此定理，即得

推论　设 $\boldsymbol{A}\in\mathbf{R}^{m\times n}$，则

(1) 当 $\operatorname{rank}\boldsymbol{A}=m$ 时，$\boldsymbol{A}^+=\boldsymbol{A}^{\mathrm{T}}(\boldsymbol{A}\boldsymbol{A}^{\mathrm{T}})^{-1}$；

(2) 当 $\operatorname{rank}\boldsymbol{A}=n$ 时，$\boldsymbol{A}^+=(\boldsymbol{A}^{\mathrm{T}}\boldsymbol{A})^{-1}\boldsymbol{A}^{\mathrm{T}}$.

上述定理未包括 $\boldsymbol{A}=\boldsymbol{O}$ 的情形，读者可以考虑一下，零矩阵的 Moore-Penrose 逆是什么矩阵？

例 11.14　已知矩阵 $\boldsymbol{A}=\begin{pmatrix}1&2&-1&2\\2&4&1&1\\-1&-2&-2&1\end{pmatrix}$，求 $\boldsymbol{A}^+$.

解　例 11.13 已求得该矩阵的满秩分解

$$\boldsymbol{A}=\boldsymbol{F}\boldsymbol{G}=\begin{pmatrix}1&-1\\2&1\\-1&-2\end{pmatrix}\begin{pmatrix}1&2&0&1\\0&0&1&-1\end{pmatrix},$$

则有

$$\boldsymbol{G}\boldsymbol{G}^{\mathrm{T}}=\begin{pmatrix}6&-1\\-1&2\end{pmatrix},\quad \boldsymbol{F}^{\mathrm{T}}\boldsymbol{F}=\begin{pmatrix}6&3\\3&6\end{pmatrix},$$

所以

$$\begin{aligned}\boldsymbol{A}^+&=\boldsymbol{G}^{\mathrm{T}}(\boldsymbol{G}\boldsymbol{G}^{\mathrm{T}})^{-1}(\boldsymbol{F}^{\mathrm{T}}\boldsymbol{F})^{-1}\boldsymbol{F}^{\mathrm{T}}\\&=\begin{pmatrix}1&0\\2&0\\0&1\\1&-1\end{pmatrix}\frac{1}{11}\begin{pmatrix}2&1\\1&6\end{pmatrix}\frac{1}{27}\begin{pmatrix}6&-3\\-3&6\end{pmatrix}\begin{pmatrix}1&2&-1\\-1&1&-2\end{pmatrix}\\&=\frac{1}{33}\begin{pmatrix}1&2&-1\\2&4&-2\\-5&1&-6\\6&1&5\end{pmatrix}.\end{aligned}$$

利用 $\boldsymbol{A}^+$ 的定义及计算公式可直接验证 $\boldsymbol{A}^+$ 的下列性质.

定理 11.18　设 $\boldsymbol{A}\in\mathbf{R}^{m\times n}$，则

(1) $(\boldsymbol{A}^+)^+=\boldsymbol{A}$；

(2) $(\boldsymbol{A}^{\mathrm{T}})^+=(\boldsymbol{A}^+)^{\mathrm{T}}$；

(3) $(\lambda\boldsymbol{A})^+=\lambda^+\boldsymbol{A}^+$，其中 $\lambda^+=\begin{cases}\lambda^{-1}, & \lambda\neq 0,\\ 0, & \lambda=0;\end{cases}$

(4) $\operatorname{rank}\boldsymbol{A}^+=\operatorname{rank}\boldsymbol{A}$；

(5) $\operatorname{rank}(\boldsymbol{A}\boldsymbol{A}^+)=\operatorname{rank}(\boldsymbol{A}^+\boldsymbol{A})=\operatorname{rank}\boldsymbol{A}$；

(6) $\boldsymbol{AA}^{+}=\boldsymbol{E}_m$ 的充分必要条件是 $\mathrm{rank}\boldsymbol{A}=m$;

(7) $\boldsymbol{A}^{+}\boldsymbol{A}=\boldsymbol{E}_n$ 的充分必要条件是 $\mathrm{rank}\boldsymbol{A}=n$.

应当指出,逆矩阵的许多性质,$\boldsymbol{A}^{+}$ 一般已不再具备. 例如:

(1) 对于同阶可逆矩阵 $\boldsymbol{A}$ 和 $\boldsymbol{B}$ 有 $(\boldsymbol{AB})^{-1}=\boldsymbol{B}^{-1}\boldsymbol{A}^{-1}$,但是一般地 $(\boldsymbol{AB})^{+}\neq\boldsymbol{B}^{+}\boldsymbol{A}^{+}$. 如取

$$\boldsymbol{A}=\begin{pmatrix}1&1\\0&0\end{pmatrix},\quad \boldsymbol{B}=\begin{pmatrix}1&0\\0&0\end{pmatrix},$$

有

$$\boldsymbol{A}^{+}=\frac{1}{2}\begin{pmatrix}1&0\\1&0\end{pmatrix},\quad \boldsymbol{B}^{+}=\begin{pmatrix}1&0\\0&0\end{pmatrix},\quad (\boldsymbol{AB})^{+}=\begin{pmatrix}1&0\\0&0\end{pmatrix}.$$

但

$$\boldsymbol{B}^{+}\boldsymbol{A}^{+}=\frac{1}{2}\begin{pmatrix}1&0\\0&0\end{pmatrix}.$$

(2) 对于可逆矩阵 $\boldsymbol{A}$ 有 $(\boldsymbol{A}^{k})^{-1}=(\boldsymbol{A}^{-1})^{k}$,其中 k 为正整数,但一般 $(\boldsymbol{A}^{k})^{+}\neq(\boldsymbol{A}^{+})^{k}$. 如取

$$\boldsymbol{A}=\begin{pmatrix}1&1\\0&0\end{pmatrix},\quad k=2,$$

有

$$(\boldsymbol{A}^{2})^{+}=\frac{1}{2}\begin{pmatrix}1&0\\1&0\end{pmatrix},\quad (\boldsymbol{A}^{+})^{2}=\frac{1}{4}\begin{pmatrix}1&0\\1&0\end{pmatrix}.$$

(3) 可逆矩阵 $\boldsymbol{A}$ 满足 $\boldsymbol{AA}^{-1}=\boldsymbol{A}^{-1}\boldsymbol{A}=\boldsymbol{E}$. 但当 $\boldsymbol{A}$ 是长方矩阵时,$\boldsymbol{A}^{+}\boldsymbol{A}$ 与 $\boldsymbol{AA}^{+}$ 的阶数不等. 即使 $\boldsymbol{A}$ 为方阵,也不一定有 $\boldsymbol{A}^{+}\boldsymbol{A}=\boldsymbol{AA}^{+}$. 如

$$\boldsymbol{A}=\begin{pmatrix}1&1\\0&0\end{pmatrix},\quad \boldsymbol{A}^{+}=\frac{1}{2}\begin{pmatrix}1&0\\1&0\end{pmatrix},$$

但

$$\boldsymbol{A}^{+}\boldsymbol{A}=\frac{1}{2}\begin{pmatrix}1&1\\1&1\end{pmatrix},\quad \boldsymbol{AA}^{+}=\begin{pmatrix}1&0\\0&0\end{pmatrix}.$$

11.5.4 Moore-Penrose 逆的应用

在定理 11.15 中,我们利用{1}-逆表述了线性方程组相容的充分必要条件,并在方程组相容的情形下,给出了通解的表达式. 由于 $\boldsymbol{A}^{+}$ 是特殊的{1}-逆,于是相应的结果如下.

线性方程组 $\boldsymbol{Ax}=\boldsymbol{b}$ 相容的充分必要条件是

$$\boldsymbol{AA}^{+}\boldsymbol{b}=\boldsymbol{b}. \tag{11.12}$$

又如果方程组相容,则通解为

$$x=A^{+}b+(E-A^{+}A)y, \tag{11.13}$$

其中 y 是任意 n 维列向量.

这里我们介绍广义逆矩阵 A^{+} 在求线性方程组的各种"极值解"中的应用.

对于相容的线性方程组 $Ax=b$,它的解一般不是唯一的.但在一些实际问题中,需要在它的所有解中求出范数最小的解 x_0,即

$$\|x_0\|=\min_{Ax=b}\|x\|,$$

其中 $\|x\|=\sqrt{x^{T}x}$.称 x_0 为该方程组的**极小范数解**.

定理 11.19　相容线性方程组 $Ax=b$ 的唯一极小范数解为 $A^{+}b$.

证　对于 $Ax=b$ 的通解(11.13),有

$$\begin{aligned}\|x\|^2&=\|A^{+}b+(E-A^{+}A)y\|^2\\&=[A^{+}b+(E-A^{+}A)y]^{T}[A^{+}b+(E-A^{+}A)y]\\&=\|A^{+}b\|^2+\|(E-A^{+}A)y\|^2\\&\quad+b^{T}(A^{+})^{T}(E-A^{+}A)y+y^{T}(E-A^{+}A)^{T}A^{+}b\\&=\|A^{+}b\|^2+\|(E-A^{+}A)y\|^2\\&\quad+b^{T}(A^{+})^{T}(E-A^{+}A)^{T}y+y^{T}(E-A^{+}A)A^{+}b\\&=\|A^{+}b\|^2+\|(E-A^{+}A)y\|^2.\end{aligned}$$

于是 $\|x\|\geqslant\|A^{+}b\|$,即 $A^{+}b$ 是极小范数解.

再证唯一性.设 x_0 是 $Ax=b$ 的极小范数解,则 $\|x_0\|=\|A^{+}b\|$.又存在某个 n 维列向量 y_0,使得

$$x_0=A^{+}b+(E-A^{+}A)y_0.$$

与前面推导过程类似,有

$$\|x_0\|^2=\|A^{+}b\|^2+\|(E-A^{+}A)y_0\|^2,$$

从而 $\|(E-A^{+}A)y_0\|=0$,也就是 $(E-A^{+}A)y_0=0$,故 $x_0=A^{+}b$. ▎

在数据处理等实际问题中,所涉及的线性方程组 $Ax=b$ 往往不相容,此时 $Ax-b\neq 0$.人们转而寻求该方程组在某种意义下的"近似解".这种近似解当然不是指对精确解的近似(因为精确解并不存在),而是指在所有 n 维列向量 x 中寻求使得 $Ax-b$ 为最小的向量 $\tilde{x}$.这种近似的一种度量是使得 $\|Ax-b\|$ 为最小,称满足这一条件的向量 $\tilde{x}$ 为矛盾方程组 $Ax=b$ 的**最小二乘解**.

定理 11.20　矛盾方程组 $Ax=b$ 的全部最小二乘解为

$$\tilde{x}=A^{+}b+(E-A^{+}A)y, \tag{11.14}$$

其中 y 是任意 n 维列向量.

证　可直接求得

$$\|A\tilde{x}-b\|=\|AA^{+}b-b\|. \tag{11.15}$$

对任意 n 维列向量 x,有

$$\begin{aligned}\|\boldsymbol{Ax}-\boldsymbol{b}\|^2 &= \|\boldsymbol{A}(\boldsymbol{x}-\boldsymbol{A}^+\boldsymbol{b})+(\boldsymbol{AA}^+-\boldsymbol{E})\boldsymbol{b}\|^2\\ &=[\boldsymbol{A}(\boldsymbol{x}-\boldsymbol{A}^+\boldsymbol{b})+(\boldsymbol{AA}^+-\boldsymbol{E})\boldsymbol{b}]^{\mathrm{T}}[\boldsymbol{A}(\boldsymbol{x}-\boldsymbol{A}^+\boldsymbol{b})+(\boldsymbol{AA}^+-\boldsymbol{E})\boldsymbol{b}]\\ &=\|\boldsymbol{Ax}-\boldsymbol{AA}^+b\|^2+\|\boldsymbol{AA}^+\boldsymbol{b}-\boldsymbol{b}\|^2+(\boldsymbol{x}-\boldsymbol{A}^+\boldsymbol{b})^{\mathrm{T}}\boldsymbol{A}^{\mathrm{T}}(\boldsymbol{AA}^+-\boldsymbol{E})\boldsymbol{b}\\ &\quad+\boldsymbol{b}^{\mathrm{T}}(\boldsymbol{AA}^+-\boldsymbol{E})^{\mathrm{T}}\boldsymbol{A}(\boldsymbol{x}-\boldsymbol{A}^+\boldsymbol{b})\\ &=\|\boldsymbol{Ax}-\boldsymbol{AA}^+\boldsymbol{b}\|^2+\|\boldsymbol{AA}^+\boldsymbol{b}-\boldsymbol{b}\|^2,\end{aligned}\tag{11.16}$$

可见

$$\|\boldsymbol{Ax}-\boldsymbol{b}\|\geqslant\|\boldsymbol{AA}^+\boldsymbol{b}-\boldsymbol{b}\|=\|\boldsymbol{A}\tilde{\boldsymbol{x}}-\boldsymbol{b}\|,$$

即式(11.14)的向量 $\tilde{\boldsymbol{x}}$ 是 $\boldsymbol{Ax}=\boldsymbol{b}$ 的最小二乘解. 又如果向量 $\tilde{\boldsymbol{x}}$ 是 $\boldsymbol{Ax}=\boldsymbol{b}$ 的最小二乘解,则由式(11.16)得

$$\|\boldsymbol{A}\tilde{\boldsymbol{x}}-\boldsymbol{b}\|^2=\|\boldsymbol{A}\tilde{\boldsymbol{x}}-\boldsymbol{AA}^+\boldsymbol{b}\|^2+\|\boldsymbol{AA}^+\boldsymbol{b}-\boldsymbol{b}\|^2,$$

从而 $\|\boldsymbol{A}\tilde{\boldsymbol{x}}-\boldsymbol{AA}^+\boldsymbol{b}\|=0$,即 $\boldsymbol{A}\tilde{\boldsymbol{x}}=\boldsymbol{AA}^+\boldsymbol{b}$,可见 $\tilde{\boldsymbol{x}}$ 是相容线性方程组 $\boldsymbol{Ax}=\boldsymbol{AA}^+\boldsymbol{b}$ 的解. 而后者的通解是

$$\tilde{\boldsymbol{x}}=\boldsymbol{A}^+(\boldsymbol{AA}^+\boldsymbol{b})+(\boldsymbol{E}-\boldsymbol{A}^+\boldsymbol{A})\boldsymbol{y}=\boldsymbol{A}^+\boldsymbol{b}+(\boldsymbol{E}-\boldsymbol{A}^+\boldsymbol{A})\boldsymbol{y},$$

此即为式(11.14). ▎

由定理 11.20 的推证过程可得

推论 1 n 维列向量 $\boldsymbol{x}$ 是矛盾方程组 $\boldsymbol{Ax}=\boldsymbol{b}$ 的最小二乘解的充分必要条件是,它是相容方程组 $\boldsymbol{Ax}=\boldsymbol{AA}^+\boldsymbol{b}$ 的解.

推论 2 n 维列向量 $\boldsymbol{x}$ 是矛盾方程组 $\boldsymbol{Ax}=\boldsymbol{b}$ 的最小二乘解的充分必要条件是,它是相容方程组 $\boldsymbol{A}^{\mathrm{T}}\boldsymbol{Ax}=\boldsymbol{A}^{\mathrm{T}}\boldsymbol{b}$ 的解. 称该方程组为**正规方程组**或**法方程组**.

证 如果 $\boldsymbol{Ax}=\boldsymbol{AA}^+\boldsymbol{b}$,则

$$\boldsymbol{A}^{\mathrm{T}}\boldsymbol{Ax}=\boldsymbol{A}^{\mathrm{T}}(\boldsymbol{AA}^+)^{\mathrm{T}}\boldsymbol{b}=(\boldsymbol{AA}^+\boldsymbol{A})^{\mathrm{T}}\boldsymbol{b}=\boldsymbol{A}^{\mathrm{T}}\boldsymbol{b}.$$

反之,如果 $\boldsymbol{A}^{\mathrm{T}}\boldsymbol{Ax}=\boldsymbol{A}^{\mathrm{T}}\boldsymbol{b}$,则

$$\begin{aligned}\boldsymbol{Ax}&=\boldsymbol{AA}^+\boldsymbol{Ax}=(\boldsymbol{AA}^+)^{\mathrm{T}}\boldsymbol{Ax}=(\boldsymbol{A}^+)^{\mathrm{T}}\boldsymbol{A}^{\mathrm{T}}\boldsymbol{Ax}\\ &=(\boldsymbol{A}^+)^{\mathrm{T}}\boldsymbol{A}^{\mathrm{T}}\boldsymbol{b}=(\boldsymbol{AA}^+)^{\mathrm{T}}\boldsymbol{b}=\boldsymbol{AA}^+\boldsymbol{b},\end{aligned}$$

这表明 $\boldsymbol{Ax}=\boldsymbol{AA}^+\boldsymbol{b}$ 与 $\boldsymbol{A}^{\mathrm{T}}\boldsymbol{Ax}=\boldsymbol{b}$ 同解. 由推论 1 即得所证. ▎

最小二乘解一般不是唯一的,我们把其中范数最小的一个称为矛盾方程组 $\boldsymbol{Ax}=\boldsymbol{b}$的**极小范数最小二乘解**或**最佳逼近解**.

定理 11.21 矛盾方程组 $\boldsymbol{Ax}=\boldsymbol{b}$ 的唯一极小范数最小二乘解为 $\boldsymbol{A}^+\boldsymbol{b}$.

证 由推论 1 知,矛盾方程组 $\boldsymbol{Ax}=\boldsymbol{b}$ 的极小范数最小二乘解就是相容方程组 $\boldsymbol{Ax}=\boldsymbol{AA}^+\boldsymbol{b}$的唯一极小范数解. 由定理 11.19 得后者的唯一极小范数解为

$$\boldsymbol{x}_0=\boldsymbol{A}^+(\boldsymbol{AA}^+\boldsymbol{b})=\boldsymbol{A}^+\boldsymbol{b}.$$ ▎

综上所述,可以得出利用 Moore-Penrose 逆 $\boldsymbol{A}^+$ 求解线性方程组 $\boldsymbol{Ax}=\boldsymbol{b}$ 的如下整齐的结论:

(1) $\boldsymbol{Ax}=\boldsymbol{b}$ 相容的充分必要条件是 $\boldsymbol{AA}^+\boldsymbol{b}=\boldsymbol{b}$;

(2) $\boldsymbol{x}=\boldsymbol{A}^+\boldsymbol{b}+(\boldsymbol{E}-\boldsymbol{A}^+\boldsymbol{A})\boldsymbol{y}$ 是相容方程组 $\boldsymbol{Ax}=\boldsymbol{b}$ 的通解,或是矛盾方程组

$\boldsymbol{Ax}=\boldsymbol{b}$ 的全部最小二乘解；

(3) $\boldsymbol{x}_0=\boldsymbol{A}^+\boldsymbol{b}$ 是相容方程组 $\boldsymbol{Ax}=\boldsymbol{b}$ 的唯一极小范数解，或是矛盾方程组 $\boldsymbol{Ax}=\boldsymbol{b}$ 的唯一极小范数最小二乘解.

例 11.15　用广义逆矩阵方法判断线性方程组

$$\begin{cases} x_1+2x_2+3x_3=1, \\ 2x_1+4x_2+2x_3=1, \\ 3x_1+6x_2+x_3=0 \end{cases}$$

是否相容？如果相容，求通解和极小范数解；如果不相容，求全部最小二乘解和极小范数最小二乘解.

解　该方程组的系数矩阵及右端项为

$$\boldsymbol{A}=\begin{pmatrix} 1 & 2 & 3 \\ 2 & 4 & 2 \\ 3 & 6 & 1 \end{pmatrix}, \quad b=\begin{pmatrix} 1 \\ 1 \\ 0 \end{pmatrix}.$$

可求得

$$\boldsymbol{A}^+=\frac{1}{60}\begin{pmatrix} -2 & 1 & 4 \\ -4 & 2 & 8 \\ 20 & 5 & 10 \end{pmatrix}.$$

因为 $\boldsymbol{AA}^+\boldsymbol{b}=\left(\frac{7}{6},\frac{2}{3},\frac{1}{6}\right)^{\mathrm{T}}\neq\boldsymbol{b}$，所以方程组不相容，全部最小二乘解为

$$\boldsymbol{x}=\frac{1}{60}\begin{pmatrix} -1 \\ -2 \\ 25 \end{pmatrix}+\frac{1}{5}\begin{pmatrix} 4 & -2 & 0 \\ -2 & 1 & 0 \\ 0 & 0 & 0 \end{pmatrix}\begin{pmatrix} y_1 \\ y_2 \\ y_3 \end{pmatrix} \quad (y_1,y_2,y_3 \text{ 任意}).$$

极小范数最小二乘解为

$$\boldsymbol{x}_0=\frac{1}{60}(-1,-2,25)^{\mathrm{T}}.$$

例 11.16　最佳拟合曲线　在科学技术领域，常常要求寻找经验公式. 设由观察或实验得到一组数据

$$(x_1,y_1),(x_2,y_2),\cdots,(x_m,y_m).$$

人们希望通过这些数据，找出连续变量 x 的函数 $y=f(x)$，也称之为曲线，使得它能“最好”地拟合这些数据. 当然，从直观上看，所求的函数满足 $y_i=f(x_i)(i=1,2,\cdots,m)$是“最好”的一种观点，这就是插值的概念(见例 1.17 的多项式插值). 但当数据很多时，插值函数的计算就相当复杂. 为此，希望求得较简单的函数，使之能反映数据的基本趋势即可. 这个要求在一定条件下比插值更能反映客观实际，因为实验数据经常带有测试误差，如果要求所得出的曲线通过所有的数据点，就会使曲线保留着一切测试误差，这是我们所不希望的. 为使函数 $y=f(x)$反映数据的基本

趋势,要求

$$\sum_{i=1}^{m}(f(x_i)-y_i)^2 \tag{11.17}$$

为最小,这时称 $y=f(x)$ 为数据 $(x_i,y_i)(i=1,2,\cdots,m)$ 的**最佳拟合曲线**.

常用的最佳拟合曲线是多项式

$$f(x)=a_0+a_1x+\cdots+a_nx^n \quad (n\ll m),$$

需要确定其中的系数 $a_j(j=0,1,\cdots,n)$ 使式(11.17)为最小. 由 $y_i=f(x_i)(i=1,2,\cdots,m)$ 得到一个具有 $n+1$ 个未知量 a_j 和 m 个方程的矛盾方程组

$$\begin{cases} a_0+a_1x+a_2x_1^2+\cdots+a_nx_1^n=y_1, \\ a_0+a_1x_2+a_2x_2^2+\cdots+a_nx_2^n=y_2, \\ \qquad\cdots\cdots \\ a_0+a_1x_m+a_2x_m^2+\cdots+a_nx_m^n=y_m. \end{cases} \tag{11.18}$$

易知,确定 $a_j(j=0,1,\cdots,n)$ 使得式(11.17)为最小,就是求矛盾方程组(11.18)的最佳逼近解. 举例如下:

设有一组实验数据:(1,2),(2,3),(3,5),(4,7). 从数据点的趋势看接近直线,实验者希望使直线 $y=a_0+a_1x$ 最好地拟合数据点,即要求最佳拟合直线. 把数据代入 $y=a_0+a_1x$ 后得方程组

$$\begin{pmatrix} 1 & 1 \\ 1 & 2 \\ 1 & 3 \\ 1 & 4 \end{pmatrix}\begin{pmatrix} a_0 \\ a_1 \end{pmatrix}=\begin{pmatrix} 2 \\ 3 \\ 5 \\ 7 \end{pmatrix}.$$

因系数矩阵 $\mathbf{A}$ 是列满秩的,算得 $\mathbf{A}^{\mathrm{T}}\mathbf{A}=\begin{pmatrix} 4 & 10 \\ 10 & 30 \end{pmatrix}$,于是最佳逼近解为

$$\boldsymbol{x}_0=\begin{pmatrix} a_0 \\ a_1 \end{pmatrix}=\mathbf{A}^{+}\boldsymbol{b}=(\mathbf{A}^{\mathrm{T}}\mathbf{A})^{-1}\mathbf{A}^{\mathrm{T}}\boldsymbol{b}=\begin{pmatrix} 0 \\ 1.7 \end{pmatrix},$$

故最佳拟合直线为 $y=1.7x$.

最后,我们指出,如果讨论的是复数域上的矩阵,则结论类似,只要将 Penrose 方程及其他地方出现的矩阵转置换成共轭转置即可.

习　题　11

1. 在 $\mathbf{R}^4$ 中取标准内积,求向量 $\boldsymbol{a}$ 与 $\boldsymbol{b}$ 的内积与夹角:

(1) $\boldsymbol{a}=(2,1,3,2)$, $\boldsymbol{b}=(1,2,-2,1)$;

(2) $\boldsymbol{a}=(1,1,-1,-1)$, $\boldsymbol{b}=(1,1,0,-1)$.

2. 在欧氏空间 $\mathbf{R}^4$ 中,求一单位向量与

$$(1,1,0,0),\quad (1,1,-1,-1),\quad (1,-1,1,-1)$$

都正交.

3. 设 $\boldsymbol{\alpha}_1,\boldsymbol{\alpha}_2,\cdots,\boldsymbol{\alpha}_n$ 是实线性空间 V^n 的基. 又设 V^n 的元素 $\boldsymbol{\alpha}=a_1\boldsymbol{\alpha}_1+a_2\boldsymbol{\alpha}_2+\cdots+a_n\boldsymbol{\alpha}_n$ 和 $\boldsymbol{\beta}=b_1\boldsymbol{\alpha}_1+b_2\boldsymbol{\alpha}_2+\cdots+b_n\boldsymbol{\alpha}_n$ 对应于实数 $\langle\boldsymbol{\alpha},\boldsymbol{\beta}\rangle=\sum_{i=1}^{n} i a_i b_i$. 试问 V^n 是否为欧氏空间? 为什么?

4. 在实线性空间 $\mathbf{R}[x]_n$ 中,定义

$$\langle f(x),g(x)\rangle=\sum_{k=0}^{n} f\left(\frac{k}{n}\right)g\left(\frac{k}{n}\right),\quad f(x),g(x)\in\mathbf{R}[x]_n.$$

(1) 证明 $\langle f(x),g(x)\rangle$ 是 $\mathbf{R}[x]_n$ 的内积;

(2) 当 $f(x)=x,g(x)=ax+b$ 时,计算 $\langle f(x),g(x)\rangle$;

(3) 如果 $f(x)=x$,求正交于 $f(x)$ 的所有线性多项式.

5. 设 $\boldsymbol{\alpha}_1,\boldsymbol{\alpha}_2,\cdots,\boldsymbol{\alpha}_n$ 是欧氏空间 V^n 的一个基,试证:如果 $\boldsymbol{\beta}\in\mathrm{V}^n$ 使 $\langle\boldsymbol{\beta},\boldsymbol{\alpha}_i\rangle=0$ $(i=1,2,\cdots,n)$,则 $\boldsymbol{\beta}=\boldsymbol{\theta}$.

6. 设 $\boldsymbol{\varepsilon}_1,\boldsymbol{\varepsilon}_2,\boldsymbol{\varepsilon}_3$ 是三维欧氏空间中一个规范正交基. 证明:

$$\boldsymbol{\eta}_1=\frac{1}{3}(2\boldsymbol{\varepsilon}_1+2\boldsymbol{\varepsilon}_2-\boldsymbol{\varepsilon}_3),\quad \boldsymbol{\eta}_2=\frac{1}{3}(2\boldsymbol{\varepsilon}_1-\boldsymbol{\varepsilon}_2+2\boldsymbol{\varepsilon}_3),\quad \boldsymbol{\eta}_3=\frac{1}{3}(\boldsymbol{\varepsilon}_1-2\boldsymbol{\varepsilon}_2-2\boldsymbol{\varepsilon}_3)$$

也是规范正交基.

7. 设 $\boldsymbol{\varepsilon}_1,\boldsymbol{\varepsilon}_2,\boldsymbol{\varepsilon}_3,\boldsymbol{\varepsilon}_4,\boldsymbol{\varepsilon}_5$ 是欧氏空间 V^5 的一个规范正交基,令 $\mathrm{W}=\mathrm{L}(\boldsymbol{\beta}_1,\boldsymbol{\beta}_2,\boldsymbol{\beta}_3)$,其中

$$\boldsymbol{\beta}_1=\boldsymbol{\varepsilon}_1+\boldsymbol{\varepsilon}_5,\quad \boldsymbol{\beta}_2=\boldsymbol{\varepsilon}_1-\boldsymbol{\varepsilon}_2+\boldsymbol{\varepsilon}_4,\quad \boldsymbol{\beta}_3=2\boldsymbol{\varepsilon}_1+\boldsymbol{\varepsilon}_2+\boldsymbol{\varepsilon}_3,$$

求 W 的一个规范正交基.

8. 用 Gram-Schmidt 正交化方法,由下列向量组关于 $\mathbf{R}^n$ 的标准内积分别构造单位正交向量组:

(1) (1,1,1),(0,1,1),(0,0,1);

(2) (1,1,1,1),(3,3,1,1),(3,1,3,1),(3,−1,4,2).

9. 在 $\mathbf{R}^{2\times2}$ 中定义内积

$$\langle\boldsymbol{A},\boldsymbol{B}\rangle=\sum_{i=1}^{2}\sum_{j=1}^{2}a_{ij}b_{ij},\quad \boldsymbol{A}=(a_{ij})_{2\times2},\boldsymbol{B}=(b_{ij})_{2\times2}.$$

由 $\mathbf{R}^{2\times2}$ 的基 $\boldsymbol{G}_1=\begin{pmatrix}0&1\\1&1\end{pmatrix},\boldsymbol{G}_2=\begin{pmatrix}1&0\\1&1\end{pmatrix},\boldsymbol{G}_3=\begin{pmatrix}1&1\\0&1\end{pmatrix},\boldsymbol{G}_4=\begin{pmatrix}1&1\\1&0\end{pmatrix}$ 出发,构造一个正交基.

10. 设 $\boldsymbol{\varepsilon}_1,\boldsymbol{\varepsilon}_2,\boldsymbol{\varepsilon}_3,\boldsymbol{\varepsilon}_4$ 是欧氏空间 V 的一个规范正交基,T 是 V 的一个线性变换. 已知

$$T(\boldsymbol{\varepsilon}_1)=\boldsymbol{\varepsilon}_1+\boldsymbol{\varepsilon}_2-\boldsymbol{\varepsilon}_4,\qquad T(\boldsymbol{\varepsilon}_2)=\boldsymbol{\varepsilon}_1+\boldsymbol{\varepsilon}_2-\boldsymbol{\varepsilon}_3,$$
$$T(\boldsymbol{\varepsilon}_3)=-\boldsymbol{\varepsilon}_2+\boldsymbol{\varepsilon}_3+\boldsymbol{\varepsilon}_4,\qquad T(\boldsymbol{\varepsilon}_4)=-\boldsymbol{\varepsilon}_1+\boldsymbol{\varepsilon}_3+\boldsymbol{\varepsilon}_4.$$

(1) 证明 T 是一个对称变换;

(2) 求 V 的一个规范正交基,使 T 在这个基下的矩阵是对角矩阵.

11. 设 T 是 n 维欧氏空间 V 的线性变换,如果 T 满足

$$\langle T(\boldsymbol{\alpha}),\boldsymbol{\beta}\rangle=-\langle\boldsymbol{\alpha},T(\boldsymbol{\beta})\rangle\quad(\boldsymbol{\alpha},\boldsymbol{\beta}\in\mathrm{V}),$$

则称 T 为**反对称变换**. 证明 T 为反对称变换的充分必要条件是,T 在 V 的标准正交基下的矩阵是反对称矩阵.

12. 设 $\mathbf{A}$ 是 $m\times n$ 零矩阵,试求 $\mathbf{A}\{1\}$.

13. 设 $m\times n$ 矩阵 $\mathbf{A}$ 除 (i,j) 元素为 1 外,其余元素均为 0,求 $\mathbf{A}\{1\}$.

14. 已知 $\boldsymbol{A}=\begin{pmatrix} 0 & -a_3 & a_2 \\ a_3 & 0 & -a_1 \\ -a_2 & a_1 & 0 \end{pmatrix}$,证明 $\boldsymbol{X}=-(a_1^2+a_2^2+a_3^2)^{-1}\boldsymbol{A}$ 是 $\boldsymbol{A}$ 的{1}-逆.

15. 证明每个方阵有非奇异的{1}-逆.

16. 证明:如果在式(11.7)中取 $\boldsymbol{L}=\boldsymbol{O}$,则 $\boldsymbol{X}$ 是 $\boldsymbol{A}$ 的{1,2}-逆.

17. 求下列矩阵的{1}-逆:

(1) $\boldsymbol{A}=\begin{pmatrix} 1 & 0 & 3 \\ 2 & 3 & 0 \\ 1 & 1 & 1 \end{pmatrix}$; (2) $\boldsymbol{B}=\begin{pmatrix} 2 & 3 & 1 & -1 \\ 5 & 8 & 0 & 1 \\ 1 & 2 & -2 & 3 \end{pmatrix}$;

(3) $\boldsymbol{C}=\begin{pmatrix} 1 & 0 & 2 \\ 2 & 1 & 5 \\ 0 & 1 & -1 \\ 1 & 3 & -1 \end{pmatrix}$; (4) $\boldsymbol{D}=\begin{pmatrix} 0 & 0 & 2 \\ 1 & 1 & 0 \\ 0 & 0 & 1 \\ 1 & 1 & 1 \end{pmatrix}$.

18. 验证下列方程组是相容的,并用广义逆矩阵 $\boldsymbol{A}^{(1)}$ 求它的通解:

(1) $\begin{pmatrix} 2 & 3 & 1 & 3 \\ 1 & 1 & 1 & 2 \\ 3 & 5 & 1 & 4 \end{pmatrix}\boldsymbol{x}=\begin{pmatrix} 14 \\ 6 \\ 22 \end{pmatrix}$; (2) $\begin{pmatrix} 1 & 0 & -1 & 1 \\ 0 & 2 & 2 & 2 \\ -1 & 4 & 5 & 3 \end{pmatrix}\boldsymbol{x}=\begin{pmatrix} 4 \\ 1 \\ -2 \end{pmatrix}$.

19. 设 $\boldsymbol{D}=\mathrm{diag}(d_1,d_2,\cdots,d_n)$. 证明 $\boldsymbol{D}^+=\mathrm{diag}(d_1^+,d_2^+,\cdots,d_n^+)$.

20. 证明 $\begin{pmatrix} \boldsymbol{A} \\ \boldsymbol{O} \end{pmatrix}^+=(\boldsymbol{A}^+ \quad \boldsymbol{O})$.

21. 求第 17 题中各矩阵的满秩分解和 Moore-Penrose 逆.

22. 验证下列方程组不相容,并用广义逆矩阵 $\boldsymbol{A}^+$ 求它的极小范数最小二乘解:

(1) $\begin{pmatrix} 0 & 0 & 2 \\ 1 & 1 & 0 \\ 0 & 0 & 1 \\ 1 & 1 & 1 \end{pmatrix}\boldsymbol{x}=\begin{pmatrix} 1 \\ 1 \\ 1 \\ 1 \end{pmatrix}$; (2) $\begin{pmatrix} 1 & 0 & -1 & 1 \\ 0 & 2 & 2 & 2 \\ -1 & 4 & 5 & 3 \end{pmatrix}\boldsymbol{x}=\begin{pmatrix} 4 \\ 1 \\ 2 \end{pmatrix}$.

23. 求第 18(1)、(2)题中线性方程组的极小范数解.

第12章 酉 空 间

欧氏空间是专对实数域上线性空间讨论的，而酉空间就是欧氏空间在复数域上的推广．在酉空间中，许多概念、结论及证明都与欧氏空间类似，所以下面的叙述着重在讨论与欧氏空间不同的性质．

12.1 酉空间的概念

由第11章看到，在实线性空间中引进度量概念的关键是引进内积．在复线性空间中也是如此．但是在复线性空间中不能照搬实线性空间中内积的定义，否则会出现矛盾．例如：设 $\boldsymbol{\alpha}$ 是复线性空间 V 中一个非零元素，则由定义 11.18 中的(4)有$\langle\boldsymbol{\alpha},\boldsymbol{\alpha}\rangle>0$；由于 $\mathrm{i}\boldsymbol{\alpha}$ 也是 V 中的非零元素，于是也有$\langle\mathrm{i}\boldsymbol{\alpha},\mathrm{i}\boldsymbol{\alpha}\rangle>0$；但由定义 11.18 中的(1)和(3)有$\langle\mathrm{i}\boldsymbol{\alpha},\mathrm{i}\boldsymbol{\alpha}\rangle=\mathrm{i}^2\langle\boldsymbol{\alpha},\boldsymbol{\alpha}\rangle=-\langle\boldsymbol{\alpha},\boldsymbol{\alpha}\rangle$，故又得出$\langle\boldsymbol{\alpha},\boldsymbol{\alpha}\rangle<0$，矛盾．为了避免这种情况，要对实线性空间中内积的规定做些修改．

定义 12.1 设 V 是复数域 $\mathbf{C}$ 上的线性空间，如果对于 V 中任意两个元素 $\boldsymbol{\alpha},\boldsymbol{\beta}$ 都有一复数与之对应，记为$\langle\boldsymbol{\alpha},\boldsymbol{\beta}\rangle$，且它满足下列条件($\boldsymbol{\alpha},\boldsymbol{\beta},\boldsymbol{\gamma}\in \mathrm{V},k\in\mathbf{C}$)：

(1) $\langle\boldsymbol{\alpha},\boldsymbol{\beta}\rangle=\overline{\langle\boldsymbol{\beta},\boldsymbol{\alpha}\rangle}$；

(2) $\langle\boldsymbol{\alpha}+\boldsymbol{\beta},\boldsymbol{\gamma}\rangle=\langle\boldsymbol{\alpha},\boldsymbol{\gamma}\rangle+\langle\boldsymbol{\beta},\boldsymbol{\gamma}\rangle$；

(3) $\langle k\boldsymbol{\alpha},\boldsymbol{\beta}\rangle=k\langle\boldsymbol{\alpha},\boldsymbol{\beta}\rangle$；

(4) $\langle\boldsymbol{\alpha},\boldsymbol{\alpha}\rangle\geqslant 0$；当且仅当 $\boldsymbol{\alpha}=\boldsymbol{\theta}$ 时，$\langle\boldsymbol{\alpha},\boldsymbol{\alpha}\rangle=0$，

则称复数$\langle\boldsymbol{\alpha},\boldsymbol{\beta}\rangle$为元素 $\boldsymbol{\alpha}$ 与 $\boldsymbol{\beta}$ 的**内积**．定义了内积的复线性空间 V 称为**酉空间**，也称为**复内积空间**．

这里定义的内积与定义 11.18 的实线性空间的内积只是条件(1)不同，虽然$\langle\boldsymbol{\alpha},\boldsymbol{\beta}\rangle$一般是复数，但根据条件(1)，$\langle\boldsymbol{\alpha},\boldsymbol{\alpha}\rangle$就是实数．没有这一规定，条件(4)就无意义了．显然欧氏空间是酉空间的特例．

例 12.1 对复内积空间 $\mathbf{C}^n$ 中的向量 $\boldsymbol{a}=(a_1,a_2,\cdots,a_n)^{\mathrm{T}},\boldsymbol{b}=(b_1,b_2,\cdots,b_n)^{\mathrm{T}}$ 规定

$$\langle\boldsymbol{a},\boldsymbol{b}\rangle=a_1\bar{b}_1+a_2\bar{b}_2+\cdots+a_n\bar{b}_n=\boldsymbol{b}^{\mathrm{H}}\boldsymbol{a}, \tag{12.1}$$

其中 $\boldsymbol{b}^{\mathrm{H}}$ 表示 $\boldsymbol{b}$ 的共轭转置，即 $\boldsymbol{b}^{\mathrm{H}}=\bar{\boldsymbol{b}}^{\mathrm{T}}$(如果 $\boldsymbol{a},\boldsymbol{b}$ 均为行向量，则$\langle\boldsymbol{a},\boldsymbol{b}\rangle=\boldsymbol{a}\boldsymbol{b}^{\mathrm{H}}$)，则式(12.1)是 $\mathbf{C}^n$ 中的一个内积，称为 $\mathbf{C}^n$ 的**标准内积**．引入上述内积后，$\mathbf{C}^n$ 就是一个酉空间．如果规定

$$\langle\boldsymbol{a},\boldsymbol{b}\rangle=k_1a_1\bar{b}_1+k_2a_2\bar{b}_2+\cdots+k_na_n\bar{b}_n\quad(k_i>0,i=1,2,\cdots,n),$$

则易知它也是 $\mathbf{C}^n$ 的内积. 除非特别说明, $\mathbf{C}^n$ 中的内积总是指标准内积式(12.1).

例 12.2 对于复线性空间 $\mathbf{C}^{m\times n}$ 中的矩阵 $\boldsymbol{A}=(a_{ij})_{m\times n}$, $\boldsymbol{B}=(b_{ij})_{m\times n}$, 规定

$$\langle \boldsymbol{A},\boldsymbol{B}\rangle = \sum_{i=1}^{m}\sum_{j=1}^{n} a_{ij}\bar{b}_{ij} = \mathrm{tr}(\boldsymbol{A}\boldsymbol{B}^{\mathrm{H}}),$$

易知它是内积, 称为 $\mathbf{C}^{m\times n}$ 的**标准内积**, $\mathbf{C}^{m\times n}$ 按此内积构成酉空间.

由内积的定义可以得到内积的如下基本性质.

定理 12.1 设 V 是酉空间, 且 $\boldsymbol{\alpha},\boldsymbol{\beta},\boldsymbol{\alpha}_i,\boldsymbol{\beta}_j\in \mathrm{V}$, $k,k_i,l_j\in\mathbf{C}$, 则有

(1) $\langle\boldsymbol{\alpha},k\boldsymbol{\beta}\rangle=\bar{k}\langle\boldsymbol{\alpha},\boldsymbol{\beta}\rangle$;

(2) $\langle\boldsymbol{\alpha},\boldsymbol{\beta}+\boldsymbol{\gamma}\rangle=\langle\boldsymbol{\alpha},\boldsymbol{\beta}\rangle+\langle\boldsymbol{\alpha},\boldsymbol{\gamma}\rangle$;

(3) $\langle\boldsymbol{\alpha},\boldsymbol{\theta}\rangle=\langle\boldsymbol{\theta},\boldsymbol{\alpha}\rangle=0$;

(4) $\left\langle\sum_{i=1}^{m}k_i\boldsymbol{\alpha}_i,\sum_{j=1}^{n}l_j\boldsymbol{\beta}_j\right\rangle=\sum_{i=1}^{m}\sum_{j=1}^{n}k_i\bar{l}_j\langle\boldsymbol{\alpha}_i,\boldsymbol{\beta}_j\rangle$;

(5) $|\langle\boldsymbol{\alpha},\boldsymbol{\beta}\rangle|^2\leqslant\langle\boldsymbol{\alpha},\boldsymbol{\alpha}\rangle\langle\boldsymbol{\beta},\boldsymbol{\beta}\rangle$, 且等号成立的充分必要条件是 $\boldsymbol{\alpha}$ 与 $\boldsymbol{\beta}$ 线性相关(称之为 **Cauchy-Schwarz 不等式**).

证 只证(5). 如果 $\boldsymbol{\alpha}$ 与 $\boldsymbol{\beta}$ 线性相关, 不妨设 $\boldsymbol{\beta}=k\boldsymbol{\alpha}$, 则

$$\begin{aligned}|\langle\boldsymbol{\alpha},\boldsymbol{\beta}\rangle|^2&=\langle\boldsymbol{\alpha},\boldsymbol{\beta}\rangle\langle\boldsymbol{\beta},\boldsymbol{\alpha}\rangle=\langle\boldsymbol{\alpha},k\boldsymbol{\alpha}\rangle\langle k\boldsymbol{\alpha},\boldsymbol{\alpha}\rangle=\bar{k}k\langle\boldsymbol{\alpha},\boldsymbol{\alpha}\rangle\langle\boldsymbol{\alpha},\boldsymbol{\alpha}\rangle\\&=\langle\boldsymbol{\alpha},\boldsymbol{\alpha}\rangle\langle k\boldsymbol{\alpha},k\boldsymbol{\alpha}\rangle=\langle\boldsymbol{\alpha},\boldsymbol{\alpha}\rangle\langle\boldsymbol{\beta},\boldsymbol{\beta}\rangle.\end{aligned}$$

反之, 若 $|\langle\boldsymbol{\alpha},\boldsymbol{\beta}\rangle|^2=\langle\boldsymbol{\alpha},\boldsymbol{\alpha}\rangle\langle\boldsymbol{\beta},\boldsymbol{\beta}\rangle$, 则当 $\boldsymbol{\beta}=\boldsymbol{\theta}$ 时, $\boldsymbol{\alpha}$ 与 $\boldsymbol{\beta}$ 线性相关; 而当 $\boldsymbol{\beta}\neq\boldsymbol{\theta}$ 时, 有

$$\begin{aligned}\left\langle\boldsymbol{\alpha}-\frac{\langle\boldsymbol{\alpha},\boldsymbol{\beta}\rangle}{\langle\boldsymbol{\beta},\boldsymbol{\beta}\rangle}\boldsymbol{\beta},\boldsymbol{\alpha}-\frac{\langle\boldsymbol{\alpha},\boldsymbol{\beta}\rangle}{\langle\boldsymbol{\beta},\boldsymbol{\beta}\rangle}\boldsymbol{\beta}\right\rangle&=\langle\boldsymbol{\alpha},\boldsymbol{\alpha}\rangle-\frac{\langle\boldsymbol{\alpha},\boldsymbol{\beta}\rangle}{\langle\boldsymbol{\beta},\boldsymbol{\beta}\rangle}\langle\boldsymbol{\beta},\boldsymbol{\alpha}\rangle-\frac{\overline{\langle\boldsymbol{\alpha},\boldsymbol{\beta}\rangle}}{\langle\boldsymbol{\beta},\boldsymbol{\beta}\rangle}\langle\boldsymbol{\alpha},\boldsymbol{\beta}\rangle\\&\quad+\frac{\langle\boldsymbol{\alpha},\boldsymbol{\beta}\rangle\overline{\langle\boldsymbol{\alpha},\boldsymbol{\beta}\rangle}}{\langle\boldsymbol{\beta},\boldsymbol{\beta}\rangle^2}\langle\boldsymbol{\beta},\boldsymbol{\beta}\rangle\\&=\langle\boldsymbol{\alpha},\boldsymbol{\alpha}\rangle-\frac{\langle\boldsymbol{\alpha},\boldsymbol{\beta}\rangle\overline{\langle\boldsymbol{\alpha},\boldsymbol{\beta}\rangle}}{\langle\boldsymbol{\beta},\boldsymbol{\beta}\rangle}=0,\end{aligned}$$

所以 $\boldsymbol{\alpha}-\dfrac{\langle\boldsymbol{\alpha},\boldsymbol{\beta}\rangle}{\langle\boldsymbol{\beta},\boldsymbol{\beta}\rangle}\boldsymbol{\beta}=\boldsymbol{\theta}$, 即 $\boldsymbol{\alpha}$ 与 $\boldsymbol{\beta}$ 线性相关.

当 $\boldsymbol{\alpha}$ 与 $\boldsymbol{\beta}$ 线性无关时, 对任意 $t\in\mathbf{C}$, 有 $\boldsymbol{\alpha}-t\boldsymbol{\beta}\neq\boldsymbol{\theta}$, 于是

$$0<\langle\boldsymbol{\alpha}-t\boldsymbol{\beta},\boldsymbol{\alpha}-t\boldsymbol{\beta}\rangle=\langle\boldsymbol{\alpha},\boldsymbol{\alpha}\rangle-\bar{t}\langle\boldsymbol{\alpha},\boldsymbol{\beta}\rangle-t\langle\boldsymbol{\beta},\boldsymbol{\alpha}\rangle+\bar{t}\,t\langle\boldsymbol{\beta},\boldsymbol{\beta}\rangle.$$

取 $t=\dfrac{\langle\boldsymbol{\alpha},\boldsymbol{\beta}\rangle}{\langle\boldsymbol{\beta},\boldsymbol{\beta}\rangle}$, 代入上式, 整理即得 $\langle\boldsymbol{\alpha},\boldsymbol{\beta}\rangle\langle\boldsymbol{\beta},\boldsymbol{\alpha}\rangle<\langle\boldsymbol{\alpha},\boldsymbol{\alpha}\rangle\langle\boldsymbol{\beta},\boldsymbol{\beta}\rangle$. ∎

假定 V 是 n 维酉空间, $\boldsymbol{\alpha}_1,\boldsymbol{\alpha}_2,\cdots,\boldsymbol{\alpha}_n$ 是 V 的一个基, 且

$$\boldsymbol{\alpha}=\sum_{i=1}^{n}x_i\boldsymbol{\alpha}_i,\quad \boldsymbol{\beta}=\sum_{j=1}^{n}y_j\boldsymbol{\alpha}_j$$

是 V 中任意两个元素. 令

$$a_{ij}=\langle\boldsymbol{\alpha}_i,\boldsymbol{\alpha}_j\rangle\quad(i,j=1,2,\cdots,n),\quad \boldsymbol{A}=(a_{ij})_{n\times n},$$

$$\boldsymbol{x}=(x_1,x_2,\cdots,x_n)^{\mathrm{T}},\quad \boldsymbol{y}=(y_1,y_2,\cdots,y_n)^{\mathrm{T}},$$

则由内积的性质,得

$$\langle \boldsymbol{\alpha},\boldsymbol{\beta}\rangle = \left\langle \sum_{i=1}^{n} x_i \boldsymbol{\alpha}_i , \sum_{j=1}^{n} y_j \boldsymbol{\alpha}_j \right\rangle = \sum_{i=1}^{n}\sum_{j=1}^{n} x_i \bar{y}_j \langle \boldsymbol{\alpha}_i , \boldsymbol{\alpha}_j \rangle = \boldsymbol{x}^{\mathrm{T}} \boldsymbol{A} \bar{\boldsymbol{y}}. \qquad (12.2)$$

可见,V 中任意两元素的内积由矩阵 $\boldsymbol{A}$ 唯一确定. 称 $\boldsymbol{A}$ 为 V 对于基 $\boldsymbol{\alpha}_1,\boldsymbol{\alpha}_2,\cdots,\boldsymbol{\alpha}_n$ 的**度量矩阵**. 显然度量矩阵 $\boldsymbol{A}$ 满足 $\boldsymbol{A}^{\mathrm{H}}=\boldsymbol{A}$.

定义 12.2 设 $\boldsymbol{A}\in \mathbf{C}^{n\times n}$,若 $\boldsymbol{A}$ 满足 $\boldsymbol{A}^{\mathrm{H}}=\boldsymbol{A}$,则称 $\boldsymbol{A}$ 为 **Hermite 矩阵**;若 $\boldsymbol{A}$ 满足 $\boldsymbol{A}^{\mathrm{H}}=-\boldsymbol{A}$,则称 $\boldsymbol{A}$ 为**反 Hermite 矩阵**.

度量矩阵就是 Hermite 矩阵. 假定 $\boldsymbol{A}$ 是 Hermite 矩阵,因为

$$\overline{\det \boldsymbol{A}} = \det \bar{\boldsymbol{A}} = \det \boldsymbol{A}^{\mathrm{H}} = \det \boldsymbol{A},$$

所以 $\det\boldsymbol{A}$ 是实数. 这时 $\boldsymbol{A}$ 虽然是复矩阵,但 $\det\boldsymbol{A}$ 是实数. 易知,$\boldsymbol{A}$ 是反 Hermite 矩阵的充分必要条件是 $\mathrm{i}\boldsymbol{A}$ 是 Hermite 矩阵. Hermite 矩阵和反 Hermite 矩阵是实对称矩阵和实反对称矩阵的推广.

在酉空间中也可以引入元素的长度概念. 由于酉空间中的内积一般是复数,故元素之间不易定义夹角,但仍可以引入正交等概念.

定义 12.3 设 V 是酉空间. 对任意 $\boldsymbol{\alpha}\in$ V,称非负实数 $\sqrt{\langle \boldsymbol{\alpha},\boldsymbol{\alpha}\rangle}$ 为 $\boldsymbol{\alpha}$ 的**长度**(或**范数**),记作 $\|\boldsymbol{\alpha}\|$,即

$$\|\boldsymbol{\alpha}\| = \sqrt{\langle \boldsymbol{\alpha},\boldsymbol{\alpha}\rangle}.$$

如果 $\|\boldsymbol{\alpha}\|=1$,则称 $\boldsymbol{\alpha}$ 为**单位元素**. 对任意 $\boldsymbol{\alpha},\boldsymbol{\beta}\in$ V,如果 $\langle \boldsymbol{\alpha},\boldsymbol{\beta}\rangle=0$,则称 $\boldsymbol{\alpha}$ 与 $\boldsymbol{\beta}$ **正交**,记为 $\boldsymbol{\alpha}\perp\boldsymbol{\beta}$.

由定义知零元素与任意元素正交. 酉空间中元素的长度与欧氏空间中元素的长度有类似的性质,列出如下(证明留给读者).

定理 12.2 在酉空间 V 中,对任意元素 $\boldsymbol{\alpha},\boldsymbol{\beta}\in$ V 和 $k\in\mathbf{C}$,有

(1) $\|\boldsymbol{\alpha}\|\geqslant 0$;当且仅当 $\boldsymbol{\alpha}=\boldsymbol{\theta}$ 时,$\|\boldsymbol{\alpha}\|=0$;

(2) $\|k\boldsymbol{\alpha}\|=|k|\ \|\boldsymbol{\alpha}\|$;

(3) $\|\boldsymbol{\alpha}+\boldsymbol{\beta}\|\leqslant\|\boldsymbol{\alpha}\|+\|\boldsymbol{\beta}\|$;

(4) 当 $\boldsymbol{\alpha}\neq\boldsymbol{\theta}$ 时,$\dfrac{1}{\|\boldsymbol{\alpha}\|}\boldsymbol{\alpha}$ 是单位元素,称为把元素 $\boldsymbol{\alpha}$ **单位化**;

(5) 当 $\boldsymbol{\alpha}\perp\boldsymbol{\beta}$ 时,$\|\boldsymbol{\alpha}+\boldsymbol{\beta}\|^2=\|\boldsymbol{\alpha}\|^2+\|\boldsymbol{\beta}\|^2$;

(6) 两两正交的非零元素组必线性无关.

定理 12.2 之(6)表明,在 n 维酉空间中,最多有 n 个两两正交的非零元素.

定义 12.4 在 n 维酉空间中,由 n 个两两正交的元素组成的基称为**正交基**. 由单位元素组成的正交基称为**规范正交基**或**标准正交基**.

在酉空间中 $\mathbf{C}^n$ 中,$\boldsymbol{e}_1=(1,0,\cdots,0)^{\mathrm{T}},\boldsymbol{e}_2=(0,1,0,\cdots,0)^{\mathrm{T}},\cdots,\boldsymbol{e}_n=(0,\cdots,0,1)^{\mathrm{T}}$ 就是一个规范正交基;在酉空间 $\mathbf{C}^{m\times n}$ 中,$\boldsymbol{E}_{ij}\ (i=1,2,\cdots,m;j=1,2,\cdots,n)$ 就是一个规范正交基.

对于 n 维酉空间 V 的任一个基 $\boldsymbol{\alpha}_1,\boldsymbol{\alpha}_2,\cdots,\boldsymbol{\alpha}_n$，可以通过 Gram-Schmidt 正交化方法构造正交基 $\boldsymbol{\beta}_1,\boldsymbol{\beta}_2,\cdots,\boldsymbol{\beta}_n$，其中

$$\boldsymbol{\beta}_1=\boldsymbol{\alpha}_1,\quad \boldsymbol{\beta}_k=\boldsymbol{\alpha}_k-\sum_{i=1}^{k-1}\frac{\langle\boldsymbol{\alpha}_k,\boldsymbol{\beta}_i\rangle}{\langle\boldsymbol{\beta}_i,\boldsymbol{\beta}_i\rangle}\boldsymbol{\beta}_i\quad (k=2,3,\cdots,n).$$

再将其单位化 $\boldsymbol{\gamma}_i=\dfrac{1}{\|\boldsymbol{\beta}_i\|}\boldsymbol{\beta}_i(i=1,2,\cdots,n)$，即得酉空间的规范正交基. 因此，在有限维酉空间中，可以找到无穷多个规范正交基. 任意一个线性无关的元素可以用 Gram-Schmidt 正交化方法正交化，并可扩充成规范正交基.

例 12.3　已知 $\mathbf{C}^3$ 的基 $\boldsymbol{a}_1=(1,\mathrm{i},0)^{\mathrm{T}},\boldsymbol{a}_2=(1,0,\mathrm{i})^{\mathrm{T}},\boldsymbol{a}_3=(0,0,1)^{\mathrm{T}}$，试求 $\mathbf{C}^3$ 的一个规范正交基.

解　由 Gram-Schmidt 正交化方法，得

$$\boldsymbol{b}_1=\boldsymbol{a}_1=(1,\mathrm{i},0)^{\mathrm{T}},$$

$$\boldsymbol{b}_2=\boldsymbol{a}_2-\frac{\langle\boldsymbol{a}_2,\boldsymbol{b}_1\rangle}{\langle\boldsymbol{b}_1,\boldsymbol{b}_1\rangle}\boldsymbol{b}_1=(1,0,\mathrm{i})^{\mathrm{T}}-\frac{1}{2}(1,\mathrm{i},0)=\left(\frac{1}{2},-\frac{\mathrm{i}}{2},\mathrm{i}\right)^{\mathrm{T}},$$

$$\begin{aligned}\boldsymbol{b}_3&=\boldsymbol{a}_3-\frac{\langle\boldsymbol{a}_3,\boldsymbol{b}_1\rangle}{\langle\boldsymbol{b}_1,\boldsymbol{b}_1\rangle}\boldsymbol{b}_1-\frac{\langle\boldsymbol{a}_3,\boldsymbol{b}_2\rangle}{\langle\boldsymbol{b}_2,\boldsymbol{b}_2\rangle}\boldsymbol{b}_2\\&=(0,0,1)^{\mathrm{T}}-\frac{0}{2}(1,\mathrm{i},0)^{\mathrm{T}}-\frac{-\mathrm{i}}{\frac{3}{2}}\left(\frac{1}{2},-\frac{\mathrm{i}}{2},\mathrm{i}\right)^{\mathrm{T}}=\left(\frac{\mathrm{i}}{3},\frac{1}{3},\frac{1}{3}\right)^{\mathrm{T}}.\end{aligned}$$

再单位化得 $\mathbf{C}^3$ 的规范正交基

$$\boldsymbol{u}_1=\left(\frac{1}{\sqrt{2}},\frac{\mathrm{i}}{\sqrt{2}},0\right)^{\mathrm{T}},\quad \boldsymbol{u}_2=\left(\frac{1}{\sqrt{6}},-\frac{\mathrm{i}}{\sqrt{6}},\frac{2\mathrm{i}}{\sqrt{6}}\right)^{\mathrm{T}},\quad \boldsymbol{u}_3=\left(\frac{\mathrm{i}}{\sqrt{3}},\frac{1}{\sqrt{3}},\frac{1}{\sqrt{3}}\right)^{\mathrm{T}}.$$

在酉空间中，采用规范正交基可以使许多问题简化. 设 $\boldsymbol{\gamma}_1,\boldsymbol{\gamma}_2,\cdots,\boldsymbol{\gamma}_n$ 是 n 维酉空间 V 的规范正交基，则 V 对于基 $\boldsymbol{\gamma}_1,\boldsymbol{\gamma}_2,\cdots,\boldsymbol{\gamma}_n$ 的度量矩阵是单位矩阵；任意 $\boldsymbol{\alpha}\in$ V 在基 $\boldsymbol{\gamma}_1,\boldsymbol{\gamma}_2,\cdots,\boldsymbol{\gamma}_n$ 下的坐标为$(\langle\boldsymbol{\alpha},\boldsymbol{\gamma}_1\rangle,\langle\boldsymbol{\alpha},\boldsymbol{\gamma}_2\rangle,\cdots,\langle\boldsymbol{\alpha},\boldsymbol{\gamma}_n\rangle)^{\mathrm{T}}$；又对 V 的任意元素

$$\boldsymbol{\alpha}=x_1\boldsymbol{\gamma}_1+x_2\boldsymbol{\gamma}_2+\cdots+x_n\boldsymbol{\gamma}_n,\quad \boldsymbol{\beta}=y_1\boldsymbol{\gamma}_1+y_2\boldsymbol{\gamma}_2+\cdots+y_n\boldsymbol{\gamma}_n,$$

有

$$\langle\boldsymbol{\alpha},\boldsymbol{\beta}\rangle=x_1\bar{y}_1+x_1\bar{y}_2+\cdots+x_n\bar{y}_n.$$

定义 12.5　设 $\mathbf{A}\in\mathbf{C}^{n\times n}$，若 $\mathbf{A}$ 满足

$$\mathbf{A}^{\mathrm{H}}\mathbf{A}=\boldsymbol{E}\quad（或\ \mathbf{A}^{-1}=\mathbf{A}^{\mathrm{H}},\quad 或\ \mathbf{A}\mathbf{A}^{\mathrm{H}}=\boldsymbol{E}）,$$

则称 $\mathbf{A}$ 为**酉矩阵**.

显然，实的酉矩阵就是正交矩阵. 如同正交矩阵一样，酉矩阵具有如下的性质（证明留给读者）.

定理 12.3　设 $\mathbf{A},\boldsymbol{B}\in\mathbf{C}^{n\times n}$，则

(1) 当 $\mathbf{A}$ 是酉矩阵时，$|\det\mathbf{A}|=1$；

(2) 当 $\boldsymbol{A},\boldsymbol{B}$ 是酉矩阵时,$\boldsymbol{AB}$ 也是酉矩阵;

(3) 当 $\boldsymbol{A}$ 是酉矩阵时,$\boldsymbol{A}^{\mathrm{H}},\boldsymbol{A}^{-1},\boldsymbol{A}^{*}$ 都是酉矩阵;

(4) $\boldsymbol{A}$ 是酉矩阵的充分必要条件是,$\boldsymbol{A}$ 的 n 个列(行)向量是 $\mathbf{C}^n$ 中两两正交的单位向量;

(5) 当 $\boldsymbol{A}$ 是酉矩阵时,对任意 n 维列向量 $\boldsymbol{x}$ 有 $\|\boldsymbol{Ax}\|=\|\boldsymbol{x}\|$.

在酉空间中,规范正交基可以通过酉矩阵相联系.

定理 12.4 在 n 维酉空间 V 中,由规范正交基到规范正交基的过渡矩阵是酉矩阵;如果两组基之间的过渡矩阵是酉矩阵,则从其中一个基是规范正交基可推出另一个基也是规范正交基.

与欧氏空间类似,在酉空间中也可以定义正交子空间、正交补空间等概念.

12.2 酉相似下的标准形

复数域上的 n 阶方阵总能相似于 Jordan 标准形,而 Jordan 标准形本身是一个特殊的上三角矩阵. 本节进一步考虑当相似变换矩阵是酉矩阵时矩阵的化简问题. 首先介绍著名的 Schur 定理.

定理 12.5(Schur) 设 $\boldsymbol{A}\in\mathbf{C}^{n\times n}$,则 $\boldsymbol{A}$ 可酉相似于上三角矩阵 $\boldsymbol{T}$,即存在 n 阶酉矩阵 $\boldsymbol{U}$,使得

$$\boldsymbol{U}^{-1}\boldsymbol{AU}=\boldsymbol{U}^{\mathrm{H}}\boldsymbol{AU}=\boldsymbol{T},$$

其中 $\boldsymbol{T}$ 的对角元素是 $\boldsymbol{A}$ 的全部特征值.

证 对阶数 n 用归纳法证明. 当 $n=1$ 时,$\boldsymbol{A}$ 本身就是一个上三角矩阵,取 $\boldsymbol{U}=(1)$ 即知结论成立. 假定对 $n-1$ 阶方阵结论成立,下面证明对 n 阶方阵结论也成立.

取 $\boldsymbol{A}$ 的特征值 λ_1 和单位特征向量 $\boldsymbol{u}_1$,即 $\boldsymbol{Au}_1=\lambda_1\boldsymbol{u}_1$,且 $\|\boldsymbol{u}_1\|=1$. 以 $\boldsymbol{u}_1$ 为第 1 列构造 n 阶酉矩阵 $\boldsymbol{U}_1=(\boldsymbol{u}_1,\boldsymbol{u}_2,\cdots,\boldsymbol{u}_n)$,则

$$\boldsymbol{U}_1^{\mathrm{H}}\boldsymbol{AU}_1=(\boldsymbol{u}_i^{\mathrm{H}}\boldsymbol{Au}_j)_{n\times n}=\left(\begin{array}{c:ccc}\lambda_1 & * & \cdots & * \\ \hdashline 0 & & & \\ \vdots & & \boldsymbol{A}_1 & \\ 0 & & & \end{array}\right),$$

其中 $\boldsymbol{A}_1\in\mathbf{C}^{(n-1)\times(n-1)}$. 由归纳假设,存在 $n-1$ 阶酉矩阵 $\widetilde{\boldsymbol{U}}_2$,使得

$$\widetilde{\boldsymbol{U}}_2^{-1}\boldsymbol{A}_1\widetilde{\boldsymbol{U}}_2=\widetilde{\boldsymbol{U}}_2^{\mathrm{H}}\boldsymbol{A}_1\widetilde{\boldsymbol{U}}_2=\begin{pmatrix}\lambda_2 & & * \\ & \ddots & \\ & & \lambda_n\end{pmatrix}.$$

记 $\boldsymbol{U}_2=\begin{pmatrix}1 & \boldsymbol{0}^{\mathrm{T}} \\ \boldsymbol{0} & \widetilde{\boldsymbol{U}}_2\end{pmatrix}$,$\boldsymbol{U}=\boldsymbol{U}_1\boldsymbol{U}_2$. 易知 $\boldsymbol{U}_2$ 是 n 阶酉矩阵,从而 $\boldsymbol{U}$ 是 n 阶酉矩阵,且有

$$U^{-1}AU = U^{\mathrm{H}}AU = U_2^{\mathrm{H}}(U_1^{\mathrm{H}}AU_1)U_2 = \left(\begin{array}{c|ccc} \lambda_1 & * & \cdots & * \\ \hline 0 & & & \\ \vdots & & \widetilde{U}_2^{\mathrm{H}}A\widetilde{U}_2 & \\ 0 & & & \end{array}\right)$$

$$= \begin{pmatrix} \lambda_1 & * & \cdots & * \\ & \lambda_2 & \ddots & \vdots \\ & & \ddots & * \\ & & & \lambda_n \end{pmatrix} = T.$$

由于相似矩阵有相同的特征值,所以上三角矩阵 T 的对角元素就是 A 的全部特征值. ▌

由 Schur 定理自然会想到,什么样的矩阵可以酉相似于对角矩阵呢?

定义 12.6 设 $A\in C^{n\times n}$,若 A 满足

$$A^{\mathrm{H}}A = AA^{\mathrm{H}},$$

则称 A 为**正规矩阵**.

容易验证:酉矩阵、正交矩阵、Hermite 矩阵、实对称矩阵、反 Hemite 矩阵、实反对称矩阵、对角矩阵等都是正规矩阵.可见正规矩阵包括了许多常用的矩阵.

定理 12.6 设 $A\in C^{n\times n}$,则 A 酉相似于对角矩阵的充分必要条件是 A 为正规矩阵.

证 必要性.设 n 阶酉矩阵 U,使得

$$U^{\mathrm{H}}AU = \mathrm{diag}(\lambda_1,\lambda_2,\cdots,\lambda_n) = \Lambda,$$

则

$$\begin{aligned} A^{\mathrm{H}}A &= (U\Lambda U^{\mathrm{H}})^{\mathrm{H}}(U\Lambda U^{\mathrm{H}}) = U\bar{\Lambda}U^{\mathrm{H}}U\Lambda U^{\mathrm{H}} = U\bar{\Lambda}\Lambda U^{\mathrm{H}} \\ &= U\Lambda\bar{\Lambda}U^{\mathrm{H}} = (U\Lambda U^{\mathrm{H}})(U\Lambda U^{\mathrm{H}})^{\mathrm{H}} = AA^{\mathrm{H}}, \end{aligned}$$

即 A 为正规矩阵.

充分性.设 A 满足 $A^{\mathrm{H}}A = AA^{\mathrm{H}}$.由 Schur 定理知,存在 n 阶酉矩阵 U,使得 $U^{\mathrm{H}}AU = T$,其中 T 是上三角矩阵,于是

$$T^{\mathrm{H}}T = (U^{\mathrm{H}}AU)^{\mathrm{H}}(U^{\mathrm{H}}AU) = U^{\mathrm{H}}A^{\mathrm{H}}AU = U^{\mathrm{H}}AA^{\mathrm{H}}U = TT^{\mathrm{H}}.$$

这表明 T 也是正规矩阵.设 $T=(t_{ij})_{n\times n}(t_{ij}=0,i>j)$,代入 $T^{\mathrm{H}}T=TT^{\mathrm{H}}$ 并比较两边矩阵的对角元素,得

$$\begin{cases} |t_{11}|^2 = \sum\limits_{i=1}^{n} |t_{1i}|^2, \\ |t_{12}|^2 + |t_{22}|^2 = \sum\limits_{i=2}^{n} |t_{2i}|^2, \\ \quad\cdots\cdots \\ \sum\limits_{i=1}^{n} |t_{in}|^2 = |t_{nn}|^2, \end{cases}$$

于是 $t_{ij}=0(i<j)$，即 $\boldsymbol{T}=\mathrm{diag}(t_{11},t_{22},\cdots,t_{nn})$. 故 $\boldsymbol{A}$ 酉相似于对角矩阵. ▎

由定理 12.6 可以得到如下一系列结论.

推论 1　设 $\boldsymbol{A}\in\mathbf{C}^{n\times n}$ 是正规矩阵，λ 是 $\boldsymbol{A}$ 的特征值，$\boldsymbol{x}$ 是对应 λ 的特征向量，则 $\bar{\lambda}$ 是 $\boldsymbol{A}^{\mathrm{H}}$ 的特征值，对应 $\bar{\lambda}$ 的特征向量仍为 $\boldsymbol{x}$.

证　由定理 12.6，存在 n 阶酉矩阵 $\boldsymbol{U}$，使得

$$\boldsymbol{U}^{\mathrm{H}}\boldsymbol{A}\boldsymbol{U}=\mathrm{diag}(\lambda_1,\lambda_2,\cdots,\lambda_n),$$

于是

$$\boldsymbol{U}^{\mathrm{H}}\boldsymbol{A}^{\mathrm{H}}\boldsymbol{U}=\mathrm{diag}(\bar{\lambda}_1,\bar{\lambda}_2,\cdots,\bar{\lambda}_n).$$

设 $\boldsymbol{U}=(\boldsymbol{u}_1,\boldsymbol{u}_2,\cdots,\boldsymbol{u}_n)$，则有

$$\boldsymbol{A}\boldsymbol{u}_j=\lambda_j\boldsymbol{u}_j,\quad \boldsymbol{A}^{\mathrm{H}}\boldsymbol{u}_j=\bar{\lambda}_j\boldsymbol{u}_j\quad (j=1,2,\cdots,n).$$

可见若 λ_j 是 $\boldsymbol{A}$ 的特征值且 $\boldsymbol{u}_j$ 是对应 λ_j 的特征向量时，$\bar{\lambda}_j$ 是 $\boldsymbol{A}^{\mathrm{H}}$ 的特征值，而对应 $\bar{\lambda}_j$ 的特征向量仍为 $\boldsymbol{u}_j$. ▎

推论 2　设 $\boldsymbol{A}\in\mathbf{C}^{n\times n}$ 是正规矩阵，λ,μ 是 $\boldsymbol{A}$ 的特征值，$\boldsymbol{x},\boldsymbol{y}$ 是对应的特征向量，如果 $\lambda\neq\mu$，则 $\boldsymbol{x}$ 与 $\boldsymbol{y}$ 正交.

证　因为 $\boldsymbol{A}\boldsymbol{x}=\lambda\boldsymbol{x},\boldsymbol{A}\boldsymbol{y}=\mu\boldsymbol{y}$，由推论 1 知 $\boldsymbol{A}^{\mathrm{H}}\boldsymbol{x}=\bar{\lambda}\boldsymbol{x}$，从而

$$\bar{\mu}\boldsymbol{y}^{\mathrm{H}}\boldsymbol{x}=(\mu\boldsymbol{y})^{\mathrm{H}}\boldsymbol{x}=(\boldsymbol{A}\boldsymbol{y})^{\mathrm{H}}\boldsymbol{x}=\boldsymbol{y}^{\mathrm{H}}\boldsymbol{A}^{\mathrm{H}}\boldsymbol{x}=\bar{\lambda}\boldsymbol{y}^{\mathrm{H}}\boldsymbol{x},$$

即 $\overline{(\lambda-\mu)}\boldsymbol{y}^{\mathrm{H}}\boldsymbol{x}=0$. 由 $\lambda\neq\mu$ 知 $\langle\boldsymbol{x},\boldsymbol{y}\rangle=\boldsymbol{y}^{\mathrm{H}}\boldsymbol{x}=0$，即 $\boldsymbol{x}$ 与 $\boldsymbol{y}$ 正交. ▎

推论 3　设 $\boldsymbol{A}\in\mathbf{C}^{n\times n}$，则 $\boldsymbol{A}$ 酉相似于实对角矩阵的充分必要条件是 $\boldsymbol{A}$ 为 Hermite 矩阵.

证　充分性. 当 $\boldsymbol{A}$ 是 Hermite 矩阵时，$\boldsymbol{A}$ 为正规矩阵，于是存在 n 阶酉矩阵 $\boldsymbol{U}$，使得

$$\boldsymbol{U}^{\mathrm{H}}\boldsymbol{A}\boldsymbol{U}=\mathrm{diag}(\lambda_1,\lambda_2,\cdots,\lambda_n)=\boldsymbol{\Lambda},$$

故

$$\boldsymbol{A}^{\mathrm{H}}=(\boldsymbol{U}^{\mathrm{H}}\boldsymbol{A}\boldsymbol{U})^{\mathrm{H}}=\boldsymbol{U}^{\mathrm{H}}\boldsymbol{A}^{\mathrm{H}}\boldsymbol{U}=\boldsymbol{U}^{\mathrm{H}}\boldsymbol{A}\boldsymbol{U}=\boldsymbol{\Lambda},$$

从而 $\bar{\lambda}_i=\lambda_i(i=1,2,\cdots,n)$，即 $\lambda_i(i=1,2,\cdots,n)$ 都是实数.

必要性. 存在 n 阶酉矩阵 $\boldsymbol{U}$，使得

$$\boldsymbol{U}^{\mathrm{H}}\boldsymbol{A}\boldsymbol{U}=\mathrm{diag}(\lambda_1,\lambda_2,\cdots,\lambda_n)=\boldsymbol{\Lambda},$$

其中 $\lambda_i(i=1,2,\cdots,n)$ 都是实数. 于是

$$\boldsymbol{A}^{\mathrm{H}}=(\boldsymbol{U}\boldsymbol{\Lambda}\boldsymbol{U}^{\mathrm{H}})^{\mathrm{H}}=\boldsymbol{U}\boldsymbol{\Lambda}^{\mathrm{H}}\boldsymbol{U}^{\mathrm{H}}=\boldsymbol{U}\boldsymbol{\Lambda}\boldsymbol{U}^{\mathrm{H}}=\boldsymbol{A},$$

故 $\boldsymbol{A}$ 是 Hermite 矩阵. ▎

推论 3 表明了 Hermite 矩阵的特征值都是实数，且除了 Hermite 矩阵外，再没有其他复方阵能酉相似于实对角矩阵了. 与推论 3 的充分性证明类似，可得

推论 4　反 Hermite 矩阵的特征值为 0 或纯虚数.

推论 5　实对称矩阵的特征值都是实数，实反对称矩阵的特征值为 0 或纯虚数.

定理 12.6 表明了正规矩阵必可酉相似于对角矩阵,但定理的证明过程并未给出求相应的酉矩阵的方法. 根据推论 2,可以得到 n 阶正规矩阵 $\boldsymbol{A}$ 酉相似于对角矩阵的具体步骤.

第一步:求出 $\boldsymbol{A}$ 的全部特征值. 设 $\lambda_1,\lambda_2,\cdots,\lambda_s$ 是 $\boldsymbol{A}$ 的互不相同的特征值,其重数为 $r_1,r_2,\cdots,r_s$,且 $r_1+r_2+\cdots+r_s=n$;

第二步:对于特征值 $\lambda_i(i=1,2,\cdots,s)$,求出对应的 r_i 个线性无关的特征向量 $\boldsymbol{p}_{i1},\boldsymbol{p}_{i2},\cdots,\boldsymbol{p}_{ir_i}(i=1,2,\cdots,s)$;

第三步:用 Gram-Schmidt 正交化方法将 $\boldsymbol{p}_{i1},\boldsymbol{p}_{i2},\cdots,\boldsymbol{p}_{ir_i}$ 正交化,再单位化得 $\boldsymbol{u}_{i1},\boldsymbol{u}_{i2},\cdots,\boldsymbol{u}_{ir_i}(i=1,2,\cdots,s)$,则酉矩阵

$$\boldsymbol{U}=(\boldsymbol{u}_{11},\cdots,\boldsymbol{u}_{1r_1},\boldsymbol{u}_{21},\cdots,\boldsymbol{u}_{2r_2},\cdots,\boldsymbol{u}_{s1},\cdots,\boldsymbol{u}_{sr_s}),$$

使得

$$\boldsymbol{U}^{-1}\boldsymbol{A}\boldsymbol{U}=\boldsymbol{U}^{\mathrm{H}}\boldsymbol{A}\boldsymbol{U}=\boldsymbol{\Lambda},$$

其中

$$\boldsymbol{\Lambda}=\begin{pmatrix}\lambda_1\boldsymbol{E}_{r_1} & & & \\ & \lambda_2\boldsymbol{E}_{r_2} & & \\ & & \ddots & \\ & & & \lambda_s\boldsymbol{E}_{r_s}\end{pmatrix}.$$

例 12.4 已知 $\boldsymbol{A}=\begin{pmatrix}-1 & \mathrm{i} & 0\\ -\mathrm{i} & 0 & -\mathrm{i}\\ 0 & \mathrm{i} & -1\end{pmatrix}$,问 $\boldsymbol{A}$ 是否为正规矩阵?若是,求酉矩阵 $\boldsymbol{U}$,使得 $\boldsymbol{U}^{-1}\boldsymbol{A}\boldsymbol{U}$ 为对角矩阵.

解 显然 $\boldsymbol{A}$ 满足 $\boldsymbol{A}^{\mathrm{H}}=\boldsymbol{A}$,即 $\boldsymbol{A}$ 是 Hermite 矩阵,从而 $\boldsymbol{A}$ 是正规矩阵. 因为 $\det(\lambda\boldsymbol{E}-\boldsymbol{A})=(\lambda-1)(\lambda+1)(\lambda+2)$,所以 $\boldsymbol{A}$ 的特征值为 $\lambda_1=1,\lambda_2=-1,\lambda_3=-2$. 可求得对应的特征向量分别为

$$\boldsymbol{p}_1=\begin{pmatrix}1\\ -2\mathrm{i}\\ 1\end{pmatrix},\quad \boldsymbol{p}_2=\begin{pmatrix}-1\\ 0\\ 1\end{pmatrix},\quad \boldsymbol{p}_3=\begin{pmatrix}1\\ \mathrm{i}\\ 1\end{pmatrix}.$$

它们应是两两正交的,单位化得

$$\boldsymbol{u}_1=\frac{\boldsymbol{p}_1}{\|\boldsymbol{p}_1\|}=\begin{pmatrix}\frac{1}{\sqrt{6}}\\ -\frac{2\mathrm{i}}{\sqrt{6}}\\ \frac{1}{\sqrt{6}}\end{pmatrix},\quad \boldsymbol{u}_2=\frac{\boldsymbol{p}_2}{\|\boldsymbol{p}_2\|}=\begin{pmatrix}-\frac{1}{\sqrt{2}}\\ 0\\ \frac{1}{\sqrt{2}}\end{pmatrix},\quad \boldsymbol{u}_3=\frac{\boldsymbol{p}_3}{\|\boldsymbol{p}_3\|}=\begin{pmatrix}\frac{1}{\sqrt{3}}\\ \frac{\mathrm{i}}{\sqrt{3}}\\ \frac{1}{\sqrt{3}}\end{pmatrix},$$

于是酉矩阵 $\boldsymbol{U}=\begin{pmatrix} \frac{1}{\sqrt{6}} & -\frac{1}{\sqrt{2}} & \frac{1}{\sqrt{3}} \\ -\frac{2\mathrm{i}}{\sqrt{6}} & 0 & \frac{\mathrm{i}}{\sqrt{3}} \\ \frac{1}{\sqrt{6}} & \frac{1}{\sqrt{2}} & \frac{1}{\sqrt{3}} \end{pmatrix}$ 使得 $\boldsymbol{U}^{-1}\boldsymbol{A}\boldsymbol{U}=\begin{pmatrix} 1 & 0 & 0 \\ 0 & -1 & 0 \\ 0 & 0 & -2 \end{pmatrix}$.

需要注意的是,由于实矩阵的特征值可能是复数(但复特征值必成对共轭出现),因此即使对于实的正规矩阵,也不能保证它正交相似于对角矩阵,但我们可以使之正交相似于简单的实分块对角矩阵.

定理 12.7 设 $\mathbf{A}\in\mathbf{R}^{n\times n}$ 是正规矩阵,$\lambda_j\ (j=1,2,\cdots,s)$ 是 $\mathbf{A}$ 的实特征值,$a_k\pm \mathrm{i}b_k\ (k=1,2,\cdots,t)$ 是 $\mathbf{A}$ 的复特征值,其中 $a_k,b_k\in\mathbf{R}$ 且 $s+2t=n$,则 $\mathbf{A}$ 可正交相似于如下形式的实分块对角矩阵

$$\begin{pmatrix} \lambda_1 & & & & & & & & \\ & \ddots & & & & & & & \\ & & \lambda_s & & & & & & \\ & & & a_1 & -b_1 & & & & \\ & & & b_1 & a_1 & & & & \\ & & & & & \ddots & & & \\ & & & & & & a_t & -b_t \\ & & & & & & b_t & a_t \end{pmatrix}. \tag{12.3}$$

证 由定理 12.6 知,正规矩阵 $\mathbf{A}$ 可酉相似于对角矩阵

$$\boldsymbol{\Lambda}=\mathrm{diag}(\lambda_1,\cdots,\lambda_s,\lambda_{s+1},\cdots,\lambda_n),$$

其中

$$\lambda_{s+2k-1}=a_k-\mathrm{i}b_k,\quad \lambda_{s+2k}=a_k+\mathrm{i}b_k\quad (k=1,2,\cdots,t).$$

由于 $\lambda_j\ (j=1,2,\cdots,s)$ 是 $\mathbf{A}$ 的实特征值,且 $\mathbf{A}$ 是实矩阵,所以可求得实的两两正交的单位特征向量 $\boldsymbol{u}_j\ (j=1,2,\cdots,s)$,使得

$$\boldsymbol{A}\boldsymbol{u}_j=\lambda_j\boldsymbol{u}_j,\quad \|\boldsymbol{u}_j\|=1\quad (j=1,2,\cdots,s).$$

又设 $\boldsymbol{u}_{s+2k-1}$ 是 $\mathbf{A}$ 的对应特征值 λ_{s+2k-1} 的两两正交的单位特征向量 $(k=1,2,\cdots,t)$,即

$$\boldsymbol{A}\boldsymbol{u}_{s+2k-1}=\lambda_{s+2k-1}\boldsymbol{u}_{s+2k-1},\quad \|\boldsymbol{u}_{s+2k-1}\|=1\quad (k=1,2,\cdots,t).$$

注意到 $\overline{\mathbf{A}}=\mathbf{A}$ 和 $\overline{\lambda_{s+2k-1}}=\lambda_{s+2k}$,从而有 $\mathbf{A}\,\overline{\boldsymbol{u}_{s+2k-1}}=\lambda_{s+2k}\overline{\boldsymbol{u}_{s+2k-1}}\ (k=1,2,\cdots,t)$,可见 $\overline{\boldsymbol{u}_{s+2k-1}}$ 是 $\mathbf{A}$ 的对应特征值 λ_{s+2k} 的单位特征向量. 记

$$\begin{cases} \boldsymbol{q}_j=\boldsymbol{u}_j\quad (j=1,2,\cdots,s), \\ \boldsymbol{q}_{s+2k-1}=\dfrac{1}{\sqrt{2}}(\boldsymbol{u}_{s+2k-1}+\overline{\boldsymbol{u}_{s+2k-1}})\quad (k=1,2,\cdots,t), \\ \boldsymbol{q}_{s+2k}=\dfrac{1}{\sqrt{2}\mathrm{i}}(\boldsymbol{u}_{s+2k-1}-\overline{\boldsymbol{u}_{s+2k-1}})\quad (k=1,2,\cdots,t), \end{cases}$$

显然 $\boldsymbol{q}_1,\boldsymbol{q}_2,\cdots,\boldsymbol{q}_n$ 都是实向量. 又因为 $\boldsymbol{u}_{s+2k-1}$ 和 $\overline{\boldsymbol{u}_{s+2k-1}}$ 是 $\boldsymbol{A}$ 的不同的特征值对应的单位特征向量,由定理 12.6 的推论 2 知,$\boldsymbol{u}_{s+2k-1}$ 和 $\overline{\boldsymbol{u}_{s+2k-1}}$ 正交,即

$$\boldsymbol{u}_{s+2k-1}^{\mathrm{H}}\overline{\boldsymbol{u}_{s+2k-1}}=0 \quad 和 \quad \boldsymbol{u}_{s+2k-1}^{\mathrm{T}}\boldsymbol{u}_{s+2k-1}=0.$$

根据这些性质容易验证 $\boldsymbol{q}_1,\boldsymbol{q}_2,\cdots,\boldsymbol{q}_n$ 是实的两两正交的单位特征向量,且

$$\boldsymbol{A}\boldsymbol{q}_j=\lambda_j\boldsymbol{q}_j \quad (j=1,2,\cdots,s),$$

$$\begin{aligned}\boldsymbol{A}\boldsymbol{q}_{s+2k-1}&=\frac{1}{\sqrt{2}}(\boldsymbol{A}\boldsymbol{u}_{s+2k-1}+\boldsymbol{A}\,\overline{\boldsymbol{u}_{s+2k-1}})=\frac{1}{\sqrt{2}}(\lambda_{s+2k-1}\boldsymbol{u}_{s+2k-1}+\lambda_{s+2k}\overline{\boldsymbol{u}_{s+2k-1}})\\&=\frac{1}{\sqrt{2}}[(a_k-\mathrm{i}b_k)\boldsymbol{u}_{s+2k-1}+(a_k+\mathrm{i}b_k)\overline{\boldsymbol{u}_{s+2k-1}}]=a_k\boldsymbol{q}_{s+2k-1}+b_k\boldsymbol{q}_{s+2k}\\&\qquad (k=1,2,\cdots,t),\end{aligned}$$

同样

$$\boldsymbol{A}\boldsymbol{q}_{s+2k}=-b_k\boldsymbol{q}_{s+2k-1}+a_k\boldsymbol{q}_{s+2k} \quad (k=1,2,\cdots,t).$$

又记 $\boldsymbol{Q}=(\boldsymbol{q}_1,\ \cdots,\boldsymbol{q}_s,\boldsymbol{q}_{s+1},\cdots,\boldsymbol{q}_n)$,则 $\boldsymbol{Q}$ 是 n 阶正交矩阵,且 $\boldsymbol{Q}^{-1}\boldsymbol{A}\boldsymbol{Q}$ 是形如式(12.3)的实分块对角矩阵. ▌

由定理 12.6 的推论 5 和定理 12.7 得

推论 1 实对称矩阵必可正交相似于实对角矩阵.

推论 2 设 $\boldsymbol{A}$ 是 n 阶实反对称矩阵,$\boldsymbol{A}$ 有 s 个特征值 0,$2t$ 个虚特征值 $\pm\mathrm{i}b_k(k=1,2,\ \cdots,t)$,其中 b_k 是实数,且 $s+2t=n$,则 $\boldsymbol{A}$ 可以正交相似于如下形式的矩阵

$$\begin{pmatrix}0&&&&&&&\\&\ddots&&&&&&\\&&0&&&&&\\&&&0&-b_1&&&\\&&&b_1&0&&&\\&&&&&\ddots&&\\&&&&&&0&-b_t\\&&&&&&b_t&0\end{pmatrix}. \tag{12.4}$$

例 12.5 已知实反对称矩阵

$$\boldsymbol{A}=\begin{pmatrix}0&1&0\\-1&0&1\\0&-1&0\end{pmatrix},$$

试求正交矩阵 $\boldsymbol{Q}$,使得 $\boldsymbol{Q}^{-1}\boldsymbol{A}\boldsymbol{Q}$ 为形如式(12.4)的矩阵.

解 因为 $\det(\lambda\boldsymbol{E}-\boldsymbol{A})=\lambda(\lambda^2+2)$,所以 $\boldsymbol{A}$ 的特征值为 $\lambda_1=0,\lambda_2=-\sqrt{2}\mathrm{i},\lambda_3=\sqrt{2}\mathrm{i}$,可求得对应的单位正交特征向量分别为

$$u_1=\begin{pmatrix}\frac{1}{\sqrt{2}}\\ 0\\ \frac{1}{\sqrt{2}}\end{pmatrix},\quad u_2=\begin{pmatrix}\frac{1}{2}\\ -\frac{\mathrm{i}}{\sqrt{2}}\\ -\frac{1}{2}\end{pmatrix},\quad u_3=\begin{pmatrix}\frac{1}{2}\\ \frac{\mathrm{i}}{\sqrt{2}}\\ -\frac{1}{2}\end{pmatrix}.$$

取

$$q_1=u_1,\quad q_2=\frac{1}{\sqrt{2}}(u_2+u_3)=\begin{pmatrix}\frac{1}{\sqrt{2}}\\ 0\\ -\frac{1}{\sqrt{2}}\end{pmatrix},\quad q_3=\frac{1}{\sqrt{2}\mathrm{i}}(u_2-u_3)=\begin{pmatrix}0\\ -1\\ 0\end{pmatrix},$$

故正交矩阵 $Q=\begin{pmatrix}\frac{1}{\sqrt{2}} & \frac{1}{\sqrt{2}} & 0\\ 0 & 0 & -1\\ \frac{1}{\sqrt{2}} & -\frac{1}{\sqrt{2}} & 0\end{pmatrix}$，使得 $Q^{-1}AQ=\begin{pmatrix}0 & 0 & 0\\ 0 & 0 & -\sqrt{2}\\ 0 & \sqrt{2} & 0\end{pmatrix}$.

12.3　酉变换与 Hermite 变换

本节讨论酉空间中与内积有关的线性变换. 首先将欧氏空间中正交变换的概念进行推广.

定义 12.7　设 V 是酉空间，T 是 V 上的线性变换. 如果对任意 $\boldsymbol{\alpha},\boldsymbol{\beta}\in V$ 都有

$$\langle T(\boldsymbol{\alpha}),T(\boldsymbol{\beta})\rangle=\langle\boldsymbol{\alpha},\boldsymbol{\beta}\rangle,$$

则称 T 为 V 上的一个**酉变换**.

酉变换与正交变换的结论类似，但一些结论的证法有所不同.

定理 12.8　设 T 是酉空间 V 的线性变换，则 T 是酉变换的充分必要条件是，对任意 $\boldsymbol{\alpha}\in V$ 都有

$$\langle T(\boldsymbol{\alpha}),T(\boldsymbol{\alpha})\rangle=\langle\boldsymbol{\alpha},\boldsymbol{\alpha}\rangle. \tag{12.5}$$

证　必要性. 在定义 $\langle T(\boldsymbol{\alpha}),T(\boldsymbol{\beta})\rangle=\langle\boldsymbol{\alpha},\boldsymbol{\beta}\rangle$ 中取 $\boldsymbol{\beta}=\boldsymbol{\alpha}$ 即得.

充分性. 因为对任意 $\boldsymbol{\alpha},\boldsymbol{\beta}\in V$ 都有式(12.5)成立，于是

$$\langle T(\boldsymbol{\alpha}+\boldsymbol{\beta}),T(\boldsymbol{\alpha}+\boldsymbol{\beta})\rangle=\langle\boldsymbol{\alpha}+\boldsymbol{\beta},\boldsymbol{\alpha}+\boldsymbol{\beta}\rangle.$$

利用式(12.5)，由上式可求得

$$\langle T(\boldsymbol{\alpha}),T(\boldsymbol{\beta})\rangle+\langle T(\boldsymbol{\beta}),T(\boldsymbol{\alpha})\rangle=\langle\boldsymbol{\alpha},\boldsymbol{\beta}\rangle+\langle\boldsymbol{\beta},\boldsymbol{\alpha}\rangle. \tag{12.6}$$

将 $\boldsymbol{\alpha}$ 换成 $\mathrm{i}\boldsymbol{\alpha}$，得

$$i\langle T(\boldsymbol{\alpha}),T(\boldsymbol{\beta})\rangle - i\langle T(\boldsymbol{\beta}),T(\boldsymbol{\alpha})\rangle = i\langle \boldsymbol{\alpha},\boldsymbol{\beta}\rangle - i\langle \boldsymbol{\beta},\boldsymbol{\alpha}\rangle,$$

即

$$\langle T(\boldsymbol{\alpha}),T(\boldsymbol{\beta})\rangle - \langle T(\boldsymbol{\beta}),T(\boldsymbol{\alpha})\rangle = \langle \boldsymbol{\alpha},\boldsymbol{\beta}\rangle - \langle \boldsymbol{\beta},\boldsymbol{\alpha}\rangle.$$

与式(12.6)联立解得$\langle T(\boldsymbol{\alpha}),T(\boldsymbol{\beta})\rangle = \langle \boldsymbol{\alpha},\boldsymbol{\beta}\rangle$,故 T 是酉变换. ▌

关于酉变换的特征值有如下结论.

定理 12.9 设 T 是酉空间上的酉变换,则 T 的特征值的模都是 1.

证 若 λ 是 T 的特征值,$\boldsymbol{\alpha}$ 是 T 对应 λ 的特征向量,则有

$$\langle \boldsymbol{\alpha},\boldsymbol{\alpha}\rangle = \langle T(\boldsymbol{\alpha}),T(\boldsymbol{\alpha})\rangle = \langle \lambda\boldsymbol{\alpha},\lambda\boldsymbol{\alpha}\rangle = \lambda\bar{\lambda}\langle \boldsymbol{\alpha},\boldsymbol{\alpha}\rangle.$$

因为$\langle \boldsymbol{\alpha},\boldsymbol{\alpha}\rangle > 0$,所以 $\lambda\bar{\lambda}=1$,即$|\lambda|=1$. ▌

在有限维酉空间中,酉变换可以通过以下几个等价条件来描述(证明留给读者).

定理 12.10 设 T 是 n 维酉空间 V 的线性变换,则下列命题等价:

(1) T 是酉变换;

(2) T 把 V 的任一组规范正交基仍变为规范正交基;

(3) T 在 V 的任一组规范正交基下的矩阵是酉矩阵.

再把欧氏空间中对称变换的概念推广到酉空间.

定义 12.8 设 T 是酉空间 V 上的线性变换,如果对任意 $\boldsymbol{\alpha},\boldsymbol{\beta}\in \mathrm{V}$ 都有

$$\langle T(\boldsymbol{\alpha}),\boldsymbol{\beta}\rangle = \langle \boldsymbol{\alpha},T(\boldsymbol{\beta})\rangle,$$

则称 T 是 V 上的一个 **Hermite 变换**.

关于 Hermite 变换的特征值与特征向量有如下结果.

定理 12.11 设 T 是酉空间 V 上的 Hermite 变换,则 T 的特征值都是实数,T 的不同特征值对应的特征向量正交.

证 设 λ 是 T 的特征值,$\boldsymbol{\alpha}$ 是 T 的对应 λ 的特征向量,则有

$$\lambda\langle \boldsymbol{\alpha},\boldsymbol{\alpha}\rangle = \langle \lambda\boldsymbol{\alpha},\boldsymbol{\alpha}\rangle = \langle T(\boldsymbol{\alpha}),\boldsymbol{\alpha}\rangle = \langle \boldsymbol{\alpha},T(\boldsymbol{\alpha})\rangle = \langle \boldsymbol{\alpha},\lambda\boldsymbol{\alpha}\rangle = \bar{\lambda}\langle \boldsymbol{\alpha},\boldsymbol{\alpha}\rangle.$$

因为$\langle \boldsymbol{\alpha},\boldsymbol{\alpha}\rangle > 0$,所以 $\bar{\lambda}=\lambda$,即 λ 为实数.

又设 μ 是 T 的另一个特征值,$\boldsymbol{\beta}$ 是 T 的对应 μ 的特征向量,则有

$$\lambda\langle \boldsymbol{\alpha},\boldsymbol{\beta}\rangle = \langle \lambda\boldsymbol{\alpha},\boldsymbol{\beta}\rangle = \langle T(\boldsymbol{\alpha}),\boldsymbol{\beta}\rangle = \langle \boldsymbol{\alpha},T(\boldsymbol{\beta})\rangle = \langle \boldsymbol{\alpha},\mu\boldsymbol{\beta}\rangle = \mu\langle \boldsymbol{\alpha},\boldsymbol{\beta}\rangle.$$

由 $\lambda\neq\mu$ 知$\langle \boldsymbol{\alpha},\boldsymbol{\beta}\rangle = 0$,即 $\boldsymbol{\alpha}$ 与 $\boldsymbol{\beta}$ 正交. ▌

有限维酉空间中的 Hermite 变换与有限维欧氏空间中的对称变换有类似的结论(证明留给读者).

定理 12.12 n 维酉空间 V 上的线性变换 T 是 Hermite 变换的充分必要条件是,T 在 V 的任一个规范正交基下的矩阵是 Hermite 矩阵.

再由 Hermite 矩阵可酉相似于实对角矩阵的结果和定理 12.4 得:

定理 12.13 设 T 是 n 维酉空间 V 上的 Hermite 变换,则存在 V 的一个规范正交基,使得 T 在该基下的矩阵为实对角矩阵.

12.4 Hermite 二次型

在酉空间中,我们不讨论一般的二次型,只讨论应用较广的 Hermite 二次型.

定义 12.9 设 $\boldsymbol{A}=(a_{ij})_{n\times n}$ 是 Hermite 矩阵,$\boldsymbol{x}=(x_1,x_2,\cdots,x_n)^{\mathrm{T}}$,其中 $x_1,x_2,\cdots,x_n$ 是 n 个复变量,表达式

$$f(x_1,x_2,\cdots,x_n)=\boldsymbol{x}^{\mathrm{H}}\boldsymbol{A}\boldsymbol{x}=\sum_{i=1}^{n}\sum_{j=1}^{n}a_{ij}\bar{x}_i x_j$$

称为 **n 元 Hermite 二次型**,称 $\boldsymbol{A}$ 为 **Hermite 二次型的矩阵**,rank$\boldsymbol{A}$ 为 **Hermite 二次型的秩**.

由于 $\boldsymbol{A}$ 是 Hermite 矩阵,所以有

$$\overline{\boldsymbol{x}^{\mathrm{H}}\boldsymbol{A}\boldsymbol{x}}=\boldsymbol{x}^{\mathrm{T}}\bar{\boldsymbol{A}}\,\bar{\boldsymbol{x}}=(\boldsymbol{x}^{\mathrm{T}}\bar{\boldsymbol{A}}\,\bar{\boldsymbol{x}})^{\mathrm{T}}=\boldsymbol{x}^{\mathrm{H}}\boldsymbol{A}^{\mathrm{H}}\boldsymbol{x}=\boldsymbol{x}^{\mathrm{H}}\boldsymbol{A}\boldsymbol{x}.$$

这表明虽然 $\boldsymbol{x}$ 是复向量,但 $f=\boldsymbol{x}^{\mathrm{H}}\boldsymbol{A}\boldsymbol{x}$ 总是实数.

利用 Hermite 矩阵的有关结果可以得到

定理 12.14 对于 n 元 Hermite 二次型 $f(x_1,x_2,\cdots,x_n)=\boldsymbol{x}^{\mathrm{H}}\boldsymbol{A}\boldsymbol{x}$,存在 $\mathbf{C}^n$ 的酉变换 $\boldsymbol{x}=\boldsymbol{U}\boldsymbol{y}$,其中 $\boldsymbol{U}$ 是 n 阶酉矩阵,$\boldsymbol{y}=(y_1,y_2,\cdots,y_n)^{\mathrm{T}}$,使得

$$f=\lambda_1|y_1|^2+\lambda_2|y_2|^2+\cdots+\lambda_n|y_n|^2.$$

这里 $\lambda_1,\lambda_2,\cdots,\lambda_n$ 是 $\boldsymbol{A}$ 的全部特征值,它们都是实数.

证 由定理 12.6 的推论 3 知,存在 n 阶酉矩阵 $\boldsymbol{U}$,使得

$$\boldsymbol{U}^{\mathrm{H}}\boldsymbol{A}\boldsymbol{U}=\mathrm{diag}(\lambda_1,\lambda_2,\cdots,\lambda_n),$$

其中 $\lambda_1,\lambda_2,\cdots,\lambda_n$ 都是实数,从而

$$\begin{aligned}f&=\boldsymbol{x}^{\mathrm{H}}\boldsymbol{A}\boldsymbol{x}=(\boldsymbol{U}\boldsymbol{y})^{\mathrm{H}}\boldsymbol{A}(\boldsymbol{U}\boldsymbol{y})=\boldsymbol{y}^{\mathrm{H}}(\boldsymbol{U}^{\mathrm{H}}\boldsymbol{A}\boldsymbol{U})\boldsymbol{y}\\&=\lambda_1|y_1|^2+\lambda_2|y_2|^2+\cdots+\lambda_n|y_n|^2.\end{aligned}$$

▌

定义 12.10 设 $f=\boldsymbol{x}^{\mathrm{H}}\boldsymbol{A}\boldsymbol{x}$ 是 n 元 Hermite 二次型,如果对任意 $\boldsymbol{x}\in\mathbf{C}^n$ 且 $\boldsymbol{x}\neq\boldsymbol{0}$ 都有

(1) $f>0$,则称 f 是 **Hermite 正定二次型**,又称 $\boldsymbol{A}$ 为 **Hermite 正定矩阵**;

(2) $f<0$,则称 f 是 **Hermite 负定二次型**,又称 $\boldsymbol{A}$ 为 **Hermite 负定矩阵**;

(3) $f\geqslant 0$,则称 f 是 **Hermite 半正定二次型**,又称 $\boldsymbol{A}$ 为 **Hermite 半正定矩阵**;

(4) $f\leqslant 0$,则称 f 是 **Hermite 半负定二次型**,又称 $\boldsymbol{A}$ 为 **Hermite 半负定矩阵**.

由定义可知 f 是 Hermite 负定(或半负定)二次型的充分必要条件是 $-f$ 是 Hermite 正定(或半正定)二次型. 所以只要研究 Hermite 正定(或半正定)二次型就够了. 下面给出判别 Hermite 正定(或半正定)矩阵的一些充分必要条件.

定理 12.15 设 $\boldsymbol{A}\in\mathbf{C}^{n\times n}$ 是 Hermite 矩阵,则下列命题等价:

(1) $\boldsymbol{A}$ 是 Hermite 正定矩阵;

(2) 对任意 n 阶可逆矩阵 $\boldsymbol{P}$ 有,$\boldsymbol{P}^{\mathrm{H}}\boldsymbol{A}\boldsymbol{P}$ 是 Hermite 正定矩阵;

(3) $\boldsymbol{A}$ 的特征值全大于零；

(4) 存在 n 阶可逆矩阵 $\boldsymbol{P}$，使 $\boldsymbol{P}^{\mathrm{H}}\boldsymbol{A}\boldsymbol{P}=\boldsymbol{E}$；

(5) $\boldsymbol{A}=\boldsymbol{Q}^{\mathrm{H}}\boldsymbol{Q}$，其中 $\boldsymbol{Q}$ 是 n 阶可逆矩阵；

(6) $\boldsymbol{A}$ 的所有顺序主子式大于零；

(7) $\boldsymbol{A}$ 的所有主子式大于零.

证 (1)⇒(2). 因为

$$(\boldsymbol{P}^{\mathrm{H}}\boldsymbol{A}\boldsymbol{P})^{\mathrm{H}}=\boldsymbol{P}^{\mathrm{H}}\boldsymbol{A}^{\mathrm{H}}\boldsymbol{P}=\boldsymbol{P}^{\mathrm{H}}\boldsymbol{A}\boldsymbol{P},$$

所以 $\boldsymbol{P}^{\mathrm{H}}\boldsymbol{A}\boldsymbol{P}$ 是 Hermite 矩阵. 又对任意 $\boldsymbol{x}\in\mathbf{C}^n$ 且 $\boldsymbol{x}\neq\mathbf{0}$，由 $\boldsymbol{P}$ 可逆知 $\boldsymbol{P}\boldsymbol{x}\neq\mathbf{0}$，于是

$$\boldsymbol{x}^{\mathrm{H}}(\boldsymbol{P}^{\mathrm{H}}\boldsymbol{A}\boldsymbol{P})\boldsymbol{x}=(\boldsymbol{P}\boldsymbol{x})^{\mathrm{H}}\boldsymbol{A}(\boldsymbol{P}\boldsymbol{x})>0,$$

故 $\boldsymbol{P}^{\mathrm{H}}\boldsymbol{A}\boldsymbol{P}$ 是 Hermite 正定矩阵；

(2)⇒(3). 由于 $\boldsymbol{A}$ 是 Hermite 矩阵，所以存在酉矩阵 $\boldsymbol{U}$，使得

$$\boldsymbol{U}^{\mathrm{H}}\boldsymbol{A}\boldsymbol{U}=\operatorname{diag}(\lambda_1,\lambda_2,\cdots,\lambda_n)=\boldsymbol{\Lambda}, \tag{12.7}$$

其中 $\lambda_i(i=1,2,\cdots,n)$ 是 $\boldsymbol{A}$ 的特征值，且都是实数. 于是

$$\lambda_i=\boldsymbol{e}_i^{\mathrm{H}}\boldsymbol{\Lambda}\boldsymbol{e}_i=\boldsymbol{e}_i^{\mathrm{H}}(\boldsymbol{U}^{\mathrm{H}}\boldsymbol{A}\boldsymbol{U})\boldsymbol{e}_i>0\quad(i=1,2,\cdots,n),$$

即 $\boldsymbol{A}$ 的特征值全大于零；

(3)⇒(4). 由于式(12.7)成立，令 $\boldsymbol{Q}=\operatorname{diag}\{\sqrt{\lambda_1},\sqrt{\lambda_2},\cdots,\sqrt{\lambda_n}\}$，则 $\boldsymbol{U}^{\mathrm{H}}\boldsymbol{A}\boldsymbol{U}=\boldsymbol{Q}^2$，于是 $\boldsymbol{Q}^{-1}\boldsymbol{U}^{\mathrm{H}}\boldsymbol{A}\boldsymbol{U}\boldsymbol{Q}^{-1}=\boldsymbol{E}$. 再令 $\boldsymbol{P}=\boldsymbol{U}\boldsymbol{Q}^{-1}$，则

$$\boldsymbol{P}^{\mathrm{H}}=(\boldsymbol{U}\boldsymbol{Q}^{-1})^{\mathrm{H}}=\boldsymbol{Q}^{-1}\boldsymbol{U}^{\mathrm{H}},$$

故 $\boldsymbol{P}^{\mathrm{H}}\boldsymbol{A}\boldsymbol{P}=\boldsymbol{E}$；

(4)⇒(5). 由假设 $\boldsymbol{P}^{\mathrm{H}}\boldsymbol{A}\boldsymbol{P}=\boldsymbol{E}$，于是 $\boldsymbol{A}=(\boldsymbol{P}^{\mathrm{H}})^{-1}\boldsymbol{P}^{-1}$. 令 $\boldsymbol{Q}=\boldsymbol{P}^{-1}$，则 $\boldsymbol{A}=\boldsymbol{Q}^{\mathrm{H}}\boldsymbol{Q}$；

(5)⇒(1). 任取 $\boldsymbol{x}\in\mathbf{C}^n$ 且 $\boldsymbol{x}\neq\mathbf{0}$，由 $\boldsymbol{Q}$ 可逆知 $\boldsymbol{Q}\boldsymbol{x}\neq\mathbf{0}$，于是

$$\boldsymbol{x}^{\mathrm{H}}\boldsymbol{A}\boldsymbol{x}=\boldsymbol{x}^{\mathrm{H}}\boldsymbol{Q}^{\mathrm{H}}\boldsymbol{Q}\boldsymbol{x}=(\boldsymbol{Q}\boldsymbol{x})^{\mathrm{H}}(\boldsymbol{Q}\boldsymbol{x})=\langle\boldsymbol{Q}\boldsymbol{x},\boldsymbol{Q}\boldsymbol{x}\rangle>0,$$

故 $\boldsymbol{A}$ 是 Hermite 正定矩阵；

(1)⇒(6). 设

$$\boldsymbol{A}_k=\begin{pmatrix} a_{11} & \cdots & a_{1k} \\ \vdots & & \vdots \\ a_{k1} & \cdots & a_{kk} \end{pmatrix},\quad \Delta_k=\det\boldsymbol{A}_k\quad(k=1,2,\cdots,n),$$

则 $\boldsymbol{A}_k$ 都是 Hermite 矩阵，且

$$\boldsymbol{A}=\begin{pmatrix} \boldsymbol{A}_k & \boldsymbol{A}_{12} \\ \boldsymbol{A}_{12}^{\mathrm{H}} & \boldsymbol{A}_{22} \end{pmatrix}.$$

对任意 $\boldsymbol{x}\in\mathbf{C}^k$ 且 $\boldsymbol{x}\neq\mathbf{0}$，有

$$\boldsymbol{x}^{\mathrm{H}}\boldsymbol{A}_k\boldsymbol{x}=\begin{pmatrix}\boldsymbol{x}\\ \mathbf{0}\end{pmatrix}^{\mathrm{H}}\boldsymbol{A}\begin{pmatrix}\boldsymbol{x}\\ \mathbf{0}\end{pmatrix}>0,$$

所以 $\boldsymbol{A}_k(k=1,2,\cdots,n)$ 都是 Hermite 正定矩阵. 再由(5)，存在 k 阶可逆矩阵 $\boldsymbol{Q}_k$，使

得$\boldsymbol{A}_k=\boldsymbol{Q}_k^{\mathrm{H}}\boldsymbol{Q}_k$，因此

$$\Delta_k=\det\boldsymbol{A}_k=\det\boldsymbol{Q}_k^{\mathrm{H}}\det\boldsymbol{Q}_k=\overline{\det\boldsymbol{Q}_k}\det\boldsymbol{Q}_k>0\quad(k=1,2,\cdots,n).$$

(6)⇒(1). 对阶数n用数学归纳法证明. 当$n=1$时，由$a_{11}=\det\boldsymbol{A}_1>0$知结论成立. 假设结论对$n-1$阶Hermite矩阵成立. 下面来证$n$阶Hermite矩阵的情形.

将n阶Hermite矩阵$\boldsymbol{A}$分块为

$$\boldsymbol{A}=\begin{pmatrix}\boldsymbol{A}_{n-1} & \boldsymbol{u}\\ \boldsymbol{u}^{\mathrm{H}} & a_{nn}\end{pmatrix}.$$

由于$\boldsymbol{A}$的$n-1$个顺序主子式$\Delta_k=\det\boldsymbol{A}_k(k=1,2,\cdots,n-1)$也是$\boldsymbol{A}_{n-1}$的$n-1$个顺序主子式，由归纳假设知$\boldsymbol{A}_{n-1}$是Hermite正定矩阵. 又因为

$$\begin{pmatrix}\boldsymbol{E}_{n-1} & -\boldsymbol{A}_{n-1}^{-1}\boldsymbol{u}\\ \boldsymbol{0}^{\mathrm{T}} & 1\end{pmatrix}^{\mathrm{H}}\begin{pmatrix}\boldsymbol{A}_{n-1} & \boldsymbol{u}\\ \boldsymbol{u}^{\mathrm{H}} & a_{nn}\end{pmatrix}\begin{pmatrix}\boldsymbol{E}_{n-1} & -\boldsymbol{A}_{n-1}^{-1}\boldsymbol{u}\\ \boldsymbol{0}^{\mathrm{T}} & 1\end{pmatrix}=\begin{pmatrix}\boldsymbol{A}_{n-1} & \boldsymbol{0}\\ \boldsymbol{0}^{\mathrm{T}} & a_{nn}-\boldsymbol{u}^{\mathrm{H}}\boldsymbol{A}_{n-1}^{-1}\boldsymbol{u}\end{pmatrix},\tag{12.8}$$

两边取行列式，得

$$\det\boldsymbol{A}=(\det\boldsymbol{A}_{n-1})(a_{nn}-\boldsymbol{u}^{\mathrm{H}}\boldsymbol{A}_{n-1}^{-1}\boldsymbol{u}).$$

再由$\Delta_n=\det\boldsymbol{A}>0$和$\Delta_{n-1}=\det\boldsymbol{A}_{n-1}>0$知$a_{nn}-\boldsymbol{u}^{\mathrm{H}}\boldsymbol{A}_{n-1}^{-1}\boldsymbol{u}>0$. 由于式(12.8)右边矩阵的特征值由$\boldsymbol{A}_{n-1}$的特征值和正实数$a_{nn}-\boldsymbol{u}^{\mathrm{H}}\boldsymbol{A}_{n-1}^{-1}\boldsymbol{u}$构成，而$\boldsymbol{A}_{n-1}$的特征值全大于零，故由(3)知式(12.8)右边的矩阵是Hermite正定矩阵. 再由(2)知$\boldsymbol{A}$是Hermite正定矩阵.

(7)⇒(6). 显然.

(1)⇒(7). 对于$\boldsymbol{A}$的任一由$i_1,i_2,\cdots,i_k$行和列构成的k阶主子式Δ，存在n阶置换矩阵$\boldsymbol{P}$，使得$\boldsymbol{P}^{\mathrm{H}}\boldsymbol{AP}$的前$k$行和前$k$列构成的主子式为$\Delta$. 由于$\boldsymbol{A}$是Hermite正定矩阵，所以$\boldsymbol{P}^{\mathrm{H}}\boldsymbol{AP}$也是Hermite正定矩阵，由(6)知$\Delta>0$. ▌

对于Hermite半正定矩阵，有如下的一些充分必要条件(证明留给读者).

定理12.16　设$\boldsymbol{A}\in\mathbf{C}^{n\times n}$是Hermite矩阵，则下列命题等价：

(1) $\boldsymbol{A}$是Hermite半正定矩阵；

(2) 对任意$\boldsymbol{P}\in\mathbf{C}^{n\times n}$有，$\boldsymbol{P}^{\mathrm{H}}\boldsymbol{AP}$是Hermite半正定矩阵；

(3) $\boldsymbol{A}$的特征值全为非负实数；

(4) $\boldsymbol{A}=\boldsymbol{Q}^{\mathrm{H}}\boldsymbol{Q}$，其中$\boldsymbol{Q}\in\mathbf{C}^{n\times n}$；

(5) $\boldsymbol{A}$的所有主子式为非负实数.

需要指出的是，仅有所有顺序主子式非负不能保证Hermite矩阵是半正定的. 比如$\boldsymbol{A}=\begin{pmatrix}0 & 0\\ 0 & -1\end{pmatrix}$的顺序主子式都是0，但$\boldsymbol{A}$不是半正定的.

例12.6　设$\boldsymbol{A}\in\mathbf{C}^{m\times n}$. 证明：$\boldsymbol{A}^{\mathrm{H}}\boldsymbol{A}$和$\boldsymbol{AA}^{\mathrm{H}}$是Hermite半正定矩阵；当$\operatorname{rank}\boldsymbol{A}=m$时，$\boldsymbol{AA}^{\mathrm{H}}$是Hermite正定矩阵；而当$\operatorname{rank}\boldsymbol{A}=n$时，$\boldsymbol{A}^{\mathrm{H}}\boldsymbol{A}$是Hermite正定矩阵.

证 因为$(\boldsymbol{A}^{\mathrm{H}}\boldsymbol{A})^{\mathrm{H}}=\boldsymbol{A}^{\mathrm{H}}\boldsymbol{A}$,所以$\boldsymbol{A}^{\mathrm{H}}\boldsymbol{A}$是Hermite矩阵.对意$\boldsymbol{x}\in\mathbf{C}^n$且$\boldsymbol{x}\neq\mathbf{0}$,有

$$\boldsymbol{x}^{\mathrm{H}}(\boldsymbol{A}^{\mathrm{H}}\boldsymbol{A})\boldsymbol{x}=(\boldsymbol{A}\boldsymbol{x})^{\mathrm{H}}(\boldsymbol{A}\boldsymbol{x})=\langle\boldsymbol{A}\boldsymbol{x},\boldsymbol{A}\boldsymbol{x}\rangle\geqslant 0,$$

故$\boldsymbol{A}^{\mathrm{H}}\boldsymbol{A}$是Hermite半正定矩阵.当$\operatorname{rank}\boldsymbol{A}=n$时,由$\boldsymbol{x}\neq\mathbf{0}$知$\boldsymbol{A}\boldsymbol{x}\neq\mathbf{0}$,于是$\boldsymbol{x}^{\mathrm{H}}(\boldsymbol{A}^{\mathrm{H}}\boldsymbol{A})\boldsymbol{x}>0$,即$\boldsymbol{A}^{\mathrm{H}}\boldsymbol{A}$是Hermite正定矩阵.

同理可证$\boldsymbol{A}\boldsymbol{A}^{\mathrm{H}}$的有关结论. ▍

12.5 奇异值分解

Schur定理表明,任意方阵均可酉相似于上三角矩阵.之所以要研究这种特殊的相似,是因为酉矩阵比一般可逆矩阵有更多的优点,如酉矩阵的逆等于它的共轭转置;其列向量构成酉空间$\mathbf{C}^n$的规范正交基;在标准内积下,其作用到$\mathbf{C}^n$的任一向量上不改变该向量的长度等.因此在酉相似下考虑问题将更深入.但对上三角矩阵的研究仍不能像对角矩阵那样方便.我们自然要问,是否能用酉矩阵化简一般方阵(不一定是酉相似),使之成为一个对角矩阵?对一般的$m\times n$矩阵是否也可进行类似的化简?本节即研究这一问题.

引理 设$\boldsymbol{A}\in\mathbf{C}^{m\times n}$,则

(1) $\operatorname{rank}(\boldsymbol{A}^{\mathrm{H}}\boldsymbol{A})=\operatorname{rank}(\boldsymbol{A}\boldsymbol{A}^{\mathrm{H}})=\operatorname{rank}\boldsymbol{A}$;

(2) $\boldsymbol{A}^{\mathrm{H}}\boldsymbol{A}$与$\boldsymbol{A}\boldsymbol{A}^{\mathrm{H}}$的正特征值相同.

证 (1) 如果$\boldsymbol{A}\boldsymbol{x}=\mathbf{0}$,则有$\boldsymbol{A}^{\mathrm{H}}\boldsymbol{A}\boldsymbol{x}=\mathbf{0}$.反之,若$\boldsymbol{A}^{\mathrm{H}}\boldsymbol{A}\boldsymbol{x}=\mathbf{0}$,则

$$0=\boldsymbol{x}^{\mathrm{H}}\boldsymbol{A}^{\mathrm{H}}\boldsymbol{A}\boldsymbol{x}=(\boldsymbol{A}\boldsymbol{x})^{\mathrm{H}}(\boldsymbol{A}\boldsymbol{x})=\langle\boldsymbol{A}\boldsymbol{x},\boldsymbol{A}\boldsymbol{x}\rangle,$$

于是$\boldsymbol{A}\boldsymbol{x}=\mathbf{0}$.这表明齐次线性方程组$\boldsymbol{A}\boldsymbol{x}=\mathbf{0}$与$\boldsymbol{A}^{\mathrm{H}}\boldsymbol{A}\boldsymbol{x}=\mathbf{0}$同解,从而其基础解系所含解向量的个数相同,即

$$n-\operatorname{rank}\boldsymbol{A}=n-\operatorname{rank}(\boldsymbol{A}^{\mathrm{H}}\boldsymbol{A}),$$

故$\operatorname{rank}(\boldsymbol{A}^{\mathrm{H}}\boldsymbol{A})=\operatorname{rank}\boldsymbol{A}$.又有

$$\operatorname{rank}(\boldsymbol{A}\boldsymbol{A}^{\mathrm{H}})=\operatorname{rank}\boldsymbol{A}^{\mathrm{H}}=\operatorname{rank}\boldsymbol{A}.$$

(2) 由于$\boldsymbol{A}^{\mathrm{H}}\boldsymbol{A}$和$\boldsymbol{A}\boldsymbol{A}^{\mathrm{H}}$都是Hermite半正定矩阵,所以其特征值都是非负实数.设$\boldsymbol{A}^{\mathrm{H}}\boldsymbol{A}\boldsymbol{x}=\lambda\boldsymbol{x}$,其中$\lambda>0,\boldsymbol{x}\neq\mathbf{0}$,则$\boldsymbol{y}=\boldsymbol{A}\boldsymbol{x}\neq\mathbf{0}$,且有

$$\boldsymbol{A}\boldsymbol{A}^{\mathrm{H}}\boldsymbol{y}=\boldsymbol{A}\boldsymbol{A}^{\mathrm{H}}\boldsymbol{A}\boldsymbol{x}=\boldsymbol{A}(\lambda\boldsymbol{x})=\lambda\boldsymbol{y},$$

即当$\lambda>0$是$\boldsymbol{A}^{\mathrm{H}}\boldsymbol{A}$的特征值时,它也是$\boldsymbol{A}\boldsymbol{A}^{\mathrm{H}}$的特征值.

同理可证$\boldsymbol{A}\boldsymbol{A}^{\mathrm{H}}$的正特征值也是$\boldsymbol{A}^{\mathrm{H}}\boldsymbol{A}$的特征值. ▍

定义 12.11 设$\boldsymbol{A}\in\mathbf{C}^{m\times n}$,且$\operatorname{rank}\boldsymbol{A}=r(>0)$.又设$\boldsymbol{A}^{\mathrm{H}}\boldsymbol{A}$的特征值为

$$\lambda_1\geqslant\lambda_2\geqslant\cdots\geqslant\lambda_r>\lambda_{r+1}=\cdots=\lambda_n=0,\tag{12.9}$$

则称$\sigma_i=\sqrt{\lambda_i}\,(i=1,2,\cdots,n)$为$\boldsymbol{A}$的**奇异值**.

由引理知,$\boldsymbol{A}$的正奇异值的个数恰等于$\operatorname{rank}\boldsymbol{A}$,且$\boldsymbol{A}$与$\boldsymbol{A}^{\mathrm{H}}$有相同的正奇异值.

定理 12.17 设$\boldsymbol{A}\in\mathbf{C}^{m\times n}$,且$\operatorname{rank}\boldsymbol{A}=r(>0)$,则存在$m$阶酉矩阵$\boldsymbol{U}$和$n$阶酉

矩阵 $\boldsymbol{V}$，使得

$$\boldsymbol{U}^{\mathrm{H}}\boldsymbol{A}\boldsymbol{V}=\begin{pmatrix}\boldsymbol{\Sigma} & \boldsymbol{O}\\ \boldsymbol{O} & \boldsymbol{O}\end{pmatrix}, \tag{12.10}$$

其中 $\boldsymbol{\Sigma}=\mathrm{diag}(\sigma_1,\sigma_2,\cdots,\sigma_r)$. 而 $\sigma_i(i=1,2,\cdots,r)$ 为 $\boldsymbol{A}$ 的正奇异值. 将式(12.10)改写为

$$\boldsymbol{A}=\boldsymbol{U}\begin{pmatrix}\boldsymbol{\Sigma} & \boldsymbol{O}\\ \boldsymbol{O} & \boldsymbol{O}\end{pmatrix}\boldsymbol{V}^{\mathrm{H}}, \tag{12.11}$$

称之为 $\boldsymbol{A}$ 的**奇异值分解**.

证　记 $\boldsymbol{A}^{\mathrm{H}}\boldsymbol{A}$ 的特征值如式(12.9)，由于 $\boldsymbol{A}^{\mathrm{H}}\boldsymbol{A}$ 是 Hermite 矩阵，所以存在 n 阶酉矩阵 $\boldsymbol{V}$，使得

$$\boldsymbol{V}^{\mathrm{H}}\boldsymbol{A}^{\mathrm{H}}\boldsymbol{A}\boldsymbol{V}=\mathrm{diag}(\lambda_1,\lambda_2,\cdots,\lambda_n)=\begin{pmatrix}\boldsymbol{\Sigma}^2 & \boldsymbol{O}\\ \boldsymbol{O} & \boldsymbol{O}\end{pmatrix}. \tag{12.12}$$

将 $\boldsymbol{V}$ 分块为

$$\boldsymbol{V}=(\boldsymbol{V}_1\quad \boldsymbol{V}_2)\quad (\boldsymbol{V}_1\in\boldsymbol{C}^{n\times r},\boldsymbol{V}_2\in\boldsymbol{C}^{n\times(n-r)}),$$

代入式(12.12)，得

$$\boldsymbol{V}_1^{\mathrm{H}}\boldsymbol{A}^{\mathrm{H}}\boldsymbol{A}\boldsymbol{V}_1=\boldsymbol{\Sigma}^2,\quad \boldsymbol{V}_2^{\mathrm{H}}\boldsymbol{A}^{\mathrm{H}}\boldsymbol{A}\boldsymbol{V}_2=\boldsymbol{O},$$

于是有

$$\boldsymbol{\Sigma}^{-1}\boldsymbol{V}_1^{\mathrm{H}}\boldsymbol{A}^{\mathrm{H}}\boldsymbol{A}\boldsymbol{V}_1\boldsymbol{\Sigma}^{-1}=\boldsymbol{E}_r,\quad \boldsymbol{A}\boldsymbol{V}_2=\boldsymbol{O}.$$

记 $\boldsymbol{U}_1=\boldsymbol{A}\boldsymbol{V}_1\boldsymbol{\Sigma}^{-1}$，由上式知 $\boldsymbol{U}_1^{\mathrm{H}}\boldsymbol{U}_1=\boldsymbol{E}_r$，即 $\boldsymbol{U}_1$ 的 r 个列向量是两两正交的单位向量，取 $\boldsymbol{U}_2\in\boldsymbol{C}^{m\times(m-r)}$，使得 $\boldsymbol{U}=(\boldsymbol{U}_1\quad \boldsymbol{U}_2)$ 为 m 阶酉矩阵，即有

$$\boldsymbol{U}_2^{\mathrm{H}}\boldsymbol{U}_1=\boldsymbol{O},\quad \boldsymbol{U}_2^{\mathrm{H}}\boldsymbol{U}_2=\boldsymbol{E}_{m-r},$$

则有

$$\boldsymbol{U}^{\mathrm{H}}\boldsymbol{A}\boldsymbol{V}=\begin{pmatrix}\boldsymbol{U}_1^{\mathrm{H}}\boldsymbol{A}\boldsymbol{V}_1 & \boldsymbol{U}_1^{\mathrm{H}}\boldsymbol{A}\boldsymbol{V}_2\\ \boldsymbol{U}_2^{\mathrm{H}}\boldsymbol{A}\boldsymbol{V}_1 & \boldsymbol{U}_1^{\mathrm{H}}\boldsymbol{A}\boldsymbol{V}_2\end{pmatrix}=\begin{pmatrix}\boldsymbol{U}_1^{\mathrm{H}}\boldsymbol{U}_1\boldsymbol{\Sigma} & \boldsymbol{O}\\ \boldsymbol{U}_2^{\mathrm{H}}\boldsymbol{U}_1\boldsymbol{\Sigma} & \boldsymbol{O}\end{pmatrix}=\begin{pmatrix}\boldsymbol{\Sigma} & \boldsymbol{O}\\ \boldsymbol{O} & \boldsymbol{O}\end{pmatrix}.$$ ▌

定理的证明过程即给出了求奇异值分解的一种方法. 注意，当 $\boldsymbol{A}$ 是实矩阵时，式(12.10)和式(12.11)中的 $\boldsymbol{U}$ 和 $\boldsymbol{V}$ 均为正交矩阵.

例 12.7　求矩阵 $\boldsymbol{A}=\begin{pmatrix}1&0&1\\0&1&1\\0&0&0\end{pmatrix}$ 的奇异值分解.

解　可求得 $\boldsymbol{A}^{\mathrm{T}}\boldsymbol{A}=\begin{pmatrix}1&0&1\\0&1&1\\1&1&2\end{pmatrix}$ 的特征值为 $\lambda_1=3,\lambda_2=1,\lambda_3=0$，对应的特征向量分别为

$$\boldsymbol{p}_1=(1,1,2)^{\mathrm{T}},\quad \boldsymbol{p}_2=(-1,1,0)^{\mathrm{T}},\quad \boldsymbol{p}_3=(-1,-1,1)^{\mathrm{T}},$$

故正交矩阵 $\boldsymbol{V}=\begin{pmatrix}\frac{1}{\sqrt{6}} & -\frac{1}{\sqrt{2}} & -\frac{1}{\sqrt{3}}\\ \frac{1}{\sqrt{6}} & \frac{1}{\sqrt{2}} & -\frac{1}{\sqrt{3}}\\ \frac{2}{\sqrt{6}} & 0 & \frac{1}{\sqrt{3}}\end{pmatrix}$，使得 $\boldsymbol{V}^{\mathrm{T}}\boldsymbol{A}^{\mathrm{T}}\boldsymbol{A}\boldsymbol{V}=\begin{pmatrix}3&0&0\\0&1&0\\0&0&0\end{pmatrix}$.

计算 $\boldsymbol{U}_1=\boldsymbol{A}\boldsymbol{V}_1\boldsymbol{\Sigma}^{-1}=\begin{pmatrix}1&0&1\\0&1&1\\0&0&0\end{pmatrix}\begin{pmatrix}\frac{1}{\sqrt{6}} & -\frac{1}{\sqrt{2}}\\ \frac{1}{\sqrt{6}} & \frac{1}{\sqrt{2}}\\ \frac{2}{\sqrt{6}} & 0\end{pmatrix}\begin{pmatrix}\frac{1}{\sqrt{3}} & 0\\ 0 & 1\end{pmatrix}=\begin{pmatrix}\frac{1}{\sqrt{2}} & -\frac{1}{\sqrt{2}}\\ \frac{1}{\sqrt{2}} & \frac{1}{\sqrt{2}}\\ 0 & 0\end{pmatrix}$.

取 $\boldsymbol{U}_2=(0,0,1)^{\mathrm{T}}$，则 $\boldsymbol{U}=(\boldsymbol{U}_1\quad \boldsymbol{U}_2)$ 是正交矩阵，故 $\boldsymbol{A}$ 的奇异值分解为

$$\boldsymbol{A}=\begin{pmatrix}\frac{1}{\sqrt{2}} & -\frac{1}{\sqrt{2}} & 0\\ \frac{1}{\sqrt{2}} & \frac{1}{\sqrt{2}} & 0\\ 0 & 0 & 1\end{pmatrix}\begin{pmatrix}\sqrt{3}&0&0\\0&1&0\\0&0&0\end{pmatrix}\begin{pmatrix}\frac{1}{\sqrt{6}} & \frac{1}{\sqrt{6}} & \frac{2}{\sqrt{6}}\\ -\frac{1}{\sqrt{2}} & \frac{1}{\sqrt{2}} & 0\\ -\frac{1}{\sqrt{3}} & -\frac{1}{\sqrt{3}} & \frac{1}{\sqrt{3}}\end{pmatrix}.$$

由式(12.10)可得

$$\boldsymbol{A}\boldsymbol{A}^{\mathrm{H}}\boldsymbol{U}=\boldsymbol{U}(\boldsymbol{U}^{\mathrm{H}}\boldsymbol{A}\boldsymbol{V})(\boldsymbol{U}^{\mathrm{H}}\boldsymbol{A}\boldsymbol{V})^{\mathrm{H}}=\boldsymbol{U}\begin{pmatrix}\boldsymbol{\Sigma}^2 & \boldsymbol{O}\\ \boldsymbol{O} & \boldsymbol{O}\end{pmatrix},$$

$$\boldsymbol{A}^{\mathrm{H}}\boldsymbol{A}\boldsymbol{V}=\boldsymbol{V}(\boldsymbol{U}^{\mathrm{H}}\boldsymbol{A}\boldsymbol{V})^{\mathrm{H}}(\boldsymbol{U}^{\mathrm{H}}\boldsymbol{A}\boldsymbol{V})=\boldsymbol{V}\begin{pmatrix}\boldsymbol{\Sigma}^2 & \boldsymbol{O}\\ \boldsymbol{O} & \boldsymbol{O}\end{pmatrix}.$$

可见 $\boldsymbol{U}$ 的列向量是 $\boldsymbol{A}\boldsymbol{A}^{\mathrm{H}}$ 的单位正交特征向量，而 $\boldsymbol{V}$ 的列向量是 $\boldsymbol{A}^{\mathrm{H}}\boldsymbol{A}$ 的单位正交特征向量. 这就给出了确定奇异值分解中酉矩阵的另一种方法. 但所得结果需进行检验.

对于例 12.7 的矩阵 $\boldsymbol{A}$ 有

$$\boldsymbol{A}\boldsymbol{A}^{\mathrm{T}}=\begin{pmatrix}2&1&0\\1&2&0\\0&0&0\end{pmatrix}.$$

可求得 $\boldsymbol{A}\boldsymbol{A}^{\mathrm{T}}$ 的对应特征值 $\lambda_1=3,\lambda_2=1,\lambda_3=0$（与 $\boldsymbol{A}^{\mathrm{T}}\boldsymbol{A}$ 的正特征值排法相同）的特征向量分别为

$$\boldsymbol{q}_1=(1,1,0)^{\mathrm{T}},\quad \boldsymbol{q}_2=(-1,1,0)^{\mathrm{T}},\quad \boldsymbol{q}_3=(0,0,1)^{\mathrm{T}},$$

故正交矩阵 $\boldsymbol{U}=\begin{pmatrix}\frac{1}{\sqrt{2}} & -\frac{1}{\sqrt{2}} & 0\\ \frac{1}{\sqrt{2}} & \frac{1}{\sqrt{2}} & 0\\ 0 & 0 & 1\end{pmatrix}$，使得 $\boldsymbol{U}^{\mathrm{T}}\boldsymbol{A}\boldsymbol{A}^{\mathrm{T}}\boldsymbol{U}=\begin{pmatrix}3&0&0\\0&1&0\\0&0&0\end{pmatrix}$.

这里所求的正交矩阵 $\boldsymbol{U}$ 与例 12.7 的相同，从而 $\boldsymbol{A}$ 的奇异值分解也相同.

若取 $\boldsymbol{U}=\begin{pmatrix}\frac{1}{\sqrt{2}} & \frac{1}{\sqrt{2}} & 0\\ \frac{1}{\sqrt{2}} & -\frac{1}{\sqrt{2}} & 0\\ 0 & 0 & 1\end{pmatrix}$，也有 $\boldsymbol{U}^{\mathrm{T}}\boldsymbol{A}\boldsymbol{A}^{\mathrm{T}}\boldsymbol{U}=\begin{pmatrix}3&0&0\\0&1&0\\0&0&0\end{pmatrix}$. 但此时

$$\boldsymbol{A}\neq\boldsymbol{U}\begin{pmatrix}\sqrt{3}&0&0\\0&1&0\\0&0&0\end{pmatrix}\boldsymbol{V}^{\mathrm{T}}.$$

由奇异值分解可以得到以下一些结论.

定理 12.18　设 $\boldsymbol{A}\in\mathbf{C}^{n\times n}$，则存在 n 阶酉矩阵 $\boldsymbol{Q}$ 和 n 阶 Hermite 半正定矩阵 $\boldsymbol{B}$ 与 $\boldsymbol{C}$，使得

$$\boldsymbol{A}=\boldsymbol{B}\boldsymbol{Q}=\boldsymbol{Q}\boldsymbol{C},\tag{12.13}$$

称之为矩阵 $\boldsymbol{A}$ 的**极分解**.

证　由 $\boldsymbol{A}$ 的奇异值分解式(12.11)，得

$$\boldsymbol{A}=\boldsymbol{U}\begin{pmatrix}\boldsymbol{\Sigma}&\boldsymbol{O}\\\boldsymbol{O}&\boldsymbol{O}\end{pmatrix}\boldsymbol{V}^{\mathrm{H}}=\boldsymbol{U}\begin{pmatrix}\boldsymbol{\Sigma}&\boldsymbol{O}\\\boldsymbol{O}&\boldsymbol{O}\end{pmatrix}\boldsymbol{U}^{\mathrm{H}}(\boldsymbol{U}\boldsymbol{V}^{\mathrm{H}})=(\boldsymbol{U}\boldsymbol{V}^{\mathrm{H}})\boldsymbol{V}\begin{pmatrix}\boldsymbol{\Sigma}&\boldsymbol{O}\\\boldsymbol{O}&\boldsymbol{O}\end{pmatrix}\boldsymbol{V}^{\mathrm{H}}.$$

记

$$\boldsymbol{B}=\boldsymbol{U}\begin{pmatrix}\boldsymbol{\Sigma}&\boldsymbol{O}\\\boldsymbol{O}&\boldsymbol{O}\end{pmatrix}\boldsymbol{U}^{\mathrm{H}},\quad \boldsymbol{C}=\boldsymbol{V}\begin{pmatrix}\boldsymbol{\Sigma}&\boldsymbol{O}\\\boldsymbol{O}&\boldsymbol{O}\end{pmatrix}\boldsymbol{V}^{\mathrm{H}},\quad \boldsymbol{Q}=\boldsymbol{U}\boldsymbol{V}^{\mathrm{H}},$$

则有

$$\boldsymbol{A}=\boldsymbol{B}\boldsymbol{Q}=\boldsymbol{Q}\boldsymbol{C}.$$

且易知 $\boldsymbol{B}$ 和 $\boldsymbol{C}$ 为 n 阶 Hermite 半正定矩阵（当 $\boldsymbol{A}$ 可逆时，$\boldsymbol{B}$ 和 $\boldsymbol{C}$ 是 Hermite 正定矩阵），而 $\boldsymbol{Q}$ 为 n 阶酉矩阵. ∎

当 $n=1$ 时，由于一阶酉矩阵形如 $(\mathrm{e}^{\mathrm{i}\theta})$，其中 θ 为实数，而一阶 Hermite 半正定矩阵形如 (r)，其中 r 是非负实数，于是式(12.13)表明：任一复数可以分解为

$$z=r\mathrm{e}^{\mathrm{i}\theta}\quad(r>0,\theta\text{ 为实数}).$$

这是复数 z 在复平面的极坐标系中的表达式，这也是称式(12.13)为 $\boldsymbol{A}$ 的极分解的原因.

下例给出了奇异值分解在求解矛盾方程组的极小范数最小二乘解中的应用.

例 12.8 设 $\boldsymbol{A}\in\mathbf{C}^{m\times n}$，$\boldsymbol{b}\in\mathbf{C}^m$，且 $\mathrm{rank}\boldsymbol{A}=r(>0)$，$\boldsymbol{A}$ 的奇异值分解如式(12.11)，证明

$$\boldsymbol{x}^{(0)}=\boldsymbol{V}\begin{pmatrix}\boldsymbol{\Sigma}^{-1} & \boldsymbol{O}\\ \boldsymbol{O} & \boldsymbol{O}\end{pmatrix}\boldsymbol{U}^{\mathrm{H}}\boldsymbol{b} \tag{12.14}$$

是矛盾方程组 $\boldsymbol{Ax}=\boldsymbol{b}$ 的极小范数最小二乘解.

证 令 $\boldsymbol{y}=\boldsymbol{V}^{\mathrm{H}}\boldsymbol{x}$，$\boldsymbol{c}=\boldsymbol{U}^{\mathrm{H}}\boldsymbol{b}$，将其分块为

$$\boldsymbol{y}=\begin{pmatrix}\boldsymbol{y}_1\\ \boldsymbol{y}_2\end{pmatrix},\quad \boldsymbol{c}=\begin{pmatrix}\boldsymbol{c}_1\\ \boldsymbol{c}_2\end{pmatrix}\quad(\boldsymbol{y}_1,\boldsymbol{c}_1\in\mathbf{C}^r).$$

由定理 12.3 之(5)，得

$$\begin{aligned}\|\boldsymbol{Ax}-\boldsymbol{b}\|^2&=\|\boldsymbol{U}^{\mathrm{H}}(\boldsymbol{Ax}-\boldsymbol{b})\|^2=\|(\boldsymbol{U}^{\mathrm{H}}\boldsymbol{AV})(\boldsymbol{V}^{\mathrm{H}}\boldsymbol{x})-(\boldsymbol{U}^{\mathrm{H}}\boldsymbol{b})\|^2\\&=\left\|\begin{pmatrix}\boldsymbol{\Sigma} & \boldsymbol{O}\\ \boldsymbol{O} & \boldsymbol{O}\end{pmatrix}\boldsymbol{y}-\boldsymbol{c}\right\|^2=\left\|\begin{pmatrix}\boldsymbol{\Sigma}\boldsymbol{y}_1-\boldsymbol{c}_1\\ -\boldsymbol{c}_2\end{pmatrix}\right\|\\&=\|\boldsymbol{\Sigma}\boldsymbol{y}_1-\boldsymbol{c}_1\|^2+\|\boldsymbol{c}_2\|^2\geqslant\|\boldsymbol{c}_2\|^2.\end{aligned}$$

这表明对任意 $\boldsymbol{x}\in\mathbf{C}^n$，$\|\boldsymbol{Ax}-\boldsymbol{b}\|$ 有下界 $\|\boldsymbol{c}_2\|$. 如果取 $\boldsymbol{y}_1=\boldsymbol{\Sigma}^{-1}\boldsymbol{c}_1$，$\boldsymbol{y}_2$ 任意时，$\|\boldsymbol{Ax}-\boldsymbol{b}\|$ 可以达到这个下界，故

$$\boldsymbol{x}=\boldsymbol{Vy}=\boldsymbol{V}\begin{pmatrix}\boldsymbol{\Sigma}^{-1}\boldsymbol{c}_1\\ \boldsymbol{y}_2\end{pmatrix}\quad(\boldsymbol{y}_2\in\mathbf{C}^{n-r}\text{任意})$$

是 $\boldsymbol{Ax}=\boldsymbol{b}$ 的最小二乘解. 取 $\boldsymbol{y}_2=\boldsymbol{0}$，得

$$\boldsymbol{x}^{(0)}=\boldsymbol{V}\begin{pmatrix}\boldsymbol{\Sigma}^{-1}\boldsymbol{c}_1\\ \boldsymbol{0}\end{pmatrix}=\boldsymbol{V}\begin{pmatrix}\boldsymbol{\Sigma}^{-1} & \boldsymbol{O}\\ \boldsymbol{O} & \boldsymbol{O}\end{pmatrix}\begin{pmatrix}\boldsymbol{c}_1\\ \boldsymbol{c}_2\end{pmatrix}=\boldsymbol{V}\begin{pmatrix}\boldsymbol{\Sigma}^{-1} & \boldsymbol{O}\\ \boldsymbol{O} & \boldsymbol{O}\end{pmatrix}\boldsymbol{U}^{\mathrm{H}}\boldsymbol{b}.$$

显然 $\boldsymbol{x}^{(0)}$ 是最小二乘解中具有最小长度者. 故 $\boldsymbol{x}^{(0)}$ 是 $\boldsymbol{Ax}=\boldsymbol{b}$ 的极小范数最小二乘解.

比较定理 11.21 和式(12.14)可知

$$\boldsymbol{A}^{+}=\boldsymbol{V}\begin{pmatrix}\boldsymbol{\Sigma}^{-1} & \boldsymbol{O}\\ \boldsymbol{O} & \boldsymbol{O}\end{pmatrix}\boldsymbol{U}^{\mathrm{H}}.$$

该式给出了利用奇异值分解求矩阵的 Moore-Penrose 逆 $\boldsymbol{A}^{+}$ 的方法.

习 题 12

1. 证明定理 12.1 和定理 12.2.

2. 设 V 是区间$[0,2\pi]$上所有复值连续函数所构成的酉空间，其中内积为

$$\langle f(x),g(x)\rangle=\int_0^{2\pi}f(t)\,\overline{g(t)}\,\mathrm{d}t.$$

证明：V 的子集 $S=\left\{\dfrac{1}{\sqrt{2\pi}}\mathrm{e}^{\mathrm{i}nx}\,\middle|\,n=0,\pm1,\pm2,\cdots\right\}$是一个规范正交集.

3. 已知 $\mathbf{C}^3$ 的基 $\boldsymbol{a}_1=(\mathrm{i},-1,\mathrm{i})$，$\boldsymbol{a}_2=(0,1,\mathrm{i})$，$\boldsymbol{a}_3=(1,0,1)$，求 $\mathbf{C}^3$ 的一个规范正交基.

4. 证明定理 12.3 和定理 12.4.

5. 证明酉矩阵的特征值的模为 1.

6. 证明上三角的酉矩阵必为对角矩阵,并且主对角元的模等于 1.

7. 设 n 阶复方阵 $\boldsymbol{A}=\boldsymbol{F}+\mathrm{i}\boldsymbol{G}$,其中 $\boldsymbol{F},\boldsymbol{G}$ 都是 n 阶实方阵. 证明:$\boldsymbol{A}$ 为酉矩阵的充分必要条件是,$\boldsymbol{F}^{\mathrm{T}}\boldsymbol{G}$ 为对称矩阵,并且 $\boldsymbol{F}^{\mathrm{T}}\boldsymbol{F}+\boldsymbol{G}^{\mathrm{T}}\boldsymbol{G}=\boldsymbol{E}$.

8. 在酉空间 V 中,证明:对任意 $\boldsymbol{\alpha},\boldsymbol{\beta}\in \mathrm{V}$,有

$$\langle\boldsymbol{\alpha},\boldsymbol{\beta}\rangle=\frac{1}{4}\|\boldsymbol{\alpha}+\boldsymbol{\beta}\|^2-\frac{1}{4}\|\boldsymbol{\alpha}-\boldsymbol{\beta}\|^2+\frac{\mathrm{i}}{4}\|\boldsymbol{\alpha}+\mathrm{i}\boldsymbol{\beta}\|^2-\frac{\mathrm{i}}{4}\|\boldsymbol{\alpha}-\mathrm{i}\boldsymbol{\beta}\|^2;$$

而在欧氏空间 V 中,对任意 $\boldsymbol{\alpha},\boldsymbol{\beta}\in \mathrm{V}$,有

$$\langle\boldsymbol{\alpha},\boldsymbol{\beta}\rangle=\frac{1}{4}\|\boldsymbol{\alpha}+\boldsymbol{\beta}\|^2-\frac{1}{4}\|\boldsymbol{\alpha}-\boldsymbol{\beta}\|^2.$$

称上面两式分别为酉空间和欧氏空间的**极化恒等式**.

9. 下列矩阵 $\boldsymbol{A}$ 是否为正规矩阵? 若是,试求酉矩阵 $\boldsymbol{U}$ 使 $\boldsymbol{U}^{-1}\boldsymbol{A}\boldsymbol{U}$ 为对角矩阵:

$$(1)\ \boldsymbol{A}=\begin{pmatrix}2&2&-2\\2&5&-4\\-2&-4&5\end{pmatrix};\quad (2)\ \boldsymbol{A}=\begin{pmatrix}0&\mathrm{i}&1\\-\mathrm{i}&0&0\\1&0&0\end{pmatrix};\quad (3)\ \boldsymbol{A}=\begin{pmatrix}0&-1&1\\1&0&-1\\-1&1&0\end{pmatrix}.$$

10. 试求正交矩阵 $\boldsymbol{Q}$,使下列实反对称矩阵 $\boldsymbol{A}$ 正交相似于式(12.4)的矩阵:

$$(1)\ \boldsymbol{A}=\begin{pmatrix}0&-1&1\\1&0&-1\\-1&1&0\end{pmatrix};\qquad (2)\ \boldsymbol{A}=\begin{pmatrix}0&0&1&-1\\0&0&-1&1\\-1&1&0&0\\1&-1&0&0\end{pmatrix}.$$

11. 证明定理 12.10、定理 12.12 和定理 12.13.

12. 设 T 是酉空间 V 上的线性变换,如果对任意 $\boldsymbol{\alpha},\boldsymbol{\beta}\in \mathrm{V}$ 都有

$$\langle T(\boldsymbol{\alpha}),\boldsymbol{\beta}\rangle=-\langle\boldsymbol{\alpha},T(\boldsymbol{\beta})\rangle,$$

则称 T 是 V 上的一个**反 Hermite 变换**. 证明:n 维酉空间 V 上的线性变换 T 是,或反 Hermite 变换的充分必要条件是,T 在 V 的任一组规范正交基下的矩阵为反 Hermite 矩阵.

13. 设 $\boldsymbol{A}\in\mathbf{C}^{n\times n}$ 是 Hermite 矩阵. 证明:$\boldsymbol{A}$ 是 Hermite 正定矩阵的充分必要条件是,存在 Hermite 正定矩阵 $\boldsymbol{B}$,使得 $\boldsymbol{A}=\boldsymbol{B}^2$.

14. 证明定理 12.16.

15. 设 $\boldsymbol{A},\boldsymbol{B}\in\mathbf{C}^{n\times n}$ 都是 Hermite 正定矩阵. 证明:$\boldsymbol{A}^{-1},\boldsymbol{A}^{*},\boldsymbol{A}+\boldsymbol{B}$ 都是 Hermite 正定矩阵.

16. 求下列矩阵的奇异值分解:

$$(1)\ \boldsymbol{A}=\begin{pmatrix}1&0&0\\2&0&0\end{pmatrix};\qquad (2)\ \boldsymbol{A}=\begin{pmatrix}1&0\\0&0\\1&0\end{pmatrix}.$$

第13章　双线性函数

本章将在线性空间上引入双线性函数的概念，从而使得我们可以将二次型、欧氏空间等的有关内容统一到双线性函数的概念之下来讨论.

13.1　线性函数

首先引入线性函数的概念.

定义 13.1　设 V 是数域 $\mathbf{K}$ 上的线性空间，f 是 V 到 $\mathbf{K}$ 的一个映射，若对任意 $\boldsymbol{\alpha},\boldsymbol{\beta}\in$ V 和 $k\in\mathbf{K}$，有

(1) $f(\boldsymbol{\alpha}+\boldsymbol{\beta})=f(\boldsymbol{\alpha})+f(\boldsymbol{\beta})$；

(2) $f(k\boldsymbol{\alpha})=kf(\boldsymbol{\alpha})$，

则称 f 为 V 上的一个**线性函数**.

由定义可见，线性函数是线性映射的特殊情形，因此线性映射的基本性质也适合线性函数，即若 f 是 V 上的线性函数，则有

$$f(\boldsymbol{\theta})=0,\quad f(-\boldsymbol{\alpha})=-f(\boldsymbol{\alpha}),$$

$$f(k_1\boldsymbol{\alpha}_1+\cdots+k_s\boldsymbol{\alpha}_s)=k_1f(\boldsymbol{\alpha}_1)+\cdots+k_sf(\boldsymbol{\alpha}_s).$$

例 13.1　设 $a_1,a_2,\cdots,a_n$ 是数域 $\mathbf{K}$ 中取定的数，对于 $\mathbf{K}^n$ 中的任一向量 $\boldsymbol{x}=(x_1,x_2,\cdots,x_n)$，映射

$$f(\boldsymbol{x})=f(x_1,x_2,\cdots,x_n)=a_1x_1+a_2x_2+\cdots+a_nx_n$$

就是 $\mathbf{K}^n$ 上的一个线性函数.

例 13.2　在线性空间 $\mathbf{K}^{n\times n}$ 上定义映射

$$f(\boldsymbol{X})=\mathrm{tr}\boldsymbol{X},\quad \forall\,\boldsymbol{X}\in\mathbf{K}^{n\times n},$$

则由矩阵的迹的性质知，f 是 $\mathbf{K}^{n\times n}$ 上的一个线性函数.

例 13.3　在线性空间 $\mathrm{C}[a,b]$ 上定义映射

$$f(g(x))=\int_a^b g(t)\mathrm{d}t,\quad \forall\,g(x)\in\mathrm{C}[a,b].$$

由定积分的性质知，f 是 $\mathrm{C}[a,b]$ 上的一个线性函数.

定理 13.1　设 $\boldsymbol{\alpha}_1,\boldsymbol{\alpha}_2,\cdots,\boldsymbol{\alpha}_n$ 是数域 $\mathbf{K}$ 上 n 维线性空间 V 的一个基，$a_1,a_2,\cdots,a_n$ 是 $\mathbf{K}$ 中任意 n 个数，则存在 V 上唯一的线性函数 f，使得 $f(\boldsymbol{\alpha}_i)=a_i(i=1,2,\cdots,n)$.

证　对任意 $\boldsymbol{\alpha}\in$ V 有

$$\boldsymbol{\alpha}=x_1\boldsymbol{\alpha}_1+x_2\boldsymbol{\alpha}_2+\cdots+x_n\boldsymbol{\alpha}_n.$$

令

$$f(\boldsymbol{\alpha})=a_1x_1+a_2x_2+\cdots+a_nx_n. \tag{13.1}$$

则易证 f 是 V 上的线性函数,且

$$\begin{aligned}f(\boldsymbol{\alpha}_i)&=f(0\boldsymbol{\alpha}_1+\cdots+0\boldsymbol{\alpha}_{i-1}+\boldsymbol{\alpha}_i+0\boldsymbol{\alpha}_{i+1}+\cdots+0\boldsymbol{\alpha}_n)\\&=a_1 0+\cdots+a_{i-1}0+a_i+a_{i+1}0+\cdots+a_n 0=a_i.\end{aligned}$$

又若 V 上的线性函数 g 满足 $g(\boldsymbol{\alpha}_i)=a_i(i=1,2,\cdots,n)$,则对 V 中任意的元素 $\boldsymbol{\alpha}=x_1\boldsymbol{\alpha}_1+x_2\boldsymbol{\alpha}_2+\cdots+x_n\boldsymbol{\alpha}_n$,有

$$\begin{aligned}f(\boldsymbol{\alpha})&=a_1x_1+a_2x_2+\cdots+a_nx_n=x_1g(\boldsymbol{\alpha}_1)+x_2g(\boldsymbol{\alpha}_2)+\cdots+x_ng(\boldsymbol{\alpha}_n)\\&=g(x_1\boldsymbol{\alpha}_1+x_2\boldsymbol{\alpha}_2+\cdots+x_n\boldsymbol{\alpha}_n)=g(\boldsymbol{\alpha}),\end{aligned}$$

即 $f=g$,故 f 是唯一的. ▎

这一性质说明,有限维线性空间 V 上的线性函数,由它对基的作用唯一确定. 又式(13.1)给出了有限维线性空间上线性函数的一般形式.

13.2 对偶空间

设 V 是数域 **K** 上的线性空间,f 和 g 是 V 的两个线性函数,$k\in\mathbf{K}$,定义线性函数的加法$f+g$和数乘kf 如下:

$$(f+g)(\boldsymbol{\alpha})=f(\boldsymbol{\alpha})+g(\boldsymbol{\alpha});\quad (kf)(\boldsymbol{\alpha})=k(f(\boldsymbol{\alpha}))\quad (\forall\boldsymbol{\alpha}\in\mathrm{V}). \tag{13.2}$$

容易证明 $f+g$ 和kf 也是线性函数,且 V 上全体线性函数按式(13.2)的加法和数乘运算构成数域 **K** 上的线性空间.

定义 13.2 设 V 是数域 **K** 上的 n 维线性空间,V 上全体线性函数按式(13.2)的加法和数乘构成的数域 **K** 上的线性空间称为 V 的**对偶空间**,记作 V^*.

定理 13.2 n 维线性空间 V 的对偶空间 V^* 也是 n 维的.

证 取定 V 的一个基 $\boldsymbol{\alpha}_1,\boldsymbol{\alpha}_2,\cdots,\boldsymbol{\alpha}_n$,作 V 上的 n 个线性函数 $f_1,f_2,\cdots,f_n$,使得

$$f_i(\boldsymbol{\alpha}_j)=\begin{cases}1, & j=i,\\0, & j\neq i\end{cases}\quad (i,j=1,2,\cdots,n). \tag{13.3}$$

下证 $f_1,f_2,\cdots,f_n$ 是 V^* 的一个基. 设

$$k_1f_1+k_2f_2+\cdots+k_nf_n=0\quad (k_1,k_2,\cdots,k_n\in\mathbf{K}),$$

依次用 $\boldsymbol{\alpha}_1,\boldsymbol{\alpha}_2,\cdots,\boldsymbol{\alpha}_n$ 代入得

$$k_1f_1(\boldsymbol{\alpha}_i)+k_2f_2(\boldsymbol{\alpha}_i)+\cdots+k_nf_n(\boldsymbol{\alpha}_i)=0,\quad 即\quad k_if_i(\boldsymbol{\alpha}_i)=0.$$

从而 $k_1=k_2=\cdots=k_n=0$,故 $f_1,f_2,\cdots,f_n$ 线性无关.

对任意 $\boldsymbol{\alpha}\in\mathrm{V}$ 和任意 $f\in\mathrm{V}^*$,有

$$\boldsymbol{\alpha}=x_1\boldsymbol{\alpha}_1+x_2\boldsymbol{\alpha}_2+\cdots+x_n\boldsymbol{\alpha}_n.$$

而

$$f_i(\boldsymbol{\alpha})=x_1f_i(\boldsymbol{\alpha}_1)+x_2f_i(\boldsymbol{\alpha}_2)+\cdots+x_nf_i(\boldsymbol{\alpha}_n)=x_if_i(\boldsymbol{\alpha}_i)=x_i,$$

可见

$$\boldsymbol{\alpha}=f_1(\boldsymbol{\alpha})\boldsymbol{\alpha}_1+f_2(\boldsymbol{\alpha})\boldsymbol{\alpha}_2+\cdots+f_n(\boldsymbol{\alpha})\boldsymbol{\alpha}_n, \tag{13.4}$$

于是

$$f(\boldsymbol{\alpha})=f_1(\boldsymbol{\alpha})f(\boldsymbol{\alpha}_1)+f_2(\boldsymbol{\alpha})f(\boldsymbol{\alpha}_2)+\cdots+f_n(\boldsymbol{\alpha})f(\boldsymbol{\alpha}_n).$$

这表明

$$f=f(\boldsymbol{\alpha}_1)f_1+f(\boldsymbol{\alpha}_2)f_2+\cdots+f(\boldsymbol{\alpha}_n)f_n, \tag{13.5}$$

即 f 可由 $f_1,f_2,\cdots,f_n$ 线性表示,故 $\dim V^*=n$,且 $f_1,f_2,\cdots,f_n$ 是 V^* 的一个基. ∎

定义 13.3 设 n 维线性空间 V 的基为 $\boldsymbol{\alpha}_1,\boldsymbol{\alpha}_2,\cdots,\boldsymbol{\alpha}_n$,由式(13.3)决定的 V^* 的基 $f_1,f_2,\cdots,f_n$ 称为 $\boldsymbol{\alpha}_1,\boldsymbol{\alpha}_2,\cdots,\boldsymbol{\alpha}_n$ 的**对偶基**.

需要指出的是,V^* 的基是不唯一的. 如果 $f_1,f_2,\cdots,f_n$ 是基 $\boldsymbol{\alpha}_1,\boldsymbol{\alpha}_2,\cdots,\boldsymbol{\alpha}_n$ 的对偶基,则 $f_1,2f_2,\cdots,nf_n$ 也是 V^* 的一个基,当然这个基不是 $\boldsymbol{\alpha}_1,\boldsymbol{\alpha}_2,\cdots,\boldsymbol{\alpha}_n$ 的对偶基.

例 13.4 任意取定 $n+1$ 个不同实数 $a_1,a_2,\cdots,a_{n+1}$,根据拉格朗日(Lagrange)插值公式得到 $n+1$ 个多项式

$$p_i(x)=\frac{(x-a_1)\cdots(x-a_{i-1})(x-a_{i+1})\cdots(x-a_{n+1})}{(a_i-a_1)\cdots(a_i-a_{i-1})(a_i-a_{i+1})\cdots(a_i-a_{n+1})}\quad(i=1,2,\cdots,n+1).$$

(1) 证明:$p_1(x),p_2(x),\cdots,p_{n+1}(x)$是实线性空间 $\mathbf{R}[x]_n$ 的一个基;

(2) 证明:$f_i(g(x))=g(a_i)(i=1,2,\cdots,n+1)$是 $p_1(x),p_2(x),\cdots,p_{n+1}(x)$的对偶基.

证 (1) 容易验证

$$p_i(a_j)=\begin{cases}1, & j=i,\\0, & j\neq i\end{cases}\quad(i,j=1,2,\cdots,n+1).$$

设 $k_1p_1(x)+k_2p_2(x)+\cdots+k_{n+1}p_{n+1}(x)=0$,将 $x=a_i$ 代入即得

$$0=\sum_{l=1}^{n+1}k_lp_l(a_i)=k_ip_i(a_i)=k_i\quad(i=1,2,\cdots,n+1).$$

故 $p_1(x),p_2(x),\cdots,p_{n+1}(x)$线性无关,从而它是 $n+1$ 维线性空间 $\mathbf{R}[x]_n$ 的基.

(2) 由于

$$f_i(p_j(x))=p_j(a_i)=\begin{cases}1, & i=j,\\0, & i\neq j\end{cases}\quad(i,j=1,2,\cdots,n+1),$$

故 $f_1,f_2,\cdots,f_{n+1}$ 是 $p_1(x),p_2(x),\cdots,p_{n+1}(x)$的对偶基.

下面讨论线性空间的两个基的对偶基之间的关系.

定理 13.3 设 $\boldsymbol{\alpha}_1,\boldsymbol{\alpha}_2,\cdots,\boldsymbol{\alpha}_n$ 和 $\boldsymbol{\beta}_1,\boldsymbol{\beta}_2,\cdots,\boldsymbol{\beta}_n$ 是 n 维线性空间 V 的两个基,它们的对偶基分别为 $f_1,f_2,\cdots,f_n$ 和 $g_1,g_2,\cdots,g_n$. 如果由基 $\boldsymbol{\alpha}_1,\boldsymbol{\alpha}_2,\cdots,\boldsymbol{\alpha}_n$ 到基 $\boldsymbol{\beta}_1$,

$\boldsymbol{\beta}_2,\cdots,\boldsymbol{\beta}_n$ 的过渡矩阵为 $\mathbf{A}$，则由 $f_1,f_2,\cdots,f_n$ 到 $g_1,g_2,\cdots,g_n$ 的过渡矩阵为 $(\mathbf{A}^{\mathrm{T}})^{-1}$.

证　设 $\mathbf{A}=(a_{ij})_{n\times n}$. 又设由 $f_1,f_2,\cdots,f_n$ 到 $g_1,g_2,\cdots,g_n$ 的过渡矩阵为 $\boldsymbol{B}=(b_{ij})_{n\times n}$，则由

$$(\boldsymbol{\beta}_1,\boldsymbol{\beta}_2,\cdots,\boldsymbol{\beta}_n)=(\boldsymbol{\alpha}_1,\boldsymbol{\alpha}_2,\cdots,\boldsymbol{\alpha}_n)\mathbf{A},\quad (g_1,g_2,\cdots,g_n)=(f_1,f_2,\cdots,f_n)\boldsymbol{B}$$

得

$$\boldsymbol{\beta}_i=a_{1i}\boldsymbol{\alpha}_1+a_{2i}\boldsymbol{\alpha}_2+\cdots+a_{ni}\boldsymbol{\alpha}_n\quad (i=1,2,\cdots,n),$$
$$g_j=b_{1j}f_1+b_{2j}f_2+\cdots+b_{nj}f_n\quad (j=1,2,\cdots,n).$$

由于

$$\begin{aligned}g_j(\boldsymbol{\beta}_i)&=\sum_{k=1}^{n}b_{kj}f_k(\boldsymbol{\beta}_i)=\sum_{k=1}^{n}b_{kj}f_k\Big(\sum_{l=1}^{n}a_{li}\boldsymbol{\alpha}_l\Big)\\&=\sum_{k=1}^{n}b_{kj}\Big(\sum_{l=1}^{n}\Big)a_{li}f_k(\boldsymbol{\alpha}_l))=\sum_{k=1}^{n}b_{kj}a_{ki},\end{aligned}$$

又有

$$g_j(\boldsymbol{\beta}_i)=\begin{cases}1, & i=j,\\ 0, & i\neq j\end{cases}\quad (i,j=1,2,\cdots,n),$$

从而

$$b_{1j}a_{1i}+b_{2j}a_{2i}+\cdots+b_{nj}a_{ni}=\begin{cases}1, & i=j,\\ 0, & i\neq j\end{cases}\quad (i,j=1,2,\cdots,n).$$

此即 $\boldsymbol{B}^{\mathrm{T}}\mathbf{A}=\boldsymbol{E}$，故 $\boldsymbol{B}=(\mathbf{A}^{\mathrm{T}})^{-1}$. ∎

定理 13.4　设 V 是数域 **K** 上的 n 维线性空间，V^* 是其对偶空间. 取定 V 中一个元素 $\boldsymbol{\alpha}$，定义 V^* 的一个函数 $\boldsymbol{\alpha}^{**}$ 如下：

$$\boldsymbol{\alpha}^{**}(f)=f(\boldsymbol{\alpha})\quad (\forall f\in \mathrm{V}^*).$$

则　(1) $\boldsymbol{\alpha}^{**}$ 是 V^* 上的线性函数；

(2)设 V^{**} 是 V 的对偶空间的对偶空间，定义 V 到 V^* 的映射 T：

$$T(\boldsymbol{\alpha})=\boldsymbol{\alpha}^{**}\quad (\forall \boldsymbol{\alpha}\in \mathrm{V}),$$

则 T 是一个同构映射.

证　(1)对任意 $f,g\in \mathrm{V}^*$ 和 $k\in\mathbf{K}$，有

$$\boldsymbol{\alpha}^{**}(f+g)=(f+g)(\boldsymbol{\alpha})=f(\boldsymbol{\alpha})+g(\boldsymbol{\alpha})=\boldsymbol{\alpha}^{**}(f)+\boldsymbol{\alpha}^{**}(g),$$
$$\boldsymbol{\alpha}^{**}(kf)=(kf)(\boldsymbol{\alpha})=k(f(\boldsymbol{\alpha}))=k\boldsymbol{\alpha}^{**}(f),$$

从而 $\boldsymbol{\alpha}^{**}$ 是线性函数.

(2)对任意 $\boldsymbol{\alpha},\boldsymbol{\beta}\in \mathrm{V}$，$f\in \mathrm{V}^*$，有

$$\begin{aligned}(\boldsymbol{\alpha}+\boldsymbol{\beta})^{**}(f)&=f(\boldsymbol{\alpha}+\boldsymbol{\beta})=f(\boldsymbol{\alpha})+f(\boldsymbol{\beta})=\boldsymbol{\alpha}^{**}(f)+\boldsymbol{\beta}^{**}(f)\\&=(\boldsymbol{\alpha}^{**}+\boldsymbol{\beta}^{**})(f)(k\boldsymbol{\alpha})^{**}(f)=f(k\boldsymbol{\alpha})\\&=k(f(\boldsymbol{\alpha}))=(k\boldsymbol{\alpha}^{**})(f),\end{aligned}$$

因此

$$T(\boldsymbol{\alpha}+\boldsymbol{\beta})=(\boldsymbol{\alpha}+\boldsymbol{\beta})^{**}=\boldsymbol{\alpha}^{**}+\boldsymbol{\beta}^{**}=T(\boldsymbol{\alpha})+T(\boldsymbol{\beta}),$$
$$T(k\boldsymbol{\alpha})=(k\boldsymbol{\alpha})^{**}=k\boldsymbol{\alpha}^{**}=kT(\boldsymbol{\alpha}).$$

如果 $T(\boldsymbol{\alpha})=T(\boldsymbol{\beta})$，即 $\boldsymbol{\alpha}^{**}=\boldsymbol{\beta}^{**}$，也即对任意 $f\in V^*$ 有

$$f(\boldsymbol{\alpha})=\boldsymbol{\alpha}^{**}(f)=\boldsymbol{\beta}^{**}(f)=f(\boldsymbol{\beta}).$$

由式(13.4)知 $\boldsymbol{\alpha}=\boldsymbol{\beta}$，故 T 是单射. 又因为 $\dim V=\dim V^*=\dim V^{**}=n$，所以 T 是一个同构映射. ∎

这个定理说明，线性空间 V 也可以看成是 V^* 的线性函数空间，即 V 与 V^* 实际上是互为线性函数空间的. 这就是对偶空间的来由. 由此可知，数域 **K** 上任一线性空间都可以看成 **K** 上某个线性空间的线性函数所成的线性空间.

13.3 双线性函数

定义 13.4 设 V 是数域 **K** 上的线性空间，$f(\boldsymbol{\alpha},\boldsymbol{\beta})$ 是 V 上一个**二元函数**，即对任意 $\boldsymbol{\alpha},\boldsymbol{\beta}\in V$，根据 f 都唯一对应 **K** 中一个数 $f(\boldsymbol{\alpha},\boldsymbol{\beta})$. 若 $f(\boldsymbol{\alpha},\boldsymbol{\beta})$ 满足：

(1) $f(\boldsymbol{\alpha},k_1\boldsymbol{\beta}_1+k_2\boldsymbol{\beta}_2)=k_1f(\boldsymbol{\alpha},\boldsymbol{\beta}_1)+k_2f(\boldsymbol{\alpha},\boldsymbol{\beta}_2)$；

(2) $f(l_1\boldsymbol{\alpha}_1+l_2\boldsymbol{\alpha}_2,\boldsymbol{\beta})=l_1f(\boldsymbol{\alpha}_1,\boldsymbol{\beta})+l_2f(\boldsymbol{\alpha}_2,\boldsymbol{\beta})$，

其中 $\boldsymbol{\alpha}_1,\boldsymbol{\alpha}_2,\boldsymbol{\alpha},\boldsymbol{\beta}_1,\boldsymbol{\beta}_2,\boldsymbol{\beta}\in V$，$k_1,k_2,l_1,l_2\in\mathbf{K}$，则称 $f(\boldsymbol{\alpha},\boldsymbol{\beta})$ 为 V 上的一个**双线性函数**.

由定义可见，对于一个双线性函数 $f(\boldsymbol{\alpha},\boldsymbol{\beta})$，当其中一个变元固定时，它就是另一个变元的线性函数.

例 13.5 在线性空间 $\mathbf{K}^{n\times n}$ 上定义二元函数

$$f(\boldsymbol{X},\boldsymbol{Y})=\mathrm{tr}(\boldsymbol{X}^{\mathrm{T}}\boldsymbol{A}\boldsymbol{Y}),\quad \forall\,\boldsymbol{X},\boldsymbol{Y}\in\mathbf{K}^{n\times n},\boldsymbol{A}\in\mathbf{K}^{n\times n}\text{取定}.$$

则对任意 $\boldsymbol{Y}_1,\boldsymbol{Y}_2\in\mathbf{K}^{n\times n}$ 和 $k_1,k_2\in\mathbf{K}$，有

$$\begin{aligned}f(\boldsymbol{X},k_1\boldsymbol{Y}_1+k_2\boldsymbol{Y}_2)&=\mathrm{tr}(\boldsymbol{X}^{\mathrm{T}}\boldsymbol{A}(k_1\boldsymbol{Y}_1+k_2\boldsymbol{Y}_2))=\mathrm{tr}(k_1\boldsymbol{X}^{\mathrm{T}}\boldsymbol{A}\boldsymbol{Y}_1+k_2\boldsymbol{X}^{\mathrm{T}}\boldsymbol{A}\boldsymbol{Y}_2)\\&=k_1\mathrm{tr}(\boldsymbol{X}^{\mathrm{T}}\boldsymbol{A}\boldsymbol{Y}_1)+k_2\mathrm{tr}(\boldsymbol{X}^{\mathrm{T}}\boldsymbol{A}\boldsymbol{Y}_2)=k_1f(\boldsymbol{X},\boldsymbol{Y}_1)+k_2f(\boldsymbol{X},\boldsymbol{Y}_2).\end{aligned}$$

同理可导出另一式. 从而 $f(\boldsymbol{X},\boldsymbol{Y})$ 是 $\mathbf{K}^{n\times n}$ 上的双线性函数.

例 13.6 由欧氏空间 V 的内积定义的二元函数

$$f(\boldsymbol{\alpha},\boldsymbol{\beta})=\langle\boldsymbol{\alpha},\boldsymbol{\beta}\rangle,\quad \forall\,\boldsymbol{\alpha},\boldsymbol{\beta}\in V,$$

是 V 上的双线性函数.

由上例可见，双线性函数是内积概念的推广. 与线性函数类似，在有限维线性空间中，双线性函数是由它对基的作用唯一确定的.

定理 13.5 设 $\boldsymbol{\alpha}_1,\boldsymbol{\alpha}_2,\cdots,\boldsymbol{\alpha}_n$ 是数域 **K** 上 n 维线性空间 V 的一个基，$a_{ij}(i,j=1,2,\cdots,n)$ 是 **K** 中任意 n^2 个数，则存在 V 上唯一的双线性函数 $f(\boldsymbol{\alpha},\boldsymbol{\beta})$，使得

$$f(\boldsymbol{\alpha}_i,\boldsymbol{\alpha}_j)=a_{ij}\quad(i,j=1,2,\cdots,n).$$

该定理的证明与定理 13.1 类似,请读者自己完成.

定义 13.5 设 $f(\boldsymbol{\alpha},\boldsymbol{\beta})$ 是数域 $\mathbf{K}$ 上 n 维线性空间 V 的一个双线性函数,$\boldsymbol{\alpha}_1,\boldsymbol{\alpha}_2,\cdots,\boldsymbol{\alpha}_n$ 是 V 的一个基,称矩阵

$$\boldsymbol{A}=\begin{pmatrix} f(\boldsymbol{\alpha}_1,\boldsymbol{\alpha}_1) & f(\boldsymbol{\alpha}_1,\boldsymbol{\alpha}_2) & \cdots & f(\boldsymbol{\alpha}_1,\boldsymbol{\alpha}_n) \\ f(\boldsymbol{\alpha}_2,\boldsymbol{\alpha}_1) & f(\boldsymbol{\alpha}_2,\boldsymbol{\alpha}_2) & \cdots & f(\boldsymbol{\alpha}_2,\boldsymbol{\alpha}_n) \\ \vdots & \vdots & & \vdots \\ f(\boldsymbol{\alpha}_n,\boldsymbol{\alpha}_1) & f(\boldsymbol{\alpha}_n,\boldsymbol{\alpha}_2) & \cdots & f(\boldsymbol{\alpha}_n,\boldsymbol{\alpha}_n) \end{pmatrix}$$

为 $f(\boldsymbol{\alpha},\boldsymbol{\beta})$ 在基 $\boldsymbol{\alpha}_1,\boldsymbol{\alpha}_2,\cdots,\boldsymbol{\alpha}_n$ 下的**度量矩阵**.

定理 13.5 说明,取定 V 的一个基 $\boldsymbol{\alpha}_1,\boldsymbol{\alpha}_2,\cdots,\boldsymbol{\alpha}_n$ 后,每个双线性函数都对应唯一的一个n 阶方阵——度量矩阵. 反之,任给数域 $\mathbf{K}$ 上一个 n 阶方阵 $\boldsymbol{A}=(a_{ij})_{n\times n}$,对 V 中任意元素$\boldsymbol{\alpha}=x_1\boldsymbol{\alpha}_1+x_2\boldsymbol{\alpha}_2+\cdots+x_n\boldsymbol{\alpha}_n$ 和$\boldsymbol{\beta}=y_1\boldsymbol{\alpha}_1+y_2\boldsymbol{\alpha}_2+\cdots+y_n\boldsymbol{\alpha}_n$,定义

$$f(\boldsymbol{\alpha},\boldsymbol{\beta}) = \boldsymbol{x}^{\mathrm{T}}\boldsymbol{A}\boldsymbol{y} = \sum_{i=1}^{n}\sum_{j=1}^{n}a_{ij}x_iy_j, \tag{13.6}$$

其中 $\boldsymbol{x}=(x_1,x_2,\cdots,x_n)^{\mathrm{T}},\boldsymbol{y}=(y_1,y_2,\cdots,y_n)^{\mathrm{T}}$,则易知 $f(\boldsymbol{\alpha},\boldsymbol{\beta})$ 是 V 上的一个双线性函数,且它的度量矩阵正好是 $\boldsymbol{A}$. 因此,在给定基下,V 上全体双线性函数与 $\mathbf{K}$ 上所有 n 阶方阵之间有一个一一对应. 另外,式(13.6)基于度量矩阵给出了有限维线性空间上双线性函数的一般形式.

例 13.7 已知线性空间 $\mathbf{R}^{2\times2}$ 的双线性函数

$$f(\boldsymbol{X},\boldsymbol{Y})=\mathrm{tr}(\boldsymbol{X}^{\mathrm{T}}\boldsymbol{G}\boldsymbol{Y}),\quad \forall\,\boldsymbol{X},\boldsymbol{Y}\in\mathbf{R}^{2\times2},\quad \boldsymbol{G}=\begin{pmatrix} g_{11} & g_{12}\\ g_{21} & g_{22}\end{pmatrix}.$$

求 f 在 $\mathbf{R}^{2\times2}$的基 $\boldsymbol{E}_{11},\boldsymbol{E}_{12},\boldsymbol{E}_{21},\boldsymbol{E}_{22}$下的度量矩阵.

解 因为

$$f(\boldsymbol{E}_{11},\boldsymbol{E}_{11})=\mathrm{tr}(\boldsymbol{E}_{11}^{\mathrm{T}}\boldsymbol{G}\boldsymbol{E}_{11})=g_{11},\quad f(\boldsymbol{E}_{11},\boldsymbol{E}_{12})=\mathrm{tr}(\boldsymbol{E}_{11}^{\mathrm{T}}\boldsymbol{G}\boldsymbol{E}_{12})=0,$$

$$f(\boldsymbol{E}_{11},\boldsymbol{E}_{21})=\mathrm{tr}(\boldsymbol{E}_{11}^{\mathrm{T}}\boldsymbol{G}\boldsymbol{E}_{21})=g_{12},\quad f(\boldsymbol{E}_{11},\boldsymbol{E}_{22})=\mathrm{tr}(\boldsymbol{E}_{11}^{\mathrm{T}}\boldsymbol{G}\boldsymbol{E}_{22})=0,$$

同理可求得

$$\begin{aligned} &f(\boldsymbol{E}_{12},\boldsymbol{E}_{11})=0, && f(\boldsymbol{E}_{12},\boldsymbol{E}_{12})=g_{11}, && f(\boldsymbol{E}_{12},\boldsymbol{E}_{21})=0,\\ &f(\boldsymbol{E}_{12},\boldsymbol{E}_{22})=g_{12}, && f(\boldsymbol{E}_{21},\boldsymbol{E}_{11})=g_{21}, && f(\boldsymbol{E}_{21},\boldsymbol{E}_{12})=0,\\ &f(\boldsymbol{E}_{21},\boldsymbol{E}_{21})=g_{22}, && f(\boldsymbol{E}_{21},\boldsymbol{E}_{22})=0, && f(\boldsymbol{E}_{22},\boldsymbol{E}_{11})=0,\\ &f(\boldsymbol{E}_{22},\boldsymbol{E}_{12})=g_{21}, && f(\boldsymbol{E}_{22},\boldsymbol{E}_{21})=0, && f(\boldsymbol{E}_{22},\boldsymbol{E}_{22})=g_{22}, \end{aligned}$$

所以 $f(\boldsymbol{X},\boldsymbol{Y})$在基 $\boldsymbol{E}_{11},\boldsymbol{E}_{12},\boldsymbol{E}_{21},\boldsymbol{E}_{22}$下的度量矩阵为

$$\boldsymbol{A}=\begin{pmatrix} g_{11} & 0 & g_{12} & 0\\ 0 & g_{11} & 0 & g_{12}\\ g_{21} & 0 & g_{22} & 0\\ 0 & g_{21} & 0 & g_{22}\end{pmatrix}.$$

在不同的基下,同一个双线性函数的度量矩阵一般是不同的,它们之间有什么关系呢?

定理 13.6 设 $f(\boldsymbol{\alpha},\boldsymbol{\beta})$是数域 $\mathbf{K}$ 上 n 维线性空间 V 的双线性函数.若 $f(\boldsymbol{\alpha},\boldsymbol{\beta})$在 V 的基 $\boldsymbol{\alpha}_1,\boldsymbol{\alpha}_2,\cdots,\boldsymbol{\alpha}_n$ 和 $\boldsymbol{\beta}_1,\boldsymbol{\beta}_2,\cdots,\boldsymbol{\beta}_n$ 下的度量矩阵分别是 $\boldsymbol{A}$ 和 $\boldsymbol{B}$,并且由基 $\boldsymbol{\alpha}_1,\boldsymbol{\alpha}_2,\cdots,\boldsymbol{\alpha}_n$ 和 $\boldsymbol{\beta}_1,\boldsymbol{\beta}_2,\cdots,\boldsymbol{\beta}_n$ 的过渡矩阵为 $\boldsymbol{C}$,即

$$(\boldsymbol{\beta}_1,\boldsymbol{\beta}_2,\cdots,\boldsymbol{\beta}_n)=(\boldsymbol{\alpha}_1,\boldsymbol{\alpha}_2,\cdots,\boldsymbol{\alpha}_n)\boldsymbol{C}, \tag{13.7}$$

则

$$\boldsymbol{B}=\boldsymbol{C}^{\mathrm{T}}\boldsymbol{A}\boldsymbol{C}.$$

简单地说,同一个双线性函数在不同基下的度量矩阵是合同的.

证 设 $\boldsymbol{C}=(c_{ij})_{n\times n}$,则由式(13.7)有

$$\boldsymbol{\beta}_i=\sum_{k=1}^{n}c_{ki}\boldsymbol{\alpha}_k\quad(i=1,2,\cdots,n),$$

从而

$$\begin{aligned}f(\boldsymbol{\beta}_i,\boldsymbol{\beta}_j)&=f\Big(\sum_{k=1}^{n}c_{ki}\boldsymbol{\alpha}_k,\sum_{l=1}^{n}c_{lj}\boldsymbol{\alpha}_l\Big)=\sum_{k=1}^{n}\sum_{l=1}^{n}c_{ki}c_{lj}f(\boldsymbol{\alpha}_k,\boldsymbol{\alpha}_l)\\&=(c_{1i},c_{2i},\cdots,c_{ni})\begin{pmatrix}f(\boldsymbol{\alpha}_1,\boldsymbol{\alpha}_1)&f(\boldsymbol{\alpha}_1,\boldsymbol{\alpha}_2)&\cdots&f(\boldsymbol{\alpha}_1,\boldsymbol{\alpha}_n)\\f(\boldsymbol{\alpha}_2,\boldsymbol{\alpha}_1)&f(\boldsymbol{\alpha}_2,\boldsymbol{\alpha}_2)&\cdots&f(\boldsymbol{\alpha}_2,\boldsymbol{\alpha}_n)\\\vdots&\vdots&&\vdots\\f(\boldsymbol{\alpha}_n,\boldsymbol{\alpha}_1)&f(\boldsymbol{\alpha}_n,\boldsymbol{\alpha}_2)&\cdots&f(\boldsymbol{\alpha}_n,\boldsymbol{\alpha}_n)\end{pmatrix}\begin{pmatrix}c_{1j}\\c_{2j}\\\vdots\\c_{nj}\end{pmatrix}\\&\qquad(i,j=1,2,\cdots,n),\end{aligned}$$

于是得到

$$\boldsymbol{B}=(f(\boldsymbol{\beta}_i,\boldsymbol{\beta}_j))_{n\times n}=\boldsymbol{C}^{\mathrm{T}}(f(\boldsymbol{\alpha}_i,\boldsymbol{\alpha}_j))_{n\times n}\boldsymbol{C}=\boldsymbol{C}^{\mathrm{T}}\boldsymbol{A}\boldsymbol{C}.$$ ▌

由于方阵的秩是合同变换下的不变量,即合同的两个方阵有相同的秩,因此定理 13.6 表明,双线性函数 $f(\boldsymbol{\alpha},\boldsymbol{\beta})$在 V 的某个基下的度量矩阵的秩并不依赖于基的选择,而是由双线性函数自身所确定的.

定义 13.6 设 $f(\boldsymbol{\alpha},\boldsymbol{\beta})$是 n 维线性空间 V 上的双线性函数,称 $f(\boldsymbol{\alpha},\boldsymbol{\beta})$在 V 的某个基下度量矩阵的秩为 $f(\boldsymbol{\alpha},\boldsymbol{\beta})$的**秩**.如果 $f(\boldsymbol{\alpha},\boldsymbol{\beta})$的秩为 n,即度量矩阵是可逆的,则称 $f(\boldsymbol{\alpha},\boldsymbol{\beta})$是**可逆的**(或**非退化的**).

对于例 13.7 的双线性函数,有

$$\det\boldsymbol{A}=(\det\boldsymbol{G})^2,$$

可见,当且仅当矩阵 $\boldsymbol{G}$ 可逆时,双线性函数 $f(\boldsymbol{X},\boldsymbol{Y})$是可逆的.

对度量矩阵做合同变换进行化简,使得双线性函数在某个基下的度量矩阵尽量得简单,这对双线性函数的研究是十分重要的.对一般矩阵用合同变换化简是比较复杂的,而对于对称矩阵已有较完整的理论.以下我们转而讨论一些特殊的也是最重要的双线性函数.

13.4　对称与反对称双线性函数

定义 13.7　设 $f(\boldsymbol{\alpha},\boldsymbol{\beta})$是数域 $\mathbf{K}$ 上线性空间 V 的一个双线性函数,如果对任意 $\boldsymbol{\alpha},\boldsymbol{\beta}\in$ V 都有

$$f(\boldsymbol{\alpha},\boldsymbol{\beta})=f(\boldsymbol{\beta},\boldsymbol{\alpha}),$$

则称 $f(\boldsymbol{\alpha},\boldsymbol{\beta})$为**对称双线性函数**.如果对任意 $\boldsymbol{\alpha},\boldsymbol{\beta}\in$ V 都有

$$f(\boldsymbol{\alpha},\boldsymbol{\beta})=-f(\boldsymbol{\beta},\boldsymbol{\alpha}),$$

则称 $f(\boldsymbol{\alpha},\boldsymbol{\beta})$为**反对称双线性函数**.

欧氏空间 V 的内积就是一个对称双线性函数.

在有限维线性空间中,对称与反对称双线性函数有如下的结果.

定理 13.7　设 $f(\boldsymbol{\alpha},\boldsymbol{\beta})$是数域 $\mathbf{K}$ 上 n 维线性空间 V 的双线性函数,则 $f(\boldsymbol{\alpha},\boldsymbol{\beta})$是对称的(或反对称的)充分必要条件是,它在 V 的任一个基下的度量矩阵是对称的(或反对称的).

证　取 V 的一个基 $\boldsymbol{\alpha}_1,\boldsymbol{\alpha}_2,\cdots,\boldsymbol{\alpha}_n$,设 $f(\boldsymbol{\alpha},\boldsymbol{\beta})$在该基下的度量矩阵为 $\boldsymbol{A}=(a_{ij})_{n\times n}$.如果 $f(\boldsymbol{\alpha},\boldsymbol{\beta})$是对称双线性函数,则

$$a_{ji}=f(\boldsymbol{\alpha}_j,\boldsymbol{\alpha}_i)=f(\boldsymbol{\alpha}_i,\boldsymbol{\alpha}_j)=a_{ij},$$

即 $\boldsymbol{A}$ 是对称矩阵.反之,如果 $\boldsymbol{A}$ 是对称矩阵,则对 V 中任意元素

$$\boldsymbol{\alpha}=x_1\boldsymbol{\alpha}_1+x_2\boldsymbol{\alpha}_2+\cdots+x_n\boldsymbol{\alpha}_n,\quad \boldsymbol{\beta}=y_1\boldsymbol{\alpha}_1+y_2\boldsymbol{\alpha}_2+\cdots+y_n\boldsymbol{\alpha}_n.$$

由式(13.6),有

$$f(\boldsymbol{\alpha},\boldsymbol{\beta})=\boldsymbol{x}^{\mathrm{T}}\boldsymbol{A}\boldsymbol{y}=(\boldsymbol{x}^{\mathrm{T}}\boldsymbol{A}\boldsymbol{y})^{\mathrm{T}}=\boldsymbol{y}^{\mathrm{T}}\boldsymbol{A}^{\mathrm{T}}(\boldsymbol{x}^{\mathrm{T}})^{\mathrm{T}}=\boldsymbol{y}^{\mathrm{T}}\boldsymbol{A}\boldsymbol{x}=f(\boldsymbol{\beta},\boldsymbol{\alpha}),$$

可见 $f(\boldsymbol{\alpha},\boldsymbol{\beta})$是对称双线性函数.

又 $f(\boldsymbol{\alpha},\boldsymbol{\beta})$在 V 的任一个基下的度量矩阵 $\boldsymbol{B}$ 与 $\boldsymbol{A}$ 是合同的,从而 $\boldsymbol{B}$ 也是对称矩阵.

对于反对称双线性函数的证明类似.　∎

对于例 13.7 的双线性函数 $f(\boldsymbol{X},\boldsymbol{Y})$,可以发现度量矩阵 $\boldsymbol{A}$ 对称(或反对称)的充分必要条件是矩阵 $\boldsymbol{G}$ 对称(或反对称),故当 $\boldsymbol{G}$ 是对称(或反对称)矩阵时,$f(\boldsymbol{X},\boldsymbol{Y})$是对称(或反对称)双线性函数.

例 13.8　试证:n 维线性空间 V 上双线性函数 $f(\boldsymbol{\alpha},\boldsymbol{\beta})$可以唯一地分解为一个对称双线性函数 $f_1(\boldsymbol{\alpha},\boldsymbol{\beta})$和一个反对称双线性函数 $f_2(\boldsymbol{\alpha},\boldsymbol{\beta})$之和,且若 $f(\boldsymbol{\alpha},\boldsymbol{\beta})$在 V 的某个基下的度量矩阵为 $\boldsymbol{A}$,则 $f_1(\boldsymbol{\alpha},\boldsymbol{\beta})$和 $f_2(\boldsymbol{\alpha},\boldsymbol{\beta})$在该基下的度量矩阵分别为 $\dfrac{\boldsymbol{A}+\boldsymbol{A}^{\mathrm{T}}}{2}$和$\dfrac{\boldsymbol{A}-\boldsymbol{A}^{\mathrm{T}}}{2}$.

证　对任意 $\boldsymbol{\alpha},\boldsymbol{\beta}\in$ V,有

$$f(\boldsymbol{\alpha},\boldsymbol{\beta})=\frac{1}{2}(f(\boldsymbol{\alpha},\boldsymbol{\beta})+f(\boldsymbol{\beta},\boldsymbol{\alpha}))+\frac{1}{2}(f(\boldsymbol{\alpha},\boldsymbol{\beta})-f(\boldsymbol{\beta},\boldsymbol{\alpha}))$$

$$=f_1(\boldsymbol{\alpha},\boldsymbol{\beta})+f_2(\boldsymbol{\alpha},\boldsymbol{\beta}),$$

其中

$$f_1(\boldsymbol{\alpha},\boldsymbol{\beta})=\frac{1}{2}(f(\boldsymbol{\alpha},\boldsymbol{\beta})+f(\boldsymbol{\beta},\boldsymbol{\alpha})),\quad f_2(\boldsymbol{\alpha},\boldsymbol{\beta})=\frac{1}{2}(f(\boldsymbol{\alpha},\boldsymbol{\beta})-f(\boldsymbol{\beta},\boldsymbol{\alpha})).$$

易知 $f_1(\boldsymbol{\alpha},\boldsymbol{\beta})$是对称双线性函数,而 $f_2(\boldsymbol{\alpha},\boldsymbol{\beta})$是反对称双线性函数.若设 $f(\boldsymbol{\alpha},\boldsymbol{\beta})$在 V 的基 $\boldsymbol{\alpha}_1,\boldsymbol{\alpha}_2,\cdots,\boldsymbol{\alpha}_n$ 下的度量矩阵为 $\boldsymbol{A}$,则对 V 中任意元素

$$\boldsymbol{\alpha}=x_1\boldsymbol{\alpha}_1+x_2\boldsymbol{\alpha}_2+\cdots+x_n\boldsymbol{\alpha}_n,\quad \boldsymbol{\beta}=y_1\boldsymbol{\alpha}_1+y_2\boldsymbol{\alpha}_2+\cdots+y_n\boldsymbol{\alpha}_n,$$

由式(13.6),有 $f(\boldsymbol{\alpha},\boldsymbol{\beta})=\boldsymbol{x}^{\mathrm{T}}\boldsymbol{A}\boldsymbol{y}$,从而

$$f_1(\boldsymbol{\alpha},\boldsymbol{\beta})=\frac{1}{2}(\boldsymbol{x}^{\mathrm{T}}\boldsymbol{A}\boldsymbol{y}+\boldsymbol{y}^{\mathrm{T}}\boldsymbol{A}\boldsymbol{x})=\frac{1}{2}(\boldsymbol{x}^{\mathrm{T}}\boldsymbol{A}\boldsymbol{y}+\boldsymbol{x}^{\mathrm{T}}\boldsymbol{A}^{\mathrm{T}}\boldsymbol{y})=\boldsymbol{x}^{\mathrm{T}}\,\frac{\boldsymbol{A}+\boldsymbol{A}^{\mathrm{T}}}{2}\boldsymbol{y}.$$

同理

$$f_2(\boldsymbol{\alpha},\boldsymbol{\beta})=\boldsymbol{x}^{\mathrm{T}}\,\frac{\boldsymbol{A}-\boldsymbol{A}^{\mathrm{T}}}{2}\boldsymbol{y},$$

即 $f_1(\boldsymbol{\alpha},\boldsymbol{\beta})$和 $f_2(\boldsymbol{\alpha},\boldsymbol{\beta})$在基 $\boldsymbol{\alpha}_1,\boldsymbol{\alpha}_2,\cdots,\boldsymbol{\alpha}_n$ 下的度量矩阵分别为$\frac{\boldsymbol{A}+\boldsymbol{A}^{\mathrm{T}}}{2}$和$\frac{\boldsymbol{A}-\boldsymbol{A}^{\mathrm{T}}}{2}$.

再证唯一性.设

$$\boldsymbol{A}=\boldsymbol{S}_1+\boldsymbol{F}_1=\boldsymbol{S}_2+\boldsymbol{F}_2,$$

其中 $\boldsymbol{S}_1$ 和 $\boldsymbol{S}_2$ 是对称矩阵,$\boldsymbol{F}_1$ 和 $\boldsymbol{F}_2$ 是反对称矩阵.则有

$$\boldsymbol{S}_1-\boldsymbol{S}_2=\boldsymbol{F}_2-\boldsymbol{F}_1.$$

利用这一结果得

$$\begin{aligned}\boldsymbol{S}_1-\boldsymbol{S}_2&=\boldsymbol{S}_1^{\mathrm{T}}-\boldsymbol{S}_2^{\mathrm{T}}=(\boldsymbol{S}_1-\boldsymbol{S}_2)^{\mathrm{T}}=(\boldsymbol{F}_2-\boldsymbol{F}_1)^{\mathrm{T}}=\boldsymbol{F}_2^{\mathrm{T}}-\boldsymbol{F}_1^{\mathrm{T}}\\&=-\boldsymbol{F}_2+\boldsymbol{F}_1=-(\boldsymbol{F}_2-\boldsymbol{F}_1)=-(\boldsymbol{S}_1-\boldsymbol{S}_2),\end{aligned}$$

从而 $\boldsymbol{S}_1=\boldsymbol{S}_2,\boldsymbol{F}_1=\boldsymbol{F}_2$,故 $\boldsymbol{A}$ 的分解式是唯一的,也即 $f_1(\boldsymbol{\alpha},\boldsymbol{\beta})$与 $f_2(\boldsymbol{\alpha},\boldsymbol{\beta})$是唯一的. ▌

根据对称矩阵在合同变换下的有关结果,我们有下述一些结论.

定理 13.8 设 V 是数域 **K** 上的 n 维线性空间,$f(\boldsymbol{\alpha},\boldsymbol{\beta})$是 V 上秩为 r 的对称双线性函数,则存在 V 的一个基 $\boldsymbol{\beta}_1,\boldsymbol{\beta}_2,\cdots,\boldsymbol{\beta}_n$,对 V 中任意元素

$$\boldsymbol{\alpha}=x_1\boldsymbol{\beta}_1+x_2\boldsymbol{\beta}_2+\cdots+x_n\boldsymbol{\beta}_n,\quad \boldsymbol{\beta}=y_1\boldsymbol{\beta}_1+y_2\boldsymbol{\beta}_2+\cdots+y_n\boldsymbol{\beta}_n,$$

有

$$f(\boldsymbol{\alpha},\boldsymbol{\beta})=d_1x_1y_1+d_2x_2y_2+\cdots+d_rx_ry_r,$$

其中 $d_i\neq 0\ (i=1,2,\cdots,r)$.

证 取 V 的基 $\boldsymbol{\alpha}_1,\boldsymbol{\alpha}_2,\cdots,\boldsymbol{\alpha}_n$,设 $f(\boldsymbol{\alpha},\boldsymbol{\beta})$在该基下的度量矩阵为 $\boldsymbol{A}$.因为 $\boldsymbol{A}$ 是秩为 r 的对称矩阵,由定理 8.4,存在可逆矩阵 $\boldsymbol{C}$,使得

$$\boldsymbol{B}=\boldsymbol{C}^{\mathrm{T}}\boldsymbol{A}\boldsymbol{C}=\mathrm{diag}(d_1,\cdots,d_r,0,\cdots,0)\quad(d_i\neq 0,i=1,2,\cdots,r).$$

令

$$(\boldsymbol{\beta}_1,\boldsymbol{\beta}_2,\cdots,\boldsymbol{\beta}_n)=(\boldsymbol{\alpha}_1,\boldsymbol{\alpha}_2,\cdots,\boldsymbol{\alpha}_n)\boldsymbol{C},$$

则 $\boldsymbol{\beta}_1,\boldsymbol{\beta}_2,\cdots,\boldsymbol{\beta}_n$ 是 V 的一个基,再由式(13.6),有

$$f(\boldsymbol{\alpha},\boldsymbol{\beta})=\boldsymbol{x}^{\mathrm{T}}\boldsymbol{B}\boldsymbol{y}=d_1x_1y_1+d_2x_2y_2+\cdots+d_rx_ry_r.$$ ▎

推论 1　设 V 是 n 维复线性空间，$f(\boldsymbol{\alpha},\boldsymbol{\beta})$是 V 上秩为 r 的对称双线性函数. 则存在 V 的一个基 $\boldsymbol{\beta}_1,\boldsymbol{\beta}_2,\cdots,\boldsymbol{\beta}_n$，对 V 中任意元素

$$\boldsymbol{\alpha}=x_1\boldsymbol{\beta}_1+x_2\boldsymbol{\beta}_2+\cdots+x_n\boldsymbol{\beta}_n,\quad \boldsymbol{\beta}=y_1\boldsymbol{\beta}_1+y_2\boldsymbol{\beta}_2+\cdots+y_n\boldsymbol{\beta}_n,$$

有

$$f(\boldsymbol{\alpha},\boldsymbol{\beta})=x_1y_1+x_2y_2+\cdots+x_ry_r.$$

推论 2　设 V 是 n 维实线性空间，$f(\boldsymbol{\alpha},\boldsymbol{\beta})$是 V 上秩为 r 的对称双线性函数，p 是 $f(\boldsymbol{\alpha},\boldsymbol{\beta})$的度量矩阵的正惯性指数. 则存在 V 的一个基 $\boldsymbol{\beta}_1,\boldsymbol{\beta}_2,\cdots,\boldsymbol{\beta}_n$，对 V 中任意元素

$$\boldsymbol{\alpha}=x_1\boldsymbol{\beta}_1+x_2\boldsymbol{\beta}_2+\cdots+x_n\boldsymbol{\beta}_n,\quad \boldsymbol{\beta}=y_1\boldsymbol{\beta}_1+y_2\boldsymbol{\beta}_2+\cdots+y_n\boldsymbol{\beta}_n,$$

有

$$f(\boldsymbol{\alpha},\boldsymbol{\beta})=x_1y_1+\cdots+x_py_p-x_{p+1}y_{p+1}-\cdots-x_ry_r.$$

推论 3　设 V 是 n 维欧氏空间，$f(\boldsymbol{\alpha},\boldsymbol{\beta})$是 V 上的对称双线性函数，则存在 V 的一个规范正交基 $\boldsymbol{\eta}_1,\boldsymbol{\eta}_2,\cdots,\boldsymbol{\eta}_n$，对 V 中任意元素

$$\boldsymbol{\alpha}=x_1\boldsymbol{\eta}_1+x_2\boldsymbol{\eta}_2+\cdots+x_n\boldsymbol{\eta}_n,\quad \boldsymbol{\beta}=y_1\boldsymbol{\eta}_1+y_2\boldsymbol{\eta}_2+\cdots+y_n\boldsymbol{\eta}_n,$$

有

$$f(\boldsymbol{\alpha},\boldsymbol{\beta})=\lambda_1x_1y_1+\lambda_2x_2y_2+\cdots+\lambda_nx_ny_n,$$

其中 $\lambda_1,\lambda_2,\cdots,\lambda_n$ 是 $f(\boldsymbol{\alpha},\boldsymbol{\beta})$在某个基下度量矩阵的特征值.

利用对称双线性函数可以给出更一般的二次型概念.

定义 13.8　设 $f(\boldsymbol{\alpha},\boldsymbol{\beta})$是数域 **K** 上线性空间 V 的对称双线性函数，则称 $f(\boldsymbol{\alpha},\boldsymbol{\alpha})$ 是 V 上的**二次型**.

根据式(13.6)，如果对称双线性函数 $f(\boldsymbol{\alpha},\boldsymbol{\beta})$在 n 维线性空间 V 的一个基 $\boldsymbol{\alpha}_1,\boldsymbol{\alpha}_2,\cdots,\boldsymbol{\alpha}_n$ 下的度量矩阵为 $\boldsymbol{A}$（这是一个对称矩阵），则对 V 中任意元 $\boldsymbol{\alpha}=x_1\boldsymbol{\alpha}_1+x_2\boldsymbol{\alpha}_2+\cdots+x_n\boldsymbol{\alpha}_n$，有

$$f(\boldsymbol{\alpha},\boldsymbol{\alpha})=\boldsymbol{x}^{\mathrm{T}}\boldsymbol{A}\boldsymbol{x},$$

其中 $\boldsymbol{x}=(x_1,x_2,\cdots,x_n)^{\mathrm{T}}$. 可见，在取定一个基后，V 上二次型的一般表达式就是数域 **K** 上的 n 元二次型.

下面讨论反对称双线性函数. 我们不加证明地指出如下结果.

定理 13.9　设 $f(\boldsymbol{\alpha},\boldsymbol{\beta})$是数域 **K** 上 n 维线性空间 V 的反对称双线性函数，则存在 V 的一个基

$$\boldsymbol{\beta}_1,\cdots,\boldsymbol{\beta}_{2s},\boldsymbol{\gamma}_1,\cdots,\boldsymbol{\gamma}_t\quad(2s+t=n),$$

使得对 V 中任意元

$$\boldsymbol{\alpha}=x_1\boldsymbol{\beta}_1+\cdots+x_{2s}\boldsymbol{\beta}_{2s}+x_{2s+1}\boldsymbol{\gamma}_1+\cdots+x_n\boldsymbol{\gamma}_t,$$

$$\boldsymbol{\beta}=y_1\boldsymbol{\beta}_1+\cdots+y_{2s}\boldsymbol{\beta}_{2s}+y_{2s+1}\boldsymbol{\gamma}_1+\cdots+y_n\boldsymbol{\gamma}_t,$$

有

$$f(\boldsymbol{\alpha},\boldsymbol{\beta})=x_1y_2-x_2y_1+x_3y_4-x_4y_3+\cdots+x_{2s-1}y_{2s}-x_{2s}y_{2s-1}.$$

称之为反对称双线性函数的**规范形**.

推论 数域 **K** 上的 n 阶反对称矩阵 $\boldsymbol{A}$ 必合同于如下形式的矩阵

$$\begin{pmatrix} 0 & 1 & & & & & & \\ -1 & 0 & & & & & & \\ & & \ddots & & & & & \\ & & & 0 & 1 & & & \\ & & & -1 & 0 & & & \\ & & & & & 0 & & \\ & & & & & & \ddots & \\ & & & & & & & 0 \end{pmatrix}.$$

例 13.9 已知 $\mathbf{R}^4$ 上的反对称双线性函数

$$\begin{aligned} f(\boldsymbol{x},\boldsymbol{y})=&-2x_1y_2+4x_1y_3-6x_1y_4+2x_2y_1-x_2y_3+2x_2y_4\\ &-4x_3y_1+x_3y_2+x_3y_4+6x_4y_1-2x_4y_2-x_4y_3, \end{aligned}$$

其中 $\boldsymbol{x}=(x_1,x_2,x_3,x_4)$, $\boldsymbol{y}=(y_1,y_2,y_3,y_4)\in\mathbf{R}^4$. 求 $\mathbf{R}^4$ 的一个基,使 $f(\boldsymbol{x},\boldsymbol{y})$ 在该基下的表达式为规范形.

解 取 $\mathbf{R}^4$ 的基 $\boldsymbol{e}_1,\boldsymbol{e}_2,\boldsymbol{e}_3,\boldsymbol{e}_4$,则 $f(\boldsymbol{x},\boldsymbol{y})$ 在该基下的度量矩阵为

$$\boldsymbol{A}=\begin{pmatrix} 0 & -2 & 4 & -6\\ 2 & 0 & -1 & 2\\ -4 & 1 & 0 & 1\\ 6 & -2 & -1 & 0 \end{pmatrix}.$$

因为

$$\begin{pmatrix}\boldsymbol{A}\\ \cdots\\ \boldsymbol{E}\end{pmatrix}=\begin{pmatrix} 0 & -2 & 4 & -6\\ 2 & 0 & -1 & 2\\ -4 & 1 & 0 & 1\\ 6 & -2 & -1 & 0\\ \hdashline 1 & 0 & 0 & 0\\ 0 & 1 & 0 & 0\\ 0 & 0 & 1 & 0\\ 0 & 0 & 0 & 1 \end{pmatrix}\xrightarrow[\substack{c_3+2c_2\\ c_4-3c_2\\ r_1\times\left(-\frac{1}{2}\right)}]{\substack{r_3+2r_2\\ r_4-3r_2\\ c_1\times\left(-\frac{1}{2}\right)}}\begin{pmatrix} 0 & 1 & 0 & 0\\ -1 & 0 & -1 & 2\\ 0 & 1 & 0 & 2\\ 0 & -2 & -2 & 0\\ \hdashline -\frac{1}{2} & 0 & 0 & 0\\ 0 & 1 & 2 & -3\\ 0 & 0 & 1 & 0\\ 0 & 0 & 0 & 1 \end{pmatrix}$$

$$\xrightarrow[\substack{c_3-c_1\\ c_4+2c_1}]{\substack{r_3-r_1\\ r_4+2r_1}}\begin{pmatrix} 0 & 1 & 0 & 0\\ -1 & 0 & 0 & 0\\ 0 & 0 & 0 & 2\\ 0 & 0 & -2 & 0\\ \hdashline -\frac{1}{2} & 0 & \frac{1}{2} & -1\\ 0 & 1 & 2 & -3\\ 0 & 0 & 1 & 0\\ 0 & 0 & 0 & 1 \end{pmatrix}\xrightarrow[c_3\times\frac{1}{2}]{r_3\times\frac{1}{2}}\begin{pmatrix} 0 & 1 & 0 & 0\\ -1 & 0 & 0 & 0\\ 0 & 0 & 0 & 1\\ 0 & 0 & -1 & 0\\ \hdashline -\frac{1}{2} & 0 & \frac{1}{4} & -1\\ 0 & 1 & 1 & -3\\ 0 & 0 & \frac{1}{2} & 0\\ 0 & 0 & 0 & 1 \end{pmatrix},$$

于是 $\boldsymbol{C}=\begin{pmatrix} -\frac{1}{2} & 0 & \frac{1}{4} & -1\\ 0 & 1 & 1 & -3\\ 0 & 0 & \frac{1}{2} & 0\\ 0 & 0 & 0 & 1 \end{pmatrix}$，使得 $\boldsymbol{C}^{\mathrm{T}}\boldsymbol{A}\boldsymbol{C}=\begin{pmatrix} 0 & 1 & 0 & 0\\ -1 & 0 & 0 & 0\\ 0 & 0 & 0 & 1\\ 0 & 0 & -1 & 0 \end{pmatrix}$.

所求基 $\boldsymbol{b}_1,\boldsymbol{b}_2,\boldsymbol{b}_3,\boldsymbol{b}_4$ 满足

$$(\boldsymbol{b}_1,\boldsymbol{b}_2,\boldsymbol{b}_3,\boldsymbol{b}_4)=(\boldsymbol{e}_1,\boldsymbol{e}_2,\boldsymbol{e}_3,\boldsymbol{e}_4)\boldsymbol{C},$$

即

$$\boldsymbol{b}_1=\left(-\frac{1}{2},0,0,0\right),\quad \boldsymbol{b}_2=(0,1,0,0),$$

$$\boldsymbol{b}_3=\left(\frac{1}{4},1,\frac{1}{2},0\right),\quad \boldsymbol{b}_4=(-1,-3,0,1).$$

对 $\mathbf{R}^4$ 中任意向量

$$\boldsymbol{x}=x_1\boldsymbol{b}_1+x_2\boldsymbol{b}_2+x_3\boldsymbol{b}_3+x_4\boldsymbol{b}_4,\quad \boldsymbol{y}=y_1\boldsymbol{b}_1+y_2\boldsymbol{b}_2+y_3\boldsymbol{b}_3+y_4\boldsymbol{b}_4,$$

有

$$f(\boldsymbol{x},\boldsymbol{y})=x_1y_2-x_2y_1+x_3y_4-x_4y_3.$$

对于具有可逆双线性函数、对称或反对称双线性函数的线性空间 V，我们也可以将这些双线性函数看成 V 上的一个“内积”，依照欧氏空间来讨论它的度量性质，一般的长度、角度很难推广进去，但是还能讨论“正交性”，“正交基”，“正交子空间”，“正交变换”等.

有关这方面的结果，此处不做进一步的讨论.

习　题　13

1. 设 V 是数域 $\mathbf{K}$ 上的线性空间，取定数 $a\in\mathbf{K}$，问映射

$$f(\boldsymbol{\alpha})=a,\quad \forall\,\boldsymbol{\alpha}\in \mathrm{V}$$

是否线性函数？为什么？

2. 在指定线性空间上定义的以下映射是否线性函数？为什么？

(1) 对 $\mathbf{K}^n$ 中的任意一向量 $\boldsymbol{x}=(x_1,x_2,\cdots,x_n)$，定义

$$f(\boldsymbol{x})=f(x_1,x_2,\cdots,x_n)=x_1^2+x_2^2+\cdots+x_n^2;$$

(2) 对 $\mathbf{K}^{m\times n}$ 中的任一矩阵 $\boldsymbol{X}=(x_{ij})_{m\times n}$ 和数域 $\mathbf{K}$ 中取定的数 a_{ij} $(i=1,\cdots,m;j=1,\cdots,n)$ 定义

$$f(\boldsymbol{X})=\sum_{i=1}^{m}\sum_{j=1}^{m}a_{ij}x_{ij};$$

(3) 在 $\mathbf{K}^{n\times n}$ 中，定义

$$f(\boldsymbol{X})=\det\boldsymbol{X},\quad \forall\,\boldsymbol{X}\in\mathbf{K}^{n\times n}.$$

3. 设 V 是数域 $\mathbf{K}$ 上一个三维线性空间，$\boldsymbol{\alpha}_1,\boldsymbol{\alpha}_2,\boldsymbol{\alpha}_3$ 是它的一个基，f 是 V 上一个线性函数，已知

$$f(\boldsymbol{\alpha}_1+\boldsymbol{\alpha}_3)=1,\quad f(\boldsymbol{\alpha}_2-2\boldsymbol{\alpha}_3)=-1,\quad f(\boldsymbol{\alpha}_1+\boldsymbol{\alpha}_2)=-3,$$

求 $f(x_1\boldsymbol{\alpha}_1+x_2\boldsymbol{\alpha}_2+x_3\boldsymbol{\alpha}_3)$.

4. V 及 $\boldsymbol{\alpha}_1,\boldsymbol{\alpha}_2,\boldsymbol{\alpha}_3$ 同上题，试找出一个线性函数 f，使

$$f(\boldsymbol{\alpha}_1+\boldsymbol{\alpha}_3)=f(\boldsymbol{\alpha}_1-2\boldsymbol{\alpha}_3)=0,\quad f(\boldsymbol{\alpha}_1+\boldsymbol{\alpha}_2)=1.$$

5. 设 $\boldsymbol{\alpha}_1,\boldsymbol{\alpha}_2,\boldsymbol{\alpha}_3$ 是线性空间 V 的一个基，f_1,f_2,f_3 是它的对偶基，且

$$\boldsymbol{\beta}_1=\boldsymbol{\alpha}_1-\boldsymbol{\alpha}_3,\quad \boldsymbol{\beta}_2=\boldsymbol{\alpha}_1+\boldsymbol{\alpha}_2+\boldsymbol{\alpha}_3,\quad \boldsymbol{\beta}_3=\boldsymbol{\alpha}_2+\boldsymbol{\alpha}_3.$$

试证 $\boldsymbol{\beta}_1,\boldsymbol{\beta}_2,\boldsymbol{\beta}_3$ 是 V 的基并求它的对偶基(用 f_1,f_2,f_3 表出).

6. 定义线性空间 $\mathbf{K}[x]_2$ 的函数

$$f_1(p(x))=\int_0^1 p(t)\mathrm{d}t,\quad f_2(p(x))=\int_0^2 p(t)\mathrm{d}t,$$

$$f_3(p(x))=\int_0^{-1} p(t)\mathrm{d}t\quad (\forall\,p(x)\in\mathbf{K}[x]_2).$$

试证 f_1,f_2,f_3 都是 $\mathbf{K}[x]_2$ 上的线性函数，并找出 $\mathbf{K}[x]_2$ 的基 $p_1(x),p_2(x),p(x)$ 使 f_1,f_2,f_3 是它的对偶基.

7. 设 T 是线性空间 V 的线性变换，f 是 V 上的线性函数，定义映射

$$f_T(\boldsymbol{\alpha})=f(T(\boldsymbol{\alpha})),\quad \forall\,\boldsymbol{\alpha}\in\mathrm{V}.$$

证明 f_T 是 V 上的线性函数.

8. 设 $f_1(\boldsymbol{\alpha}),f_2(\boldsymbol{\alpha})$ 都是线性空间 V 上的线性函数，令

$$f(\boldsymbol{\alpha},\boldsymbol{\beta})=f_1(\boldsymbol{\alpha})f_2(\boldsymbol{\beta}),\quad \forall\,\boldsymbol{\alpha},\boldsymbol{\beta}\in\mathrm{V}.$$

证明 $f(\boldsymbol{\alpha},\boldsymbol{\beta})$ 是 V 上的一个双线性函数.

9. 在 $\mathbf{R}^4$ 中定义一个双线性函数 $f(\boldsymbol{x},\boldsymbol{y})$：

$$f(\boldsymbol{x},\boldsymbol{y})=3x_1y_2-5x_2y_1+x_3y_4-4x_4y_3,$$

其中 $\boldsymbol{x}=(x_1,x_2,x_3,x_4)$，$\boldsymbol{y}=(y_1,y_2,y_3,y_4)\in\mathbf{R}^4$.

(1) 给定 $\mathbf{R}^4$ 的一个基

$$\boldsymbol{a}_1=(1,-2,-1,0),\quad \boldsymbol{a}_2=(1,-1,1,0),$$

$$\boldsymbol{a}_3=(-1,2,1,1),\quad \boldsymbol{a}_4=(-1,-1,0,1),$$

求 $f(\boldsymbol{x},\boldsymbol{y})$ 在这个基下的度量矩阵；

(2) 另取 $\mathbf{R}^4$ 的一个基 $\boldsymbol{b}_1,\boldsymbol{b}_2,\boldsymbol{b}_3,\boldsymbol{b}_4$ 满足

$$(\boldsymbol{b}_1, \boldsymbol{b}_2, \boldsymbol{b}_3, \boldsymbol{b}_4) = (\boldsymbol{a}_1, \boldsymbol{a}_2, \boldsymbol{a}_3, \boldsymbol{a}_4)\boldsymbol{C},$$

其中 $\boldsymbol{C}=\begin{pmatrix}1 & 1 & 1 & 1\\ 1 & 1 & -1 & -1\\ 1 & -1 & 1 & -1\\ 1 & -1 & -1 & 1\end{pmatrix}$，求 $f(\boldsymbol{x},\boldsymbol{y})$在基 $\boldsymbol{b}_1,\boldsymbol{b}_2,\boldsymbol{b}_3,\boldsymbol{b}_4$ 下的度量矩阵.

10. 试证：线性空间 V 上双线性函数 $f(\boldsymbol{\alpha},\boldsymbol{\beta})$为反对称的充分必要条件是：对任意 $\boldsymbol{\alpha}\in V$ 都有 $f(\boldsymbol{\alpha},\boldsymbol{\alpha})=0$.

11. 已知 $\mathbf{R}^3$ 上的双线性函数：

$$f(\boldsymbol{x},\boldsymbol{y}) = -x_1y_1+3x_1y_2+5x_1y_3+3x_2y_1+x_2y_2-5x_2y_3+5x_3y_1-5x_3y_2-6x_3y_3,$$

其中 $\boldsymbol{x}=(x_1,x_2,x_3)$，$\boldsymbol{y}=(y_1,y_2,y_3)\in\mathbf{R}^3$.

(1) 证明 $f(\boldsymbol{x},\boldsymbol{y})$是对称双线性函数；

(2) 求 $\mathbf{R}^4$ 的一个基，使 $f(\boldsymbol{x},\boldsymbol{y})$在该基下的度量矩阵为对角矩阵.

第 14 章　基本代数结构简介

代数学研究的对象是代数系统，或称代数结构，即具有一种或几种代数运算的集合. 本章将对三种最基本的代数系统——群、环和域作一简单介绍.

14.1　代数运算

在相当长的一段历史时期里，数及其四则运算一直是代数研究的主要对象. 19 世纪以来，随着数学的发展和人类认识的深化，运算的概念和可以运算的对象大大超出了数的范围，就拿我们讨论过的对象来说，除了数外，还有多项式、函数、向量、矩阵、变换、映射等，它们都能进行运算. 虽然这些对象不同，相应的运算方法各异，但是这些运算却有许多共同的性质. 对这些共同的性质进行统一研究，不仅能使人们清楚地看到本质的东西而不被各种具体对象的个性所迷惑，同时统一的抽象研究使这些概念及性质具有非常广泛的适用性.

首先我们从统一各种具体运算而给出抽象的运算概念开始. 数的加、减、乘、除，向量的加法与数乘，矩阵的加法、数乘与乘法，集合的并与交等，定义虽然不同，但一个共同的特征是由一对元素通过某种法则来确定另一个元素.

定义 14.1　设 A，B，C 是三个非空集合，如果按照某一法则可以把任意 $\boldsymbol{a}\in \mathrm{A}$ 和 $\boldsymbol{b}\in \mathrm{B}$ 与 C 中唯一确定的元素 $\boldsymbol{c}$ 对应，则称这一对应为**集合 A 和 B 到 C 的一个代数运算**. 如果 A＝B＝C，则称这一对应为**集合 A 上的一个代数运算**.

通常用“$\circ$”或“$\oplus$”来表示运算，相应地称为“乘法”或“加法”. 于是元素 $\boldsymbol{a}\in \mathrm{A}$，$\boldsymbol{b}\in \mathrm{B}$ 与 $\boldsymbol{c}\in \mathrm{C}$ 的对应可以写成

$$\boldsymbol{c}=\boldsymbol{a}\circ \boldsymbol{b} \quad \text{或} \quad \boldsymbol{c}=\boldsymbol{a}\oplus \boldsymbol{b}.$$

需要注意的是，这里的“乘法”与“加法”并不总是指通常的乘法与加法，而仅表示代数运算所确定的对应关系.

例 14.1　设 A＝{所有整数}，B＝{所有不等于零的整数}，C＝{所有有理数}. 规定

$$a\circ b=\frac{a}{b} \quad (a\in \mathrm{A}, b\in \mathrm{B}),$$

则$\circ$是从集合 A 和 B 到 C 的代数运算，也就是普通的除法.

例 14.2　设 $\mathrm{A}=\mathbf{K}^{m\times n}$，$\mathrm{B}=\mathbf{K}^{n\times p}$，$\mathrm{C}=\mathbf{K}^{m\times p}$. 规定

$$\boldsymbol{A}\circ \boldsymbol{B}=\boldsymbol{AB} \quad (\boldsymbol{A}\in \mathbf{K}^{m\times n}, \boldsymbol{B}\in \mathbf{K}^{n\times p}),$$

则$\circ$是从集合 A 和 B 到 C 的代数运算. 这是矩阵的乘法.

例 14.3　设 V 是数域 **K** 上的线性空间,则加法运算是 V 上的代数运算,**K** 中的数与 V 中向量的数乘运算是 **K** 和 V 到 V 的代数运算.

例 14.4　设 $A=\{0,1\}$,规定

$$0\oplus1=1\oplus0=1,\quad 0\oplus0=0,\quad 1\oplus1=0,$$
$$0\circ1=1\circ0=0\circ0=0,\quad 1\circ1=1,$$

则$\oplus$和$\circ$都是集合 A 上的代数运算. 这两种代数运算可用运算表的形式表示为

$\oplus$	0	1
0	0	1
1	1	0

,

$\circ$	0	1
0	0	0
1	0	1

.

常用的是集合 A 上的代数运算. 在这样的代数运算之下,可以对 A 中任意两个元素加以运算,而且所得结果还在 A 中,所以当$\circ$或$\oplus$是集合 A 上的代数运算时,也称集合 A 对于代数运算$\circ$或$\oplus$是封闭的.

由定义可以看出,代数运算是可以相当任意地去规定的,但太随意规定出来的运算很难说有什么应用. 我们常遇到的一些代数运算都适合某些从实际中来的规律.

定义 14.2　设$\circ$是集合 A 上的代数运算,如果对任意 $\boldsymbol{a},\boldsymbol{b},\boldsymbol{c}\in A$ 都有

$$(\boldsymbol{a}\circ\boldsymbol{b})\circ\boldsymbol{c}=\boldsymbol{a}\circ(\boldsymbol{b}\circ\boldsymbol{c}),$$

则称代数运算$\circ$满足**结合律**.

如果代数运算$\circ$满足结合律,则三个元素的运算结果与运算顺序无关. 使用归纳法可以推出在代数运算满足结合律时,多个元素的运算结果与运算顺序无关. 我们所熟知的代数运算大多数满足结合律,但有些代数运算,如数的减法与除法,不满足结合律.

定义 14.3　设$\circ$是集合 A 上的代数运算,如果对任意 $\boldsymbol{a},\boldsymbol{b}\in A$ 都有

$$\boldsymbol{a}\circ\boldsymbol{b}=\boldsymbol{b}\circ\boldsymbol{a},$$

则称代数运算$\circ$满足**交换律**.

数的加法与乘法、矩阵的加法、集合的交与并都满足交换律. 但有些代数运算,如数的减法与除法、矩阵的乘法、线性变换的乘法等,不满足交换律.

结合律和交换律都只同一种代数运算发生关系. 现在要讨论同两种代数运算发生关系的一种规律.

定义 14.4　设$\circ$和$\oplus$是集合 A 上的两种代数运算,如果对任意 $\boldsymbol{a},\boldsymbol{b},\boldsymbol{c}\in A$ 都有

$$\boldsymbol{a}\circ(\boldsymbol{b}\oplus\boldsymbol{c})=(\boldsymbol{a}\circ\boldsymbol{b})\oplus(\boldsymbol{a}\circ\boldsymbol{c}),$$

则称代数运算$\circ$对$\oplus$满足**左分配律**. 如果

$$(\boldsymbol{b}\oplus\boldsymbol{c})\circ\boldsymbol{a}=(\boldsymbol{b}\circ\boldsymbol{a})\oplus(\boldsymbol{c}\circ\boldsymbol{a}),$$

则称代数运算$\circ$对$\oplus$满足**右分配律**.如果代数运算$\circ$对$\oplus$同时满足左分配律和右分配律,则称$\circ$对$\oplus$满足**分配律**.

集合的并对于交满足分配律,交对于并也满足分配律;数的乘法对加法满足分配律,而数的加法对乘法不满足分配律;在 $\mathbf{K}^{n\times n}$ 上,矩阵的乘法对加法满足左分配律,也满足右分配律.

14.2 群及其基本性质

群是历史上最早提出也是最简单的一种代数结构.在 18 世纪 30 年代,年轻的法国数学家 E. Galois 开创性地提出了群的概念,用群论彻底解决了"根式求解高次方程"的问题,并由此发展了一整套关于群和域的理论——Galois 理论,代数学获得了突破性的进展.

14.2.1 群的定义与例

群是具有一个代数运算的代数系统,它的定义如下.

定义 14.5 设$\circ$是非空集合 G 上的代数运算,如果它满足

(1)(结合性) $(\boldsymbol{a}\circ\boldsymbol{b})\circ\boldsymbol{c}=\boldsymbol{a}\circ(\boldsymbol{b}\circ\boldsymbol{c})$, $\forall \boldsymbol{a},\boldsymbol{b},\boldsymbol{c}\in \mathrm{G}$;

(2)(有单位元) 存在**单位元** $\boldsymbol{e}\in \mathrm{G}$,使对 $\forall \boldsymbol{a}\in \mathrm{G}$ 有 $\boldsymbol{e}\circ\boldsymbol{a}=\boldsymbol{a}\circ\boldsymbol{e}=\boldsymbol{a}$;

(3)(有逆元) 对 $\forall \boldsymbol{a}\in \mathrm{G}$,存在 $\boldsymbol{b}\in \mathrm{G}$,使得 $\boldsymbol{a}\circ\boldsymbol{b}=\boldsymbol{b}\circ\boldsymbol{a}=\boldsymbol{e}$,此时称 $\boldsymbol{b}$ 为 $\boldsymbol{a}$ 的**逆元**,记为 $\boldsymbol{a}^{-1}$,

则称 G 关于代数运算$\circ$构成一个**群**.如果代数运算$\circ$还满足交换律,即对 $\forall \boldsymbol{a},\boldsymbol{b}\in \mathrm{G}$ 有 $\boldsymbol{a}\circ\boldsymbol{b}=\boldsymbol{b}\circ\boldsymbol{a}$,则称 G 关于代数运算$\circ$构成**交换群**或 **Abel 群**.

如果 G 的代数运算$\circ$仅满足条件(1),则称之为**半群**;如果 G 的代数运算$\circ$满足条件(1)和(2),则称之为**幺半群**.

下面看几个例子.

例 14.5 所有整数的集合 $\mathbf{Z}$、所有有理数的集合 $\mathbf{Q}$、所有实数的集合 $\mathbf{R}$、所有复数的集合 $\mathbf{C}$,对于数的加法都构成交换群,单位元是 0. $\mathbf{Q}$ 和 $\mathbf{R}$ 对于数的乘法只构成幺半群,因为零没有逆元.非零有理数(实数,复数)集合对于数的乘法构成交换群,单位元是 1.

例 14.6 集合 $\mathrm{G}=\{\boldsymbol{A}\,|\,\boldsymbol{A}\in \mathbf{K}^{n\times n}$ 且 $\det\boldsymbol{A}=1\}$对于矩阵乘法构成一个群.

这是因为,对 $\forall \boldsymbol{A},\boldsymbol{B}\in \mathrm{G}$ 有 $\det\boldsymbol{A}=\det \boldsymbol{B}=1$,从而 $\det(\boldsymbol{AB})=\det\boldsymbol{A}\det\boldsymbol{B}=1$,即 $\boldsymbol{AB}\in \mathrm{G}$,这表明矩阵乘法是 G 上的代数运算.结合律显然成立.对 $\forall \boldsymbol{A}\in \mathrm{G}$ 有 $\boldsymbol{EA}=\boldsymbol{AE}=\boldsymbol{A}$ 且$\det\boldsymbol{E}=1$,所以单位矩阵是单位元;又 $\det\boldsymbol{A}^{-1}=(\det\boldsymbol{A})^{-1}=1$ 且 $\boldsymbol{AA}^{-1}=\boldsymbol{A}^{-1}\boldsymbol{A}=\boldsymbol{E}$,所以 $\boldsymbol{A}$ 的逆元是 $\boldsymbol{A}^{-1}$,故 G 对于矩阵乘法构成一个群.

例 14.7 线性空间的向量对于加法构成交换群,单位元是零向量 $\boldsymbol{\theta}$,$\boldsymbol{\alpha}$ 的逆元

是$-\boldsymbol{\alpha}$.

例 14.8　数域 K 上线性空间 V 的全体可逆线性变换关于变换的乘法构成群；当 V 是欧氏空间时，V 的全体正交变换关于变换的乘法也构成群，但它们都不是交换群.

例 14.9　例 14.4 的集合 A 对于代数运算$\oplus$构成交换群，0 是单位元，0 的逆元是 0，而 1 的逆元是 1. 但 A 对于代数运算$\circ$不构成群，因为 0 无逆元.

例 14.10　**置换群**　设 $\mathrm{I}=\{1,2,\cdots,n\}$是前 n 个自然数所成的集，I 上的一一映射 σ：

$$\sigma(k)=i_k \quad (k=1,2,\cdots,n),$$

称为 n **元置换**，其中 $i_1,i_2,\cdots,i_n$ 是 $1,2,\cdots,n$ 的一个排列. 我们用如下记号来表示 σ：

$$\sigma=\begin{pmatrix}1 & 2 & \cdots & n\\ i_1 & i_2 & \cdots & i_n\end{pmatrix}.$$

如 $\sigma=\begin{pmatrix}1 & 2 & 3\\ 2 & 3 & 1\end{pmatrix}$就是一个三元置换，它把 1 映成 2，2 映成 3，3 映成 1. 在这种表示法中，上面一行不一定非按自然顺序排列不可，我们也可以把上面一行写成 $1,2,\cdots,n$的任意一个排列，这时下面一行的排列自然也应做相应改变. 如上面那个三元置换也可以写成

$$\sigma=\begin{pmatrix}2 & 3 & 1\\ 3 & 1 & 2\end{pmatrix}=\begin{pmatrix}3 & 2 & 1\\ 1 & 3 & 2\end{pmatrix}=\begin{pmatrix}1 & 3 & 2\\ 2 & 1 & 3\end{pmatrix}.$$

我们把全体 n 元置换构成的集合记作 S_n. 由于 n 个数的不同全排列的总数共有 $n!$ 个，所以 S_n 含有 $n!$ 个不同的元素. 现定义置换 σ,τ 的乘法如下：

$$\begin{aligned}\sigma\circ\tau &=\begin{pmatrix}1 & 2 & \cdots & n\\ \sigma(1) & \sigma(2) & \cdots & \sigma(n)\end{pmatrix}\begin{pmatrix}1 & 2 & \cdots & n\\ \tau(1) & \tau(2) & \cdots & \tau(n)\end{pmatrix}\\ &=\begin{pmatrix}1 & 2 & \cdots & n\\ \sigma(\tau(1)) & \sigma(\tau(2)) & \cdots & \sigma(\tau(n))\end{pmatrix}.\end{aligned}$$

可见 $\sigma\circ\tau$ 也是一个 n 元置换，所以这样定义的置换乘法是 S_n 上的一个代数运算. 例如

$$\sigma\circ\tau=\begin{pmatrix}1 & 2 & 3\\ 2 & 3 & 1\end{pmatrix}\begin{pmatrix}1 & 2 & 3\\ 1 & 3 & 2\end{pmatrix}=\begin{pmatrix}1 & 2 & 3\\ 2 & 1 & 3\end{pmatrix}.$$

同理

$$\tau\circ\sigma=\begin{pmatrix}1 & 2 & 3\\ 1 & 3 & 2\end{pmatrix}\begin{pmatrix}1 & 2 & 3\\ 2 & 3 & 1\end{pmatrix}=\begin{pmatrix}1 & 2 & 3\\ 3 & 2 & 1\end{pmatrix}.$$

由此可见置换的乘法不满足交换律. 但易证明，置换的乘法满足结合律. 如果取

$$\varepsilon=\begin{pmatrix}1 & 2 & \cdots & n\\ 1 & 2 & \cdots & n\end{pmatrix},$$

则对任意 $\sigma\in S_n$ 有 $\varepsilon\circ\sigma=\sigma\circ\varepsilon=\sigma$，所以 ε 是 S_n 的单位元. 又对任意 n 元置换

$$\sigma=\begin{pmatrix}1 & 2 & \cdots & n\\ \sigma(1) & \sigma(2) & \cdots & \sigma(n)\end{pmatrix},$$

取

$$\tau=\begin{pmatrix}\sigma(1) & \sigma(2) & \cdots & \sigma(n)\\ 1 & 2 & \cdots & n\end{pmatrix},$$

则有 $\sigma\circ\tau=\tau\circ\sigma=\varepsilon$，即 $\tau=\sigma^{-1}$.

综上所述，S_n 关于置换乘法构成一个群，称之为**置换群**，它是一个非交换群.

置换群在代数里占有一个很重要的地位，它是抽象群概念的第一个重要来源. Galois 在解决方程的根式求解问题时，就用到了根的置换概念.

定义 14.6 如果群 G 含有无限多个元素，则称为**无限群**；如果群 G 只含有限多个元素，则称为**有限群**，这时 G 所含元素个数称为 G 的**阶**，记为 $|G|$.

例 14.4 的集合 A 对于代数运算 $\oplus$ 构成的群是有限群，其阶为 2. 例 14.10 中的 n 元置换群是有限群，其阶为 $n!$.

14.2.2 群的基本性质

我们来证明一些对所有群都成立的性质.

性质 1 群的单位元是唯一的.

这是因为，如果 $\boldsymbol{e}$ 和 $\boldsymbol{e}'$ 都是 G 的单位元，则 $\boldsymbol{e}=\boldsymbol{e}\circ\boldsymbol{e}'=\boldsymbol{e}'$.

性质 2 群中每一元的逆元是唯一的.

这是因为，对任意 $\boldsymbol{a}\in G$，如果 $\boldsymbol{b}$ 和 $\boldsymbol{c}$ 是 $\boldsymbol{a}$ 的两个逆元，则由 $\boldsymbol{a}\circ\boldsymbol{b}=\boldsymbol{b}\circ\boldsymbol{a}=\boldsymbol{a}\circ\boldsymbol{c}=\boldsymbol{c}\circ\boldsymbol{a}=\boldsymbol{e}$，得

$$\boldsymbol{b}=\boldsymbol{b}\circ\boldsymbol{e}=\boldsymbol{b}\circ(\boldsymbol{a}\circ\boldsymbol{c})=(\boldsymbol{b}\circ\boldsymbol{a})\circ\boldsymbol{c}=\boldsymbol{e}\circ\boldsymbol{c}=\boldsymbol{c}.$$

性质 3 消去律成立，即若 $\boldsymbol{a}\circ\boldsymbol{x}=\boldsymbol{a}\circ\boldsymbol{y}$，则 $\boldsymbol{x}=\boldsymbol{y}$；若 $\boldsymbol{x}\circ\boldsymbol{b}=\boldsymbol{y}\circ\boldsymbol{b}$，则 $\boldsymbol{x}=\boldsymbol{y}$.

事实上，用 $\boldsymbol{a}^{-1}$ 左乘等式 $\boldsymbol{a}\circ\boldsymbol{x}=\boldsymbol{a}\circ\boldsymbol{y}$ 的两边，得 $\boldsymbol{a}^{-1}\circ(\boldsymbol{a}\circ\boldsymbol{x})=\boldsymbol{a}^{-1}\circ(\boldsymbol{a}\circ\boldsymbol{y})$，于是 $(\boldsymbol{a}^{-1}\circ\boldsymbol{a})\circ\boldsymbol{x}=(\boldsymbol{a}^{-1}\circ\boldsymbol{a})\circ\boldsymbol{y}$，即 $\boldsymbol{e}\circ\boldsymbol{x}=\boldsymbol{e}\circ\boldsymbol{y}$，故 $\boldsymbol{x}=\boldsymbol{y}$.

同样，在等式 $\boldsymbol{x}\circ\boldsymbol{b}=\boldsymbol{y}\circ\boldsymbol{b}$ 两边右乘 $\boldsymbol{b}^{-1}$，得 $\boldsymbol{x}=\boldsymbol{y}$.

性质 4 对群 G 中任意元 $\boldsymbol{a}$ 和 $\boldsymbol{b}$，方程

$$\boldsymbol{a}\circ\boldsymbol{x}=\boldsymbol{b}\quad 及\quad \boldsymbol{y}\circ\boldsymbol{a}=\boldsymbol{b}$$

在 G 中有唯一解.

事实上，用 $\boldsymbol{a}^{-1}$ 左乘方程 $\boldsymbol{a}\circ\boldsymbol{x}=\boldsymbol{b}$ 的两边，得 $\boldsymbol{x}=\boldsymbol{a}^{-1}\circ\boldsymbol{b}\in G$，它是方程 $\boldsymbol{a}\circ\boldsymbol{x}=\boldsymbol{b}$ 的解. 设 $\boldsymbol{x}_1,\boldsymbol{x}_2$ 是此方程的两个解，则有 $\boldsymbol{a}\circ\boldsymbol{x}_1=\boldsymbol{a}\circ\boldsymbol{x}_2$，由消去律即得 $\boldsymbol{x}_1=\boldsymbol{x}_2$，因而解唯一. 同理可证 $\boldsymbol{y}=\boldsymbol{b}\circ\boldsymbol{a}^{-1}$ 是方程 $\boldsymbol{y}\circ\boldsymbol{a}=\boldsymbol{b}$ 的唯一解.

性质 5 对群中任意元 $\boldsymbol{a}$，有 $(\boldsymbol{a}^{-1})^{-1}=\boldsymbol{a}$.

事实上，由 $\boldsymbol{a}\circ\boldsymbol{a}^{-1}=\boldsymbol{a}^{-1}\circ\boldsymbol{a}=\boldsymbol{e}$，即得 $(\boldsymbol{a}^{-1})^{-1}=\boldsymbol{a}$.

性质 6　对群中每一对元 a 和 b，有 $(a\circ b)^{-1}=b^{-1}\circ a^{-1}$.

这是因为

$$(a\circ b)\circ(b^{-1}\circ a^{-1})=[a\circ(b\circ b^{-1})]\circ a^{-1}=a\circ a^{-1}=e,$$

$$(b^{-1}\circ a^{-1})\circ(a\circ b)=[b^{-1}\circ(a^{-1}\circ a)]\circ b=b^{-1}\circ b=e,$$

故 $(a\circ b)^{-1}=b^{-1}\circ a^{-1}$.

在群中，我们定义元素的方幂如下.

定义 14.6　设 a 是群 G 中任一元素，n 是正整数，规定

$$a^0=e,\quad a^1=a,\quad a^{n+1}=a^n\circ a,\quad a^{-n}=(a^{-1})^n.$$

于是在一个群 G 中，元素 a 的任意整数次幂都有定义.

性质 7　对群 G 中任一元素 a，有

$$a^m\circ a^n=a^{m+n},\quad (a^m)^n=a^{mn},$$

其中 m,n 是任意整数.

性质 8　如果 G 是交换群，则

$$(a\circ b)^n=a^n\circ b^n,$$

其中 a 和 b 是群 G 的任意元素，n 是整数.

以上两个性质的证明请读者自己完成.

下面定理给出了半群成为群的一个充分必要条件.

定理 14.1　半群 G 是群的充分必要条件是，对 G 中任意两个元素 a 和 b，方程 $a\circ x=b$ 与 $y\circ a=b$ 在 G 中有唯一解.

证　必要性由性质 4 即得. 下证充分性.

先证 G 有单位元. 任取 $c\in G$，以 e 表示方程 $c\circ x=c$ 的唯一解，则对任意 $a\in G$，方程 $y\circ c=a$ 有解 $b\in G$. 于是

$$a\circ e=(b\circ c)\circ e=b\circ(c\circ e)=b\circ c=a.$$

又因为 $c\circ a=(c\circ e)\circ a=c\circ(e\circ a)$，所以方程 $c\circ x=c\circ a$ 既有解 a，又有解 $e\circ a$，由解的唯一性可知 $e\circ a=a$，这表明 e 是 G 的单位元. 对任意 $a\in G$，以 b 表示 $a\circ x=e$ 的解，即有 $a\circ b=e$. 由于 $a\circ(b\circ a)=(a\circ b)\circ a=e\circ a=a$，故 $b\circ a$ 是 $a\circ x=a\circ e$ 的解，但 e 也是它的解，由解的唯一性知 $b\circ a=e$，从而 b 是 a 的逆元. 故 G 是群. ▌

14.2.3　子群

在群的研究中，子群的概念是非常重要的.

定义 14.7　如果群 G 的非空子集 H 对于 G 的运算也构成群，则称 H 是 G 的一个**子群**.

子群 H 的单位元正是 G 的单位元. 事实上，若 G 的单位元为 e，而 H 的单位元为 e'，则一方面有 $e'\circ e=e'$，另一方面 e' 作为 H 的单位元有 $e'\circ e'=e'$，故 $e'\circ e=e'\circ e'=e$，由方程 $e'\circ x=e'$ 在 G 中有唯一解得 $e=e'$. 如果 $a\in H$，则 a 在 H 中的逆

元就是它在G中的逆元. 这是因为,如果$\boldsymbol{b}$是$\boldsymbol{a}$在H中逆元,$\boldsymbol{c}$是$\boldsymbol{a}$在G中的逆元,则有$\boldsymbol{b}\circ\boldsymbol{a}=\boldsymbol{e}=\boldsymbol{c}\circ\boldsymbol{a}$,于是由消去律得$\boldsymbol{b}=\boldsymbol{c}$.

例 14.11 任意群G本身和只含G的单位元$\boldsymbol{e}$的子集$\{\boldsymbol{e}\}$显然是G的子群,称之为G的**平凡子群**.

一个群G还可能有除平凡子群之外的其他子群,这样的子群称为**非平凡子群**或**真子群**.

例 14.12 设n为整数. 在全体整数集合$\mathbf{Z}$关于数的加法构成的群中,子集

$$n\mathbf{Z}=\{ni \mid i\in\mathbf{Z}\}$$

为$\mathbf{Z}$的一个子群. 当$n\neq0$或$n\neq\pm1$时,$n\mathbf{Z}$是$\mathbf{Z}$的真子集. 例如,取$n=2$,则$n\mathbf{Z}$就是全体偶数对于加法所成的群.

例 14.13 设V是欧氏空间,V的正交变换群是V的可逆线性变换群的子群.

判定群的子集是否为子群,有如下的充分必要条件.

定理 14.2 设H是群G的非空子集,则以下条件等价:

(1) H是G的子群;

(2) 如果$\boldsymbol{a},\boldsymbol{b}\in$ H,则$\boldsymbol{a}\circ\boldsymbol{b}\in$ H,$\boldsymbol{a}^{-1}\in$ H;

(3) 如果$\boldsymbol{a},\boldsymbol{b}\in$ H,则$\boldsymbol{a}\circ\boldsymbol{b}^{-1}\in$ H.

证 由条件(1)得到(2)和(3)是显然的. 反之,如果条件(2)成立,则H对于运算∘封闭,且任意$\boldsymbol{a}\in$ H有逆元;又由$\boldsymbol{e}=\boldsymbol{a}\circ\boldsymbol{a}^{-1}\in$ H知,H含单位元;结合律在H中自然成立,故H构成一个群,从而它是G的子群. 如果条件(3)成立,则对任意$\boldsymbol{a}\in$ H有,$\boldsymbol{e}=\boldsymbol{a}\circ\boldsymbol{a}^{-1}\in$ H,于是$\boldsymbol{a}^{-1}=\boldsymbol{e}\circ\boldsymbol{a}^{-1}\in$ H;如果$\boldsymbol{a},\boldsymbol{b}\in$ H,则$\boldsymbol{a}\circ(\boldsymbol{b}^{-1})^{-1}\in$ H,即得条件(2). ▌

例 14.14 设H_1和H_2是群G的两个子群. 证明$H_1\cap H_2$也是G的子群.

证 因为$\boldsymbol{e}\in H_1$,$\boldsymbol{e}\in H_2$,所以$\boldsymbol{e}\in H_1\cap H_2$,即$H_1\cap H_2$非空. 对任意$\boldsymbol{a},\boldsymbol{b}\in H_1\cap H_2$有$\boldsymbol{a},\boldsymbol{b}\in H_1$,$\boldsymbol{a},\boldsymbol{b}\in H_2$,由定理14.2(2)知,$\boldsymbol{a}\circ\boldsymbol{b}^{-1}\in H_1$且$\boldsymbol{a}\circ\boldsymbol{b}^{-1}\in H_2$,从而$\boldsymbol{a}\circ\boldsymbol{b}^{-1}\in H_1\cap H_2$,故$H_1\cap H_2$是G的子群. ▌

本节最后我们指出,在群的定义14.5中,代数运算是用乘法"∘"来表示的,但采用什么符号来表示一个群的代数运算无关紧要,在有的情形用加法"⊕"来表示更为方便. 按照习惯,相应地把单位元改称为**零元**,并用$\mathbf{0}$来表示;把元素$\boldsymbol{a}$的逆元改称为**负元**,并用$-\boldsymbol{a}$来表示. 于是群的定义中的条件(1),(2),(3)就相应改写为:

(1)′(结合性) $(\boldsymbol{a}\oplus\boldsymbol{b})\oplus\boldsymbol{c}=\boldsymbol{a}\oplus(\boldsymbol{b}\oplus\boldsymbol{c})$;

(2)′(有零元) $\mathbf{0}\oplus\boldsymbol{a}=\boldsymbol{a}\oplus\mathbf{0}=\boldsymbol{a}$;

(3)′(有负元) $\boldsymbol{a}\oplus(-\boldsymbol{a})=(-\boldsymbol{a})\oplus\boldsymbol{a}=\mathbf{0}$.

当群G的元素满足$\boldsymbol{a}\oplus\boldsymbol{b}=\boldsymbol{b}\oplus\boldsymbol{a}$时,它是交换群. 对应于群的性质1~5,有:

性质 1′ 群的零元是唯一的.

性质 2′　群中每一元的负元是唯一的.

性质 3′　如果 $\boldsymbol{a}\oplus\boldsymbol{x}=\boldsymbol{a}\oplus\boldsymbol{y}$,则 $\boldsymbol{x}=\boldsymbol{y}$;如果 $\boldsymbol{x}\oplus\boldsymbol{b}=\boldsymbol{y}\oplus\boldsymbol{b}$,则 $\boldsymbol{x}=\boldsymbol{y}$.

性质 4′　对群 G 中任意元 $\boldsymbol{a}$ 和 $\boldsymbol{b}$,方程

$$\boldsymbol{a}\oplus\boldsymbol{x}=\boldsymbol{b}\quad 及 \quad \boldsymbol{y}\oplus\boldsymbol{a}=\boldsymbol{b}$$

在 G 中有唯一解 $\boldsymbol{x}=(-\boldsymbol{a})\oplus\boldsymbol{b}$ 和 $\boldsymbol{y}=\boldsymbol{b}\oplus(-\boldsymbol{a})$.

性质 5′　对群中任意元 $\boldsymbol{a}$,有 $-(-\boldsymbol{a})=\boldsymbol{a}$.

性质 6′　对群中每一对元 $\boldsymbol{a}$ 和 $\boldsymbol{b}$,有 $-(\boldsymbol{a}\oplus\boldsymbol{b})=(-\boldsymbol{a})\oplus(-\boldsymbol{b})$.

元素 $\boldsymbol{a}$ 的 n 次幂也相应地改写为 $n\boldsymbol{a}$,即定义:

$$1\boldsymbol{a}=\boldsymbol{a},\quad (n+1)\boldsymbol{a}=(n\boldsymbol{a})\oplus\boldsymbol{a},\quad 0\boldsymbol{a}=\boldsymbol{0},\quad (-n)\boldsymbol{a}=n(-\boldsymbol{a}).$$

则性质 7～8 的指数规则就变成以下的"倍数规则":

性质 7′　对群 G 中任一元素 $\boldsymbol{a}$,有

$$(m+n)\boldsymbol{a}=(m\boldsymbol{a})\oplus(n\boldsymbol{a}),\quad n(m\boldsymbol{a})=(mn)\boldsymbol{a},$$

其中 m,n 是任意整数.

性质 8′　如果 G 是交换群,则

$$n(\boldsymbol{a}\oplus\boldsymbol{b})=(n\boldsymbol{a})\oplus(n\boldsymbol{b}),$$

其中 $\boldsymbol{a}$ 和 $\boldsymbol{b}$ 是群 G 的任意元素,n 是整数.

同样,判定群 G 的子集 H 构成子群的充分必要条件为:如果 $\boldsymbol{a},\boldsymbol{b}\in$ H,则 $\boldsymbol{a}\oplus(-\boldsymbol{b})\in$ H.

14.3　环　与　域

本节将研究具有两个代数运算的代数系统——环与域.

14.3.1　环与子环

定义 14.8　设$\oplus$和$\circ$是非空集合 R 上的两种代数运算,分别称之为加法和乘法.如果 R 满足

(1) 关于加法$\oplus$构成一个交换群;

(2) 对任意 $\boldsymbol{a},\boldsymbol{b},\boldsymbol{c}\in$ R,有 $(\boldsymbol{a}\circ\boldsymbol{b})\circ\boldsymbol{c}=\boldsymbol{a}\circ(\boldsymbol{b}\circ\boldsymbol{c})$;

(3) 运算$\circ$对于$\oplus$满足左右分配律,即对任意 $\boldsymbol{a},\boldsymbol{b},\boldsymbol{c}\in$ R,有

$$\boldsymbol{a}\circ(\boldsymbol{b}\oplus\boldsymbol{c})=(\boldsymbol{a}\circ\boldsymbol{b})\oplus(\boldsymbol{a}\circ\boldsymbol{c}),\quad (\boldsymbol{b}\oplus\boldsymbol{c})\circ\boldsymbol{a}=(\boldsymbol{b}\circ\boldsymbol{a})\oplus(\boldsymbol{c}\circ\boldsymbol{a}),$$

则称 R 为**环**.如果环 R 满足乘法交换律,即对任意 $\boldsymbol{a},\boldsymbol{b}\in$ R,有 $\boldsymbol{a}\circ\boldsymbol{b}=\boldsymbol{b}\circ\boldsymbol{a}$,则称 R 为**交换环**.如果环 R 关于乘法存在单位元,则称之为**含幺环**.

例 14.15　全体整数集合 **Z** 对于数的加法及乘法构成交换环;同样地,**Q**,**R**,**C** 都是交换环.全体偶数对于数的加法和乘法也构成交换环,它不是含幺环.全体正(或负)整数对于数的加法和乘法不构成环,因为它无零元和负元.

例 14.16 数域 $\mathbf{K}$ 上 n 阶方阵的全体 $\mathbf{K}^{n\times n}$，对于矩阵的加法与乘法构成环，称之为**矩阵环**，但它不是交换环. $\mathbf{K}^{n\times n}$ 中所有整数矩阵的全体，对于矩阵的加法与乘法构成环；n 阶对角矩阵的全体，对于矩阵的加法与乘法构成交换环.

例 14.17 整系数多项式集合

$$\mathbf{Z}[x]=\{p(x)=a_nx^n+a_{n-1}x^{n-1}+\cdots+a_1x+a_0\mid a_0,\cdots,a_n,n\in\mathbf{Z}\},$$

对于多项式的加法与乘法构成一个含幺交换环，乘法单位元为 1. 但是

$$\mathbf{Z}[x]_2=\{p(x)=a_2x^2+a_1x+a_0\mid a_0,a_1,a_2\in\mathbf{Z}\},$$

对于多项式的加法与乘法不构成环，因为 $\mathbf{Z}[x]_2$ 对于乘法不封闭.

例 14.18 容易证明，例 14.4 的集合 A 按照所规定的加法$\oplus$与乘法$\circ$构成一个交换环.

例 14.19 设集合 G 关于加法$\oplus$构成一个交换群，定义 G 中的乘法为

$$\boldsymbol{a}\circ\boldsymbol{b}=\mathbf{0},$$

则 G 关于加法$\oplus$和乘法$\circ$构成一个环，称之为**零环**.

由以上例子可见，环所讨论的对象也同群一样，相当广泛.

下面讨论环的一些基本性质.

(1) 由于环 R 对于加法构成一个交换群，所以群的性质 $1'\sim8'$在环里都成立.

(2) 由环 R 的定义可得下列性质：

$$\boldsymbol{a}\circ\mathbf{0}=\mathbf{0}\circ\boldsymbol{a}=\mathbf{0};\quad(-\boldsymbol{a})\circ\boldsymbol{b}=\boldsymbol{a}\circ(-\boldsymbol{b})=-(\boldsymbol{a}\circ\boldsymbol{b});\quad(-\boldsymbol{a})\circ(-\boldsymbol{b})=\boldsymbol{a}\circ\boldsymbol{b}.$$

事实上，任取 $\boldsymbol{b}\in\mathrm{R}$，有

$$\boldsymbol{a}\circ\boldsymbol{b}=\boldsymbol{a}\circ(\boldsymbol{b}\oplus\mathbf{0})=(\boldsymbol{a}\circ\boldsymbol{b})\oplus(\boldsymbol{a}\circ\mathbf{0}).$$

上式两边加$-(\boldsymbol{a}\circ\boldsymbol{b})$，即得 $\boldsymbol{a}\circ\mathbf{0}=\mathbf{0}$. 同理可证 $\mathbf{0}\circ\boldsymbol{a}=\mathbf{0}$. 再由

$$((-\boldsymbol{a})\circ\boldsymbol{b})\oplus(\boldsymbol{a}\circ\boldsymbol{b})=((-\boldsymbol{a})\oplus\boldsymbol{a})\circ\boldsymbol{b}=\mathbf{0}\circ\boldsymbol{b}=\mathbf{0},$$

即得$(-\boldsymbol{a})\circ\boldsymbol{b}=-(\boldsymbol{a}\circ\boldsymbol{b})$. 同样可证其余等式.

(3) 在环 R 中可以定义元素 $\boldsymbol{a}$ 的正整数方幂 $\boldsymbol{a}^n$：

$$\boldsymbol{a}^1=\boldsymbol{a},\quad\boldsymbol{a}^{n+1}=\boldsymbol{a}^n\circ\boldsymbol{a}.$$

对于正整数 m,n 有

$$\boldsymbol{a}^m\circ\boldsymbol{a}^n=\boldsymbol{a}^{n+m},\quad(\boldsymbol{a}^m)^n=\boldsymbol{a}^{nm}.$$

如果 R 是交换环，则对任意 $\boldsymbol{a},\boldsymbol{b}\in\mathrm{R}$，二项式定理(用数学归纳法证明)

$$(\boldsymbol{a}\oplus\boldsymbol{b})^n=\boldsymbol{a}^n\oplus\mathrm{C}_n^1\boldsymbol{a}^{n-1}\circ\boldsymbol{b}\oplus\mathrm{C}_n^2\boldsymbol{a}^{n-2}\circ\boldsymbol{b}^2\oplus\cdots\oplus\mathrm{C}_n^{n-1}\boldsymbol{a}\circ\boldsymbol{b}^{n-1}\oplus\boldsymbol{b}^n$$

也成立.

在环中，一般不能定义 $\boldsymbol{a}^0$ 与 $\boldsymbol{a}^{-n}$. 另外，关于环 R 的乘法运算必须注意，由 $\boldsymbol{a}\circ\boldsymbol{b}=\mathbf{0}$不一定能推出 $\boldsymbol{a}=\mathbf{0}$ 或 $\boldsymbol{b}=\mathbf{0}$；进而，由 $\boldsymbol{a}\circ\boldsymbol{b}=\boldsymbol{a}\circ\boldsymbol{c}$ 不一定能消去 $\boldsymbol{a}$ 得到 $\boldsymbol{b}=\boldsymbol{c}$.

如同群有子群一样，在环中也有子环的概念.

定义 14.9　如果环 R 的一个非空子集 S 对于 R 的两种代数运算也构成环，则称 S 为 R 的一个**子环**.

例 14.20　任意环 R 本身和只含 R 的零元 $\mathbf{0}$ 的子集 $\{\mathbf{0}\}$ 显然是 R 的子环，称为 R 的**平凡子环**. 故任意环至少有两个子环. 除平凡子环之外的其他子环称为**非平凡子环**或**真子环**.

例 14.21　在整数环 $\mathbf{Z}$ 中，全体偶数的集合是 $\mathbf{Z}$ 的子环；$n\mathbf{Z}$ 是 $\mathbf{Z}$ 的子环.

例 14.22　在矩阵环 $\mathbf{K}^{n\times n}$ 中，n 阶整数矩阵的集合是 $\mathbf{K}^{n\times n}$ 的子环；n 阶对角矩阵的集合是 $\mathbf{K}^{n\times n}$ 的交换子环.

判定子环的一个充分必要条件如下.

定理 14.3　环 R 的非空子集 S 为子环的充分必要条件是：

(1)　由 $\boldsymbol{a},\boldsymbol{b}\in \mathrm{S}$，可推出 $\boldsymbol{a}\oplus(-\boldsymbol{b})\in \mathrm{S}$；

(2)　由 $\boldsymbol{a},\boldsymbol{b}\in \mathrm{S}$，可推出 $\boldsymbol{a}\circ\boldsymbol{b}\in \mathrm{S}$.

证　条件(1)说明 S 对于加法运算是 R 的一个子群；条件(2)说明 S 对于乘法运算封闭. 环 R 定义中的其他条件在 S 中自然成立，故 S 是 R 的子环. ▌

14.3.2　域和子域

定义 14.10　设 F 是一个至少含有两个元的环，且在 F 中乘法还满足：

(1)（有单位元）　存在单位元 $\boldsymbol{e}\in \mathrm{F}$，使对 $\forall\, \boldsymbol{a}\in \mathrm{F}$ 有 $\boldsymbol{e}\circ\boldsymbol{a}=\boldsymbol{a}\circ\boldsymbol{e}=\boldsymbol{a}$；

(2)（有逆元）　对 $\forall\, \boldsymbol{a}\in \mathrm{F}$ 且 $\boldsymbol{a}\neq\mathbf{0}$，存在 $\boldsymbol{a}^{-1}\in \mathrm{F}$，使得

$$\boldsymbol{a}\circ\boldsymbol{a}^{-1}=\boldsymbol{a}^{-1}\circ\boldsymbol{a}=\boldsymbol{e};$$

(3)（交换性）　对 $\forall\, \boldsymbol{a},\boldsymbol{b}\in \mathrm{F}$ 有 $\boldsymbol{a}\circ\boldsymbol{b}=\boldsymbol{b}\circ\boldsymbol{a}$，

则称 F 为**域**.

由定义可知，域 F 关于加法构成一交换群，域中非零元素关于乘法也构成一交换群. 另外也可知，域 F 至少含有零元 $\mathbf{0}$ 和单位元 $\boldsymbol{e}$.

例 14.23　所有的数域，如 $\mathbf{Q},\mathbf{R},\mathbf{C}$ 等，都是域.

例 14.24　设 $\mathbf{K}$ 是数域，矩阵集合

$$\mathrm{F}_1=\left\{\left.\begin{pmatrix} a & & & \\ & a & & \\ & & \ddots & \\ & & & a \end{pmatrix}\right| a\in\mathbf{K}\right\},\quad \mathrm{F}_2=\left\{\left.\begin{pmatrix} a & & & \\ & 0 & & \\ & & \ddots & \\ & & & 0 \end{pmatrix}\right| a\in\mathbf{K}\right\}$$

按矩阵的加法与乘法均构成域，且 F_1 的单位元是 $\boldsymbol{E}$，而 F_2 的单位元是

$$\boldsymbol{E}_{11}=\begin{pmatrix} 1 & & & \\ & 0 & & \\ & & \ddots & \\ & & & 0 \end{pmatrix}.$$

例 14.25 例 14.4 的集合 A 按照所规定的加法$\oplus$与乘法$\circ$构成域.

由于域是一个交换环,所以交换环的性质域都具有,而且域还有以下的性质.

性质 1 如果 $a\neq 0, b\neq 0$,则 $a\circ b\neq 0$.

事实上,如果 $a\circ b=0$,则当 $a\neq 0$ 时,在等式两边左乘 a^{-1},得 $b=0$,与假设矛盾.

性质 2 乘法消去律成立,即若 $a\neq 0$ 且 $a\circ b=a\circ c$,则 $b=c$.

事实上,用 a^{-1}左乘等式 $a\circ b=a\circ c$ 的两边,得 $b=c$.

在一个域里,当 $b\neq 0$ 时,有 $b^{-1}\circ a=a\circ b^{-1}$,我们不妨把这两个相等的元记为 $\frac{a}{b}$,称为**除法**.相应地可以得到除法的一些运算规则.

(1) $a\circ d=b\circ c$ 的充分必要条件是$\frac{a}{b}=\frac{c}{d}$ $(b\neq 0, d\neq 0)$;

(2) $\frac{a}{b}\oplus\frac{c}{d}=\frac{(a\circ d)\oplus(b\circ c)}{b\circ d}$ $(b\neq 0, d\neq 0)$;

(3) $\frac{a}{b}\circ\frac{c}{d}=\frac{a\circ c}{b\circ d}$ $(b\neq 0, d\neq 0)$;

(4) $\frac{\frac{a}{b}}{\frac{c}{d}}=\frac{a\circ d}{b\circ c}$ $(b\neq 0, c\neq 0, d\neq 0)$.

事实上,给$\frac{a}{b}=\frac{c}{d}$两边左乘 $b\circ d$,得 $a\circ d=b\circ c$.反之,给 $a\circ d=b\circ c$ 两边左乘 $b^{-1}\circ d^{-1}$,得 $b^{-1}\circ a=d^{-1}\circ c$,此即$\frac{a}{b}=\frac{c}{d}$,从而(1)成立.

对(2),(3),(4)类似地证明.

最后介绍子域的概念.

定义 14.11 如果环 R 的子环 S 是域,则称 S 为 R 的一个**子域**.

例 14.26 有理数域 $\mathbf{Q}$ 是实数域 $\mathbf{R}$ 的子域,实数域 $\mathbf{R}$ 是复数域 $\mathbf{C}$ 的子域.

例 14.27 例 14.24 的 F_1 和 F_2 都是矩阵环 $\mathbf{K}^{n\times n}$ 的子域.

判定子域的一个充分必要条件如下.

定理 14.4 交换环 R 的至少含两个元素的子集 S 为子域的充分必要条件是:

(1) 由 $a, b\in S$,可推出 $a\oplus(-b)\in S$;

(2) 由 $a, b\in S$,可推出 $a\circ b^{-1}\in S$.

证 条件(1)说明 S 对于加法运算是 R 的一个子群;条件(2)说明 S 中的非零元素对于乘法运算构成 R 的一个子群.又 S 中的元素满足加法交换律和乘法交换律,故 S 是 R 的子域. ▎

习　题　14

1. 在实数集 $\mathbf{R}$ 中,定义 $a\circ b=a$. 这个运算满足结合律吗? 满足交换律吗?

2. 对于运算 $a\circ b=a^2+b^2$,同样讨论1题中各问.

3. 在自然数集合上,规定运算 $a\oplus b=a+2b$ 及 $a\circ b=2ab$. 这两个运算满足交换律吗? 满足结合律吗? 证明运算$\circ$对$\oplus$满足分配律.

4. 在非负实数集上定义运算$\circ$如下

$$a\circ b=\max\{a,b\}.$$

这个运算满足结合律吗? 满足交换律吗? 同样定义运算$\oplus$如下

$$a\oplus b=\min\{a,b\}.$$

讨论上面同样的问题,并且证明:

$$a\circ(b\oplus c)=(a\circ b)\oplus(a\circ c),\quad a\oplus(b\circ c)=(a\oplus b)\circ(a\oplus c).$$

5. 试证下面4个矩阵对于矩阵乘法运算构成群

$$\boldsymbol{E}=\begin{pmatrix}1 & 0\\ 0 & 1\end{pmatrix},\quad \boldsymbol{A}=\begin{pmatrix}1 & 0\\ 0 & -1\end{pmatrix},\quad \boldsymbol{B}=\begin{pmatrix}-1 & 0\\ 0 & 1\end{pmatrix},\quad \boldsymbol{C}=\begin{pmatrix}-1 & 0\\ 0 & -1\end{pmatrix}.$$

6. 在整数集合 $\mathbf{Z}$ 上,规定运算$\circ$如下:

$$a\circ b=a+b-3,$$

证明 $\mathbf{Z}$ 对于运算$\circ$构成群.

7. 设集合 $\mathrm{G}=\{(a,b)\mid a,b\in\mathbf{R},a\neq 0\}$,规定运算

$$(a,b)\circ(c,d)=(ac,ad+b),$$

证明G对于运算$\circ$构成群.

8. 假设群G中每个元素都满足方程 $\boldsymbol{x}^2=\boldsymbol{e}$,证明G是交换群.

9. 设 $\boldsymbol{c}$ 是群G的任一元素. 求证:G中所有与 $\boldsymbol{c}$ 可交换的元素的集合是G的一个子群.

10. 设 $\sigma=\begin{pmatrix}1 & 2 & 3 & 4 & 5\\ 2 & 3 & 1 & 5 & 4\end{pmatrix}$,$\tau=\begin{pmatrix}1 & 2 & 3 & 4 & 5\\ 3 & 4 & 1 & 5 & 2\end{pmatrix}$,求 $\sigma\circ\tau$, $\sigma^{-1}\circ\tau\circ\sigma$, σ^2, σ^3.

11. 在集合 $\mathrm{R}=\{(a,b)\mid a,b\in\mathbf{Z}\}$ 上定义运算如下:

$$(a,b)\oplus(c,d)=(a+c,b+d),\quad (a,b)\circ(c,d)=(ac,bd).$$

证明R对于所定义的加法和乘法运算构成一交换环.

12. 在上题中,把乘法的定义改为

$$(a,b)\circ(c,d)=(ac,ad).$$

问R对于所定义的加法和乘法运算是否构成环? 是否交换环?

13. 设 $C(-\infty,+\infty)$ 是全体定义在 $(-\infty,+\infty)$ 上连续实函数的集合. 定义运算如下:

$$(f\oplus g)(x)=f(x)+g(x),\quad (f\circ g)(x)=f(g(x)).$$

问 $C(-\infty,+\infty)$ 是否构成环? 为什么?

14. 设R是一个环,所谓R的中心Z(R)是指与环中所有元素可交换的元素的集合. 证明中心是一子环.

15. 在二阶矩阵环 $\mathbf{R}^{2\times 2}$ 中,令

$$\mathrm{S}=\left\{\begin{pmatrix}a & b\\ -b & a\end{pmatrix}\middle|\, a,b\in\mathbf{R}\right\}.$$

证明 S 是 $\mathbf{R}^{2\times 2}$ 的一个子域.

16. 证明二阶复矩阵的集合

$$R=\left\{\begin{pmatrix} a+bi & c+di \\ -c+di & a-bi \end{pmatrix} \middle| a,b,c,d\in \mathbf{R}\right\}$$

对于矩阵的加法和乘法构成一个环,且这个环的每一个非零元素都有逆元,R 是不是域?

习题答案与提示

习 题 1

1. (1) 22; (2) $a^2+2ab-b^2$; (3) -25; (4) 56.

2. (1) $x=\frac{19}{3}$, $y=\frac{4}{3}$; (2) $x_1=2$, $x_2=-1$, $x_3=3$.

3. (1) 12; (2) 6; (3) 16; (4) 13.

4. (1) $i=3$, $j=8$; (2) $i=6$, $j=8$.

5. $a_{23}a_{31}a_{42}a_{56}a_{14}a_{65}$ 带正号; $a_{32}a_{43}a_{16}a_{51}a_{64}a_{25}$ 带负号.

6. $-a_{11}a_{23}a_{32}a_{44}$, $-a_{12}a_{23}a_{34}a_{41}$, $-a_{14}a_{23}a_{31}a_{42}$.

7. (1) $(-1)^{n-1}n!$; (2) $(-1)^{\frac{(n-1)(n-2)}{2}}n!$.

9. x^4 的系数为 2, x^3 的系数为 -1.

11. (1) -294×10^5; (2) 48; (3) 160; (4) a^2b^2; (5) 0;

    (6) $a(b-a_1)(c-a_2)(d-a_3)$.

12. (1) $a^{n-2}(a^2-1)$; (2) $2-\frac{n(n+1)(2n+1)}{6}$; (3) $(-m)^{n-1}\left(\sum_{i=1}^{n}x_i-m\right)$; (4) 0.

13. (1) $xyzuv$; (2) -27.

14. (1) $a^n+(-1)^{n+1}b^n$; (2) $-2(n-2)!$; (3) $\frac{(n+1)!}{2}$;

    (4) $a_1a_2\cdots a_n\left(1+\sum_{i=1}^{n}\frac{1}{a_i}\right)$; (5) $(n+1)a^n$; (6) $\prod_{n+1\geqslant i>j\geqslant 1}(i-j)$.

16. (2) $f(x)=0$ 的根为 $a_1, a_2, \cdots, a_n$.

*17. (1) $(-1)^{\frac{n(n-1)}{2}}n^{n-1}\frac{n+1}{2}$; (2) $[\lambda a+(n-2)\lambda b-(n-1)\alpha\beta](a-b)^{n-2}$;

    (3) $\frac{(x+a)^n+(x-a)^n}{2}$;

    (4) 当 $y\neq z$ 时, $D=\frac{y(x-z)^n-z(x-y)^n}{y-z}$;

    当 $y=z$ 时, $D=[x+(n-1)y](x-y)^{n-1}$;

    (5) $(x_1+x_2+\cdots+x_n)\prod_{n\geqslant i>j\geqslant 1}(x_i-x_j)$.

*18. $(n+1)!\ x^n$.

19. (1) $x_1=1$, $x_2=2$, $x_3=3$, $x_4=-1$;

    (2) $x_1=1$, $x_2=1$, $x_3=-1$, $x_4=1$.

20. $\lambda=-2$ 或 3. 21. $f(x)=2x^2-3x+1$.

22. $a_0=13.60$，$a_1=-4.167\times10^{-3}$，$a_2=4.667\times10^{-3}$，$a_3=3.333\times10^{-6}$.

习　题　2

1. (1) $\begin{pmatrix} 13 & 0 \\ -5 & 2 \\ 5 & -6 \end{pmatrix}$； (2) 0； (3) $\begin{pmatrix} 3 & 6 & 9 \\ 2 & 4 & 6 \\ 1 & 2 & 3 \end{pmatrix}$； (4) $\begin{pmatrix} 7 & 11 & 5 & 1 \\ 5 & 4 & 1 & 0 \end{pmatrix}$；

(5) -2； (6) $\begin{pmatrix} 1 & 0 & 0 & 0 \\ 2 & 1 & 0 & 0 \\ 5 & 2 & -4 & 0 \\ 2 & -4 & 3 & -9 \end{pmatrix}$.

2. $3\boldsymbol{AB}-2\boldsymbol{A}=\begin{pmatrix} -2 & 1 & 10 \\ -2 & -5 & 8 \\ 4 & 17 & 10 \end{pmatrix}$， $\boldsymbol{A}^{\mathrm{T}}\boldsymbol{B}=\begin{pmatrix} 0 & 1 & 4 \\ 0 & -1 & 2 \\ 2 & 5 & 4 \end{pmatrix}$.

3. $\begin{cases} x_1=-6z_1+z_2+3z_3 \\ x_2=12z_1-4z_2+9z_3 \\ x_3=-10z_1-z_2+16z_3 \end{cases}$.

4. (1) 不一定成立. 如取 $\boldsymbol{A}=\begin{pmatrix} 0 & 1 \\ 0 & 0 \end{pmatrix}$,则 $\boldsymbol{A}\neq\boldsymbol{O}$,但 $\boldsymbol{A}^2=\boldsymbol{O}$;

(2) 不一定成立. 如取 $\boldsymbol{A}=\begin{pmatrix} 1 & 0 \\ 0 & 0 \end{pmatrix}$,则 $\boldsymbol{A}\neq\boldsymbol{O},\boldsymbol{A}\neq\boldsymbol{E}$,但 $\boldsymbol{A}^2=\boldsymbol{A}$;

(3) 不一定成立. 如取 $\boldsymbol{A}=\begin{pmatrix} 1 & 0 \\ 1 & 0 \end{pmatrix}\neq\boldsymbol{O},\boldsymbol{X}=\begin{pmatrix} 0 & 0 \\ 1 & 0 \end{pmatrix},\boldsymbol{Y}=\begin{pmatrix} 0 & 0 \\ 0 & 1 \end{pmatrix}$,则 $\boldsymbol{X}\neq\boldsymbol{Y}$,但 $\boldsymbol{AX}=\boldsymbol{O}=\boldsymbol{AY}$.

5. $\boldsymbol{A}^k=\begin{pmatrix} \lambda^k & 0 & 0 \\ k\lambda^{k-1} & \lambda^k & 0 \\ \dfrac{k(k-1)}{2}\lambda^{k-2} & k\lambda^{k-1} & \lambda^k \end{pmatrix}$.

7. (1) $\begin{pmatrix} 5 & -2 \\ -2 & 1 \end{pmatrix}$； (2) $\begin{pmatrix} \cos\theta & \sin\theta \\ -\sin\theta & \cos\theta \end{pmatrix}$； (3) $\dfrac{1}{3}\begin{pmatrix} -2 & 4 & 5 \\ 1 & 1 & -1 \\ 1 & -2 & -1 \end{pmatrix}$；

(4) $\begin{pmatrix} 1 & 0 & 0 & 0 \\ -\dfrac{1}{2} & \dfrac{1}{2} & 0 & 0 \\ -\dfrac{4}{3} & \dfrac{2}{3} & \dfrac{1}{3} & 0 \\ 2 & -\dfrac{5}{4} & -\dfrac{1}{2} & \dfrac{1}{4} \end{pmatrix}$； (5) $\begin{pmatrix} 1 & -2 & 0 & 0 \\ -2 & 5 & 0 & 0 \\ 0 & 0 & -4 & -3 \\ 0 & 0 & 3 & 2 \end{pmatrix}$.

8. (1) $\begin{pmatrix} 2 & -23 \\ 0 & 8 \end{pmatrix}$； (2) $\begin{pmatrix} -3 & 2 & 0 \\ -4 & 5 & -2 \\ -6 & 3 & -1 \end{pmatrix}$； (3) $\begin{pmatrix} 24 & 13 \\ -34 & -18 \end{pmatrix}$； (4) $\begin{pmatrix} 4 & 4 \\ 5 & 7 \end{pmatrix}$.

9. $\begin{cases} y_1 = -7x_1 - 4x_2 + 9x_3, \\ y_2 = 6x_1 + 3x_2 - 7x_3, \\ y_3 = 3x_1 + 2x_2 - 4x_3. \end{cases}$

10. $\boldsymbol{A}^{-1} = \frac{1}{\det \boldsymbol{A}} \boldsymbol{A}^{*} = \frac{1}{-8} \begin{pmatrix} -1 & 1 & 3 \\ -3 & -5 & -7 \\ -1 & -7 & -5 \end{pmatrix}$； $\boldsymbol{x} = \boldsymbol{A}^{-1} \boldsymbol{b} = \begin{pmatrix} 1 \\ 2 \\ 3 \end{pmatrix}$.

11. $\boldsymbol{X} = \boldsymbol{B}(\boldsymbol{A} - \boldsymbol{E})^{-1} = \begin{pmatrix} -2 & 3 & 5 \\ -5 & 4 & 5 \end{pmatrix}$.

12. 提示：直接验证$(\boldsymbol{E} - \boldsymbol{A})(\boldsymbol{E} + \boldsymbol{A} + \boldsymbol{A}^2 + \cdots + \boldsymbol{A}^{k-1}) = \boldsymbol{E}$.

13. $\boldsymbol{A}^{-1} = \frac{1}{2}(\boldsymbol{A} - \boldsymbol{E})$， $(\boldsymbol{A} + 2\boldsymbol{E})^{-1} = \frac{1}{4}(3\boldsymbol{E} - \boldsymbol{A})$.

14. $\boldsymbol{A}^{100} = \frac{1}{3} \begin{pmatrix} 2^{102} - 1 & 2^{102} - 4 \\ 1 - 2^{100} & 4 - 2^{100} \end{pmatrix}$.

18. $\det \boldsymbol{A}^8 = 10^{16}$， $\boldsymbol{A}^4 = \begin{pmatrix} 5^4 & 0 & 0 & 0 \\ 0 & 5^4 & 0 & 0 \\ 0 & 0 & 2^4 & 0 \\ 0 & 0 & 2^6 & 2^4 \end{pmatrix}$， $\boldsymbol{A}^{-1} = \begin{pmatrix} \frac{3}{25} & \frac{4}{25} & 0 & 0 \\ \frac{4}{25} & -\frac{3}{25} & 0 & 0 \\ 0 & 0 & \frac{1}{2} & 0 \\ 0 & 0 & -\frac{1}{2} & \frac{1}{2} \end{pmatrix}$.

19. $\begin{pmatrix} \boldsymbol{O} & \boldsymbol{A} \\ \boldsymbol{B} & \boldsymbol{C} \end{pmatrix}^{-1} = \begin{pmatrix} -\boldsymbol{B}^{-1}\boldsymbol{C}\boldsymbol{A}^{-1} & \boldsymbol{B}^{-1} \\ \boldsymbol{A}^{-1} & \boldsymbol{O} \end{pmatrix}$. 20. 2. 21. -5.

习 题 3

1. (1) $\text{rank}\boldsymbol{A} = 2$； (2) $\text{rank}\boldsymbol{B} = 3$； (3) 当 $a \neq 1$ 且 $b \neq 2$ 时，$\text{rank}\boldsymbol{C} = 4$；当 $a = 1$ 且 $b = 2$ 时，$\text{rank}\boldsymbol{C} = 2$；当 $a = 1, b \neq 2$ 或 $a \neq 1, b = 2$ 时，$\text{rank}\boldsymbol{C} = 3$； (4) 当 $a \neq 1$ 且 $a \neq \frac{1}{1-n}$时，$\text{rank}\boldsymbol{D} = n$；当 $a = 1$ 时，$\text{rank}\boldsymbol{D} = 1$；当 $a = \frac{1}{1-n}$时，$\text{rank}\boldsymbol{D} = n - 1$.

2. 可能有等于 0 的 $r-1$ 阶子式，如 $\boldsymbol{A} = \begin{pmatrix} 1 & 0 \\ 0 & 1 \end{pmatrix}$的秩为 2，它有等于 0 的一阶子式；可能有等于 0 的 r 阶子式，如 $\boldsymbol{B} = \begin{pmatrix} 1 & 0 \\ 0 & 0 \end{pmatrix}$的秩为 1，它有等于 0 的一阶子式.

3. $\boldsymbol{A} = \begin{pmatrix} 1 & 0 & 1 & 0 & 0 \\ 1 & -1 & 0 & 0 & 0 \\ 0 & 0 & 1 & 0 & 0 \\ 0 & 0 & 0 & 1 & 0 \\ 0 & 0 & 0 & 0 & 0 \end{pmatrix}$，则 $\det\boldsymbol{A} = 0$，且 $\text{rank}\boldsymbol{A} = 4$.

4. (1) 有唯一解 $x_1 = -8, x_2 = 3, x_3 = 6, x_4 = 0$；

(2) 有无穷多解,通解为

$$x_1=2k_1-k_2,\quad x_2=k_1,\quad x_3=k_2,\quad x_4=1\quad (k_1,k_2\text{ 为任意常数});$$

(3) 无解;

(4) 有无穷多解,通解为

$$x_1=7-2k,\quad x_2=-1+k,\quad x_3=k\quad (k\text{ 为任意常数}).$$

5. 当 $\lambda=1$ 时,有解 $x_1=1+k,x_2=k,x_3=k$ (k 为任意常数);

当 $\lambda=-2$ 时,有解 $x_1=2+k,x_2=2+k,x_3=k$ (k 为任意常数).

6. 当 $\lambda\neq1$ 且 $\lambda\neq10$ 时有唯一解;$\lambda=10$ 时无解;$\lambda=1$ 时有无穷多解,通解为

$$x_1=1-2k_1+2k_2,\quad x_2=k_1,\quad x_3=k_2\quad (k_1,k_2\text{ 为任意常数}).$$

7. (1) $\boldsymbol{A}^{-1}=\frac{1}{3}\begin{pmatrix}0&1&1\\0&1&-2\\-3&2&-1\end{pmatrix}$; (2) $\boldsymbol{B}^{-1}=\begin{pmatrix}1&1&-2&-4\\0&1&0&-1\\-1&-1&3&6\\2&1&-6&-10\end{pmatrix}$.

8. (1) 因为 $\boldsymbol{B}=\boldsymbol{E}(i,j)\boldsymbol{A}$,所以

$$\det\boldsymbol{B}=\det\boldsymbol{E}(i,j)\det\boldsymbol{A}=-\det\boldsymbol{A}\neq0,$$

即 $\boldsymbol{B}$ 可逆.

(2) $\boldsymbol{AB}^{-1}=\boldsymbol{A}(\boldsymbol{E}(i,j)\boldsymbol{A})^{-1}=\boldsymbol{AA}^{-1}\boldsymbol{E}(i,j))^{-1}=\boldsymbol{E}(i,j)$.

9. 通解为

$x_1=a_1+a_2+a_3+a_4+k,\quad x_2=a_2+a_3+a_4+k,$

$x_3=a_3+a_4+k,\quad x_4=a_4+k,\quad x_5=k$ (k 为任意常数).

10. $\boldsymbol{D}=\begin{pmatrix}0&1&1\\1&0&0\\0&0&1\end{pmatrix}$. 11. $\boldsymbol{M}^{-1}=\begin{pmatrix}\boldsymbol{B}^{-1}\boldsymbol{CA}^{-1}&-\boldsymbol{B}^{-1}\\-\boldsymbol{B}^{-1}(\boldsymbol{C}-\boldsymbol{B})\boldsymbol{A}^{-1}&\boldsymbol{B}^{-1}\end{pmatrix}$.

习 题 4

1. $\boldsymbol{a}=\left(-\frac{7}{6},-\frac{2}{3},-\frac{1}{3}\right)$. 2. $k=-1$ 或 $k=-2$. 3. $\boldsymbol{a}=\boldsymbol{a}_1+2\boldsymbol{a}_2+\boldsymbol{a}_3$.

4. (1) 线性相关; (2) 线性无关; (3) 线性无关; (4) $a=2$ 时线性相关;$a\neq2$ 时线性无关.

6. 提示:证明向量组(Ⅰ)与(Ⅱ)等价.

7. (1) 秩为 3 且 $\boldsymbol{a}_1,\boldsymbol{a}_2,\boldsymbol{a}_4$ 为极大无关组;

(2) $k=1$ 时,秩为 2 且 $\boldsymbol{b}_1,\boldsymbol{b}_3$ 为极大无关组;$k\neq1$ 时,秩为 3 且 $\boldsymbol{b}_1,\boldsymbol{b}_2,\boldsymbol{b}_3$ 是极大无关组.

8. $a=3,b=0$,即 $\boldsymbol{b}_3=(2,2,0)$.

9. 提示:只要证明向量组(Ⅰ)可由向量组(Ⅱ)线性表示即可.

10. (1) 是 $n-1$ 维向量空间,一个基为 $\boldsymbol{a}_1=\boldsymbol{e}_1+\boldsymbol{e}_n,\boldsymbol{a}_2=\boldsymbol{e}_2,\cdots,\boldsymbol{a}_{n-1}=\boldsymbol{e}_{n-1}$;

(2) 不是向量空间.

12. $\boldsymbol{b}_1=(1,1,0,0)^{\mathrm{T}},\boldsymbol{b}_2=\left(\frac{1}{2},-\frac{1}{2},1,0\right)^{\mathrm{T}},\boldsymbol{b}_3=\left(-\frac{1}{3},\frac{1}{3},\frac{1}{3},1\right)^{\mathrm{T}}$.

13. 提示:证明向量组 $\boldsymbol{a}_1,\boldsymbol{a}_2$ 和向量组 $\boldsymbol{b}_1,\boldsymbol{b}_2$ 等价.

14. (1) $\boldsymbol{z}=(4,-9,4,3)^{\mathrm{T}}$;

(2) $\boldsymbol{z}_1=(1,-2,1,0,0)^{\mathrm{T}}$, $\boldsymbol{z}_2=(1,-2,0,1,0)^{\mathrm{T}}$, $\boldsymbol{z}_3=(5,-6,0,0,1)^{\mathrm{T}}$;

(3) 只有零解,无基础解系.

15. $c\neq 1$ 时,$\boldsymbol{x}=(0,k,0,0)^{\mathrm{T}}+l(-1,3,-3,1)^{\mathrm{T}}$ (l 为任意常数);

$c=1$ 时,$\boldsymbol{x}=(0,k,0,0)^{\mathrm{T}}+l_1(1,-2,1,0)^{\mathrm{T}}+l_2(2,-3,0,1)^{\mathrm{T}}$ (l_1,l_2 为任意常数).

16. (1) $b\neq 2$ 时,$\boldsymbol{b}$ 不能由 $\boldsymbol{a}_1,\boldsymbol{a}_2,\boldsymbol{a}_3$ 线性表示;

(2) $b=2$ 时,$\boldsymbol{b}$ 可以由 $\boldsymbol{a}_1,\boldsymbol{a}_2,\boldsymbol{a}_3$ 线性表示;

(3) $b=2$ 且 $a\neq 1$ 时,$\boldsymbol{b}$ 可由 $\boldsymbol{a}_1,\boldsymbol{a}_2,\boldsymbol{a}_3$ 唯一线性表示.

17. 非齐次线性方程组的通解为

$$\boldsymbol{x}=\boldsymbol{x}_1+k\boldsymbol{z}=(2,3,4,5)^{\mathrm{T}}+k(3,4,5,6)^{\mathrm{T}}\quad(k\text{ 为任意常数}).$$

20. $\boldsymbol{x}=(1,1,1,1)^{\mathrm{T}}+k(1,-2,1,0)^{\mathrm{T}}$ (k 为任意常数).

21. (1) $\boldsymbol{x}=k_1(0,0,1,0)^{\mathrm{T}}+k_2(-1,1,0,1)^{\mathrm{T}}$ (k_1,k_2 为任意常数);

(2) (Ⅰ)与(Ⅱ)的公共解为 $\boldsymbol{x}=k(-1,1,1,1)^{\mathrm{T}}$ (k 为任意常数).

22. 由 $\boldsymbol{AB}=\boldsymbol{O}$ 知 $\operatorname{rank}\boldsymbol{A}+\operatorname{rank}\boldsymbol{B}\leqslant 3$,且 $\boldsymbol{B}$ 的列向量是 $\boldsymbol{Ax}=\boldsymbol{0}$ 的解向量. 又由 $a\neq 0$ 知,$\operatorname{rank}\boldsymbol{A}\geqslant 1$. 于是当 $t\neq 9$ 时,$\operatorname{rank}\boldsymbol{B}=2$,此时 $\operatorname{rank}\boldsymbol{A}=1$;由于 $\boldsymbol{B}$ 的第 1,3 列线性无关,故$\boldsymbol{Ax}=\boldsymbol{0}$的通解为

$$\boldsymbol{x}=k_1(1,2,3)^{\mathrm{T}}+k_2(3,6,t)^{\mathrm{T}}\quad(k_1,k_2\text{ 为任意常数}).$$

而当 $t=9$ 时,$\operatorname{rank}\boldsymbol{B}=1$,此时 $\operatorname{rank}\boldsymbol{A}=1$ 或 $\operatorname{rank}\boldsymbol{A}=2$;如果 $\operatorname{rank}\boldsymbol{A}=2$,则 $\boldsymbol{Ax}=\boldsymbol{0}$ 的基础解系由一个向量构成,故通解为 $\boldsymbol{x}=k(1,2,3)^{\mathrm{T}}$($k$ 为任意常数);如果 $\operatorname{rank}\boldsymbol{A}=1$,则 $\boldsymbol{Ax}=\boldsymbol{0}$ 等价于 $ax_1+bx_2+cx_3=0$,于是 $\boldsymbol{Ax}=\boldsymbol{0}$ 的通解为

$$\boldsymbol{x}=k_1(-b,a,0)^{\mathrm{T}}+k_2(-c,0,a)^{\mathrm{T}}\quad(k_1,k_2\text{ 为任意常数}).$$

习　题　5

1. (1) $q(x)=\frac{1}{3}x-\frac{7}{9}$, $r(x)=-\frac{26}{9}x-\frac{2}{9}$; (2) $q(x)=x^2+x-1$, $r(x)=-5x+7$.

2. (1) $p=m^2-1$, $q=m$; (2) $p=2-m^2$, $q=1$ 或 $m=0$, $p=q+1$.

3. (1) $q(x)=2x^4-6x^3+13x^2-39x+109$, $r(x)=-327$;

(2) $q(x)=x^2-2\mathrm{i}x-(5+2\mathrm{i})$, $r(x)=-9+8\mathrm{i}$.

5. (1) $(f(x),g(x))=x+1$; (2) $(f(x),g(x))=1$.

6. (1) $u(x)=-x-1$, $v(x)=x+2$;

(2) $u(x)=-\frac{1}{3}x+\frac{1}{3}$, $v(x)=\frac{2}{3}x^2-\frac{2}{3}x-1$.

7. $t=-4$, $u=0$.

16. (1) 有,重数是 2; (2) 有,重数是 2; (3) 有,重数是 3.

17. (1) $\lambda=3,-\frac{15}{4}$; (2) $4a^3+b^2=0$; (3) $a=-\frac{1}{2}$, $b=1$.

19. $g(x)=(x-1)(x+1)$, $f(x)=(x-1)^4(x+1)$.

22. (1) m 与 p 有相同的奇偶性,n 与它们相反; (2) m,n,p 为非负整数;

(3) $m=3k+1$, $m=3k+2$(k 为非负整数); (4) $m=1$, $n=2$.

30. (1) 在实数域上:$(x-1)(x^2+x+1)$;

在复数域上:$(x-1)\left(x+\frac{1-\sqrt{3}\mathrm{i}}{2}\right)\left(x+\frac{1+\sqrt{3}\mathrm{i}}{2}\right)$;

(2) 在实数域上:$(x-1)(x+1)(x^2+1)$;

在复数域上:$(x-1)(x+1)(x-\mathrm{i})(x+\mathrm{i})$;

(3) 在实数域上:当 n 为奇数时,有

$$x^n-1=(x-1)[x^2-(\varepsilon+\varepsilon^{n-1})][x^2-(\varepsilon^2+\varepsilon^{n-2})x+1]\cdots[x^2-(\varepsilon^{(n-1)/2}+\varepsilon^{(n+1)/2})x+1];$$

当 n 为偶数时,有

$$x^n-1=(x+1)(x-1)[x^2-(\varepsilon+\varepsilon^{n-1})x+1][x^2-(\varepsilon^2+\varepsilon^{n-2})x+1]\cdots[x^2-(\varepsilon^{(n-2)/2}+\varepsilon^{(n+2)/2})x+1],$$

其中 $\varepsilon=\cos\frac{2\pi}{n}+\mathrm{i}\sin\frac{2\pi}{n}$.

33. (1) $x=2$; (2) $x_1=x_2=-\frac{1}{2}$; (3) $x_1=3$, $x_2=x_3=x_4=x_5=-1$.

34. 都不可约.

39. (1) $-x_1^3x_2+2x_2^4x_3x_4+5x_2x_3x_4+x_3^4x_4$;

(2) $x_1^3-5x_1^2x_3x_4^2+3x_1x_2^2x_4-2x_2^3x_3+x_3^2$.

40. $a_1x_1^3$, $a_2x_1^2x_2$, $a_3x_1^2x_3$, $a_4x_1x_2^2$, $a_5x_1x_2x_3$, $a_6x_2^3$, $a_7x_2^2x_3$, $a_8x_2x_3^2$, $a_9x_3^3$.

41. (1) $f(x_1, x_2, x_3)=\sigma_1\sigma_2-3\sigma_3$; (2) $f(x_1, x_2, x_3)=\sigma_1\sigma_2-\sigma_3$;

(3) $f(x_1, x_2, x_3)=\sigma_3^2+\sigma_3+\sigma_1^2\sigma_3-2\sigma_2\sigma_3+\sigma_2^2-2\sigma_1\sigma_3$.

42. (1) $\sigma_1^4-4\sigma_1^2\sigma_2+4\sigma_1\sigma_3+2\sigma_2^2-4\sigma_4$; (2) $\sigma_1\sigma_2-4\sigma_4$; (3) $\sigma_2^2-2\sigma_1\sigma_3+2\sigma_4$.

43. $-\frac{1679}{625}$. 46. $R(f, g)=(-1)^{mn}R(g, f)$. 47. 无.

48. $(-1)^{\frac{(n-1)(3n+1)}{2}}a_0^{n-1}a_n^n$. 49. 无. 50. $\lambda=-2, 2$.

51. (1) $\begin{cases}x=0,\\y=1,\end{cases}$ $\begin{cases}x=1,\\y=2,\end{cases}$ $\begin{cases}x=2,\\y=3,\end{cases}$ $\begin{cases}x=-2,\\y=1;\end{cases}$

(2) $\begin{cases}x=2,\\y=-1,\end{cases}$ $\begin{cases}x=3,\\y=0,\end{cases}$ $\begin{cases}x=0,\\y=1,\end{cases}$ $\begin{cases}x=2,\\y=2.\end{cases}$

习 题 6

1. (1) 特征值 $\lambda_1=2, \lambda_2=3$;特征向量分别为 $\boldsymbol{p}_1=(-1,1)^{\mathrm{T}}, \boldsymbol{p}_2=(-1,-2)^{\mathrm{T}}$;

(2) $a=0$ 时,$\lambda_1=\lambda_2=0$,特征向量分别为 $\boldsymbol{p}_1=(1,0)^{\mathrm{T}}, \boldsymbol{p}_2=(0,1)^{\mathrm{T}}$;

$a=0$ 时,$\lambda_1=\mathrm{i}a, \lambda_2=-\mathrm{i}a$,特征向量分别为 $\boldsymbol{p}_1=(-\mathrm{i},1)^{\mathrm{T}}, \boldsymbol{p}_2=(\mathrm{i},1)^{\mathrm{T}}$;

(3) $\lambda_1=\lambda_2=1$,特征向量为 $\boldsymbol{p}_1=(3,-6,20)^{\mathrm{T}}$;$\lambda_3=-2$,特征向量为 $\boldsymbol{p}_3=(0,0,1)^{\mathrm{T}}$;

(4) 特征值 $\lambda_1=-1, \lambda_2=9, \lambda_3=0$;特征向量分别为

$$\boldsymbol{p}_1=(-1,1,0)^{\mathrm{T}},\quad \boldsymbol{p}_2=(1,1,2)^{\mathrm{T}},\quad \boldsymbol{p}_3=(-1,-1,0)^{\mathrm{T}};$$

它们两两正交;

(5) $\lambda_1=\lambda_2=\lambda_3=2$,特征向量为

$$\boldsymbol{p}_1=(1,1,0,0)^{\mathrm{T}},\quad \boldsymbol{p}_2=(1,0,1,0)^{\mathrm{T}},\quad \boldsymbol{p}_3=(1,0,0,1)^{\mathrm{T}};$$

$\lambda_4=-2$,特征向量 $\boldsymbol{p}_4=(-1,1,1,1)^{\mathrm{T}}$.

3. $\det(\boldsymbol{A}-\boldsymbol{E})=0,\det(\boldsymbol{A}+2\boldsymbol{E})=0,\det(\boldsymbol{A}^2+2\boldsymbol{A}-3\boldsymbol{E})=0$.

5. $k=-2$ 或 $k=1$.

6. $\det(\boldsymbol{A}-(n+1)\boldsymbol{E})=(-1)^n n!$.

11. (1) $\boldsymbol{P}=\begin{pmatrix}0&-1&-4\\1&0&1\\0&1&1\end{pmatrix}$, $\boldsymbol{P}^{-1}\boldsymbol{AP}=\boldsymbol{\Lambda}=\begin{pmatrix}2&&\\&2&\\&&-1\end{pmatrix}$;

(2) 不能与对角矩阵相似;

(3) $\boldsymbol{P}=\begin{pmatrix}-1&0&1\\0&1&0\\1&0&1\end{pmatrix}$, $\boldsymbol{P}^{-1}\boldsymbol{AP}=\boldsymbol{\Lambda}=\begin{pmatrix}0&&\\&1&\\&&2\end{pmatrix}$.

12. $\boldsymbol{A}^{100}=\dfrac{1}{3}\begin{pmatrix}4-2^{100}&-1+2^{100}&-1+2^{100}\\0&3\cdot 2^{100}&0\\4-2^{102}&-1+2^{100}&-1+2^{102}\end{pmatrix}$. 13. $\boldsymbol{A}=\dfrac{1}{3}\begin{pmatrix}-1&0&2\\0&1&2\\2&2&0\end{pmatrix}$.

14. (1) $a=b=0$; (2) $\boldsymbol{P}=\begin{pmatrix}-1&0&1\\0&1&0\\1&0&1\end{pmatrix}$.

19. (1) $\boldsymbol{Q}=\dfrac{1}{3}\begin{pmatrix}1&-2&2\\2&-1&-2\\2&2&1\end{pmatrix}$, $\boldsymbol{Q}^{-1}\boldsymbol{AQ}=\begin{pmatrix}-2&&\\&1&\\&&4\end{pmatrix}$;

(2) $\boldsymbol{Q}=\begin{pmatrix}-\dfrac{2}{\sqrt{5}}&\dfrac{2}{3\sqrt{5}}&-\dfrac{1}{3}\\\dfrac{1}{\sqrt{5}}&\dfrac{4}{3\sqrt{5}}&-\dfrac{2}{3}\\0&\dfrac{5}{3\sqrt{5}}&\dfrac{2}{3}\end{pmatrix}$, $\boldsymbol{Q}^{-1}\boldsymbol{AQ}=\begin{pmatrix}1&&\\&1&\\&&10\end{pmatrix}$.

20. $\boldsymbol{A}=\begin{pmatrix}4&1&1\\1&4&1\\1&1&4\end{pmatrix}$.

习 题 7

1. (1) $f=(x_1,x_2,x_3)\begin{pmatrix}1&\dfrac{1}{2}&0\\\dfrac{1}{2}&1&-1\\0&-1&0\end{pmatrix}\begin{pmatrix}x_1\\x_2\\x_3\end{pmatrix}$,秩是 3;

(2) $f=(x_1,x_2,x_3)\begin{pmatrix}1&1&1\\1&2&3\\1&3&5\end{pmatrix}\begin{pmatrix}x_1\\x_2\\x_3\end{pmatrix}$,秩是 2;

(3) $f=(x_1,x_2,x_3,x_4)\begin{pmatrix} 0 & \frac{1}{2} & 0 & 0 \\ \frac{1}{2} & 0 & -1 & 0 \\ 0 & -1 & 0 & \frac{3}{2} \\ 0 & 0 & \frac{3}{2} & 0 \end{pmatrix}\begin{pmatrix} x_1 \\ x_2 \\ x_3 \\ x_4 \end{pmatrix}$,秩是 4.

2. (1) $f=2y_1^2+5y_2^2+y_3^2$, $\begin{pmatrix} x_1 \\ x_2 \\ x_3 \end{pmatrix}=\begin{pmatrix} 1 & 0 & 0 \\ 0 & \frac{1}{\sqrt{2}} & \frac{1}{\sqrt{2}} \\ 0 & \frac{1}{\sqrt{2}} & -\frac{1}{\sqrt{2}} \end{pmatrix}\begin{pmatrix} y_1 \\ y_2 \\ y_3 \end{pmatrix}$;

(2) $f=y_1^2-2y_2^2+4y_3^2$, $\begin{pmatrix} x_1 \\ x_2 \\ x_3 \end{pmatrix}=\begin{pmatrix} -\frac{2}{3} & \frac{1}{3} & \frac{2}{3} \\ -\frac{1}{3} & \frac{2}{3} & -\frac{2}{3} \\ \frac{2}{3} & \frac{2}{3} & \frac{1}{3} \end{pmatrix}\begin{pmatrix} y_1 \\ y_2 \\ y_3 \end{pmatrix}$;

(3) $f=-y_1^2-y_2^2+y_3^2+y_4^2$, $\begin{pmatrix} x_1 \\ x_2 \\ x_3 \\ x_4 \end{pmatrix}=\begin{pmatrix} -\frac{1}{\sqrt{2}} & 0 & \frac{1}{\sqrt{2}} & 0 \\ \frac{1}{\sqrt{2}} & 0 & \frac{1}{\sqrt{2}} & 0 \\ 0 & \frac{1}{\sqrt{2}} & 0 & -\frac{1}{\sqrt{2}} \\ 0 & \frac{1}{\sqrt{2}} & 0 & \frac{1}{\sqrt{2}} \end{pmatrix}\begin{pmatrix} y_1 \\ y_2 \\ y_3 \\ y_4 \end{pmatrix}$.

3. (1) $f=y_1^2+y_2^2-y_3^2$, $\begin{pmatrix} x_1 \\ x_2 \\ x_3 \end{pmatrix}=\begin{pmatrix} 1 & -1 & 1 \\ 0 & 1 & -2 \\ 0 & 0 & 1 \end{pmatrix}\begin{pmatrix} y_1 \\ y_2 \\ y_3 \end{pmatrix}$;

(2) $f=y_1^2-y_2^2+6y_3^2$, $\begin{pmatrix} x_1 \\ x_2 \\ x_3 \end{pmatrix}=\begin{pmatrix} 1 & 1 & -3 \\ 1 & -1 & 2 \\ 0 & 0 & 1 \end{pmatrix}\begin{pmatrix} y_1 \\ y_2 \\ y_3 \end{pmatrix}$.

4. (1) $f=y_1^2+y_2^2$, $\begin{pmatrix} x_1 \\ x_2 \\ x_3 \end{pmatrix}=\begin{pmatrix} 1 & -1 & 2 \\ 0 & 1 & -2 \\ 0 & 0 & 1 \end{pmatrix}\begin{pmatrix} y_1 \\ y_2 \\ y_3 \end{pmatrix}$;

(2) $f=y_1^2-y_2^2-12y_3^2$, $\begin{pmatrix} x_1 \\ x_2 \\ x_3 \end{pmatrix}=\begin{pmatrix} 1 & 0 & -5 \\ 1 & 1 & -2 \\ 0 & 0 & 1 \end{pmatrix}\begin{pmatrix} y_1 \\ y_2 \\ y_3 \end{pmatrix}$.

5. (1) $C=\begin{pmatrix}1&-1&0\\0&1&-2\\0&0&1\end{pmatrix}$, $C^TAC=\begin{pmatrix}2&&\\&-3&\\&&3\end{pmatrix}$;

(2) $C=\begin{pmatrix}1&-\frac{1}{2}&-1\\1&\frac{1}{2}&-1\\0&0&1\end{pmatrix}$, $C^TAC=\begin{pmatrix}2&&\\&-\frac{1}{2}&\\&&-2\end{pmatrix}$.

6. $a=b=0$, $\begin{pmatrix}x_1\\x_2\\x_3\end{pmatrix}=\begin{pmatrix}-\frac{1}{\sqrt{2}}&0&\frac{1}{\sqrt{2}}\\0&1&0\\\frac{1}{\sqrt{2}}&0&\frac{1}{\sqrt{2}}\end{pmatrix}\begin{pmatrix}y_1\\y_2\\y_3\end{pmatrix}$.

7. (1) 正定； (2) 负定.

8. (1) $-\sqrt{2}<t<\sqrt{2}$；(2) $-\frac{3}{2}<t<\frac{1}{2}$.

9. 提示:利用 A^{-1} 和 A^* 与 A 的特征值的关系证明.

10. $a_{ii}=e_i^TAe_i>0\quad(i=1,2,\cdots,n)$.

11. 设 $\lambda_1,\lambda_2,\cdots,\lambda_n$ 是 A 的特征值,由 A 正定知,$\lambda_i>0\ (i=1,2,\cdots,n)$,故

$$\det(A+E)=(\lambda_1+1)(\lambda_2+1)\cdots(\lambda_n+1)>1.$$

12. 提示:利用正定二次型的定义证明.

习　题　8

1. (1) rank $A(\lambda)=2$； (2) rank $B(\lambda)=3$； (3) rank $C(\lambda)=3$.

2. (1) 不可逆； (2) 因为 det $B(\lambda)=\lambda^3-\lambda^2-2\lambda+1$,所以 $B(\lambda)$不可逆；

(3) 因为 det $C(\lambda)=-2$ 为非零常数,所以 $C(\lambda)$可逆,且

$$C^{-1}(\lambda)=-\frac{1}{2}\begin{pmatrix}\lambda^3+\lambda-1&-\lambda^3-\lambda&\lambda\\-\lambda^2-1&\lambda^2+1&-1\\-\lambda^3-\lambda+4&\lambda^3+\lambda-2&-\lambda\end{pmatrix}.$$

3. (1) $\mathrm{diag}(\lambda,\lambda(\lambda^2-10\lambda-3))$；　(2) $\mathrm{diag}(1,\lambda,\lambda(\lambda+1))$；

(3) $\mathrm{diag}(1,\lambda(\lambda+1),\lambda(\lambda+1)^2)$；　(4) $\mathrm{diag}(1,\lambda-1,(\lambda-1)^2(\lambda+1))$.

4. (1) $D_1(\lambda)=D_2(\lambda)=1$,　$D_3(\lambda)=(\lambda-2)^3$；

$d_1(\lambda)=d_2(\lambda)=1$,　$d_3(\lambda)=(\lambda-2)^3$；

(2) $D_1(\lambda)=D_2(\lambda)=D_3(\lambda)=1$,　$D_4(\lambda)=\lambda^4+2\lambda^3+3\lambda^2+4\lambda+5$；

$d_1(\lambda)=d_2(\lambda)=d_3(\lambda)=1$,　$d_4(\lambda)=\lambda^4+2\lambda^3+3\lambda^2+4\lambda+5$；

(3) 当 $b=0$ 时,$D_1(\lambda)=D_2(\lambda)=1$,　$D_3(\lambda)=(\lambda+a)^2$, $D_4(\lambda)=(\lambda+a)^4$；

$d_1(\lambda)=d_2(\lambda)=1$,　$d_3(\lambda)=d_4(\lambda)=(\lambda+a)^2$；

当 $b\neq0$ 时,$D_1(\lambda)=D_2(\lambda)=D_3(\lambda)=1$,　$D_4(\lambda)=[(\lambda+a)^2+b^2]^2$,

$d_1(\lambda)=d_2(\lambda)=d_3(\lambda)=1$,　$d_4(\lambda)=[(\lambda+a)^2+b^2]^2$；

(4) $D_1(\lambda)=\lambda$, $D_2(\lambda)=\lambda^2(\lambda^2-10\lambda-3)$; $d_1(\lambda)=\lambda$, $d_2(\lambda)=\lambda(\lambda^2-10\lambda-3)$.

5. (1) $\mathrm{diag}(1,\lambda(\lambda+1),\lambda(\lambda+1)^2)$; (2) $\mathrm{diag}(1,\lambda(\lambda-1),\lambda(\lambda-1),\lambda^2(\lambda-1)^2)$.

7. 提示:证明它们有相同的行列式因子.

8. (1) 初等因子为 λ, λ, λ^2, $\lambda-1$, $\lambda-1$, $(\lambda-1)^2$, Smith 标准形为

$$\mathrm{diag}(1,\lambda(\lambda-1),\lambda(\lambda-1),\lambda^2(\lambda-1)^2);$$

(2) 初等因子为 $(\lambda+2)^4$, Smith 标准形为

$$\mathrm{diag}(1,1,1,(\lambda+2)^4);$$

(3) 初等因子:有理数域 λ^2-2, λ^2+1; 实数域 $\lambda-\sqrt{2}$, $\lambda+\sqrt{2}$, λ^2+1;

复数域 $\lambda-\sqrt{2}$, $\lambda+\sqrt{2}$, $\lambda-\mathrm{i}$, $\lambda+\mathrm{i}$.

Smith 标准形为 $\mathrm{diag}(1,1,(\lambda^2+1)(\lambda^2-2))$.

9. $d_1(\lambda)=d_2(\lambda)=1$, $d_3(\lambda)=\lambda(\lambda-2)$, $d_4(\lambda)=\lambda(\lambda-2)^4$, $d_5(\lambda)=\lambda^3(\lambda-2)^4$;

$D_1(\lambda)=D_2(\lambda)=1$, $D_3(\lambda)=\lambda(\lambda-2)$, $D_4(\lambda)=\lambda^2(\lambda-2)^5$, $D_5(\lambda)=\lambda^5(\lambda-2)^9$.

10. $\lambda\boldsymbol{E}-\boldsymbol{A}$ 与 $\lambda\boldsymbol{E}-\boldsymbol{A}^{\mathrm{T}}=(\lambda\boldsymbol{E}-\boldsymbol{A})^{\mathrm{T}}$ 有相同的行列式因子,它们等价,故 $\boldsymbol{A}$ 与 $\boldsymbol{A}^{\mathrm{T}}$ 相似.

11. $\boldsymbol{A}$ 的初等因子为 $\lambda-a$, $\lambda-a$, $\lambda-a$; $\boldsymbol{B}$ 的初等因子为 $\lambda-a$, $(\lambda-a)^2$; $\boldsymbol{C}$ 的初等因子为 $(\lambda-a)^3$.

12. 方法 1. $\boldsymbol{F}$ 与 $\boldsymbol{N}$ 的不变因子均为

$$d_1(\lambda)=\cdots=d_{n-1}(\lambda)=1,\quad d_n(\lambda)=\lambda^n+a_{n-1}\lambda^{n-1}+\cdots+a_1\lambda+a_0,$$

故 $\boldsymbol{F}$ 与 $\boldsymbol{N}$ 相似.

方法 2. 取 $\boldsymbol{S}=\begin{pmatrix} & & 1\\ & \iddots & \\ 1 & & \end{pmatrix}$,则可知 $\boldsymbol{S}^{-1}=\boldsymbol{S}$,且 $\boldsymbol{S}^{-1}\boldsymbol{F}\boldsymbol{S}=\boldsymbol{N}$.

13. (1) $\boldsymbol{J}=\begin{pmatrix}-1&0&0\\0&0&1\\0&0&0\end{pmatrix}$, $\boldsymbol{P}=\begin{pmatrix}-1&1&1\\-1&-3&-2\\1&4&2\end{pmatrix}$;

(2) $\boldsymbol{J}=\begin{pmatrix}1&1&0\\0&1&0\\0&0&2\end{pmatrix}$, $\boldsymbol{P}=\begin{pmatrix}-3&-3&8\\-3&-2&6\\2&2&-5\end{pmatrix}$;

(3) $\boldsymbol{J}=\begin{pmatrix}-1&0&0\\0&-1&0\\0&0&2\end{pmatrix}$, $\boldsymbol{P}=\begin{pmatrix}-2&-1&-2\\1&0&1\\0&1&1\end{pmatrix}$;

(4) $\boldsymbol{J}=\begin{pmatrix}1&0&0\\0&1&1\\0&0&1\end{pmatrix}$, $\boldsymbol{P}=\begin{pmatrix}-1&2&-1\\1&1&0\\0&1&0\end{pmatrix}$.

14. (1) $\boldsymbol{F}=\begin{pmatrix}0&1&0&0\\0&0&1&0\\0&0&0&1\\-1&4&-6&4\end{pmatrix}$, $\boldsymbol{J}=\begin{pmatrix}1&1&&\\&1&1&\\&&1&1\\&&&1\end{pmatrix}$;

(2) $\boldsymbol{F}=\begin{pmatrix}0&0&0&0\\0&0&1&0\\0&0&0&1\\0&0&1&0\end{pmatrix}$，$\boldsymbol{J}=\begin{pmatrix}0&0&0&0\\0&0&0&0\\0&0&1&0\\0&0&0&-1\end{pmatrix}$.

19. $\begin{pmatrix}-3&48&-26\\0&95&-61\\0&-61&34\end{pmatrix}$.　　20. $\frac{1}{23}\begin{pmatrix}7&1\\-2&3\end{pmatrix}$.

21. (1) $(\lambda-1)^2$；(2) $(\lambda-1)(\lambda+1)$；(3) λ^2.　　22. $\lambda(\lambda-n)$.

23. 因为 $f(\lambda)=d_1(\lambda)d_2(\lambda)\cdots d_n(\lambda)$，$m_{\boldsymbol{A}}(\lambda)=d_n(\lambda)$，利用 $d_i(\lambda)\mid d_{i+1}(\lambda)(i=1,2,\cdots,n-1)$即知$f(\lambda)\mid(m_{\boldsymbol{A}}(\lambda))^n$.

习　题　9

4. (1) 不构成；(2) 构成；(3) 构成；(4) 不构成.

5. (1) 线性无关；(2) 线性相关.　　7. 线性相关.

8. 三阶对称矩阵所构成的线性空间是六维的,基为

$$\begin{pmatrix}1&0&0\\0&0&0\\0&0&0\end{pmatrix},\begin{pmatrix}0&0&0\\0&1&0\\0&0&0\end{pmatrix},\begin{pmatrix}0&0&0\\0&0&0\\0&0&1\end{pmatrix},\begin{pmatrix}0&1&0\\1&0&0\\0&0&0\end{pmatrix},\begin{pmatrix}0&0&1\\0&0&0\\1&0&0\end{pmatrix},\begin{pmatrix}0&0&0\\0&0&1\\0&1&0\end{pmatrix};$$

三阶反对称矩阵所构成的线性空间是三维的,基为

$$\begin{pmatrix}0&1&0\\-1&0&0\\0&0&0\end{pmatrix},\begin{pmatrix}0&0&1\\0&0&0\\-1&0&0\end{pmatrix},\begin{pmatrix}0&0&0\\0&0&1\\0&-1&0\end{pmatrix}.$$

9. 坐标为 $(3,4,1)^{\mathrm{T}}$.

10. 过渡矩阵为 $\begin{pmatrix}\frac{1}{7}&-\frac{4}{7}&0\\\frac{5}{7}&\frac{1}{7}&1\\-\frac{2}{7}&\frac{1}{7}&0\end{pmatrix}$，$\boldsymbol{a}$ 在基 $\boldsymbol{a}_1,\boldsymbol{a}_2,\boldsymbol{a}_3$ 下的坐标为 $\begin{pmatrix}-\frac{6}{7}\\\frac{5}{7}\\-\frac{2}{7}\end{pmatrix}$.

11. (1) 过渡矩阵为 $\begin{pmatrix}1&1&-1&1\\2&1&0&0\\0&0&2&1\\0&0&0&1\end{pmatrix}$；(2) $\boldsymbol{a}$ 在基(Ⅰ)下的坐标为 $\begin{pmatrix}2\\-2\\0\\1\end{pmatrix}$.

12. 过渡矩阵为 $\frac{1}{3}\begin{pmatrix}-2&1&1&1\\1&-2&1&1\\1&1&-2&1\\1&1&1&-2\end{pmatrix}$，$\boldsymbol{A}$ 在基 $\boldsymbol{G}_1,\boldsymbol{G}_2,\boldsymbol{G}_3,\boldsymbol{G}_4$ 下的坐标为 $(3,2,1,-2)^{\mathrm{T}}$.

13. (2) 过渡矩阵为 $\begin{pmatrix} -1 & 1 & -1 \\ 0 & 0 & 1 \\ 2 & -1 & 1 \end{pmatrix}$； (3) $\boldsymbol{\alpha}$ 在基 $\boldsymbol{\beta}_1$，$\boldsymbol{\beta}_2$，$\boldsymbol{\beta}_3$ 下的坐标为 $\begin{pmatrix} -2 \\ 3 \\ 3 \end{pmatrix}$.

14. 秩为 2，且 $f_1(x)$，$f_2(x)$ 为一个极大无关组.

15. (1) 是子空间，维数是 $n-1$ 维，基为 $\boldsymbol{e}_1$，$\boldsymbol{e}_2$，…，$\boldsymbol{e}_{n-1}$； (2) 是子空间，维数是 $n-1$ 维，基为 $\boldsymbol{a}_1=(1,0,\cdots,0,1)$，$\boldsymbol{a}_2=\boldsymbol{e}_2$，…，$\boldsymbol{a}_{n-1}=\boldsymbol{e}_{n-1}$； (3) 不是子空间.

16. (1) 不是子空间； (2) 是子空间，维数是 3，基为 $\boldsymbol{E}_{11}$，$\boldsymbol{E}_{12}$，$\boldsymbol{E}_{23}$.

17. (1) W_1+W_2 是三维的，$\boldsymbol{a}_1$，$\boldsymbol{a}_2$，$\boldsymbol{b}_1$ 是一组基；$W_1\cap W_2$ 是一维的，基为 $(-5, 2, 3, 4)$.

(2) W_1+W_2 是四维的，基为 $\boldsymbol{a}_1$，$\boldsymbol{a}_2$，$\boldsymbol{b}_1$，$\boldsymbol{b}_4$；$W_1\cap W_2$ 是零维的，它没有基.

18. $W_1\cap W_2$ 是二维的，基为 $(-1, 0, 1, 0)$，$(0, -1, 0, 1)$.

习 题 10

1. (1) 是线性映射； (2) 不是线性映射； (3) 是线性变换；

(4) $\boldsymbol{\alpha}_0=\boldsymbol{\theta}$ 时，是线性变换；否则，不是.

2. $T(x_1, x_2, x_3)=(x_1, -x_1+2x_2-x_3, 2x_1-6x_2+3x_3)$.

3. T 的值域是一维的，基为 $\boldsymbol{e}_2$；T 的核是二维的，基为 $(-1, 1, 0)$，$(-1, 0, 1)$.

4. D 的值域是 n 维的，基为 1，x，x^2，…，x^{n-1}；D 的核是一维的，基为 1.

5. (1) $(T+S)(x_1, x_2, x_3)=(2x_1+x_2-x_3, x_2, 0)$，

$(T-S)(x_1, x_2, x_3)=(-x_2+x_3, x_2, 2x_1+2x_2)$，

$(2T)(x_1, x_2, x_3)=(2x_1, 2x_2, 2x_1+2x_2)$；

(2) $(TS)(x_1, x_2, x_3)=(x_1+x_2-x_3, 0, x_1+x_2-x_3)$，

$(ST)(x_1, x_2, x_3)=(0, 0, -x_1-x_2)$，

$T^2(x_1, x_2, x_3)=(x_1, x_2, x_1+x_2)$.

6. $T^{-1}(x_1, x_2, x_3)=(x_1-x_2, x_2-x_3, x_3)$.

7. T^2 的值域是一维的，基为 $\boldsymbol{e}_3$；T^2 的核是二维的，基为 $\boldsymbol{e}_2$，$\boldsymbol{e}_3$.

10. $\begin{pmatrix} 1 & 2 & 0 & 0 \\ -3 & 0 & 0 & 1 \\ 0 & 0 & -1 & 0 \end{pmatrix}$.

11. T 在基 $\boldsymbol{i}$，$\boldsymbol{j}$，$\boldsymbol{k}$ 下的矩阵为 $\begin{pmatrix} 1 & 0 & 0 \\ 0 & 1 & 0 \\ 0 & 0 & 0 \end{pmatrix}$；

T 在基 $\boldsymbol{i}$，$\boldsymbol{j}$，$\boldsymbol{i}+\boldsymbol{j}+\boldsymbol{k}$ 下的矩阵为 $\begin{pmatrix} 1 & 0 & 1 \\ 0 & 1 & 1 \\ 0 & 0 & 0 \end{pmatrix}$.

12. $\begin{pmatrix} 1 & 0 & 0 \\ 2 & 1 & 0 \\ 0 & 1 & 1 \end{pmatrix}$. 13. (1) $-\boldsymbol{i}+10\boldsymbol{j}+6\boldsymbol{k}$； (2) $\begin{pmatrix} -1 & -1 & 2 \\ 1 & -3 & 3 \\ -1 & -5 & 5 \end{pmatrix}$，秩为 3.

14. (2) $\begin{pmatrix} a & 0 & b & 0 \\ 0 & a & 0 & b \\ c & 0 & d & 0 \\ 0 & c & 0 & d \end{pmatrix}$; $\begin{pmatrix} a & c & 0 & 0 \\ b & d & 0 & 0 \\ 0 & 0 & a & c \\ 0 & 0 & b & d \end{pmatrix}$; $\begin{pmatrix} a^2 & ac & ab & bc \\ ab & ad & b^2 & bd \\ ac & c^2 & ad & cd \\ bc & cd & bd & d^2 \end{pmatrix}$.

15. $\begin{pmatrix} -1 & 1 & -2 \\ 2 & 2 & 0 \\ 3 & 0 & 2 \end{pmatrix}$.

16. (2) T^{-1}, $TS, T+S$ 在基 $\boldsymbol{e}_1$, $\boldsymbol{e}_2$, $\boldsymbol{e}_3$ 下的矩阵分别为

$$\begin{pmatrix} \frac{1}{2} & \frac{1}{4} & \frac{1}{4} \\ 0 & \frac{1}{2} & \frac{1}{2} \\ 0 & -\frac{1}{2} & \frac{1}{2} \end{pmatrix}, \quad \begin{pmatrix} 6 & 3 & -2 \\ 13 & -12 & 5 \\ -5 & 6 & -1 \end{pmatrix}, \quad \begin{pmatrix} 7 & -1 & 0 \\ 4 & -2 & 1 \\ -9 & 10 & -2 \end{pmatrix}.$$

17. $\lambda_1=\lambda_2=0$, $\boldsymbol{X}_1=\begin{pmatrix} 1 & 1 \\ 0 & 0 \end{pmatrix}$, $\boldsymbol{X}_2=\begin{pmatrix} 0 & 0 \\ 1 & 1 \end{pmatrix}$; $\lambda_3=\lambda_4=2$, $\boldsymbol{X}_3=\begin{pmatrix} 0 & 0 \\ -1 & 1 \end{pmatrix}$.

18. $\lambda_1=\lambda_2=\lambda_3=2$, $\boldsymbol{x}_1=(1, 3, 0)$, $\boldsymbol{x}_2=(-1, 0, 3)$.

19. (1) $\lambda_1=1$, $\boldsymbol{\beta}_1=\boldsymbol{\alpha}_1-\boldsymbol{\alpha}_2+\boldsymbol{\alpha}_3$; $\lambda_2=-1$, $\boldsymbol{\beta}_2=\boldsymbol{\alpha}_1-\boldsymbol{\alpha}_2$; $\lambda_3=3$, $\boldsymbol{\beta}_3=\boldsymbol{\alpha}_2-\boldsymbol{\alpha}_3$.

(2) T 在 V 的基 $\boldsymbol{\beta}_1$, $\boldsymbol{\beta}_2$, $\boldsymbol{\beta}_3$ 下的矩阵为 $\mathrm{diag}(1,-1,3)$.

20. T 在基 $\boldsymbol{X}_1=\begin{pmatrix} 1 & 1 \\ 0 & 0 \end{pmatrix}$, $\boldsymbol{X}_2=\begin{pmatrix} 0 & 0 \\ 1 & 1 \end{pmatrix}$, $\boldsymbol{X}_3=\begin{pmatrix} 0 & 0 \\ -1 & 1 \end{pmatrix}$, $\boldsymbol{X}_4=\begin{pmatrix} -\frac{1}{2} & \frac{1}{2} \\ 0 & 0 \end{pmatrix}$下的矩阵为

$$\begin{pmatrix} 0 & & & \\ & 0 & & \\ & & 2 & 1 \\ & & & 2 \end{pmatrix}.$$

21. T 在基 $\boldsymbol{b}_1=(1, 3, 0)$, $\boldsymbol{b}_2=(-3, -6, 3)$, $\boldsymbol{b}_3=(-1, 0, 0)$下的矩阵为 $\begin{pmatrix} 2 & & \\ & 2 & 1 \\ & & 2 \end{pmatrix}$.

习 题 11

1. (1) $\langle \boldsymbol{a}, \boldsymbol{b} \rangle=0$, 夹角为 $\frac{\pi}{2}$; (2)$\langle \boldsymbol{a}, \boldsymbol{b} \rangle=3$, 夹角为 $\frac{\pi}{6}$.

2. $\left(\frac{1}{2}, -\frac{1}{2}, -\frac{1}{2}, \frac{1}{2}\right)$ 或 $\left(-\frac{1}{2}, \frac{1}{2}, \frac{1}{2}, -\frac{1}{2}\right)$.

3. 是欧氏空间,因为$\langle \boldsymbol{\alpha}, \boldsymbol{\beta} \rangle$是内积.

4. (2) $\langle f(x), g(x) \rangle=\frac{(n+1)(2n+1)}{6n}a+\frac{n+1}{2}b$;

(3) 与 $f(x)$正交的所有线性多项式为 $g(x)=l\left(x-\frac{2n+1}{3n}\right)$.

7. 规范正交基为

$\boldsymbol{\eta}_1=\frac{1}{\sqrt{2}}(\boldsymbol{\varepsilon}_1+\boldsymbol{\varepsilon}_5)$， $\boldsymbol{\eta}_2=\frac{1}{\sqrt{10}}(\boldsymbol{\varepsilon}_1-2\boldsymbol{\varepsilon}_2+2\boldsymbol{\varepsilon}_4-\boldsymbol{\varepsilon}_5)$， $\boldsymbol{\eta}_3=\frac{1}{2}(\boldsymbol{\varepsilon}_1+\boldsymbol{\varepsilon}_2+\boldsymbol{\varepsilon}_3-\boldsymbol{\varepsilon}_5)$.

8. (1) $\left(\frac{1}{\sqrt{3}},\frac{1}{\sqrt{3}},\frac{1}{\sqrt{3}}\right)$, $\left(-\frac{2}{\sqrt{6}},\frac{1}{\sqrt{6}},\frac{1}{\sqrt{6}}\right)$, $\left(0,-\frac{1}{\sqrt{2}},\frac{1}{\sqrt{2}}\right)$.

(2) $\left(\frac{1}{2},\frac{1}{2},\frac{1}{2},\frac{1}{2}\right)$, $\left(\frac{1}{2},\frac{1}{2},-\frac{1}{2},-\frac{1}{2}\right)$, $\left(\frac{1}{2},-\frac{1}{2},\frac{1}{2},-\frac{1}{2}\right)$, $\left(\frac{1}{2},-\frac{1}{2},-\frac{1}{2},\frac{1}{2}\right)$.

9. $\begin{pmatrix}0&1\\1&1\end{pmatrix}$, $\begin{pmatrix}1&-\frac{2}{3}\\\frac{1}{3}&\frac{1}{3}\end{pmatrix}$, $\begin{pmatrix}\frac{3}{5}&\frac{3}{5}\\-\frac{4}{5}&\frac{1}{5}\end{pmatrix}$, $\begin{pmatrix}\frac{3}{7}&\frac{3}{7}\\\frac{3}{7}&-\frac{6}{7}\end{pmatrix}$.

10. (2) T 在规范正交基 $\boldsymbol{\eta}_1=\frac{1}{\sqrt{2}}(\boldsymbol{\varepsilon}_1+\boldsymbol{\varepsilon}_3)$，$\boldsymbol{\eta}_2=\frac{1}{\sqrt{2}}(\boldsymbol{\varepsilon}_2+\boldsymbol{\varepsilon}_4)$，$\boldsymbol{\eta}_3=\frac{1}{2}(\boldsymbol{\varepsilon}_1+\boldsymbol{\varepsilon}_2-\boldsymbol{\varepsilon}_3-\boldsymbol{\varepsilon}_4)$，$\boldsymbol{\eta}_4=\frac{1}{2}(\boldsymbol{\varepsilon}_1-\boldsymbol{\varepsilon}_2-\boldsymbol{\varepsilon}_3+\boldsymbol{\varepsilon}_4)$下的矩阵为 $\mathrm{diag}(1,1,3,-1)$.

12. 所有 $n\times m$ 矩阵.　　13. (j,i)元素为 1,其余元素为任意的 $n\times m$ 矩阵.

17. (1) $\boldsymbol{A}^{(1)}=\begin{pmatrix}1&0&0\\-1&0&1\\\alpha&\alpha&-3\alpha\end{pmatrix}$;　(2) $\boldsymbol{B}^{(1)}=\begin{pmatrix}2&0&-3\\-1&0&2\\-2\alpha&\alpha&-\alpha\\-2\beta&\beta&-\beta\end{pmatrix}$;

(3) $\boldsymbol{C}^{(1)}=\begin{pmatrix}3&-1&1&0\\-1&\frac{1}{2}&\frac{1}{2}&0\\-1&\frac{1}{2}&-\frac{1}{2}&0\end{pmatrix}$;　(4) $\boldsymbol{D}^{(1)}=\begin{pmatrix}0&1&0&0\\\alpha&2\alpha+\beta&\beta&-2\alpha-\beta\\0&-1&0&1\end{pmatrix}$.

18. (1) $\boldsymbol{x}=\begin{pmatrix}4\\2\\0\\0\end{pmatrix}+\begin{pmatrix}0&0&-2&-3\\0&0&1&1\\0&0&1&0\\0&0&0&1\end{pmatrix}\boldsymbol{y}$;　(2) $\boldsymbol{x}=\begin{pmatrix}4\\\frac{1}{2}\\0\\0\end{pmatrix}+\begin{pmatrix}0&0&1&-1\\0&0&-1&-1\\0&0&1&0\\0&0&0&1\end{pmatrix}\boldsymbol{y}$.

21. (1) $\boldsymbol{A}=\begin{pmatrix}1&0\\2&3\\1&1\end{pmatrix}\begin{pmatrix}1&0&3\\0&1&-2\end{pmatrix}$，$\boldsymbol{A}^{+}=\frac{1}{154}\begin{pmatrix}8&19&9\\-10&34&8\\44&-11&11\end{pmatrix}$;

(2) $\boldsymbol{B}=\begin{pmatrix}2&3\\5&8\\1&2\end{pmatrix}\begin{pmatrix}1&0&8&-11\\0&1&-5&7\end{pmatrix}$，$\boldsymbol{B}^{+}=\frac{1}{522}\begin{pmatrix}16&25&-7\\18&39&3\\38&5&-71\\-50&-2&98\end{pmatrix}$;

(3) $\boldsymbol{C}=\begin{pmatrix}1&0&2\\2&1&5\\0&1&-1\\1&3&-1\end{pmatrix}\begin{pmatrix}1&0&0\\0&1&0\\0&0&1\end{pmatrix}$，$\boldsymbol{C}^{+}=\frac{1}{22}\begin{pmatrix}54&-22&-14&12\\-23&11&8&1\\-17&11&4&-5\end{pmatrix}$;

(4) $D=\begin{pmatrix}0&2\\1&0\\0&1\\1&1\end{pmatrix}\begin{pmatrix}1&1&0\\0&0&1\end{pmatrix}$, $D^{+}=\frac{1}{22}\begin{pmatrix}-2&6&-1&5\\-2&6&-1&5\\8&-2&4&2\end{pmatrix}$.

22. (1) $x_0=\frac{2}{11}(2,2,3)^{\mathrm{T}}$; (2) $x_0=\frac{1}{18}(20,7,-13,27)^{\mathrm{T}}$.

23. (1) $x_0=\frac{1}{17}(22,48,-4,18)^{\mathrm{T}}$; (2) $x_0=\frac{1}{6}(8,1,-7,9)^{\mathrm{T}}$.

习 题 12

3. $u_1=\left(\frac{\mathrm{i}}{\sqrt{3}},-\frac{1}{\sqrt{3}},\frac{\mathrm{i}}{\sqrt{3}}\right)$, $u_2=\left(0,\frac{1}{\sqrt{2}},\frac{\mathrm{i}}{\sqrt{2}}\right)$, $u_3=\left(\frac{2\mathrm{i}}{\sqrt{6}},-\frac{\mathrm{i}}{\sqrt{6}},-\frac{1}{\sqrt{6}}\right)$.

5. 设 $A^{\mathrm{H}}A=E$, $Ax=\lambda x$, 于是 $x^{\mathrm{H}}A^{\mathrm{H}}=\bar{\lambda}x^{\mathrm{H}}$, 即 $x^{\mathrm{H}}A^{-1}=\bar{\lambda}x^{\mathrm{H}}$, 右乘 x 得 $x^{\mathrm{H}}A^{-1}x=\bar{\lambda}x^{\mathrm{H}}x$, 因此, $x^{\mathrm{H}}x=\bar{\lambda}\lambda x^{\mathrm{H}}x$, 故 $|\lambda|=1$.

9. (1) 实对称矩阵, $U=\begin{pmatrix}-\frac{1}{3}&-\frac{2}{\sqrt{5}}&\frac{2}{3\sqrt{5}}\\-\frac{2}{3}&\frac{1}{\sqrt{5}}&\frac{4}{3\sqrt{5}}\\\frac{2}{3}&0&\frac{5}{3\sqrt{5}}\end{pmatrix}$, $U^{-1}AU=\begin{pmatrix}10&&\\&1&\\&&1\end{pmatrix}$;

(2) Hermite 矩阵, $U=\begin{pmatrix}0&\frac{1}{\sqrt{2}}&-\frac{1}{\sqrt{2}}\\\frac{\mathrm{i}}{\sqrt{2}}&-\frac{\mathrm{i}}{2}&-\frac{\mathrm{i}}{2}\\\frac{1}{\sqrt{2}}&\frac{1}{2}&\frac{1}{2}\end{pmatrix}$, $U^{-1}AU=\begin{pmatrix}0&&\\&\sqrt{2}&\\&&-\sqrt{2}\end{pmatrix}$;

(3) 实反对称矩阵, $U=\begin{pmatrix}\frac{1}{\sqrt{3}}&\frac{\sqrt{3}\mathrm{i}-1}{2\sqrt{3}}&-\frac{\sqrt{3}\mathrm{i}+1}{2\sqrt{3}}\\\frac{1}{\sqrt{3}}&-\frac{\sqrt{3}\mathrm{i}+1}{2\sqrt{3}}&\frac{\sqrt{3}\mathrm{i}-1}{2\sqrt{3}}\\\frac{1}{\sqrt{3}}&\frac{1}{\sqrt{3}}&\frac{1}{\sqrt{3}}\end{pmatrix}$, $U^{-1}AU=\begin{pmatrix}0&&\\&-\sqrt{3}\mathrm{i}&\\&&\sqrt{3}\mathrm{i}\end{pmatrix}$.

10. (1) $Q=\begin{pmatrix}\frac{1}{\sqrt{3}}&-\frac{1}{\sqrt{6}}&\frac{1}{\sqrt{2}}\\\frac{1}{\sqrt{3}}&-\frac{1}{\sqrt{6}}&-\frac{1}{\sqrt{2}}\\\frac{1}{\sqrt{3}}&\frac{2}{\sqrt{6}}&0\end{pmatrix}$, $Q^{-1}AQ=\begin{pmatrix}0&&\\&0&-\sqrt{3}\\&\sqrt{3}&0\end{pmatrix}$;

(2) $\boldsymbol{Q}=\begin{pmatrix} \frac{1}{\sqrt{2}} & 0 & 0 & -\frac{1}{\sqrt{2}} \\ \frac{1}{\sqrt{2}} & 0 & 0 & \frac{1}{\sqrt{2}} \\ 0 & \frac{1}{\sqrt{2}} & -\frac{1}{\sqrt{2}} & 0 \\ 0 & \frac{1}{\sqrt{2}} & \frac{1}{\sqrt{2}} & 0 \end{pmatrix}$, $\boldsymbol{Q}^{-1}\boldsymbol{AQ}=\begin{pmatrix} 0 & & & \\ & 0 & & \\ & & 0 & -2 \\ & & 2 & 0 \end{pmatrix}$.

16. (1) $\boldsymbol{A}=\begin{pmatrix} \frac{1}{\sqrt{5}} & -\frac{2}{\sqrt{5}} \\ \frac{2}{\sqrt{5}} & \frac{1}{\sqrt{5}} \end{pmatrix}\begin{pmatrix} \sqrt{5} & 0 & 0 \\ 0 & 0 & 0 \end{pmatrix}\begin{pmatrix} 1 & 0 & 0 \\ 0 & 1 & 0 \\ 0 & 0 & 1 \end{pmatrix}$;

(2) $\boldsymbol{A}=\begin{pmatrix} \frac{1}{\sqrt{6}} & -\frac{1}{\sqrt{2}} & -\frac{1}{\sqrt{3}} \\ \frac{1}{\sqrt{6}} & \frac{1}{\sqrt{2}} & -\frac{1}{\sqrt{3}} \\ \frac{2}{\sqrt{6}} & 0 & \frac{1}{\sqrt{3}} \end{pmatrix}\begin{pmatrix} \sqrt{3} & 0 \\ 0 & 1 \\ 0 & 0 \end{pmatrix}\begin{pmatrix} \frac{1}{\sqrt{2}} & \frac{1}{\sqrt{2}} \\ -\frac{1}{\sqrt{2}} & \frac{1}{\sqrt{2}} \end{pmatrix}$.

习 题 13

1. $a=0$ 时，f 是线性函数；$a\neq 0$ 时，f 不是线性函数.
2. (1) 不是； (2) 是； (3) 不是.
3. $f=4x_1-x_2-3x_3$.
4. $f(\boldsymbol{\alpha})=f(x_1\boldsymbol{\alpha}_1+x_2\boldsymbol{\alpha}_2+x_3\boldsymbol{\alpha}_3)=x_2$.
5. $\boldsymbol{\beta}_1,\boldsymbol{\beta}_2,\boldsymbol{\beta}_3$ 的对偶基为 $g_1=f_2-f_3$, $g_2=f_1-f_2+f_3$, $g_3=-f_1+2f_2-f_3$.
6. $p_1(x)=1+x-\frac{3}{2}x^2$, $p_2(x)=-\frac{1}{6}+\frac{1}{2}x^2$, $p_3(x)=-\frac{1}{3}+x-\frac{1}{2}x^2$.
9. (1) $\begin{pmatrix} 4 & 7 & -5 & -14 \\ -1 & 2 & 2 & -7 \\ 0 & -11 & 1 & 14 \\ 15 & 4 & -15 & 2 \end{pmatrix}$； (2) $\begin{pmatrix} -6 & 46 & 8 & 24 \\ -18 & 26 & 16 & -72 \\ -2 & -38 & 0 & 0 \\ -6 & 86 & 0 & 0 \end{pmatrix}$.

11. (2) $f(\boldsymbol{x},\boldsymbol{y})$ 在基 $\boldsymbol{b}_1=(1,0,0)$，$\boldsymbol{b}_2=(3,1,0)$，$\boldsymbol{b}_3=(2,-1,1)$ 下的度量矩阵为 $\mathrm{diag}(-1,10,9)$.

习 题 14

1. 满足结合律，不满足交换律.
2. 不满足结合律，满足交换律.
3. 运算$\oplus$既不满足结合律，也不满足交换律；运算$\circ$满足结合律和交换律.
4. 运算$\circ$和$\oplus$满足结合律和交换律.
5. $\boldsymbol{E}$ 是单位元，每一元的逆元是其自身.

6. 3 是单位元，$6-a$ 是 $\mathbf{Z}$ 的逆元.

7. (1，0)是单位元，(a, b)的逆元是$\left(\frac{1}{a}, -\frac{b}{a}\right)$.

10. $\sigma\circ\tau=\begin{pmatrix}1 & 2 & 3 & 4 & 5\\ 1 & 5 & 2 & 4 & 3\end{pmatrix}$，　$\sigma^{-1}\circ\tau\circ\sigma=\begin{pmatrix}1 & 2 & 3 & 4 & 5\\ 5 & 3 & 2 & 1 & 4\end{pmatrix}$，

$\sigma^2=\begin{pmatrix}1 & 2 & 3 & 4 & 5\\ 3 & 1 & 2 & 4 & 5\end{pmatrix}$，　$\sigma^3=\begin{pmatrix}1 & 2 & 3 & 4 & 5\\ 1 & 2 & 3 & 5 & 4\end{pmatrix}$.

11. (0，0)是零元，(a, b)的负元是$(-a, -b)$.

12. 构成非交换环.

13. 不构成环. 因为分配律不成立. 如取 $f(x)=x^2$，$g(x)=2x$，$h(x)=x$，则

$$[f\circ(g\oplus h)](x)=9x^2,\quad [(f\circ g)\oplus(f\circ h)](x)=5x^2.$$

16. $\begin{pmatrix}a+b\mathrm{i} & c+d\mathrm{i}\\ -c+d\mathrm{i} & a-b\mathrm{i}\end{pmatrix}$的逆元是$\frac{1}{a^2+b^2+c^2+d^2}\begin{pmatrix}a-b\mathrm{i} & -c-d\mathrm{i}\\ c-d\mathrm{i} & a+b\mathrm{i}\end{pmatrix}$；

因为$\begin{pmatrix}0 & 1\\ -1 & 0\end{pmatrix}\begin{pmatrix}\mathrm{i} & 0\\ 0 & -\mathrm{i}\end{pmatrix}\neq\begin{pmatrix}\mathrm{i} & 0\\ 0 & -\mathrm{i}\end{pmatrix}\begin{pmatrix}0 & 1\\ -1 & 0\end{pmatrix}$，所以 R 不是域.